VICTOR MEYER UND PAUL JACOBSON,

LEHRBUCH DER ORGANISCHEN CHEMIE.

HERAUSGEGEBEN VON

PAUL JACOBSON.

ZWEITER BAND.

CYCLISCHE VERBINDUNGEN. — NATURSTOFFE.

DRITTER TEIL.

HETEROCYCLISCHE VERBINDUNGEN.

BEARBEITET VON

P. JACOBSON.

ZWEITE ABTEILUNG.

ERSTE UND ZWEITE AUFLAGE.

LEIPZIG
VERLAG VON VEIT & COMP.
1916

3 und 4 Hetero-Atomen ausgedehnt werden kann[1] (vgl. Kap. 20ff.). Unter den sechs obengenannten Azolen unterscheidet man diejenigen, welche die beiden Hetero-Atome in 1.3-Stellung enthalten, als „echte Azole" von den „Isazolen", bei denen die beiden Hetero-Atome benachbart sind. Bei den echten Azolen wird die den beiden Hetero-Atomen benachbarte Methenyl-Gruppe zum Zweck der Stellungs-Angabe von Substituenten zuweilen als „*meso*-Gruppe" mit der Abkürzung *ms* oder μ:

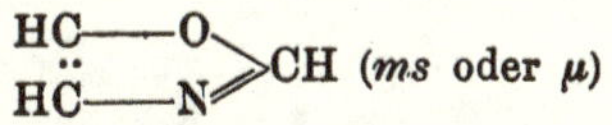

bezeichnet.

Ein Fünfring, der als Hetero-Glieder je ein Jod- und ein Sauerstoffatom enthält, ist in den ***ortho*-Jodososäuren** anzunehmen, wenn man sich deren heterocyclischer Formulierung anschließt[2], die für den einfachsten Fall das Schema:

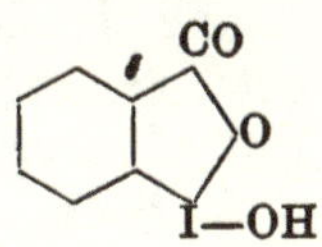

ergibt (Näheres vgl. in Bd. II, Tl. I bei *o*-Jodoso-benzoesäure).

Dreizehntes Kapitel.

Einkernige Pyrazol-Körper.

(Allgemeines. — Pyrazol, seine *N*-Derivate und Homologen. — Pyrazoline und Pyrazolidine. — Halogen-Derivate und Sulfonsäuren. — Nitroso-, Nitro-, Amino-, Azo-, Diazo- und Triazo-Derivate. — Oxy- und Oxo-Derivate [Pyrazolone, Antipyrin usw.]. — Carbonsäuren.)

Als erstes Ringsystem unter den „Azolen" (vgl. S. 352) haben wir dasjenige des Pyrazols:

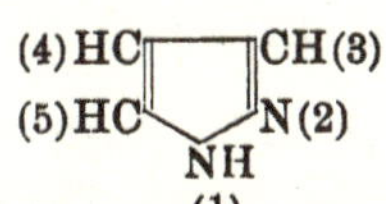

zu besprechen. Das Pyrazol ist der Stammkern einer ungemein zahlreichen Körperklasse[3]; zu ihren Vertretern gelangt man besonders durch viele synthetische Reaktionen, welche auf Umsetzungen des Hydrazins

[1] Vgl. Schroeter in Richter-Anschütz's „Chemie der Kohlenstoff-Verbindungen", 11. Aufl., Bd. II (Bonn 1913), S. 765.

[2] Vgl.: V. Meyer, Wachter, B. **25**, 2634 (1892). — Lütjens, B. **29**, 2833 (1896).

[3] Eine „Tabellarische Übersicht der Pyrazol-Derivate" (Braunschweig, Verlag von Friedr. Vieweg u. Sohn) gab G. Cohn 1897.

$H_2N \cdot NH_2$ oder seiner organischen Abkömmlinge beruhen. Früher entdeckt als das Hydrazin selbst war ja das Phenyl-hydrazin $C_6H_5 \cdot NH \cdot NH_2$ (vgl. Bd. II, Tl. I), das auch heute noch durch die Leichtigkeit seiner Bereitung unter den Hydrazinen eine hervorragende Stellung einnimmt. So lernte man zuerst solche Pyrazol-Körper kennen, die am Stickstoff phenyliert sind, später erst die von *N*-Substituenten freien; auch in dem gegenwärtigen Bestand der Pyrazol-Chemie überwiegen noch die *N*-Phenyl-Derivate.

Vom Phenyl-hydrazin ausgehend, entdeckte L. Knorr[1] 1883 die ersten einkernigen Pyrazol-Körper[2]. Knorr[3] verdankt man auch in erster Linie den planmäßigen Ausbau der Gruppe und die Klarlegung ihrer wesentlichsten Charakterzüge. Auch führte er den Namen „Pyrazol" ein, durch den er ausdrücken wollte, daß es sich um ein Ringsystem handelt, welches vom Pyrrol-Ring durch Austausch eines CH-Gliedes gegen Stickstoff abgeleitet werden kann[4] (vgl. S. 30). Das Pyrazol selbst lehrte zuerst Ed. Buchner[5] (1889) kennen. In neuerer Zeit wurde das Pyrazol-Gebiet namentlich von A. Michaelis bearbeitet.

Das Pyrazol ist seiner Zusammensetzung nach die wenigst gesättigte Wasserstoff-Verbindung des aus 3 C- und 2 benachbarten N-Atomen bestehenden Fünfrings. Ihm reihen sich zwei wasserstoffreichere Verbindungen an, die von ihm durch Übergang einer Doppelbindung oder beider in einfache Bindung sich ableiten und Pyrazolin bzw. Pyrazolidin genannt werden (vgl. dazu S. 33):

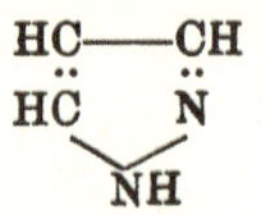
Pyrazol

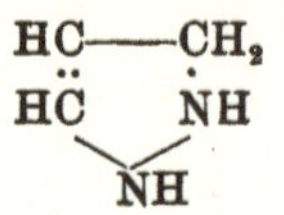
Pyrazolin

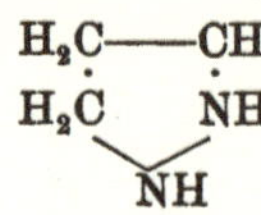
Pyrazolidin

Besonders zahlreich vertreten und eingehend untersucht sind unter den Pyrazol-Körpern die heterovicinalen Oxo-Derivate des Pyrazolins, die man Pyrazolone zu nennen pflegt (vgl. S. 34). Zu ihnen gehört auch der praktisch wichtigste Pyrazol-Körper: das von Knorr entdeckte Fiebermittel „Antipyrin" (vgl. S. 386 ff.), welches 1-Phenyl-2.3-dimethyl-pyrazolon-(5):

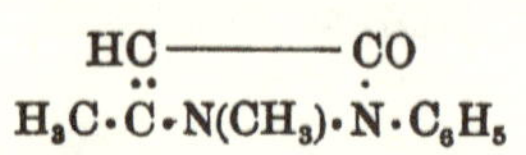

ist.

[1] D.R.P. 26429 (Frdl. 1, 208).

[2] Einige Jahre vorher hatte E. Fischer [B. 13, 679 (1880)] das Anhydrid der *o*-Hydrazino-benzoesäure aufgefunden, dessen Molekül ein Pyrazol-System mit einem Benzolkern orthokondensiert enthält; vgl. S. 435 Indazolon.

[3] Vgl. besonders: Knorr, A. Blank, B. 18, 311, 931 (1885). — Knorr, Jödicke, B. 18, 2256 (1885). — Knorr, A. 238, 137 (1887); 279, 188 (1894).

[4] Nach dieser Ableitung wäre der Name Pyrrazol richtiger gewesen.

[5] B. 22, 2165 (1889).

Für die Bezifferung (vgl. S. 353 das Schema) erhält ein Stickstoffatom die Ziffer 1, das benachbarte die Ziffer 2 (vgl. dazu S. 35). Bei denjenigen Derivaten, welche ein Phenyl an N gebunden enthalten, wählt KNORR[1] das mit C_6H_5 verbundene Stickstoffatom als Anfangspunkt der Bezifferung.

Als **Bildungsweisen** von allgemeiner Geltung sind die folgenden hervorzuheben:

1. Einwirkung von Hydrazin oder seinen primären Derivaten (wie Alkyl- und Aryl-hydrazine, Semicarbazid, Amino-guanidin) auf 1.3-Dicarbonyl-Verbindungen (*β*-Keto-aldehyde bzw. *β*-Diketone) oder auf *β*-Ketonsäureester, wobei im ersten Falle[2] (Gleichung a, s. u.) Pyrazole, im zweiten[3] (b) Pyrazolone entstehen, z. B.:

$$\text{a)}\quad \begin{array}{c} CH_3\cdot CO\cdot CH_2\cdot CO\cdot CH_3 \\ +\ H_2N{-}NH_2 \end{array} = 2\,H_2O + \begin{array}{l} CH_3\cdot \ddot{C}\cdot CH : \dot{C}\cdot CH_3 \\ \quad N{\longrightarrow}NH \end{array};$$

$$\text{b)}\quad \begin{array}{c} CH_3\cdot CO\cdot CH_2\cdot CO\cdot OC_2H_5 \\ +\ H_2N{-}NH\cdot C_6H_5 \end{array} = H_2O + C_2H_5\cdot OH + \begin{array}{l} CH_3\cdot \ddot{C}\cdot CH_2\cdot \dot{C}O \\ \quad N{\longrightarrow}N\cdot C_6H_5 \end{array}.$$

(Über die Zerlegung der Reaktion b in zwei Phasen s. S. 381, Gleichung A und B.)

2. Einwirkung von Hydrazin oder seinen primären Derivaten auf *α,β*-ungesättigte Aldehyde, Ketone oder Säuren. Aus den ungesättigten Aldehyden und Ketonen[4] gehen hierbei Pyrazoline hervor (vgl. dazu noch S. 416), z. B.:

$$\begin{array}{c} CH_2 : CH\cdot CHO \\ +\ H_2N\cdot NH_2 \end{array} = H_2O + \begin{array}{l} \dot{C}H_2\cdot CH_2\cdot \ddot{C}H \\ NH{\longrightarrow}N \end{array},$$

aus den ungesättigten Säuren[5] zuweilen Pyrazolidone:

$$\begin{array}{c} CH_3\cdot CH : CH\cdot CO\cdot OH \\ +\ H_2N\cdot NH\cdot C_6H_5 \end{array} = H_2O + \begin{array}{l} CH_3\cdot \dot{C}H\cdot CH_2\cdot \dot{C}O \\ \quad NH{\longrightarrow}N\cdot C_6H_5 \end{array},$$

zuweilen aber Pyrazolone:

$$\begin{array}{c} C_6H_5\cdot CH : CH\cdot CO\cdot OH \\ +\ H_2N\cdot NH\cdot C_6H_5 \end{array} - H_2O = \begin{array}{l} C_6H_5\cdot CH : CH\cdot \dot{C}O \\ \qquad\qquad\qquad \dot{N}H\cdot NH\cdot C_6H_5 \end{array}$$

$$\xrightarrow{\text{Destillation}} H_2 + \begin{array}{l} C_6H_5\cdot \dot{C} : CH\cdot \dot{C}O \\ C_6H_5\cdot \dot{N}{\longrightarrow}NH \end{array}.$$

[1] A. **238**, 144 (1887).

[2] Vgl. z. B.: KNORR, BLANK, B. **18**, 311 (1885). — E. FISCHER, BÜLOW, B. **18**, 2135 (1885). — KNORR, A. **238**, 139 (1887); **279**, 232 (1894). — CLAISEN, A. **278**, 261 (1894). — ROSENGARTEN, A. **279**, 237 (1894). — THIELE, DRALLE, A. **302**, 276 (1898). — POSNER, B. **34**, 3975 (1901).

[3] Vgl. z. B.: KNORR, B. **16**, 2597 (1883). A. **238**, 142 (1887). — FRANZEN, J. pr. [2] **76**, 228 (1907). — SCHESTAKOW, KASAKOW, C. **1913**, I, 29.

[4] Vgl.: KNORR, A. **238**, 140 (1887). — E. FISCHER, O. KNÖVENAGEL, A. **239**, 194 (1887). — BALBIANO, G. **18**, 374 (1888). — CURTIUS, WIRSING, J. pr. [2] **50**, 531 (1894). — AUWERS, K. MÜLLER, B. **41**, 4230 (1908). — AUWERS, VOSS, B. **42**, 4411 (1909). — KOHLER, Am. **42**, 379 (1909). — H. BAUER, DIETERLE, B. **44**, 2697 (1911).

[5] Vgl.: KNORR, B. **20**, 1107 (1887). — KNORR, DUDEN, B. **25**, 759 (1892).

3. Einwirkung von „aliphatischen Diazoverbindungen“ (vgl. Bd. I, Tl. I, S. 386—390; Bd. I, Tl. II, S. 801ff.) auf Äthylen- und Acetylen-Körper[1]. Aus den Verbindungen mit Doppelbindung erhält man hierbei Pyrazolin-Körper, z. B.:

$$\begin{array}{l} C_2H_5O\cdot CO\cdot CH \\ \quad\;\; \| \\ C_2H_5O\cdot CO\cdot CH \end{array} + \begin{array}{c} CH\cdot CO\cdot OC_2H_5 \\ \| \\ N \vdots N \\ \text{(Diazo-essigester)} \end{array} = \begin{array}{l} C_2H_5O\cdot CO\cdot CH\text{———}C\cdot CO\cdot OC_2H_5 \\ \qquad\qquad\quad | \qquad\qquad\quad \| \\ C_2H_5O\cdot CO\cdot CH\cdot NH\cdot N \end{array},$$

aus denjenigen mit dreifacher Bindung Pyrazol-Körper, z. B.:

$$\begin{array}{c} CH \\ \vdots \\ CH \end{array} + \begin{array}{c} CH_2 \\ \| \\ N \vdots N \end{array} \text{(Diazomethan)} = \begin{array}{l} CH\text{———}CH \\ \;\| \qquad\quad \| \\ CH\cdot NH\cdot N \end{array}.$$

Das Pyrazol hat, wie S. 354 erwähnt wurde, seinen Namen von dem Vergleich seiner Strukturformel mit derjenigen des Pyrrols erhalten. Vergleicht man nun das chemische **Verhalten** der Pyrazol- und der Pyrrol-Körper, so ergibt sich eine recht bedeutende Verschiedenheit. Beim Pyrrol-Ring ließ sich — besonders im Verhältnis zum Benzol und Thiophen (vgl. S. 155) — eine gewisse Unbeständigkeit erkennen. Das Pyrazol-Ringsystem dagegen ist äußerst beständig und Ringspaltungen schwer zugänglich. Die Pyrazol-Körper zeigen keine Neigung zur Verharzung und zur Polymerisation. Sie besitzen in hervorragendem Grade die „benzolähnlichen Eigenschaften“, welche den „aromatischen Charakter“ ausmachen (vgl. dazu S. 10ff.). In dieser Hinsicht sei Folgendes hervorgehoben[2]:

Pyrazol verträgt ohne Zersetzung hohe Temperatur und wird von Kaliumpermanganat in alkalischer Lösung nicht angegriffen (vgl. dagegen S. 158);

es läßt sich durch rauchende Schwefelsäure sulfurieren, durch Salpeterschwefelsäure nitrieren (vgl. S. 371);

seine Monohalogen-Derivate halten ähnlich den Aryl-halogeniden das Halogen sehr fest gebunden (vgl. S. 368);

die in 4-Stellung nitrierten Pyrazol-Körper lassen sich leicht zu Aminen reduzieren, welche gleich den Anilinbasen in kuppelungsfähige Diazokörper übergeführt werden können (vgl. S. 374).

Jene eigentümliche Fähigkeit der Pyrrole, sich mit Diazoverbindungen zu Azokörpern zu kuppeln, wenn der Kern auch kein OH oder NH_2 als Substituenten trägt (vgl. S. 149, 180), ist bei einkernigen Pyrazol-

---

[1] Vgl.: Buchner, B. **21**, 2638 (1888). A. **273**, 214 (1893). — v. Pechmann, B. **31**, 2950 (1898). — v. Pechmann, Burkard, B. **33**, 3597 (1900). — Buchner, v. d. Heyde, B. **34**, 347 (1901). — Vgl. auch: Klages, Rönneburg, B. **36**, 1128 (1903). — Oliveri-Mandalà, G. **40**, I, 117 (1910).

[2] Vgl.: Knorr, Laubmann, B. **22**, 173 (1889). — Buchner, A. **273**, 217 (1893). — Knorr, B. **28**, 715 (1895).

Körpern nicht beobachtet worden[1] (vgl. indessen S. 396 die Kuppelung der Pyrazolone bzw. Oxy-pyrazole, S. 428 diejenige der Indazole).

Gleich den Pyrrolen zeigen die Pyrazole den Charakter schwacher sekundärer Basen. Ihre Salze mit Mineralsäuren können isoliert werden, da die Pyrazole im Gegensatz zu den Pyrrolen unempfindlich gegen Säuren sind (vgl. dazu S. 151); doch werden diese Salze von Wasser hydrolysiert. Der Wasserstoff der Imino-Gruppe ist leicht durch Silber, Alkyle oder Acyle (vgl. S. 362) austauschbar.

In den *N*-alkylierten bzw. -arylierten Pyrazolen (Formel I, s. u.) haben wir zwei tertiär gebundene Stickstoffatome; man könnte es daher

I) 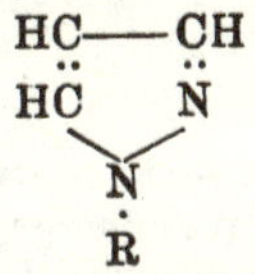 , II) 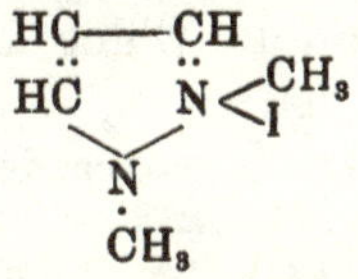

für möglich halten, daß sie zur Anlagerung von zwei Mol. Alkylhalogenid fähig sind. Die quartären Verbindungen aber, die aus ihnen durch Einwirkung der Alkylhalogenide hervorgehen, enthalten nur ein fünfwertiges Stickstoffatom und sind nach dem Typus der Formel II zusammengesetzt. Diese Struktur ergibt sich daraus, daß sie beim Kochen mit starker Kalilauge unter Ringspaltung symmetrische sekundäre Hydrazine, wie $CH_3 \cdot NH \cdot NH \cdot CH_3$, liefern[2].

Nitrosamine konnten aus Pyrazol-Körpern nicht erhalten werden[3].

Durch Reduktion mit Natrium in Alkohol[4] können manche Pyrazol-Körper in die entsprechenden Pyrazoline verwandelt werden, wobei durch weitere Einwirkung des Reduktionsmittels auch Ringspaltung erfolgen kann, z. B.:

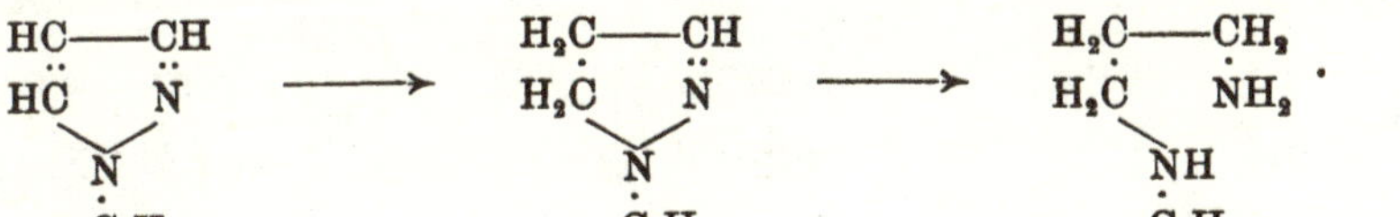

1-Phenyl-pyrazol — 1-Phenyl-pyrazolin — 1-Amino-3-anilino-propan

Die Pyrazolin-Körper sind indessen größtenteils nicht durch solche Reduktionsvorgänge, sondern durch direkte Synthesen erhalten worden (vgl. S. 355—356). Im Gegensatz zu den Pyrazol-Körpern[5] werden sie von Permanganat bei Anwesenheit von Soda sofort oxydiert; man

[1] Vgl. Bamberger, A. **305**, 299 Anm. (1899).

[2] Vgl.: Knorr, A. Köhler, B. **39**, 3257 (1906). — Knorr, Weidel, B. **42**, 3523 (1909).

[3] Vgl. Buchner, A. **273**, 218 (1893).

[4] Vgl.: Balbiano, G. **18**, 358, 374, 376 (1888). — Marchetti, G. **22**, II, 351, 368 (1892).

[5] Vgl. Buchner, A. **273**, 216, 227 (1893).

erkennt hierin den gleichen Unterschied, wie zwischen hydrierten und eigentlichen Benzol-Körpern. Im Gegensatz zu den Pyrazol-Körpern spalten ferner viele Pyrazolin-Körper leicht ihren Stickstoff ab. Beim Kochen mit Mineralsäuren tritt er in Form von Hydrazin aus (vgl. dagegen S. 366); beim Erhitzen für sich aber zerfallen manche Pyrazolin-Körper in freien Stickstoff und Cyclopropan-Derivate, z. B.:

$$\begin{matrix} C_2H_5O\cdot CO\cdot CH \text{——} C\cdot CO\cdot OC_2H_5 \\ C_2H_5O\cdot CO\cdot CH\cdot NH\cdot N \end{matrix} = N_2 + \begin{matrix} C_2H_5O\cdot CO\cdot CH \\ C_2H_5O\cdot CO\cdot CH \end{matrix} \!\!> CH\cdot CO\cdot OC_2H_5 .$$

Durch gemäßigte Oxydation (z. B. mit Braunstein und Schwefelsäure, mit Brom in Chloroform) können Pyrazolin- in Pyrazol-Körper übergeführt werden[1].

Manche Pyrazoline verwandeln sich bei Oxydation in saurer Lösung (z. B. mit salpetriger Säure, Chromsäure, Eisenchlorid) in unbeständige, meist fuchsinrote Farbstoffe. Dies Verhalten kann man zur Erkennung von Pyrazol-Körpern verwenden, indem man zunächst mit Natrium in siedendem Alkohol reduziert; dann mit Wasser verdünnt, ansäuert und einen Tropfen Kaliumbichromat-Lösung zusetzt, worauf fuchsinrote Färbung eintritt („Knorrs Pyrazol-Reaktion"). Die Reaktion[2] ist indessen nur für die am Stickstoff arylierten Derivate charakteristisch und bleibt auch bei solchen zuweilen aus, wenn sie am Pyrazol-Kern Sauerstoff enthalten.

Die **Struktur des Pyrazol-Kerns**[3] ergibt sich aus den Bildungsweisen der Pyrazol-Körper und der Existenz des Pyrazols $C_3H_4N_2$ selbst (vgl. S. 360 ff.) in soweit, daß man an dem Vorliegen eines ringförmigen Komplexes aus 3 C- und 2 benachbarten N-Atomen nicht zweifeln wird. Das benzolähnliche Verhalten weist ferner deutlich darauf hin, daß für die inneren Kernbindungen analoge Verhältnisse beim Pyrazol und beim Benzol anzunehmen sind. So hat man zunächst die folgenden Formeln:

I) 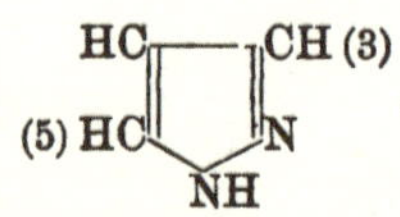, II) , III) 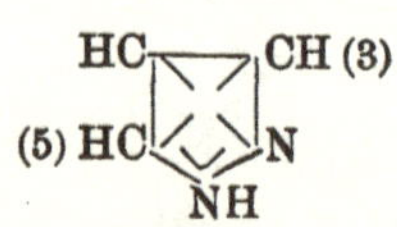

in Erwägung gezogen, welche den Benzol-Symbolen von Kekulé bzw. von Claus und von Armstrong-Baeyer-Bamberger nachgebildet sind (vgl. S. 12 ff.).

Alle drei Formeln genügen nun insofern nicht, als sie im Gegensatz zur Erfahrung eine Verschiedenheit zwischen den Stellungen 3 und 5 erwarten lassen, da deren eine (5) einer Imidgruppe benachbart ist, während das der anderen (3) benachbarte Stickstoffatom keinen Wasser-

[1] Vgl. dazu auch v. Pechmann, Burkard, B. **33**, 3597 (1900).

[2] Knorr, Jödicke, B. **18**, 2259 (1885). — Knorr, A. **238**, 200 Anm. (1887). B. **26**, 100 (1893). — Buchner, Fritsch, A. **273**, 257 (1893).

[3] Vgl.: Buchner, A. **273**, 219 (1893). — Knorr, A. **279**, 188 (1894). — Vgl. auch Nasini, Carrara, G. **24**, I, 256 (1894).

stoff trägt. Nach ihnen sollten also z. B. das 3-Methyl-pyrazol (Formel IV, s. u.) und das 5-Methyl-pyrazol (V) voneinander verschieden sein. Der

IV) 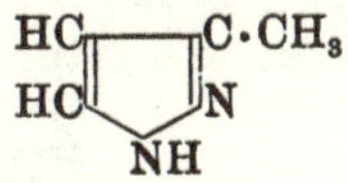 , V) 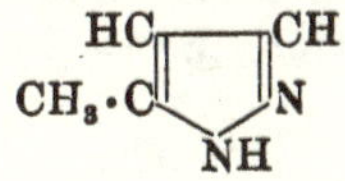

Versuch hat aber gezeigt, daß eine solche Verschiedenheit sich nicht nachweisen läßt. Denn man kommt, wenn man in den beiden *N*-Phenyl-*C*-methyl-pyrazolen IVa und Va:

IVa) 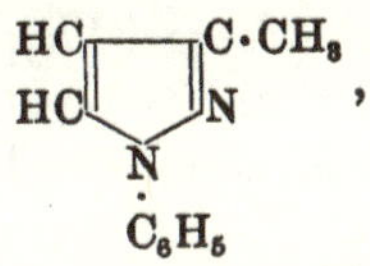 , Va) 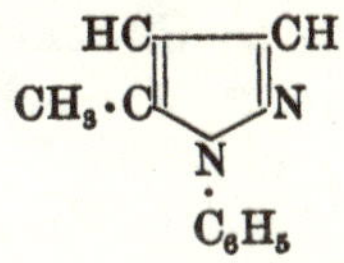

das an Stickstoff gebundene Phenyl durch Wasserstoff ersetzt (indem man es durch Oxydation zerstört), zu einem und demselben Körper. Ähnliche Erfahrungen[1] machte man in analogen Fällen: die Isomerie zwischen 3- und 5-Derivaten ließ sich nicht verwirklichen.

Diese Befunde würden durch die „symmetrische" Pyrazol-Formel VI

VI) 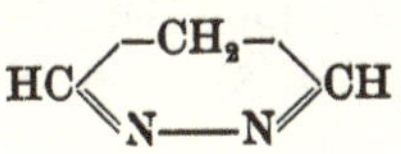 , VII) 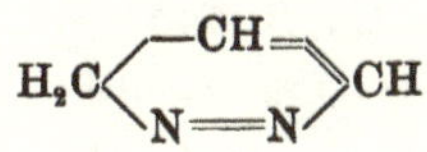

erklärt werden, die aber weder den benzolähnlichen Eigenschaften noch der Natur des Pyrazols als sekundären Amins Rechnung trägt.

Eine mit allen Erfahrungen übereinstimmende Anschauung ergibt sich indessen, wenn man die „Kekulé-Formel" I zugrunde legt, in ihr aber den beiden Doppelbindungen Beweglichkeit zuspricht. Die hierdurch bedingten Verhältnisse wurden bereits in der allgemeinen Einleitung zu diesem Bande S. 18—20 am Beispiel des Pyrazols eingehend dargelegt. Zwei Bewegungs-Möglichkeiten wurden dabei in Betracht gezogen: das „Oszillieren" und das „Fließen" der Doppelbindungen. Welche der beiden Annahmen man auch bevorzugen mag, man kommt zu der Folgerung, daß 3- und 5-Derivate des Pyrazols entweder überhaupt nicht voneinander verschieden sind oder im Verhältnis von leicht ineinander übergehenden Desmotrop-Isomeren stehen (vgl. S. 21).

Die Annahme der „fließenden" Doppelbindungen führt dazu, auch „Methylen"-Formen (VI und VII s. oben) als Bewegungsphasen des Pyrazol-Moleküls zuzulassen. Eine Neigung, in solchen Formen zu reagieren, wie sie uns im Verhalten der Pyrrol- und Indol-Körper entgegentrat (vgl. S. 150, 217—218), lassen indessen die Pyrazol-Körper in ihren Umsetzungen kaum erkennen. Doch ist man durch Ringsynthesen zu einigen Derivaten gelangt, die an ein C-Atom zwei Alkyle gebunden ent-

[1] Vgl. Buchner, v. d. Heide, B. **35**, 31 (1902).

halten, in deren Molekülen mithin die methylenhaltige Ringstruktur fixiert ist[1]. Ein Beispiel solcher Körper, die man „Pyrazolenine" nennen könnte (vgl. S. 155—156), bietet die Formel VIII. Umgekehrt ist natürlich die eigentliche (imidhaltige) Pyrazol-Struktur festgelegt, sobald

VIII) 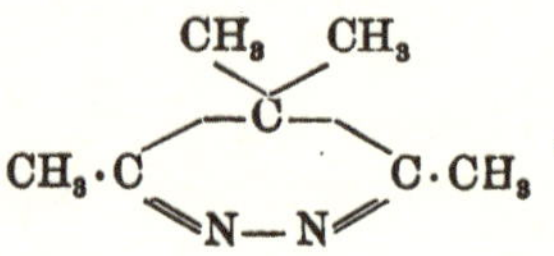 , IX) 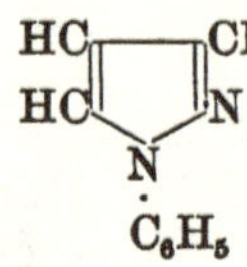 ,

ein Substituent an Stickstoff gebunden ist (Formel IX); in diesem Falle ist auch die Desmotropie-Möglichkeit zwischen 3- und 5-Derivaten aufgehoben, und die beiden Derivate sind als gewöhnliche Isomere isolierbar (vgl. Formel IVa und Va auf S. 359).

Pyrazol und seine *N*-Derivate.

Das **Pyrazol** $\left(C_3H_4N_2 = HN\begin{matrix}CH:CH\\N:CH\end{matrix}\right)$ wurde zuerst von BUCHNER[2] 1889 erhalten, der durch Vereinigung von Acetylen-dicarbonsäureester (Bd. I, Tl. II, S. 445—446) mit Diazoessigester den Pyrazol-3.4.5-tricarbonsäureester bereitete (vgl. S. 356 sub Nr. 3):

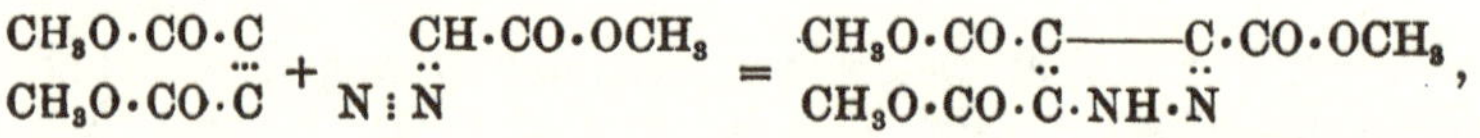

diesen Ester durch Kochen mit konz. Salzsäure verseifte und darauf die freie Tricarbonsäure durch Erhitzen auf 230—240° in Kohlendioxyd und Pyrazol spaltete[3]. Kurze Zeit darauf beobachtete es BALBIANO[4] in geringer Menge bei der Einwirkung von Zinkchlorid auf das Produkt der Umsetzung zwischen Epichlorhydrin und Hydrazin:

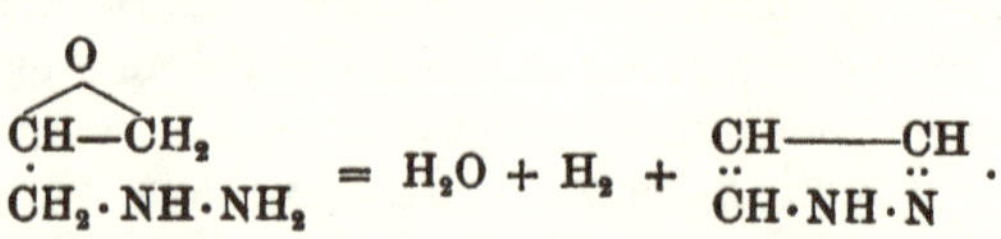

Zur Darstellung eignen sich die Bildung aus Pyrazolin (S. 366) durch

[1] Nur solche, welche sich von der Formel VI ableiten. Es wäre interessant, auch *gem.*-Alkyl-Derivate von VII kennen zu lernen, besonders im Hinblick auf die Frage, ob die Azogruppe in der Bindungsart der Formel VII Farbigkeit bedingt.

[2] BUCHNER, B. **22**, 846, 2165 (1889). — BUCHNER, FRITSCH, A. **273**, 256 (1893).

[3] Bildung des Pyrazols aus anderen Pyrazol- oder Pyrazolin-carbonsäuren: MARCHETTI, G. **22**, II, 362 (1892). — BUCHNER, PAPENDIECK, A. **273**, 237, 251 (1893). — v. ROTHENBURG, B. **27**, 956 (1894). — v. PECHMANN, SEEL, B. **32**, 2300 (1899). — BUCHNER, v. D. HEIDE, B. **34**, 348 (1901).

[4] B. **23**, 1103 (1890).

Brom in Chloroform[1] und diejenige aus dem Acetal des Propiolaldehyds durch Hydrazin[2]:

$$\begin{matrix} C\text{---}CH(OC_2H_5)_2 \\ \vdots \\ CH \end{matrix} + H_2N\cdot NH_2 = \begin{matrix} CH\text{------}CH \\ \ddot{}\qquad\quad \ddot{} \\ CH\cdot NH\cdot N \end{matrix} + 2\,C_2H_5\cdot OH$$

(beide Prozesse gehen vom Acrolein aus). Ferner wird die wegen ihrer Einfachheit theoretisch besonders interessante Entstehungsweise aus Acetylen und Diazomethan[3], die sich S. 356 formuliert findet, für die Darstellung empfohlen[4].

Auch aus Vinylbromid und Diazomethan erhält man Pyrazol[5].

Das Pyrazol krystallisiert aus Ligroin in langen farblosen Spießen, schmilzt bei 70°, siedet bei 185° (719 mm) und ist sehr leicht in Wasser, Alkohol, Äther und Benzol löslich. Es besitzt bitteren unangenehmen Geschmack und in der Kälte einen schwachen, an Pyridin erinnernden Geruch, der in der Wärme deutlich hervortritt. Sein Dampf verträgt ohne Zersetzung eine Temperatur von 300°. Über die Beständigkeit gegen Kaliumpermanganat, die Sulfurierbarkeit und Nitrierbarkeit vgl. S. 356. Es zeigt keine Neigung für Anlagerungs-Reaktionen; denn es bleibt bei der Behandlung mit Natrium in siedendem Amylalkohol fast unverändert[6], und Brom wirkt auf die wäßrige Lösung heftig unter Bildung eines Substitutions-Derivats (s. S. 369 4-Brom-pyrazol) ein. Während es sich leicht am Stickstoff acylieren läßt (vgl. S. 362 das Acetyl- und Benzoyl-Derivat), setzt es der Einführung von Alkyl beträchtlichen Widerstand entgegen; Methyljodid wirkt in siedender ätherischer Lösung kaum ein[7], auch Diazomethan bewirkt keine Methylierung[8].

Das Pyrazol ist eine außerordentlich schwache, einsäurige Base[9]. Seine wäßrige Lösung reagiert neutral; seine Salze mit flüchtigen Mineralsäuren (Salzsäure, Salpetersäure, Schwefelsäure) dissoziieren bereits im Vakuum über Schwefelsäure. Das saure Oxalat $C_3H_4N_2, C_2H_2O_4$ bildet farblose Nädelchen und schmilzt unter völliger Zersetzung bei 192°. Das Pikrat $C_3H_4N_2, C_6H_3O_7N_3$ (gelbe Nädelchen) schmilzt bei 159—160° und ist in kaltem Wasser wenig löslich.

Das Platindoppelchlorid des Pyrazols $(C_3H_4N_2, HCl)_2PtCl_4$ krystallisiert mit $2H_2O$ in gelbroten Nadeln, ist in warmem Wasser ziemlich löslich und wird bei 100° wasserfrei. Beim Erhitzen auf 205—250° geht es in die strohgelbe, auch in warmem Wasser unlösliche Verbindung $(C_3H_3N)_2PtCl_2$ über[10].

---

[1] Curtius, Wirsing, J. pr. [2] **50**, 544 (1894).
[2] Claisen, B. **36**, 3666 (1903). [3] v. Pechmann, B. **31**, 2950 (1898).
[4] Mazzara, Borgo, G. **36**, II, 349 (1906).
[5] Oliveri-Mandala, G. **40**, I, 120 (1910).
[6] Buchner, A. **273**, 217 (1893). — Buchner, Fritsch, A. **273**, 266 (1893).
[7] Buchner, Fritsch, A. **273**, 261 (1893).
[8] Mazzara, Borgo, G. **36**, II, 350 (1906).
[9] Affinitäts-Konstante: Dedichen, B. **39**, 1843 (1906).
[10] Über analoges Verhalten der Platinsalze anderer Pyrazol-Körper s. Balbiano, B. **24** Ref., 907 (1891); **26** Ref., 185 (1893).

Mit ammoniakalischer Silberlösung gibt das Pyrazol einen weißen Niederschlag des Pyrazol-Silbers $Ag \cdot N \langle {CH:CH \atop -N:\dot{C}H}$, das auch in kochendem Wasser schwer löslich und sehr beständig ist.

Durch Erhitzen dieses Silberderivats mit der äquivalenten Menge Methyljodid in Äther auf 120° erhält man das ***N*-Methyl-pyrazol**[1] $CH_3 \cdot N \langle {CH:CH \atop -N:\dot{C}H}$, dessen Jodmethylat (vgl. Formel II auf S. 357) direkt aus Pyrazol beim Erhitzen mit Methyljodid (2 Mol.) in Äther auf 120° gewonnen wird und aus Alkohol in farblosen Prismen vom Schmelzp. 190° krystallisiert. Bei der Destillation zerfällt das Jodmethylat in Methyljodid und *N*-Methyl-pyrazol. Letzteres ist ein farbloses Öl von starkem pyridinähnlichem Geruch und siedet bei 127°; seine wäßrige Lösung reagiert neutral.

***N*-Phenyl-pyrazol**[2] ist auf verschiedenen Wegen gewonnen worden, z. B. durch Kochen von Epichlorhydrin (Bd. I, Tl. II, S. 199) mit Phenylhydrazin in Benzol (vgl. S. 360 die ähnliche Pyrazol-Bildung). Es ist bei gewöhnlicher Temperatur flüssig, erstarrt in der Kälte zu nadelförmigen Krystallen, schmilzt bei 12°, siedet bei 246·5° unter 765 mm Druck und zeigt $D_0^{16} = 1{\cdot}114$. In kaltem Wasser ist es fast unlöslich; in rauchender Salzsäure löst es sich, wird aber durch Wasser daraus gefällt. Reduktion mit Natrium in Alkohol s. S. 357. Mit Alkyljodiden (1 Mol.) vereinigt es sich zu Jodalkylaten. Das Jodmethylat krystallisiert in glänzenden Platten, schmilzt unter Zersetzung bei 178—179° und ist auch in kaltem Wasser leicht löslich; unter den Umwandlungsprodukten, die bei mehrstündigem Erhitzen auf 240° entstehen, findet sich 1-Phenyl-4-methyl-pyrazol.

Durch Einwirkung von Säurechloriden auf die absolut-ätherische Lösung des Pyrazols entstehen die ***N*-Acyl-Derivate**[3]. Das 1-Acetylpyrazol siedet bei 155—156° (korr.), das 1-Benzoyl-pyrazol bei 281° (korr.) unter ca. 745 mm Druck.

Homologe des Pyrazols.

Mehrere Homologe des Pyrazols und *N*-Phenyl-Derivate von solchen sind durch Variierung der schon S. 355—356 und S. 360—361 besprochenen Bildungsprozesse gewonnen worden. Für die Darstellung der *N*-Aryl-Derivate kommt auch die Entfernung des Sauerstoffs aus den entsprechenden 5-Pyrazolonen (vgl. S. 381ff.) in Betracht, z. B.:

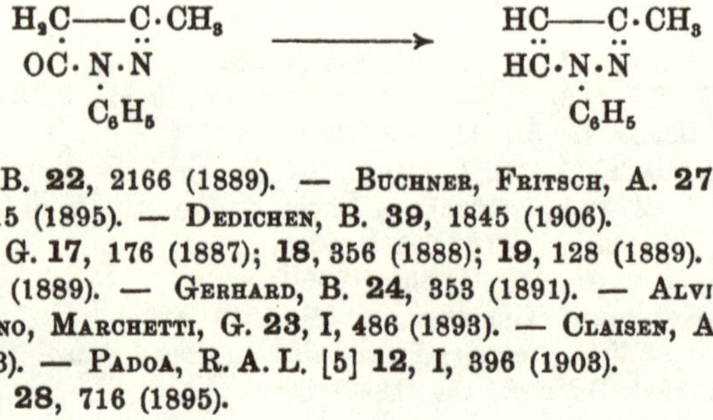

[1] Buchner, B. **22**, 2166 (1889). — Buchner, Fritsch, A. **273**, 261 (1893). — Knorr, B. **28**, 715 (1895). — Dedichen, B. **39**, 1845 (1906).

[2] Balbiano, G. **17**, 176 (1887); **18**, 356 (1888); **19**, 128 (1889). — Knorr, Laubmann, B. **22**, 180 (1889). — Gerhard, B. **24**, 353 (1891). — Alvisi, G. **22**, I, 158 (1892). — Balbiano, Marchetti, G. **23**, I, 486 (1893). — Claisen, A. **295**, 320 (1897). B. **36**, 3666 (1903). — Padoa, R. A. L. [5] **12**, I, 396 (1903).

[3] Knorr, B. **28**, 716 (1895).

Diese gelingt durch Zinkstaub-Destillation[1] und durch Erhitzen mit Phosphor-pentasulfid[2], am besten aber durch Erhitzen mit Phosphor-tribromid[3] (unter Zusatz von etwas Phosphor) im geschlossenen Rohr auf höhere Temperatur (ca. 200°).

Über physikalische Eigenschaften der Methyl-Homologen und ihrer *N*-Phenyl-Derivate gibt die Tabelle Nr. 3 auf S. 364 Auskunft. Es liegt kein Anlaß vor, auf die einzelnen Körper näher einzugehen. Erwähnt sei nur, daß das 3.4.4.5-Tetramethyl-pyrazolenin (vgl. dazu S. 360) — das vollständig symmetrisch konstituierte permethylierte Pyrazol, das man durch Einwirkung von Hydrazin auf Diacetyl-dimethyl-methan (Bd. I, Tl. II, S. 836) gewinnt, — durch Anlagerung und Wiederabspaltung von Methyljodid in das isomere 1.3.4.5-Tetramethyl-pyrazol übergeht:

$$\begin{array}{l}(CH_3)_2\dot{C}\text{——}\ddot{C}\cdot CH_3\\ CH_3\cdot C:N\cdot N\end{array} \longrightarrow \begin{array}{l}CH_3\cdot \ddot{C}\text{——}\ddot{C}\cdot CH_3\\ CH_3\cdot C\cdot \dot{N}\cdot N\\ \qquad CH_3\end{array}$$

(vgl. S. 234 den analogen Übergang von 2.3.3-Trimethyl-indolenin-jodmethylat in 1.2.3-Trimethyl-indol). — Über das Verhältnis von 3-Methyl-pyrazol zu 5-Methyl-pyrazol s. S. 359.

Durch Oxydation mit Kaliumpermanganat lassen sich die Pyrazol-Homologen zu Pyrazol-carbonsäuren (S. 407 ff.) oxydieren, z. B.:

$$\begin{array}{l}\quad\ \ \ddot{C}H\text{——}\ddot{C}\cdot CH_3\\ CH_3\cdot C\cdot NH\cdot N\end{array} \longrightarrow \begin{array}{l}\qquad \ddot{C}H\text{——}\ddot{C}\cdot CO_2H\\ CO_2H\cdot C\cdot NH\cdot N\end{array}.$$

Auch hierin zeigt sich die größere Beständigkeit des Pyrazol-Systems gegenüber dem Pyrrol-System, da die analogen Pyrrol-Körper durch Permanganat vollständig verbrannt werden[4].

Pyrazoline und Pyrazolidine.

Die *Pyrazoline* (vgl. S. 354) sind die Dihydride der Pyrazole und enthalten demgemäß noch eine Doppelbindung im Ringe. Hiernach erscheinen für den einfachsten Fall drei Strukturformeln möglich, je nachdem diese Doppelbindung sich in 1.2-, 2.3- oder 3.4- (= 4.5-) Stellung befindet:

$$\text{I)}\ \begin{array}{l}H_2\dot{C}\text{——}\dot{C}H_2\\ H_2C\cdot N:N\end{array},\qquad \text{II)}\ \begin{array}{l}H_2\dot{C}\text{——}\ddot{C}H\\ H_2C\cdot NH\cdot N\end{array},\qquad \text{III)}\ \begin{array}{l}H\dot{C}\text{===}\dot{C}H\\ H_2C\cdot NH\cdot NH\end{array}.$$

Man hat eine solche „Δ-Isomerie" bei Pyrazolinen noch nicht beobachtet und erteilt den bekannten Vertretern gewöhnlich Formeln vom Schema II, die sich den synthetischen Bildungsweisen aus Hydrazin bzw. seinen

---

[1] Vgl. Knorr, A. **238**, 198 (1887).
[2] Andreocci, B. **24** Ref., 648 (1891).
[3] Stoermer, B. **36**, 3988 (1903). — Stoermer, Martinsen, A. **352**, 322 (1907).
[4] Vgl. Knorr, Laubmann, B. **22**, 173 (1889).

Tabelle Nr. 3.

Name	Formel	Schmelz-punkt	Siede-punkt	Spez. Gewicht	Schmelzp. des 1-Phenyl-Derivats	Siedep. des 1-Phenyl-Derivats
Pyrazole						
Pyrazol[1]	CH——CH CH·NH·N	70°	185° (719 mm)	—	12°	246·5°
3-Methyl-pyrazol[2—18, 29]	CH——C·CH_3 CH·NH·N	flüssig	204° (korr.)	1·023 (14/4°)	37°	255° (720 mm)
5-Methyl-pyrazol[2—9, 11, 15, 19—22, 28]	CH——CH CH_3·C·NH·N				flüssig	255° (720 mm)
4-Methyl-pyrazol[23, 24]	CH_3·C——CH CH·NH·N	flüssig	205° (730 mm)	—	flüssig	265° (korr.)
3.4-Dimethyl-pyrazol[25—28, 44]	CH_3·C——C·CH_3 CH·NH·N	55—57°	222°	—	flüssig	285° (korr.)
4.5-Dimethyl-pyrazol[25, 26, 44]	CH_3·C——CH CH_3·C·NH·N			—	—	—
3.5-Dimethyl-pyrazol[3, 8, 30—37, 41]	CH——C·CH_3 CH_3·C·NH·N	107°	220° (korr.)	—	flüssig	273° (korr.)
3.4.5-Trimethyl-pyrazol[35, 38—41]	CH_3·C——C·CH_3 CH_3·C·NH·N	138°	235°	—	flüssig	290° (korr.)
3.4.4.5-Tetramethyl-pyrazolenin[42, 43]	$(CH_3)_2$C——C·CH_3 CH_3·C : N·N	50—55°	243° (korr.)	—	—	—
Pyrazoline						
Pyrazolin[45]	CH_2——CH CH_2·NH·N	flüssig	144°	—	52°	273° (korr.)
3-Methyl-pyrazolin[46—48]	CH_2——C·CH_3 CH_2·NH·N	flüssig	56° (15 mm)	—	76—77°	289° (korr.)
5-Methyl-pyrazolin[49—52]	CH_2——CH CH_3·CH·NH·N	flüssig	68° (45 mm)	—	—	130° (18 mm)
3.5-Dimethyl-pyrazolin[36]	CH_2——C·CH_3 CH_3·CH·NH·N	—	—	—	—	290° (korr.)
3.5.5-Trimethyl-pyrazolin[49, 53—57]	CH_2——C·CH_3 $(CH_3)_2$C·NH·N	flüssig	58° (14 mm)	0·907 (10°)	flüssig	—

Zitate zu der Tabelle Nr. 3 auf S. 364. — [1] S. die Zitate auf S. 360—362.
[2] Marchetti, G. **22**, II, 364 (1892). — [3] Nasini, Carrara, G. **24**, I, 275, 276, 278,

279 (1894). — [4] v. ROTHENBURG, B. **27**, 955 (1894). J. pr. [2] **52**, 49 (1895). — [5] KNORR, MACDONALD, A. **279**, 217 (1894). — [6] v. PECHMANN, BURKARD, B. **33**, 3598 (1900). — [7] JOWETT, POTTER, Soc. **83**, 467 (1903). — [8] DEDICHEN, B. **39**, 1847, 1848 (1906). — [9] VIGUIER, A. ch. [8] **28**, 473, 477, 492 (1913). — [10] KNORR, A. **238**, 198 (1887). — [11] CLAISEN, ROOSEN, B. **24**, 1888 (1891). A. **278**, 274, 290 (1894). — [12] ACH, A. **253**, 55 (1889). — [13] KNORR, DUDEN, B. **25**, 766 (1892). — [14] BALBIANO, SEVERINI, G. **23**, I, 354 (1893). — [15] CLAISEN, A. **278**, 266 (1894). — [16] ANDREOCCI, B. **24** Ref., 648 (1891). — [17] MICHAELIS, BEHN, B. **33**, 2606 (1900). — [18] W. WISLICENUS, BREIT, A. **356**, 41 (1907). — [19] KNORR, LAUBMANN, B. **22**, 178 (1889). — [20] CLAISEN, A. **295**, 315 (1897). — [21] STOLZ, B. **32**, 264 (1899). — [22] BÜLOW, B. **33**, 3266 (1900). — [23] v. PECHMANN, BURKARD, B. **33**, 3593 (1900). — [24] BALBIANO, SEVERINI, G. **23**, I, 485 (1893). — [25] WALLACH, A. **329**, 133 (1903). — [26] BALBIANO, G. **28**, I, 386 (1898). — [27] MICHAELIS, A. **331**, 240 (1904). — [28] STOERMER, MARTINSEN, A. **352**, 330, 333 (1907). — [29] STOERMER, B. **36**, 3988 (1903). — [30] MARCHETTI, G. **22**, II, 351, 359 (1892). — [31] ZANETTI, G. **23**, II, 311 (1893). — [32] v. ROTHENBURG, B. **27**, 1097 (1894). J. pr. [2] **52**, 50 (1895). — [33] ROSENGARTEN, A. **279**, 237 (1894). — [34] THIELE, DRALLE, A. **302**, 294 (1898). — [35] POSNER, B. **34**, 3981, 3982 (1901). — [36] KNORR, B. **20**, 1103, 1105 (1887). — [37] BRÜHL, Ph. Ch. **16**, 218 (1895). — [38] ÖTTINGER, A. **279**, 244 (1894). — [39] v. ROTHENBURG, J. pr. [2] **52**, 51 (1895). — [40] KNORR, JOCHHEIM, B. **36**, 1277 (1903). — [41] MC CONNAN, B. **37**, 3525 (1904). — [42] KNORR, ÖTTINGER, A. **279**, 247 (1894). — [43] KNORR, B. **36**, 1274 (1903). — [44] STECK, MANN, vgl. G. COHN, Tabellarische Übersicht der Pyrazol-Derivate (Braunschweig 1897), S. 392, 393 (Nr. 85b). — [45] S. die Zitate auf S. 366—367. — [46] MAIRE, Bl. [4] **3**, 278, 279 (1908). — [47] KNORR, B. **26**, 102 (1893); **28**, 712 (1895). — [48] KNORR, DUDEN, B. **26**, 107, 108 (1893). — [49] CURTIUS, ZINKEISEN, J. pr. [2] **58**, 316, 327 (1898). — [50] HLADÍK, M. **24**, 437, 443 (1903). — [51] TRENER, M. **21**, 1111 (1900). — [52] NEF, A. **335**, 222 (1904). — [53] CURTIUS, FÖRSTERLING, B. **27**, 771 (1894). J. pr. [2] **51**, 394 (1895). — [54] WIRSING, J. pr. [2] **50**, 535, 546 (1894). — [55] HARRIES, A. **319**, 234, 236 (1901). — [56] FREY, R. HOFMANN, M. **22**, 760 (1901). — [57] E. FISCHER, O. KNÖVENAGEL, A. **239**, 202 (1887).

Derivaten besonders gut anpassen. Damit trägt man ferner der Existenz von Mono-*N*-Derivaten Rechnung, für die das Schema I ja überhaupt ausgeschlossen ist. Ein sicherer Beweis für die Lage der Doppelbindung[1] ist aber nicht erbracht.

Für die synthetische Bildung von Pyrazolinen sind zwei Vorgänge von allgemeinerer Geltung anzuführen. Der eine besteht in der Einwirkung von Hydrazin (bzw. Phenylhydrazin) auf α,β-ungesättigte Aldehyde oder Ketone[2] und ist für seinen einfachsten Fall (Bildung von Pyrazolin aus Acrolein und Hydrazin) schon S. 355 durch eine Gleichung formuliert. Der andere beruht auf einer Umlagerung von gesättigten Aldazinen und Ketazinen und ist ebenfalls schon an früherer Stelle — Bd. I, Tl. I, S. 764 — erläutert.

[1] Vgl. dazu BUCHNER, A. **273**, 221 (1893).

[2] Vgl.: KNORR, B. **20**, 1105 (1887). — E. FISCHER, O. KNÖVENAGEL, A. **239**, 194 (1887). — BALBIANO, G. **18**, 364, 371, 374 (1888). — CURTIUS, WIRSING, J. pr. [2] **50**, 531 (1894). — MAIRE, Bl. [4] **3**, 272 (1908). — AUWERS, K. MÜLLER, B. **41**, 4230 (1908). — AUWERS, VOSS, B. **42**, 4411 (1909). — BAUER, DIETERLE, B. **44**, 2697 (1911). — KISHNER, C. **1913**, II, 2130, 2133.

Durch Reduktion entsprechender Pyrazole konnten mehrere am Stickstoff arylierte Pyrazoline bereitet werden, nicht aber die am Stickstoff unsubstituierten; als Reduktionsmittel diente Natrium in Alkohol[1].

Pyrazolin und seine Homologen[2] sind farblose Flüssigkeiten, die sich an der Luft nach längerer Zeit unter Dunkelfärbung zersetzen; die Homologen sieden nur unter stark vermindertem Druck unzersetzt. Beim Kochen mit Säuren spalten die Pyrazoline Hydrazinsalz nicht oder nur in sehr geringer Menge ab[3] (vgl. indessen S. 410 das Verhalten der Pyrazolin-carbonsäureester). Gegen Oxydationsmittel sind sie dagegen sehr empfindlich; so werden sie von Kaliumpermanganat sofort unter Stickstoffabspaltung oxydiert. Brom oxydiert diejenigen Pyrazoline, welche nicht an einem Kohlenstoffatom *gem.*-dialkyliert sind, zu den entsprechenden Pyrazolen. Für einige Pyrazoline ist beim Erhitzen mit festem Kaliumhydroxyd in Gegenwart von platinierten Tonstücken Zerfall in Stickstoff und Kohlenwasserstoffe der Cyclopropan-Reihe beobachtet worden[4], z. B.:

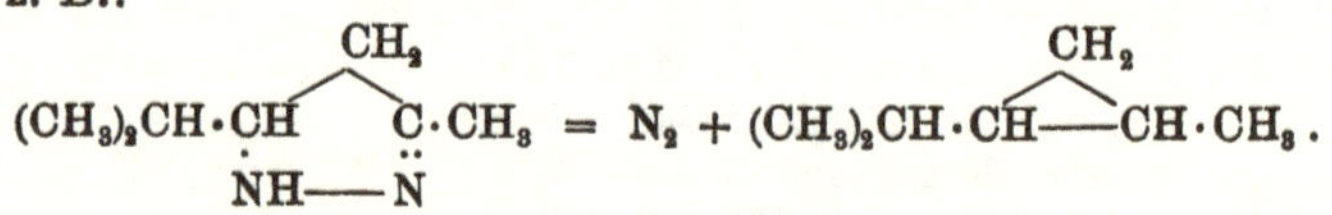

Die am Stickstoff phenylierten Pyrazoline zeigen eine sehr empfindliche Farbenreaktion[5]: sie werden in saurer Lösung durch Oxydationsmittel (z. B. Natriumdichromat in Schwefelsäure) in fuchsinrote bis blaue Farbstoffe übergeführt (vgl. S. 358 „Knorrsche Pyrazol-Reaktion").

Das **Pyrazolin**[6] selbst — Pyrazol-dihydrid — ist nicht nur durch Einwirkung von Hydrazin auf Acrolein (vgl. S. 365), sondern auch durch Vereinigung von Diazomethan mit Äthylen (vgl. S. 356):

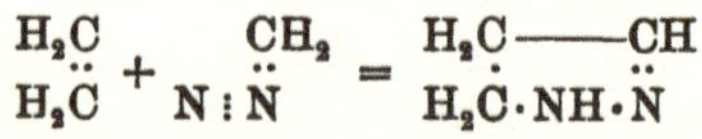

in ätherischer Lösung bereitet worden. Es zeigt einen charakteristischen, schwach aminartigen Geruch, der etwas an Kakao erinnert. Bei 144° siedet es unter Luftdruck unzersetzt; mit Wasser und Alkohol mischt es sich in allen Verhältnissen. Mit Salzsäure-Dämpfen bildet es Nebel; sein in kaltem Alkohol schwer, in heißem leicht lösliches Hydro-

---

[1] Vgl.: Knorr, B. **20**, 1105 (1887). — Balbiano, G. **18**, 358, 365, 370, 374 (1888).

[2] Vgl. Curtius, Zinkeisen, J. pr. [2] **58**, 313 (1898).

[3] Vgl. z. B. A. Francke, M. **20**, 865 (1899).

[4] Kishner, C. **1913**, II, 2130, 2133. — Vgl. auch Maire, Bl. [4] **3**, 279 (1908).

[5] Vgl.: Knorr, B. **26**, 100 (1893). — Trener, M. **21**, 1120 (1900). — Auwers, Voss, B. **42**, 4417 (1909).

[6] Wirsing, J. pr. [2] **50**, 531, 538 (1894). — Azzarello, R.A.L. [5] **14**, II, 285 (1905). — Vgl. auch Nef, A. **335**, 211 (1904).

chlorid $C_3H_6N_2, HCl$ stellt große farblose Prismen dar und schmilzt bei 130° zu einer klaren Flüssigkeit, die beim Erkalten wieder erstarrt. Die wäßrige Lösung des Hydrochlorids färbt auch in größter Verdünnung Holzstoff intensiv gelb; durch diese höchst charakteristische Reaktion ist das Pyrazolin leicht vom Pyrazol zu unterscheiden. In warmer Lösung spaltet sich das Hydrochlorid; denn man kann aus schwach saurer Lösung die Base mit Wasserdämpfen übertreiben. Mit Silbernitrat bildet Pyrazolin ein weißes Silbersalz. FEHLINGsche Lösung wird auch beim Kochen nicht reduziert. Von kochenden konzentrierten Alkalien wird Pyrazolin allmählich unter Entwickelung von Ammoniak angegriffen. Über Kuppelung mit Benzoldiazoniumchlorid s. S. 374 (Benzolazo-pyrazolin).

1-Phenyl-pyrazolin[1] $\begin{matrix} H_2C\text{———}CH \\ H_2C\cdot N(C_6H_5)\cdot N \end{matrix}$ wurde zuerst aus Acrolein und Phenylhydrazin erhalten und entsteht ferner aus 1-Phenyl-pyrazol durch Reduktion mit Natrium in Alkohol, aus 1-Phenyl-pyrazolidin (S. 368) durch Oxydation an der Luft oder mittelst gelben Quecksilberoxyds in ätherischer Lösung. Es krystallisiert in großen farblosen Tafeln; Konstanten s. in der Tabelle Nr. 3 auf S. 364. Von starker Salzsäure wird es leicht aufgenommen, durch viel Wasser aber größtenteils wieder daraus gefällt. Durch Reduktion mit Natrium in siedendem Alkohol wird es zu 1-Amino-3-anilino-propan $H_2N\cdot CH_2\cdot CH_2\cdot CH_2\cdot NH\cdot C_6H_5$ (vgl. S. 357) aufgespalten.

Einige Homologe des Pyrazolins und 1-Phenyl-pyrazolins sind in der Tabelle Nr. 3 auf S. 364 zusammengestellt. Hervorgehoben sei das **3.5.5-Trimethyl-pyrazolin**, das sowohl aus Mesityloxyd durch Einwirkung von Hydrazin, wie durch Umlagerung des einfachsten Ketazins (des Dimethyl-ketazins, Bd. I, Tl. I, S. 763):

$$\begin{matrix} CH_3\cdot C\cdot CH_3 \\ (CH_3)_2C:N\cdot N \end{matrix} \longrightarrow \begin{matrix} CH_2\text{—}C\cdot CH_3 \\ (CH_3)_2C\cdot NH\cdot N \end{matrix}$$

gewonnen werden kann.

Das einfachste *Pyrazolidin* (Pyrazol-tetrahydrid) $\begin{matrix} H_2C\text{——}CH_2 \\ H_2C\cdot NH\cdot NH \end{matrix}$ ist bisher als solches nicht bekannt, wohl aber in Form seines *N*-Phenylderivats (s. S. 368). — **3.5-Dimethyl-pyrazolidin**[2] (Formel III, s. u.) entsteht bei der elektrolytischen Reduktion von Acetylaceton-dioxim (I), wobei vielleicht ein Zwischenprodukt von der Struktur II anzunehmen ist:

$$\text{I)}\ \begin{matrix} CH_2\text{———}C\cdot CH_3 \\ CH_3\cdot C:N\cdot OH \quad N\cdot OH \end{matrix} \longrightarrow \left[\text{II)}\ \begin{matrix} CH_2\text{———}CH\cdot CH_3 \\ CH_3\cdot CH\cdot NH_2 \quad NH\cdot OH \end{matrix} \xrightarrow{-H_2O} \right]$$

$$\text{III)}\ \begin{matrix} CH_2\text{——}CH\cdot CH_3 \\ CH_3\cdot CH\cdot NH\cdot NH \end{matrix}.$$

---

[1] E. FISCHER, O. KNÖVENAGEL, A. **239**, 196 (1887). — BALBIANO, G. **18**, 357 (1888). — MICHAELIS, LAMPE, A. **274**, 320 (1893). — WIRSING, J. pr. [2] **50**, 536, 549 ff. (1894).

[2] TAFEL, PFEFFERMANN, B. **36**, 219 (1903).

Es ist ein farbloses dünnflüssiges Öl von schwach ammoniakalischem Geruch, erstarrt bei -6^0 bis -7^0 und siedet unter 746 mm Druck bei 141—143° (korr.). Seine wäßrige Lösung reagiert stark alkalisch; es bildet Salze mit 2 Äq. Säure und zieht aus der Luft Kohlensäure an.

1-Phenyl-pyrazolidin[1] wird durch Einwirkung von Trimethylenbromid auf Natrium-phenylhydrazin gebildet:

$$\begin{array}{l} CH_2 \cdot CH_2Br \\ \vdots \\ CH_2Br \end{array} + 2NH_2 \cdot NNa \cdot C_6H_5 = \begin{array}{l} CH_2 —— CH_2 \\ \vdots \qquad\quad \vdots \\ CH_2 \cdot NH \cdot N \cdot C_6H_5 \end{array} + 2NaBr + H_2N \cdot NH \cdot C_6H_5 .$$

Es ist ein Öl von eigentümlichem Geruch, erstarrt nicht bei -15^0, siedet unter 20 mm Druck bei 160° und zeigt $D^{15} = 1 \cdot 20$. In Wasser ist es unlöslich, in verdünnten Mineralsäuren, sowie in verdünnter Essigsäure leicht löslich. Sehr merkwürdig ist die Leichtigkeit, mit welcher es durch Oxydation in Phenyl-pyrazolin übergeht (s. S. 367).

Ebenso oxydiert sich sein 3-Methyl-Homologes, das aus 1-Phenyl-3-methyl-pyrazolidon-(5) durch Reduktion mit Natrium in Alkohol entsteht:

$$\begin{array}{l} CH_2 —— CO \\ \vdots \qquad\quad \vdots \\ CH_3 \cdot CH \cdot NH \cdot N \cdot C_6H_5 \end{array} \longrightarrow \begin{array}{l} CH_2 —— CH_2 \\ \vdots \qquad\quad \vdots \\ CH_3 \cdot CH \cdot NH \cdot N \cdot C_6H_5 \end{array}$$

unter Abgabe von zwei Wasserstoff-Atomen sehr leicht zu 1-Phenyl-3-methyl-pyrazolin[2].

C-Halogen-Derivate und Sulfonsäuren der Pyrazole.

Aus Pyrazolen, welche in 4-Stellung nicht substituiert sind, sowie aus ihren 1-Phenyl-Derivaten lassen sich durch direkte Halogenierung leicht Monochlor- und Monobrom-Derivate bereiten, welche das Halogen in 4-Stellung enthalten[3], also an demjenigen Kohlenstoffatom des Kerns, das beiderseits mit Kohlenstoff verkettet ist. Die so entstehenden halogenierten Pyrazole sind sehr beständige Körper und halten das Halogen, ähnlich den Halogen-Derivaten der Benzol-Kohlenwasserstoffe, äußerst fest gebunden. In diesen Verhältnissen gibt sich ein interessanter Gegensatz des Pyrazols zum Pyrrol kund (vgl. S. 356), bei welch letzterem die Halogenierung an dem mit Stickstoff direkt verbundenen Kohlenstoff erfolgt und zu äußerst unbeständigen Produkten führt (vgl. S. 177).

Eine weitere wichtige Bildungsweise von monohalogenierten Pyrazolen besteht im Erhitzen von 1-arylierten oder 1-alkylierten 3- oder 5-Pyrazolonen mit Phosphoroxychlorid[4] (oder Phosphoroxybromid) auf ca. 150°, z. B.:

---

[1] MICHAELIS, LAMPE, A. **274**, 316 (1893).

[2] KNORR, DUDEN, B. **26**, 104, 106 (1893).

[3] Vgl.: BALBIANO, B. **23**, 1453 (1890). — SEVERINI, G. **23**, I, 284 (1893). — KNORR, B. **28**, 715 (1895).

[4] Vgl.: MICHAELIS, RÖHMER, B. **31**, 2907, 3193 (1898). — MICHAELIS, BEHN, B. **33**, 2595, 2603 (1900). — MICHAELIS, SCHWABE, B. **33**, 2607 (1900). — MICHAELIS, SUDEN-

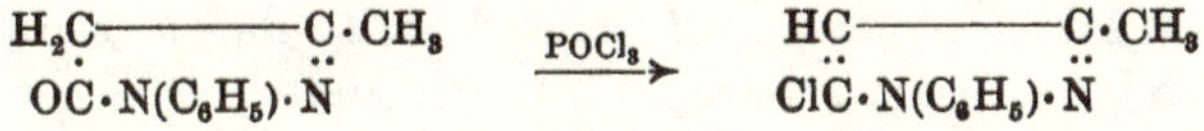 (A)

indem der Pyrazolon-Sauerstoff und ein Wasserstoff vom benachbarten Kohlenstoff austreten und durch Halogen ersetzt werden, gelangt man so zu 3- oder 5-Monohalogen-Derivaten von Pyrazolen. Die Halogenalkylate der 5-Halogen-Derivate bilden sich, wenn man solche 5-Pyrazolone der Reaktion unterwirft, welche in 2-Stellung alkyliert sind[1]; hierbei treten für ein Sauerstoffatom zwei Chloratome ein, z. B.:

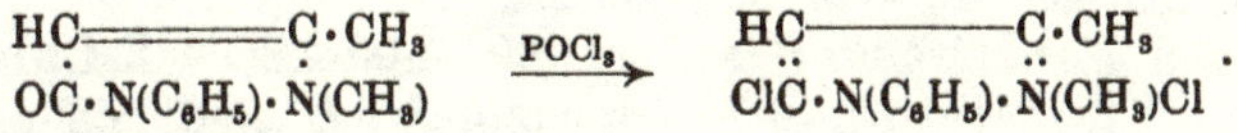 (B)

Über die Verschiedenheiten der Reaktionsfähigkeit, welche das Halogen in der 5-Stellung bei den tertiären (A) und den quartären (B) Verbindungen zeigt, s. S. 370.

Auch Polyhalogen-Derivate von Pyrazolen sind in ziemlicher Anzahl bereitet worden[2].

4-Chlor-pyrazol[3,4] 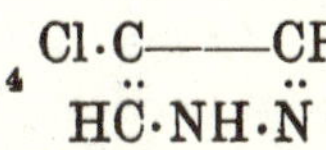 — aus Pyrazol durch Behandlung mit Chlorwasser oder mit Sulfurylchlorid erhältlich — bildet farblose Flitter, schmilzt bei 77°, siedet bei 220° (korr.) und riecht aromatisch. — **4-Brom-pyrazol**[3,5] (aus Pyrazol in wäßriger Lösung durch Brom) krystallisiert aus kochendem Wasser in glitzernden Blättchen von schwachem Bromoform-Geruch, schmilzt bei 96—97° und siedet bei 250—260° fast ohne Zersetzung. Sein Nitrat $C_3H_3N_2Br, HNO_3$ läßt sich aus kochendem Wasser umkrystallisieren. Mit ammoniakalischem Silbernitrat liefert das Brom-pyrazol ein weißes lichtbeständiges Silberderivat $C_3H_2N_2BrAg$. — Aus diesem Silberderivat entsteht durch ätherische Jod-Lösung das **4-Jod-pyrazol**[5,6] (farblose Nädelchen, Schmelzp. 108·5°), das auch aus

---

DORF, B. **33**, 2615 (1900). — MICHAELIS, VOSS, GREISS, B. **34**, 1300 (1901). — MICHAELIS, EISENSCHMIDT, B. **37**, 2229 (1904). — MICHAELIS, LACHWITZ, B. **37**, 2106 (1904). — MICHAELIS, A. **338**, 269, 285 (1905); A. **385**, 52 (1911). — Vgl. auch L. WOLFF, FERTIG, A. **313**, 21 (1900).

[1] Vgl.: MICHAELIS, PASTERNACK, B. **32**, 2398 (1899). — Vgl. auch JACOBSON, JOST, A. **400**, 204 (1913).

[2] Vgl. z. B.: MICHAELIS, RÖHMER, B. **31**, 3009, 3014 (1898). — MICHAELIS, PASTERNACK, B. **32**, 2409, 2410, 2411 (1899). — MICHAELIS, BEHN, B. **33**, 2604 (1900). — MICHAELIS, SUDENDORF, B. **33**, 2617 (1900). — HILL, BLACK, Am. **33**, 298 (1905). — MICHAELIS, LACHWITZ, B. **43**, 2107, 2108 (1910). — MICHAELIS, O. SCHMIDT, B. **43**, 2118 (1910). — MICHAELIS, A. **385**, 52—56 (1911).

[3] KNORR, B. **28**, 715 Anm. (1895).

[4] MAZZARA, BORGO, G. **36**, II, 348 (1906).

1-Phenyl-Derivat: SEVERINI, G. **23**, I, 285 (1893). — DIECKMANN, B. **37**, 2644 (1904).

[5] BUCHNER, FRITSCH, A. **273**, 263, 264 (1893).

[6] KNORR, B. **37**, 3522 (1904).

diazotiertem 4-Amino-pyrazol (vgl. S. 372, 374) durch Zersetzung mit warmer Kaliumjodid-Lösung bereitet werden kann[1].

1-Phenyl-4-brom-pyrazol[2] ist durch Bromieren von *N*-Phenyl-pyrazol (S. 362), aber auch synthetisch durch Einwirkung von Phenyl-hydrazin auf Brom-malonaldehyd (Bd. I, Tl. II, S. 878):

$$\begin{array}{l} Br\cdot C\cdot CHO \\ \quad\ddot{} \\ H\cdot C\cdot OH \end{array} + NH(C_6H_5)\cdot NH_2 = 2\,H_2O + \begin{array}{l} Br\cdot C\text{———}C\cdot H \\ \quad\ddot{}\qquad\qquad\ddot{} \\ H\cdot C\cdot N(C_6H_5)\cdot N \end{array}$$

gewonnen worden. Es bildet weiße Nadeln, schmilzt bei 81°, siedet unter partieller Zersetzung bei 293—296° und bleibt bei 6—8-stündigem Erhitzen mit konzentriertem alkoholischen Kali auf 120—130° unverändert.

Das nach Formelreihe B auf S. 369 entstehende **2-Chlormethylat des 1-Phenyl-3-methyl-5-chlor-pyrazols**[3] ist eine leicht zugängliche und recht reaktionsfähige Verbindung, die von MICHAELIS zum Ausgangspunkt wichtiger, den Ausbau der Pyrazol-Gruppe sehr fördernder Untersuchungen gemacht worden ist. Da sie aus Antipyrin (S. 386) dargestellt wird, nennt man sie zuweilen auch „Antipyrinchlorid". Sie krystallisiert mit 1 H_2O, ist in Wasser und Alkohol leicht, in Äther nicht löslich und schmilzt wasserhaltig bei 116°, wasserfrei bei 224°. Bei stärkerem Erhitzen zerfällt sie glatt in Methylchlorid und 1-Phenyl-3-methyl-5-chlor-pyrazol[4] [dickliche Flüssigkeit vom Sdp. 272° (korr.), $D^{18} = 1\cdot120$]. Das Chlormethylat wird mit großer Leichtigkeit in Antipyrin zurückgeführt, z. B. beim Eindampfen seiner wäßrigen Lösung mit verdünnter Natronlauge; bei 6-stündigem Erhitzen mit 25-prozentigem wäßrigen Ammoniak auf 125—150° liefert es, neben etwas Antipyrin, das 1-Phenyl-2.3-dimethyl-pyrazolon-(5)-imid:

$$\begin{array}{l} \quad HC\text{=====}C\cdot CH_3 \\ HN:C\cdot N(C_6H_5)\cdot N(CH_3) \end{array}$$

(vgl. S. 402 „Iminopyrin"). Es tauscht also leicht seine beiden Chloratome aus. Dagegen bleibt die entsprechende tertiäre Verbindung — das 1-Phenyl-3-methyl-5-chlor-pyrazol — beim Erhitzen mit Ammoniak auf hohe Temperaturen unverändert.

Sowohl aus 1-Phenyl-pyrazolin (S. 367), wie aus 1-Phenyl-pyrazolidin (S. 368) erhält man durch Brom in Chloroform ein **Dibrom-1-phenyl-pyrazolin**[5] $C_9H_8N_2Br_2$,

---

[1] Analoge Darstellung von 4-Jod-1.3.5-trimethyl-pyrazol: KNORR, B. **28**, 719 (1895).

[2] BALBIANO, G. **19**, 128 (1889). B. **23**, 1448 (1890). — LESPIEAU, C. r. **133**, 539 (1901).

[3] MICHAELIS, RÖHMER, B. **31**, 3194 (1898). — MICHAELIS, PASTERNACK, B. **32**, 2398 (1899). — MICHAELIS, BEHN, B. **33**, 2595 (1900). — MICHAELIS, BINDEWALD, B. **33**, 2873 (1900). — MICHAELIS, GUNKEL, B. **34**, 723 (1901). — STOLZ, B. **36**, 3279 (1903). — MICHAELIS, A. **339**, 119 (1905); **378**, 295 (1910).

[4] S. auch MICHAELIS, RÖHMER, B. **31**, 2908 (1898).

[5] E. FISCHER, O. KNÖVENAGEL, A. **239**, 198 (1887). — MICHAELIS, LAMPE, A. **274**, 320 (1893).

Über das Verhalten von 1-Phenyl-5-methyl-pyrazolin gegen Brom s. TRENER, M. **21**, 1116 (1900).

das bei 92—93° schmilzt und beim Kochen mit alkoholischem Kali ein Brom gegen Äthoxyl austauscht.

Durch rauchende Schwefelsäure sind aus Pyrazol und 3-Methylpyrazol **Sulfonsäuren**[1] erhalten worden, über deren Verhalten indes bisher keine genaueren Mitteilungen erfolgten.

C-Nitroso-, Nitro-, Amino-, Azo-, Diazo- und Triazo-Derivate der Pyrazole.

4-Nitroso-Derivate[2] sind synthetisch durch Einwirkung von Hydrazin oder Aryl-hydrazinen auf Isonitroso-acetylaceton bereitet worden, z. B.:

$$\begin{matrix} HO\cdot N:C\text{———}CO\cdot CH_3 \\ CH_3\cdot CO \quad + H_2N\cdot NH_2 \end{matrix} - 2H_2O = \begin{matrix} HO\cdot N:C\text{——}C\cdot CH_3 \\ CH_3\cdot C:N\cdot N \end{matrix} = \begin{matrix} ON\cdot C\text{——}C\cdot CH_3 \\ CH_3\cdot C\cdot NH\cdot N \end{matrix}.$$

Die Produkte dieser Synthesen erweisen sich durch ihre blaue bzw. grüne Färbung als wahre Nitroso-Körper und werden durch konzentrierte Salpetersäure leicht in die entsprechenden farblosen 4-Nitropyrazole übergeführt.

Das nach obiger Gleichung gebildete **4-Nitroso-3.5-dimethyl-pyrazol** krystallisiert aus Benzol in blauen Nadeln, schmilzt bei 128° und löst sich in Wasser ziemlich leicht mit blauer Farbe. In Soda löst es sich unter Bildung eines roten Salzes. Konzentrierte Salzsäure oder verdünnte Schwefelsäure nehmen mit grüner Farbe auf und veranlassen beim Erwärmen weitgehende Zersetzung.

Für *4-Nitro-Derivate*[3] ist außer der eben erwähnten Bildung die glatte Entstehung durch direkte Nitrierung von Pyrazolen mit warmer Salpeterschwefelsäure hervorzuheben (vgl. dazu S. 356). Die einfachste hierher gehörige Verbindung wurde ferner synthetisch aus Nitro-malonaldehyd (Bd. I, Tl. II, S. 1073) und Hydrazin erhalten (vgl. S. 370 die analoge Synthese von 1-Phenyl-4-brom-pyrazol).

4-Nitro-pyrazol $\begin{matrix} O_2N\cdot C\text{——}CH \\ HC\cdot NH\cdot N \end{matrix}$ bildet farblose Krystalle, schmilzt bei 162° (korr.), siedet bei 323° (korr.), ist in kaltem Wasser schwer, in heißem leichter löslich, verpufft schwach beim Erhitzen auf dem Platinblech und gibt Metallsalze von der Zusammensetzung $(C_3H_2O_2N_3)Me^I$.

4-Amino-pyrazole[4] gewinnt man aus den 4-Nitro-pyrazolen (s. o.) durch

---

[1] Knorr, A. **279**, 230 (1894). B. **28**, 715 (1895). — Über *N*-substituierte Sulfonsäuren, die auf anderem Wege (durch Oxydation von Thiopyrazolonen) erhalten wurden, vgl.: Michaelis, A. **320**, 30 (1901); **361**, 273, 297 (1908).

[2] L. Wolff, A. **325**, 191 (1902). — F. Sachs, Alsleben, B. **40**, 664 (1907).

[3] Buchner, Fritsch, A. **273**, 265 (1893). — Knorr, A. **279**, 228, 234 (1894). B. **28**, 717 (1895). — Hill, Torrey, Am. **22**, 92, 104 (1899). — L. Wolff, A. **325**, 192, 193 (1902).

[4] Knorr, B. **28**, 715, 717 (1895); **37**, 3520 (1904). — Bamberger, A. **305**, 305 (1899). — Wollers, A. **323**, 281 (1902). — Morgan, Reilly, Soc. **105**, 437, 438 (1914). — Vgl. auch: Scheiber, Haun, B. **47**, 3340 (1914). — Michaelis, Schäfer, A. **407**, 229 (1914).

Über 5-Halogen-4-amino-pyrazole s.: Höchster Farbwerke, D.R.P. 153861 (C. **1904**, II, 680). — Michaelis, Stau, B. **46**, 3612 (1913). — Michaelis, Bressel, A. **407**, 274 (1914).

Reduktion, z. B. mit Zinkstaub und Essigsäure. Sie zeigen Chlorkalk-Reaktionen ähnlich dem Anilin und liefern mit Nitrit in saurer Lösung Diazoniumsalze (s. S. 374); dagegen geben sie auffallenderweise mit Chloroform. und alkoholischem Kali nicht die Isonitril-Reaktion.

4-Amino-pyrazol wurde zuerst aus Isoxanthin durch Erhitzen mit konz. Salzsäure erhalten:

$$\begin{array}{l}\dot{N}H\cdot CO\cdot C\cdot NH \\ \dot{C}O\cdot NH\cdot \ddot{C}\cdot CH\end{array}\!\!>\!N + 2H_2O = NH_3 + 2CO_2 + \begin{array}{l}HC\cdot NH \\ H_2N\cdot \ddot{C}\cdot CH\end{array}\!\!>\!N\,.$$

Es bildet weiße Krystalle, schmilzt bei 80—82°, kann in kleinen Mengen bei stark vermindertem Druck im Wasserstoffstrom destilliert werden, löst sich spielend in Wasser, aber sehr schwer in Äther, reichlicher in Alkohol. Die wäßrige Lösung reagiert neutral, reduziert ammoniakalische Silberlösung schon in der Kälte und nimmt bei Gegenwart von Alkali rasch erhebliche Mengen von Sauerstoff aus der Luft auf, wobei sie sich zuerst violettrot und mit der Zeit schwarz färbt. Sehr charakteristisch ist das Nitrat $C_3H_5N_3, 2HNO_3$, das aus heißem Wasser in schönen Nadeln krystallisiert.

Für *3-* (bzw. *5-*)*Amino-pyrazole* kommt außer den Amino-Formeln (I, s. u.) auch die Formulierung als Pyrazolon-imide (Imino-pyrazoline, Formeln II) stark in Betracht. Sie sollen daher erst später (S. 400ff.) als Ammoniak-Abkömmlinge der Pyrazolone besprochen werden. Wenn aber

$$\text{I)}\quad \begin{array}{l}H\ddot{C}\text{———}\ddot{C}\cdot NH_2 \\ HC\cdot NH\cdot N\end{array} \quad \text{bzw.} \quad \begin{array}{l}H\ddot{C}\text{———}\ddot{C}H \\ H_2N\cdot C\cdot NH\cdot N\end{array},$$

$$\text{II)}\quad \begin{array}{l}H\ddot{C}\text{———}\dot{C}:NH \\ HC\cdot NH\cdot NH\end{array} \quad \text{bzw.} \quad \begin{array}{l}H_2\dot{C}\text{———}\ddot{C}H \\ HN:C\cdot NH\cdot N\end{array}$$

an dem substituierenden Stickstoff-Atom zwei Radikale (Alkyl, Aryl oder Acyl) haften, so ist die Struktur im Sinne von I festgelegt. Solche Abkömmlinge[1] gehören daher nur an diese Stelle. Man gelangt zu ihnen durch Erhitzen von „Antipyrinchlorid“ (S. 370) mit sekundären Aminen, wobei Methylchlorid abgespalten wird, z. B.:

$$\begin{array}{l}H\ddot{C}\text{————}\ddot{C}\cdot CH_3 \\ Cl\cdot C\cdot N(C_6H_5)\cdot N{<}^{CH_3}_{Cl}\end{array} \xrightarrow{(CH_3)_2NH} \begin{array}{l}H\ddot{C}\text{————}\ddot{C}\cdot CH_3 \\ (CH_3)_2N\cdot C\cdot N(C_6H_5)\cdot N\end{array};$$

Halogenmethylate solcher Verbindungen bilden sich aus 2-Methyl-pyrazolon-(5)-anilen (vgl. S. 401) leicht durch Addition von Alkyljodid oder Acetylchlorid, z. B.:

$$\begin{array}{l}H\dot{C}\text{=====}\dot{C}\cdot CH_3 \\ C_6H_5\cdot N:C\cdot N(C_6H_5)\cdot N\cdot CH_3\end{array} + CH_3I = \begin{array}{l}H\ddot{C}\text{————}\ddot{C}\cdot CH_3 \\ (CH_3)(C_6H_5)N\cdot C\cdot N(C_6H_5)\cdot N{<}^{CH_3}_{I}\end{array},$$

$$\text{〃} \quad + CH_3\cdot COCl = \begin{array}{l}H\ddot{C}\text{————}\ddot{C}\cdot CH_3 \\ (CH_3\cdot CO)(C_6H_5)N\cdot C\cdot N(C_6H_5)\cdot N{<}^{CH_3}_{Cl}\end{array},$$

und spalten bei der Destillation Methylhalogenid ab.

---

[1] MICHAELIS, HEPNER, B. **36**, 3277 (1903). — MICHAELIS, A. **339**, 148, 149, 168, 169, 170, 174, 176, 179, 180, 184, 186ff. (1905); **385**, 9, 25, 32, 35, 59 (1911). — MICHAELIS, MIELECKE, B. **40**, 4482 (1907).

1-Phenyl-3-methyl-5-methylanilino-pyrazol („Pseudoanilo-pyrin") $\begin{array}{l}\qquad\quad HC\text{———}C\cdot CH_3\\ (CH_3)(C_6H_5)N\cdot C\cdot N(C_6H_5)\cdot N\end{array}$ bildet wasserhelle Nadeln, schmilzt bei 88·5° und krystallisiert aus 10-prozentiger Salzsäure unverändert (nicht als Hydrochlorid) aus. In Eisessig mit Natriumnitrit gibt es ein 4-Nitroso-Derivat (dunkelgrüne Krystalle, Schmelzp. 89°). — **1-Phenyl-3-methyl-5-acetylanilino-pyrazol** (Schmelzp. 96°) wird dagegen von salpetriger Säure nicht verändert.

1-Phenyl-3-methyl-4.5-diamino-pyrazol[1] (Formel IV, s. u.) wurde aus 1-Phenyl-3-methyl-4-benzolazo-5-amino-pyrazol (III) — vgl. S. 374 — durch Reduktion mit Zinnchlorür in alkoholischer Salzsäure erhalten, krystallisiert in feinen Nadeln, schmilzt bei 119°, ist in kaltem Wasser ziemlich löslich, leicht oxydabel und

$$\text{III)}\ \begin{array}{l}C_6H_5\cdot N:N\cdot C\text{————}C\cdot CH_3\\ \qquad H_2N\cdot C\cdot N(C_6H_5)\cdot N\end{array},\qquad \text{IV)}\ \begin{array}{l}H_2N\cdot C\text{————}C\cdot CH_3\\ H_2N\cdot C\cdot N(C_6H_5)\cdot N\end{array},$$

$$\text{V)}\ N\begin{array}{l}\nearrow N\cdot C\text{————}C\cdot CH_3\\ \searrow HN\cdot C\cdot N(C_6H_5)\cdot N\end{array}$$

verhält sich wie ein aromatisches Orthodiamin; so gibt es mit salpetriger Säure ein Azimid (V).

Das einfachste symmetrische *Azoderivat* des Pyrazols — **Azopyrazol** — ist nicht bekannt[2]. Ein unsymmetrischer Azokörper von einfacher Struktur liegt in dem **1-Phenyl-4-benzolazo-pyrazol**[3] vor, das aus dem Tris-phenylhydrazon des Mesoxaldialdehyds (vgl. Bd. I, Tl. II, S. 858) durch Kochen mit Essigsäureanhydrid erhalten wird[4]:

$$C_6H_5\cdot NH\cdot N:C\begin{array}{l}\diagup CH:N\cdot NH\cdot C_6H_5\\ \diagdown CH:N\cdot NH\cdot C_6H_5\end{array} - H_2N\cdot NH\cdot C_6H_5 =$$

$$C_6H_5\cdot N:N\cdot C\begin{array}{l}\diagup CH:N\\ \diagdown CH\cdot N\cdot C_6H_5\end{array}$$

Es krystallisiert aus heißem Alkohol in gelben Blättern, schmilzt bei 126° und löst sich in konz. Schwefelsäure mit rotgelber Farbe.

1-Phenyl-3-methyl-4-benzolazo-pyrazol[5] $C_6H_5\cdot N:N\cdot C\begin{array}{l}\diagup C(CH_3):N\\ \diagdown CH\text{——}N\cdot C_6H_5\end{array}$ ge-

---

[1] MICHAELIS, KLOPSTOCK, A. **354**, 103, 109 (1907). — MOHR, J. pr. [2] **79**, 39 (1909). — Vgl. auch: MICHAELIS, A. **385**, 10, 27, 31 (1911). — MICHAELIS, SCHÄFER, A. **407**, 230, 259 (1914).

Über 3.4.5-Triamino-pyrazolin s. CURTIUS, J. pr. [2] **91**, 39, 58 (1914).

[2] Über Derivate s.: MICHAELIS, A. **358**, 144 (1908). — MICHAELIS, SCHÄFER, A. **407**, 253, 255, 258 (1914). — MICHAELIS, BRESSEL, A. **407**, 288 (1914).

[3] Vgl.: v. PECHMANN, WEHSARG, B. **21**, 2993 (1888). — ZINCKE, KEGEL, B. **22**, 1479 (1889). — LEVY, WITTE, A. **252**, 346 (1889). — v. PECHMANN, JENISCH, B. **24**, 3258 (1891). — v. PECHMANN, VANINO, B. **27**, 222 (1894). — CLAISEN, B. **36**, 3669 (1903).

[4] Ähnliche Synthesen von Homologen: C. BEYER, CLAISEN, B. **21**, 1700, 1702 (1888).

[5] MICHAELIS, LEONHARDT, B. **36**, 3597 (1903). — MICHAELIS, A. **338**, 183 (1905). — MICHAELIS, SCHÄFER, A. **407**, 229, 259 (1914).

Über Stellungs-Isomere s.: MICHAELIS, A. **338**, 192 (1905); **350**, 318 (1906). — MICHAELIS, KOBERT, B. **42**, 2769 (1909).

winnt man, indem man 1-Phenyl-3-methyl-4-benzolazo-pyrazolon-(5) (Formel I, s. u.; Näheres s. S. 397—398) zunächst durch Phosphoroxychlorid in 1-Phenyl-3-methyl-4-benzolazo-5-chlor-pyrazol (s. u. Formel II) überführt und letzteres mit Zinkstaub in alkoholischem Alkali reduziert.

1-Phenyl-3-methyl-4-benzolazo-5-amino-pyrazol[1] (Formel III) wird aus dem 1-Phenyl-3-methyl-4-benzolazo-5-chlor-pyrazol (II) erhalten, indem man dessen Chlor durch Erwärmen mit Kaliumjodid-Lösung gegen Jod austauscht und den so entstandenen jodierten Azokörper mit alkoholischem Ammoniak 12 Stunden auf 200—210° erhitzt. Auch entsteht diese Aminoazo-Verbindung aus 1-Phenyl-3-methyl-5-amino-

$$\text{I)}\quad C_6H_5\cdot N:N\cdot C\Big<\begin{matrix}C(CH_3):N\\ C(OH)\text{—}N\cdot C_6H_5\end{matrix},\qquad \text{II)}\quad C_6H_5\cdot N:N\cdot C\Big<\begin{matrix}C(CH_3):N\\ CCl\text{——}N\cdot C_6H_5\end{matrix},$$

$$\text{III)}\quad C_6H_5\cdot N:N\cdot C\Big<\begin{matrix}C(CH_3):N\\ C(NH_2)\cdot N\cdot C_6H_5\end{matrix}$$

pyrazol (S. 402) durch Kuppelung mit Benzoldiazoniumchlorid. Sie krystallisiert in dunkelgelben Blättchen, schmilzt bei 140°, löst sich in Salzsäure mit dunkelroter Farbe und wird in alkoholischer Salzsäure durch Zinnchlorür zu 1-Phenyl-3-methyl-4.5-diamino-pyrazol (S. 373) reduziert.

Zu den Azoderivaten der Pyrazole gehören auch die Kuppelungsprodukte aus Diazonium-pyrazolen (s. u.) und Phenolen oder Aminen.

Benzolazo-pyrazolin[2] $C_6H_5\cdot N:N\cdot C_3H_5N_2$ entsteht aus Pyrazolin (S. 366) durch Kuppelung mit Benzoldiazoniumchlorid in Eisessig, krystallisiert aus Alkohol in ziegelroten Prismen, schmilzt bei 80° und löst sich in Säuren mit scharlachroter Farbe.

Salze von *4-Diazonium-pyrazolen*[3] entstehen aus den 4-Amino-pyrazolen (S. 371—372) durch „Diazotieren“ in saurer Lösung mit Nitrit und zeichnen sich durch außerordentliche Beständigkeit aus. Ihre Lösungen können gekocht werden, ohne daß Stickstoff-Entwickelung eintritt. Mit kochender Kaliumjodid-Lösung entbinden sie aber lebhaft Stickstoff, indem Jod an Stelle der Diazonium-Gruppe eintritt. Mit Phenolen, Arylaminen, Acetessigester usw. kuppeln sie wie die Diazoverbindungen der Benzol-Reihe. — Auch die 5-Amino-pyrazole (vgl. S. 372) lassen sich zu kuppelungsfähigen Diazoniumverbindungen diazotieren[4] (vgl. S. 402).

In fester Form ist das **3.5-Dimethyl-pyrazol-4-diazoniumchlorid** (Formel IV, s. u.) isoliert worden, das farblose durchsichtige Prismen bildet, sich bei 150—160° zu zersetzen beginnt und bei 175° schwach explodiert.

$$\text{IV)}\quad Cl\cdot N_2\cdot C\Big<\begin{matrix}C(CH_3):N\\ C(CH_3)\cdot NH\end{matrix},$$

$$\text{V)}\quad \begin{matrix} & N:C(CH_3)\cdot CH & & CH\cdot C(CH_3):N \\ C_6H_5\cdot N\text{———} & & C\cdot N:N\cdot NH\cdot C\text{———} & N\cdot C_6H_5\end{matrix}$$

---

[1] Michaelis, Danzfuss, A. **339**, 144 (1905). — Michaelis, Klopstock, A. **354**, 102 (1907). — S. auch Michaelis, Klappert, A. **397**, 154 (1913).

[2] Wirsing, J. pr. [2] **50**, 546, 551 (1894).

[3] Vgl.: Knorr, B. **28**, 718 (1895); **37**, 3522 (1904). — Michaelis, A. **385**, 30 (1911). — Morgan, Reilly, Soc. **105**, 435 (1914). — Michaelis, Schäfer, A. **407**, 251 (1914).

[4] Vgl.: Bouveault, Bl. [3] **4**, 648 (1890). — Mohr, J. pr. [2] **79**, 28 (1909); **90**, 509 (1914). — Michaelis, Schäfer, A. **397**, 144 (1913).

Wenn man 1-Phenyl-3-methyl-5-amino-pyrazol (S. 402) in salzsaurer Lösung mit einer ungenügenden Menge Natriumnitrit versetzt, scheidet sich **1.1'-Diphenyl-3.3'-dimethyl-5-diazoamino-pyrazol**[1] (Formel V, S. 374) in gelben glänzenden Blättchen ab. Es schmilzt bei 182°; mit β-Naphthol und mit Resorcin kuppelt es nicht.

Das 3.5-Dimethyl-pyrazol-4-diazoniumchlorid (S. 374) reagiert in saurer Lösung mit Natrium-azid unter Entwickelung von Stickstoff und Bildung von **3.5-Dimethyl-4-triazo-pyrazol**[2] $N_3\cdot C\langle^{C(CH_3):N}_{C(CH_3)\cdot NH}$ — farblose Flocken, die sich bei 75° röten und bei 81° schmelzen; dieser Triazokörper gibt mit alkalischen Lösungen von Phenolen intensive, aber veränderliche Färbungen.

Oxy-Derivate der Pyrazole.

Von der üblichen Pyrazol-Formel (vgl. S. 353) ausgehend, können wir drei Formeln von *C-Monooxy-Pyrazolen* konstruieren:

I) 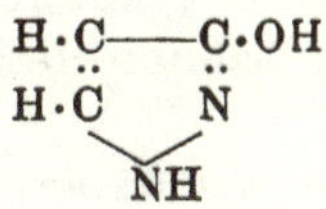,
3-Oxy-pyrazol

II) 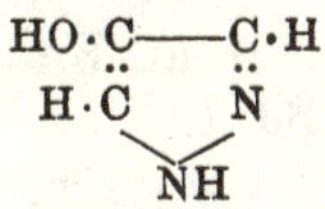,
4-Oxy-pyrazol

III) 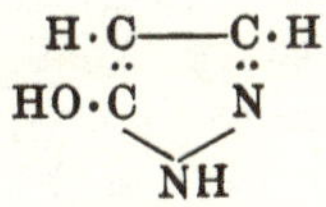.
5-Oxy-pyrazol

Durch Bindungswechsel gehen aus ihnen die Formeln dreier Oxo-pyrazoline hervor:

Ia) 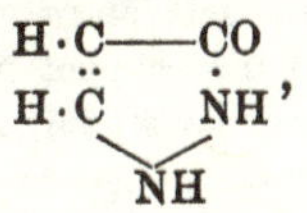, IIa) 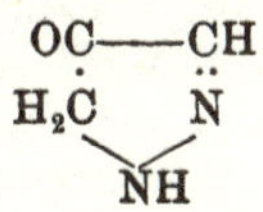, IIIa) 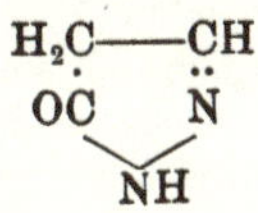,

von denen Ia und IIIa heterovicinale Oxo-Verbindungen darstellen, IIa aber ein esocyclisches Keton (vgl. S. 55).

Verbindungen, in denen Sauerstoff gemäß den Formeln I und III bzw. Ia und IIIa in der *3- bzw. 5-Stellung* an den Pyrazol-Kern gebunden ist, sind in großer Zahl bekannt. Sie tragen in ihrem Verhalten mehr den Charakter von Oxo-Körpern (Formel Ia und IIIa) als von aromatischen Hydroxyl-Derivaten („Phenolen", Formeln I und III). Daher werden sie meist „Pyrazolone" genannt und sollen erst im nächsten Abschnitt (S. 378 ff.) besprochen werden.

Wenn aber an den Sauerstoff ein Radikal gebunden ist, erscheint jener Bindungswechsel nicht mehr möglich; die Struktur ist dann, soweit die Art der Bindung von Sauerstoff an den Kern in Betracht kommt, im Sinne der Formeln I bzw. III festgelegt. Verbindungen dieser Art sind die „*O*-Alkyl-Derivate der 5-Pyrazolone", die daher hier aufgeführt werden mögen. Solche **5-Alkoxy-pyrazole**[3] entstehen

---

[1] MICHAELIS, SCHÄFER, A. **397**, 145 (1913).

[2] MORGAN, REILLY, Soc. **105**, 441 (1914).

[3] Vgl.: FREER, Am. **14**, 417 (1892). J. pr. [2] **47**, 246 (1893). — WALKER, Am. **14**, 583, 584 (1892). — HÖCHSTER FARBWERKE, D.R.P. 72824 (FRDL. **3**, 936); 77301

synthetisch bei der Kondensation von Acetessigester mit Hydrazinen in saurer Lösung, z. B.:

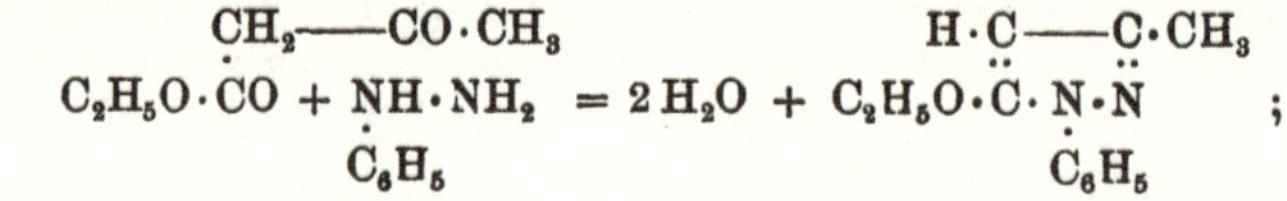

bei dieser Synthese wird also nur Wasser abgespalten, während bei der nebenher verlaufenden oder unter anderen Reaktions-Bedingungen ausschließlich eintretenden Pyrazolon-Bildung (vgl. S. 381 Gleichung A und B) Wasser und Alkohol abgespalten wird. Sie können ferner aus 5-Pyrazolonen durch Alkylierung erhalten werden, z. B.:

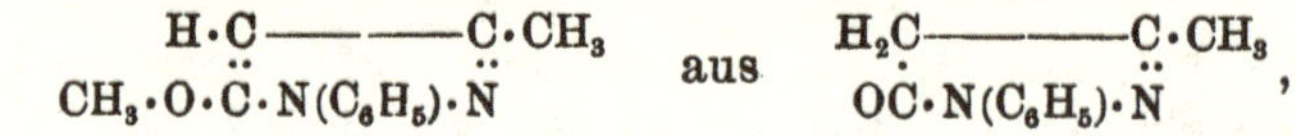

und zwar als Nebenprodukt bei der Methylierung mit Methyljodid in alkoholischem Alkali (vgl. S. 382), als Hauptprodukt bei der Methylierung mit Diazomethan (vgl. dazu Bd. I, Tl. I, S. 389).

Das 1-Phenyl-3-methyl-5-äthoxy-pyrazol, dessen Bildung durch die obige Gleichung erläutert wird, krystallisiert aus Ligroin in großen farblosen Tafeln, schmilzt bei 38·5°, siedet unter 43 mm Druck bei 258° und löst sich nicht in Alkalien, aber leicht in starker Salzsäure. Bei mehrstündigem Kochen mit alkoholischem Kali bleibt es unverändert. Durch Erhitzen mit konz. Salzsäure wird es zu 1-Phenyl-3-methyl-pyrazolon-(5) (S. 383) verseift. Durch Reduktion mit Natrium in Alkohol liefert es 1-Phenyl-3-methyl-pyrazolin. Die Salze, die es mit Säuren bildet, werden von Wasser zerlegt. Durch Erhitzen für sich (3 Stunden auf 250°) kann es zu 1-Phenyl-2-äthyl-3-methyl-pyrazolon-(5) umgelagert werden:

Die 1-Aryl-5-alkoxy-pyrazole vereinigen sich mit Alkyljodiden zu Jodalkylaten[1], die auch in einer anderen, sehr eigentümlichen Reaktion gebildet werden, nämlich durch Anlagerung von Alkyljodid an 1-Aryl-2.3-dialkyl-pyrazolone-(5) („Antipyrine", vgl. S. 389), z. B.:

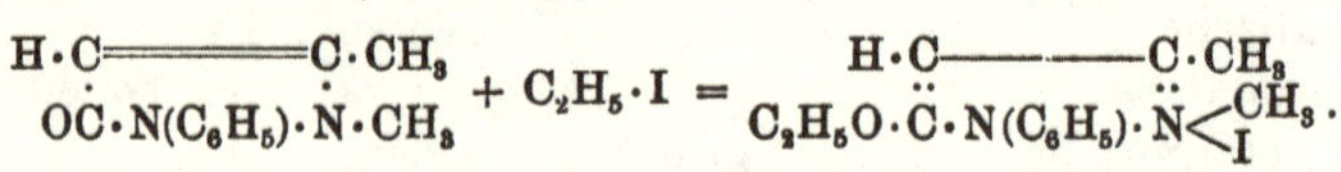

Diese Jodalkylate verhalten sich nicht wie gewöhnliche quartäre Jodide, denn sie werden durch Alkalien sehr leicht unter Abspaltung

---

(Frdl. **4**, 1191). — Stolz, B. **27**, 407 (1894); **28**, 631 (1895). D.R.P. 95643 (C. **1898**, I, 812). — Knorr, B. **28**, 706 (1895). — v. Pechmann, B. **28**, 1626 (1895). — Himmelbauer, J. pr. [2] **54**, 191 (1896). — L. Wolff, B. **37**, 2829, 2833, 2834 (1904).

Über analoge Schwefel-Körper („Pseudothiopyrine") s. Michaelis, A. **331**, 221 (1904).

Über 1-Phenyl-3-methoxy-5-methyl-pyrazol („Pseudo-3-antipyrin") s. Michaelis, A. **338**, 282 (1905).

[1] Knorr, A. **293**, 5, 13 (1896).

von Alkyl und Jod verändert; hierbei tritt nicht das an *N*, sondern das an *O* gebundene Alkyl aus, und ebenso wird letzteres Alkyl mit dem Jod beim Schmelzen der Jodalkylate abgespalten, so daß in beiden Fällen ein 2-alkyliertes Pyrazolon (ein „Antipyrin") das zurückbleibende Produkt mit nur tertiär gebundenem Stickstoff ist:

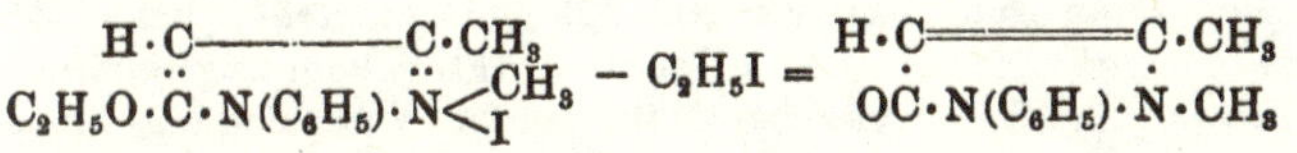
(vgl. dazu S. 387).

Im Hinblick auf diese Beziehungen zu den Antipyrinen und das eigenartige Verhalten werden die Verbindungen Antipyrin-*pseudo*-jodalkylate genannt.

5-Acyloxy-pyrazole[1] entstehen durch Acylierung der 5-Pyrazolone, z. B. aus 1-Phenyl-3-methyl-pyrazolon-(5) durch Benzoylchlorid und Natronlauge das 1-Phenyl-3-methyl-5-benzoyloxy-pyrazol

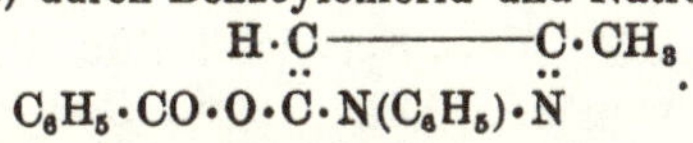
.

Zum **4-Oxy-pyrazol**[2] — Formel II bzw. IIa auf S. 375 — ist man von der Diazo-tetronsäure (Bd. I, Tl. II, S. 1242) aus gelangt. Das Natriumsalz ihres Natriumbisulfit-Additionsprodukts (Formel IV, s. u.) wird beim Erwärmen mit Natronlauge zersetzt, und Salzsäure scheidet dann die 4-Oxy-pyrazol-carbonsäure-(3) (VIII) ab, deren Bildung man sich durch die Zwischenstufen V—VII erklären kann:

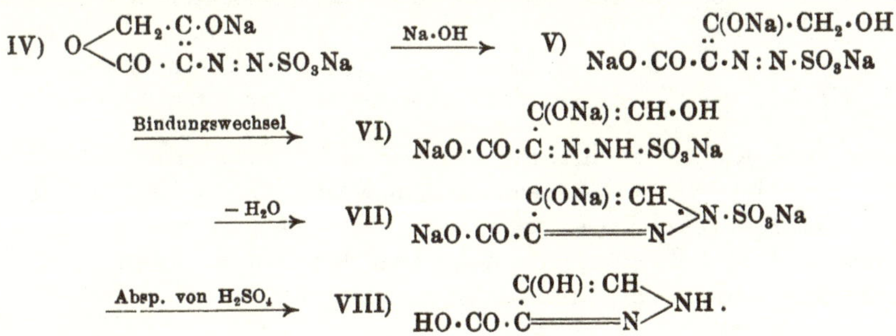

Die Carbonsäure VIII zerfällt nun beim Erhitzen auf 210—220^0 in Kohlendioxyd und 4-Oxy-pyrazol, das in weißen Tafeln krystallisiert, bei 118^0 schmilzt, sich leicht in Wasser löst, sowohl mit Säuren wie mit Basen Salze bildet und aus Silbernitrat beim Erwärmen sofort Silber ausscheidet. Die konzentrierte wäßrige Lösung färbt sich mit einem Tropfen Eisenchlorid sehr intensiv blauviolett. Hieraus darf man entnehmen, daß die Verbindung in der „Enol-Form" II (S. 375) — also als wirkliches Phenol der Pyrazol-Reihe — reagiert.

Über **Azo-Derivate der Oxy-pyrazole** s. S. 396—398.

[1] Vgl. Stolz, J. pr. [2] **55**, 145 (1897).

[2] L. Wolff, A. **313**, 1 (1900). — Dimroth, A. **335**, 109 (1904).
Über ein Homologes s. Sachs, Röhmer, B. **35**, 3313 (1902).

Auch ein Alkohol der Pyrazol-Reihe — **1-Phenyl-3-methyl-5-oxymethyl-pyrazol**[1] $\begin{array}{l} H\cdot \dot{C} : C(CH_2\cdot OH) \\ CH_3\cdot C : N \end{array} \!\!>\! N\cdot C_6H_5$ (Schmelzp. 116—117°) — ist synthetisch erhalten worden.

Ein esocyclischer Alkohol der Pyrazolin-Reihe ist das **1-Phenyl-3.4.4-trimethyl-5-oxy-pyrazolin**[2], das aus dem 1-Phenyl-3.4.4-trimethyl-pyrazolon-(5) (S. 385) durch Reduktion mit Natrium in Alkohol entsteht, bei 118° schmilzt, kräftig reduzierend wirkt, die Pyrazolin-Reaktion (vgl. S. 366) zeigt und mit konzentrierter Schwefelsäure durch Wasserabspaltung unter Verschiebung eines Methyls das 1-Phenyl-3.4.5-trimethyl-pyrazol liefert:

$$\begin{array}{l} (CH_3)_2C\text{———}C\cdot CH_3 \\ (HO)HC\cdot N(C_6H_5)\cdot N \end{array} \longrightarrow \begin{array}{l} CH_3\cdot C\text{———}C\cdot CH_3 \\ CH_3\cdot C\cdot N(C_6H_5)\cdot N \end{array}.$$

Oxo-Derivate der Pyrazole.

Exocyclische Ketone[3] der Pyrazol-Reihe sind mehrfach durch Ring-Synthese gewonnen worden. Ein Beispiel dafür liefert die Einwirkung von Phenyl-hydrazin auf Oxymethylen-acetylaceton (Bd. I, Tl. II, S. 861, 904):

$$\begin{array}{l} CH_3\cdot CO\cdot C\text{=====}CH\cdot OH \\ CH_3\cdot CO + NH(C_6H_5)\cdot NH_2 \end{array} = 2\,H_2O + \begin{array}{l} CH_3\cdot CO\cdot C\text{———}C\cdot H \\ CH_3\cdot C\cdot N(C_6H_5)\cdot N \end{array}$$

(1-Phenyl-4-aceto-5-methyl-pyrazol)

1-Phenyl-*C*-aceto-pyrazol konnte aus N-Phenyl-pyrazol (S. 362) durch Erhitzen mit Acetylchlorid auf 140—150° in schlechter Ausbeute erhalten werden.

Es genügt hier, auf die Existenz solcher Oxo-Körper hinzuweisen, da Einzelheiten von Interesse nicht über sie zu berichten sind.

Sehr viel wichtiger sind die *heterovicinalen Oxo-Derivate.* In ihnen liegen, wie schon S. 354 hervorgehoben wurde, die meistbearbeiteten Glieder der Pyrazol-Gruppe vor. Diese Körperklasse ist so zahlreich geworden und umfaßt so verschiedenartige Typen und praktisch so bedeutungsvolle Individuen, daß ihrer Schilderung beträchtlicher Raum gegönnt werden muß.

Wir wenden uns zunächst dem einfachsten Falle zu, der darin besteht, daß im Pyrazolin statt einer heterovicinalen CH_2-Gruppe eine CO-Gruppe sich befindet. Diese Umformung führt von den drei möglichen Pyrazol*in*-Formeln (S. 363) zu drei Pyrazol*on*-Formeln:

$$\text{I)}\ \begin{array}{l} H_2C\text{——}CH_2 \\ OC\cdot N : N \end{array},\qquad \text{II)}\ \begin{array}{l} H_2C\text{——}CH \\ OC\cdot NH\cdot N \end{array},\qquad \text{III)}\ \begin{array}{l} HC\text{==}CH \\ OC\cdot NH\cdot NH \end{array}.$$

---

[1] Benary, B. **43**, 1066, 1068 (1910).

[2] Knorr, B. **36**, 1272 (1903). — Knorr, Jochheim, B. **36**, 1275 (1903).

[3] Vgl. z. B.: Balbiano, G. **19**, 136 (1889). — Claisen, A. **295**, 310, 320 (1897). — L. Wolff, A. **325**, 177, 185 (1902). — Klages, Rönneburg, B. **36**, 1131 (1903). — Castellana, R.A.L. [5] **16**, I, 767 (1907).

Über einen Aldehyd der Pyrazol-Reihe s. Felix, P. Friedländer, M. **31**, 73 (1910).

Man kennt bisher nur ein heterovicinales Monooxo-pyrazolin. Dessen Bildung und Verhalten lassen die Wahl zwischen den Formeln II und III, welche beide die Verbindung als Hydrazin-Abkömmling erscheinen lassen und auf Grund von manchen Analogien als tautomer betrachtet werden dürfen. Aus II könnte auch I durch Platzwechsel eines Wasserstoffatoms hervorgehen. Doch bieten die Eigenschaften der Verbindung keine Handhabe, die „Azo-Formel" I für sie in Erwägung zu ziehen; auch ist unter der großen Zahl von Derivaten keines bekannt geworden, für welches die Ableitung vom Typus I zwingend oder auch nur wahrscheinlich wäre.

Die Verbindung, für welche also die obigen Formeln II und III und außerdem die desmotropen Oxy-Formeln (vgl. S. 375):

$$\text{IIa)}\ \begin{matrix}\text{HC}\text{——}\text{CH}\\ \text{HO}\cdot\ddot{\text{C}}\cdot\text{NH}\cdot\ddot{\text{N}}\end{matrix},\qquad \text{IIb)}\ \begin{matrix}\text{H}_2\text{C}\text{——}\text{CH}\\ \text{HO}\cdot\dot{\text{C}}:\text{N}\cdot\ddot{\text{N}}\end{matrix},\qquad \text{IIIa)}\ \begin{matrix}\text{HC}=\!=\text{CH}\\ \text{HO}\cdot\dot{\text{C}}:\text{N}\cdot\dot{\text{N}}\text{H}\end{matrix}$$

in Betracht kommen, wird **Pyrazolon**[1] genannt[2] und ist von RUHEMANN entdeckt worden. Sie wird am einfachsten durch Einwirkung von schwefelsaurem Hydrazin auf Natrium-Formyl-essigester (Bd. I, Tl. II, S. 1095—1096) bereitet:

$$\begin{matrix}\text{CH}=\!=\!=\!=\text{CH}\cdot\text{OH}\\ \dot{\text{C}}\text{O}\cdot\text{OC}_2\text{H}_5 + \text{H}_2\text{N}\cdot\text{NH}_2\end{matrix} = \text{C}_2\text{H}_5\cdot\text{OH} + \text{H}_2\text{O} + \begin{matrix}\text{CH}=\!=\text{CH}\\ \dot{\text{C}}\text{O}\cdot\text{NH}\cdot\dot{\text{N}}\text{H}\end{matrix}.$$

Das Pyrazolon krystallisiert aus Wasser in farblosen Nädelchen, fängt bei 160° zu sintern an, verflüssigt sich bei 163—164°, sublimiert bei höherem Erhitzen unter starker Zersetzung und ist mit Wasserdämpfen nur wenig flüchtig; es löst sich in Wasser und Alkohol äußerst leicht, in Äther schwer und ist geruchlos. Aus ammoniakalischer Silberlösung scheidet es in der Wärme Silber aus. Von Eisenchlorid wird seine Lösung braunrot gefärbt. Die wäßrige Lösung rötet Lackmus, wird aber schon nach Zusatz von etwa $^3/_{10}$ Äquivalent Natron alkalisch. Andererseits vermag sich das Pyrazolon mit Salzsäure zu einem (sehr hygroskopischen) Hydrochlorid zu vereinigen, besitzt also auch basischen Charakter. Von rauchender Salzsäure wird es bei 100° nicht gespalten. In mehreren Reaktionen zeigt es ein der Formel II (S. 378) entsprechendes Verhalten; so wird es durch nascierende salpetrige Säure in 4-Isonitroso-pyrazolon (IV) verwandelt und kondensiert sich mit Benzaldehyd beim Zusammenschmelzen zu 4-Benzal-pyrazolon (V):

$$\text{IV)}\ \begin{matrix}\text{HO}\cdot\text{N}:\text{C}\text{——}\text{CH}\\ \text{OC}\cdot\text{NH}\cdot\ddot{\text{N}}\end{matrix},\qquad \text{V)}\ \begin{matrix}\text{C}_6\text{H}_5\cdot\text{CH}:\text{C}\text{——}\text{CH}\\ \text{OC}\cdot\text{NH}\cdot\ddot{\text{N}}\end{matrix}.$$

4-Nitro-pyrazolon $\begin{matrix}\text{NO}_2\cdot\text{CH}\text{——}\text{CH}\\ \text{CO}\cdot\text{NH}\cdot\ddot{\text{N}}\end{matrix}$, ist aus Nitro-malondialdehyd (Bd. I, Tl. II, S. 1073—1074) durch einen sehr eigenartigen Prozeß gewonnen worden,

[1] RUHEMANN, B. **27**, 1658 (1894). — RUHEMANN, MORRELL, B. **28**, 988 (1895). — KNORR, B. **29**, 249 (1896).

[2] Vgl. KNORR, A. **238**, 145 (1887).

nämlich aus dem Diacetylderivat seines Dioxims durch Auflösen in warmer Natronlauge:

$$\begin{array}{l} NaO_2N:C\text{———}CH:N\cdot O\cdot CO\cdot CH_3 \\ \quad\; CH:N\cdot O\cdot CO\cdot CH_3 \end{array} + 2\,NaOH$$

$$= \begin{array}{l} NaO_2N:C\text{———}CH \\ \qquad\; CO\cdot NH\cdot N \end{array} + 2\,NaO\cdot CO\cdot CH_3 + H_2O.$$

Aus dem so bereiteten (roten) Natriumsalz wird die freie Verbindung durch Ansäuern in farblosen Kryställchen vom Schmelzp. 136—137° erhalten. Als Pyrazol-Derivat ist sie dadurch charakterisiert, daß sie durch Einwirkung von Phosphoroxychlorid in ein Nitro-chlor-pyrazol übergeht, das auch aus 5-Chlor-pyrazol durch Nitrieren bereitet werden kann[1].

Homologe des Pyrazolons[2] werden aus β-Ketonsäureestern durch Einwirkung von Hydrazin bereitet. So entsteht z. B. aus Acetessigester gemäß der Gleichung:

$$\begin{array}{l} CH_2\text{————}CO\cdot CH_3 \\ CO\cdot OC_2H_5 + NH_2\cdot NH_2 \end{array} = C_2H_5\cdot OH + H_2O + \begin{array}{l} CH_2\text{——}C\cdot CH_3 \\ CO\cdot NH\cdot N \end{array}$$

das 3-Methyl-pyrazolon-(5), das aus heißem Wasser in farblosen Prismen krystallisiert und bei 215° schmilzt. Erwähnt seien ferner die aus Methyl- und aus Dimethyl-acetessigester analog entstehenden Verbindungen:

$$\begin{array}{c} CH_3\cdot CH\text{——}C\cdot CH_3 \\ CO\cdot NH\cdot N \end{array}, \qquad \begin{array}{c} (CH_3)_2C\text{———}C\cdot CH_3 \\ CO\cdot NH\cdot N \end{array}$$

3.4-Dimethyl-pyrazolon-(5) (Schmelzp. 256°) — 3.4.4-Trimethyl-pyrazolon-(5) (Schmelzp. 269°).

***N*-Monoaryl-Derivate des Pyrazolons und seiner Homologen.** Wenn wir es mit Pyrazolon-Derivaten zu tun haben, die ein Kohlenwasserstoff-Radikal an Stickstoff gebunden enthalten, scheidet die Formel I auf S. 378 als Stammform natürlich überhaupt aus. Aus II und III (S. 378) lassen sich die Formeln:

$$\text{VI)}\ \begin{array}{c} H_2C\text{——}CH \\ OC\cdot NAr\cdot N \end{array}, \quad \text{VIa)}\ \begin{array}{c} HC\text{==}CH \\ OC\cdot NAr\cdot NH \end{array}, \quad \text{VII)}\ \begin{array}{c} HC\text{==}CH \\ OC\cdot NH\cdot N\cdot Ar \end{array}$$

ableiten, von denen VI und VIa durch Platzwechsel eines Wasserstoffatoms ineinander übergehen können, also desmotrop sind, während VII sich von VI und VIa wesentlich durch die Stellung des Aryls[3] zum

---

[1] Hill, Black, Am. **33**, 292 (1905).

[2] Vgl. z. B.: Curtius, Jay, J. pr. [2] **39**, 52 (1889). — Knorr, B. **25**, 778 (1892). — Curtius, J. pr. [2] **50**, 510 (1894). — Thiele, Stange, A. **283**, 30 (1894). — v. Rothenburg, B. **27**, 790 (1894). J. pr. [2] **51**, 59 (1895); **52**, 37, 40, 43 (1895). — Bongert, C. r. **132**, 975 (1901). — Bouveault, Bongert, Bl. [3] **27**, 1103 (1902). — Betti, G. **34**, I, 184, 189 (1904). — L. Wolff, B. **37**, 2832 (1904). — Locquin, Bl. [3] **31**, 760 (1904). — Moureu, Lazennec, Bl. [3] **35**, 852 (1906); [4] **1**, 1069 (1907). — Bülow, Haas, B. **43**, 2648, 2654 (1910). — Wahlberg, B. **44**, 2074 (1911).

[3] Die gleichen Betrachtungen gelten selbstverständlich auch für den Fall, daß ein Alkyl oder ein Aralkyl an N gebunden ist. Die *N*-Alkyl-pyrazolone sind indes viel weniger untersucht als die *N*-Aryl-pyrazolone und werden daher hier

Carbonyl unterscheidet. Außer den Oxo-Formeln kommen natürlich auch hier (vgl. S. 379) desmotrope Oxy-Formeln in Betracht, und zwar:

$$\text{VI b)}\quad \begin{array}{l} \text{HC——CH} \\ \text{HO·C·NAr·N} \end{array} \quad \text{und} \quad \text{VII a)}\quad \begin{array}{l} \text{HC=CH} \\ \text{HO·C:N·N·Ar} \end{array}.$$

Bei der Nachbarstellung des arylierten Stickstoffatoms zu dem mit Sauerstoff verbundenen Kohlenstoffatom (VI, VIa und VIb) haben wir also einen Fall von Doppel-Tautomerie, bei der 1.3-Stellung (VII und VIIa) einen solchen von einfacher Tautomerie.

Entsprechend dem Gebrauch, nach welchem das mit Aryl verbundene Stickstoffatom die Ziffer 1 erhält und die Zählung sich dann dem zweiten Stickstoffatom zuwendet (vgl. S. 355), unterscheidet man die Verbindungen vom Typus VI bzw. VIa oder VIb als *5*-Pyrazolone von den *3*-Pyrazolonen des Typus VII bzw. VIIa, weil in der Oxo-Formel VI das Carbonyl gemäß jenem Gebrauch die Ziffer 5, in VII aber 3 erhalten muß.

Die beiden Körperklassen, in welche durch diese Ableitung die Aussicht eröffnet wird, sind in vielen Vertretern bekannt. Sie sind in Bildungsweisen und Verhalten voneinander verschieden. Besonders eingehend untersucht und praktisch wichtig sind die 5-Pyrazolone. Sie mögen daher zuerst behandelt werden (über die 3-Pyrazolone s. S. 385—386).

Die 1-Aryl-pyrazolone-(5) entstehen allgemein durch Kondensation von β-Ketonsäureestern mit primären Aryl-hydrazinen[1], wobei man zwei Phasen der Reaktion unterscheiden kann. So erhält man beim wichtigsten Falle — der Kondensation von Acetessigester mit Phenyl-hydrazin — in der Kälte unter Wasseraustritt gemäß der Gleichung:

$$\begin{array}{l} CH_2\text{——}CO\cdot CH_3 \\ CO\cdot OC_2H_5 \quad + H_2N\cdot NH\cdot C_6H_5 \end{array} = H_2O + \begin{array}{l} CH_2\text{——}C\cdot CH_3 \\ CO\cdot OC_2H_5 \quad N\cdot NH\cdot C_6H_5 \end{array} \qquad (A)$$

zunächst das Phenylhydrazon des Acetessigesters, das sich dann beim Erhitzen unter Abspaltung von Alkohol in das 1-Phenyl-3-methyl-pyrazolon-(5) (S. 383) verwandelt:

$$\begin{array}{l} CH_2\text{————}C\cdot CH_3 \\ CO\cdot OC_2H_5 \quad HN(C_6H_5)\cdot N \end{array} = C_2H_5\cdot OH + \begin{array}{l} CH_2\text{——}C\cdot CH_3 \\ CO\cdot N(C_6H_5)\cdot N \end{array}. \qquad (B)$$

Auch durch Einwirkung von Aryl-hydrazinen auf die Ester der Tetrolsäure-Reihe können die 1-Aryl-pyrazolone-(5) bereitet werden[2], z. B.:

$$\begin{array}{l} C\equiv C\cdot C_5H_{11} \\ CO\cdot OC_2H_5 \quad + HN(C_6H_5)\cdot NH_2 \end{array} = C_2H_5\cdot OH + \begin{array}{l} CH_2\text{——}C\cdot C_5H_{11} \\ CO\cdot N(C_6H_5)\cdot N \end{array}.$$

übergangen. Über *N*-Aralkyl-pyrazolone vgl. z. B. CURTIUS, J. pr. [2] **85**, 45, 75, 418, 472 (1912).

[1] KNORR, A. **238**, 142, 146 (1887). — Vgl. auch: MICHAEL, Am. **14**, 516 (1892). — TORREY, RAFSKY, Am. Soc. **32**, 1489 (1910).

[2] KRAUTH, D.R.P. 77174 (FRDL. **4**, 1198). — MOUREU, LAZENNEC, Bl. [3] **35**, 843 (1906).

Die oben erläuterte „Doppel-Tautomerie“ gibt sich besonders deutlich im Verhalten bei der Methylierung[1] kund. Kocht man das 1-Phenyl-3-methyl-pyrazolon-(5) mit Methyljodid und 1 Äq. Natriummethylat in Methylalkohol bis zum Eintritt der neutralen Reaktion, so entstehen nebeneinander die folgenden sechs Methylderivate:

VIII) 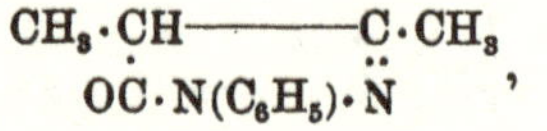 IX) 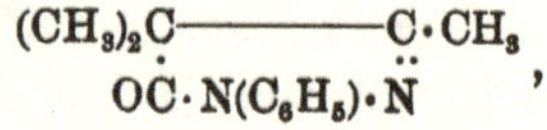

X) 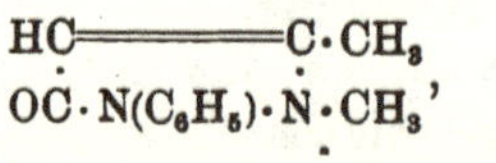 XI) 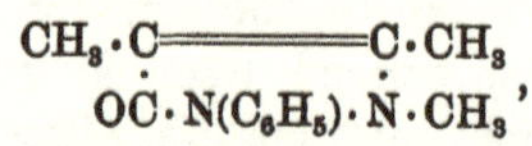

XII) 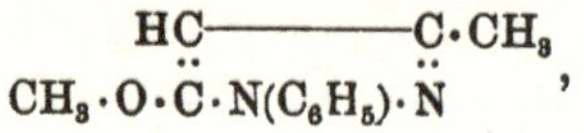 XIII) 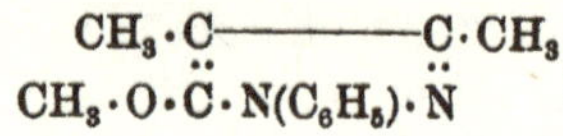

es tritt also Alkyl sowohl an das in der 4-Stellung befindliche Kohlenstoffatom (VIII, IX, XI, XIII), wie an das in der 2-Stellung befindliche Stickstoffatom (X, XI), wie auch an das Sauerstoffatom (XII, XIII). Die Verbindung IX kann sich nur von der „Methylen-Stammform“ VI auf S. 380 ableiten, X und XI nur von der „Imin-Stammform“ VIa (S. 380), XII und XIII nur von der „Hydroxyl-Stammform“ VIb (S. 381).

Bei der Methylierung mit Diazomethan in methylalkoholisch-ätherischer Lösung entsteht als Hauptprodukt XII neben wenig X. Dimethylsulfat erzeugt in absolutem Methylalkohol bei Gegenwart von 1 Äq. Natriummethylat XII, in wäßrigem Methylalkohol bei Gegenwart von 1 Äq. NaOH dagegen X mit einer Ausbeute von 80%.

Die Acylierung[2] bei Gegenwart von wäßrigem Alkali führt zur Bildung von *O*-Acyl-Derivaten (wie XIV); beim Erhitzen mit Essigsäureanhydrid und entwässertem Natriumacetat liefert aber das 1-Phenyl-3-methyl-pyrazolon-(5) ein *C*-Acetyl-Derivat XV:

XIV) 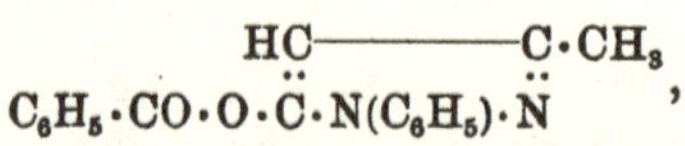 XV) 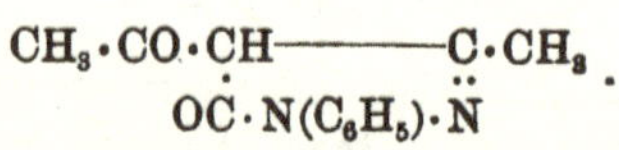

Das einfachste 1-Aryl-pyrazolon-(5) — das **1-Phenyl-pyrazolon-(5)**[3] — kann man nach der auf S. 381 dargelegten, von β-Ketonsäuren ausgehenden allgemeinen Bildungsweise natürlich nicht bereiten. Man gelangt indessen auf einem sehr ähnlichen Wege zu ihm. Der Äthoxymethylen-malonester (Bd. I, Tl. II, S. 1102) tauscht nämlich bei der Einwirkung von Phenylhydrazin in der Kälte sein Äthoxyl gegen einen Phenylhydrazin-Rest aus; der so gebildete [Phenylhydrazino-methylen]-malonester (Formel XVI, S. 382) gibt beim längeren Kochen mit Kalilauge unter innerer Alkohol-Abspaltung und Verseifung das Kaliumsalz der 1-Phenyl-pyrazolon-(5)-

[1] Knorr, B. **28**, 706 (1895). — v. Pechmann, B. **28**, 1626 (1895). — Grandmougin, Havas, Guyot, Ch. Z. **37**, 813 (1913).

[2] Vgl. Stolz, J. pr. [2] **55**, 145, 154 (1897).

[3] Ruhemann, Morrell, Soc. **61**, 799 (1892). B. **28**, 987 (1895). — Stolz, B. **27**, 407 (1894); **28**, 630 (1895). — Claisen, Haase, B. **28**, 35 (1895). — Michaelis, A. **385**, 50 (1911).

carbonsäure-(4) (XVII), das weiter unter Abspaltung des Carboxyls in 1-Phenyl-pyrazolon-(5) (XVIII) übergeht:

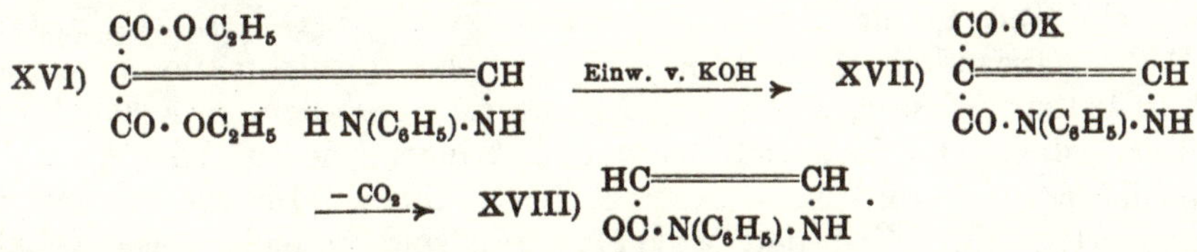

Über Bildung durch Oxydation von 1-Phenyl-pyrazolidon-(5) s. S. 404. Dieses Phenyl-pyrazolon krystallisiert aus Essigester in farblosen Prismen, schmilzt bei 118°, ist in Mineralsäuren und Alkalien leicht löslich und gibt mit Eisenchlorid die Pyrazolblau-Reaktion (s. S. 385).

Das wichtigste 1-Aryl-pyrazolon-(5) ist das **1-Phenyl-3-methyl-pyrazolon-(5)**, dessen Bildung aus Acetessigester und Phenylhydrazin durch die Gleichungen A und B auf S. 381 erläutert worden ist. Durch diese, 1883 von KNORR entdeckte, glatte Bildung aus zwei Stoffen, welche in den „organischen" Laboratorien zum täglichen Handwerkszeug gehören, wird es eine der am leichtesten zugänglichen heterocyclischen Verbindungen. Von ihr nahmen KNORRS umfassende Untersuchungen über die Pyrazol-Gruppe (vgl. S. 354) ihren Ausgangspunkt. Als Zwischenprodukt für die Gewinnung mehrerer vielgebrauchter Arzneimittel (Antipyrin S. 386, Pyramidon S. 394 usw.), sowie einiger Azofarbstoffe (vgl. S. 397) wird sie in beträchtlichen Mengen fabrikmäßig hergestellt. Man bezeichnet sie daher zuweilen auch schlechthin als „technisches Pyrazolon".

Das 1-Phenyl-methyl-pyrazolon-(5)[1], für das nach den Darlegungen auf S. 380—381 drei desmotrope Formeln:

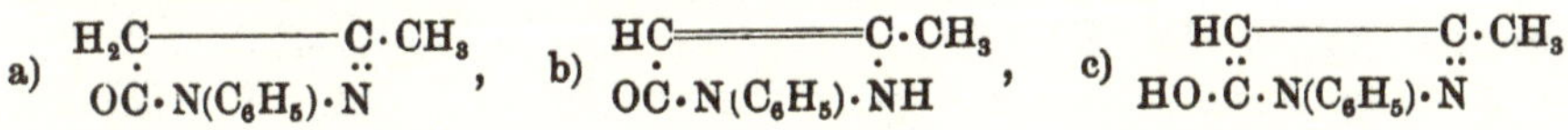

in Betracht kommen, ist eine außerordentlich krystallisationsfähige Substanz; aus heißem Wasser oder heißem Alkohol erhält man es in derben weißen Prismen. Es schmilzt bei 127°. Kleinere Mengen (ca. 10 g)

---

[1] KNORR, B. **16**, 2597 (1883); **17**, 546, 2032 (1884). A. **238**, 147 (1887). — BENDER, B. **20**, 2749 (1887). — KNORR, DUDEN, B. **25**, 764 (1892). — MICHAEL, Am. **14**, 516 (1892). — KRAUTH, D.R.P. 77174 (FRDL. **4**, 1198). — KNORR, REUTER, B. **27**, 1175 (1894). — AUTENRIETH, B. **29**, 1658 (1896). — MICHAELIS, RÖHMER, B. **31**, 2907 (1898). — TAMBOR, B. **33**, 865 (1900). — MOHR, B. **38**, 2578 (1905). — FEIST, A. **345**, 113 (1906). — HEIDUSCHKA, ROTHACKER, J. pr. [2] **80**, 289 (1909). — DAINS, BROWN, Am. Soc. **31**, 1153 (1909). — G. SCHULTZ, ROHDE, J. pr. [2] **87**, 119 (1913). — TENZER, J. pr. [2] **87**, 514 (1913). — W. WISLICENUS, ELVERT, KURTZ, B. **46**, 3396, 3400 (1913). — JACOBSON, JOST, A. **400**, 198, 203 (1913). — SCHRAUTH, BAUERSCHMIDT, B. **47**, 2743 (1914).

Uber *Bz*-Carbonsäuren des 1-Phenyl-3-methyl-pyrazolons s.: MICHAELIS, A. **373**, 129 (1910). — MICHAELIS, HORN, A. **373**, 213 (1910).

können unter vermindertem Druck unzersetzt destilliert werden (bei 17 mm Druck: Siedep. 191°); im Laufe der Destillation größerer Mengen wird ein Teil in ein Kondensationsprodukt $C_{20}H_{18}ON_4$ (= $2C_{10}H_{10}ON_2 - H_2O$) verwandelt (Näheres s. S. 416). Das Phenyl-methyl-pyrazolon ist in kaltem Wasser, Äther und Ligroin fast unlöslich, in Alkohol sehr leicht löslich. Es löst sich sowohl in Säuren wie in Alkalien unter Salzbildung und wird beim Neutralisieren dieser Lösungen wieder unverändert gefällt. Von den Metallsalzen sind besonders das Kobaltsalz $Co(C_{10}H_9ON_2)_2$ — ein ultramarinblauer Niederschlag — und das saure Silbersalz $Ag(C_{10}H_9ON_2) + C_{10}H_{10}ON_2$ charakteristisch, welch letzteres beim Zusammenbringen des Pyrazolons mit Silbernitrat in wäßriger Lösung als krystallinischer lichtbeständiger Niederschlag ausfällt.

Die Bildung von wasserbeständigen Metallsalzen darf wohl mit Sicherheit als eine Reaktion der Hydroxyl-Form c (S. 383) gedeutet werden; doch scheint in indifferenten Lösungsmitteln diese Form nicht zugegen zu sein, da Natrium auf die Toluol-Lösung des „Pyrazolons" nicht einwirkt und keine Spur von Wasserstoff-Entwickelung veranlaßt. Daß bei der Alkylierung sowohl Derivate der Hydroxyl-Form, wie der Imin-Form b und der Methylen-Form a entstehen können, wurde schon S. 382 besprochen.

In der Methylen-Form a tritt die Beziehung zur Keto-Form des Acetessigesters (vgl. Bd. I, Tl. II, S. 1133 ff.) besonders deutlich hervor:

$$\begin{matrix} H_2C\text{———}C\cdot CH_3 \\ OC\cdot N(C_6H_5)\cdot N \end{matrix} \text{ (Methylen-Form des techn. Pyrazolons)}, \qquad \begin{matrix} H_2C\text{———}C\cdot CH_3 \\ OC\cdot OC_2H_5 \quad O \end{matrix} \text{ (Keto-Form des Acetessigesters)}.$$

Es gibt nun eine große Zahl von Umwandlungen, in denen sich das technische „Pyrazolon" dem Acetessigester sehr ähnlich verhält. Hierher gehört die Fähigkeit, sich an dem Methylen-Kohlenstoffatom leicht alkylieren zu lassen (vgl. die Formeln VIII, IX, XI, XIII auf S. 382; vgl. dazu über das analoge Verhalten des Acetessigesters Bd. I, Tl. II, S. 1147), an dem gleichen Kohlenstoffatom durch nascierende salpetrige Säure nitrosiert zu werden (vgl. S. 405 das 1-Phenyl-3-methyl-4-isonitroso-pyrazolon) und sich mit Aldehyden und Ketonen leicht zu kondensieren, z. B.:

$$C_6H_5\cdot CHO + \begin{matrix} CH_2\text{———}C\cdot CH_3 \\ CO\cdot N(C_6H_5)\cdot N \end{matrix} = H_2O + \begin{matrix} C_6H_5\cdot CH:C\text{———}C\cdot CH_3 \\ CO\cdot N(C_6H_5)\cdot N \end{matrix},$$

$$(CH_3)_2CO + 2\begin{matrix} CH_2\text{———}C\cdot CH_3 \\ CO\cdot N(C_6H_5)\cdot N \end{matrix} = H_2O + (CH_3)_2C\left[\begin{matrix} -CH\text{———}C\cdot CH_3 \\ CO\cdot N(C_6H_5)\cdot N \end{matrix}\right]_2$$

(vgl. die analogen Reaktionen des Acetessigesters Bd. I, Tl. II, S. 1131, 1177, 1187, 1221). Auch die der Bildung von Diacet-bernsteinsäureester aus Acetessigester analoge Reaktion (vgl. Bd. I, Tl. II, S. 1129, 1208) — Verknüpfung zweier Moleküle vermittelst ihrer Methylen-Kohlenstoffatome — tritt leicht ein; denn durch Einwirkung von Jod auf das Silbersalz entsteht das „Bis-phenylmethylpyrazolon" (Formel XIX, Näheres s. S. 414), das aus dem „technischen Pyrazolon" auch durch gelinde Oxydation (z. B. beim Kochen mit überschüssigem Phenyl-hydrazin) gebildet wird und durch stärkere Oxydationsmittel in einen „indigoiden Farbstoff" — das Pyrazolblau (Formel XX, Näheres s. S. 415) — übergeht:

$$\text{XIX)}\quad \begin{array}{lllll} CH_3\cdot C & \text{———} CH & \text{—} CH & \text{———} & C\cdot CH_3 \\ \ddot{N}\cdot N(C_6H_5)\cdot \dot{C}O & & & \dot{C}O\cdot N(C_6H_5)\cdot \ddot{N} & \end{array},$$

$$\text{XX)}\quad \begin{array}{lllll} CH_3\cdot C & \text{———} C & = C & \text{———} & C\cdot CH_3 \\ \ddot{N}\cdot N(C_6H_5)\cdot \dot{C}O & & & \dot{C}O\cdot N(C_6H_5)\cdot \ddot{N} & \end{array}.$$

Die Bildung dieses blauen chloroformlöslichen Farbstoffs beim Kochen des Phenyl-methyl-pyrazolons mit Eisenchloridlösung gestattet es, letztere Verbindung noch in einer Verdünnung von 1:10000 nachzuweisen („Pyrazolblau-Reaktion"). Über die Kuppelung des Phenyl-methyl-pyrazolons mit Diazobenzol s. S. 397—398.

Von Natrium und Alkohol wird das Phenyl-methyl-pyrazolon nicht angegriffen. Über Umwandlung in 1-Phenyl-3-methyl-pyrazol durch Zinkstaub und andere Mittel s. S. 362—363. Über Einwirkung von Phosphoroxychlorid s. S. 368—369; Phosphorpentachlorid führt, ohne auf den Sauerstoff zu wirken, Chlorierung zu $\begin{array}{ll} Cl_2C\text{———} & \text{-}C\cdot CH_3 \\ \dot{O}C\cdot N(C_6H_5)\cdot \ddot{N} & \end{array}$ herbei.

Von anderen Homologen[1] des 1-Phenyl-pyrazolons-(5) sei nur das **1-Phenyl-3.4.4-trimethyl-pyrazolon-(5)** erwähnt, das bei der Methylierung des „technischen Pyrazolons" entsteht (s. Formel IX auf S. 382), aus Dimethyl-acetessigester $CH_3\cdot CO\cdot C(CH_3)_2\cdot CO\cdot OC_2H_5$ und Phenylhydrazin mit guter Ausbeute erhalten werden kann, bei 55—56° schmilzt und unter 745 mm Druck bei 300—303° (korr.) siedet. Diese Verbindung besitzt keinen beweglichen Wasserstoff mehr; sie ist also eindeutig in ihrer Struktur und kann weder in eine Hydroxyl- noch in eine Imin-Form übergehen. Demgemäß ist sie in Alkalien unlöslich; in starken Säuren löst sie sich, wird aber durch Wasser daraus ausgefällt. Da ihr die beiden Methylen-Wasserstoffatome fehlen, ist sie indifferent gegen salpetrige Säure und gegen Eisenchlorid. Im Gegensatz zum 1-Phenyl-3-methyl-pyrazolon-(5) aber wird sie von Natrium und Alkohol verändert; sie liefert hierbei eine Base (s. S. 378, Z. 4 v. o.), welche die Pyrazolin-Reaktion zeigt.

Für die 1-Aryl-pyrazolone-(3)[2] können zwei allgemeine Bildungsweisen angegeben werden:

---

[1] Vgl. z. B.: Knorr, Blank, B. **17**, 2050 (1884). — Knorr, A. **238**, 162, 163, 165 (1887). — Petrenko-Kritschenko, B. **28**, 3203 (1895). — Himmelbauer, J. pr. [2] **54**, 201 (1896). — Blaise, Marcilly, Bl. [3] **31**, 166 (1904). — Michael, B. **38**, 2104 (1905). — Stolz, B. **38**, 3273 (1905). — Höchster Farbwerke, D.R.P. 248887 (C. **1912**, II, 397).

[2] Vgl.: E. Fischer, Knövenagel, A. **239**, 201 (1887). — Lederer, J. pr. [2] **45**, 90 (1892). — Stolz, B. **27**, 407 (1894); **28**, 626 (1895); **38**, 3274 (1905). — Harries, Loth, B. **29**, 514, 519 (1896). — K. Mayer, Ber. **36**, 717 (1903). — Michaelis, B. **38**, 154 (1905). A. **338**, 229 Anm., 267 (1905); **350**, 288 (1906); **358**, 127 (1908). — Moureu, Lazennec, Bl. [3] **35**, 844, 853 (1906). — Fichter, J. pr. [2] **74**, 303 (1906). — Michaelis, Remy, B. **40**, 1020 (1907).

a) Einwirkung von Phosphortrichlorid auf ein Gemisch von *symm.* Acyl-aryl-hydrazinen und β-Ketonsäureestern, z. B.:

$$\begin{array}{l} CH_2\text{———————}CO\cdot CH_3 \\ CO\cdot OC_2H_5 + CH_3\cdot CO\cdot NH\cdot NH\cdot C_6H_5 \end{array} = C_2H_5O\cdot CO\cdot CH_3 + H_2O + \begin{array}{l} CH\text{===}C\cdot CH_3 \\ CO\cdot NH\cdot N\cdot C_6H_5 \end{array};$$

b) Kondensation von Aryl-hydrazinen mit β-Alkyloxy-α,β-ungesättigten Säureestern, z. B.:

$$\begin{array}{l} CH\text{=======}C(OC_2H_5)\cdot C_5H_{11} \\ CO\cdot OC_2H_5 + H_2N\cdot NH\cdot C_6H_5 \end{array} = 2\,C_2H_5\cdot OH + \begin{array}{l} CH\text{===}C\cdot C_5H_{11} \\ CO\cdot NH\cdot N\cdot C_6H_5 \end{array}.$$

Sie verhalten sich in manchen Stücken den 1-Aryl-pyrazolonen-(5) ähnlich. Die Unterschiede sind dadurch bedingt, daß die 1-arylierten 3-Pyrazolone im Gegensatz zu den 1-arylierten 5-Pyrazolonen nur eine Imin-Form und eine Hydroxyl-Form (Formel VII und VIIa auf S. 380—381), aber nicht eine Methylen-Form annehmen können. Demgemäß geben sie mit nascierender salpetriger Säure nicht (rotgelbe) Isonitroso-Verbindungen (vgl. S. 384, 404), sondern wahre (grüne) Nitroso-Derivate und sind zur Pyrazolblau-Reaktion (vgl. S. 385) nicht befähigt.

Das mit dem „technischen Pyrazolon" (vgl. S. 383) isomere **1-Phenyl-5-methyl-pyrazolon-(3)**, dessen wichtigste Bildung oben sub a formuliert ist, krystallisiert sehr schön aus heißem Alkohol, schmilzt bei 166° (in einer labilen Form bei 157°), siedet unter Atmosphärendruck fast unzersetzt bei 344—345° (korr.) und löst sich leicht sowohl in Salzsäure wie in Alkalien.

N-Aryl-N'-alkyl-Derivate des Pyrazolons und seiner Homologen. Von den auf S. 380—381 entwickelten fünf Formeln der *N*-Monoaryl-pyrazolone (VI, VIa, VIb, VII, VIIa) enthalten nur zwei (VIa und VII) noch Wasserstoff an Stickstoff gebunden. Von diesen beiden also kann man sich *N*-Alkyl-Derivate abgeleitet denken:

$$A)\ \begin{array}{l} HC\text{====}CH \\ OC\cdot N(Ar)\cdot N(Alk) \end{array} \quad \text{und} \quad B)\ \begin{array}{l} HC\text{=====}CH \\ OC\cdot N(Alk)\cdot N(Ar) \end{array}.$$

Dem Typus A entspricht das Antipyrin, das als die praktisch wichtigste Verbindung der Pyrazol-Gruppe schon S. 354 hervorgehoben wurde.

Das **Antipyrin** ist **1-Phenyl-2.3-dimethyl-pyrazolon-(5):**

$$\begin{array}{l} HC\text{=====}C\cdot CH_3 \\ OC\cdot N(C_6H_5)\cdot N\cdot CH_3 \end{array}.$$

Es wurde zuerst von KNORR[1] aus dem 1-Phenyl-3-methyl-pyrazolon-(5) durch Methylierung gewonnen; glatt entsteht es aus diesem Pyrazolon durch Erhitzen mit Methyljodid in Methylalkohol auf 100—120° (als jodwasserstoffsaures Salz), sowie durch Einwirkung von Dimethylsulfat

[1] B. **17**, 549, 2037 (1884). A. **238**, 160, 203 (1887).

auf die siedende wäßrig-methylalkoholische Lösung seines Natriumsalzes[1]. Wenn diese Bildung über die Stellung des Phenyls zum Carbonyl keinen Zweifel läßt, so ergibt sich der Ort des eingetretenen Methyls daraus, daß sich die Verbindung auch aus symm.-Methylphenyl-hydrazin durch Kondensation mit Acetessigester bei 130—160° bereiten läßt[2]:

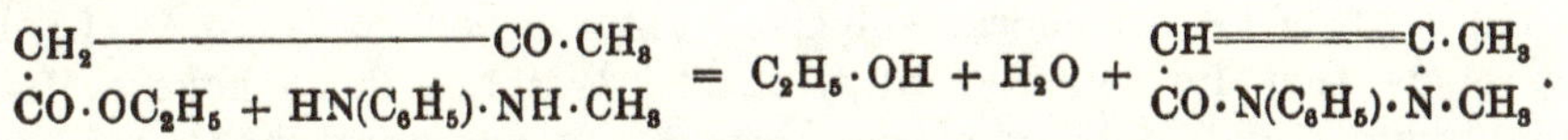

Von ihren sonstigen Bildungsweisen[3] sei noch diejenige aus dem Jodmethylat des 1-Phenyl-3-methyl-5-äthoxy-pyrazols[4] hervorgehoben, für die sich bereits S. 377 eine Formulierung unter Annahme der obigen Antipyrin-Formel findet. Während jene Formulierung Bindungsverschiebungen erfordert, bleiben solche bei der folgenden Auffassung des Prozesses:

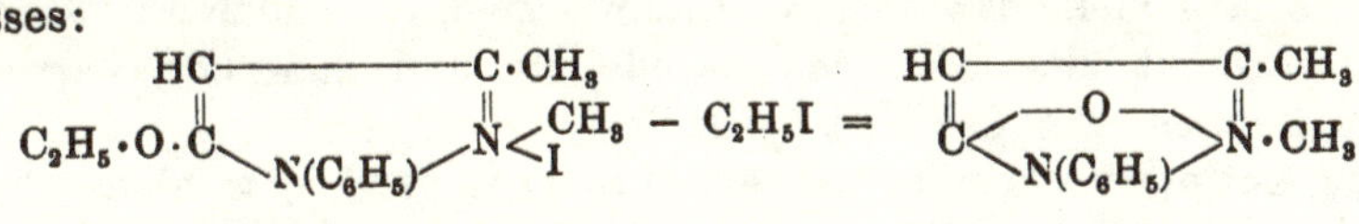

vermieden, und man gelangt zu einer bicyclischen Formel des Antipyrins, welche mehrfach in Betracht gezogen[5] und besonders von MICHAELIS verteidigt worden ist. Nach ihr erscheint das Antipyrin als betainartiges Anhydrid der Ammoniumbase eines Oxy-pyrazol-Körpers:

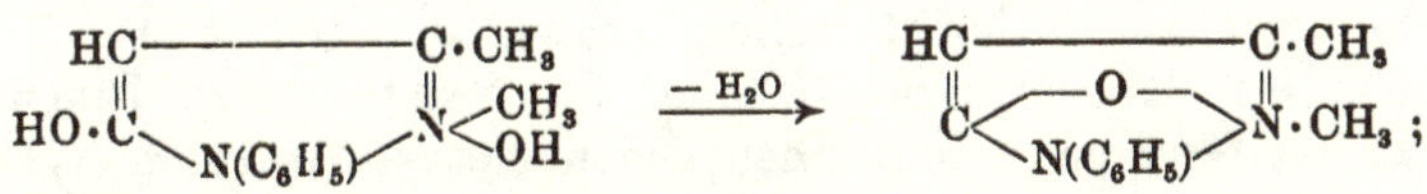

sie wird daher die „Phenol-betain-Formel“ des Antipyrins genannt. Wenn auch manche Umsetzungen des Antipyrins sich mit ihr einfacher erklären lassen, so ist sie doch im Hinblick darauf unwahrscheinlich, daß sich das Antipyrin unter vermindertem Druck unzersetzt destillieren läßt, was bei einer Verbindung mit fünfwertigem Stickstoff recht auffallend erscheinen müßte. Andererseits erklärt sie besser den außerordentlichen Unterschied, der bezüglich der Löslichkeit in Wasser zwischen dem spielend löslichen Antipyrin (s. S. 388) und dem schwer löslichen Monomethyl-phenyl-pyrazolon (s. S. 384) besteht.

Am Beginn seiner Untersuchungen über die Reaktion zwischen Acet-

[1] GRANDMOUGIN, HAVAS, GUYOT, Ch. Z. **37**, 813 (1913).

[2] KNORR, A. **238**, 203 (1887).

[3] Vgl.: HÖCHSTER FARBWERKE, D.R.P. 64444 (FRDL. 3, 928). — HIMMELBAUER, J. pr. [2] **54**, 187 (1896).

[4] KNORR, B. **28**, 712 (1895). A. **293**, 18 (1896).

[5] Vgl. zur Struktur des Antipyrins: KNORR, A. **238**, 205 (1887); **293**, 1, 26, 27, 35 (1896); **328**, 78 (1903). — E. v. MEYER, J. pr. [2] **54**, 214 Anm. (1896). — MICHAELIS, A. **320**, 45 (1902); **339**, 122 (1905). — STOLZ, B. **36**, 3281 (1903).

essigester und Phenylhydrazin hatte KNORR von der Struktur des heutigen Phenyl-methyl-pyrazolons und seines Methylierungsprodukts eine ganz andere Auffassung. Er nahm in ihnen einen reduzierten Chinolin-Kern an, und diese Auffassung, nach welcher die Verbindungen in einiger struktureller Beziehung zu den China-Alkaloiden gestanden hätten, veranlaßte ihn, das Methylierungsprodukt, das sich durch Leichtlöslichkeit in Wasser empfahl, von FILEHNE pharmakologisch untersuchen zu lassen[1]. In der Tat zeigte sich die erhoffte antipyretische Wirkung in so hohem Maße, daß alsbald (1884) die technische Darstellung des nunmehr „Antipyrin" genannten Stoffs als Arzneimittel in Angriff genommen wurde (von den Farbwerken vorm. MEISTER, LUCIUS und BRÜNING in Höchst). In kurzer Zeit führte sich das Antipyrin als antifebriles Mittel allgemein ein, und es hat sich bis heute seine hervorragende Stelle in dem Arzneischatz erhalten; auch bei Migräne, Neuralgien und akutem Gelenkrheumatismus erweist es sich vielfach wirksam. Kaum irgend ein anderes synthetisches Arzneimittel hat sich eine so ausgedehnte und dauernde Verwendung erringen können, wie das Antipyrin.

Das Antipyrin scheidet sich aus Wasser in großen, wohlausgebildeten Krystallen des triklinen Systems ab. Es schmilzt[2] bei 113° und siedet[3] im Vakuum des Kathodenlichts bei 141—142°, während es sich beim Destillieren unter gewöhnlichem Druck zersetzt. Es schmeckt schwach bitter und löst sich schon in weniger als dem gleichen Gewicht kalten Wassers zu einer neutral reagierenden Lösung; auch in Alkohol und Chloroform ist es leicht löslich, schwer dagegen in Äther. Es ist eine einsäurige Base (vgl. S. 390 über die Salze); saure Eigenschaften besitzt es im Gegensatz zum Phenyl-monomethyl-pyrazolon (vgl. S. 384) nicht. Seine wäßrige Lösung wird durch Eisenchlorid intensiv braunrot gefärbt. Natriumnitrit erzeugt in schwach saurer Lösung eine intensiv smaragdgrüne Färbung.

Diese sehr empfindlichen[4] Farben-Reaktionen[5] eignen sich zur Identifizierung[6] des Antipyrins. Die grüne Reaktion kann auch durch Zusatz von 2 Tropfen rauchender Salpetersäure zu 2 ccm der wäßrigen Antipyrin-Lösung (1 : 100) hervorgerufen werden; erhitzt man dann zum Sieden und fügt einen weiteren Tropfen rauchender Salpetersäure hinzu, so erfolgt Rotfärbung[7] (Bildung von Nitro-antipyrin,

---

[1] Vgl. KNORR, B. **17**, 2037 (1884).

Pharmakologische Studien über andere Pyrazolon-Derivate: BIBERFELD, C. **1908**, II, 338. — KOBERT, C. **1912**, I, 508. — DRESER, J. pr. [2] **85**, 69 (1912).

Über das Schicksal des Antipyrins im menschlichen Organismus s.: PAWLOW, H. **32**, 111 (1901). — JONESCU, C. **1906**, I, 1794.

[2] Vgl. auch PAWLOW, Ph. Ch. **65**, 29 (1909).

[3] KRAFFT, WEILAND, B. **29**, 2241 (1896).

[4] Vgl. KNORR, B. **17**, 2038 (1884).

[5] Vgl. auch REICHARD, Ch. Z. **28**, 339 (1904).

[6] Toxikologischer Nachweis: STEENSMA, C. **1907**, I, 1272. — LANDER, WINTER, C. **1913**, I, 1468.

[7] Vgl. dazu SPERLING, C. **1906**, I, 1118.

vgl. S. 392). — Für die quantitative Bestimmung[1] werden jodometrische Verfahren oder die Überführung in Methylen-bis-antipyrin (S. 421) benutzt.

Die eben erwähnte Grünfärbung mit salpetriger Säure beruht auf der Bildung eines wahren Nitrosoderivats (Näheres s. S. 391—392), das seine Nitroso-Gruppe gemäß Formel I (s. u.) in der 4-Stellung enthält. Diese Stelle des Antipyrin-Moleküls erweist sich allgemein als außerordentlich leicht substituierbar. So entsteht ein an der gleichen Stelle Brom enthaltendes Derivat (II), wenn man das aus Antipyrin und Brom durch Addition in Chloroform gebildete Antipyrin-dibromid mit Wasser zusammenbringt[2]. Durch Kondensation mit Benzaldehyd liefert Antipyrin das 4.4′-Benzal-bis-antipyrin der Formel III. Erhitzt man das Antipyrin mit Methyljodid[3] auf 100—130°, so entsteht als Hauptprodukt das jodwasserstoffsaure Salz des 4-Methyl-antipyrins (IV).

I) 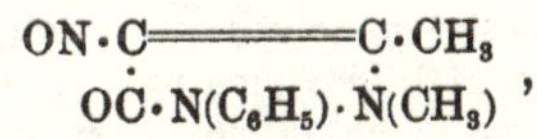 , II) 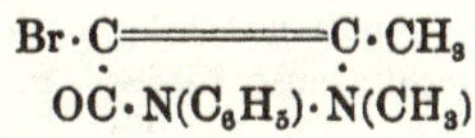 ,

III) 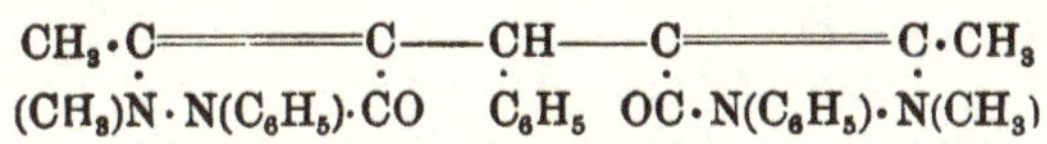 ,

IV) 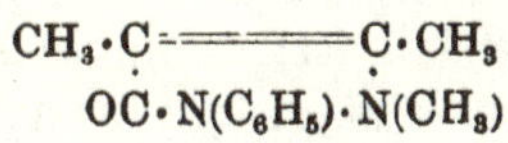 .

Das 4-Methyl-antipyrin liefert beim Erhitzen mit Methyljodid das ihm isomere 1-Phenyl-3.4.4-trimethyl-pyrazolon-(5) 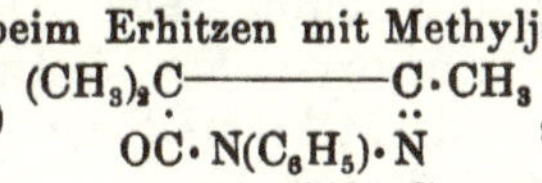, wobei wahrscheinlich als Zwischenprodukt das quartäre Jodid 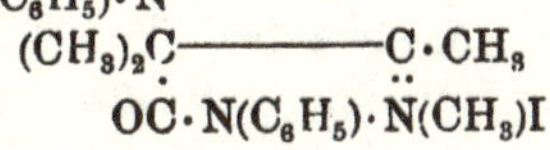 anzunehmen ist.

Wenn man aber Antipyrin mit Methyljodid oder anderen Alkyljodiden nur bei mäßiger Wärme (ca. 60°) reagieren läßt, so erfolgt, wie schon S. 376 mitgeteilt wurde, Addition zu Jodmethylaten von 1-Phenyl-5-alkyloxy-pyrazolen. Diese eigenartige Reaktion läßt sich sehr gut durch die „Phenol-betain-Formel" deuten:

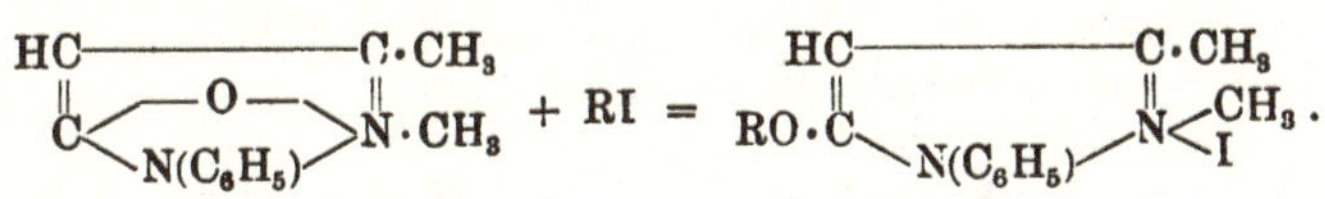

Ebenso wird die Einwirkung von Phosphoroxychlorid[4] auf Antipyrin (vgl. S. 369, 370):

---

[1] Schuyten, Ch. Z. **19**, 1786 (1895). — Bougault, C. **1898**, I, 858; **1900**, I, 507, 725. — Zernik, C. **1906**, II, 968. — Astre, C. **1912**, II, 1583. Bl. [4] **17**, 175 (1915). — Emery, Palkin, C. **1915**, I, 576; **1915**, II, 367.

[2] Knorr, A. **238**, 215, 216 (1887).

[3] Knorr, A. **293**, 1 (1886).

[4] Michaelis, Röhmer, B. **31**, 3194 (1898). — Michalis, Pasternack, B. **32**, 2398 (1899). — Michaelis, Behn, B. **33**, 2595 (1900).

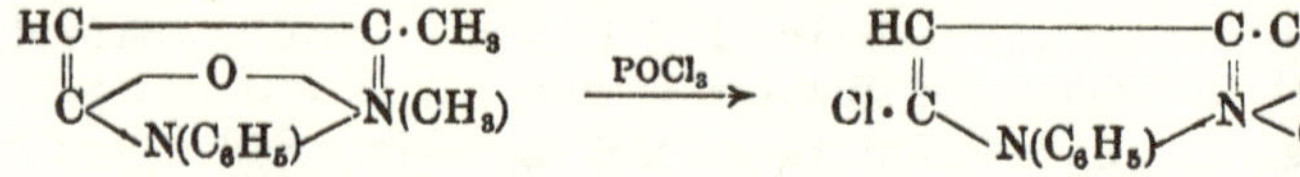

sowie die leichte Rückbildung des Antipyrins aus dem so entstandenen Chlorid durch warme Natronlauge (vgl. S. 370) mit Hilfe der Phenolbetain-Formel besonders leicht verständlich.

Während das Antipyrin bei der Reduktion mit Natrium und Alkohol ziemlich beständig ist, erleidet es eine sehr interessante **Ringspaltung**, wenn man zugleich Natrium und Kohlendioxyd auf seine siedende Toluol-Lösung einwirken läßt[1]; es entsteht, indem die beiden Stickstoffatome voneinander gerissen werden, das β-Methylamino-crotonsäure-anilid[2]:

$$\begin{matrix} HC\!=\!=\!=\!=C\cdot CH_3 \\ OC\cdot N(C_6H_5)\!-\!N(CH_3) \end{matrix} + H_2 = \begin{matrix} HC\!=\!=\!=\!=C\cdot CH_3 \\ OC\cdot NH\cdot C_6H_5 \quad NH\cdot CH_3 \end{matrix}.$$

Beim Kochen mit alkoholischem Kali erfolgt ebenfalls Ringspaltung; aber die beiden Stickstoffatome bleiben zusammen, und es bildet sich symm. Methyl-phenylhydrazin[3] $C_6H_5\cdot NH\cdot NH\cdot CH_3$, andererseits wahrscheinlich Acetessigsäure (bzw. Aceton und Kohlendioxyd).

Von den **Salzen**[4] des Antipyrins sei das **Hydrochlorid** $C_{11}H_{12}ON_2, HCl$ kurz erwähnt, das in Tafeln krystallisiert, bei 158—160° schmilzt und sehr zerfließlich ist; seine wäßrige Lösung reagiert stark sauer. Hervorzuheben ist das **salicylsaure Antipyrin**[5] $C_{11}H_{12}ON_2 + C_6H_4(OH)(CO_2H)$, das unter dem Namen „**Salipyrin**" vielfach an Stelle von freiem Antipyrin als Antipyreticum und Antineuralgicum arzneilich benutzt wird; es krystallisiert in Tafeln, schmilzt bei 91—92°, löst sich in etwa 200 Tln. kalten Wassers und schmeckt schwach süßlich. Es scheint, daß die Salicylsäure in ihm das Antipyrin nicht mit ihrem Carboxyl, sondern mit ihrem phenolischen Hydroxyl bindet[6].

Methyl-äthyl-glykolsaures Antipyrin[7] wird unter dem Namen „**Astrolin**" als Mittel gegen Migräne[8] empfohlen.

---

[1] Brühl, B. **25**, 396 (1892). [2] Knorr, Taufkirch, B. **25**, 768 (1892).

[3] Knorr, B. **39**, 3265 (1906).

[4] Vgl.: Knorr, A. **238**, 203 (1887). — Kippenberger, Fr. **35**, 674 (1896). — Schuyten, C. **1901**, II, 1362. — Reychler, Bl. [3] **27**, 612 (1902). — Auboüy, Bl. [4] **3**, 388 (1908). — Javillier, C. **1912**, II, 36.

[5] Vgl. Patein, Dufou, Bl. [3] **15**, 848 (1896).

Verbindungen von Antipyrin mit Metallsalicylaten: Schuyten, C. **1898**, I, 456; **1898**, II, 704, 888; **1899**, II, 38; **1901**, II, 484. — Bourgeois, R. **18**, 451 (1899).

[6] Über Verbindungen des Antipyrins mit ein- und mehrwertigen Phenolen s.: Patein, Dufou, C. r. **121**, 532 (1895); **124**, 233 (1897). Bl. [3] **15**, 609, 611, 846, 1048 (1896). — Garelli, Barbieri, G. **36**, II, 171 (1906). — Agostinelli, G. **43**, I, 126 (1913).

Verbindungen mit Amino-oxy-benzoesäureestern: Einhorn, D.R.P. 126340 (C. **1902**, I, 78). A. **325**, 306, 317 (1902).

[7] Vgl. Riedel, D.R.P. 218478 (C. **1910**, I, 781).

Über Antipyrin + Sulfanilsäure („Sulfopyrin") s.: Ebert, Meinke, C. **1906**, II, 968. — Zernik, C. **1906**, II, 968.

[8] Vgl. Winzheimer, P.C.H. **50**, 702 (1909).

Mit Quecksilberoxyd gibt Antipyrin in heißer wäßriger oder alkalischer Lösung das aus Alkohol in kurzen farblosen Prismen krystallisierende Quecksilber-antipyrinat[1] $2\,C_{11}H_{12}ON_2$, $Hg(OH)_2$.

Vielfach untersucht sind Verbindungen des Antipyrins mit Metallsalzen[2], wie $C_{11}H_{12}ON_2 + HgCl_2$, $2\,C_{11}H_{12}ON_2 + CuCl_2$ usw.

Auch Kombinationsprodukte mit organischen Verbindungen[3] wurden in größerer Zahl hergestellt. Unter ihnen sei das Monochloral-antipyrin[4] $C_{11}H_{12}ON_2 + CCl_3 \cdot CH(OH)_2$ genannt, das beim Zusammenbringen der Komponenten in Wasser ausfällt, farblose Krystalle bildet, bei ca. 62° schmilzt und unter der Bezeichnung „Hypnal" eine sehr beschränkte Anwendung als Schlafmittel findet.

Das mit dem Antipyrin isomere Derivat der 3-Pyrazolon-Reihe[5] (vgl. S. 386, Typus B) — **1-Phenyl-2.5-dimethyl-pyrazolon-(3)** (3-Antipyrin) $\begin{array}{l}HC\!=\!\!=\!\!=\!\!=C\cdot CH_3\\ OC\cdot N(CH_3)\cdot N(C_6H_5)\end{array}$ — wird durch Methylierung des 1-Phenyl-5-methyl-pyrazolons-(3) (S. 386) erhalten, schmilzt ebenso wie das Antipyrin bei 113° und ist dem Antipyrin überhaupt sehr ähnlich, unterscheidet sich von ihm aber dadurch, daß es sich unter denselben Bedingungen wie dieses nicht mit Aldehyden oder Ketonen kondensieren läßt.

4-Nitroso-, 4-Nitro-, 4-Amino-, 4-Diazo- und 4-Triazo-Derivate der N-Aryl-pyrazolone. Im Vorhergehenden ist mehrfach betont worden, daß die *N*-Aryl-pyrazolone an der 4-Stelle leicht der Substitution zugänglich sind[6]. Einige der hierdurch erhältlichen Verbindungen sollen nunmehr geschildert werden.

Die Einwirkung der nascierenden salpetrigen Säure führt, wenn in einer der möglichen desmotropen Formeln an der 4-Stelle zwei Wasserstoffatome zugegen sind, zur Bildung von Isonitroso-Derivaten, welche — wie die Verbindung der Formel I (S. 392) — Monoxime von Dioxopyrazolinen sind und daher als Abkömmlinge der letzteren systematisch erst an eine spätere Stelle gehören (vgl. S. 405). Wenn aber die Struktur des Moleküls eine derartige ist, daß an jener Stelle nur ein Wasserstoffatom sich finden kann, so gelangt man zu *wahren Nitroso-Derivaten.*

---

[1] Astre, Ville, Bl. [3] **33**, 842 (1905). — Eury, C. **1908**, II, 1037.

[2] Vgl.: Schuyten, C. **1897**, II, 614; **1899**, II, 37. — Ville, Astre, C. r. **130**, 837, 1256 (1900). — Moureu, Bl. [3] **29**, 202 (1903). — Hasse, P.C.H. **51**, 243 (1910). — Barbieri, Pampanini, R.A.L. [5] **19**, II, 594 (1910). — Astre, Vidal, Bl. [4] **9**, 309, 836 (1911). — Calzolari, C. **1912**, I, 262. — Kolb, Z. a. Ch. **83**, 143 (1913). — Pfeiffer, Wittka, B. **48**, 1293, 1308 (1915).

[3] Vgl. z. B.: Knorr, Rabe, A. **293**, 42 (1896). — Bayer & Co., D.R.P. 114025, 117624 (Frdl. **6**, 1161, 1164). — A. u. L. Lumière, D.R.P. 131741 (C. **1902**, I, 1287). — A. Voswinkel, D.R.P. 229814 (C. **1911**, I, 360).

[4] Béhal, Choay, A. ch. [6] **27**, 329 (1892). — Patein, Bl. [3] **17**, 1025 (1897). — Garelli, Barbieri, G. **36**, II, 169, 171 (1906). — Tsakalatos, Bl. [4] **13**, 281 (1913).
Butyrchloral-Antipyrin: Calderato, C. **1902**, II, 1387.

[5] Lederer, J. pr. [2] **45**, 91 (1892). — Stolz, B. **28**, 629 (1895). — Michaelis, A. **338**, 271, 284 (1905). — Kobert, C. **1907**, I, 1804. — Vgl. auch Höchster Farbwerke, D.R.P. 208593 (C. **1909**, I, 1282).

[6] Über Mercurierung s. Schrauth, Bauerschmidt, B. **47**, 2736 (1914).

Die als Beispiel hierfür formulierte Verbindung II ist das **Nitroso-antipyrin**[1] [1-Phenyl-2.3-dimethyl-4-nitroso-pyrazolon-(5)], auf

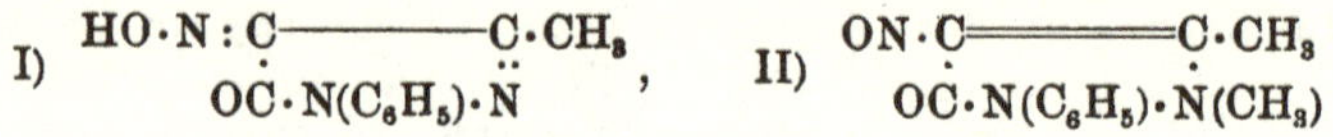

dessen Bildung die grüne Nitrit-Reaktion des Antipyrins (S. 388) beruht. Es kommt aus Wasser in grünen Zwillingskryställchen heraus, verpufft beim Erhitzen auf 200° und ist in Wasser und Alkohol schwer, in Äther nicht löslich. Von kalten Säuren wird es zu Lösungen aufgenommen, aus denen es durch Neutralisieren wieder ausgefällt werden kann. Von Alkali wird es in der Kälte allmählich zu einer gelbbraunen Flüssigkeit gelöst, aus der beim Kochen infolge von Ringspaltung (vgl. S. 390) das *symm.* Methyl-phenyl-hydrazin sich als Öl abscheidet.

Ringspaltung erfolgt auch beim gelinden Erwärmen mit Phenylhydrazin, wobei das Phenylhydrazon des Isonitroso-acetessigsäure-methylphenylhydrazids entsteht:

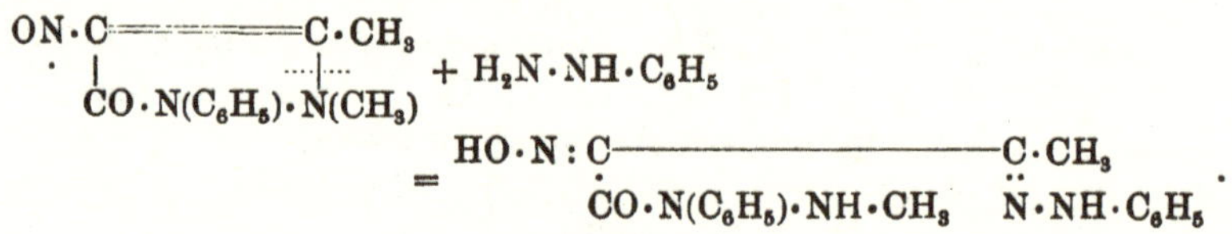

Sowohl aus den Isonitroso-Derivaten wie aus den wahren Nitroso-Derivaten, von denen soeben die Rede war, können durch Oxydation mit Salpetersäure *4-Nitro-Derivate*[2] erhalten werden, zu denen man auch direkt von den arylierten Pyrazolonen durch Behandlung mit überschüssiger salpetriger Säure bzw. mit Salpetersäure gelangt ist. (Über 4-Nitro-pyrazolon s. S. 379—380.)

Für das **1-Phenyl-3-methyl-4-nitro-pyrazolon-(5)**, das in dieser Weise aus dem „technischen Pyrazolon" (S. 383) entsteht, können vier Formeln in Frage kommen:

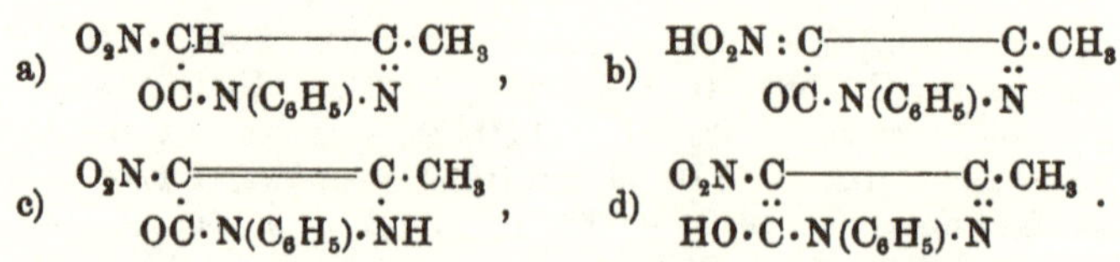

Es krystallisiert aus Alkohol in durchsichtigen Prismen, schmilzt bei 127—130°, ist in Wasser und Säuren unlöslich, besitzt aber stark sauren Charakter und löst sich demgemäß in Alkalien (mit gelber Farbe). Seine

[1] Knorr, B. **17**, 2038 (1884). A. **238**, 212 (1887); **293**, 56 (1896). — Knorr, F. Müller, A. **328**, 62 (1903). — Bechhold, B. **36**, 4131 (1903).

[2] Vgl.: Knorr, B. **17**, 2039 (1884). A. **238**, 187, 214 (1887). — Michaelis, A. **350**, 294, 313 (1906). — W. Wislicenus, Göz, B. **44**, 3491 (1911).

Über *Bz*-Nitro-Derivate von Aryl-pyrazolonen s. Michaelis, A. **378**, 293 (1911).

Salze leiten sich von der Formel b (Isonitro-Form) oder d (Nitrophenol-Form) ab.

Wenn man das technische Pyrazolon in Salpetersäure (D: 1.495) bei 10—15° einträgt, erhält man einen nitrierten Salpetersäureester, der die esterartig gebundene Salpetersäure beim Erwärmen mit 33-prozentiger Essigsäure auf 60° abgibt und ein Dinitro-Derivat des Phenyl-methyl-pyrazolons zurückläßt. Dieses Dinitro-Derivat enthält eine Nitro-Gruppe im Pyrazol-, die andere im Benzol-Kern; es ist **1-[p-Nitrophenyl]-3-methyl-4-nitro-pyrazolon-(5)** und entspricht der Formel:

$$\begin{array}{l} O_2N\cdot CH \text{———————} C\cdot CH_3 \\ \quad OC\cdot N(C_6H_4\cdot NO_2)\cdot N \end{array}$$

bzw. desmotropen Formeln (s. S. 392 b bis d). Es schmilzt bei ca. 124° unter Dunkelfärbung und stürmischer Gasentwickelung und ist eine starke Säure, die Alkalicarbonate zersetzt; das Natriumsalz krystallisiert aus verdünntem Alkohol in feinen gelben Nädelchen. In der Fähigkeit, mit organischen Basen (Aminen, Aminosäuren usw.) schwer lösliche und gut krystallisierende Salze zu bilden, gleicht es der Pikrinsäure; man verwendet es daher vielfach zur Identifizierung, Abscheidung, auch zur quantitativen Bestimmung organischer basischer Körper und nennt es **Pikrolonsäure**[1].

Die Reduktion der 4-Isonitroso-, 4-Nitroso- und 4-Nitro-Derivate führt zu *4-Amino-Derivaten*[2].

Das **1-Phenyl-3-methyl-4-amino-pyrazolon-(5)**[3] (Formel III, s. u.) ist als Hydrochlorid $C_{10}H_{11}ON_3\cdot HCl$ analysiert worden; in freiem Zustand ist es sehr unbeständig. Versetzt man die salzsaure Lösung mit Alkali, so färbt sie sich sofort rot. Dies beruht darauf, daß sich die Base durch den Luftsauerstoff teils zu 1-Phenyl-3-methyl-4.5-dioxo-pyrazolin (IV) (Näheres s. S. 404) oxydiert, das sich mit noch unveränderter Base zu „Rubazonsäure“ (V) kondensiert:

$$\text{III)}\ \begin{array}{l} H_2N\cdot CH \text{———} C\cdot CH_3 \\ \quad OC\cdot N(C_6H_5)\cdot N \end{array}, \qquad \text{IV)}\ \begin{array}{l} OC \text{————} C\cdot CH_3 \\ OC\cdot N(C_6H_5)\cdot N \end{array},$$

$$\text{V)}\ \begin{array}{l} CH_3\cdot C \text{————} CH\cdot N{=}C \text{————} C\cdot CH_3 \\ \quad N\cdot N(C_6H_5)\cdot CO \quad\; OC\cdot N(C_6H_5)\cdot N \end{array}.$$

---

[1] Knorr, B. **30**, 914, 917 (1897). — Knorr, Matthes, B. **32**, 739, 741 (1899). — Matthes, A. **315**, 109, 123, 135 (1901). — Steudel, H. **37**, 219 (1903); **44**, 157 (1905). — Otori, H. **43**, 305 (1904). — Schenck, H. **44**, 427 (1905). — Matthes, Rammstedt, Fr. **46**, 565 (1907). — Warren, Weiss, C. **1907**, II, 1345. — H. L. Wheeler, Jamieson, C. **1908**, I, 1467. — Abderhalden, A. Weil, H. **78**, 150 (1912). — Levene, van Slyke, C. **1912**, II, 816. — Tschugajew, Chlopin, Z. a. Ch. **86**, 254 (1914).

[2] Über *Bz*-Amino-Derivate von 1-Aryl-pyrazolonen-(5) s.: Höchster Farbwerke, D.R.P. 217557, 217558 (C. **1910**, I, 587). — Michaelis, A. **378**, 293 (1911).

Über 4-Amino-Derivate von 1-Aryl-pyrazolonen-(3) s. Michaelis, A. **350**, 289 (1906).

[3] Knorr, A. **238**, 189 (1887). — Knorr, Pschorr, D.R.P. 75378 (Frdl. **3**, 941). — Pschorr, A. **293**, 49 (1896). — Heiduschka, Rothacker, J. pr. [2] **84**, 534 (1911). — Scheiber, Haun, B. **47**, 3338 (1914).

Saure Oxydationsmittel verwandeln glatt in Rubazonsäure (S. 405—406); sorgt man indes dafür, daß das Amino-pyrazolon sofort mit einem großen Überschuß des Oxydationsmittels in Berührung kommt, so läßt sich die Dioxo-Verbindung IV in reichlicher Menge isolieren.

Dagegen ist das **4-Amino-antipyrin**[1] [1-Phenyl-2.3-dimethyl-4-amino-pyrazolon-(5)] $\begin{matrix} H_2N\cdot C & = & C\cdot CH_3 \\ OC\cdot N(C_6H_5)\cdot N(CH_3) \end{matrix}$ in fester Form sowie in Lösung an der Luft beständig; dies hängt offenbar damit zusammen, daß das mit NH_2 verbundene Kohlenstoffatom keinen Wasserstoff mehr trägt. Das Amino-antipyrin krystallisiert aus Benzol in hellgelben Spießen, schmilzt bei 109° und ist in Wasser leicht, in Äther schwer löslich. Im chemischen Verhalten gleicht es den Arylaminen. So läßt es sich diazotieren (vgl. S. 395) und gibt mit Chlorkalk-Lösung eine hell rötliche Färbung (vgl. S. 372).

Ein wichtiges Arzneimittel ist das von Stolz (1896) entdeckte, aus dem Amino-antipyrin durch Methylierung (z. B. beim Erhitzen mit Methylalkohol, Methyljodid und Ätzkali) hervorgehende **4-Dimethyl-amino-antipyrin**[2] [1-Phenyl-2.3-dimethyl-4-dimethylamino-pyrazolon-(5), Antipyryl-dimethylamin] $\begin{matrix} (CH_3)_2N\cdot C & = & C\cdot CH_3 \\ OC\cdot N(C_6H_5)\cdot N(CH_3) \end{matrix}$ geworden. Es bildet glänzende Blättchen, schmilzt bei 108°, ist leicht löslich in Wasser (etwa 1 : 20), verdünnten Säuren, Alkohol und Benzol,

---

[1] Höchster Farbwerke, D.R.P. 71261 (Frdl. 3, 934); 238373 (C. **1911**, II, 1184); 243197 (C. **1912**, I, 620); 276134 (C. **1914**, II, 183). — Knorr, Th. Geuther, A. **293**, 55 (1896). — Knorr, Stolz, A. **293**, 58 (1896). — Bamberger, A. **305**, 305 (1899). — P. Hoffmann, C. **1900**, I, 519. — Lumière, Perrin, Bl. [3] **29**, 967 (1903); [3] **33**, 207 (1905). — Bechhold, B. **36**, 4134 (1903). — Lumière, Barbier, Bl. [3] **33**, 503 (1905). — Luft, B. **38**, 4044 (1905). — Stolz, B. **41**, 3849 (1908). — Knoll & Co., D.R.P. 227013 (C. **1910**, II, 1346). — Michaelis, Stau, B. **46**, 3614 (1913). — Chem. Fabrik vorm. E. Schering, D.R.P. 280971 (C. **1915**, I, 28).

[2] Knorr, Stolz, A. **293**, 66 (1896). — Höchster Farbwerke, D.R.P. 90959 (C. **1897**, I, 1006); 111724 (C. **1900**, II, 613); 135729 (C. **1902**, II, 1229); 144393 (C. **1903**, II, 777); 145603 (C. **1903**, II, 1225); 184850 (C. **1907**, II, 435); 189842 (C. **1908**, I, 426); 276134 (C. **1914**, II, 183); 276135 (C. **1914**, II, 279). — Filehne, C. **1897**, II, 528. — Ebert, Reuter, Ch. Z. **25**, 43 (1901). — Jaffe, B. **34**, 2737 (1901); **35**, 2891 (1902). — Einhorn, A. **325**, 320 (1902). — Astre, Bécamel, Bl. [3] **33**, 1084 (1905). — Raikow, Külümow, C. **1905**, II, 1595. — Nardelli, Paolini, D.R.P. 180120 (C. **1907**, I, 518). — Cousin, C. **1909**, I, 762, 1883. Bl. [4] **5**, 121 (1909). — R. Otto, D.R.P. 234631 (C. **1911**, I, 1768). — Nardelli, C. **1913**, II, 1935. — Abelin, Bürgi, Perelstein, D.R.P. 282264 (C. **1915**, I, 580).

Analytisches: Jolles, Fr. **37**, 441 (1898). — P. Hoffmann, C. **1900**, I, 519. — Rodillon, C. **1903**, I, 642. — Kobert, C. **1903**, II, 262. — Bourcet, Bl. [3] **33**, 572 (1905). — Patein, C. **1905**, II, 415. — Astruc, Péguriér, C. **1905**, II, 927. — Péguriér, C. **1905**, II, 1554. — Sperling, C. **1906**, I, 1118. — Weehuizen, C. **1906**, II, 1628. — Monferrino, C. **1909**, I, 2029. — Primot, C. **1909**, II, 479. — Moulin, C. **1911**, II, 399. — Astre, Bl. [4] **17**, 175 (1915).

schwer in Äther und findet unter dem Namen „**Pyramidon**" als fieber- und schmerzlinderndes Mittel ausgedehnte Verwendung. Es ist noch wirksamer als das Antipyrin; seine Wirkung tritt aber allmählicher ein und ist von längerer Dauer. Eisenchlorid färbt die mit Salzsäure schwach angesäuerte Lösung blauviolett; mit Nitrit in schwefelsaurer Lösung gibt es eine intensive, aber rasch wieder verschwindende blauviolette Färbung. Im Organismus erleidet das Pyramidon eine Entmethylierung. Denn man findet nach seiner Verabreichung im Harn den Antipyryl-harnstoff $\begin{array}{c}H_2N\cdot CO\cdot NH\cdot \dot{C}=\!=\!=\!=\dot{C}\cdot CH_3\\ OC\cdot N(C_6H_5)\cdot N(CH_3)\end{array}$; der Harn enthält ferner eine Substanz, welche nach dem Ansäuern beim Stehen an der Luft die rote Rubazonsäure (S. 393—394, 405—406) liefert.

Ein Additionsprodukt $C_{17}H_{24}O_3N_3Cl_3$ aus Pyramidon und Butyrchloralhydrat wirkt besonders auf die Gehirnnerven schmerzstillend und findet unter der Bezeichnung „**Trigemin**" (abgeleitet von „Nervus trigeminus", fünftes Hirnnervenpaar) arzneiliche Verwendung[1]; es krystallisiert in weißen Nadeln und schmilzt bei 85°.

Neuerdings wird unter dem Namen „**Melubrin**" als Antipyreticum, Antineuralgicum und Antirheumaticum das [**antipyrylamino-methyl-]schwefligsaure Natrium**[2] $\begin{array}{c}NaO\cdot SO\cdot O\cdot CH_2\cdot NH\cdot \dot{C}=\!=\!=\!=\dot{C}\cdot CH_3\\ OC\cdot N(C_6H_5)\cdot N(CH_3)\end{array}$ empfohlen, das aus Amino-antipyrin (S. 394) durch Einwirkung von Formaldehyd und Natriumbisulfit entsteht, ein weißes krystallinisches Pulver darstellt und in Wasser sehr leicht löslich (1 : 1) ist.

Wegen seiner stark spirillociden Wirkung hat für die kombinierte Behandlung der Syphilis mit Salvarsan und Quecksilberpräparaten[3] eine Quecksilberverbindung der **Antipyryl-sulfamidsäure**[4] $\begin{array}{c}HO\cdot SO_2\cdot NH\cdot \dot{C}=\!=\!=\!=\dot{C}\cdot CH_3\\ OC\cdot N(C_6H_5)\cdot N(CH_3)\end{array}$ Interesse erregt, deren Natriumsalz aus Nitroso-antipyrin (S. 392) durch Einwirkung von Natriumbisulfit gewonnen wird.

Diejenigen 4-Amino-Derivate von Pyrazolonen, welche an dem mit NH_2 verbundenen Kohlenstoffatom keinen Wasserstoff mehr enthalten, werden durch salpetrige Säure zu sehr beständigen und kuppelungsfähigen *Diazo-Verbindungen*[5] diazotiert (vgl. S. 374). In fester Form wurde z. B. das **Antipyrin-diazoniumchlorid** $\left[\begin{array}{c}Cl\cdot N_2\cdot \dot{C}=\!=\!=\!=\dot{C}\cdot CH_3\\ OC\cdot N(C_6H_5)\cdot N(CH_3)\end{array}\right]_2$, HCl — farblose hygroskopische Krystalle, unlöslich in Äther — erhalten. — Behandelt man die wäßrige Lösung des Antipyrin-diazoniumsulfats mit Natriumazid, so entsteht unter lebhafter Stickstoff-Entwickelung das

[1] „Neue Arzneimittel", C. **1903**, II, 899. — Höchster Farbwerke, D.R.P. 150799 (Frdl. **7**, 636).

[2] Höchster Farbwerke, D.R.P. 254711 (C. **1913**, I, 349); 259503, 259577 (C. **1913**, I, 1741, 1742). — Rabow, Ch. Z. **37**, 488 (1913).

[3] Vgl. Kolle, Rothermund, Peschić, C. **1912**, II, 1574.

[4] Scheitlin, D.R.P. 193632 (C. **1908**, I, 1001). — Givaudan, Scheitlin, D.R.P. 261081, 261082 (C. **1913**, II, 192); 266578 (C. **1913**, II, 1783).

[5] Vgl.: Knorr, Stolz, A. **293**, 67 (1896). — Michaelis, A. **350**, 290, 305, 317 (1906). — Stolz, B. **41**, 3852 (1908). — Morgan, Reilly, Soc. **103**, 808, 1494 (1913).

Triazo-antipyrin[1] $\begin{matrix} N_3\cdot C = C\cdot CH_3 \\ OC\cdot N(C_6H_5)\cdot N(CH_3) \end{matrix}$. Es scheidet sich aus Benzol in benzolhaltigen strohgelben Krystallen ab und schmilzt bei 74° zu einer tiefroten schäumenden Flüssigkeit; läßt man es mit der Mutterlauge stehen, so verwandeln sich die Krystalle allmählich unter Gasentwickelung in ein rotes Pulver.

4-Azo-Derivate der N-Aryl-pyrazolone. Die Leichtigkeit, mit welcher die *N*-Aryl-pyrazolone an der 4-Stelle Substitution erleiden (vgl. S. 391), tritt auch in ihrem Verhalten zu aromatischen Diazoverbindungen hervor. Mit solchen „kuppeln" sie (in alkalischer oder essigsaurer Lösung) an jener Stelle — analog den aliphatischen Verbindungen mit reaktionsfähigem Methylen (vgl. dazu Bd. I, Tl. II, S. 1131, 1191) und den aromatischen Phenolen (vgl. Bd. II, Tl. I); d. h. sie tauschen ein H-Atom gegen einen Aryl-azo-Rest Ar·N:N— aus. Diese Kuppelungsfähigkeit ist aber nur denjenigen Pyrazolonen eigen, deren Struktur die Annahme einer Form ermöglicht, in welcher sich die Atomgruppe:

$$\begin{matrix} OH \\ —C{=}CH— \end{matrix} \quad \text{(Hydroxyl an doppelt gebundenem Kohlenstoff, in Nachbarstellung zu CH)}$$

findet. Von den folgenden Pyrazolonen z. B.:

$$\text{I)}\ \begin{matrix} H_2C — C\cdot CH_3 \\ OC\cdot N(C_6H_5)\cdot N \end{matrix} \left(= \begin{matrix} HC — C\cdot CH_3 \\ HO\cdot C\cdot N(C_6H_5)\cdot N \end{matrix}\right),$$

$$\text{II)}\ \begin{matrix} HC = C\cdot CH_3 \\ OC\cdot NH\cdot N(C_6H_5) \end{matrix} \left(= \begin{matrix} HC = C\cdot CH_3 \\ HO\cdot C:N\cdot N(C_6H_5) \end{matrix}\right),$$

$$\text{III)}\ \begin{matrix} C_2H_5\cdot CH — C\cdot CH_3 \\ OC\cdot N(C_6H_5)\cdot N \end{matrix}, \quad \text{IV)}\ \begin{matrix} HC = C\cdot CH_3 \\ OC\cdot N(C_6H_5)\cdot N(CH_3) \end{matrix}$$

kuppeln also zwar I und II, dagegen nicht III und IV, obwohl auch III und IV in der 4-Stellung noch ein Wasserstoffatom enthalten[2].

Wenn bei Verbindungen vom Typus III in der 4-Stellung sich ein leicht abspaltbares Radikal befindet, so kann Kuppelung unter Herauswerfen dieses Radikals eintreten.

Für die Struktur der Kuppelungsprodukte[3] kommen mehrere Möglichkeiten in Betracht; z. B. für das Kombinationsprodukt aus Diazobenzol und dem Pyrazolon I (s. o.) die folgenden:

$$\text{a)}\ \begin{matrix} C_6H_5\cdot N:N\cdot CH — C\cdot CH_3 \\ OC\cdot N(C_6H_5)\cdot N \end{matrix}, \quad \text{b)}\ \begin{matrix} C_6H_5\cdot NH\cdot N:C — C\cdot CH_3 \\ OC\cdot N(C_6H_5)\cdot N \end{matrix},$$

$$\text{c)}\ \begin{matrix} C_6H_5\cdot N:N\cdot C = C\cdot CH_3 \\ OC\cdot N(C_6H_5)\cdot NH \end{matrix}, \quad \text{d)}\ \begin{matrix} C_6H_5\cdot N:N\cdot C — C\cdot CH_3 \\ HO\cdot C\cdot N(C_6H_5)\cdot N \end{matrix}.$$

---

[1] Forster, R. Müller, Soc. **95**, 2072 (1909).

[2] Vgl.: Stolz, B. **28**, 625 (1895). — Michaelis, A. **338**, 187 (1905). — Michaelis, Schlecht, B. **39**, 1954 (1906).

[3] Vgl. dazu: Knorr, B. **21**, 1201 (1888). — Bülow, B. **32**, 203 (1899). — Eibner, B. **36**, 2687 (1903). — Michaelis, A. **338**, 187, 229 (1905). — Eibner, Laue, B. **39**, 2022 (1906). — Bülow, Haas, B. **43**, 2649 (1910). — Auwers, Bönneke, A. **378**, 218 (1911).

Nach a und c wäre die Verbindung ein wahres Azo-Derivat mit Carbonyl-Gruppe, nach b ein Hydrazon, nach d ein wahres Azo-Derivat mit Hydroxyl-Gruppe. Die Formel d, nach der es sich um einen wahren Oxyazo-Körper handelt, ist auf Grund eingehender Untersuchungen als die wahrscheinlichste zu betrachten.

Zu den hier in Rede stehenden Körpern kann man auch derart gelangen, daß man zunächst β-Ketonsäureester mit Diazokörpern kuppelt und dann auf die Produkte dieser Kuppelung Hydrazine einwirken läßt[1], z. B.:

$$\begin{matrix} CH_2\text{———}CO\cdot CH_3 \\ CO\cdot OC_2H_5 \end{matrix} \xrightarrow{\text{Diazobenzol}} \begin{matrix} C_6H_5\cdot N:N\cdot CH\text{———}CO\cdot CH_3 \\ CO\cdot OC_2H_5 \end{matrix}$$

$$\xrightarrow{C_6H_5\cdot NH\cdot NH_2} \begin{matrix} C_6H_5\cdot N:N\cdot C\text{———}C\cdot CH_3 \\ HO\cdot C\cdot N(C_6H_5)\cdot N \end{matrix} .$$

Einige aus Pyrazolonen und Diazoverbindungen gewinnbare Produkte werden technisch als Farbstoffe hergestellt[2]; als Beispiel sei das Flavazin L oder Echtlichtgelb G:

$$\begin{matrix} C_6H_5\cdot N:N\cdot C\text{—————}C\cdot CH_3 \\ HO\cdot C\cdot N(C_6H_4\cdot SO_3Na)\cdot N \end{matrix}$$

genannt; vgl. auch S. 412—413 Tartrazin.

1-Phenyl-4-benzolazo-pyrazolon-(5)[3] $\begin{matrix} C_6H_5\cdot N:N\cdot C\text{———}CH \\ HO\cdot C\cdot N(C_6H_5)\cdot N \end{matrix}$ krystallisiert aus Alkohol in orangeroten Nädelchen und schmilzt bei 147°. — Besonders eingehend untersucht ist das **1-Phenyl-3-methyl-4-benzolazo-pyrazolon-(5)**[4] — s. S. 396

---

[1] Vgl.: Japp, Klingemann, A. **247**, 205 (1888). — Bülow, B. **31**, 3128 (1898); **32**, 204 (1899). — Bülow, Hecking, B. **44**, 467 (1911). — Wahl, Doll, Bl. [4] **13**, 270, 275 (1913). — Vgl. auch: Bülow, Schaub, B. **41**, 2355 (1908). — Wahl, Doll, Bl. [4] **13**, 475 (1913).

[2] Vgl. v. Georgievicz-Grandmougin, Lehrbuch der Farbenchemie, 4. Aufl. (Leipzig u. Wien, 1913), S. 167.

Eine vollständige Zusammenstellung findet man in dem Werke von G. Cohn: „Die Pyrazol-Farbstoffe" (Stuttgart 1910).

Neuere Patente: Aktiengesellsch. f. Anilinfabr., D.R.P. 264287, 264288 (C. **1913**, II, 1263, 1264); 284695 (C. **1915**, II, 108). — Höchster Farbwerke, D.R.P. 264916 (C. **1913**, II, 1346); 265524 (C. **1913**, II, 1527); 287071 (C. **1915**, II, 773). — Chem. Fabr. Griesheim-Elektron, D.R.P. 268790 (C. **1914**, I, 436). — Cassella & Co., D.R.P. 282198 (C. **1915**, I, 465). — Bayer & Co., D.R.P. 282889 (C. **1915**, I, 718).

[3] Knorr, B. **21**, 1204 (1888). — Will, B. **24**, 3832 (1891). — Stolz, B. **28**, 626, 630 (1895).

Über 4-Benzolazo-pyrazolon-(5) s. Knorr, B. **29**, 257 (1896).

[4] Knorr, A. **238**, 138 (1887). B. **21**, 1202 (1888). — Japp, Klingemann, A. **247**, 205 (1888). — Leuckart, Holzapfel, B. **22**, 1408 (1889). — Buchka, Sprague, B. **22**, 2547, 2553 (1889). — Sprague, Soc. **59**, 336 (1891). — Gabriel, Posner, B. **27**, 1143 (1894). — Stolz, B. **28**, 631 (1895). — Autenrieth, B. **29**, 1662 (1896). — Wedekind, A. **295**, 338 (1897). — Bülow, B. **32**, 203 (1899); **40**, 3788 (1907). — Fichter, Enzenauer, Üllenberg, B. **33**, 495 (1900). — Eibner, B. **36**, 2687 (1903).

Formel d —, das aus dem „technischen Pyrazolon“ (S. 383) durch Vereinigung mit Diazobenzol hervorgeht. Es krystallisiert aus Eisessig in prächtigen orangeroten Nadeln mit blauem Reflex, schmilzt bei 155°, ist unlöslich in Wasser und verdünnten Säuren, löslich in heißer verdünnter Natronlauge mit rein gelber Farbe. Durch Reduktion mit Zink und Eisessig gibt es das 1-Phenyl-3-methyl-4-amino-pyrazolon-(5) (vgl. S. 393). Überführung in 1-Phenyl-3-methyl-4-benzolazo-pyrazol s. S. 373—374.

1-Phenyl-4-benzolazo-5-methyl-pyrazolon-(3)[1] $\begin{array}{l} C_6H_5\cdot N:N\cdot C{=\!=}C\cdot CH_3 \\ HO\cdot C:N\cdot N\cdot C_6H_5 \end{array}$ krystallisiert aus heißem Alkohol in dunkelgelben, goldglänzenden Blättchen, schmilzt bei 99—100° und löst sich in verdünnter Natronlauge mit rotgelber Farbe.

Zu 4-Azo-Derivaten der Pyrazolone kann man auch durch Kuppelung der 4-Diazo-Pyrazolone (vgl. S. 395) mit aromatischen Phenolen, Aminen, sowie mit aliphatischen Verbindungen, welche ein reaktionsfähiges Methylen enthalten, gelangen[2]. Auf Grund dieser Reaktion lassen sich auch, indem man Diazoverbindungen der Pyrazol-Reihe mit Pyrazolonen kuppelt[3], „reine“ Azopyrazol-Körper[4] — d. h. solche, in welchen die Azogruppe beiderseits mit Pyrazol-Kernen verbunden ist, — darstellen, z. B.:

$$\begin{array}{l} CH_3\cdot C{=\!=}C\cdot N:N\cdot C{=\!=}C\cdot CH_3 \\ C_6H_5\cdot N\cdot NH\cdot CO \quad OC\cdot NH\cdot N\cdot C_6H_5 \end{array}.$$

Thio-pyrazolone[5] (Pyrazolthione). Während die bisher behandelten Pyrazolon-Derivate sich von den Pyrazolonen sämtlich durch Austausch von Wasserstoff (an N, C oder O) ableiten, kommen wir nun zu solchen Abkömmlingen, in denen der Sauerstoff durch andere zweiwertige Formel-Bestandteile vertreten ist. Zunächst wollen wir die derart sich ableitenden Schwefel-Verbindungen betrachten; ihnen folgen im nächsten Abschnitt (S. 400 ff.) Pyrazolon-Derivate, welche Imid an Stelle von Sauerstoff enthalten.

Ein direkter Austausch des Sauerstoffs gegen Schwefel läßt sich bei den 1-Aryl-5-pyrazolonen durch Einwirkung von Phosphorpentasulfid — zweckmäßig in siedender Xylol-Lösung — bewirken[6].

Zu den 1-Aryl-2-alkyl-thiopyrazolonen („Thiopyrinen“) gelangt man leicht, indem man Verbindungen vom Typus des Antipyrinchlorids

— Michaelis, Leonhardt, B. **36**, 3597 (1903). — Bouveault, Wahl, C. r. **139**, 136 (1904). — Tröger, Volkmer, J. pr. [2] **70**, 379 (1904). — Michaelis, Schlecht, B. **39**, 1954 (1906). — Auwers, Bönnecke, A. **378**, 230 (1911). — Michaelis, Schäfer, A. **407**, 260 (1915).

[1] Michaelis, A. **338**, 187, 230 (1905).

[2] Vgl. z. B. Morgan, Reilly, Soc. **103**, 1494 (1913).

[3] Vgl.: Michaelis, A. **350**, 290, 306 (1906); **358**, 142 (1908). — Michaelis, Schäfer, A. **407**, 252 (1915).

[4] Vgl. auch Forster, R. Müller, Soc. **95**, 2076 (1909).

[5] Michaelis, B. **33**, 2873 (1900). — Michaelis, D.R.P. 122287 (C. **1901**, II, 327). A. **320**, 1 (1902); **331**, 197 (1904); **338**, 185, 292 (1905); **361**, 251 (1908). — Michaelis, Pander, B. **37**, 2774 (1904). — Störmer, Johannsen, B. **40**, 3701 (1907). — d'Ans, Kneip, B. **48**, 1146 (1915).

[6] Bei höherer Temperatur bewirkt Phosphorpentasulfid Reduktion zu 1-Arylpyrazolen, vgl. S. 362—363.

(Halogenmethylate von 1-Aryl-5-chlor-pyrazolen, vgl. S. 369, 370) mit Alkali-hydrosulfiden umsetzt, z. B.:

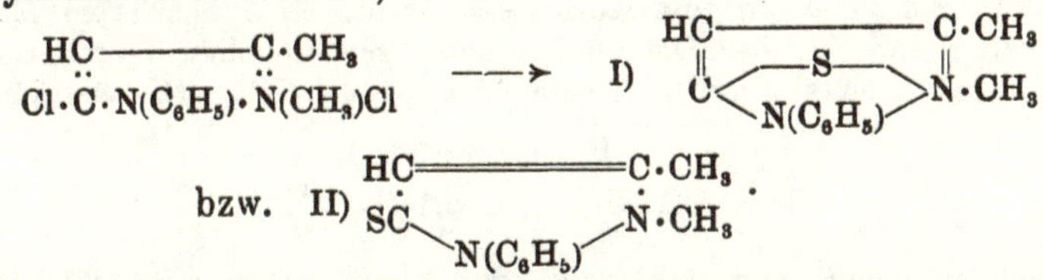

Nach dieser Bildungsweise erscheint die „Betain-Formulierung" I (vgl. S. 387) für die Reaktionsprodukte näherliegend als die eigentliche Thiopyrazolon-Formulierung II. Auch spricht gegen II der Umstand, daß der Schwefel sehr fest gebunden ist, z. B. durch Silberoxyd oder Quecksilberoxyd bei erhöhter Temperatur nicht herausgenommen wird. Durch Oxydation gehen die Thiopyrine leicht in Trioxyde über, deren Konstitution im Sinne des Schemas:

III) 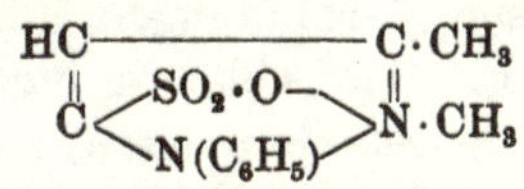

besonders dadurch wahrscheinlich gemacht wird, daß sie sich auch direkt aus den „Antipyrinchloriden" durch Umsetzung mit Alkalisulfit glatt herstellen lassen.

Aus den 1-Aryl-4-arylazo-5-chlor-pyrazolen (vgl. S. 374, Formel II) gewinnt man durch Umsetzung mit Kaliumhydrosulfid 1-Aryl-4-arylazo-5-thio-pyrazolone, deren Verhalten dagegen durchaus der Struktur:

IV) 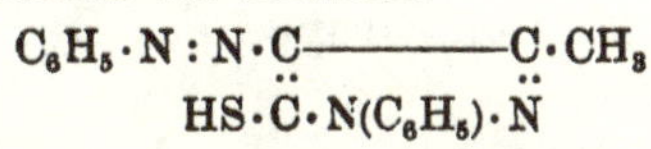

entspricht; denn sie geben mit Quecksilberoxyd den Mercaptiden entsprechende Verbindungen, aus denen durch Jod Disulfide entstehen.

1-Phenyl-3-methyl-5-thio-pyrazolon, das farblose Krystalle bildet, bei 190° bis 110° schmilzt, unter 760 mm Druck bei 294° siedet und in Wasser sehr schwer löslich ist, verhält sich mehr im Sinne der eine SH-Gruppe aufweisenden Strukturformel VI (s. u.), als im Sinne von V. Denn es ist leicht löslich in verdünntem Alkali,

V) 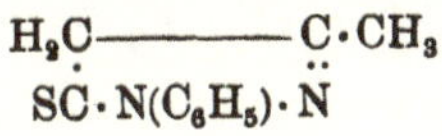, VI) 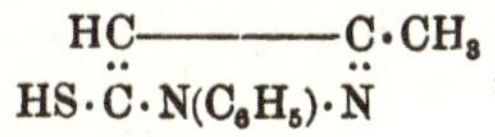,

VII) ,

bildet mit gelinden Oxydationsmitteln ein Disulfid, mit Wasserstoffsuperoxyd eine Sulfonsäure (VII) und kuppelt mit Diazobenzol zu dem Azokörper IV, für den oben noch eine andere Bildungsweise angegeben ist. Im Sinne von V kondensiert es sich aber mit Benzaldehyd zu dem Benzal-Derivat VIII, das merkwürdigerweise im

VIII) 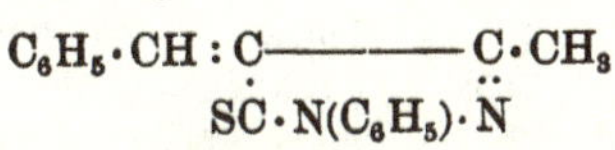, IX) 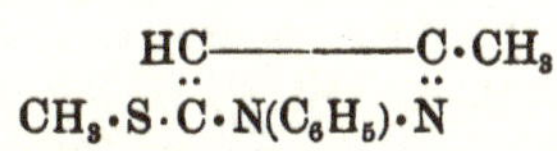

Gegensatz zu dem analogen, intensiv roten Sauerstoff-Körper (vgl. S. 421) farblos ist. — **Thiopyrin** (1-Phenyl-2.3-dimethyl-5-thio-pyrazolon) — Formel I bzw. II, S. 399 — bildet große, farblose Krystalle, schmilzt bei 166° und ist in kaltem Wasser mäßig, in heißem Wasser leicht löslich; es wirkt ähnlich dem Antipyrin (vgl. S. 388) erniedrigend auf die Körpertemperatur, wird aber vom Magen aus schlechter vertragen. Bei der Destillation unter gewöhnlichem Druck isomerisiert es sich zu dem 1-Phenyl-3-methyl-5-methylthio-pyrazol (IX). Mit Methyljodid ver-

$$\text{X)}\quad \begin{array}{l} \mathrm{HC}\text{———}\mathrm{C\cdot CH_3} \\ \mathrm{CH_3\cdot S\cdot \ddot{C}\cdot N(C_6H_5)\cdot \ddot{N}{<}^{CH_3}_{I}} \end{array}$$

einigt es sich zu einem Jodmethylat (X), das beim Kochen mit Alkali Antipyrin liefert, indem Methylmercaptan abgespalten wird.

Auch **Seleno-pyrazolone** und „Selenopyrine" wurden von MICHAELIS mit seinen Schülern hergestellt und eingehend untersucht[1].

Pyrazolon-imide[2]. Wie die Pyrazolone mit 3- bzw. 5-Oxy-pyrazolen desmotrop sind (vgl. S. 378—381), so sind die Pyrazolon-imide desmotrope Formen der 3- bzw. 5-Amino-pyrazole, worauf schon S. 372 an der systematisch den Amino-pyrazolen zukommenden Stelle hingewiesen wurde. Man ist zu diesen Verbindungen und ihren am extranuklearen Stickstoff einfach substituierten Abkömmlingen (über die zweifach substituierten s. S. 372—373) besonders nach folgenden Methoden gelangt.

Die eine ist der Pyrazolon-Synthese aus Estern der β-Ketonsäuren bzw. Tetrolsäuren (vgl. S. 381) analog und besteht darin, daß man Hydrazine auf die Nitrile von β-Ketonsäuren (vgl. Bd. I, Tl. II, S. 1143) oder von Propiolsäure-Homologen (vgl. Bd. I, Tl. I, S. 983) einwirken läßt; sie beruht darauf, daß die Hydrazone der β-Ketonsäure-Nitrile unter der Einwirkung von Salzsäure sich umlagern, indem sich durch Reaktion der Cyan-Gruppe auf die Imid-Gruppe des Hydrazin-Restes der Pyrazol-Ring schließt, z. B:

$$\begin{array}{l} \mathrm{CH_3\cdot \dot{C}H}\text{————}\mathrm{CO\cdot C_2H_5} \\ \mathrm{N\vdots C}\quad + \mathrm{NH(C_6H_5)\cdot NH_2} \end{array} - \mathrm{H_2O} = \begin{array}{l} \mathrm{CH_3\cdot \dot{C}H}\text{————}\mathrm{C\cdot C_2H_5} \\ \mathrm{N\vdots C}\quad \mathrm{NH(C_6H_5)\cdot \ddot{N}} \end{array}$$

$$= \begin{array}{l} \mathrm{CH_3\cdot HC}\text{———}\mathrm{C\cdot C_2H_5} \\ \mathrm{HN:\dot{C}\cdot N(C_6H_5)\cdot \ddot{N}} \end{array} \text{ oder } \begin{array}{l} \mathrm{CH_3\cdot C}\text{———}\mathrm{C\cdot C_2H_5} \\ \mathrm{H_2N\cdot \ddot{C}\cdot N(C_6H_5)\cdot \ddot{N}} \end{array};$$

$$\begin{array}{l} \mathrm{C}\equiv\equiv\mathrm{C\cdot C_5H_{11}} \\ \mathrm{N\vdots \dot{C}}\quad + \mathrm{H_2N\cdot NH_2} \end{array} = \left[\begin{array}{l} \mathrm{H_2C}\text{———}\mathrm{C\cdot C_5H_{11}} \\ \mathrm{N\vdots \dot{C}}\quad \mathrm{H_2N\cdot \ddot{N}} \end{array} = \right]$$

$$\begin{array}{l} \mathrm{H_2C}\text{——}\mathrm{C\cdot C_5H_{11}} \\ \mathrm{HN:\dot{C}\cdot NH\cdot \ddot{N}} \end{array} \text{ (bzw. desmotrope Formeln).}$$

[1] MICHAELIS, STEIN, A. **320**, 32 (1902). — MICHAELIS, A. **338**, 301 (1905). — MICHAELIS, LANGENKAMP, A. **404**, 21 (1914). — MICHAELIS, DUNTZE, A. **404**, 36 (1914).

[2] Vgl.: BOUVEAULT, Bl. [3] **4**, 647 (1890). — DÉMÈTRE-VLADESCO, Bl. [3] **6**, 816 (1891). — v. WALTHER, J. pr. [2] **55**, 142 (1897). — SILBERSTEIN, D.R.P. 113384 (C. **1900**, II, 654). — MICHAELIS, GUNKEL, B. **34**, 723 (1901). — MICHAELIS, HEPNER, B. **36**, 3271 (1903). — STOLZ, B. **36**, 3279 (1903). — KNORR, B. **37**, 3522 (1904). — MICHAELIS, A. **339**, 117 (1905); **385**, 1 (1911); **397**, 119 (1913). — MOUREU, LAZENNEC, Bl. [4] **1**, 1071 (1907). — MOHR, J. pr. [2] **79**, 1 (1909); **90**, 223, 509 (1914). — CLAISEN, B. **42**, 67 (1909).

Über Pyrazolon-hydrazone s. MICHAELIS, KOBERT, B. **42**, 2765 (1909).

— Bei der anderen geht man von 1-Aryl-2-alkyl-pyrazolonen „Antipyrinen“) aus, verwandelt diese durch Phosphoroxychlorid in chlorierte Pyrazol-chloralkylate vom Typus des „Antipyrinchlorids“ (vgl. S. 370) und läßt auf letztere Ammoniak oder primäre Amine einwirken. Wendet man hierbei hohe Temperaturen an, so wird Alkylchlorid abgespalten, z. B.:

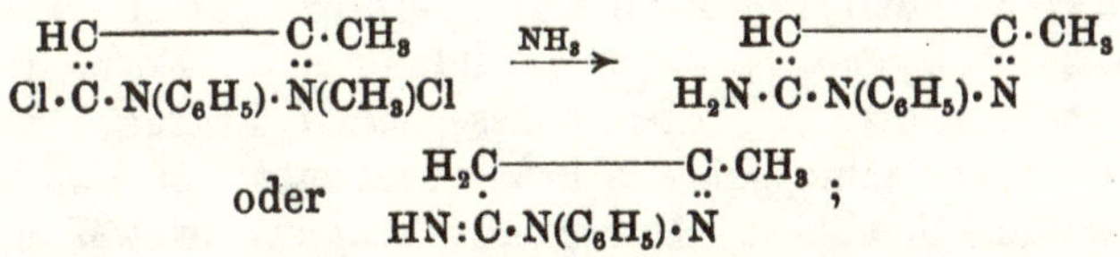

(A)

arbeitet man aber bei nicht zu hoher Temperatur, so bleibt diese Abspaltung vermieden, und man erhält 1-Aryl-2-alkyl-pyrazolon-(5)-imide („Iminopyrine“), für welche nach dieser Bildungsweise die „betainartige Formulierung“ (vgl. S. 387, 399) besonders naheliegend erscheint:

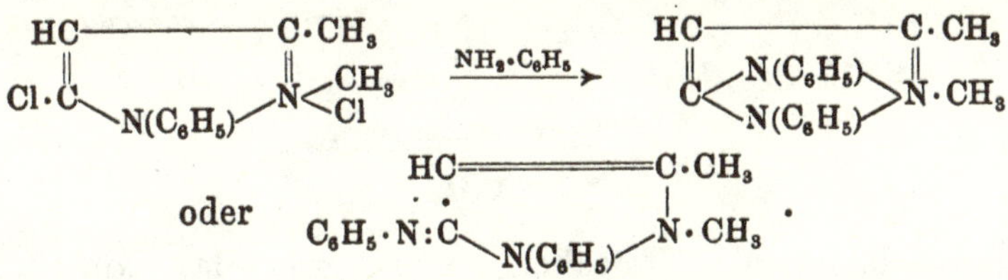

(B)

Man könnte glauben, in diesem Falle zwischen den „Betain-Formeln“ und den gewöhnlichen Pyrazolon-Formeln entscheiden zu können, wenn man Verbindungen mit zwei verschiedenen Arylen Ar und Ar′ auf zwei Wegen darstellt, so daß das Produkt im ersten Falle Ar an ein anderes Stickstoffatom gebunden enthält als im zweiten Falle. Käme man in beiden Fällen zu einer und derselben Verbindung, so wäre die Pyrazolon-Formulierung natürlich widerlegt. Es hat sich nun im Einklang mit der Pyrazolon-Auffassung herausgestellt, daß man tatsächlich nicht zu identischen, sondern zu isomeren Produkten gelangt. Trotzdem wird hierdurch die Betain-Formulierung nicht widerlegt; denn da die Valenzen von fünfwertigem Stickstoff untereinander zweifellos nicht gleichartig sind, erscheint es durchaus plausibel, daß die Formeln:

Isomere darstellen können, wenn das fünfwertige Stickstoffatom in jedem Falle NAr und NAr′ mit verschiedenartigen Valenzen bindet.

Das einfachste **Pyrazolon-imid** (3- bzw. 5-Amino-pyrazol), für welches die desmotropen Formeln:

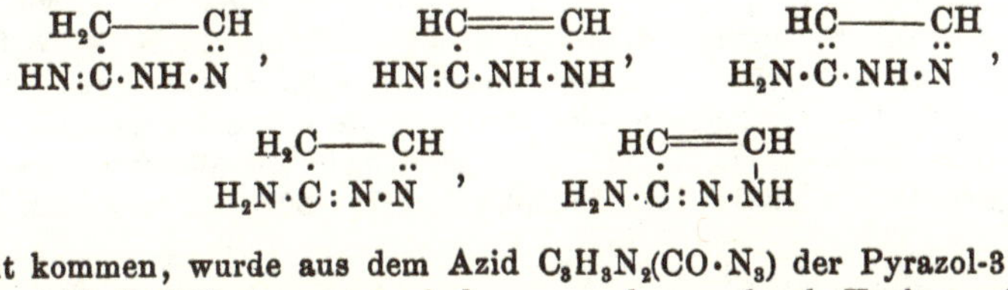

in Betracht kommen, wurde aus dem Azid $C_3H_3N_2(CO \cdot N_3)$ der Pyrazol-3 (bzw. -5)-carbonsäure (vgl. S. 408) gewonnen, indem man daraus durch Kochen mit Alkohol das Urethan $C_3H_3N_2(NH \cdot CO \cdot OC_2H_5)$ darstellte und letzteres mit kochender Salzsäure verseifte. Es ist ein farbloses, dickflüssiges, hygroskopisches Öl, siedet unter 753 mm Druck bei 282°, löst sich leicht in Wasser und reagiert in dieser Lösung neutral. Zwar besitzt es reduzierende Eigenschaften, ist aber im Gegensatz zum 4-Amino-pyrazol (s. S. 372) bei Gegenwart von Alkali gegen den Sauerstoff der Luft ziemlich beständig.

1-Phenyl-3-methyl-pyrazolon-(5)-imid (oder 1-Phenyl-3-methyl-5-amino-pyrazol) — eine Bildung s. in Formelreihe A auf S. 401 — krystallisiert in derben wasserhellen Prismen, schmilzt bei 116°, siedet unter Atmosphärendruck unzersetzt bei 333°, löst sich nicht in Alkalien, leicht in Säuren und reagiert in wäßriger Lösung neutral. Beim Erhitzen mit Mineralsäuren oder mit Alkali bleibt es unverändert. Bei der Einwirkung von Natriumnitrit auf die Lösung in verdünnter Salzsäure entsteht die Isonitroso-Verbindung der Formel I (s. u.) — Näheres s. S. 405 — neben dem Diazoniumchlorid II;

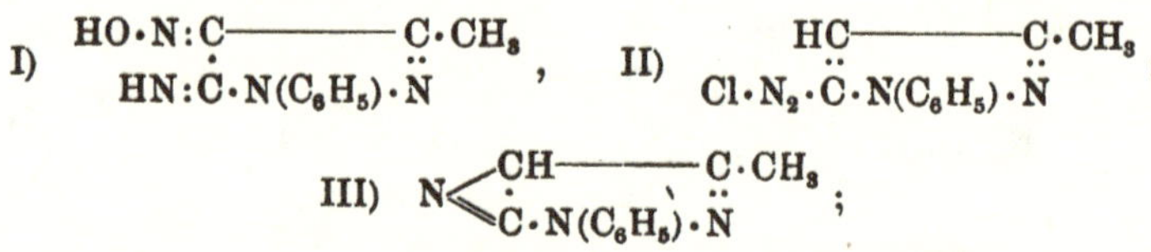

das letztere bildet sich reichlich, wenn man das Nitrit auf die Lösung in konzentrierter Salzsäure wirken läßt, und kuppelt mit β-Naphthol zu einem dunkelroten Farbstoff. Eine sehr eigentümliche Umwandlung erleidet das Phenyl-methyl-pyrazolon-imid[1] bei der Oxydation mit Wasserstoffsuperoxyd in essigsaurer Lösung; es verliert zwei H-Atome und geht in eine gelbbraune, bei 109° schmelzende Verbindung über, welcher die Formel III zugeschrieben wird. Dieses farbige Oxydationsprodukt — es wird 1-Phenyl-3-methyl-4 5-azi-pyrazol genannt — liefert durch Reduktion mit Natriumhydrosulfit wieder das farblose Phenyl-methyl-pyrazolon-imid zurück.

1-Phenyl-2.3-dimethyl-pyrazolon-(5)-imid (Iminopyrin)

wird aus Antipyrinchlorid (S. 370) durch 6-stündiges Erhitzen mit wäßrigem Ammoniak auf 125—150° gewonnen, stellt eine hygroskopische Krystallmasse dar, schmilzt bei 63° und bleibt beim Erhitzen mit konz. Salzsäure auf 160° unverändert. Es ist eine starke Base, die an der Luft Kohlensäure anzieht, und wird aus seiner Benzol-Lösung durch feuchte Kohlensäure als Carbonat $C_{11}H_{13}N_3, H_2CO_3 + H_2O$ gefällt. Selbst seine durch Einführung eines Säurerestes entstehenden Abkömmlinge reagieren zum Teil noch alkalisch. — **1-Phenyl-2.3-dimethyl-pyrazolon-(5)-anil** — Bildung s. Formelreihe B auf S. 401 — reagiert ebenfalls alkalisch. Es stellt farblose flächenreiche Krystalle dar, schmilzt bei 79—80° und löst sich bei 15° in

[1] Über seine Kuppelung mit Benzoldiazoniumchlorid s. S. 374.

300 Tln. Wasser. Mit Halogenwasserstoffen vereinigt es sich zu Salzen, die identisch sind mit den Halogenmethylaten des 1-Phenyl-3-methyl-pyrazolon-(5)-anils $\begin{array}{l} H_2C\text{———}C\cdot CH_3 \\ C_6H_5\cdot N:C\cdot N(C_6H_5)\cdot N \end{array}$. Über Addition von Alkyljodiden und Säurechloriden s. S. 372.

Die Darlegungen der letzten Seiten (S. 380—403) waren der großen Zahl von Abkömmlingen gewidmet, die sich vom Pyrazolon durch Vertretung seiner Wasserstoffatome und seines Sauerstoffatoms ableiten lassen. Aber außer dem Pyrazolon (vgl. S. 378—380) — dem Monooxopyrazolin — sind nun noch weitere heterovicinale Oxo-Derivate der Pyrazol-Reihe denkbar, nämlich das Monooxo-pyrazolidin:

$$\text{I)}\quad \begin{array}{l} H_2C\text{——}CH_2 \\ OC\cdot NH\cdot NH \end{array} \quad \text{(Pyrazolidon)},$$

die Dioxo-pyrazoline:

$$\text{II) a)}\ \begin{array}{l} OC\text{——}CH_2 \\ OC\cdot N:N \end{array} \quad \text{bzw. b)}\ \begin{array}{l} OC\text{——}CH \\ OC\cdot NH\cdot N \end{array} \quad \text{und} \quad \text{III)}\ \begin{array}{l} H_2C\text{——}CO \\ OC\cdot N:N \end{array},$$

die Dioxo-pyrazolidine:

$$\text{IV)}\ \begin{array}{l} OC\text{——}CH_2 \\ OC\cdot NH\cdot NH \end{array} \quad \text{und} \quad \text{V)}\ \begin{array}{l} H_2C\text{——}CO \\ OC\cdot NH\cdot NH \end{array}$$

und das Trioxo-pyrazolidin:

$$\text{VI)}\ \begin{array}{l} OC\text{——}CO \\ OC\cdot NH\cdot NH \end{array}.$$

Auch sie sind — mit Ausnahme von III — als solche bzw. in Form von Derivaten bekannt geworden. Doch hat man ihnen nicht ein so eingehendes Studium wie der Pyrazolon-Gruppe zugewandt; Stoffe, die eine praktische Bedeutung erlangt haben, finden wir unter ihnen nicht. Es bedarf daher nur noch einer kurzen Übersicht, um mit ihnen das Gebiet der Oxo-pyrazol-Körper abzuschließen.

Das Pyrazolidon[1] (3-Oxo-pyrazolidin) — Formel I, s. o. — entsteht durch Einwirkung von Hydrazin auf Acrylsäure (vgl. S. 355 sub Nr. 2):

$$\begin{array}{r} CH_2:CH\cdot CO\cdot OH \\ +\ H_2N\cdot NH_2 \end{array} = H_2O + \begin{array}{l} CH_2\cdot CH_2\cdot CO \\ NH\text{———}NH \end{array},$$

ist flüssig, siedet bei 133—135°, riecht scharf und löst sich nicht in Alkalien, wohl aber in Säuren.

1-Phenyl-pyrazolidon-(5)[2] $\begin{array}{l} CH_2\cdot CH_2\cdot CO \\ NH\text{———}N\cdot C_6H_5 \end{array}$ kann durch Kochen von

[1] v. Rothenburg, B. **26**, 2972 (1893). J. pr. [2] **51**, 72 (1895).

[2] Stolz, B. **28**, 626, 630 (1895).

Homologe: Knorr, Duden, B. **25**, 759 (1892); **26**, 103 (1893). — Prentice, A. **292**, 284 (1896). Soc. **85**, 1669 (1904). — Blaise, Luttringer, Bl. [3] **33**, 771, 781 (1905).

Acrylsäure mit der molekularen Menge Phenylhydrazin in Toluol, sowie durch Einwirkung von β-Jod-propionsäureester auf Natrium-Formyl-phenyl-hydrazin und nachfolgendes Verseifen (mit Salzsäure) erhalten werden, krystallisiert aus Ligroin in Nädelchen, schmilzt bei 78°, löst sich leicht in Säure, nicht in Alkali und wird durch die berechnete Menge Eisenchlorid zu 1-Phenyl-pyrazolon-(5) oxydiert.

Im Gegensatz zu diesem basischen Körper besitzt das stellungsisomere 1-Phenyl-pyrazolidon-(3)[1] $\begin{array}{ll} CH_2 & CH_2 \\ N(C_6H_5)\cdot NH\cdot CO \end{array}$ saure Eigenschaften. Es kann aus β-Jodpropionsäure oder ihren Estern durch Reaktion mit freiem Phenylhydrazin bereitet werden. Beweisend für seine Struktur ist die folgende Synthese aus β-Anilino-propionsäureester:

$$\begin{array}{ll} CH_2 & CH_2 \\ NH(C_6H_5) & CO\cdot OC_2H_5 \end{array} \xrightarrow{\text{Nitrosierung}} \begin{array}{ll} CH_2 & CH_2 \\ N(C_6H_5)\cdot NO & CO\cdot OC_2H_5 \end{array}$$

$$\xrightarrow{\text{Reduktion}} \begin{array}{ll} CH_2 & CH_2 \\ N(C_6H_5)\cdot NH_2 & CO\cdot OC_2H_5 \end{array} \xrightarrow[\text{alkohol. } NaOC_2H_5]{\text{Kochen mit}} \begin{array}{ll} CH_2 & CH_2 \\ N(C_6H_5)\cdot NH\cdot CO \end{array}.$$

Es schmilzt bei 119—121°, wird leicht von Sodalösung aufgenommen und von Eisenchlorid zu 1-Phenyl-pyrazolon-(3) oxydiert.

Erwähnt sei noch die eigentümliche Bildung von 1-Nitroso-5-methyl-pyrazolidon-(3) — weiße Blättchen, Schmelzp. 131° unter Aufschäumen — bei der Einwirkung von salpetriger Säure auf Crotonsäure-hydrazid[2]:

$$\begin{array}{ll} CH_3\cdot CH = & CH \\ NH_2\cdot NH\cdot CO \end{array} \longrightarrow \left[\begin{array}{ll} CH_3\cdot CH = & CH \\ NO\cdot NH\cdot NH\cdot CO \end{array}\right] \longrightarrow \begin{array}{ll} CH_3\cdot CH - & CH_2 \\ NO\cdot N\cdot NH\cdot CO \end{array}.$$

Die interessantesten Stoffe, die hier zu besprechen sind, leiten sich von der Formel IIb (S. 403) ab. Die Verbindung selbst, die dieser Formel entspricht, ist nicht bekannt[3], wohl aber ihr 1-Phenyl-3-methyl-Derivat[4], das als **1-Phenyl-3-methyl-4-keto-pyrazolon-(5)** oder 1-Phenyl-3-methyl-pyrazoldion-(4.5) oder 1-Phenyl-3-methyl-4.5-dioxo-pyrazolin bezeichnet werden kann. Man kann es bereiten, indem man das 1-Phenyl-3-methyl-4-amino-pyrazolon vorsichtig oxydiert (vgl. S. 393—394), oder indem man 1-Phenyl-3-methyl-pyrazolon (S. 383) mit aromatischen *C*-Nitroso-Körpern kondensiert und die Kondensationsprodukte dann mit Säuren spaltet, z. B.:

---

[1] BÖHRINGER & SÖHNE, D.R.P. 53834 (FRDL. **2**, 127). — STOLZ, B. **28**, 626 (1895). — HARRIES, LOTH, B. **29**, 517 (1896).

Homologe: LEDERER, J. pr. [2] **45**, 88 (1892). — MONTEMARTINI, G. **27**, II, 374 (1897).

[2] MUCKERMANN, B. **42**, 3451, 3458 (1909). J. pr. [2] **84**, 278 (1911).

[3] Über ihr 4-Monoxim (Isonitroso-pyrazolon) s. KNORR, B. **29**, 256 (1896). — Über dessen 3-Methyl-Homologes vgl.: BÜLOW, SCHAUB, B. **41**, 2181 (1908). — BÜLOW, BOZENHARDT, B. **43**, 553 (1910).

Über Monoxime des 1-Phenyl-4-keto-pyrazolons-(5) s.: CLAISEN, HAASE, B. **28**, 39 (1895). — WOLFF, FERTIG, A. **313**, 22 (1900).

[4] KNORR, PSCHORR, D.R.P. 75378 (FRDL. **3**, 941). — F. SACHS, BARSCHALL, B. **35**, 1437 (1902).

$$(CH_3)_2N\cdot C_6H_4\cdot NO + \begin{array}{l} H_2C\text{———}C\cdot CH_3 \\ OC\cdot N(C_6H_5)\cdot N \end{array}$$

$$= H_2O + \begin{array}{l} (CH_3)_2N\cdot C_6H_4\cdot N:C\text{———}C\cdot CH_3 \\ OC\cdot N(C_6H_5)\cdot N \end{array},$$

$$\begin{array}{l} (CH_3)_2N\cdot C_6H_4\cdot N:C\text{———}C\cdot CH_3 \\ OC\cdot N(C_6H_5)\cdot N \end{array} + H_2O$$

$$= (CH_3)_2N\cdot C_6H_4\cdot NH_2 + \begin{array}{l} OC\text{———}C\cdot CH_3 \\ OC\cdot N(C_6H_5)\cdot N \end{array}.$$

Es schießt aus Ligroin in bronzefarbenen, glänzenden Krystallen an, schmilzt bei 119°, ist sublimierbar, bildet eine Natriumbisulfit-Verbindung und verwandelt sich an feuchter Luft in farblose Nadeln (Schmelzp. 71°) eines Hydrats, dem wohl die Formel $\begin{array}{l} (HO)_2C\text{———}C\cdot CH_3 \\ OC\cdot N(C_6H_5)\cdot N \end{array}$ zu erteilen ist; beim Schütteln mit konzentrierter Schwefelsäure und thiophenhaltigem Benzol erhält man eine intensive Grünfärbung. — Sein 4-Monoxim[1] [1-Phenyl-3-methyl-4-isonitroso-pyrazolon-(5)] $\begin{array}{l} HO\cdot N:C\text{———}C\cdot CH_3 \\ OC\cdot N(C_6H_5)\cdot N \end{array}$ ist das Nitrosierungsprodukt des „technischen Pyrazolons" (vgl. S. 383, 384, 391). Es kann auch durch Kondensation von Isonitroso-acetessigester mit Phenylhydrazin gewonnen werden, bildet prächtige orangegelbe Nadeln, schmilzt bei 157° und ist eine einbasische Säure, deren Salze gelbrot gefärbt sind.

Das 4-Oxim-5-imid[2] (1-Phenyl-3-methyl-4-isonitroso-5-imino-pyrazolin) $\begin{array}{l} HO\cdot N:C\text{———}C\cdot CH_3 \\ HN:C\cdot N(C_6H_5)\cdot N \end{array}$ entsteht aus dem 1-Phenyl-3-methyl-pyrazolon-(5)-imid durch Einwirkung von salpetriger Säure (vgl. S. 402), krystallisiert aus Benzol in leuchtend roten Blättchen und schmilzt bei 199—200° zu einer dunkelgrünen Flüssigkeit. Seine Lösung in Benzol ist rein himmelblau, in Alkohol rotstichig violett; von wäßrigen Alkalilaugen und Mineralsäuren, sowie von Eisessig wird es mit goldgelber bis orangeroter Farbe aufgenommen. Durch Reduktion liefert es das 1-Phenyl-3-methyl-4.5-diamino-pyrazol (S. 373).

Als Abkömmling dieser 1.2-Dicarbonyl-Verbindung ist noch die Rubazonsäure[3] zu registrieren, die — wie schon S. 393—394 und 395 erwähnt wurde — aus dem 1-Phenyl-3-methyl-4-amino-pyrazolon-(5) durch

---

[1] Knorr, B. **17**, 2041 (1884). A. **238**, 185 (1887). — Knorr, Duden, B. **25**, 765 (1892). — Knorr, Reuter, B. **27**, 1175 (1894). — Jovitschitsch, B. **28**, 2685 (1895). — Hantzsch, Barth, B. **35**, 222 (1902). — v. Zawidzki, B. **37**, 2300 (1904).

[2] Mohr, J. pr. [2] **79**, 6, 26 (1909).

[3] Knorr, A. **238**, 187, 189, 192 (1887). — Knorr, Pschorr, D.R.P. 75378 (Frdl. **3**, 941). — Jaffe, B. **34**, 2737 (1901). — Bouveault, Wahl, C. r. **139**, 135 (1904). — Betti, G. **36**, II, 427 (1906); **37**, II, 91 (1907).

Über *N*-Methyl-rubazonsäure s. Pröscher, B. **35**, 1436 (1902). — Über die phenylfreie Rubazonsäure und ihre Homologen s.: Bouveault, Wahl, Bl. [3] **33**, 483 (1905). — Wahl, Doll, C. r. **154**, 1239 (1912). Bl. [4] **13**, 480 (1913).

Oxydation entsteht und nach dem Gebrauch von Pyramidon im Harn auftritt. Die Bildung durch Wasserabspaltung bei der Reaktion von 1-Phenyl-3-methyl-4-amino-pyrazolon mit 1-Phenyl-3-methyl-4-keto-pyrazolon:

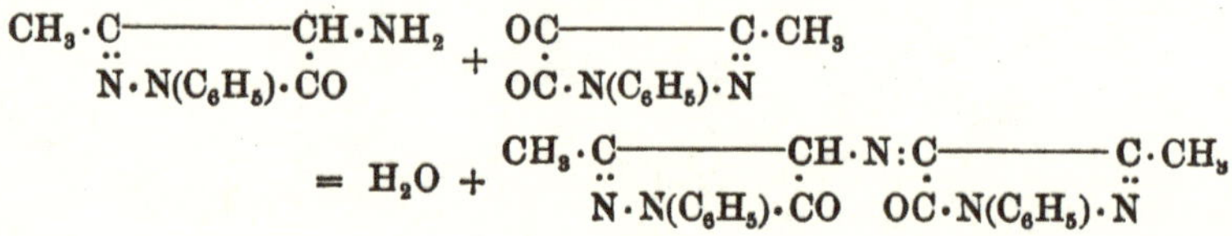

beleuchtet besonders deutlich ihre Konstitution. Die Rubazonsäure krystallisiert aus Eisessig in roten Nadeln, schmilzt bei 181°, ist nahezu unlöslich in Wasser und verdünnten Säuren, wird aber von Alkalien und Ammoniak mit tief violetter Farbe unter Salzbildung aufgenommen. Sehr interessant ist, daß man sie direkt durch Luftoxydation aus Ammoniak und „technischem Pyrazolon" (vgl. S. 383) erhalten kann, wenn man kleine Mengen eines aromatischen Aldehyds zusetzt, der die Fähigkeit hat, mit Ammoniak ein „Hydramid" zu liefern.

Wenn man die Natriumbisulfit-Verbindung des 1-Phenyl-3-methyl-4-keto-pyrazolons-(5) in wäßriger Lösung mit Natriumamalgam behandelt, erfolgt Reduktion zu einer Verbindung[1], für welche eine der folgenden drei Formeln:

VII) 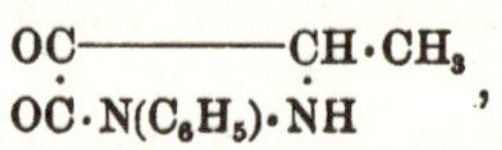 , VIII) 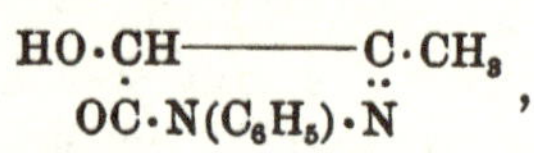 ,

IX) 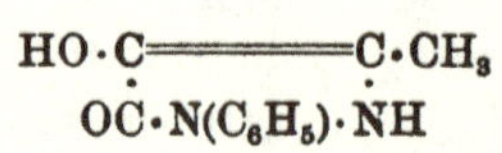

in Betracht kommt. Nach VII wäre sie ein *N*-Phenyl-*C*-methyl-Derivat des auf S. 403 sub IV formulierten 3.4-Dioxo-pyrazolidins[2]. Wahrscheinlicher ist die desmotrope Formel IX, da die Verbindung sich in verdünnten Alkalien löst und aus der alkalischen Lösung durch Kohlendioxyd ausgefällt wird. Das gleiche Verhalten zeigt ihr Methylierungsprodukt, dem man daher die Formel des 4-Oxy-antipyrins [1-Phenyl-2.3-dimethyl-4-oxy-pyrazolon-(5)] 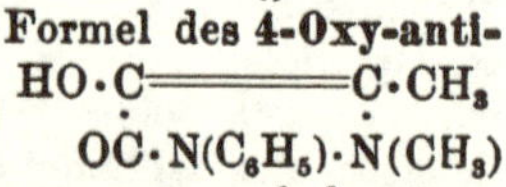 **beilegt; diesen farblosen, bei 182° schmelzenden Körper[3] kann man auch bereiten, indem man 4-Brom-antipyrin (vgl. S. 389, Formel II) mit überschüssiger Kalilauge kocht.**

Das auf S. 403 sub V formulierte 3.5-Dioxo-pyrazolidin ist ein inneres Hydrazid der Malonsäure und kann daher als Cyclo-malonhydrazid bezeichnet werden. Es ist selbst noch nicht mit Sicherheit bekannt[4], wohl aber sein *N*-Phenyl-

---

[1] Knorr, Pschorr, D.R.P. 75378 (Frdl. 3, 941).

[2] Über 1-Phenyl-3-methyl-3-diäthylamino-4.5-dioxo-pyrazolidin 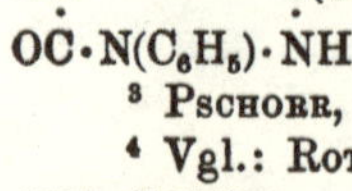 s. Prager, B. **36**, 1452 (1903).

[3] Pschorr, A. **293**, 49 (1896).

[4] Vgl.: Rothenburg, J. pr. [2] **51**, 76 (1895). — Bülow, Bozenhardt, B. **42**, 4785 (1909).

Über 3.5-Diimino-pyrazolin = 3.5-Diamino-pyrazol s. Knorr, B. **37**, 3524 (1904).

Derivat — das **1-Phenyl-3.5-dioxo-pyrazolidin**[1] (Cyclo-malonphenylhydrazid), das in der Original-Literatur mit dem unverständlichen und irreführenden Namen „Phenyl-pyrazolidon" belegt wird (über wirkliche Phenyl-pyrazolidone s. S. 403 bis 404), und für das die desmotropen Formeln:

$$\text{X)}\ \begin{array}{l}H_2C\text{———}CO\\ OC\cdot N(C_6H_5)\cdot NH\end{array},\quad \text{XI)}\ \begin{array}{l}HC\text{———}CO\\ HO\cdot C\cdot N(C_6H_5)\cdot NH\end{array},\quad \text{XII)}\ \begin{array}{l}HC\text{═══}C\cdot OH\\ OC\cdot N(C_6H_5)\cdot NH\end{array},$$

$$\text{XIII)}\ \begin{array}{l}H_2C\text{———}C\cdot OH\\ OC\cdot N(C_6H_5)\cdot N\end{array},\quad \text{XIV)}\ \begin{array}{l}HC\text{———}C\cdot OH\\ HO\cdot C\cdot N(C_6H_5)\cdot N\end{array}$$

in Erwägung gezogen werden können. Es läßt sich leicht durch Einwirkung von Phosphortrichlorid auf ein Gemisch von Malonsäure und *symm.* Acetyl-phenylhydrazin darstellen, bildet hellgelbe Blättchen, schmilzt bei 192°, ist in kaltem Wasser schwer, in alkalischen Flüssigkeiten (auch wäßrigem Ammoniak) leicht unter Salzbildung löslich; sein Verhalten spricht dafür, daß ihm eine der „Oxy-pyrazolon"-Formeln (XI, XII oder XIII) zukommt.

Die soeben behandelte Verbindung liefert mit nascenter salpetriger Säure das **1-Phenyl-4-isonitroso-3.5-dioxo-pyrazolidin**[2] $\begin{array}{l}HO\cdot N:C\text{———}CO\\ OC\cdot N(C_6H_5)\cdot NH\end{array}$, das sich als 1-phenyliertes 4-Monoxim von dem S. 403 sub VI formulierten Trioxo-pyrazolidin[3] ableitet und aus heißem Wasser in wasserhaltigen dunkelroten Nädelchen vom Schmelzp. 182° krystallisiert.

Carbonsäuren der Pyrazol-Reihe.

Für die Bildung von *nichthydrierten Carbonsäuren der Pyrazol-Reihe* haben hauptsächlich die folgenden Methoden gedient:

a) Einwirkung von Hydrazin (oder Aryl-hydrazinen) auf Diketo-carbonsäuren mit 1.3-Stellung der Keton-Carbonyle[4], z. B.:

$$\begin{array}{c}CH_3\cdot CO\cdot CH_2\cdot CO\cdot CO_2H\\ +\ H_2N\text{——}NH_2\end{array} = 2H_2O + \begin{array}{l}CH_3\cdot C\cdot CH:C\cdot CO_2H\\ \quad\ \ N\text{——}NH\end{array};$$

b) Addition von Diazoessigester an Carbonsäureester mit dreifacher Kohlenstoffbindung[5], z. B.:

$$\begin{array}{l}CH_3O\cdot CO\cdot C\\ CH_3O\cdot CO\cdot C\end{array} + \begin{array}{l}CH\cdot CO\cdot OCH_3\\ N:N\end{array} = \begin{array}{l}CH_3O\cdot CO\cdot C\text{——}C\cdot CO\cdot OCH_3\\ CH_3O\cdot CO\cdot C\cdot NH\cdot N\end{array};$$

---

[1] Michaelis, Burmester, B. **25**, 1502 (1892). — Asher, B. **30**, 1018 (1897). — Michaelis, Röhmer, B. **31**, 3003 (1898). — Conrad, Zart, B. **39**, 2282 (1906). — Michaelis, K. Schenk, B. **40**, 3568 (1907).

Über Homologe s. auch: W. H. Perkin, Soc. **83**, 1225, 1250 (1903). — Michaelis, K. Schenk, B. **41**, 3865 (1908).

[2] Michaelis, Burmeister, B. **25**, 1511 (1892). — Über sein 2-Methyl-Derivat s. Michaelis, Kirstein, B. **46**, 3604, 3606 (1913).

[3] Über dessen 4-p-Tolylhydrazon s. Bülow, Weidlich, B. **40**, 4326, 4331 (1907).

[4] Vgl. z. B.: Claisen, Roosen, A. **278**, 278 (1894). — Knorr, Macdonald, A. **279**, 217 (1894). — Rosengarten, A. **279**, 239 (1894). — Mumm, Bergell, B. **45**, 3045 (1912).

[5] Vgl. z. B. Buchner, A. **273**, 223 (1893).

c) Oxydation von Pyrazolin-carbonsäureestern (s. S. 409) mit Brom in Chloroform- oder Schwefelkohlenstoff-Lösung[1], z. B.:

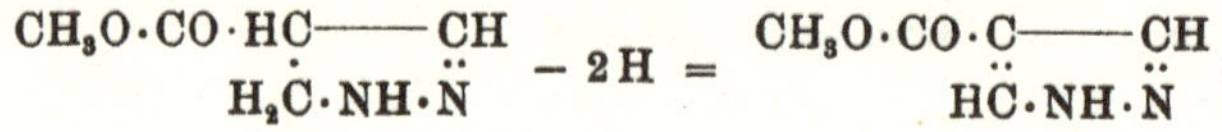

d) Oxydation von *C*-Methyl-pyrazolen mit Permanganat[2] (vgl. S. 363), z. B.:

Sie sind als Zwischenprodukte für die Darstellung des Pyrazols und seiner Homologen wichtig gewesen (vgl. S. 360).

Pyrazol-monocarbonsäuren $C_3H_3(CO_2H)N_2$. Die 3- (bzw. 5-)Carbonsäure[3] (vgl. dazu S. 358—359) krystallisiert aus Wasser in sternförmig gruppierten Prismen, schmilzt bei 210—212° und zerfällt einige Grade höher in Kohlendioxyd und Pyrazol. — Die 4-Carbonsäure[4] schmilzt erst bei 275° unter starker Gasentwickelung.

Mehrfach untersucht sind die *N*-Phenyl-pyrazol-carbonsäuren[5] $C_3H_2(CO_2H)N_2(C_6H_5)$, von denen die 3-Carbonsäure bei 146°, die 4-Carbonsäure bei 219—220°, die 5-Carbonsäure bei 183° schmilzt. Die 1-Phenyl-pyrazol-carbonsäure-(4) ist beständiger als ihre beiden Isomeren; denn sie läßt sich bei raschem Erhitzen fast unzersetzt destillieren und zerfällt erst bei längerem Sieden unter Rückfluß in Kohlendioxyd und *N*-Phenyl-pyrazol (S. 362).

Auch die beiden theoretisch zu erwartenden **Pyrazol-dicarbonsäuren** $C_3H_2(CO_2H)_2N_2$ sind bekannt. Die 3.4- (bzw. 4.5-)Dicarbonsäure[6] krystallisiert aus heißer verdünnter Salpetersäure in weißen glänzenden Nadeln mit 1 Mol. Krystallwasser, die schon an der Luft verwittern und matt werden, und schmilzt bei 260° unter Gasentwickelung. Sie ist in heißem Wasser leicht löslich; beim Erkalten erstarrt die Lösung zu einer durchsichtigen Gallerte. — Die 3.5-Dicarbonsäure[7] krystallisiert aus heißem Wasser in Nadeln mit 1 Mol. Krystallwasser, das nicht im Vakuum, aber bei 120° entweicht, und schmilzt bei 287—290° unter Gasentwickelung.

---

[1] Vgl. z. B.: Buchner, A. **273**, 228 (1893). — v. Pechmann, Burkard, B. **33**, 3595 (1900).

[2] Vgl. z. B.: Knorr, Laubmann, B. **22**, 173 (1889). — Claisen, Roosen, A. **278**, 267, 272 (1893). — Knorr, A. **279**, 231 (1894). — Jowett, Potter, Soc. **83**, 469 (1903).

[3] Knorr, A. **279**, 231 (1894). — v. Rothenburg, J. pr. [2] **52**, 46 (1895). — v. Pechmann, Burkard, B. **33**, 3595 (1900). — Buchner, Hachumian, B. **35**, 41 (1902).

[4] Buchner, Fritsch, A. **273**, 253 (1893). — Knorr, A. **279**, 232 (1894). — Behaghel, Buchner, B. **35**, 34 (1902).

[5] Knorr, Laubmann, B. **22**, 180 (1889). — Balbiano, Severini, G. **23**, I, 355 (1893). — Balbiano, Marchetti, G. **23**, I, 490 (1893). — Claisen, Roosen, A. **278**, 268, 277, 292 (1894). — W. Wislicenus, Bindemann, A. **316**, 25, 36, 41 (1901). — W. Wislicenus, Breit, A. **356**, 35, 41 (1907). — W. Wislicenus, Bywaters, A. **356**, 45 (1907).

[6] v. Pechmann, Seel, B. **32**, 2293, 2299 (1899). — v. Pechmann, B. **34**, 627, 630 (1901).

[7] Marchetti, G. **22**, II, 360 (1892); **23**, I, 567 (1893). — Buchner, Papendieck, A. **273**, 234, 246 (1893). — v. Rothenburg, B. **27**, 1098 (1894). J. pr. [2] **52**, 47 (1895). — Knorr, A. **279**, 218 Anm. (1894).

Von den *N*-Phenyl-pyrazol-dicarbonsäuren[1] $C_3H(CO_2H)_2N_2(C_6H_5)$ schmilzt die 3.4-Dicarbonsäure bei 231·5°, die 4.5-Dicarbonsäure bei 216° und die 3.5-Dicarbonsäure bei 266°. Letztere Säure liefert beim Erhitzen etwas oberhalb des Schmelzpunkts die 1-Phenyl-pyrazol-carbonsäure-(3), während die 4.5-Dicarbonsäure beim Destillieren in Kohlendioxyd und 1-Phenyl-pyrazol-carbonsäure-(4) zerfällt.

Die **Pyrazol-tricarbonsäure-(3.4.5)**[2] $C_3H(CO_2H)_3N_2$ — Bildung der Ester s. S. 407 sub b — stellt kurze Nädelchen dar, krystallisiert mit $2H_2O$, wird bei 120° wasserfrei und schmilzt bei 230° unter Kohlensäure-Entwickelung. Bei langsamer Destillation liefert sie Pyrazol, bei rascher Destillation daneben Pyrazol-monocarbonsäure-(4). Die Tricarbonsäure ist durch die Bildung schwer löslicher saurer Salze mit den Alkalimetallen [z. B. $C_3H(CO_2Na)(CO_2H)_2N_2$] ausgezeichnet.

Die obigen Angaben über die Abspaltung von Kohlendioxyd aus den verschiedenen Carbonsäuren des Pyrazols und des *N*-Phenyl-pyrazols lassen erkennen, daß das Carboxyl in der 4-Stellung am festesten haftet.

Daß *Pyrazolin-carbonsäuren* durch Addition von „aliphatischen Diazokörpern“ an Carbonsäureester mit doppelter Kohlenstoffbindung[3] entstehen, wurde schon S. 356 sub 3 durch eine Gleichung erläutert. Weitere Beispiele für diese wichtige Reaktion[4] geben die folgenden Gleichungen:

$$\begin{array}{l} CH_3O\cdot CO\cdot CH \\ CH_3O\cdot CO\cdot C \\ CH_3O\cdot CO\cdot CH_2 \end{array} + \begin{array}{l} CH\cdot CO\cdot OCH_3 \\ N:N \end{array} = \begin{array}{l} CH_3O\cdot CO\cdot CH\text{——}C\cdot CO\cdot OCH_3 \\ CH_3O\cdot CO\cdot C\cdot NH\cdot N \\ CH_3O\cdot CO\cdot CH_2 \end{array} ;$$

$$\begin{array}{r} CH_2 \\ CH_3O\cdot CO\cdot CH \end{array} + \begin{array}{c} CH_2 \\ N:N \end{array} = \begin{array}{r} CH_2\text{——}CH \\ CH_3O\cdot CO\cdot CH\cdot NH\cdot N \end{array} .$$

Von den sehr beständigen Pyrazol-carbonsäuren unterscheiden sich die Pyrazolin-carbonsäuren wesentlich durch ihre Veränderlichkeit (vgl. dazu S. 357—358). Ihre Ester spalten sich bei der Destillation in freien Stickstoff und Ester von Cyclopropan-carbonsäuren. Ihre Silbersalze zerfallen beim Erhitzen in Kohlendioxyd, Silber und Pyrazol (S. 360), z. B.:

$$\begin{array}{l} AgO\cdot CO\cdot CH\text{——}C\cdot CO\cdot OAg \\ AgO\cdot CO\cdot CH\cdot NH\cdot N \end{array} + H = 3\,Ag + 3\,CO_2 + \begin{array}{l} CH\text{——}CH \\ CH\cdot NH\cdot N \end{array} .$$

---

[1] BALBIANO, B. **23**, 1448 (1890). G. **28**, I, 382 (1898). — BALBIANO, SEVERINI, G. **23**, I, 311, 357 (1893). — CLAISEN, ROOSEN, A. **278**, 272, 286 (1894). — CLAISEN, A. **295**, 302, 306, 315 (1897). — CASTELLANA, R.A.L. [5] **16**, I, 768, 773 (1907).

[2] BUCHNER, B. **22**, 842 (1889). — BUCHNER, FRITSCH, A. **273**, 252 (1893). — ROSENGARTEN, A. **279**, 241 (1894). — v. ROTHENBURG, J. pr. [2] **52**, 48 (1895). — BUCHNER, v. D. HEIDE, B. **34**, 347 (1901). — WOLFF, A. **325**, 183 (1902). — CURTIUS, J. pr. [2] **91**, 40, 66 (1915).

N-Phenyl-Derivat: KNORR, LAUBMANN, B. **22**, 179 (1889).

[3] Vgl. z. B.: BUCHNER, A. **273**, 223, 226 (1893). — BUCHNER, WITTER, B. **27**, 868 (1894). — BUCHNER, DESSAUER, B. **27**, 877, 879 (1894). — v. PECHMANN, BURKARD, B. **33**, 3590, 3594, 3597 (1900). — BUCHNER, v. D. HEIDE, B. **34**, 345 (1901).

[4] Über die Struktur der Produkte, zu denen sie führt, vgl.: BÜLOW, B. **44**, 3710 (1911); **45**, 528, 3349 (1912). — BUCHNER, B. **45**, 117 (1912). — DARAPSKY, B. **45**, 797 (1912); **46**, 218, 863 (1913).

Pyrazolin-dicarbonsäure-(3.5)[1] $\begin{matrix} CH_2\text{——}C\cdot CO_2H \\ HO_2C\cdot CH\cdot NH\cdot N \end{matrix}$ wird in Form ihrer Ester durch Einwirkung von Diazoessigester auf Acrylsäureester oder β-Jod-propionsäureester erhalten. Sie krystallisiert in farblosen Prismen, schmilzt bei 242° unter völliger Zersetzung, ist in Wasser leicht löslich und reagiert stark sauer. Ihr Dimethylester (Schmelzp. 94°) gibt beim Kochen mit verdünnter Schwefelsäure reichlich Hydrazin und Kohlendioxyd. Ebenso verhält sich beim Kochen mit Salzsäure der Dimethylester der **Pyrazolin-dicarbonsäure-(4.5)**[2], der sowohl aus Maleinsäureester wie aus Fumarsäureester durch Einwirkung von Diazomethan entsteht und bei 97° schmilzt.

Die Ester der **Pyrazolin-tricarbonsäure-(3.4.5)**[3] bilden sich durch Anlagerung von Diazoessigestern an Fumar- oder Maleinsäureester, sowie infolge der gleichen Reaktion bei der Selbstzersetzung der Diazoessigester unter gewissen Bedingungen (vgl. Bd. I, Tl. II, S. 807). Der Trimethylester schmilzt bei 61°, der Triäthylester bei 97°.

Der Trimethylester der **Pyrazolin-tricarbonsäure-(3.4.5)-essigsäure-(5)**, dessen Bildung aus Diazoessigester und Aconitsäureester sich auf S. 409 formuliert findet, entsteht auch durch Vereinigung von Diazobernsteinsäureester (Bd. I, Tl. II, S. 808) mit Fumarsäureester und infolge dieser Reaktion bei der Selbstzersetzung des Diazobernsteinsäureesters[4]. Auf Grund einer irrtümlichen Konstitutions-Auffassung wurde er früher „*unsymm.* Azin-bernsteinsäureester" genannt. Er schmilzt bei 154° (in einer anderen, wohl stereomeren Modifikation bei 103°); bei kurzem Kochen mit verdünnter Schwefelsäure liefert er kein Hydrazin.

Als Beispiel einer *Oxy-carbonsäure* sei die **4-Oxy-pyrazol-carbonsäure-(3)**[5] genannt, deren Bildung (aus Diazo-tetronsäure) und Zerfall (in Oxy-pyrazol) bereits S. 377 besprochen wurde. Das *N*-Phenyl-Derivat ihres Äthylesters[6] (s. u. Formel II) entsteht aus dem Produkt der Kuppelung von γ-Brom-acetessigester (Bd. I, Tl. II, S. 1145 bis 1146) mit Diazobenzol (I) durch Abspaltung von Bromwasserstoff mittels Alkalis oder Natriumacetats:

$$\text{I)}\ \begin{matrix} OC\text{————}C\cdot CO\cdot OC_2H_5 \\ H_2CBr\quad HN(C_6H_5)\cdot N \end{matrix} \xrightarrow{-HBr} \text{II)}\ \begin{matrix} HO\cdot C\text{————}C\cdot CO\cdot OC_2H_5 \\ HC\cdot N(C_6H_5)\cdot N \end{matrix};$$

es krystallisiert aus verdünntem Alkohol in farblosen Tafeln, schmilzt[7]

---

[1] Buchner, Papendieck, A. **273**, 232 (1893).

[2] v. Pechmann, B. **27**, 1890 (1894). — v. Pechmann, Burkard, B. **33**, 3590 Anm. (1900).

[3] Buchner, Witter, A. **273**, 239 (1893). — Buchner, v. d. Heide, B. **34**, 345 (1901). — Buchner, Feldmann, B. **36**, 3513 (1903). — Silberrad, Roy, Soc. **89**, 179 (1906). — Darapsky, B. **43**, 1116 (1910); **45**, 799 (1912). — Curtius, J. pr. [2] **91**, 39, 47 (1915).

[4] Vgl. Darapsky, B. **43**, 1099 (1910); **45**, 797 (1912); **46**, 218 (1913).

[5] L. Wolff, Lüttringhaus, A. **313**, 6 (1900).

[6] Wolff, Fertig, A. **313**, 15 (1900).

[7] Eine andere Angabe (Schmelzp. 258—260°) macht Favrel [C. r. **156**, 1912 (1913)], ohne die Untersuchung von Wolff und Fertig zu berücksichtigen.

bei 84—85°, löst sich in Natronlauge und gibt in Alkohol mit Eisenchlorid tiefe Blaufärbung.

In größerer Zahl sind *Oxo-carbonsäuren* bekannt.

Von solchen mit *exocyclisch gebundener Oxo-Gruppe*[1] mögen die **4-Methyl-5-acetyl-pyrazol-carbonsäure-(3)**[2] und die **4-Methyl-5-acetyl-pyrazolin-dicarbonsäure-(3.5)**[3] erwähnt werden. Der Ester der ersteren Säure bildet sich durch Kondensation von Diazoessigester mit Acetylaceton in alkalischer Lösung:

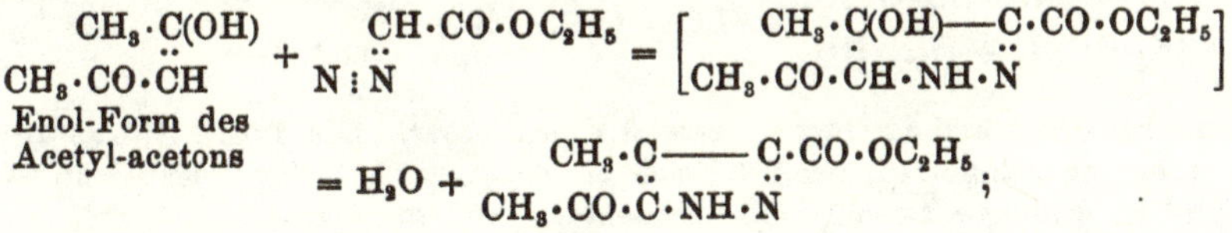

die freie Säure krystallisiert mit 1 Mol. Wasser und schmilzt bei 233° ohne Gasentwickelung. — Der Ester der zweitgenannten Säure entsteht aus einer Mischung von Diazoessigester mit Äthyliden-acetessigester (Bd. I, Tl. II, S. 1187) durch gelindes Erwärmen:

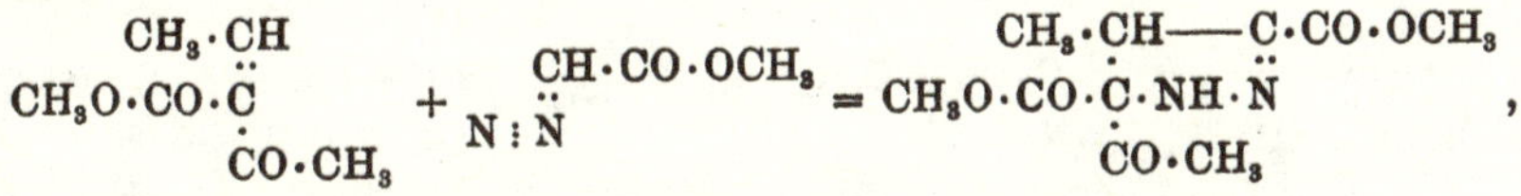

schmilzt bei 85° und zerfällt bei höherem Erhitzen in Stickstoff, Methylalkohol und Isodehydracetsäureester (vgl. Bd. I, Tl. II, S. 709); diesen Vorgang kann man sich derart erklären, daß die Abspaltung von Stickstoff aus dem Pyrazolinkern hier statt des nach Analogien zu erwartenden Cyclopropan-Derivats (vgl. S. 358) einen isomeren ungesättigten Ketonsäureester ergibt, dessen Enolform sich dann durch Austritt von Alkohol cyclisiert:

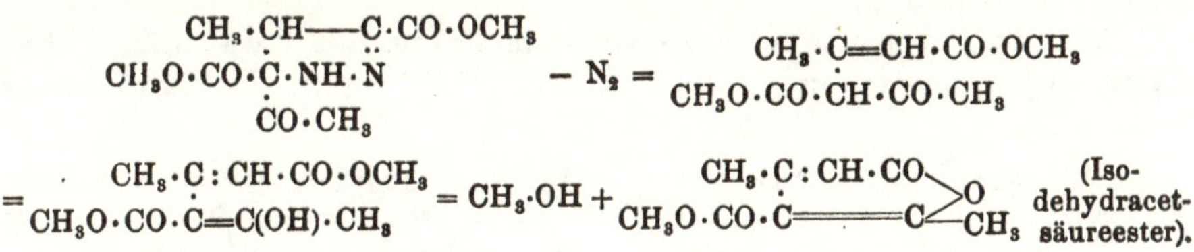

Die einfachsten Carbonsäuren mit *heterovicinaler Oxo-Gruppe*[4] werden durch die folgenden Formeln:

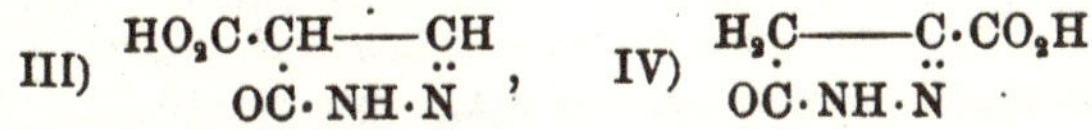

bzw. desmotrope Formeln dargestellt.

---

[1] Vgl. auch BENARY, B. **43**, 1073 (1910).

[2] KLAGES, J. pr. [2] **65**, 387 (1902). — L. WOLFF, A. **325**, 181 (1902). — KLAGES, RÖNNEBURG, B. **36**, 1128 (1903).

[3] BUCHNER, SCHRÖDER, B. **35**, 784, 789 (1902).

[4] Vgl. auch: KUFFERATH, J. pr. [2] **64**, 334 (1901). — STOLLÉ, B. **38**, 3023, 3856 (1905). — L. WOLFF, B. **38**, 3036 (1905). — FICHTER, J. pr. [2] **74**, 307 (1906). — L. WOLFF, SCHREINER, B. **41**, 550 (1908).

Der Äthylester der **Pyrazolon-(5)-carbonsäure-(4)**[1] — Formel III — entsteht bei der Einwirkung von Hydrazin auf Dicarboxy-glutaconsäureester (vgl. Bd. I, Tl. II, S. 473—474), schmilzt bei 180—181° und gibt sowohl in wäßriger wie in alkoholischer Lösung mit Eisenchlorid eine rotviolette Färbung. Die freie Säure zersetzt sich schon beim Kochen mit Wasser in Kohlendioxyd und Pyrazolon (S. 379).

Der Äthylester der **Pyrazolon-(5)-carbonsäure-(3)**[2] — Formel IV — wird aus Oxalessigester (sowie aus Acetylen-dicarbonsäureester und aus Chlor-fumarsäureester) durch Umsetzung mit Hydrazin gebildet:

$$\begin{matrix} H_2C\text{——}CO\cdot CO\cdot OC_2H_5 \\ OC\cdot OC_2H_5 + H_2N\cdot NH_2 \end{matrix} = H_2O + C_2H_5\cdot OH + \begin{matrix} H_2C\text{——}C\cdot CO\cdot OC_2H_5 \\ OC\cdot NH\cdot N \end{matrix},$$

schmilzt bei 179° und ist fast unzersetzt destillierbar. Die freie Säure beginnt, ohne vorher zu schmelzen, bei 260° sich zu zersetzen, ist schwer löslich in Wasser und wird in wäßriger Lösung von Eisenchlorid violett gefärbt.

Vielfach untersucht ist besonders das *N*-Phenyl-Derivat der zweiten Säure — die **1-Phenyl-pyrazolon-(5)-carbonsäure-(3)**[3]. Ihr Äthylester wird aus dem Phenylhydrazon des Oxalessigesters durch Erhitzen auf dem Wasserbade gewonnen:

$$\begin{matrix} H_2C\text{————}C\cdot CO\cdot OC_2H_5 \\ OC\cdot OC_2H_5 \quad HN(C_6H_5)\cdot N \end{matrix} - C_2H_5\cdot OH = \begin{matrix} H_2C\text{————}C\cdot CO\cdot OC_2H_5 \\ OC\cdot N(C_6H_5)\cdot N \end{matrix},$$

schmilzt bei 180—182°, löst sich leicht in Alkali und gibt in alkoholischer Lösung mit Eisenchlorid Blaufärbung. Die freie Säure krystallisiert aus viel siedendem Wasser in weißen Nädelchen, zeigt keinen Schmelzpunkt, zersetzt sich vielmehr langsam unter Bräunung bei 240° bis 250°; bei der Destillation im Vakuum liefert sie das 1-Phenyl-pyrazolon-(5) (S. 382).

In nahem konstitutionellen Zusammenhang mit dieser Säure steht ein wichtiger, 1884 von ZIEGLER entdeckter Farbstoff: das Tartrazin[4],

---

[1] RUHEMANN, B. **27**, 1660 (1894). — RUHEMANN, MORRELL, B. **27**, 2747 (1894); **28**, 988 (1895). — RUHEMANN, ORTON, Soc. **67**, 1011 (1895). — KNORR, B. **29**, 259 (1896)

N-Phenyl-Derivate: RUHEMANN, MORRELL, Soc. **61**, 793, 797 (1892). — RUHEMANN, Soc. **63**, 879 (1893). — CLAISEN, HAASE, B. **28**, 37 (1895). — MICHAELIS, REMY, B. **40**, 1020 (1907).

[2] v. ROTHENBURG, B. **25**, 3442 (1892); **26**, 1719, 2053 (1893). J. pr. [2] **51**, 47 (1895). — RUHEMANN, Soc. **69**, 1394 (1896). — KNORR, B. **29**, 251 (1896). — FENTON, JONES, Soc. **79**, 94 (1901). — CURTIUS, GOCKEL, J. pr. [2] **83**, 279, 292 (1911).

[3] W. WISLICENUS, A. **246**, 321 (1888). — BUCHNER, B. **22**, 293 (1889). — WALKER, Am. **14**, 579 (1892). — HÖCHSTER FARBWERKE, D.R.P. 69883 (FRDL. **3**, 933). — NEF, A. **276**, 231 (1893). — W. WISLICENUS, GROSSMANN, A. **277**, 378, 382 (1893). — DUDEN, B. **26**, 120 (1893). — RUHEMANN, ALLHUSEN, B. **27**, 580 (1894). — STOLZ, B. **28**, 41 (1895). — LEIGHTON, Am. **20**, 679 (1898). — FITTIG, A. **331**, 103 (1904). — RUHEMANN, Soc. **91**, 1364 (1907).

[4] ZIEGLER, LOCHER, B. **20**, 834 (1887). — GNEHM, BENDA, B. **29**. 2017 (1896). A. **299**, 100 (1898). — ANSCHÜTZ, A. **294**, 219 (1897); **306**, 1 (1899). — EIBNER, LAUE, B. **39**, 2024 (1906).

Über ähnliche Farbstoffe vgl.: ÖHLER, D.R.P. 108634 (C. **1900**, I, 1212);

das nach Untersuchungen von ANSCHÜTZ ein Analogon der S. 396—398 behandelten 4-Azo-Derivate von *N*-Aryl-pyrazolonen ist. Ihm ist, wenn man sich der Formulierung jener Produkte als wahrer Oxyazo-Körper anschließt (vgl. S. 396, Formel d), die folgende Formel:

$$\begin{array}{l} NaO_3S\cdot C_6H_4\cdot N:N\cdot \ddot{C}\text{———————}\ddot{C}\cdot CO_2Na \\ \qquad\qquad\quad HO\cdot \dot{C}\cdot N(C_6H_4\cdot SO_3Na)\cdot \dot{N} \end{array}$$

zu erteilen[1]. Diese Auffassung findet ihre Begründung namentlich in einem Bildungsprozeß, der vom Oxalessigester und der Phenylhydrazin-*p*-sulfonsäure ausgeht; denn der durch Kondensation dieser Komponenten analog der Gleichung auf S. 412 erhältliche Ester der 1-[*p*-Sulfophenyl]-pyrazolon-(5)-carbonsäure-(3) („Tartrazinogensulfonsäure“, Formel V, s. u.) liefert durch Kuppelung mit Diazobenzol-*p*-sulfonsäure einen Ester (VI) des Tartrazins, aus dem das Tartrazin selbst durch Verseifung hervorgeht. Ursprünglich aber wurde das Tartrazin durch Einwirkung von

$$\text{V)}\quad \begin{array}{l} H_2C\text{———————}\ddot{C}\cdot CO\cdot OC_2H_5 \\ O\dot{C}\cdot N(C_6H_4\cdot SO_3H)\cdot \dot{N} \end{array}$$

$$\text{VI)}\quad \begin{array}{l} HO_3S\cdot C_6H_4\cdot N:N\cdot \ddot{C}\text{———————}\ddot{C}\cdot CO\cdot OC_2H_5 \\ \qquad\qquad\quad HO\cdot \dot{C}\cdot N(C_6H_4\cdot SO_3H)\cdot \dot{N} \end{array}.$$

Phenylhydrazin-*p*-sulfonsäure auf dioxyweinsaures Natrium (vgl. Bd. I, Tl. II, S. 1206) erhalten; hierbei bildet sich ein Osazon (VII) der Dioxobernsteinsäure, das durch Wasserabspaltung in die Säure des Tartrazins („Tartrazinsäure“, Formel VIII) übergeht:

$$\text{VII)}\quad \begin{array}{l} HO_3S\cdot C_6H_4\cdot NH\cdot N:C\text{———————}\ddot{C}\cdot CO_2H \\ \qquad\qquad\qquad\quad O\dot{C}\cdot OH \quad HN(C_6H_4\cdot SO_3H)\cdot \dot{N} \end{array}$$

$$\xrightarrow{-H_2O}\ \text{VIII)}\quad \begin{array}{l} HO_3S\cdot C_6H_4\cdot N:N\cdot \ddot{C}\text{———————}\ddot{C}\cdot CO_2H \\ \qquad\qquad\quad HO\cdot \dot{C}\cdot N(C_6H_4\cdot SO_3H)\cdot \dot{N} \end{array}.$$

Beide Wege dienen zur technischen Darstellung des Tartrazins, das als schöner und sehr lichtechter gelber Wollfarbstoff geschätzt wird.

Unter dem Einfluß von Kaliumäthylat kondensiert sich „technisches Pyrazolon“ mit Oxalester zu dem Ester der **1-Phenyl-3-methyl-pyrazolon-(5)-glyoxylsäure-(4)**

109914 (C. **1900**, II, 300). — HÖCHSTER FARBWERKE, D.R.P. 175290 (C. **1906**, II, 1540); 176954 (C. **1906**, II, 1751). — CHEMISCHE FABRIK GRIESHEIM-ELEKTRON, D.R.P. 193141, 193142 (C. **1908**, I, 503); 278871, 278872 (C. **1914**, II, 1013).

[1] Es ist also das Natriumsalz einer Disulfonsäure, die sich von der **1-Phenyl-4-benzolazo-pyrazolon-(5)-carbonsäure-(3)** ableitet. Über diesen Stammkörper des Tartrazins vgl.: KNORR, B. **21**, 1204 (1888). — W. WISLICENUS, JENSEN, B. **25**, 3453 (1892). — ANSCHÜTZ, A. **294**, 238 (1897). — GNEHM, BENDA, A. **299**, 122 (1898). — FENTON, Soc. **87**, 810 (1905). — EIBNER, LAUE, B. **39**, 2025 (1906).

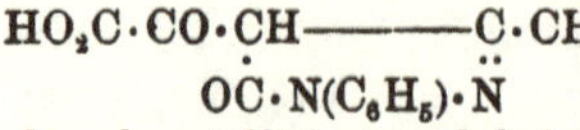, die aus verdünntem Alkohol in gelblichweißen Nädelchen krystallisiert und bei 236—238° schmilzt. Diese Verbindung[1] ist ein Beispiel für Oxo-carbonsäuren der Pyrazol-Reihe, die *sowohl exocyclisch wie heterovicinal gebundenen Oxo-Sauerstoff* aufweisen.

Vierzehntes Kapitel.

Mehrkernige Pyrazol-Systeme.

(Nichtkondensierte Systeme aus mehreren Pyrazol-Kernen oder aus Pyrazol- mit Benzol-, Furan-Kernen usw. — Kondensierte Systeme: Indazol usw.)

I. Nichtkondensierte Systeme.

An dieser Stelle ist zunächst von einigen Stoffen zu berichten, deren Moleküle *zwei Pyrazol-Kerne in carbodiphenyloider Verknüpfung* (vgl. dazu S. 23) enthalten. Solche Verbindungen entstehen durch Oxydation geeigneter Pyrazolone; ihre beiden bestuntersuchten Vertreter:

I) 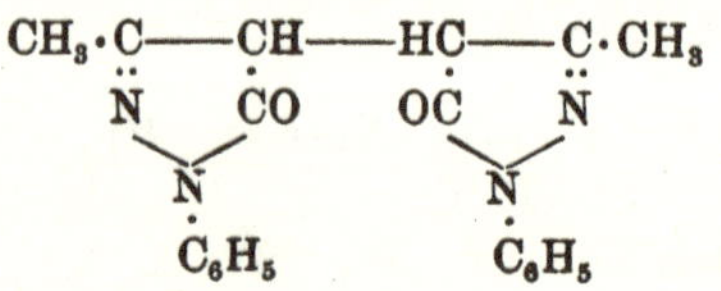 und II) 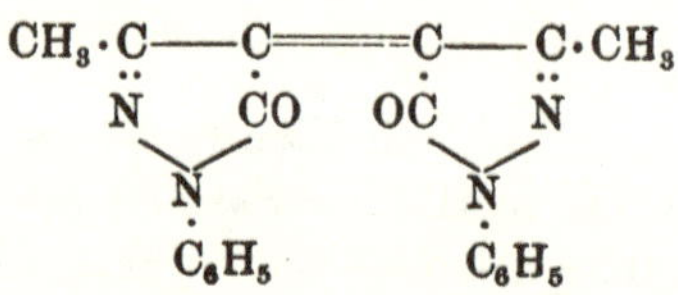

wurden als Oxydationsprodukte des „technischen Pyrazolons" bereits S. 385 erwähnt.

Die Verbindung der Formel I wird allgemein **Bis-[1-phenyl-3-methyl-pyrazolon-(5)]**[2] genannt, obwohl die Bezeichnung Bis-[phenyl-methyl-pyrazolonyl] korrekter wäre. Sie entsteht besonders glatt aus dem Phenyl-methyl-pyrazolon durch Kochen mit Phenylhydrazin, indem das Phenylhydrazin durch Zerfall in Anilin und Ammoniak oxydierend wirkt:

$$2\,C_{10}H_{10}ON_2 + C_6H_8N_2 = C_{20}H_{18}O_2N_4 + C_6H_7N + NH_3.$$

Für ihre Darstellung kann man direkt 1 Tl. Acetessigester mit 2—3 Tln. Phenylhydrazin erhitzen, wobei sich zunächst Phenyl-methyl-pyrazolon

---

[1] W. Wislicenus, Elvert, Kurtz, B. **46**, 3395 (1913). — W. Wislicenus, Bilfinger, B. **46**, 3948 (1913).

[2] Knorr, B. **17**, 2044 (1884); **22**, 160 (1889); **28**, 714 (1895). A. **238**, 155, 167 (1887). — Knorr, Bülow, B. **17**, 2059 (1884). — G. Bender, B. **20**, 2749 (1887). — Sprague, Soc. **59**, 339 (1891). — Weems, Am. **16**, 584 (1894). — Himmelbauer, J. pr. [2] **54**, 185 (1896). — Autenrieth, B. **29**, 1658 (1896). — Paal, Härtel, B. **30**, 1996 (1897). — Stolz, J. pr. [2] **55**, 149 (1897). — Kiessling, A. **349**, 309 (1906). — Michaelis, Rademacher, Schmiedekampf, A. **354**, 58 (1907).

bildet, das dann alsbald im Sinne obiger Gleichung weiter verwandelt wird. Ihre Konstitution ergibt sich deutlich aus der Entstehung beim Erhitzen von Diacet-bernsteinsäureester (Bd. I, Tl. II, S. 1208) mit Phenylhydrazin[1]:

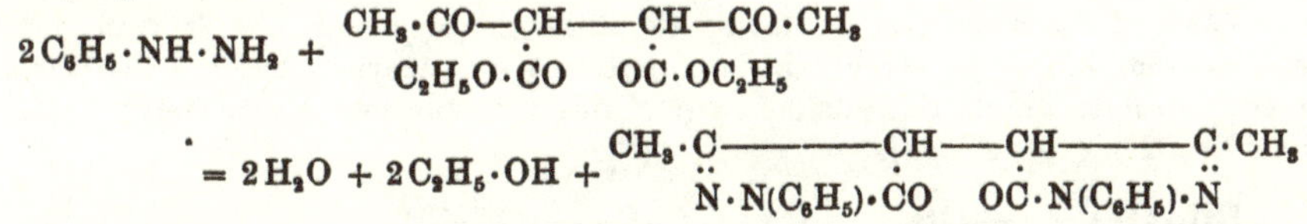

— ein Vorgang, welcher der Darstellung des technischen Pyrazolons aus Phenylhydrazin und Acetessigester (vgl. S. 381 A und B) durchaus analog ist. Das Bis-phenylmethylpyrazolon bildet farblose rautenförmige Krystalle, zersetzt sich erst bei hoher Temperatur, ist in siedendem Alkohol schwer löslich, wird aber von Natronlauge leicht zu einer Lösung aufgenommen, aus der mit Schwermetallsalzen seine Metallsalze — z. B. das tiefblaue Kupfersalz — ausgefällt werden können. Der basische Charakter ist nur schwach ausgeprägt. Durch Methylierung — mit Methyljodid in Methylalkohol sowohl bei Anwesenheit wie bei Abwesenheit von Alkali — entsteht aber das ausgesprochen basische „Bis-antipyrin“[2] $\left[\begin{matrix} CH_3\cdot C = = = C- \\ CH_3\cdot N\cdot N(C_6H_5)\cdot CO \end{matrix}\right]_2$, das bei 258° schmilzt und im Gegensatz zum Antipyrin (vgl. S. 388) in Wasser nahezu unlöslich ist.

Durch die verschiedensten oxydierenden Mittel geht das Bis-phenylmethylpyrazolon in die Verbindung der Formel II (S. 414) über — das **Pyrazolblau**[3], das auch direkt aus dem technischen Pyrazolon beim Kochen mit Eisenchlorid- oder Platinchlorid-Lösung entsteht (vgl. S. 385). Es gehört zu den „Indigoiden“ (vgl. S. 314ff.) und kann demnach Bis-[1-phenyl-3-methyl-pyrazol-(4)]-indigo genannt werden. Aus seiner tiefblauen Chloroform-Lösung wird es durch Äther in violetten Nädelchen abgeschieden. Es schmilzt zwischen 230° und 240° unter Zersetzung und Braunfärbung; in Wasser, verdünnten Säuren und Alkalien ist es unlöslich, in Alkohol nur wenig löslich. Durch Reduktionsmittel wird es leicht in das Bis-phenylmethylpyrazolon verwandelt, das zu ihm in der gleichen strukturellen Beziehung steht, wie Indigweiß (S. 304) zu

---

[1] Ähnliche Synthese eines Dipyrazolyl-Körpers aus Oxalyl-diaceton (Bd. I, Tl. II, S. 854) s. bei Claisen, Roosen, A. **278**, 295 (1894).

[2] Knorr, A. **238**, 210 (1887). — Michaelis, Rademacher, Schmiedekampf, A. **354**, 58 (1907).

[3] Knorr, A. **238**, 155, 171 (1887). — Knorr, Duden, B. **25**, 765 (1892).

Homologe sind aus anderen 5-Pyrazolonen gewonnen worden; vgl.: Blaise, C. r. **136**, 979 (1901). — Bouveault, Bongert, Bl. [3] **27**, 1096 (1902). — Vgl. auch Curtius, J. pr. [2] **85**, 65 (1912).

Nicht alle 5-Pyrazolone geben indessen die Pyrazolblau-Reaktion; vgl. Torrey, Zanetti, Am. **44**, 398 (1911).

Indigblau. Auch kochende Alkalien entfärben es unter Bildung dieses Reduktionsprodukts; beim Kochen mit Ammoniak erhält man aber eine violettrote Lösung, welche das Ammoniumsalz der Rubazonsäure (S. 405 bis 406) enthält.

Während die soeben aufgeführten Verbindungen symmetrische Struktur zeigen und sich vom 4.4'-Dipyrazolyl ableiten, entsteht ein unsymmetrisches Derivat des 4.5'-Dipyrazolyls durch Selbstkondensation des „technischen Pyrazolons" bei längerem Erhitzen (vgl. S. 384):

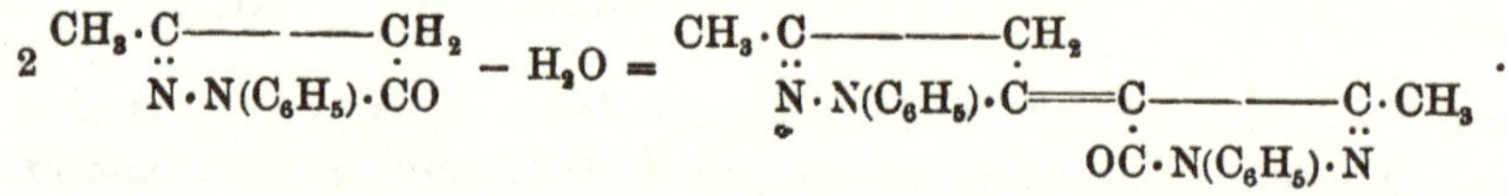

Dieser Körper[1] $C_{20}H_{18}ON_4$, der auf Grund der in dieser Gleichung gegebenen, aber verschiedene Desmotropie-Möglichkeiten zulassenden Formel als **1-Phenyl-3-methyl-5-[1'-phenyl-3'-methyl-pyrazolon-(5')-yliden-(4')]-pyrazolin** bezeichnet werden könnte, bildet farblose Prismen, schmilzt bei 260° unter Bräunung, ist in siedendem Xylol sehr schwer, in siedendem Anilin sehr leicht löslich und wird von kalter verdünnter Natronlauge leicht, auch von mäßig konzentrierter Salzsäure aufgenommen.

Die *carbodiphenyloide Verkettung von Pyrazol- mit Benzol-Kernen* ist in einer sehr großen Anzahl von Stoffen verwirklicht worden. Man hat sie synthetisch durch Anwendung der gleichen Reaktionen bewirkt, welche zur Herstellung einkerniger Pyrazol-Körper dienen, indem man statt acyclischer β-Diketone, β-Ketonsäureester, ungesättigter Carbonyl-Verbindungen und Säuren (vgl. S. 355—356, 381, 407, 409) entsprechende Vertreter dieser Körperklassen aus der Benzol-Reihe zum Ausgangspunkt wählte.

Systematisch untersucht[2] wurde die Bildung von *C*- und *N*-arylierten Pyrazolinen durch Einwirkung von Phenylhydrazin auf aromatische Ketone (oder Aldehyde) mit α,β-ständiger Doppelbindung[2] (vgl. S. 355 sub Nr. 2). Es hat sich dabei gezeigt, daß in manchen Fällen die Pyrazolin-Bildung eintritt, ohne daß Phenylhydrazone als Zwischenprodukte gefaßt werden können, während in anderen Fällen als erste Reaktionsprodukte die Phenylhydrazone isoliert werden können. Diese Hydrazone können dann fast stets sehr glatt durch Erhitzen mit Eisessig in Arylpyrazoline umgelagert werden, z. B.:

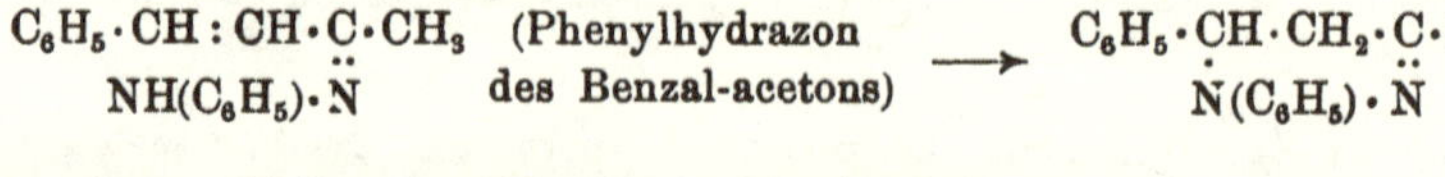

nur in seltenen Fällen lassen sich die Aryl-hydrazone nicht in diesem Sinne umlagern.

Aus den Carbonyl-Verbindungen, welche in Nachbarstellung zum Carbonyl eine dreifache Bindung enthalten, wurden durch Einwirkung von Hydrazin oder

[1] E. MOHR, B. **38**, 2578 (1905). — STOLLÉ, B. **38**, 3026, 3030 (1905).

[2] Vgl.: AUWERS, K. MÜLLER, B. **41**, 4230 (1908). — AUWERS, VOSS, B. **42**, 4411 (1909). — H. BAUER, DIETERLE, B. **44**, 2697 (1911).

primären Hydrazin-Derivaten direkt Pyrazole gewonnen[1], ohne daß Hydrazone als Zwischenprodukte beobachtet wurden, z. B.:

$$\begin{array}{c} C_6H_5\cdot C : C\cdot CO\cdot C_6H_5 \\ + H_2N\cdot NH_2 \end{array} = H_2O + \begin{array}{l} C_6H_5\cdot \dot{C} : CH\cdot \ddot{C}\cdot C_6H_5 \\ HN\text{———}N \end{array}.$$

Bei der Oxydation von phenylierten Pyrazolen[2] erweist sich der Pyrazol-Kern gegenüber dem Benzol-Kern als unbeständiger; denn 3-Phenyl-pyrazol gibt Benzoesäure:

$$\begin{array}{l} \dot{C}H : CH\cdot \ddot{C}\cdot C_6H_5 \\ NH\text{———}N \end{array} \longrightarrow HO_2C\cdot C_6H_5.$$

Führt man aber in den Benzol-Kern (durch Nitrieren und Reduzieren) eine Amino-Gruppe ein, so wird seine Widerstandsfähigkeit so weit vermindert, daß sie nun hinter derjenigen des Pyrazol-Kerns zurücksteht; denn 3-[Amino-phenyl]-pyrazol liefert mit Permanganat die Pyrazol-carbonsäure-(3):

$$\begin{array}{l} \dot{C}H : CH\cdot \ddot{C}\cdot C_6H_4\cdot NH_2 \\ NH\text{———}N \end{array} \longrightarrow \begin{array}{l} \dot{C}H : CH\cdot \ddot{C}\cdot CO_2H \\ NH\text{———}N \end{array}.$$

Analoge Erfahrungen hat man für die diphenyloide Verkettung vieler anderer heterocyclischer Systeme mit Benzolkernen gemacht und häufig für präparative Zwecke ausgenutzt.

Den einzelnen phenylierten Pyrazol-Körpern[3] kommt keine erhebliche Wichtigkeit zu. Es genüge daher hier eine kurze Übersicht über die einfachsten Vertreter.

---

[1] Vgl.: Moureu, Delange, Bl. [3] **25**, 307 (1901). — Moureu, Brachin, Bl. [3] **31**, 170 (1904).

[2] Vgl. Buchner, Hachumian, B. **35**, 37 (1902).

[3] Vgl. z. B. außer den hier speziell zitierten Abhandlungen noch: Knorr, Blanc, B. **18**, 311, 931 (1885). — E. Fischer, Bülow, B. **18**, 2135 (1885). — Knorr, B. **20**, 1096 (1887). — Laubmann, B. **21**, 1212 (1888). — Seidel, J. pr. [2] **58**, 138 ff. (1898). — v. Pechmann, Burkard, B. **33**, 3595 (1900). — L. Wolff, A. **325**, 186 (1902). — Buchner, v. d. Heide, B. **35**, 31 (1902). — Buchner, H. Schröder, B. **35**, 785 (1902). — F. Sachs, Röhmer, B. **35**, 3317, 3318 (1902). — F. Sachs, Becherescu, B. **36**, 1132 (1903). — Buchner, Perkel, B. **36**, 3774 (1903). — Bülow, B. **37**, 2199 (1904). — Moureu, Brachin, Bl. [3] **33**, 147 (1905). — Minunni, R.A.L. [5] **14**, II, 414 (1905). — Azzarello, G. **36**, II, 50 (1906). — Minunni, Lazzarini, R.A.L. [5] **15**, I, 19, 136 (1906). — Bülow, Busse, B. **39**, 3861 (1906). — Wahl, Bl. [4] **1**, 728, 732 (1907). — Moureu, Lazennec, Bl. [4] **1**, 1076, 1078 (1907). — Kohler, Am. **42**, 379, 387, 394, 397 (1909). — Muckermann, B. **42**, 3449 (1909). — v. Walther, J. pr. [2] **83**, 172, 174, 177, 178, 181 (1911). — Wahl, Silberzweig, Bl. [4] **11**, 62, 64, 67 (1912). — Curtius, J. pr. [2] **85**, 151, 473 (1912). — Darapsky, B. **46**, 863 (1913). — Kishner, C. **1912**, II, 1926; **1913**, II, 2129. — H. Bauer, Vogel, J. pr. [2] **88**, 332, 335 (1913). — Dieckmann, B. **47**, 1439 (1914). — E. v. Meyer, J. pr. [2] **90**, 1 (1914). — Albrecht, M. **35**, 1500 (1914).

***C*-Monophenyl-pyrazole und *N,C*-Diphenyl-pyrazole**[1]. 3-(bzw. 5-)Phenyl-pyrazol entsteht aus Benzoyl-acetaldehyd durch Einwirkung von Hydrazin:

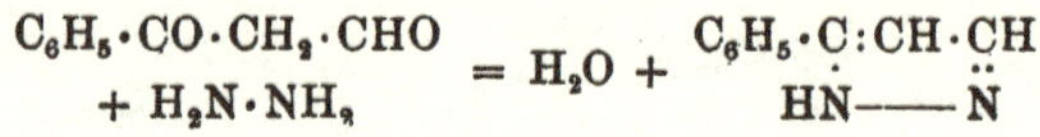

krystallisiert aus viel kochendem Wasser in Nädelchen, schmilzt bei 78°, siedet unter 759 mm Druck bei 305—307°, ist leicht löslich in Alkohol und Äther und hat einen süßlichen Geruch. — 4-Phenyl-pyrazol wird aus der 4-Phenyl-pyrazol-dicarbonsäure-(3.5), zu der man durch Kombination von Zimtsäureester mit Diazoessigester gelangt, durch Abspalten von Kohlendioxyd beim Erhitzen erhalten:

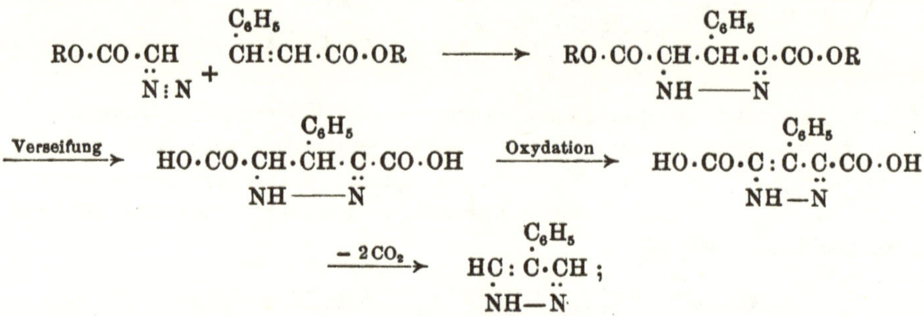

es krystallisiert aus Alkohol in farblosen Blättchen und schmilzt bei 228°.

1.3-Diphenyl-pyrazol wird am besten aus dem 1.3-Diphenyl-pyrazolon-(5) (S. 419) durch Reduktion mit Phosphortribromid bei 180—200° gewonnen und schmilzt bei 84°. 1.5-Diphenyl-pyrazol entsteht durch Reduktion des 1.5-Diphenyl-pyrazolons-(3) (S. 419), schmilzt bei 55° und siedet unzersetzt bei 337° (korr.) unter 736 mm Druck. In konzentrierter Salzsäure löst es sich leicht, wird aber durch Wasser vollständig ausgefällt. — 1.4-Diphenyl-pyrazol ist noch nicht bekannt.

***C,C*-Diphenyl-pyrazole und *N,C,C*-Triphenyl-pyrazole**[2]. 3.4-(bzw. 4.5-) Diphenyl-pyrazol entsteht aus Formyl-desoxybenzoin $C_6H_5 \cdot CO \cdot CH(C_6H_5) \cdot CHO$ [bzw. $C_6H_5 \cdot CO \cdot C(C_6H_5):CH \cdot OH$] durch Einwirkung von Hydrazin in Alkohol oder Eisessig und schmilzt bei 154—155°. — Für 3.5-Diphenyl-pyrazol wurde eine Bildungsgleichung (aus Benzoyl-phenyl-acetylen und Hydrazin) schon S. 417 gegeben. Es schmilzt bei 199—200° und siedet unter 155 mm Druck bei 347° (korr.).

---

[1] Beyer, Claisen, B. **20**, 2187 (1887). — Claisen, L. Fischer, B. **21**, 1138 (1888). — Knorr, Laubmann, B. **22**, 176 (1889). — Bischler, B. **25**, 3145 (1892). — Knorr, Duden, B. **26**, 109, 111 (1893). — Buchner, Fritsch, B. **26**, 256 (1893). — Buchner, Dessauer, B. **26**, 258 (1893). — Sjollema, A. **279**, 253 (1894). — Buchner, B. **27**, 3247 (1894). — Buchner, Papendieck, B. **28**, 223 (1895). — Knorr, B. **28**, 688, 696, 699 (1895). J. pr. [2] **53**, 127 (1896). — Behaghel, Buchner, B. **35**, 34 (1902). — Buchner, L. Lehmann, B. **35**, 36 (1902). — Buchner, Hachumian, B. **35**, 37 (1902). — Stoermer, B. **36**, 3988 (1903). — Oliveri-Mandalà, G. **40**, I, 118 (1910).

[2] Knorr, Laubmann, B. **21**, 1206 (1888). — Japp, Klingemann, Soc. **57**, 672, 709 (1890). — Knorr, Duden, B. **26**, 115 (1893). — Bischler, B. **26**, 1889 (1893). — A. Smith, A. **289**, 332 (1896). — Japp, Tingle, Soc. **71**, 1143, 1148 (1897). — J. Wislicenus, A. **308**, 253, 254 (1899). — Posner, B. **34**, 3984 (1901). — Moureu, Brachin, Bl. [3] **31**, 173, 175 (1904). — Wieland, B. **37**, 1152 (1904). — W. Wislicenus, Ruthing, A. **379**, 256, 257 (1911). — E. André, A. ch. [8] **29**, 588 (1913). — E. Bauer, A. ch. [9] **1**, 428 Anm. (1914).

1.3.4-Triphenyl-pyrazol schmilzt bei 185°, 1.4.5-Triphenyl-pyrazol bei 212° und 1.3.5-Triphenyl-pyrazol bei 137—138°.

3-Phenyl-pyrazolon-(5)[1] wird glatt durch Einwirkung von Hydrazin auf Benzoyl-essigester erhalten:

$$\begin{matrix} C_2H_5O\cdot CO\cdot CH_2\cdot CO\cdot C_6H_5 \\ + H_2N\cdot NH_2 \end{matrix} = H_2O + C_2H_6O + \begin{matrix} CO\cdot CH_2\cdot C\cdot C_6H_5 \\ HN\text{———}N \end{matrix} .$$

Es krystallisiert aus Alkohol in farblosen Prismen und schmilzt bei 236° unter Bräunung und Zersetzung. Durch heiße Säuren oder Alkalien wird aus der Verbindung kein Hydrazin abgespalten. — Durch Erhitzen mit Methyljodid und etwas Methylalkohol läßt es sich in 1.2-Dimethyl-3-phenyl-pyrazolon-(5) $\begin{matrix} CO\cdot CH:C\cdot C_6H_5 \\ N(CH_3)\text{—}N\cdot CH_3 \end{matrix}$ überführen. Dieses Methylierungsprodukt ist stellungsisomer mit dem Antipyrin (S. 386 ff.) und wird daher auch Isoantipyrin[2] genannt (über ein anderes Isomeres — 3-Antipyrin — s. S. 391). Es krystallisiert aus Ligroin in weißen langen Nadeln, erweicht bei 98°, schmilzt klar bei 108° und löst sich leicht in Wasser und Alkohol, nicht in wasserfreiem Äther; im Gegensatz zum Antipyrin ist es stark hygroskopisch. Wie das Antipyrin, gibt es mit Eisenchlorid in neutraler Lösung eine rote, mit salpetriger Säure eine grüne Färbung (vgl. S. 388).

***N*,*C*-Diphenyl-pyrazolone**[3]. 1.3-Diphenyl-pyrazolon-(5) entsteht aus Benzoyl-essigester durch Kondensation mit Phenylhydrazin, schmilzt bei 137° und löst sich sehr schwer in Wasser, leicht in Alkohol. Der saure Charakter ist bei ihm sehr schwach ausgeprägt; andererseits werden auch seine Alkalisalze durch Wasser dissoziiert und sind in Lösung nur bei Gegenwart überschüssigen Alkalis existenzfähig. — 1.4-Diphenyl-pyrazolon-(5) entsteht aus Formyl-phenyl-essigester durch Einwirkung von Phenylhydrazin:

$$\begin{matrix} C_2H_5O\cdot CO\cdot CH(C_6H_5)\cdot CHO \\ + HN(C_6H_5)\text{——}NH_2 \end{matrix} = H_2O + C_2H_6O + \begin{matrix} CO\cdot CH(C_6H_5)\cdot CH \\ N(C_6H_5)\text{———}N \end{matrix}$$

und schmilzt bei 195—196°. — Für das 1.5-Diphenyl-pyrazolon-(3) wurde die Bildungsweise durch Destillation des Zimtsäure-phenylhydrazids schon S. 355 sub Nr. 2 (3. Formelreihe) in Formeln erläutert; man erhält es in guter Ausbeute durch Einwirkung von Phosphortrichlorid auf ein Gemisch von Benzoyl-essigester mit *symm.* Acetyl-phenyl-hydrazin (vgl. dazu S. 386 sub a). Es krystallisiert aus heißem Alkohol in weißen Nadeln und schmilzt bei 252°.

---

[1] Curtius, J. pr. [2] **50**, 515 (1894). — v. Rothenburg, J. pr. [2] **51**, 61 (1895); **52**, 23 (1895). — Borsche, Spannagel, A. **331**, 308, 317 (1904). — Moureu, Lazennec, C. r. **142**, 1535 (1906). — Michaelis, Rassmann, A. **352**, 158 (1907). — Muckermann, J. pr. [2] **83**, 520 (1911). — Schrauth, Bauerschmidt, B. **47**, 2746 (1914).

Über das *Bz*-Hexahydrid — 3-Cyclohexyl-pyrazolon-(5) — s. Wahl, A. Mayer, Bl. [4] **3**, 961 (1908).

[2] Michaelis, Dorn, A. **352**, 154, 175 (1907).

[3] Knorr, B. **20**, 1107 (1887). — Knorr, Klotz, B. **20**, 2545 (1887). — W. Wislicenus, B. **20**, 2932 (1887). — Berend, Heymann, J. pr. [2] **69**, 464 (1904). — Japp, Maitland, Soc. **85**, 1490 (1904). — Moureu, Lazennec, C. r. **142**, 1535 (1906). — Michaelis, Willert, A. **358**, 159, 171 (1908). — Dains, Brown, Am. Soc. **31**, 1154 (1909). — Aktiengesellsch. f. Anilinfabrikation, D.R.P. 253287 (C. **1912**, II, 1955).

Auch Derivate von **p-Dipyrazolyl-benzol**[1], wie

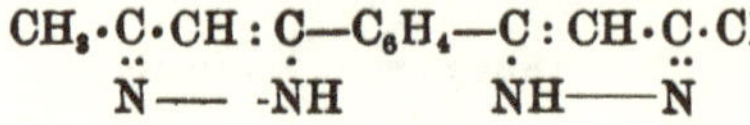

[aus $C_6H_4(CO{\cdot}CH_2{\cdot}CO{\cdot}CH_3)_2$ durch $H_2N{\cdot}NH_2$],

sind bekannt geworden.

Als Beispiele für die *carbodiphenyloide Verkettung von Pyrazol-Kernen mit anderen,* schon in den früheren Kapiteln besprochenen *heterocyclischen Systemen*[2] seien die Indigoide (vgl. S. 314 ff.) erwähnt, welche aus 3-Methyl-pyrazolon-(5) (S. 380) und aus 1-Phenyl-3-methyl-pyrazolon-(5) (S. 383) durch Kondensation mit Isatin-α-anil (S. 264) hervorgehen[3]:

I) 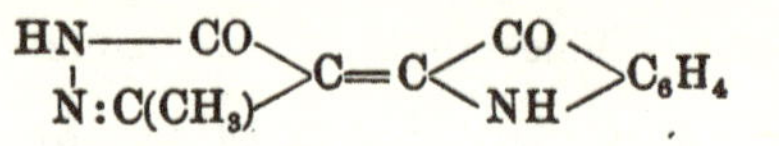 und

II) 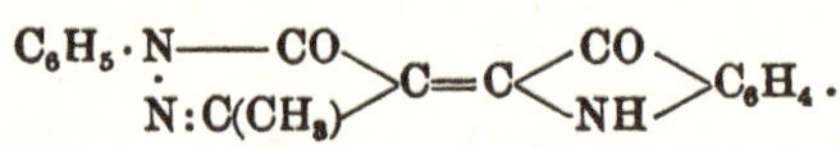

[3-Methyl-pyrazol-(4)]-indol-(2′)-indigo (Formel I) krystallisiert in dunkelvioletten Nadeln und löst sich mit karminroter Farbe leicht in Alkohol. **[1-Phenyl-3-methyl-pyrazol-(4)]-indol-(2′)-indigo** scheidet sich aus warmem Eisessig in fast schwarzen Tafeln ab. Beide Verbindungen sind gegen Alkalien sehr empfindlich.

Zwei Pyrazol-Kerne indirekt durch ein Kohlenstoffatom miteinander verbunden finden wir in mehreren Stoffen, welche durch Kondensation von Pyrazolonen mit aliphatischen Carbonyl-Verbindungen entstehen.

Methenyl-bis-[1-phenyl-3-methyl-pyrazolon-(5)][4] — Formel III (s. u.) — entsteht aus „technischem Pyrazolon“ (S. 383) sowohl durch Einwirkung von Paraformaldehyd, wie von Chloroform und Alkali, wie durch Kochen mit Ameisensäure oder

III) 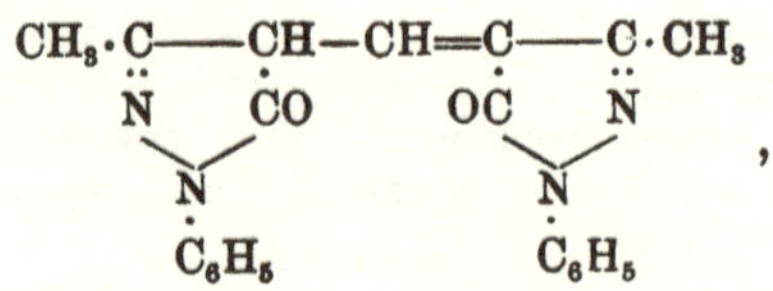 , IV) 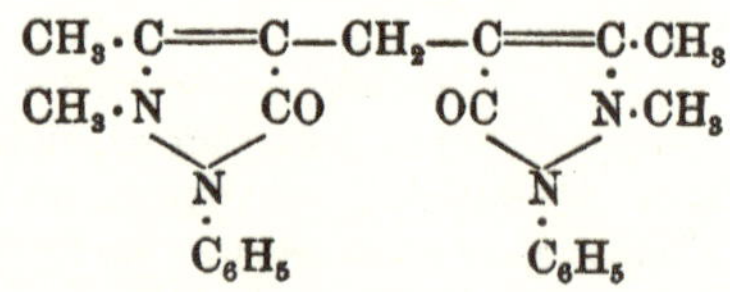

---

[1] Vgl.: Berend, Herms, J. pr. [2] **74**, 126, 131 (1906). — v. Lendenfeld, M. **27**, 972 (1906).

[2] Über 1-Furyl-pyrazolon-(5) s. Torrey, Zanetti, Am. Soc. **30**, 1241 (1908). Am. **44**, 394 (1910). — Über 1-Phenyl-3.5-dipyrryl-pyrazol s. B. Oddo, Dainotti, G. **42**, I, 721 (1912).

[3] Felix, P. Friedländer, M. **31**, 71, 75 (1910).

[4] Knorr, A. **238**, 184 (1887). — Pellizzari, A. **255**, 249 (1889). — Stolz, J. pr. [2] **55**, 169 (1897). — Claisen, A. **297**, 37 (1897). — Betti, Mundici, G. **36**, I, 178 (1906). — Dains, Brown, Am. Soc. **31**, 1153 (1909). — Pellizzari, Cantoni, G. **41**, I, 27 (1911). — W. Wislicenus, Bilfinger, B. **46**, 3948 (1913).

Über Methylen-bis-pyrazolone und Methylen-bis-pyrazole s. Rabe, Elze, A. **323**, 86, 97, 99, 110 (1902).

Orthoameisensäureäther. Es krystallisiert aus Alkohol in orangegelben Nadeln, schmilzt bei 180—181° und ist in verdünnter Kalilauge löslich, in konzentrierter unlöslich. — **Methylen-bis-antipyrin**[1] (Formel IV) — aus Antipyrin durch kurzes Kochen mit Formaldehyd in salzsaurer Lösung entstehend — scheidet sich aus Weingeist in weißen wasserhaltigen Krystallen ab, schmilzt wasserfrei bei 179° und ist in kaltem Wasser fast unlöslich, in Säuren leicht löslich.

Isopropyliden-bis-[1-phenyl-3-methyl-pyrazolon-(5)][2]

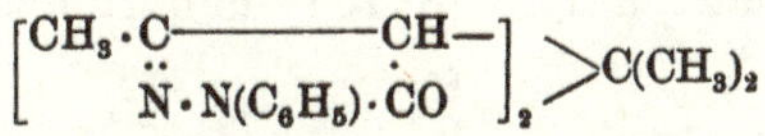

bildet sich durch Kochen äquivalenter Mengen von Aceton und technischem Pyrazolon, krystallisiert aus Alkohol in farblosen Rauten, schmilzt bei 138° und löst sich nicht in Wasser, etwas in Säuren, leicht in Alkali.

Durch Kondensation von Pyrazolonen mit Benzaldehyd und substituierten Benzaldehyden gelangt man zu Verbindungen, in deren Molekülen *ein Benzol-Kern mit einem oder zwei Pyrazol-Kernen unter Zwischenschaltung eines Kohlenstoffatoms verbunden* ist[3].

1-Phenyl-3-methyl-4-benzal-pyrazolon-(5) — Formel V, s. u. — wird durch Erhitzen äquivalenter Mengen von technischem Pyrazolon und Benzaldehyd auf 150° erhalten, krystallisiert aus Essigsäure in tief orangeroten Prismen, schmilzt bei 106—107°, ist unlöslich in verdünnten Alkalien und Säuren und wird von ihnen auch beim Kochen kaum verändert. Läßt man 1 Mol. Benzaldehyd auf 2 Mol.

V) 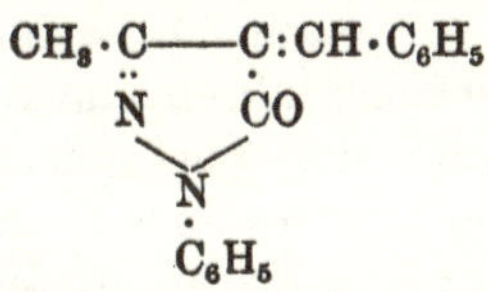 , VI) 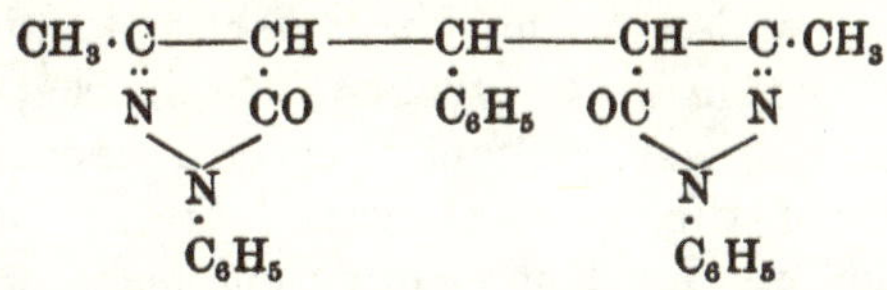

technisches Pyrazolon in Benzol-Lösung wirken, so erhält man das in Formel VI wiedergegebene **4-Benzal-bis-[1-phenyl-3-methyl-pyrazolon-(5)]**, das weiße Krystalle bildet, bei 154° unter Rotfärbung schmilzt, in alkoholischer Lösung durch Eisenchlorid tief braunrot gefärbt wird und sich sowohl in Säuren wie in Alkalien löst.

---

[1] Pellizzari, A. **255**, 246 (1889). G. **26**, II, 407 (1896). — Schuftan, B. **28**, 1181 (1895). — Marcourt, Bl. [3] **15**, 520 (1896). — Stolz, B. **29**, 1826 (1896). — Patein, Bl. [3] **17**, 1023 (1897). — Mannich, Kröhsche, Ar. **250**, 657 (1912). — Astre, Bl. [4] **17**, 175 (1915).

[2] Knorr, A. **238**, 181 (1887). — Pauly, B. **30**, 484 (1897). — Michaelis, Zilg, B. **39**, 378 (1906).

Über α,β-Dipyrazolyl-äthan 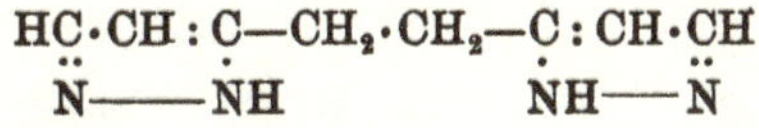 und seine Dicarbonsäure s. Gray, B. **33**, 1220 (1900).

[3] Vgl. z. B.: Knorr, A. **238**, 157, 161, 179, 214 (1887). — Claisen, Haase, B. **28**, 39 (1895). — Knorr, B. **29**, 256 (1896). — Lachovicz, M. **17**, 356 (1896). — Tambor, B. **33**, 864 (1900). — F. Sachs, Sichel, B. **37**, 1865, 1873 (1904). — Michaelis, Zilg, B. **39**, 372 (1906). — Betti, G. **36**, II, 431 (1906). — Heiduschka, Rothacker, J. pr. [2] **84**, 533 (1911).

Über *C*-Benzyl-pyrazol-Derivate vgl.: Michaelis, Voss, Greiss, B. **34**, 1307 (1901). — L. Wolff, A. **325**, 187 (1902). — Michaelis, A. **339**, 156 (1905); **361**, 283 (1908). — Smith, Thorpe, Soc. **91**, 1903, 1907 (1907). — Michaelis, Engelhardt, B. **41**, 2668 (1908). — Bianchi, G. **42**, II, 507 (1912). — Jacobson, Jost, A. **400**, 195, 210 (1913). — Mohr, J. pr. [2] **90**, 252, 538ff. (1914).

II. Kondensierte Systeme.

Die Indazol-Gruppe.

Die Orthokondensation von Benzol mit Pyrazol ergibt das in Formel I (s. u.) dargestellte System des Benzo-pyrazols, eines Analogons des Cumarons (S. 82), Thionaphthens (S. 131) und Indols (S. 213). In dieser

I) 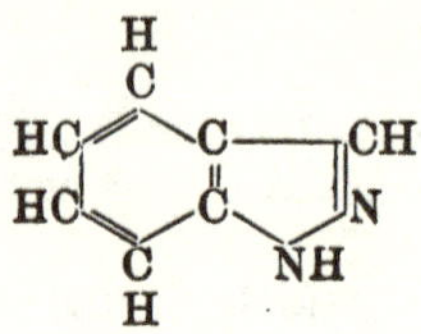, II) 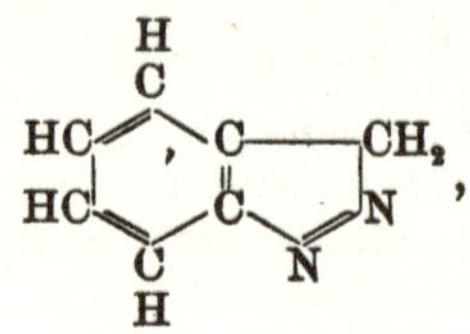, III) 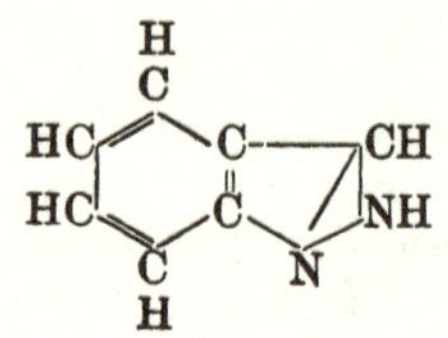.

Form entspricht der Bau des Systems vollkommen der gewöhnlichen Formel des Indols, und es erscheint daher der Name „Indazol“ dafür passend (vgl. S. 354 die gleichartige Ableitung von Pyrazol aus Pyrrol).

Durch Verschiebung einer Doppelbindung und eines Wasserstoffatoms wird aus I die Formel II, welche der Indolenin-Formel (s. S. 217) gleicht. Dieser Atomgruppierung hat man die Bezeichnung[1] „Indiazen“ gegeben.

Bei den ersten Untersuchungen über die Verbindungen, welche auf das hier in Rede stehende Zweikernsystem zurückzuführen sind, lernte man indessen vielfach Derivate kennen, für die sich nachweisen ließ, daß sie die in der Pyrazol-Hälfte befindliche substituierende Gruppe weder an das Kohlenstoffatom noch an das der Kondensationsstelle benachbarte Stickstoffatom gebunden enthalten, sondern vielmehr an das vom Benzolkern entferntere Stickstoffatom. Da nun dieses Stickstoffatom in den Formeln I und II keinen Wasserstoff trägt, so erschienen beide Symbole ungeeignet für die Formulierung solcher Körper, und man legte ihr das Symbol III zugrunde, welches eine tricyclische Kombination von einem Benzolring mit einem viergliedrigen und einem dreigliedrigen stickstoffhaltigen Ringe darstellt. Zu diesem Ausweg ist man gezwungen, wenn man nicht etwa zu einer orthochinoiden Formulierung:

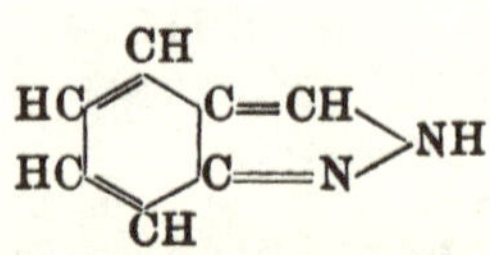

greifen will, für welche das Verhalten jener Stoffe durchaus keinen Anhalt bietet.

Da man nun ferner zu der Ansicht kam, daß der Stammkörper der Gruppe in seiner Struktur den von der Formel III abzuleitenden

[1] Vgl. zu den Bezeichnungen: E. Fischer, Tafel, A. **227**, 303 (1885). — Bamberger, Weiler, J. pr. [2] **58**, 337 (1898). — Duval, Bl. [4] **7**, 917 (1910).

Derivaten analog sei, so belegte man das Symbol III mit dem Namen „Indazol“ und I mit dem Namen „Isindazol“. Heute können die damaligen Schlußfolgerungen über die Struktur des Stammkörpers nicht mehr als bindend gelten. Man wird vielmehr die drei Formeln I, II und III als desmotrop betrachten[1] und es unentschieden lassen müssen, welcher von ihnen der Stammkörper, der bisher nur in einer Form bekannt geworden ist, entspricht.

Bei dieser Sachlage erscheint es auch nicht mehr zweckmäßig, die in der Literatur noch immer vielfach gebrauchte Bezeichnung „Isindazol“ überhaupt weiterzuführen. Im Folgenden werden gemäß dem Bezifferungs-Schema[2]:

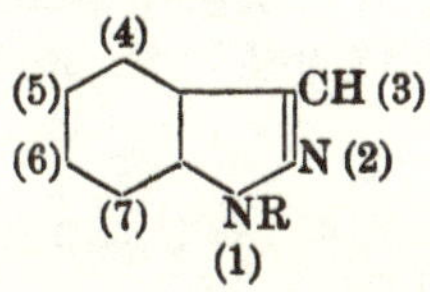

bzw.

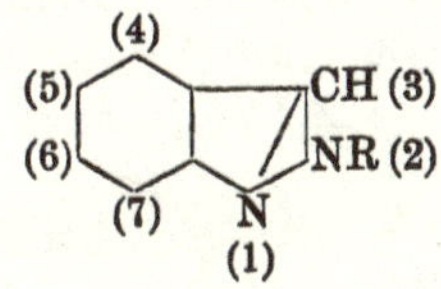

die Stellungsisomeren einfach als 1- und 2-Substitutions-Derivate des Indazols voneinander unterschieden.

Als erste Verbindung, in welcher der Indazol-Ringschluß verwirklicht wurde, stellte Emil Fischer[3] 1880 das innere Anhydrid der *o*-Hydrazinobenzoesäure (vgl. S. 435):

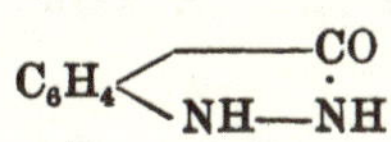

dar. Gemeinschaftlich mit Kuzel[4] entdeckte er dann bald darauf den Stammkörper — das Indazol — selbst.

Weder das Indazol selbst noch eines seiner zahlreich bekannt gewordenen Derivate hat bislang eine praktische Bedeutung gewonnen. Das Interesse, das man dieser Körperklasse entgegenbringt, beruht hauptsächlich auf einer großen Zahl von *Bildungsprozessen*, die zum Teil überraschend sind und in ihrer Gesamtheit zu dem Eindruck führen, daß der Indazol-Ring eine besonders gesuchte Atomgruppierung darstellt[5]. Alle diese Bildungsvorgänge nehmen ihren Ausgang von Benzol-Derivaten; die Angliederung des Pyrazol-Kerns wird nach einem der drei folgenden Schemas vollzogen:

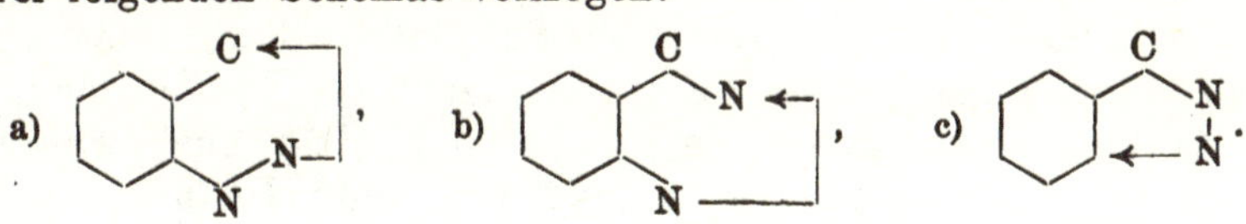

---

[1] Vgl.: Auwers, v. Meyenburg, B. **24**, 2371 (1891). — Hantzsch, B. **35**, 892 (1902).

[2] Andere Bezifferungen: E. Fischer, Tafel, A. **227**, 315 Anm. (1885). — Bamberger, A. **305**, 290 Anm. (1899).

[3] B. **13**, 679 (1880). [4] A. **221**, 264 (1883).

[5] Vgl.: V. Meyer, B. **22**, 323 (1889). — Paal, B. **24**, 960 (1891). — Freundler, Bl. [3] **31**, 866 (1904).

Das Schema **a** soll zum Ausdruck bringen, daß der Ringschluß durch Verknüpfung einer am Benzolkern haftenden Zweistickstoff-Gruppe mit dem ersten Kohlenstoffatom einer orthoständigen Seitenkette erfolgt. Hierunter fällt die höchst eigentümliche Reaktion, in welcher das Indazol zuerst von E. Fischer und Kuzel (vgl. S. 423) erhalten wurde[1]: der Zerfall der *o*-Hydrazino-zimtsäure beim Erhitzen; gemäß der Gleichung:

$$C_6H_4\left<\begin{matrix}CH:CH\cdot CO_2H\\ NH\cdot NH_2\end{matrix}\right. = C_6H_4\left<\begin{matrix}CH\\ NH\end{matrix}\right>N + CH_3\cdot CO_2H \qquad (A)$$

erfolgt hierbei Spaltung in Indazol und Essigsäure. Noch in anderer Weise kann die *o*-Hydrazino-zimtsäure zum Indazol-Ringschluß veranlaßt werden; schüttelt man ihre alkalische Lösung mit Luft, so wird sie fast glatt zu Indazolyl-(3)-essigsäure oxydiert[2]:

$$C_6H_4\left<\begin{matrix}CH:CH\cdot CO_2H\\ NH\cdot NH_2\end{matrix}\right. - H_2 = C_6H_4\left<\begin{matrix}C-CH_2\cdot CO_2H\\ NH\end{matrix}\right>N \;. \qquad (B)$$

Weniger auffällig erscheint die Bildung von Indazol-Körpern aus *o*-Hydrazino- bzw. *o*-Hydrazo-ketonen (auch *o*-Hydrazo-aldehyden und *o*-Hydrazo-carbonsäuren) der Benzol-Reihe durch Wasserabspaltung[3], z. B.:

$$C_6H_4\left<\begin{matrix}CO\cdot CH_3\\ NH\cdot NH_2\end{matrix}\right. - H_2O = C_6H_4\left<\begin{matrix}C-CH_3\\ NH\end{matrix}\right>N \;; \qquad (C)$$

$$C_6H_4\left<\begin{matrix}CO\cdot C_6H_5\\ NH\cdot NH\cdot C_6H_4\cdot CO\cdot C_6H_5\end{matrix}\right. - H_2O = C_6H_4\left<\begin{matrix}C-C_6H_5\\ N\end{matrix}\right>N\cdot C_6H_4\cdot CO\cdot C_6H_5 \,. \qquad (D)$$

Sie tritt so leicht ein, daß z. B. im Falle der Gleichung D das Hydrazoketon bei der Reduktion des entsprechenden Azoketons (mit Ammoniumhydrosulfid) gar nicht isoliert werden konnte, vielmehr statt seiner gleich der Indazol-Körper erhalten wurde[4].

Überraschend wiederum ist der Ringschluß durch Eingriff einer Diazogruppe in eine orthoständige Methylgruppe, der von O. N. Witt, Nölting und Grandmougin[5] zuerst am Beispiel des diazotierten *m*-Nitro-*o*-toluidins beobachtet wurde. Zersetzt man diese Diazoverbindung in saurer Lösung durch Erwärmen, so erfolgt nicht nur, wie üblich, Austausch der Diazogruppe gegen Hydroxyl unter Bildung von Nitro-

---

[1] E. Fischer, Kuzel, A. **221**, 264, 276, 280 (1883).

[2] E. Fischer, Tafel, A. **227**, 324 (1885).

[3] E. Fischer, Tafel, A. **221**, 305, 315 (1885). — Schad, B. **26**, 216 (1893). — Auwers, B. **29**, 1257 (1896). — Freundler, Bl. [3] **31**, 865, 871, 872 (1904). — Carré, A. ch. [8] **19**, 208 (1910).

[4] Carré, A. ch. [8] **19**, 214 (1910).

[5] B. **23**, 3635 (1890).

kresol, sondern daneben entsteht in gleicher oder sogar überwiegender Menge Nitro-indazol:

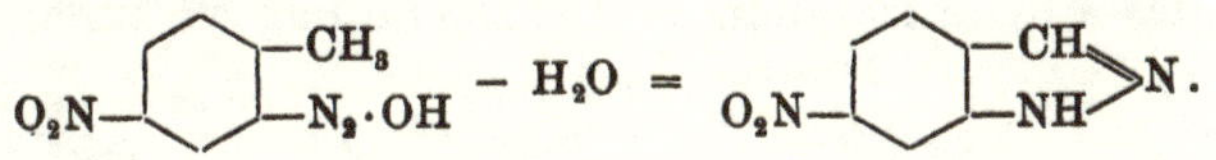

(E)

Nölting[1] verfolgte diese Reaktion systematisch und fand, daß sie in saurer Lösung nur bei den Diazokörpern aus solchen orthomethylierten Aminen eintritt, welche im Benzol-Kern Nitrogruppen[2] oder Halogenatome enthalten; die Ausbeute an Indazol-Körpern erreicht besonders hohe Beträge, wenn man die Diazokörper in Eisessig sich bei gewöhnlicher Temperatur zersetzen läßt. Fehlt aber im Benzol-Kern NO_2 oder Halogen, so bildet sich in saurer Lösung keine Spur eines Indazols[3]. In neutraler Lösung dagegen entsteht auch aus diazotiertem *o*-Toluidin eine geringe Menge (ca. 3%) Indazol[4]. Bamberger[5] stellte fest, daß in alkalischer Lösung der Ringschluß bei *o*-methylierten Diazokörpern allgemein auch ohne Gegenwart von Nitrogruppen zustande kommt; der gebildete Indazol-Körper aber tritt sogleich größtenteils mit noch unverändertem Diazokörper unter „Kuppelung" (vgl. S. 428, Gleichung P) in Reaktion, so daß man ein Gemisch von wenig Indazol bzw. Indazol-Homologen mit überwiegenden Mengen der zugehörigen Azoderivate erhält, z. B.:

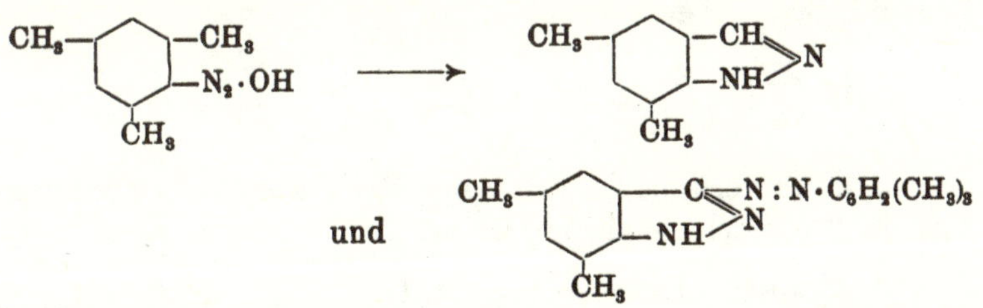

(F)

In recht glatter Weise lassen sich, wie Jacobson und Huber[6] fanden, die (den Diazoverbindungen nahestehenden) *N*-Nitroso-Derivate von acylierten orthomethylierten Arylaminen in Indazole verwandeln; sie spalten beim gelinden Erwärmen in einem geeigneten Lösungsmittel (besonders Benzol) das Acyl als Säure ab, indem der Ringschluß eintritt, z. B. im einfachsten Falle:

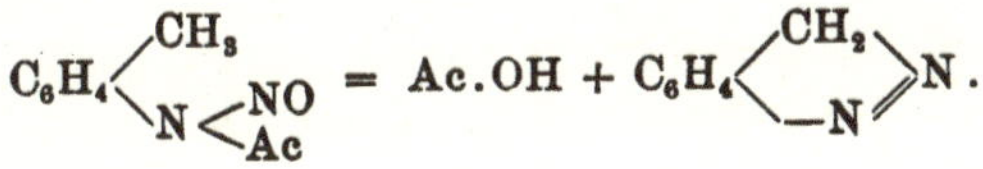

(G)

---

[1] B. **37**, 2556 (1904).

[2] Vgl. auch: Zincke, A. **339**, 205, 209, 224, 235 (1905). — Duval, C. r. **154**, 780 (1912).

[3] Vgl.: O. N. Witt, Nölting, Grandmougin, B. **23**, 3644 (1890); **25**, 3153 (1892). — Gabriel, Stelzner, B. **29**, 309 (1896).

[4] Nölting, B. **37**, 2574 (1904).

[5] A. **305**, 289, 306 (1899).

[6] B. **41**, 660 (1908).

Um eine orthomethylierte Anilinbase in das entsprechende Indazol hiernach umzuwandeln, braucht man sie also nur zu acylieren, dann zu nitrosieren und das Acyl-nitrosamin in Benzol-Lösung zu erwärmen:

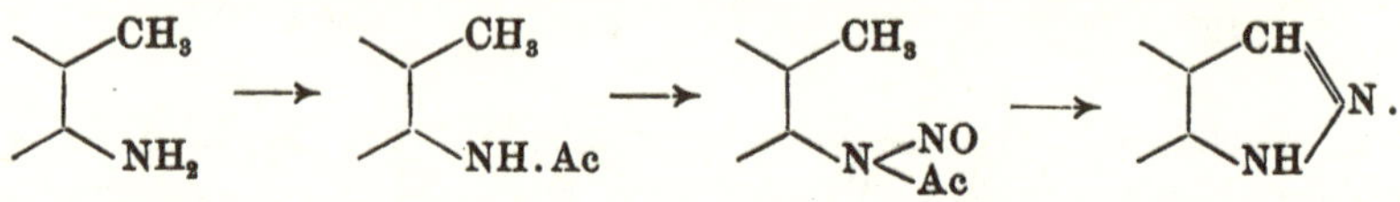 (H)

Im Zusammenhang damit ist die Bildung von Indazol (in nicht sehr beträchtlicher Ausbeute) bei der Einwirkung von Essigsäureanhydrid auf *o*-Diazoaminotoluol[1] zu erwähnen, ferner die recht glatte Entstehung von 3-Cyan-indazol beim Diazotieren von *o*-Amino-benzylcyanid[2]:

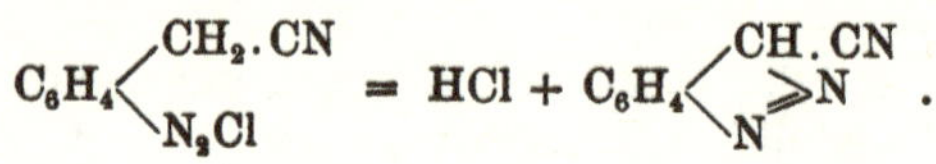

Unter das Schema a fallen endlich noch einige interessante, von Freundler ausgeführte Reaktionen, bei denen in der 2-Stellung arylierte Indazol-Körper sich aus Azoverbindungen bilden, welche in Nachbarstellung zur Azogruppe eine Alkohol-, Aldehyd- oder Carboxyl-Gruppe enthalten[3]. So verliert der *o*-Benzolazo-benzylalkohol beim Erhitzen für sich oder glatter mit 50-prozentiger Schwefelsäure (bei 80°) Wasser, um in 2-Phenyl-indazol überzugehen:

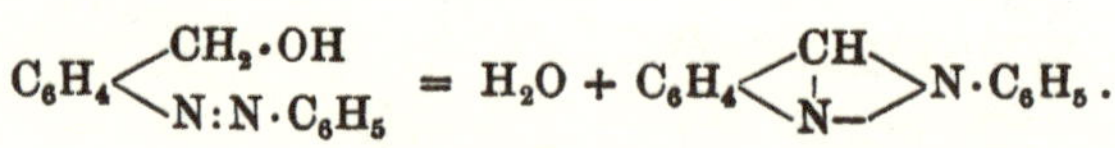 (I)

Der *o*-Azobenzaldehyd verwandelt sich beim Erwärmen mit 10-prozentig. Schwefelsäure in 2-[*o*-Carboxy-phenyl]-indazol:

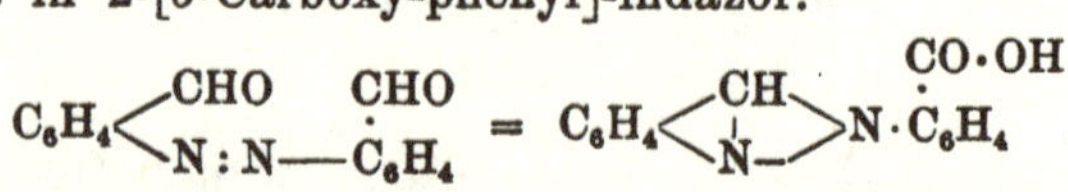 (K)

Die *o*-Benzolazo-benzoesäure liefert bei der Behandlung mit Thionylchlorid (selbst unterhalb 0°) nicht ihr Chlorid, sondern durch dessen Umlagerung:

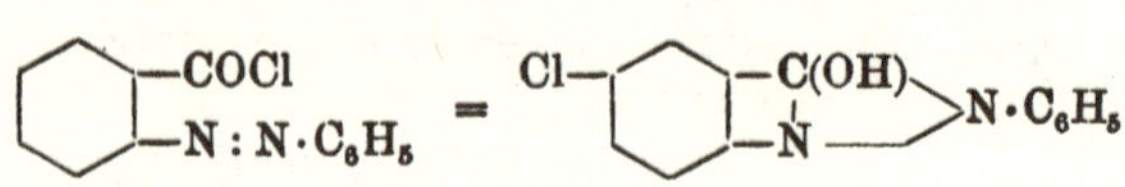 (L)

das 5-Chlor-Derivat des 2-Phenyl-3-oxy-indazols.

---

[1] Heusler, B. **24**, 4160 (1891).

[2] Pschorr, Hoppe, B. **43**, 2544, 2548 (1910).

[3] Vgl.: Freundler, C. r. **136**, 1136 (1903); **137**, 521, 983 (1903); **138**, 1276, 1425 (1904); **142**, 1153 (1906); **143**, 909 (1906); **149**, 1135 (1909). Bl. [3] **31**, 863, 868 (1904); [4] **3**, 134 (1908); [4] **9**, 601, 735, 778 (1911). — Vgl. auch: Carré, C. r. **140**, 664 (1905); **143**, 54 (1906). Bl. [3] **35**, 1275 (1906). — Bamberger, B. **44**, 1967 (1911). — P. Friedländer, Lenk, B. **45**, 2085 Anm. (1912).

Nach Schema **b** (S. 423) erfolgt der Indazol-Ringschluß bei der von PAAL[1] entdeckten, merkwürdigen Bildung des 2-Phenyl-indazols durch Reduktion von *N-o*-Nitrobenzyl-anilin mit Zinn und Salzsäure:

 (M)

der Prozeß läßt sich auf viele ähnliche Fälle übertragen. Durchsichtiger ist die von AUWERS und v. MEYENBURG aufgefundene Umwandlung der orthoamidierten Oxime in 1-Acetyl-indazole durch ein mit Chlorwasserstoff gesättigtes Gemisch von Eisessig mit Essigsäureanhydrid[2] (zur Konstitution der Produkte s. S. 430), z. B.:

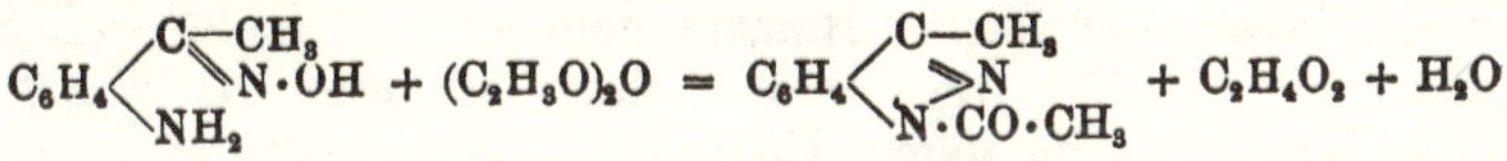 (N)

Vgl. ferner S. 430, Gleichung S die Bildung von 2-Oxy-indazol aus *o*-Azido-benzaldoxim.

Das Schema **c** endlich ist in einigen Fällen verwirklicht worden, in denen Aryl-hydrazone von mehrfach nitrierten aromatischen Carbonylverbindungen unter dem Einfluß von Alkali eine orthoständige Nitrogruppe als Alkalinitrit abspalten, während an ihrer Stelle der Hydrazin-Stickstoff in den Benzol-Kern eingreift. In dieser Weise liefert z. B. das Phenylhydrazon des 2.6-Dinitro-benzaldehyds mit alkoholisch-wäßriger Kalilauge bei gelinder Wärme innerhalb einer Minute das 1-Phenyl-4-nitro-indazol[3]:

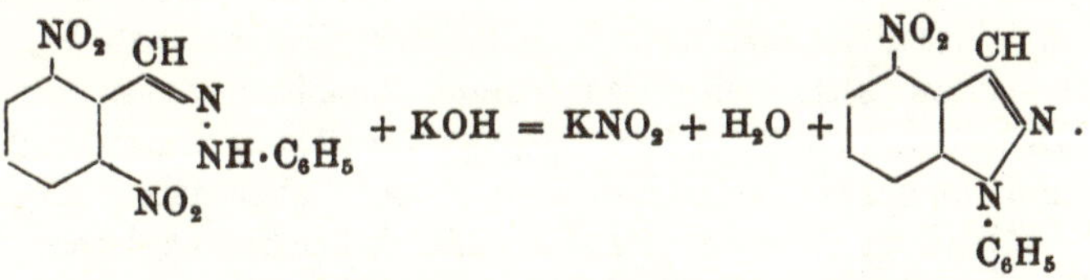 (O)

Das erste Beispiel dieser höchst auffallenden Reaktion[4] wurde von V. MEYER[5] beobachtet. Sie ist nicht jeder Verallgemeinerung fähig; denn die Hydrazone des 2.4-Dinitro- und des 2.4.6-Trinitro-benzaldehyds werden von alkoholischem Kali nicht im Sinne obiger Gleichung verändert[6].

Über das *Verhalten* der Indazol-Körper läßt sich wenig von allgemeiner Geltung sagen. Sie lassen sich in Schwermetall-, Alkyl- und Acyl-Derivate überführen, in denen das an Stelle von Wasserstoff ein-

---

[1] B. **24**, 959 (1891). — S. auch PAAL, FRITZWEILER, B. **25**, 3590 (1892).

[2] AUWERS, v. MEYENBURG, B. **24**, 2370 (1891). — BISCHLER, B. **26**, 1901 (1893). — AUWERS, B. **29**, 1261 (1896). — BAMBERGER, WEILER, J. pr. [2] **58**, 335 (1898).

[3] REICH, GAIGAILIAN, B. **46**, 2380 (1913).

[4] Vgl. auch BORSCHE, B. **42**, 610 (1909).

[5] B. **22**, 318 (1889). — Vgl. auch DITTRICH, V. MEYER, A. **264**, 131ff. (1891).

[6] REICH, GAIGAILIAN, B. **46**, 2381 Anm. (1913).

getretene Metallatom, Alkyl oder Acyl an Stickstoff gebunden ist. Der Substitution an dem Kohlenstoffatom der Pyrazol-Hälfte unterliegen sie leicht bei der Kuppelung mit Diazokörpern in alkalischer (nicht in essigsaurer) Lösung[1], z. B.:

$$C_6H_4\langle{}^{CH}_{NH}\rangle N + HO\cdot N_2\cdot C_6H_5 = H_2O + C_6H_4\langle{}^{C-N_2\cdot C_6H_5}_{NH}\rangle N \qquad (P)$$

(vgl. S. 149, 180, 243 das analoge Verhalten der Pyrrole und gewisser Indole, S. 356—357 das abweichende Verhalten der einkernigen Pyrazole).

Der stickstoffhaltige Ring des Indazol-Systems erweist sich im allgemeinen als sehr beständig. Bei Gegenwart gewisser Substituenten aber wurden auch sehr leichte Ringsprengungen beobachtet (vgl. S. 430 Gleichung R, S. 435 Z). Die in 2-Stellung arylierten Indazol-Körper liefern bei der Oxydation unter Ringspaltung Azo-carbonsäuren, z. B.:

$$C_6H_4\langle{}^{CH}_{N}\rangle N\cdot C_6H_5 \longrightarrow C_6H_4\langle{}^{CO_2H}_{N:N\cdot C_6H_5} \,. \qquad (Q)$$

Das **Indazol**[2] (Benzo-pyrazol) $C_6H_4\langle{}^{CH}_{NH}\rangle N$ — zur Struktur s. S. 422—423 — wird am leichtesten aus *N*-Nitroso-benz-*o*-toluidid $CH_3\cdot C_6H_4\cdot N(NO)\cdot CO\cdot C_6H_5$ durch Stehenlassen in Benzol-Lösung gewonnen, wobei Spaltung dieses nitrosierten Amids in Indazol und Benzoesäure erfolgt (vgl. S. 425—426 die Formelreihen G und H). Indazol krystallisiert aus heißem Wasser in farblosen Nadeln, schmilzt bei 146·5°, sublimiert sehr rasch schon auf dem Wasserbade, siedet ganz unzersetzt unter 743 mm Druck bei 269—270° (korr.), verflüchtigt sich mit Wasserdämpfen und verbreitet beim Erhitzen einen charakteristischen süßlichen Geruch. In heißem Wasser, Alkohol und Äther ist es leicht löslich, in kaltem Wasser und in Alkalien schwer. Das salzsaure Salz löst sich in Wasser sehr leicht, wird aber von viel Wasser hydrolysiert; immerhin wird aus 12-prozentiger Salzsäure das Indazol durch Wasserdampf nur spurenweise abgetrieben. Mit alkoholisch-ammoniakalischer Silberlösung gibt Indazol die Silberverbindung $C_7H_5N_2Ag$ als weißen Niederschlag. Beim Erhitzen mit 20-prozentiger Schwefelsäure auf 250° im Rohr bleibt es unverändert. Auch gegen Reduktionsmittel ist es sehr widerstandsfähig; weder durch Eintragen von Natrium in die kochende amylalko-

---

[1] Bamberger, A. **305**, 298 (1899).

[2] E. Fischer, Kuzel, A. **221**, 276, 280 (1883). — E. Fischer, Tafel, A. **227**, 308 (1885). — O. N. Witt, Nölting, Grandmougin, B. **23**, 3642 (1890); **25**, 3153 (1892). — Heusler, B. **24**, 4160 (1891). — Eliasberg, Friedländer, B. **25**, 1754 (1892). — Schad, B. **26**, 217 (1893). — Bamberger, A. **305**, 340 (1899). — E. Fischer, Seuffert, B. **34**, 795 (1901). — Nölting, B. **37**, 2574 (1904). — Bamberger, Wildi, B. **39**, 4278, 4284 (1906). — Jacobson, Huber, B. **41**, 662, 668 (1908).

holische Lösung, noch durch Erhitzen mit Jodwasserstoffsäure und Phosphor auf 250° wird es verändert. Empfindlicher ist es gegen Oxydationsmittel; zwar wird es von kochender FEHLINGscher Lösung nicht angegriffen, durch Kaliumpermanganat in alkalischer Lösung aber vollständig verbrannt.

N-Derivate des Indazols. Wenn man das Indazol mit Alkyljodiden erwärmt, so erhält man seine 2-Alkyl-Derivate[1]. Das 2-Methyl-indazol $C_6H_4\langle{}^{CH}_{N}\rangle N\cdot CH_3$ krystallisiert aus heißem Wasser in glänzenden Blättern und schmilzt bei 35°.

Die Stellung des Alkyls ergibt sich aus den folgenden Tatsachen[2]. Wenn man *o*-Äthylamino-acetophenon (Formel I, s. u.) in sein Nitrosamin überführt und dieses Nitrosamin (II) reduziert, so erhält man (analog Gleichung C auf S. 424) infolge von Wasserabspaltung aus dem Hydrazin III ein Methyl-äthyl-indazol, das auf Grund dieser Bildung die Struktur IV besitzen muß:

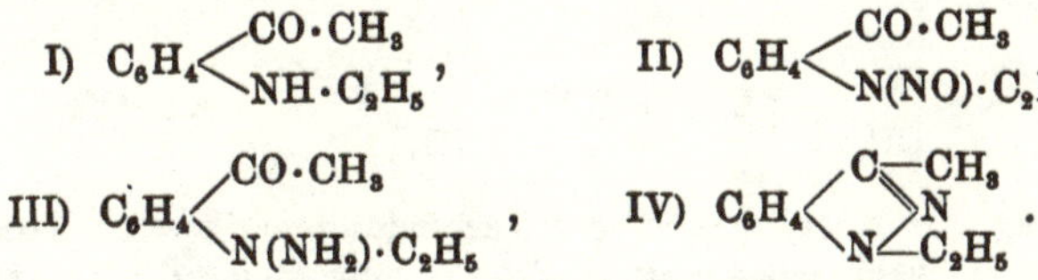

Wenn man andererseits 3-Methyl-indazol (V) mit Äthyljodid erhitzt, so gelangt man zu einem anderen Methyl-äthyl-indazol, für welches mithin die 1-Stellung des eingetretenen Alkyls ausgeschlossen und die Annahme der 2-Stellung gemäß VI geboten erscheint:

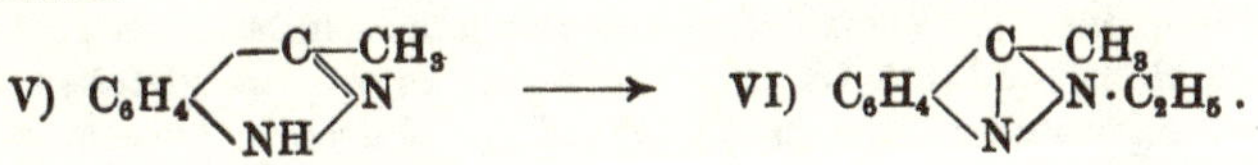

Das 2-Phenyl-indazol[3] $C_6H_4\langle{}^{CH}_{N}\rangle N\cdot C_6H_5$, dessen interessante Bildungen aus Benzolazo-benzylalkohol und aus *o*-Nitrobenzyl-anilin schon S. 426 und 427 (Formelreihe I und M) mitgeteilt wurden, krystallisiert aus Alkohol in farblosen Nadeln, schmilzt bei 83—84°, siedet unzersetzt bei 344—345° (unkorr.), löst sich in konzentrierten Mineralsäuren und wird durch Wasser daraus gefällt. Im Gegensatz zum Indazol selbst (vgl. oben) wird es durch Natrium in warmer alkoholischer Lösung reduziert; man erhält hierbei das 2-Phenyl-indazol-dihydrid $C_6H_4\langle{}^{CH_2}_{NH}\rangle N\cdot C_6H_5$, das durch Eisenchlorid wieder quantitativ zu Phenyl-

[1] E. FISCHER, TAFEL, A. **227**, 313 (1885). — SCHAD, B. **26**, 218 (1893).

[2] E. FISCHER, TAFEL, A. **227**, 321, 335 (1885).

[3] PAAL, KRECKE, B. **23**, 2640 (1890). — PAAL, B. **24**, 959, 3059 (1891). — PAAL, LÜCKER, B. **27**, 47 (1894). — BUSCH, B. **27**, 2899 (1894). — FREUNDLER, Bl. [3] **29**, 742 (1903); **33**, 80 (1905); [4] **9**, 781 (1911).

indazol zurückoxydiert wird. Durch Chromsäure in Eisessig wird das Phenyl-indazol zu *o*-Benzolazo-benzoesäure oxydiert (s. Formelreihe Q auf S. 428).

N-Nitroso-indazol[1] fällt aus der sauren Lösung des Indazols durch Natriumnitrit als gelber Niederschlag, krystallisiert aus Ligroin in goldgelben Nadeln, schmilzt bei 73—74° und gibt mit Phenol und Schwefelsäure die Nitroso-Reaktion (vgl. Bd. I, Tl. I, S. 358—359). Da die Substanz nicht die Eigenschaften einer *C*-Nitroso-Verbindung hat (vgl. Bd. I, Tl. I, S. 399; Bd. I, Tl. II, S. 219), da sie ferner verschieden von dem Isonitroso-indiazen (Indiazon-oxim, s. S. 435) ist, so muß ihr eine der Formeln $C_6H_4\left\langle\begin{matrix}-CH\\N(NO)\end{matrix}\right\rangle N$ oder $C_6H_4\left\langle\begin{matrix}CH\\|\\N-\end{matrix}\right\rangle N\cdot NO$ zukommen.

1-Acetyl-indazol[2] wird aus *o*-Amino-benzaldoxim durch Behandlung mit Eisessig, Essigsäureanhydrid und Chlorwasserstoff erhalten (vgl. S. 427 in Gleichung N einen analogen Fall), bildet farblose Nädelchen und ist leicht löslich in Wasser. Bei längerem Stehen mit verdünnter Natronlauge wird es verseift und zugleich wieder zum *o*-Amino-benzaldoxim aufgespalten:

$$C_6H_4\left\langle\begin{matrix}CH\\N\cdot CO\cdot CH_3\end{matrix}\right\rangle N + 2\,H_2O = C_6H_4\left\langle\begin{matrix}CH:N\cdot OH\\NH_2\end{matrix}\right. + HO\cdot CO\cdot CH_3\,. \qquad (R)$$

Die 1-Stellung des Acetyls in dieser Verbindung ergibt sich daraus, daß ihr in analoger Reaktion[3] nach Gleichung N (S. 427) entstehendes 3-Methyl-Homologes auch aus *o*-Acetamino-acetophenon $C_6H_4\left\langle\begin{matrix}CO\cdot CH_3\\NH\cdot CO\cdot CH_3\end{matrix}\right.$ durch Einwirkung von freiem Hydroxylamin gewonnen werden kann[4], also gemäß VII (s. u.) konstituiert ist. Auch dieses Homologe wird durch verdünntes Alkali aufgespalten (zum Oxim des Amino-acetophenons). Verschieden von ihm aber ist das isomere Acetylierungsprodukt des 3-Methyl-indazols (S. 431); es wird unter den gleichen Bedingungen ohne Ringspaltung wieder zum 3-Methyl-indazol verseift. Diesem Acetylierungsprodukt ist demnach die Formel VIII mit 2-Stellung des Acyls zuzuerteilen:

$$\text{VII)}\ C_6H_4\left\langle\begin{matrix}C\cdot CH_3\\N\cdot CO\cdot CH_3\end{matrix}\right\rangle N\,, \qquad \text{VIII)}\ C_6H_4\left\langle\begin{matrix}C-CH_3\\|\\N\end{matrix}\right\rangle N\cdot CO\cdot CH_3\,.$$

2-(*N*-)Oxy-indazol[5] entsteht neben anderen Substanzen als Hauptprodukt, wenn man eine Natronlösung des *o*-Azido-benzaldoxims einige Zeit im Sieden erhält:

$$C_6H_4\left\langle\begin{matrix}CH:N\cdot OH\\N_3\end{matrix}\right. = N_2 + C_6H_4\left\langle\begin{matrix}CH\\|\\N\end{matrix}\right\rangle N\cdot OH\,. \qquad (S)$$

Es krystallisiert aus Wasser in weißen Nadeln, schmilzt bei 139—139.5° zu einer roten Flüssigkeit und löst sich leicht in siedendem, recht

[1] E. Fischer, Tafel, A. **227**, 310 (1885).
[2] Auwers, B. **29**, 1255, 1261 (1896).
[3] Auwers, v. Meyenburg, B. **24**, 2370 (1891).
[4] Bischler, B. **26**, 1902 (1893).
[5] Bamberger, Demuth, B. **35**, 1885, 1891 (1902).

schwer in kaltem Wasser, sehr leicht in Alkohol, ziemlich schwer in Äther. Es zeigt stark ausgeprägten Säurecharakter; sogar von Bicarbonat-Lösung wird es ganz leicht aufgenommen. Eisenchlorid erzeugt in der mit ganz wenig Natron versetzten Lösung eine dunkel violettbraune Färbung, die in Äther als hell rotbraune Färbung übergeht. Durch schwache Reduktionsmittel wird das *N*-Oxy-indazol in Indazol übergeführt.

Homologe des Indazols[1]. 3-Methyl-indazol — eine Bildung s. in Gleichung C auf S. 424 — schmilzt bei 113° und siedet unter 736 mm Druck bei 280—281° (korr.); über *N*-Äthylierung s. S. 429. — 5-Methyl-indazol schmilzt bei 116—117° und siedet unter 747 mm Druck bei 293—294° (korr.). — 7-Methyl-indazol schmilzt bei 138° und besitzt in der Kälte schwach jodoformähnlichen Geruch; mit Wasserdämpfen ist es unter Verbreitung eines phenolähnlichen Geruchs flüchtig. — 5.7-Dimethyl-indazol schmilzt bei 133—134°.

Indazol-tetrahydrid-(4.5.6.7)[2] (Cyclohexano-pyrazol) — Formel XI, s. u. — erhält man, wenn man 2-Oxymethylen-cyclohexanon (IX), mit Semicarbazid reagieren läßt und das Reaktionsprodukt (X) mit verdünnter Schwefelsäure kocht:

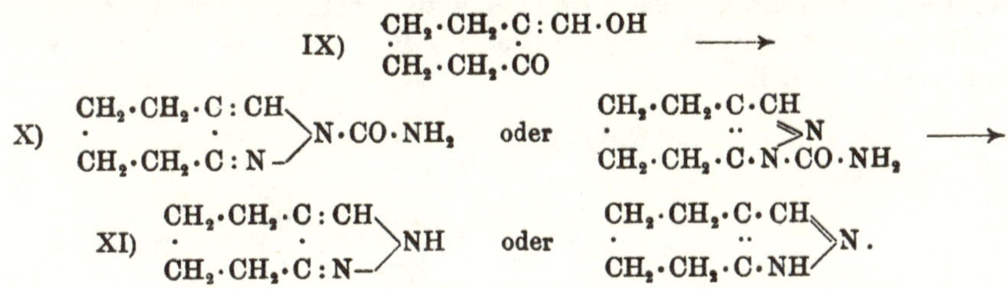

Es schmilzt bei 84° und verbindet sich mit Säuren zu wasserbeständigen Salzen.

Unter den **Halogen-Derivaten** des Indazols sei das 3-Chlor-indazol[3] genannt, das aus dem Anhydrid der *o*-Hydrazino-benzoesäure (s. S. 435) durch Erhitzen mit Phosphoroxychlorid bereitet werden kann:

 (T)

Es krystallisiert aus Ligroin in langen weißen Nadeln, schmilzt bei

---

[1] Vgl.: E. Fischer, Tafel, A. **227**, 315 (1885). — Auwers, v. Meyenburg, B. **24**, 2375, 2379 (1891). — Schad, B. **26**, 219 (1893). — Gabriel, Stelzner, B. **29**, 303 (1896). — Bamberger, A. **305**, 310, 363 (1899). — Jacobson, Huber, B. **41**, 666, 667 (1908).

Über 3-(*C*-)Phenyl-indazol und sein 2-(*N*-)Oxy-Derivat s. Auwers, B. **29**, 1257 ff. (1896).

[2] Wallach, A. **329**, 118 (1903). — Homologe: Wallach, A. **329**, 120, 123, 124 (1903).

Abkömmlinge: Dieckmann, A. **317**, 45, 102, 104 (1901). — Rabe, A. **332**, 16 (1904). — Dieckmann, Stein, B. **37**, 3383 (1904). — Kötz, L. Hesse, A. **342**, 322 (1905). — E. Bauer, A. ch. [9] **1**, 421 ff. (1914). — Vgl. auch Curtis, Kenner, Soc. **105**, 286, 289 (1914).

[3] Bamberger, A. **305**, 356 (1899). — E. Fischer, Seuffert, B. **34**, 795 (1901). — E. Fischer, Blochmann, B. **35**, 2318 (1902).

148° und ist in kaltem Wasser schwer, in kochendem ziemlich leicht löslich. Es besitzt ausgesprochen saure Eigenschaften; denn es wird von kalten verdünnten Ätzlaugen aufgenommen. Andererseits löst es sich in konzentrierten Mineralsäuren, wird aber daraus durch Wasser gefällt. Das Halogen ist sehr fest gebunden; selbst durch Schmelzen mit Ätzkali und wenig Wasser wird nach 10 Minuten bei 250° nur wenig Chlor abgeschieden. Doch wird durch Zinkstaub bei der Lösung in konz. Salzsäure leicht Entchlorung zu Indazol bewirkt.

6-Nitro-indazol[1] — Bildung s. in Gleichung E auf S. 425 — stellt weiße Nadeln dar, schmilzt bei 181° und löst sich leicht in Alkalien mit gelbroter Farbe. Es wird durch Schwefelammonium in siedendem Alkohol zum entsprechenden Amino-indazol reduziert, während bei einigen anderen Nitrokörpern der Indazol-Reihe eine höchst auffällige Resistenz der Nitrogruppe gegenüber allen Reduktionsmitteln beobachtet worden ist[2].

Unter den Substitutionsprodukten der Indazole sind die von Bamberger[3] entdeckten und ausführlich untersuchten **3-Amino-indazole** besonders interessant. Sie werden aus den gemäß Formelreihe F (auf S. 425) entstehenden Azoderivaten durch Reduktion mit Schwefelammonium erhalten, z. B.:

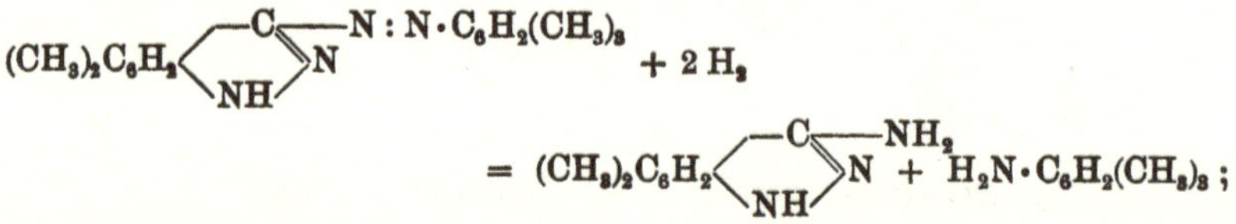

(U)

das einfachste Glied dieser Klasse entsteht ferner bei der Reduktion von diazotiertem *o*-Amino-benzonitril[4] durch Umlagerung des hierbei zu erwartenden *o*-Hydrazino-benzonitrils:

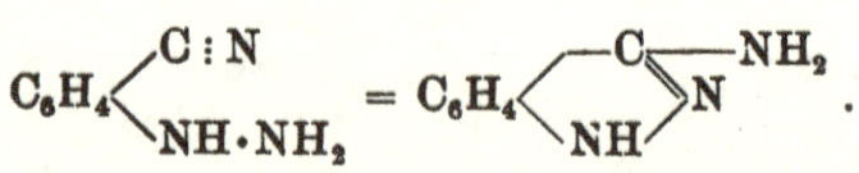

(V)

Höchst eigenartig ist ihr Verhalten bei der Oxydation. In alkalischer Lösung werden sie schon durch den Sauerstoff der Luft bei gewöhnlicher Temperatur quantitativ zu den entsprechenden 3-Azo-indazolen oxydiert:

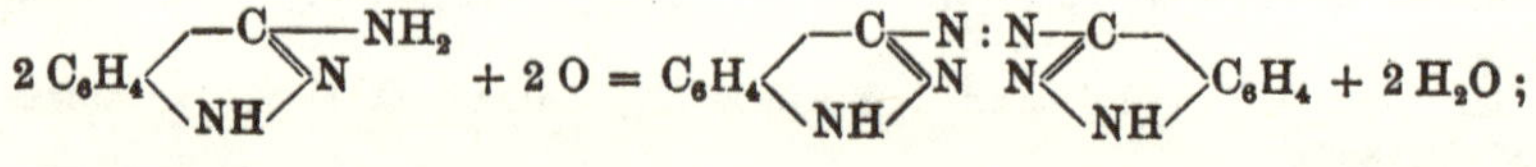

(W)

[1] O. N. Witt, Nölting, Grandmougin, B. **23**, 3636 (1890); **25**, 3149 (1892). — Michel, Grandmougin, B. **26**, 2349 (1893). — Nölting, B. **37**, 2577 (1904).

[2] Vgl.: Dittrich, V. Meyer, A. **264**, 131 (1891). — Reich, Gaigailian, B. **46**, 2381 (1913).

[3] Bamberger, A. **305**, 294, 301, 319, 335, 344, 366 (1899). — Bamberger, Wildi, B. **39**, 4276 (1906).

[4] Reissert, Grube, B. **42**, 3716 (1909).

saure Oxydationsmittel bewirken dagegen eine Ringerweiterung zu Oxyphentriazinen:

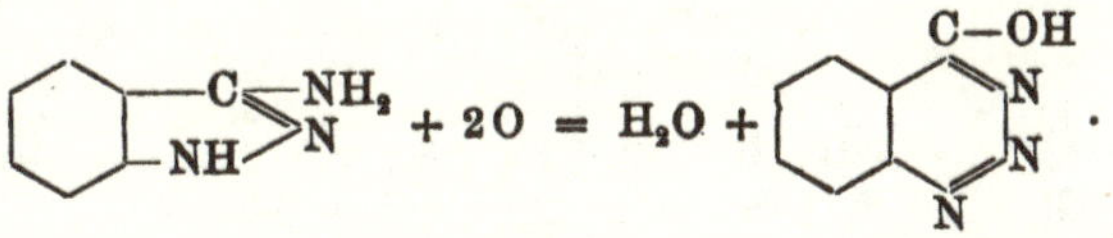

(X)

Im übrigen ähneln sie den Arylaminen (vgl. unten die Diazotierbarkeit), zeigen aber mit Chloroform und Alkali nicht die Isonitril-Reaktion. — Das 3-Amino-indazol krystallisiert in großen silberweißen Blättern, schmilzt bei 153—154° und löst sich ziemlich leicht in Wasser; durch mehrstündiges Erhitzen mit verdünnter Salzsäure auf 150° wird es nicht merkbar verändert. In siedendem Alkohol mit Natrium behandelt, spaltet es sich in Ammoniak und Indazol.

Das **3-Azo-indazol**[1], dessen Bildung eben durch Gleichung W erläutert worden ist, stellt dunkel bordeauxrote Nädelchen mit grünem Flächenschimmer dar, schmilzt bei ca. 230° und ist in Wasser sehr wenig, in verdünnten Mineralsäuren mit tiefroter Farbe leicht löslich. Beim Sieden mit Anilin geht es in **3-Benzolazo-indazol** über, das auch gemäß Gleichung P (auf S. 428) durch Kuppelung von Indazol mit Diazobenzol entsteht[2], bei 190·5—192·5° schmilzt und sich in konzentrierter Salzsäure mit himbeerroter Farbe löst, aber aus dieser Lösung durch Wasser wieder gefällt wird.

Die 3-Amino-indazole zeigen ein sehr eigenartiges Verhalten bei der Diazotierung[3]. Behandelt man sie in stark saurer Lösung mit Natriumnitrit, so resultieren klare Lösungen von kuppelungsfähigen Diazoniumsalzen; vermeidet man aber bei der Diazotierung einen allzu großen Überschuß von Mineralsäure, so fallen gelbe bis braune, amorphe Niederschläge aus, welche die Zusammensetzung von **Diazohydroxyden,** wie $C_6H_4\langle{}^{C\cdot N_2\cdot OH}_{NH}\rangle N$, besitzen und mit alkalischen Lösungen von Phenolen bei der Kuppelung ganz andere Farbnuancen ergeben, als wenn sie zuvor durch Mineralsäuren oder durch warme Ätzalkalien in Lösung gebracht sind. Die Diazohydroxyde lösen sich in kalten verdünnten Alkalien kaum, beim Erwärmen rasch auf. Beim kurzen Aufkochen mit Wasser spalten sie, während sie zum Teil weitergehenden Zersetzungsprozessen anheimfallen, 1 Mol. Wasser ab und gehen in „Indazol-triazolene“ (s. S. 433) über; zu den gleichen Umwandlungsprodukten gelangt man, wenn man die Diazohydroxyde in verdünnter Salzsäure löst (was nicht momentan, sondern erst im Verlaufe einiger Minuten erfolgt) und dann Kaliumacetat hinzufügt. Für diese Anhydroprodukte kommen wohl ähnliche Formulierungen in Betracht, wie für die Diazo-pyrrole

---

[1] BAMBERGER, WILDI, B. **39**, 4279 (1906).
[2] BAMBERGER, A. **305**, 298, 343 (1899).
[3] BAMBERGER, A. **305**, 294, 301, 327, 351, 369 (1899). B. **32**, 1773 (1899). — HANTZSCH, B. **35**, 891 (1902).

und Diazo-indole (vgl. S. 209, 243, 327—328), also beim einfachsten Beispiel:

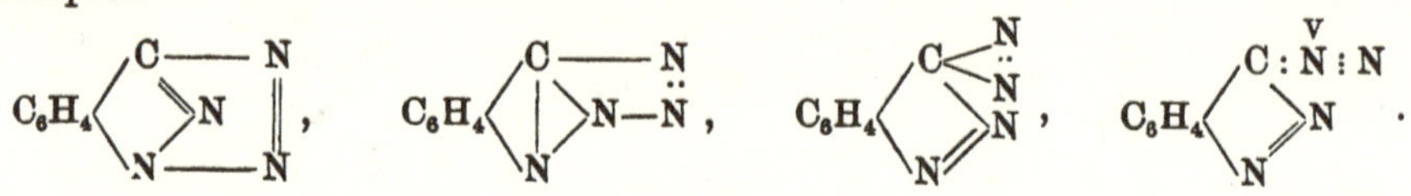

Ihr Entdecker (Bamberger) bevorzugte die zweite Formel, nach der ihr Ringsystem aus einem Indazol-Kern und einem „Triazolen“-Kern CH_2—N / NH—N kondensiert wäre, und nannte sie **„Indazol-triazolene“**. Es sind wohlkrystallisierte, gut haltbare Substanzen, die sich sogar aus siedendem Wasser bei nicht zu langer Berührung umkrystallisieren und — wenn auch unter partieller Zersetzung — mit Wasserdampf destillieren lassen; sehr empfindlich sind sie indessen gegen Ätzlaugen. Sie kuppeln sowohl in saurer, wie in neutraler und alkalischer Lösung mit Phenolen momentan, zuweilen unter erheblicher Wärmeentwickelung. Von Mineralsäuren werden sie sofort zu Lösungen aufgenommen, welche wohl Diazoniumsalze, wie $C_6H_4\langle$C·N_2·Cl, >N, NH$\rangle$, enthalten. Das einfachste Indazol-triazolen $C_7H_4N_4$ (3-Diazo-indiazen) — s. o. die Strukturformeln — bildet hell goldgelbe Nadeln, schmilzt bei 105·5—106°, löst sich leicht in den meisten organischen Solvenzien und entfärbt nicht ätherische Jodlösung (vgl. dazu Bd. I, Tl. I, S. 389; Bd. I, Tl. II, S. 804, Gleichung e); das aus ihm durch Chlorwasserstoff entstehende Hydrochlorid ist in festem Zustand fast farblos, löst sich aber in Wasser mit gelber Farbe auf und gibt beim Erwärmen mit Alkohol unter Entwickelung von Stickstoff Indazol. In der stark salzsauren Lösung bewirkt Kupferpulver sofortige Stickstoff-Entwickelung und Bildung von 3-Chlor-indazol (S. 431).

Unter den Oxy-Derivaten der Indazol-Gruppe — über Bildung von 3-Oxy-Derivaten s. Gleichung L auf S. 426 — sei das **6-Oxy-indazol** erwähnt, das aus dem 6-Nitro-indazol (S. 432) durch Reduzieren, Diazotieren und Verkochen gewonnen wird[1]. Es ist neuerdings unter dem Gesichtspunkt des Vergleichs mit dem β-Naphthol:

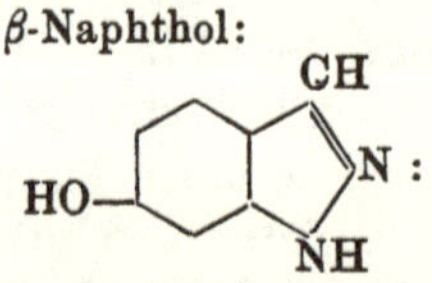
: 6-Oxy-indazol,

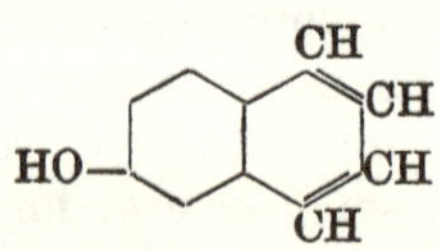
: β-Naphthol

näher untersucht worden[2].

Von der Indiazen-Formel des Indazols (vgl. S. 422) läßt sich ein Oxo-Derivat $C_6H_4\langle$CO, N$\rangle$N ableiten, das man **Indiazon** nennen kann.

[1] O. N. Witt, Nölting, Grandmougin, B. **23**, 3642 (1890); **25**, 3152 (1892).

[2] Fries, A. **404**, 51, 81 (1914).

Oxime von Indiazonen[1] bilden sich allgemein beim Diazotieren von *o*-Amino-Derivaten der aromatischen Aldoxime, z. B.:

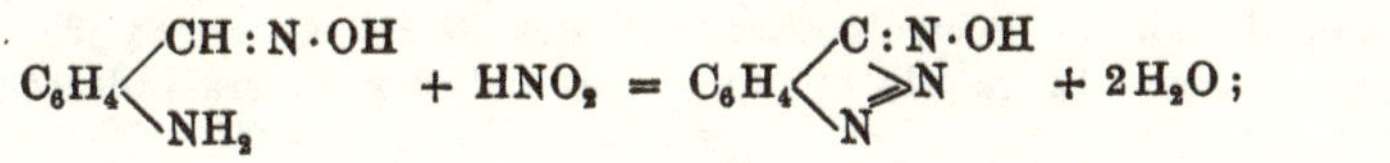

(Y)

sie zeigen die interessante Eigentümlichkeit, durch Ätzlaugen (auch schon durch siedendes Wasser) zu *o*-Azido-aldehyden umgelagert zu werden:

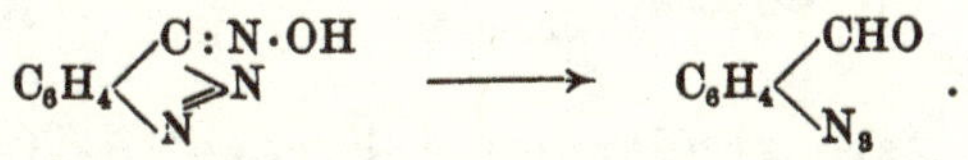

(Z)

Das einfachste Indiazon-oxim (3-Isonitroso-indiazen), das in obigen Formelreihen als Beispiel benutzt wurde, krystallisiert aus Alkohol in diamantglänzenden goldgelben Nadeln und schmilzt bei 160° (korr.) unter Bräunung und Gasentwickelung.

3-Oxo-indiazen-dihydrid-(1.2) (Indazolon) ist das innere Anhydrid der *o*-Hydrazino-benzoesäure[2], das aus dieser Säure durch Erhitzen erhalten wird, farblose Krystalle bildet, in Alkohol und Äther ziemlich schwer löslich ist, von Alkalien leicht aufgenommen wird und durch Phosphoroxychlorid in 3-Chlor-indazol übergeführt werden kann (vgl. S. 431). Es entsteht auch durch längeres Erhitzen von Salicylsäure-hydrazid auf höhere Temperatur:

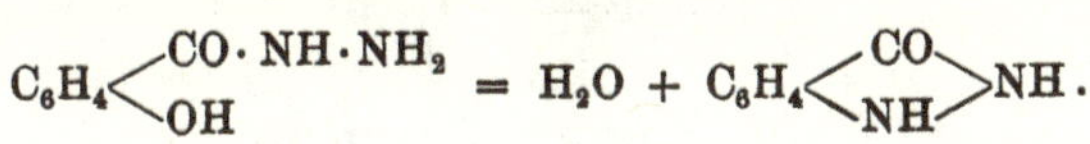

Derivate des **3.3′-Spiro-bis-indiazens**[3] (Endo-bisazo-diphenylmethan):

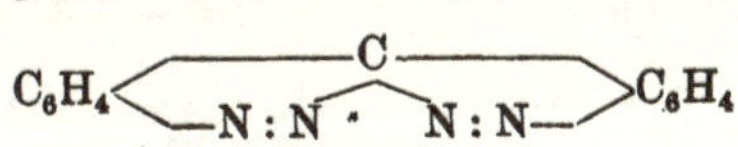

wurden von Duval aus den Bis-diazoniumsalzen von solchen Abkömmlingen des *o,o′*-Diamino-diphenylmethans gewonnen, welche in den Benzolkernen negative Substituenten enthalten, z. B.:

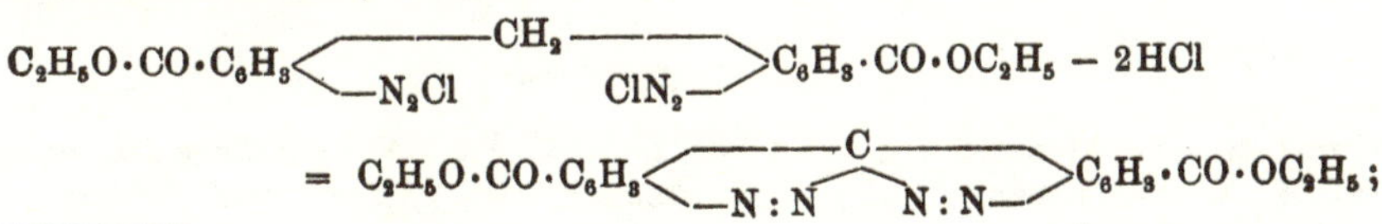

---

[1] Bamberger, Weiler, J. pr. [2] **58**, 336, 349 (1898). — Bamberger, Ed. Demuth, B. **34**, 1309 (1901). — Sumuleanu, C. **1903**, II, 31.

[2] E. Fischer, B. **13**, 681 (1880). A. **212**, 333 (1882). — Kliebeisen, B. **27**, 2555 (1894). — E. Fischer, Seuffert, B. **34**, 795 (1901). — Franzen, Eichler, J. pr. [2] **78**, 157, 161 (1908). — Vgl. auch: Thode, J. pr. [2] **69**, 94 (1904). — Kenner, Soc. **105**, 2719, 2724, 2732 (1914).

1-Phenyl-Derivat: A. König, Reissert, B. **32**, 783, 787 (1899). — Nitriertes 2-Phenyl-Derivat: Rupe, B. **30**, 1100 (1897).

[3] Duval, Bl. [4] **7**, 852, 915 (1910). C. r. **154**, 780 (1912). — Mascarelli, Toschi, G. **42**, I, 625 (1912). — P. Ehrlich, H. Bauer, B. **48**, 503 (1915).

die Reaktion ist analog den S. 425 (Gleichung E) besprochenen Bildungsprozessen von einfachen Indazol-Körpern aus diazotierten orthomethylierten Anilinbasen. Es sind gelbe, krystallisierbare, hochschmelzende und schwer lösliche Substanzen. Beim Erhitzen mit starker Schwefelsäure wird die Hälfte des Stickstoffs unter Öffnung des einen Indazol-Rings abgespalten, während der andere Indazol-Ring erhalten bleibt, z. B.:

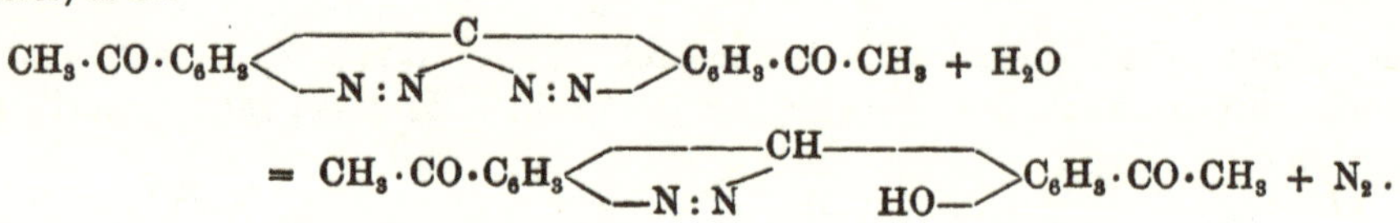

Weitere kondensierte Pyrazol-Systeme.

Außer dem Indazol hat kein anderes kondensiertes Pyrazol-System Durcharbeitung zu einer größeren Verbindungsgruppe gefunden. Doch sind eine ganze Anzahl verschiedenartiger Kombinationen gelegentlich in einzelnen Vertretern verwirklicht worden.

Auf analogem Wege, wie das Cyclohexano-pyrazol (S. 431), wurden **Cyclopentano-pyrazol**[1] (Formel I, s. u.), **Cycloheptano-pyrazol**[2] (II) und **Camphano-pyrazol**[3] (Campherpyrazol) (III) bereitet:

I) 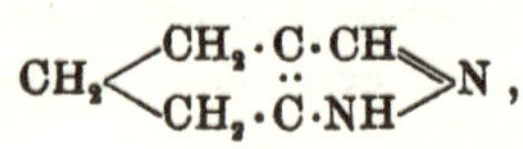 II) 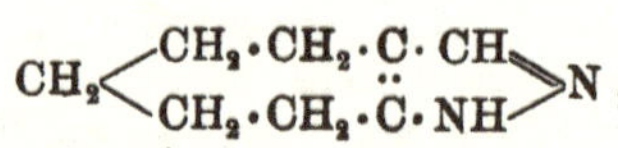

III) 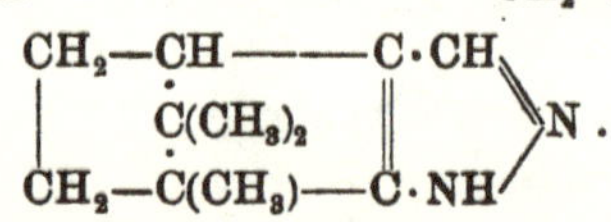

Derivate eines **β,β'-Naphtho-pyrazols**[4] (IV) wurden durch Einwirkung von Diazomethan auf α-Naphthochinon und auf Naphthazarin erhalten[5] (vgl. S. 437 die

IV) 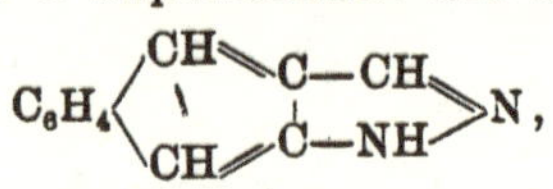 V) 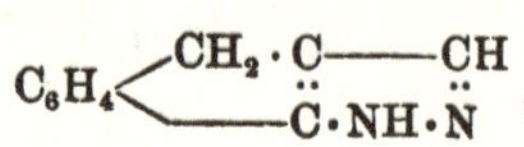

VI) 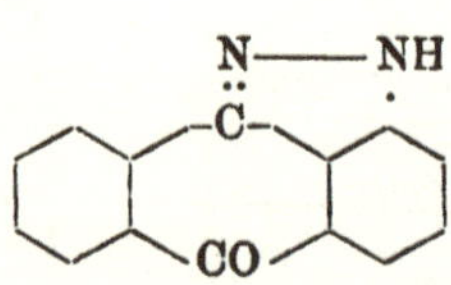

Reaktion zwischen Benzochinon und Diazomethan). Auch Abkömmlinge des **Indeno-pyrazols**[6] V sind bekannt. **„Pyrazol-anthron“**[7] (VI) entsteht beim Erhitzen von

[1] WALLACH, A. **329**, 109, 116 (1903). — Derivate: DIECKMANN, A. **317**, 60 (1901). — KÖTZ, A. **350**, 237 (1906). — KISHNER, C. **1912**, II, 1925.

[2] WALLACH, A. **329**, 129 (1903). — Vgl. auch BUCHNER, B. **37**, 933, 937 (1904).

[3] WALLACH, A. **329**, 130 (1903). — Carbonsäure: TINGLE, ROBINSON, Am. **36**, 230, 237, 240, 244, 259, 272, 279, 285 (1906). — Campho-pyrazolon-Derivate: WAHL, B. **32**, 1987 (1899).

[4] Vgl. auch O. N. WITT, BRAUN, B. **47**, 3225 (1914).

[5] v. PECHMANN, SEEL, B. **32**, 2292 (1899).

[6] RUHEMANN, Soc. **101**, 1736 (1912). — RUHEMANN, LEVY, Soc. **101**, 2545, 2548 (1912).

[7] MÖHLAU, B. **45**, 2239, 2247 (1912).

1-Hydrazino-anthrachinon mit Anilin (und etwas salzsaurem Anilin) auf 150°; es krystallisiert aus Nitrobenzol in grünlich gelben Nadeln und schmilzt bei 277—278°.

Einen Benzol-Kern in Kondensation mit zwei voneinander isolierten Pyrazol-Kernen nimmt man in dem farblosen, in Alkali löslichen, in den gewöhnlichen organischen Solvenzien unlöslichen Stoff an, der aus Benzochinon durch Diazomethan in Äther entsteht[1]:

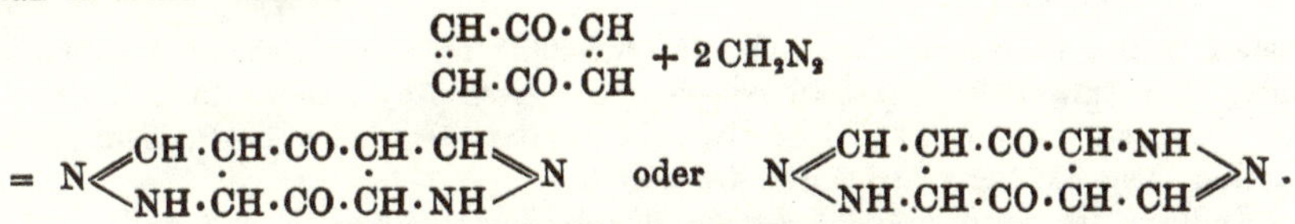

(bzw. desmotrope Formen)

Auch auf anderen Wegen sind Derivate von **Benzo-dipyrazolen** erhalten worden[2].

Zwei Pyrazol-Kerne direkt miteinander kondensiert finden wir in der Verbindung, die aus 1-Phenyl-3-methyl-4-benzoyl-5-chlor-pyrazol quantitativ durch Erhitzen mit Hydrazin-hydrat auf 180—200° entsteht[3]:

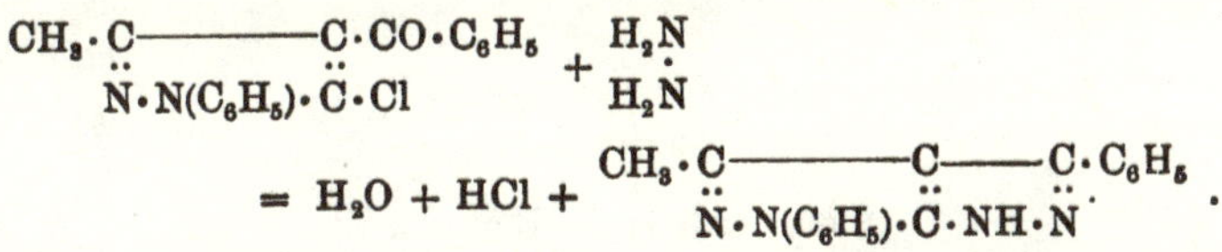

Sie erscheint als Methyl-diphenyl-Derivat eines **Pyrazo-pyrazols** („Bipyrazol") der Formel VII. Dieser noch unbekannte Stammkörper, sowie der isomere[4] der

VII) 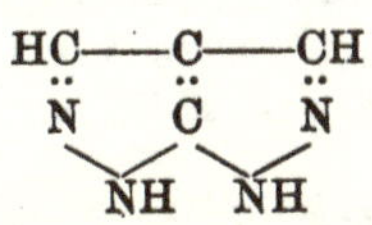 , VIII) 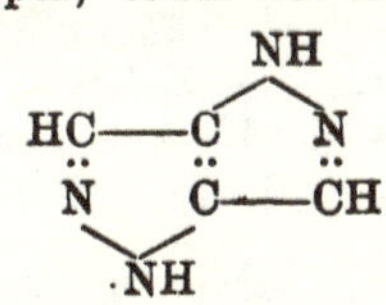

Formel VIII, können als wahre „Naphthaline der Pyrazol-Reihe" bezeichnet werden, da in ihren Formeln zwei Pyrazol-Kerne derart miteinander kondensiert sind, daß ihnen zwei benachbarte Kohlenstoffatome gemeinsam sind.

In hydrierter Form können aber Pyrazol-Kerne auch auf solche Art kondensiert sein, daß die Stickstoff-Atome die gemeinsamen Ringglieder sind. Die Formel IX würde ein einfaches Beispiel hierfür sein. Realisiert ist dieses System in weiterer

IX) 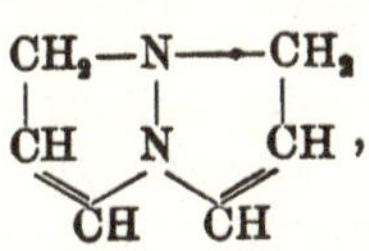 , X) 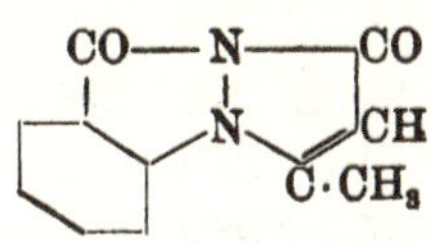

---

[1] v. Pechmann, Seel, B. **32**, 2295 (1899).

[2] Vgl.: v. Rothenburg, B. **27**, 471 (1894). — Dieckmann, Kron, B. **41**, 1272 (1908). — Borsche, Bahr, A. **402**, 105 (1914).

Über ein System aus *Bicyclo-[1.3.3]-nonan und zwei Pyrazol-Kernen* s. Meerwein, Schürmann, A. **398**, 230, 231 (1913). — Über Kondensation von *einem Anthracen- mit zwei Pyrazol-Kernen* s. Bayer & Co., D.R.P. 171293 (C. **1906**, II, 386).

[3] Michaelis, Fr. Bender, B. **36**, 523 (1903).

[4] Über Derivate s.: v. Rothenburg, B. **26**, 2057 (1893). — Stolz, B. **41**, 3851 (1908).

Kondensation mit einem Benzol-Kern, nämlich in der Verbindung X — „**Benzo-methyl-bispyrazolon**" —, welche aus 1-[*o*-Carboxy-phenyl]-5-methyl-3-chlor-pyrazol beim Erhitzen im luftverdünnten Raume entsteht:

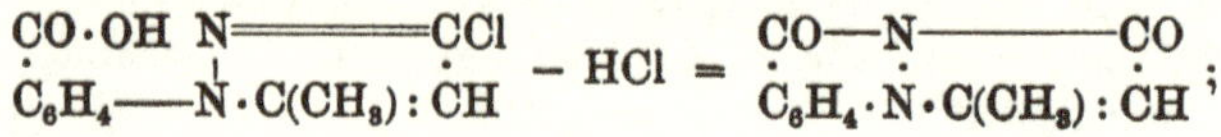

sie stellt gelbe Blättchen dar, schmilzt bei 265° und löst sich in Alkalien unter Bildung von Salzen des 1-[*o*-Carboxy-phenyl]-5-methyl-pyrazolons-(3) auf, das — in freiem Zustand über seinen Schmelzpunkt erhitzt — wieder in Benzo-methyl-bis-pyrazolon (sein Lactam) zurückgeführt wird[1].

Endlich ist noch die *Kondensation von Pyrazol-Kernen mit anderen heterocyclischen Kernen*, die im System dieses Lehrbuchs vorausgegangen sind, zu erwähnen. Einen Fall solcher Art — Kondensation mit dem Ring $N\!<\!\genfrac{}{}{0pt}{}{CH_2}{CH}$ — bieten die Formeln der **Azi-pyrazole**[2], von denen ein Vertreter S. 402 als Oxydationsprodukt des 1-Phenyl-3-methyl-5-amino-pyrazols beschrieben wurde.

Fünfzehntes Kapitel.

Einkernige Imidazol-Körper.

(Allgemeines. — Imidazol oder Glyoxalin, seine *N*-Derivate und Homologen. — Hydro-Derivate. — Halogen- und Nitro-Derivate. — Amino-Derivate [Histamin]. — Oxy- und Oxo-Derivate [Hydantoine, Allantoin, Parabansäuren usw.]. — Entsprechende Schwefel-Derivate. — Carbonsäuren [Histidin usw.].)

Auf das Pyrazol folgt in unserer Systematik der heterocyclischen Stammkerne (vgl. S. 28, 352) das ihm isomere Imidazol oder Glyoxalin. Während im Pyrazol die beiden Stickstoffatome des Ringes unmittelbar aneinander haften, sind sie im Imidazol voneinander getrennt:

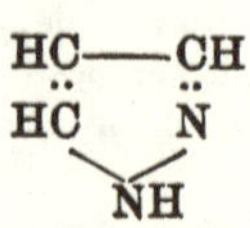
(Pyrazol),
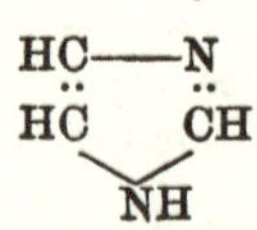
(Imidazol).

Demgemäß hatten wir bei der Pyrazol-Gruppe vielfach in Entstehungsweisen und zuweilen auch in Spaltungen Beziehungen zum Hydrazin $H_2N \cdot NH_2$ und seinen Abkömmlingen festzustellen; dagegen ist das Ammoniak die anorganische Stickstoff-Verbindung, auf welche die Bildungs- und Zerfallsprozesse der Imidazol-Körper hinweisen.

In der Imidazol-Gruppe werden wir mehreren wichtigen Stoffen begegnen, die in den chemischen Vorgängen des Lebens entstehen. Die

---

[1] Michaelis, A. **373**, 140, 151, 202 (1910). — Vgl. auch M. Freund, K. Fleischer, A. **379**, 29, 34, 36 (1911) über Derivate des Tetrahydrids der Formel IX.

[2] Michaelis, Schäfer, A. **397**, 120 ff. (1913). — Michaelis, Klappert, A. **397**, 151 ff. (1913).

Pyrazol-Gruppe verdankt dagegen ihren Bestand ausschließlich der synthetischen Laboratoriumsarbeit, wie überhaupt bisher kein Naturstoff beobachtet worden ist, in dessen Molekül zwei Stickstoffatome direkt miteinander verknüpft sind.

Die Verbindungen, die wir heute zur Imidazol-Gruppe vereinigen können, sind zum Teil — wie das 1799 in der Allantois-Flüssigkeit der Kühe entdeckte Allantoin (S. 458), die 1844 aus Benzaldehyd gewonnenen Umwandelungsprodukte Amarin und Lophin (S. 479 ff.) — schon lange bekannt; aber erst sehr allmählich hat sich die Erkenntnis entwickelt, daß sie auf einen gemeinsamen Stammkörper zurückzuführen sind, der durch die ringförmige Anordnung von drei Kohlenstoff- mit zwei voneinander isolierten Stickstoffatomen charakterisiert ist. Der Stammkörper $C_3H_4N_2$ selbst wurde 1858 von Debus zuerst unter den Produkten der Einwirkung von Ammoniak auf Glyoxal (Bd. I, Tl. II, S. 816) beobachtet und wegen dieser Bildung „Glyoxalin" genannt[1]; die heute geltende Strukturformel hat sich indessen erst 1882 aus Untersuchungen von Radziszewski und von Japp entwickelt[2].

Den Namen „Imidazol" hat Hantzsch[3] später vorgeschlagen, um die strukturelle Analogie mit dem Oxazol und Thiazol hervortreten zu lassen (vgl. S. 30, 352—353); er hat sich neben der älteren Trivialbezeichnung „Glyoxalin" eingebürgert.

Um für die Abkömmlinge des Imidazols deutliche Namen bilden zu können, wählen wir die in Formel I (s. u.) eingetragene Bezifferung, welche den S. 35 zusammengestellten Regeln entspricht; daneben ist in

I) 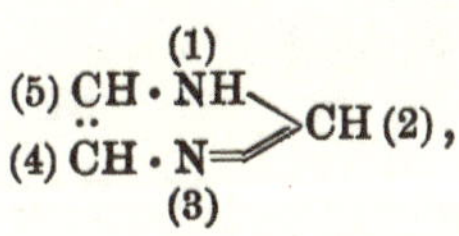

II) 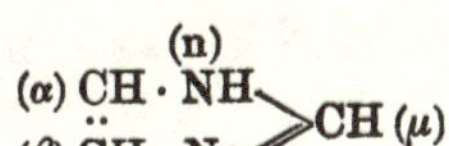

der Literatur vielfach die Bezeichnung derjenigen Stellen, welche Substitution zulassen, mit Buchstaben gemäß Formel II in Gebrauch.

Für das Glyoxalin und seine Homologen sind zwei **Bildungsprozesse** von sehr allgemeiner Verwendbarkeit mitzuteilen:

Der eine besteht in der Einwirkung von Glyoxal (oder anderen 1.2-Dicarbonyl-Verbindungen) auf Ammoniak in kalter wäßriger oder alkoholischer Lösung bei Gegenwart von einwertigen Aldehyden[4], z. B.:

---

[1] Debus, A. **107**, 204 (1858).

[2] Vgl. zur Konstitution: Japp, Robinson, B. **15**, 1268 (1882). — Radziszewski, B. **15**, 1493, 2706 (1882); **16**, 491, 748 (1883). — Japp, B. **15**, 2414 (1882); **16**, 284 (1883). — Wallach, B. **16**, 538 (1883). — Wohl, Marckwald, B. **22**, 1360 (1889). — Bamberger, B. **25**, 278 Anm. (1892). — Marckwald, B. **25**, 2354 (1892). — Bamberger, Berlé, A. **273**, 311 (1893).

[3] A. **249**, 2, 4 (1888). — Vgl. dazu auch Biltz, B. **41**, 168 Anm. (1908).

[4] Vgl.: Radziszewski, B. **15**, 2706 (1882); **16**, 487, 747 (1883). — Radziszewski, Szul, B. **17**, 1291 (1884). — Karcz, M. **8**, 218 (1887). — Rieger, M. **9**, 603 (1888).

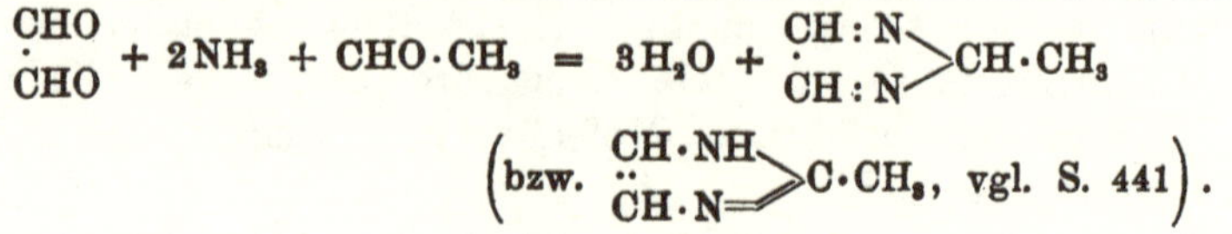

(A)

Der andere rührt von Wohl und Marckwald her und geht von den α-Amino-Derivaten der Aldehyde (bzw. Acetale) oder Ketone aus, die zunächst durch Umsetzung mit Kaliumrhodanid in Thioharnstoffe vom Typus III (s. u.) übergeführt werden. Beim Erwärmen mit Salzsäure oder Schwefelsäure (zuweilen auch schon spontan) gehen diese Thioharnstoffe in 2-Mercapto-glyoxaline (IV) über, die bei der Behandlung mit warmer, verdünnter Salpetersäure (oder mit Äthylnitrit-Lösung) die entsprechenden Glyoxaline (VI) liefern[1], wobei wahrscheinlich Disulfide (V) als Zwischenprodukte anzunehmen sind[2]. Beispiel:

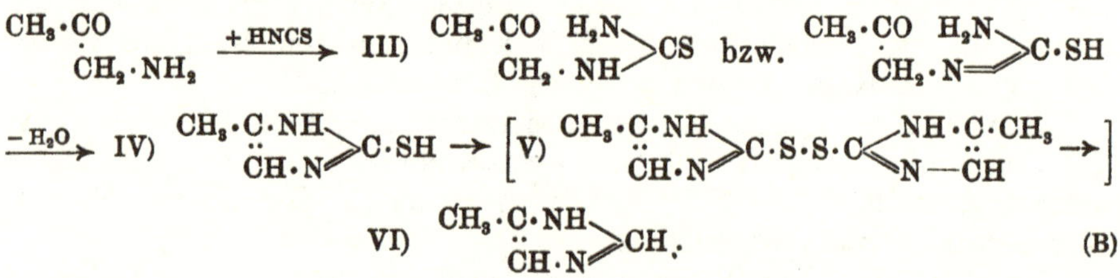

(B)

Die Methode kann auch zur Synthese von *N*-alkylierten oder -arylierten Glyoxalinen dienen, wenn man bei dem ersten Schritt statt des Alkalirhodanids Senföle anwendet, z. B.:

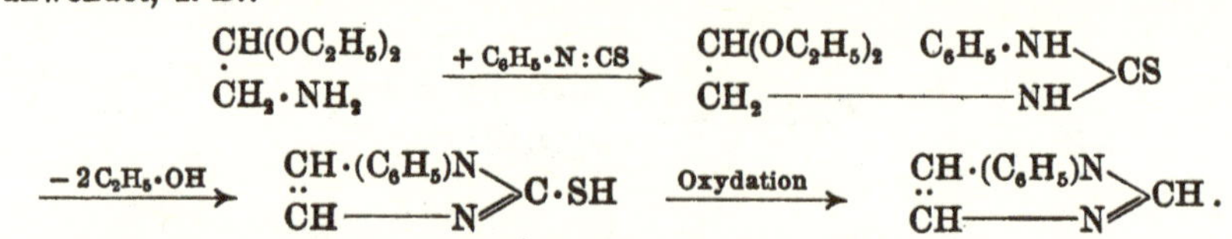

(C)

Durch einen sehr eigenartigen, schon in Bd. I, Tl. II, S. 323 besprochenen Prozeß ist Wallach[3] zu Monochlor-Derivaten von *N*-alkylierten Glyoxalinen gelangt, die sich durch Reduktion in die *N*-Alkyl-glyoxaline selbst überführen lassen. Er besteht in der Einwirkung von Phosphorpentachlorid auf *symm.* Dialkylderivate des Oxamids und läßt sich nicht in einfacher Weise formulieren. Über die Struktur der Reaktionsprodukte hat längere Zeit Unklarheit geherrscht; sie wurden daher zunächst mit Namen belegt, die an die Entstehung erinnern: „Chlor-oxaline" für die chlorhaltigen, „Oxaline" für die chlorfreien Produkte.

Das **Verhalten** der Imidazol-Körper läßt im allgemeinen eine erhebliche Beständigkeit ihres Ringsystems erkennen. Sind indessen die

[1] Vgl.: Wohl, Marckwald, B. **22**, 572, 1353 (1889). — Marckwald, B. **25**, 2354 (1892). — Gabriel, Pinkus, B. **26**, 2204 (1893). — Gabriel, Posner, B. **27**, 1039 (1894). — Künne, B. **28**, 2038 (1895). — Behr-Bregowski, B. **30**, 1515 (1897). — Jänecke, B. **32**, 1097 (1899). — Kolshorn, B. **37**, 2476 (1904).

[2] Biltz, Krebs, A. **391**, 203 (1912).

[3] A. **214**, 278, 298 (1882).

Kohlenstoffatome mit Sauerstoff beladen oder ist ein Stickstoffatom durch Additions-Reaktionen in den fünfwertigen Zustand übergegangen, so treten sehr leicht Spaltungen ein (vgl. S. 444—445). Ähnlichkeit mit dem Benzol zeigt das Imidazol in geringerem Maße, als das Pyrazol[1] (vgl. S. 356).

Im Vergleich zu den Pyrazolen sind die Imidazole durch erheblich größere Basizität[2] ausgezeichnet, wie die folgende Zusammenstellung von Affinitätsgrößen zeigt:

Imidazol	: $1{\cdot}2 \times 10^{-7}$	Pyrazol	: $3{\cdot}0 \times 10^{-12}$
1-Methyl-imidazol	: $2{\cdot}15 \times 10^{-7}$	1-Methyl-pyrazol	: $1{\cdot}1 \times 10^{-12}$
2-Methyl-imidazol	: $1{\cdot}3 \times 10^{-6}$	3-Methyl-pyrazol	: $3{\cdot}6 \times 10^{-11}$.
4-Methyl-imidazol	: $4{\cdot}1 \times 10^{-7}$		

Ihre Salze mit Mineralsäuren werden demgemäß durch Wasser nicht erheblich hydrolysiert.

Andererseits können diejenigen Imidazol-Körper, deren an Stickstoff gebundenes Wasserstoffatom nicht durch Alkyle, Aryle usw. vertreten ist, dieses Wasserstoffatom gegen Metallatome austauschen, also gewissermaßen als Säuren fungieren (vgl. S. 444 Glyoxalin-Silber, S. 449—450 die Alkalilöslichkeit der halogenierten Imidazole).

Für die **Struktur des Imidazol-Kerns** ergeben sowohl Bildungsweisen wie Spaltungsreaktionen die ringförmige Anordnung von drei Kohlenstoffatomen mit zwei nicht direkt aneinander haftenden Stickstoffatomen (vgl. besonders die Formelreihen A und B auf S. 440, F auf S. 444 und H auf S. 445, ferner S. 468 über die genetischen Beziehungen der einkernigen Imidazol-Körper zu den Benzimidazolen). Vielfach hat man früher über zwei Möglichkeiten der inneren Bindungsverteilung diskutiert, die bei Annahme von Doppelbindungen sich ergeben und durch die Formeln VII und VIII dargestellt werden:

VII) 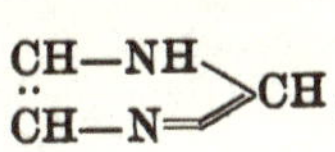 , VIII) 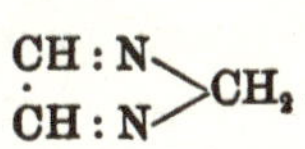 .

Sie verhalten sich zueinander wie die Pyrrol- zu der Pyrrolenin-Formel (vgl. S. 150, 155—156), und man wird heute diese beiden Atomgruppierungen auf Grund der Erfahrungen an anderen Ringsystemen als desmotrop miteinander und einer zweiten Methylen-Form:

IX) 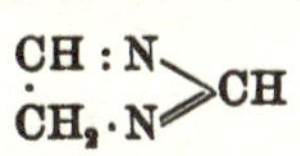

betrachten dürfen. Doch muß hervorgehoben werden, daß, wenn auch manche Bildungsweisen (vgl. Gleichung A auf S. 440) sich einfacher nach

[1] Vgl. dazu Buchner, A. **273**, 218 (1893).

[2] Vgl.: Buchner, A. **273**, 218 (1893). — Dedichen, B. **39**, 1831 (1906). — Veley, Soc. **93**, 2118 (1908).

VIII formulieren lassen, die Beobachtungen über das Verhalten der Imidazole fast ausschließlich Stützpunkte für VII ergeben haben. Insbesondere hat sich gezeigt, daß beim Austausch von Wasserstoff gegen Alkyl die Alkylierung stets am Stickstoff erfolgt, also Derivate gebildet werden, welche unzweifelhaft von VII sich ableiten (vgl. S. 444—445).

In der Formel VII erscheinen die Imidazole gewissermaßen als „cyclische Amidine", und mit den Amidinen haben sie tatsächlich mancherlei Ähnlichkeit[1]. Auch liegen Beobachtungen vor, welche das Bestehen einer „virtuellen Tautomerie" bei den unsymmetrisch konstituierten Abkömmlingen anzeigen, die derjenigen bei gewissen substituierten Amidinen (vgl. Bd. I, Tl. I, S. 624) analog ist. Denn es ist nicht gelungen, Isomerien zu verwirklichen, wie sie nach den Formeln X und XI bei starrer Struktur des Formelteils $\begin{matrix}-NH\\-N=\end{matrix}\!\!>CH$ zu erwarten wären[2]:

$$\text{X)}\quad \begin{matrix}X\cdot C\cdot NH\\ \ddot{}\\ Y\cdot C\cdot N=\end{matrix}\!>CH,\qquad \text{XI)}\quad \begin{matrix}X\cdot C\cdot N=\\ \ddot{}\\ Y\cdot C\cdot NH\end{matrix}\!>CH;$$

man hat ferner aus demjenigen Methyl-imidazol, für welches die Formeln XII und XIII des 4- oder 5-Methyl-imidazols zur Wahl stehen, durch Methylierung ein Gemisch von 1.4- und 1.5-Dimethyl-imidazol (XIV und XV) erhalten[3]:

$$\text{XII)}\quad \begin{matrix}HC\cdot NH\\ \ddot{}\\ CH_3\cdot C\cdot N=\end{matrix}\!>CH,\qquad \text{XIII)}\quad \begin{matrix}HC\cdot N=\\ \ddot{}\\ CH_3\cdot C\cdot NH\end{matrix}\!>CH,$$

$$\text{XIV)}\quad \begin{matrix}HC\cdot N(CH_3)\\ \ddot{}\\ CH_3\cdot C\cdot N=\end{matrix}\!>CH,\qquad \text{XV)}\quad \begin{matrix}HC\cdot N=\\ \ddot{}\\ CH_3\cdot C\cdot N(CH_3)\end{matrix}\!>CH.$$

Vgl. auch S. 486 die analogen Verhältnisse bei substituierten Benzimidazolen.

Das an Stickstoff gebundene Wasserstoffatom des Imidazol-Kerns erscheint also „beweglich"; so lange es nicht durch Radikale substituiert ist, läßt sich eine Verschiedenheit zwischen den Stellen 4 und 5 nicht nachweisen. Dies entspricht den in der Pyrazol-Reihe bezüglich der Stellen 3 und 5 gemachten Erfahrungen (vgl. S. 358—359).

Imidazol (Glyoxalin), seine *N*-Derivate und Homologen.

Das **Glyoxalin**[4] (Imidazol), $C_3H_4N_2 = \begin{matrix}HC\cdot NH\\ \ddot{}\\ HC\cdot N=\end{matrix}\!>CH$, wurde, wie schon S. 439 erwähnt ist, 1858 von DEBUS[5] entdeckt; seine nähere

---

[1] Vgl. BAMBERGER, A. **273**, 300 (1893).

[2] GABRIEL, B. **41**, 1926 (1908). [3] PYMAN, Soc. **97**, 1814 (1910).

[4] Zur physiologischen Wirkung s. GUNDERMANN, A. Pth. **65**, 280 (1911).

[5] A. **107**, 204 (1858).

Charakterisierung erfolgte erst etwa 20 Jahre später in Arbeiten von LJUBAWIN und von WYSS[1].

Die Bildung des Glyoxalins aus Glyoxal und Ammoniak, die zu seiner Entdeckung geführt hat, erklärt sich durch eine partielle Spaltung des Glyoxals in Ameisensäure und Formaldehyd; aus Glyoxal, Formaldehyd und Ammoniak fügt sich dann, wie schon bei Besprechung des Glyoxals in Bd. I, Tl. II, S. 816 erläutert wurde, das Molekül des Glyoxalins zusammen[2]. Diese Bildungsweise, die hiernach ein Spezialfall der S. 440 in Gleichung A wiedergegebenen allgemeinen Reaktion ist[3], eignet sich indes zur Darstellung wenig. Bequem gewinnt man aber Glyoxalin durch eine auf dem gleichen Prinzip beruhende Reaktionsfolge[4], die von der Dinitro-weinsäure (Bd. I, Tl. II, S. 679) ausgeht; läßt man nämlich auf diese Säure Formaldehyd und überschüssiges Ammoniak wirken, so reagiert sie infolge ihrer Zersetzlichkeit wie Dioxy-weinsäure bzw. Dioxo-bernsteinsäure (Bd. I, Tl. II, S. 1206) und verwandelt sich durch einen der Gleichung A auf S. 440 entsprechenden Vorgang:

$$\begin{array}{l} HO_2C\cdot CO \\ \quad\;\;\vdots \\ HO_2C\cdot CO \end{array} + 2\,NH_3 + CH_2O = 3\,H_2O + \begin{array}{l} HO_2C\cdot C\cdot NH \\ \qquad\quad\;\,\vdots \\ HO_2C\cdot C\cdot N \end{array}\!\!\!\!> CH \qquad (D)$$

in Glyoxalin-dicarbonsäure-(4.5), die nun beim Erhitzen gegen 300° in Glyoxalin und Kohlendioxyd zerfällt:

$$\begin{array}{l} HO_2C\cdot C\cdot NH \\ \qquad\quad\;\,\vdots \\ HO_2C\cdot C\cdot N \end{array}\!\!\!\!> CH = 2\,CO_2 + \begin{array}{l} HC\cdot NH \\ \;\;\vdots \\ HC\cdot N \end{array}\!\!\!\!> CH. \qquad (E)$$

Das Glyoxalin bildet farblose dicke Prismen, schmilzt bei 90° und siedet bei 256°. Dieser Siedepunkt erscheint gegenüber demjenigen des gleich zusammengesetzten Pyrazols (185°, vgl. S. 361) so auffallend hoch, daß man vermuten könnte, es handle sich nicht um ein Isomeres, sondern um ein Polymeres des Pyrazols; die einfache Molekularformel ist indessen durch Dampfdichte-Bestimmungen einwandfrei festgestellt[5]. Das Glyoxalin ist in Wasser und Alkohol sehr leicht, in Äther etwas löslich. In der Kälte geruchlos, entwickelt es in der Wärme einen schwach fischartigen Geruch.

Glyoxalin reagiert alkalisch (vgl. S. 441 über die Basizität). Seine Salze[6] mit flüchtigen Mineralsäuren lassen sich durch Abdampfen der sauren Lösungen auf dem Wasserbade gewinnen.

---

[1] Vgl. WYSS, B. **9**, 1543 (1876); **10**, 1365 (1877).

[2] Vgl.: LJUBAWIN, B. **15**, 1448 (1882). — RADZISZEWSKI, B. **15**, 2706 (1882). — BEHREND, SCHMITZ, A. **277**, 336 (1893).

[3] Über Bildung des Glyoxalins aus Amino-acetal nach dem Typus der Gleichungen B und C (S. 440) s. MARCKWALD, B. **25**, 2361 (1892).

[4] MAQUENNE, A. ch. [6] **24**, 528 (1891). — DEDICHEN, B. **39**, 1835 (1906). — PAULY, GUNDERMANN, B. **41**, 4010 (1908).

[5] Vgl. H. GOLDSCHMIDT, B. **14**, 1845 (1881).

[6] Über das Benzoat s.: HELLER, B. **37**, 3115 (1904). — GERNGROSS, B. **46**, 1910 (1913). — Über das Salicylat s. BRISSEMORET, Bl. [3] **35**, 320 (1906).

Das Nitrat $C_3H_4N_2, HNO_3$ schmilzt bei 118° und ist in Wasser und Alkohol sehr leicht löslich. Durch Krystallisationsfähigkeit zeichnet sich das in heißem Wasser viel leichter als in kaltem lösliche saure Oxalat $C_3H_4N_2, C_2H_2O_4$ aus. Das Platindoppelchlorid $(C_3H_4N_2, HCl)_2PtCl_4$ krystallisiert aus Wasser in orangeroten Prismen und geht beim Erhitzen gegen 200°, ohne vorher zu schmelzen, in die hellgelbe, selbst in Königswasser unlösliche Verbindung $(C_3H_4N_2)_2PtCl_4$ über[1] (vgl. S. 361 das andersartige Verhalten des Pyrazol-chloroplatinats).

Mit Silbernitrat- gibt die wäßrige Glyoxalin-Lösung einen weißen amorphen Niederschlag von Glyoxalin-Silber $C_3H_3N_2Ag$.

Reduzierende Agenzien (Natriumamalgam, Zinn und Salzsäure) sind ohne jede Einwirkung auf Glyoxalin. — Von den Oxydationsmitteln ist Chromsäure wirkungslos, während Kaliumpermanganat in verdünnter wäßriger Lösung vollständige Zersetzung unter Bildung von Ameisensäure hervorruft. Ein näherstehendes Spaltungsprodukt — Oxamid — läßt sich bei der Oxydation mit Wasserstoffsuperoxyd[2] fassen:

(F)

Über die Alkylierung s. u., über die merkwürdige Aufspaltung bei der Acylierung s. S. 445, über die Kombination mit Diazobenzol S. 446, über Halogenierung S. 449—450, über Nitrierung S. 450.

***N*-Alkyl-Derivate des Imidazols** werden durch Einwirkung von Alkylhalogeniden auf Glyoxalin[3] leicht erhalten. Beim Durchleiten durch eine kurze, zur Rotglut erhitzte Röhre isomerisieren sie sich zu 2-(C-)Alkyl-glyoxalinen[4]:

(G)

Sie addieren 1 Mol. Alkylhalogenid zu quartären Verbindungen, für welche die beiden folgenden Möglichkeiten der Formulierung bestehen:

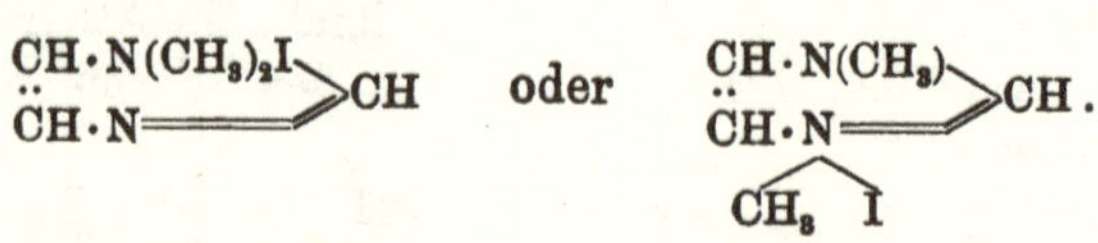

Zwischen ihnen wird durch die Spaltung mit Alkali[5] zugunsten der zweiten Formulierung entschieden; während nämlich die Glyoxaline selbst gegen Alkali sehr beständig sind, erleiden ihre quartären Derivate beim Kochen mit starker Kalilauge leicht Ringsprengung, und dabei

---

[1] Balbiano, G. **24**, II, 101 (1894).

[2] Radziszewski, B. **17**, 1289 (1884).

[3] Vgl.: Wyss, B. **10**, 1367 (1877). — Wallach, A. **214**, 319 (1882). B. **16**, 534 (1883).

[4] Wallach, B. **16**, 541 (1883).

[5] Rung, Behrend, A. **271**, 34 (1892). — Pinner, R. Schwarz, B. **35**, 2444, 2457 (1902).

treten unter gleichzeitiger Bildung von Ameisensäure **beide** Stickstoffatome in Form von **primärem Amin** aus, was offenbar nicht möglich wäre, wenn die quartären Verbindungen nach dem Typus der ersten Formulierung konstituiert wären.

1-Methyl-glyoxalin[1] (**Oxal-methylin, 1-Methyl-imidazol**) ist eine wasserhelle ölige Flüssigkeit von schwachem, nicht unangenehmem Geruch, erstarrt in der Kälte zu federförmigen, bei — 6° schmelzenden Krystallen, siedet bei 198°, zeigt das spez. Gewicht $D^{16} = 1 \cdot 036$ und löst sich sowohl in Wasser, wie in Alkohol und Äther. Seine wäßrige Lösung reagiert stark alkalisch (vgl. dazu S. 441).

1-Phenyl-glyoxalin[2] — Bildung s. Formelreihe C auf S. 440 — schmilzt bei +13°, siedet bei 276° (unkorr.) unzersetzt, ist in Wasser unlöslich und liefert meist leicht lösliche Salze.

Sehr interessant sind die Erfahrungen, welche man bei dem Versuch der **Acylierung** von Imidazol[3] gemacht hat. BAMBERGER und BERLÉ[4] fanden, daß das Glyoxalin durch Behandlung mit Benzoylchlorid und Natronlauge schon bei 0° quantitativ unter Bildung von Bis-[benzoyl-amino]-äthylen aufgespalten wird:

 (H)

Diese Spaltung[5] erfolgt auch dann, wenn man die Benzoylierung von Glyoxalin (1 Mol.) mit etwas mehr als 2 Mol. Benzoylchlorid in Pyridin-Lösung versucht[6]. Es sind neuerdings von GERNGROSS[7] Gründe dafür beigebracht worden, daß sich als Zwischenprodukt hierbei ein 3-Benzoylchlorid-Additionsprodukt des 1-Benzoyl-imidazols:

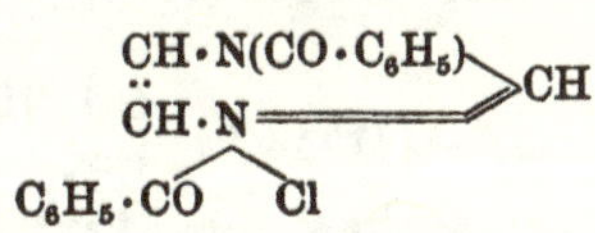

bildet (vgl. Näheres S. 491—492 bei der analogen Spaltung der Benzimidazole). Dann würde also vorübergehend ein Stickstoffatom in den fünfwertigen Zustand übergehen, und die Erscheinung träte in eine gewisse Analogie mit der oben besprochenen Leichtspaltbarkeit der quartären Imidazol-halogenalkylate. GERNGROSS zeigte auch, daß es gelingt, die Spaltung zu verhüten, wenn man auf **zwei** Moleküle Imidazol, das in Benzol suspendiert wird, nur **ein** Molekül Benzoylchlorid wirken läßt; dabei bildet sich nach der Gleichung:

---

[1] WYSS, B. **10**, 1372, 1374 (1877). — H. GOLDSCHMIDT, B. **14**, 1845 (1881). — WALLACH, A. **214**, 308, 320 (1882). B. **16**, 537 (1883). — WOHL, MARCKWALD, B. **22**, 1359 (1889). — RUNG, BEHREND, A. **271**, 35 (1892). — DEDICHEN, B. **39**, 1840 (1906).

[2] WOHL, MARCKWALD, B. **22**, 575, 1354 (1889). — E. FISCHER, HUNSALZ, B. **27**, 2206 (1894). — JOWETT, Soc. **83**, 444 (1903).

[3] Vgl. auch WYSS, B. **10**, 1367 (1877). [4] A. **273**, 351 (1893).

[5] Vgl. dazu WINDAUS, VOGT, B. **40**, 3692 Anm. (1907).

[6] HELLER, B. **37**, 3112, 3115 (1904). [7] B. **46**, 1913 (1913).

$$2\,\begin{matrix}CH\cdot NH\\ \ddot{}\\ CH\cdot N\end{matrix}\!\!>\!CH + C_6H_5\cdot COCl = \begin{matrix}CH\cdot N(CO\cdot C_6H_5)\\ \ddot{}\\ CH\cdot N\end{matrix}\!\!>\!CH + \begin{matrix}CH\cdot NH\\ \ddot{}\\ CH\cdot N\end{matrix}\!\!>\!CH, HCl \qquad (I)$$

glatt das 1-Benzoyl-imidazol[1], das aus Ligroin in weißen Nadeln krystallisiert, bei 19—20° schmilzt und sich beim Liegen an der Luft rasch unter Aufnahme von 1 Mol. Wasser in benzoesaures Imidazol verwandelt.

Das *N*-Methyl-glyoxalin erleidet im Gegensatz zum Glyoxalin durch Benzoylchlorid und Natronlauge keine Veränderung[2].

Glyoxalin kuppelt in kalter wäßriger Lösung mit einer Lösung von Benzoldiazoniumchlorid. Das Kuppelungsprodukt[3] (rote Nadeln vom Schmelzp. 177—178°) darf als Diazoamino-Körper — also als **1-Benzol-azo-glyoxalin:**

$$\begin{matrix}CH\cdot N\text{---}N:N\cdot C_6H_5\\ \ddot{}\quad >CH\\ CH\cdot N\end{matrix}$$

— aufgefaßt werden, da es beim Kochen mit Säuren unter Entwickelung von Stickstoff und Rückbildung von Glyoxalin zerfällt, da ferner 1-Methyl-glyoxalin im Gegensatz zum Glyoxalin und seinen *C*-Homologen nicht mit Diazokörpern kuppelt.

Homologe[4] des Glyoxalins sind in größerer Zahl durch Variierung der Reaktionen A, B (S. 440) und D, E (S. 443) synthetisch hergestellt worden. Besonders leicht zugänglich ist das 4- (bzw. 5-)Methyl-imidazol, das in reichlicher Ausbeute durch Einwirkung von Zinkhydroxyd-Ammoniak auf Traubenzucker (und andere Monosaccharide) entsteht — ein interessanter, von Windaus entdeckter Vorgang, der schon Bd. I, Tl. II, S. 919 erläutert wurde.

2-Methyl-imidazol (Glyoxaläthylin) $\begin{matrix}CH\cdot NH\\ \ddot{}\\ CH\cdot N\end{matrix}\!\!>\!C\cdot CH_3$ schmilzt bei 138—139° und siedet bei 268°. — 4- (bzw. 5-)Methyl-imidazol (s. Formel XII u. XIII auf S. 442) bildet hygroskopische Krystalle, schmilzt bei 56° und siedet unter 764 mm Druck bei 263°. Bemerkenswert ist seine Umwandelung beim Erhitzen mit Formaldehyd (8 Stdn. auf 120°); es entsteht dabei gemäß der Gleichung:

$$\begin{matrix}CH\cdot NH\\ \ddot{}\\ CH_3\cdot C\cdot N\end{matrix}\!\!>\!CH + CH_2O = \begin{matrix}CH_2(OH)\cdot C\cdot NH\\ \ddot{}\\ CH_3\cdot C\cdot N\end{matrix}\!\!>\!CH \qquad (K)$$

[1] Gerngross, B. **46**, 1909 (1913).

[2] Pinner, R. Schwarz, B. **35**, 2448 (1902).

[3] Rung, Behrend, A. **271**, 28 (1892). — Vgl. dazu: Burian, B. **37**, 697, 707 (1904). H. **43**, 502 (1905). — Pauly, H. **42**, 512 Anm. (1904); **44**, 159 (1905).

[4] Vgl.: Wallach, A. **214**, 297, 305, 310, 317 (1882). B. **16**, 542 (1883). — Radsziszewski, B. **15**, 2706 (1882); **16**, 488 (1883). — v. Pechmann, B. **21**, 1415 (1888). — Maquenne, A. ch. [6] **24**, 535, 547 (1891). — Gabriel, Pinkus, B. **26**, 2205 (1893). — Tröger, J. pr. [2] **50**, 451 (1894). — Künne, B. **28**, 2039 (1895). — Windaus, Knoop, B. **38**, 1166 (1905). — Jowett, Soc. **87**, 406 (1905). — Dedichen, B. **39**, 1838 (1906). — Windaus, B. **39**, 3886 (1906); **40**, 799 (1907); **42**, 758 (1909). — Inouye, B. **40**, 1890 (1907). — Veley, Soc. **93**, 2118 (1908). — Windaus, Ullrich, H. **92**, 276 (1914).

durch Addition das 4.5-Methyl-methylol-imidazol, wie sich daraus ergibt, daß das Produkt durch Jodwasserstoff zu 4.5-Dimethyl-imidazol reduziert wird. — 2.4-(bzw. 2.5-)Dimethyl-imidazol schmilzt bei 92° und siedet bei 266° (733 mm). 4.5-Dimethyl-imidazol schmilzt bei 117° und siedet unter 10 mm Druck bei 165°. — 2.4.5-Trimethyl-imidazol entsteht aus Diacetyl durch Einwirkung von Ammoniak (vgl. Bd. I, Tl. II, S. 828), krystallisiert aus Alkohol in weißen Nadeln, schmilzt bei 133° und siedet unter gewöhnlichem Druck unzersetzt bei 271°; es wird von Wasser leicht zu einer stark alkalischen Lösung aufgenommen. — 2.4.5-Triäthyl-imidazol entsteht fast quantitativ aus Kyanäthin durch Reduktion mit Zinkgranalien in alkoholisch-essigsaurer Lösung (vgl. S. 480 die analoge Bildung von Lophin aus Kyaphenin), schmilzt bei 112—113° und siedet bei 270—273°.

N-Alkyl-Derivate der homologen Glyoxaline[1] können aus diesen durch Alkylierung gewonnen werden. Solche vom Typus:

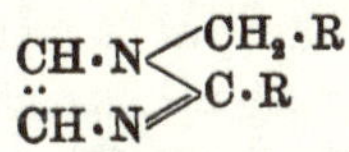

liegen ferner in Wallachs „Oxalinen" (vom Oxaläthylin aufwärts) vor, die aus den Chlor-oxalinen durch Reduktion — am besten mit Jodwasserstoff und Phosphor — hervorgehen (vgl. S. 440, 449). Einigen *N*-methylierten Glyoxalin-Homologen ist man beim Abbau des Alkaloids „Pilocarpin" begegnet.

1-Äthyl-2-methyl-imidazol (Oxaläthylin) 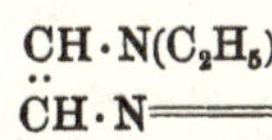 ist eine dicke, ölige, wasserhelle Flüssigkeit von narkotischem Geruch, siedet bei 212—213°, besitzt das spez. Gew. $D^{15} = 0{\cdot}982$ und ist mit Wasser in jedem Verhältnis mischbar. Beim Destillieren über glühenden Ätzkalk zerfällt es zum Teil in Äthylen und 2-Methyl-imidazol, während daneben durch weitere Zersetzungen Ammoniak und Blausäure entstehen. Es wirkt physiologisch ähnlich wie Atropin.

Hydro-Derivate der Imidazole.

Aus dem Imidazol und seinen Homologen konnten durch direkte Hydrierung Wasserstoff-Additionsprodukte nicht gewonnen werden. Durch synthetische Reaktionen, die von den acyclischen 1.2-Diaminen ausgehen, ist man indessen zu Verbindungen gelangt, welche als Hydride von Imidazolen aufgefaßt werden müssen, wenngleich genetische Beziehungen zwischen ihnen und den Imidazolen bislang nicht vorliegen.

Die *Dihydride*[2] können als Imidazoline bezeichnet werden (vgl. S. 33). Unter ihnen ist als einfachste Verbindung das 2-Methyl-

[1] Vgl.: Wallach, Stricker, B. **13**, 511 (1880). — H. Schulz, B. **13**, 2353 (1880). — Wallach, A. **214**, 278, 298 (1882). B. **16**, 544 (1883). — Radziszewski, B. **16**, 487 (1883). — Jowett, Soc. **83**, 445 (1903); **87**, 405 (1905). — Jowett, Potter, Soc. **83**, 464 (1903). — Windaus, B. **39**, 3890 (1906). — Pyman, Soc. **97**, 1814 (1910).

[2] A. W. Hofmann, B. **21**, 2333, 2337 (1888). — Ladenburg, B. **27**, 2952 (1894); **28**, 3068 (1895). — Klingenstein, B. **28**, 1173 (1895). — G. Baumann, B. **28**, 1176 (1895). — Clayton, B. **28**, 1665 (1895). — Höchster Farbwerke, D.R.P. 78020 [B. **28** Ref., 199 (1895)]. — A. E. Dixon, Soc. **69**, 34 (1896). — Brühl, Ph. Ch. **22**, 396 (1897).

imidazol-dihydrid-(4.5) bekannt, das bei vorsichtiger Destillation von salzsaurem Äthylendiamin mit Natriumacetat gewonnen wird (vgl. auch Bd. I, Tl. II, S. 245 den letzten Absatz):

$$\begin{array}{l}CH_2\cdot NH_2, HCl\\ \cdot\\ CH_2\cdot NH_2, HCl\end{array} + 2NaO\cdot CO\cdot CH_3$$

$$= \begin{array}{l}CH_2\cdot NH\\ \cdot\\ CH_2\cdot N\end{array}\!\!>\!C\cdot CH_3 + 2NaCl + HO\cdot CO\cdot CH_3 + H_2O;$$

entsprechend dieser Bildung wird es gewöhnlich **Äthenyl-äthylendiamin** genannt. Es stellt eine weiße, sehr zerfließliche Krystallmasse dar, schmilzt bei 105°, siedet bei 198° und ist in Wasser und Alkohol sehr leicht löslich, in Äther so gut wie unlöslich. Die Verbindung ist eine starke einsäurige Base, die sehr gut krystallisierte Salze bildet. Das harnsaure Salz ist durch außerordentliche Leichtlöslichkeit ausgezeichnet. Mit Rücksicht darauf ist die Base therapeutisch unter dem Namen „Lysidin" als Mittel gegen Gicht verwendet worden. Sie hat sich aber bei dieser Erkrankung nicht als wirksam erwiesen und sich deshalb nicht in den Arzneischatz eingebürgert. Von kalten Alkalien wird sie nicht angegriffen, von warmen unter Bildung von Äthylendiamin aufgespalten. Bei der Destillation des salzsauren Salzes entsteht Acetonitril.

Mehrere Homologe sind nach der gleichen Reaktion gewonnen worden, indem man das Äthylendiamin durch Propylendiamin bzw. das Natriumacetat durch die Salze höherer Fettsäuren ersetzte.

Durch Erhitzen von *N*-Allyl-acetamid mit salzsauren Arylaminen oder von salzsaurem Allylamin mit Acyl-aryl-aminen erhält man *N*-Aryl-imidazoline, z. B.:

$$\begin{array}{l}CH_2:CH\\ \cdot\\ CH_2\cdot NH_2\end{array} + \begin{array}{l}C_6H_5\cdot NH\\ \\ O\end{array}\!\!>\!C\cdot CH_3 = \begin{array}{l}CH_3\cdot CH\cdot N(C_6H_5)\\ \cdot\\ CH_2\cdot N\end{array}\!\!>\!C\cdot CH_3 + H_2O.$$

Die Bildung des einfachsten *Tetrahydrids* (Imidazolidin):

$$\begin{array}{l}CH_2\cdot NH\\ \cdot\\ CH_2\cdot NH\end{array}\!\!>\!CH_2$$

könnte man bei der Reaktion zwischen Äthylendiamin und Formaldehyd erwarten; doch nimmt diese Reaktion, wie schon Bd. I, Tl. II, S. 240 mitgeteilt wurde, einen komplizierteren Verlauf. Aus *N,N'*-Diaryl-äthylendiaminen hat man indessen in mehreren Fällen entsprechend der Gleichung:

$$\begin{array}{l}CH_2\cdot NH\cdot Ar\\ \cdot\\ CH_2\cdot NH\cdot Ar\end{array} + CH_2O = H_2O + \begin{array}{l}CH_2\cdot N(Ar)\\ \cdot\\ CH_2\cdot N(Ar)\end{array}\!\!>\!CH_2$$

1.3-Diaryl-imidazolidine erhalten[1].

1.3-Diphenyl-imidazolidin (*N,N'*-Diphenyl-glyoxalin-tetrahydrid) krystallisiert aus Alkohol in farblosen Blättchen und schmilzt bei 124°.

[1] BISCHOFF, B. 31, 3255 (1898). — M. SCHOLTZ, JAROSS, B. 34, 1505, 1509 (1901).

Halogen-Derivate der Imidazole.

Chlor-Derivate von *N*-Alkyl-glyoxalinen[1] sind die schon mehrfach erwähnten sogenannten „Chlor-oxaline“, deren Hydrochloride bei der Einwirkung von Phosphorpentachlorid auf symmetrisch dialkylierte Oxamide entstehen (Bd. I, Tl. II, S. 323; Bd. II, Tl. III, S. 440, 447). Das derart aus Diäthyl-oxamid gebildete **Chlor-oxaläthylin** ist als 1-Äthyl-2-methyl-4- oder -5-chlor-imidazol:

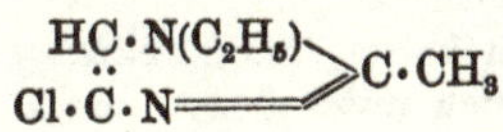 oder 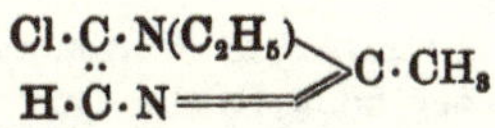

zu formulieren. Es ist eine wasserhelle ölige Flüssigkeit, erstarrt in der Kälte zu schönen Krystallen, siedet bei 217—218°, zeigt $D^{15} = 1.142$, besitzt einen stark narkotischen Geruch und ausgesprochen alkalische Reaktion; in kaltem Wasser ist es löslicher als in warmem. Beim Erhitzen mit 2 Tln. Wasser auf 200° bleibt es unverändert; beim Erhitzen mit 20-prozentiger Schwefelsäure auf 240° bilden sich Ammoniak und Äthylamin. Natriumamalgam in Berührung mit der wäßrigen Lösung bewirkt keine Entchlorung. Auf die Lösung in Petroläther wirkt Natrium allmählich ein, indem nach der Gleichung:

$$2\,C_6H_9N_2Cl + 2\,Na = 2\,NaCl + C_{12}H_{18}N_4$$

2 Moleküle zusammentreten. Durch Erhitzen mit Jodwasserstoffsäure und Phosphor wird Chlor-oxaläthylin zu Oxaläthylin (S. 447) reduziert. Mit Methyljodid vereinigt es sich unter heftiger Wärmeentwickelung zu einem Jodmethylat $C_6H_9N_2Cl, CH_3I$.

Brom-Derivate[2] entstehen sehr leicht durch direkte Bromierung der Glyoxaline. So gewinnt man aus dem Glyoxalin selbst in wäßriger Lösung das **2.4.5-Tribrom-imidazol** 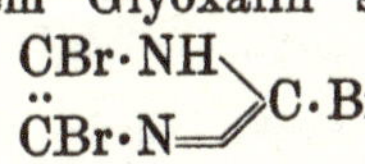, das aus viel siedendem Wasser in farblosen Nadeln krystallisiert und bei 214° unter Bräunung schmilzt. Es besitzt so stark saure Natur, daß es schon von verdünnter Sodalösung aufgenommen wird. Sein Silbersalz setzt sich mit Methyljodid zu dem schön krystallisierenden *N*-Methyl-tribrom-imidazol (Schmelzp. 88—89°) um, das in warmer alkoholischer Lösung von Natrium-amalgam zu 1-Methyl-imidazol (S. 445) entbromt wird und umgekehrt aus dem 1-Methyl-imidazol durch Behandlung mit Brom in schwefelsaurer Lösung gewonnen werden kann.

Auch *Jod-Derivate*[3] können mit bemerkenswerter Leichtigkeit durch Jodierung

---

[1] Wallach, A. **184**, 34 ff. (1877); **214**, 257 (1882).

[2] Vgl.: Wyss, B. **10**, 1370 (1877). — Wallach, B. **16**, 537 (1883). — Pyman, Soc. **97**, 1816 (1910); **101**, 530 (1912).

[3] Pauly, Gundermann, B. **41**, 4004, 4010 (1908); D.R.P. 223303 (C. **1910**, II, 348). — Pauly, B. **43**, 2243 (1910). — Gundermann, A. Pth. **65**, 259 (1911). — Pauly, Waltzinger, B. **46**, 3130 (1913).

aus den Imidazolen (aber nicht aus den *N*-Alkyl-imidazolen) bereitet werden. Aus Imidazol erhält man in wäßrigem Alkali durch $^{n}/_{10}$-Jodlösung das **2.4.5-Trijod-imidazol** — eine durchaus geruchlose und beständige Substanz, die aus 20-prozentigem Alkohol in farblosen großen Prismen krystallisiert, bei 191—192° (korr.) unter voraufgehender Bräunung schmilzt und sich in verdünnter Natronlauge leicht löst; andererseits bildet sie aber in Alkohol mit konzentrierter Salzsäure ein Hydrochlorid $C_3HN_2I_3$, HCl (farblose Nädelchen). Durch weitere Behandlung in alkalischer Lösung mit Jod läßt sich auch der an Stickstoff gebundene Wasserstoff gegen Jod austauschen; man erhält das **Tetrajod-imidazol** $\begin{matrix} CI\cdot NI \\ \ddot{} \\ CI\cdot N \end{matrix}\!\!>\!CI$ — ein weißgraues geruchloses Pulver, das in kalter Natronlauge und in kalten indifferenten Lösungsmitteln unlöslich ist, aber beim Kochen mit Alkalien sich unter Jodverlust zersetzt. Interessant ist die Zersetzung, die es beim Erhitzen erleidet. Bei 180° gibt es drei Viertel seines Jodgehalts ab unter Hinterlassung eines sepiafarbenen Pulvers von der Zusammensetzung C_3N_2I; erst bei 420° entweicht auch der Rest des Jods, und es bleibt eine rußartige Materie $(C_3N_2)_x$ zurück, die bei Glühhitze nahezu vollständig in Dicyan und Kohlenstoff zerlegt wird ($C_3N_2 = C_2N_2 + C$).

Nitro-Derivate der Imidazole.

Die Imidazole lassen sich durch Behandlung mit warmer rauchender Salpetersäure in *Mononitro-Derivate*[1] überführen, die sowohl mit Säuren wie mit Basen Salze bilden; ihre Lösungen in Mineralsäuren sind farblos, diejenigen in Ammoniak und in Kalilauge intensiv gelb. Auch aus *N*-Alkyl-imidazolen erhält man Mononitro-Derivate, die aber nur mit Mineralsäuren, nicht mit Alkalien zu Salzen zusammentreten.

x-Nitro-glyoxalin $C_3H_3(NO_2)N_2$ krystallisiert aus kochendem Alkohol in weißen Nädelchen und löst sich selbst in heißem Wasser und Alkohol schwer. — Das **2.4- (bzw. 2.5-) Dimethyl-5- (bzw. -4-) nitro-imidazol,** $\begin{matrix} CH_3\cdot C\cdot N \\ \ddot{} \\ NO_2\cdot C\cdot NH \end{matrix}\!\!>\!C\cdot CH_3$ bzw. $\begin{matrix} CH_3\cdot C\cdot NH \\ \ddot{} \\ NO_2\cdot C\cdot N \end{matrix}\!\!>\!C\cdot CH_3$, krystallisiert in langen Nadeln, schmilzt bei 252° und ist in kaltem Wasser sehr schwer löslich; seine wäßrige Lösung ist farblos und reagiert neutral.

Amino-Derivate der Imidazole.

Denken wir uns in den Imidazol-Kern eine Amino-Gruppe eingeführt, so erscheinen hierfür zwei Fälle möglich:

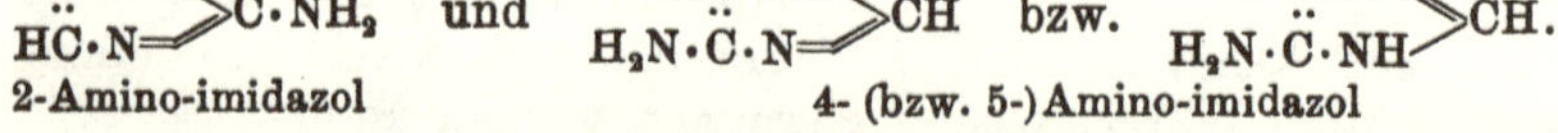

2-Amino-imidazol — 4- (bzw. 5-) Amino-imidazol

Für Verbindungen von diesem Typus sind indessen desmotrope Formulierungen:

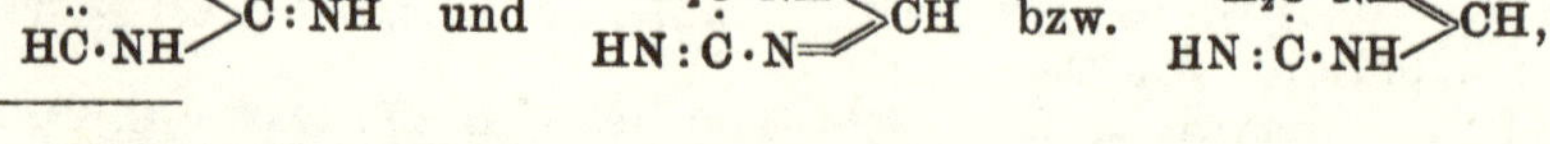

[1] Rung, Behrend, A. **271**, 30 (1892). — Behrend, Schmitz, A. **277**, 338 (1893). — Windaus, B. **42**, 761 (1909).

nach denen sie als Imide von Imidazolonen (Imino-imidazol-dihydride) erscheinen, in Betracht zu ziehen. Daher werden die Stoffe mit derartig gebundenem Ammoniak-Rest erst im Anschluß an die Oxo-Derivate der Imidazol-Reihe als Ammoniak-Derivate von solchen besprochen (S. 464—465).

An dieser Stelle aber seien einige Amino-Derivate von Imidazol-Homologen geschildert, welche die Amino-Gruppe in der Seitenkette enthalten, und für welche demgemäß jene Desmotropie nicht in Frage kommt.

Als einfachstes, hierher gehöriges Amin ist das **4- (bzw. 5-) Amino-methyl-imidazol**[1] (Imidazolylmethyl-amin) bekannt. Man hat es auf zwei Wegen bereitet, zuerst aus der Imidazolyl-essigsäure vermittelst der CURTIUSschen Methode zum Ersatz von CO_2H durch NH_2 (vgl. Bd. I, Tl. I, S. 352):

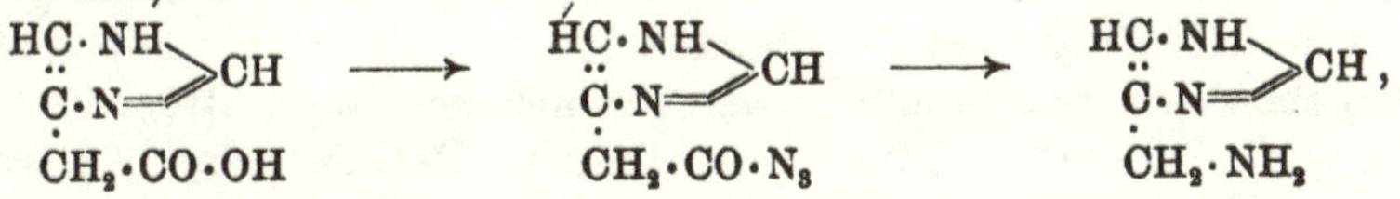

(L)

dann aus Diamino-aceton (Bd. I, Tl. II, S. 1081) nach der allgemeinen, auf S. 440 in Formelreihe B erläuterten, über Mercapto-Verbindungen führenden Imidazol-Synthese:

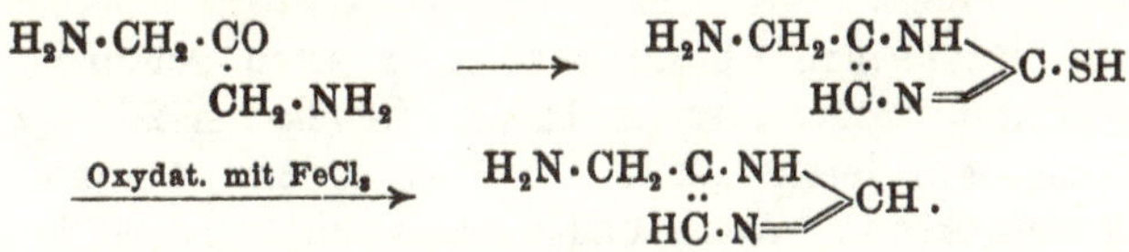

(M)

Sein Bis-hydrochlorid $C_4H_7N_3$, 2 HCl krystallisiert in langen dünnen Nadeln und ist in Wasser sehr leicht löslich; sein Dipikrat $C_4H_7N_3$, $2\,C_6H_3O_7N_3 + H_2O$ krystallisiert aus heißem Wasser in tiefgelben Blättchen, wird bei 120° wasserfrei und schmilzt bei 210—211° (korr.).

Weit wichtiger aber ist die analoge Verbindung, welche die Amino-Gruppe noch um ein Kettenglied entfernter vom Kern enthält, das **β-[Imidazolyl-(4- bzw. 5-)] äthylamin** [4- (bzw. 5-) (β-Amino-äthyl)-glyoxalin] 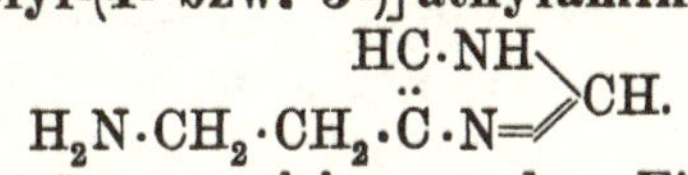 Es steht in naher Beziehung zu einer Aminosäure, welche zu den Eiweiß-Kompononten gehört, dem Histidin (s. S. 469). Das Histidin ist seine Carbonsäure, deren Carboxyl mit der Amino-Gruppe am gleichen Kohlenstoffatom haftet, und geht durch Abspaltung des Carboxyls in das Imidazolyl-äthylamin über, das dieser Beziehung wegen auch den Namen **„Histamin"** erhalten hat:

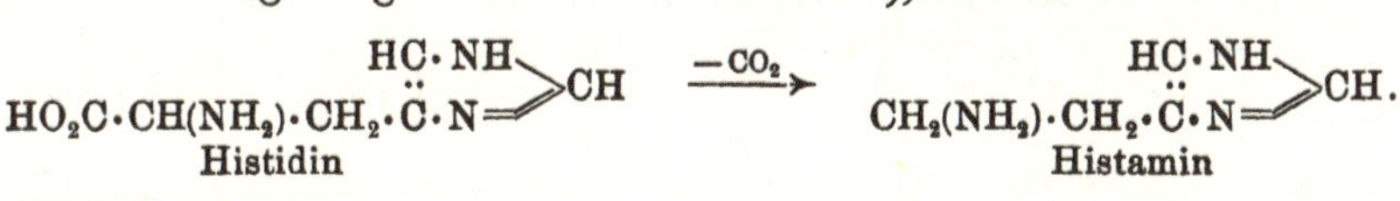

---

[1] WINDAUS, OPITZ, B. **44**, 1721 (1911). — PYMAN, Soc. **99**, 2172, 2175 (1911).
[(Aryl-amino)-methyl]-imidazole: GERNGROSS, D.R.P. 276541 (C. **1914**, II, 446); 278884 (C. **1914**, II, 1081).

Das Imidazolyl-äthylamin ist also ein „proteinogenes Amin"; unter dieser Bezeichnung faßt man neuerdings die Amine zusammen, deren α-Carbonsäuren Bausteine der Protein-Moleküle sind[1].

Entdeckt wurde das Histamin 1907 von WINDAUS und VOGT[2], die es auf synthetischem Wege[3] aus der β-[Imidazolyl-(4- bzw. 5-)]propionsäure (S. 469) bereiteten (analog wie das Imidazolyl-methylamin aus Imidazolyl-essigsäure, vgl. S. 451, Formelreihe L). Drei Jahre später gelang es ACKERMANN[4], das Histidin durch Fäulnis-Bakterien in Histamin überzuführen; der bakterielle Abbau des Histidins[5] ist dann so gründlich ausgearbeitet worden, daß er vorteilhaft zur Darstellung des Histamins dienen kann. Auch durch rein chemische Mittel — z. B. Erhitzen mit Salzsäure oder Schwefelsäure auf 265—270° — kann man Histidin zu Histamin decarboxylieren[6], aber nur mit mäßiger Ausbeute.

Ein weiteres Interesse gewann dieses Amin durch die Feststellung[7], daß es neben anderen proteinogenen Aminen sich im Mutterkorn (Secale cornutum) findet und zu dessen wirksamen Bestandteilen gehört. Es wurde ferner in der Darmschleimhaut[8] und im Harn parathyreoidektomierter Hunde[9] nachgewiesen. Wo man in biochemischen Produkten dem Histamin begegnet[10], ist sein Auftreten wohl der Spaltung von Histidin zuzuschreiben.

Das freie Histamin[11] bildet farblose Platten, schmilzt bei 83—84° (korr.), siedet fast unzersetzt unter 18 mm Druck bei 209—210° und ist sehr zerfließlich, sehr leicht löslich in Wasser und Alkohol, fast unlöslich in trockenem Äther. Auch das salzsaure Salz ist äußerst löslich in Wasser; das Dipikrat $C_5H_9N_3(C_6H_3O_7N_3)_2$ bildet tiefgelbe Tafeln, schmilzt bei 234—235° und löst sich in kaltem Wasser recht schwer.

Das Histamin übt eine stimulierende Wirkung auf den glatten Muskel aus, die sich besonders beim isolierten Uterus in deutlicher Kontraktion zeigt[12].

---

1 GUGGENHEIM, C. **1913**, II, 785. 2 B. **40**, 3691 (1907).

3 Über Synthese aus Diamino-aceton s. PYMAN, Soc. **99**, 668 (1911).

4 H. **65**, 504 (1910).

5 Vgl.: A. BERTHELOT, D.-M. BERTRAND, C. r. **154**, 1643, 1827 (1912). — BAYER & Co., D.R.P. 250110 (C. **1912**, II, 882). — MELLANBY, TWORT, C. **1912**, II, 1672. — HOFFMANN-LA ROCHE & Co., D.R.P. 252872, 252873 (C. **1912**, II, 1758); 256116 (C. **1913**, I, 671). — Vgl. auch YOSHIMURA, Bio. Z. **28**, 10 (1910).

6 EWINS, PYMAN, Soc. **99**, 339 (1911).

7 Vgl.: BARGER, DALE, Soc. **97**, 2592 (1910); C. **1911**, I, 580. — KUTSCHER, C. **1910**, II, 327.

8 BARGER, DALE, C. **1911**, I, 745. 9 W. F. KOCH, C. **1913**, II, 804.

10 Vgl. auch SUZUKI, ŌTSUKI, C. **1913**, I, 1042.

11 PYMAN, Soc. **101**, 543 (1912). — Über sein Glycyl-Derivat vgl.: GUGGENHEIM, Bio. Z. **51**, 374 (1913). — HOFFMANN-LA ROCHE & Co., D.R.P. 281912 (C. **1915**, I, 408). — Benzoyl-Derivat: GERNGROSS, D.R.P. 282491 (C. **1915**, I, 584).

12 Vgl. zur physiologischen Wirkung z. B.: BARGER, DALE, Soc. **97**, 2593 (1910); C. **1911**, I, 580, 745. — ACKERMANN, KUTSCHER, Z. B. **54**, 390 (1910). — DALE,

Synthetisch hat man ein Kern-Methylhomologes des Histamins[1], sowie Amine hergestellt, in denen die Amino-Gruppe vom Imidazol-Kern durch mehr als zwei Kohlenstoffatome getrennt ist[2].

Oxy-Derivate der Imidazole.

Oxy-Derivate des Imidazols selbst sind desmotrop mit Oxo-Derivaten von Imidazol-hydriden, z. B.:

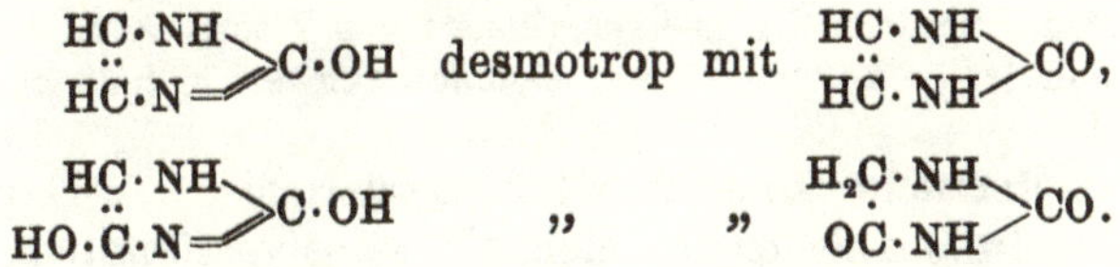

Die hier in Betracht kommenden Verbindungen werden als Oxo-Derivate S. 454 ff. behandelt, da die Oxo-Formeln für sie die gebräuchlichsten sind und sich ihren Entstehungsweisen und ihrem Verhalten besser anpassen.

Hier aber sei erwähnt, daß man auch einige Oxy-Derivate von Imidazol-Homologen kennt, welche das Hydroxyl in der Seitenkette enthalten und demnach wahre „Alkohole" darstellen[3]. Dazu gehören das **4.5-Methyl-methylol-imidazol**[4] (Prismen aus Alkohol, Schmelzp. 138°, sehr leicht löslich in Wasser und Alkohol), dessen interessante Bildung aus Methyl-imidazol und Formaldehyd schon S. 446 in Gleichung K dargestellt wurde, und der **β-[Imidazolyl-(4- bzw. 5-)] äthylalkohol**[5] 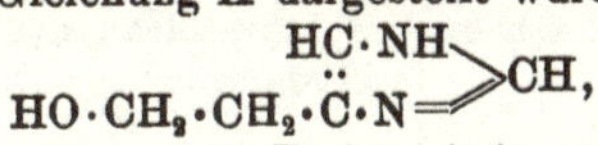, der aus salzsaurem Histamin (S. 451—452) durch Umsetzung mit Bariumnitrit entsteht.

Oxo-Derivate der Imidazole.

Exocyclische Oxo-Derivate sind bisher nur in geringer Zahl bekannt.

Zu der einfachsten Verbindung — **4- (bzw. 5-) Formyl-glyoxalin**[6] (Imidazol-aldehyd) — ist man synthetisch gelangt, indem man das aus Diamino-aceton

---

Laidlow, C. **1911**, I, 579; **1911**, II, 1951. — Popielski, C. **1911**, I, 1145. — A. Berthelot, D.-M. Bertrand, C. r. **155**, 360 (1912). — Aronson, C. **1912**, II, 42. — Einis, Bio. Z. **52**, 108 (1913). — Biedl, Kraus, C. **1913**, I, 454. — Fröhlich, Pick, C. **1913**, I, 1123. — Öhme, C. **1913**, II, 66. — Leschke, C. **1913**, II, 1236. — P. Kaufmann, C. **1913**, II, 1318. — Quagliariello, Z. B. **64**, 263 (1914). — Vanýsek, Bio. Z. **67**, 22 (1914). — Bähr, Pick, C. **1914**, I, 465. — Niculescu, C. **1914**, I, 1004. — Cloetta, Anderes, C. **1914**, I, 2189. — Swetschnikow, C. **1914**, II, 64. — Guggenheim, Bio. Z. **65**, 209 (1914). — Morita, A. Pth. **78**, 236 (1915).

[1] Ewins, Soc. **99**, 2052 (1911). [2] Pyman, Soc. **99**, 2172 (1911).

[3] Über die einfachste Verbindung — **4- (bzw. 5-) Methylol-imidazol** (Imidazolyl-carbinol), s. S. 454 im Text die zweite Formel der Formelreihe N — s. Pyman, Soc. **99**, 669, 673, 678 (1911); **101**, 541 (1912).

[4] Windaus, B. **42**, 758 (1909). — Ewins, Soc. **99**, 2055 (1911).

[5] Windaus, Opitz, B. **44**, 1723 (1911).

[6] Pyman, Soc. **101**, 542 (1912). — Über Imidazolyl-acetaldehyd s. Langheld, B. **42**, 2373 (1909).

erhältliche 2-Mercapto-4- (bzw. -5-)[amino-methyl]-glyoxalin (vgl. Formelreihe M auf S. 451) durch Behandlung mit Salpetersäure in Methylol-glyoxalin überführte und letzteres mit Chromsäure-Gemisch oxydierte:

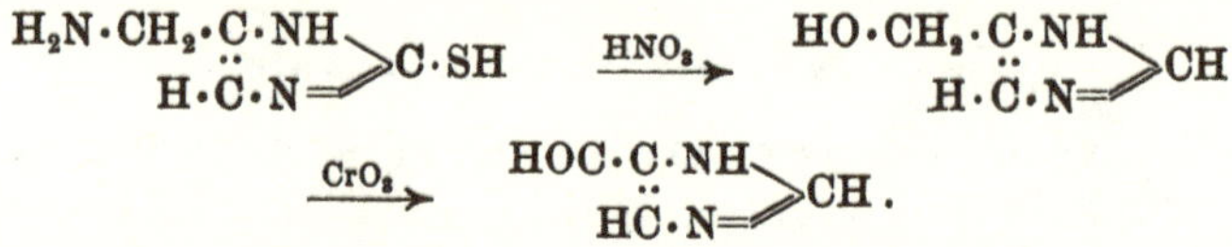

(N)

Dieser Aldehyd[1] der Imidazol-Reihe krystallisiert aus Wasser in Blättchen, schmilzt bei 173—174° und ist in kaltem Wasser ziemlich schwer, in heißem leicht löslich.

Vielfach untersucht sind dagegen *esocyclische* Oxo-Derivate. Aus der Formel des Imidazols ergibt sich als selbstverständlich, daß solche stets *heterovicinal* (vgl. S. 55) sein müssen, da in ihr ja kein Kohlenstoffatom sich findet, das nicht einem Heteroatom benachbart wäre. Wir haben folgende Typen zu besprechen:

I) 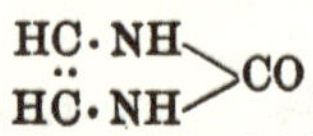

2-Oxo-imidazol-dihydrid-(1.2)
Glyoxalon-(2)

II) 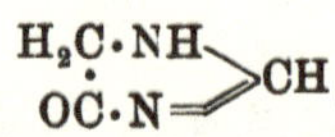

4- (bzw. 5-) Oxo-imidazol-dihydrid-(4.5)
Glyoxalon-(4- bzw. 5)

III) 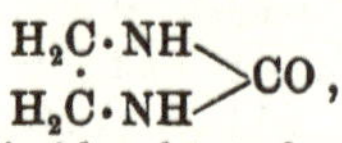

2-Oxo-imidazol-tetrahydrid
Glyoxalidon-(2)

IV) 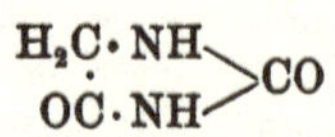

2.4-Dioxo-imidazol-tetrahydrid
Hydantoin

V) 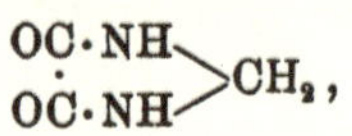

4.5-Dioxo-imidazol-tetrahydrid
N,N'-Methylen-oxamid

VI) 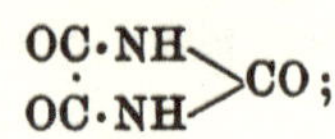

Trioxo-imidazol-tetrahydrid
Parabansäure

für sämtliche lassen sich natürlich desmotrope Oxy-Formeln konstruieren (vgl. S. 453). Große Wichtigkeit haben die Verbindungen IV und VI, die gewöhnlich mit den Trivialnamen „Hydantoin" und „Parabansäure" bezeichnet werden, wegen ihrer Beziehungen zu Naturstoffen (Allantoin, Harnsäure).

Für die Verbindung der Formel I findet man in der Literatur auch die Bezeichnungen **μ-Imidazolon** und „Äthylen-urein". Zwei synthetische Wege, die zu ihrer Bildung führen könnten, haben Präparate von der geforderten Zusammensetzung ergeben[2]; doch erwiesen sich die Eigenschaften je nach der Bereitungsweise als wesentlich verschieden. Eine Klärung dieser Beobachtungen ist noch

---

[1] Über ein Keton s. PYMAN, Soc. **99**, 2177 (1911).

[2] W. MARCKWALD, B. **25**, 2357 (1892). — FENTON, WILKS, Soc. **95**, 1329 (1909). Über Homologe s.: GABRIEL, POSNER, B. **27**, 1038 (1894). — KÜNNE, B. **28**, 2040 (1895). — H. BILTZ, B. **40**, 4801 (1907).

Über „[Amino-methyl]-äthylen-urein" und Derivate s. FRANCHIMONT, DUBSKY, R. **30**, 186 (1911). C. **1911**, I, 207.

nicht erfolgt. — Über das 1-Phenyl-4-[tetraoxy-butyl]-Derivat s. Bd. I, Tl. II, S. 1088, Textzeile 11—6 v. u.

Das **α-Imidazolon** (Formel II, s. o.) ist noch nicht bekannt. Ein Homologes[1] wurde durch Kondensation von Acetiminoäthyläther mit Glycinester bereitet:

$$\begin{matrix} H_2C\cdot NH_2 \\ OC\cdot OC_2H_5 \end{matrix} + \begin{matrix} C_2H_5O \\ HN \end{matrix}\!\!>\!C\cdot CH_3 = 2\,C_2H_5\cdot OH + \begin{matrix} H_2C\cdot NH \\ OC\cdot N \end{matrix}\!\!>\!C\cdot CH_3 .$$

Man kennt ferner das 5-[Amino-methyl]-glyoxalon-(4) $\begin{matrix} H_2N\cdot CH_2\cdot CH\cdot NH \\ CO\cdot N \end{matrix}\!\!>\!CH$ und einige *N*-Methyl-Derivate desselben[2].

Die Verbindung der Formel III wird gewöhnlich **Äthylen-harnstoff**[3] oder Äthylen-carbamid genannt. Dieser Name weist auf die Bildung hin, die zuerst zu ihrer Herstellung benutzt wurde und im Erhitzen von Äthylendiamin mit Diäthyl-carbonat besteht:

$$\begin{matrix} CH_2\cdot NH_2 \\ CH_2\cdot NH_2 \end{matrix} + (C_2H_5O)_2CO = 2\,C_2H_5\cdot OH + \begin{matrix} CH_2\cdot NH \\ CH_2\cdot NH \end{matrix}\!\!>\!CO .$$

Äthylen-harnstoff entsteht auch bei der elektrolytischen Reduktion der Parabansäure (S. 463—464), krystallisiert in weißen Nadeln, schmilzt bei 131°, ist in Wasser leicht, in Äther schwer löslich und wird beim Kochen mit konzentrierter Salzsäure vollständig in Äthylendiamin und Kohlendioxyd gespalten.

Das **Hydantoin** (Glykolyl-harnstoff) — Formel IV auf S. 454 — wurde von BAEYER[4] zuerst aus Allantoin (S. 458) durch Erwärmen mit konzentrierter Jodwasserstoffsäure gewonnen und hat von dieser Bildungsweise seinen Namen erhalten. Synthetisch[5] ist es auf mehreren Wegen bereitet worden. Zur Darstellung[6] eignet sich am besten die Bildung aus dem Äthylester der Hydantoinsäure (Bd. I, Tl. II, S. 1404) durch Abspaltung von Alkohol:

$$\begin{matrix} H_2C\cdot NH\cdot CO\cdot NH_2 \\ OC\cdot OC_2H_5 \end{matrix} - C_2H_5\cdot OH = \begin{matrix} H_2C\cdot NH \\ OC\cdot NH \end{matrix}\!\!>\!CO , \qquad (O)$$

die beim Erwärmen mit 25-prozentiger Salzsäure fast quantitativ erfolgt. Diese Entstehung im Verein mit derjenigen durch elektrolytische Reduktion der Parabansäure[7] (vgl. S. 464) ist beweisend für die Konstitution; zur Tautomerie s. S. 458.

---

[1] FINGER, J. pr. [2] **76**, 94 (1907).

[2] TAFEL, RUD. MAYER, B. **41**, 2546 (1908).

[3] E. FISCHER, H. KOCH, A. **232**, 227 (1886). — TRÜBSBACH, Ph. Ch. **16**, 710 (1895). — TAFEL, REINDL, B. **34**, 3288 (1901). — NITSCHE, C. **1914**, II, 60.

[4] A. **117**, 178 (1861); **130**, 158 (1864).

[5] Vgl.: BAEYER, B. **8**, 612 (1875). — ANSCHÜTZ, A. **254**, 258 (1889). — SIEMONSEN, A. **333**, 109 (1909). — JOHNSON, NICOLET, Am. **49**, 202 (1913). — DIELS, HEINTZEL, B. **38**, 299, 305 (1905). — E. KÖNIGS, MYLO, B. **41**, 4431 (1908).

[6] HARRIES, M. WEISS, B. **33**, 3418 (1900). A. **327**, 369 (1903). — ANDREASCH, M. **23**, 811 (1902). — Vgl. auch JOHNSON, BENGIS, Am. Soc. **35**, 1605 (1913).

[7] TAFEL, REINDL, B. **34**, 3288 (1901).

Ein natürliches Vorkommen des Hydantoins ist einmal an dem Safte bleicher Zuckerrüben-Schößlinge beobachtet worden[1].

Hydantoin krystallisiert in farblosen Nadeln, schmilzt[2] — rasch erhitzt — bei 220—221°, bedarf zur Lösung[3] 2—3 Tle. siedenden Wassers, ca. 60 Tle. siedenden Alkohols und ist in Äther so gut wie unlöslich. Es besitzt die Fähigkeit, Alkalimetallsalze zu bilden[4]; doch ist seine Acidität äußerst gering[5].

Durch Kochen mit Barytwasser wird Hydantoin zu Hydantoinsäure aufgespalten:

$$\begin{matrix} H_2C—NH \\ OC—NH \end{matrix}\!\!>\!CO + H_2O = \begin{matrix} H_2C\cdot NH\cdot CO\cdot NH_2 \\ OC\cdot OH \end{matrix}. \qquad (P)$$

Erwärmt man es mit 2 Mol.-Gew. Brom in Eisessig und zersetzt dann mit Wasser, so wird es in Parabansäure übergeführt[6]:

$$\begin{matrix} H_2C\cdot NH \\ OC\cdot NH \end{matrix}\!\!>\!CO \longrightarrow \begin{matrix} Br_2C\cdot NH \\ OC\cdot NH \end{matrix}\!\!>\!CO \longrightarrow \begin{matrix} OC\cdot NH \\ OC\cdot NH \end{matrix}\!\!>\!CO. \qquad (Q)$$

Von farbloser, höchst konzentrierter Salpetersäure wird es glatt in *N*-Nitrohydantoin[7] $\begin{matrix} CH_2\cdot N(NO_2) \\ CO\cdot NH \end{matrix}\!\!>\!CO$ (Schmelzpunkt gegen 170°) übergeführt. Mit aromatischen Aldehyden kondensiert es sich beim Kochen in Eisessig (unter Zusatz von Natriumacetat) zu Aryliden-hydantoinen[8] (vgl. Benzal-hydantoin, S. 484), z. B.:

$$C_6H_5\cdot CHO + \begin{matrix} H_2C\cdot NH \\ OC\cdot NH \end{matrix}\!\!>\!CO = H_2O + \begin{matrix} C_6H_5\cdot CH:C\cdot NH \\ OC\cdot NH \end{matrix}\!\!>\!CO. \qquad (R)$$

Den Organismus von Kaninchen, Hunden und Katzen passiert es unverändert, ohne toxische Wirkung auszuüben[9].

Wie schon Bd. I, Tl. II, S. 1403—1404 angedeutet wurde, ist das Hydantoin zur Stammsubstanz einer großen Zahl von Derivaten (vgl. auch S. 479) geworden. Um Namen für diese zu bilden, benutzt man zweckmäßig das Bezifferungs-Schema[10]:

$$\begin{matrix} & (1) \\ (5)\ CH_2\cdot & NH \\ (4)\ CO\ \cdot & NH \\ & (3) \end{matrix}\!\!>\!CO\ (2).$$

---

[1] v. Lippmann, B. **29**, 2652 (1896).

[2] Harries, M. Weiss, A. **327**, 355 (1903). — H. Biltz, Heyn, B. **45**, 1679 (1912).

[3] Harries, M. Weiss, A. **327**, 370 (1903).

[4] Bailey, Am. **28**, 391 (1902).

[5] Trübsbach, Ph. Ch. **16**, 710 (1895). — Wood, Soc. **89**, 1833 (1906).

[6] Siemonsen, A. **333**, 104 (1904). — Gabriel, A. **348**, 85 (1906).

[7] Franchimont, Klobbie, R. **7**, 12, 236 (1888). — Harries, M. Weiss, A. **327**, 358, 373 (1903).

[8] H. L. Wheeler, Ch. Hoffmann, Am. **45**, 369 (1911). — Kondensation mit Formaldehyd: R. Behrend, Niemeyer, A. **365**, 38 (1909).

[9] H. B. Lewis, C. **1913**, I, 830.

[10] Vgl. H. Biltz, Heyn, B. **45**, 1666 Anm. (1912). — Über andere Bezifferungen vgl.: Harries, M. Weiss, A. **327**, 360 (1903). — Siemonsen, A. **333**, 102—103 Anm. (1904).

Unter den **N-Alkyl-Derivaten**[1] ist das 1-Methyl-hydantoin am meisten untersucht, das in Zersetzungen des Kreatins bzw. Kreatinins (vgl. Bd. I, Tl. II, S. 1422—1423) entsteht und synthetisch aus Sarkosin auf verschiedenen Wegen gewonnen werden kann. Es schmilzt bei 153° und geht bei Behandlung mit Nitroprussidnatrium in alkalischer Lösung und darauf folgender Neutralisation mit Essigsäure in sein Isonitroso-Derivat (Formel II in Bd. I, Tl. II, S. 1423) über. — Durch Methylierung des Hydantoins mit Methyljodid und Kali in Methylalkohol entsteht das ihm isomere, bei 181—182° schmelzende 3-Methyl-hydantoin. — 1.3-Dimethyl-hydantoin wird aus Cholestrophan (S. 464) durch Reduktion mit rauchender Jodwasserstoffsäure erhalten, schmilzt bei 44—45° und siedet fast unzersetzt unter 760 mm Druck bei 262° (korr.).

Auch **N-Aryl-Derivate**[2] sind vielfach untersucht worden. Das 1-Phenyl-hydantoin wird durch Erhitzen von Anilino-essigsäure mit Harnstoff erhalten und schmilzt bei 193—194°. — 3-Phenyl-hydantoin erhält man, indem man die aus Glykokoll in alkalischer Lösung durch Phenyl-isocyanat entstehende Phenylureido-essigsäure mit 25-proz. Salzsäure kocht (vgl. dazu Bd. I, Tl. II, S. 730—731):

$$\begin{matrix} CH_2\cdot NH_2 \\ \cdot \\ CO\cdot OH \end{matrix} \xrightarrow{+ C_6H_5\cdot N:CO} \begin{matrix} CH_2\cdot NH\cdot CO\cdot NH\cdot C_6H_5 \\ \cdot \\ CO\cdot OH \end{matrix} \xrightarrow{-H_2O} \begin{matrix} CH_2\cdot NH \\ \cdot \\ CO\cdot N\cdot C_6H_5 \end{matrix}\!\!>\!CO; \qquad (S)$$

es schmilzt bei 159—160° (korr.).

Homologe[3] des Hydantoins werden — analog wie Hydantoin aus Glykokoll — aus den höheren α-Aminosäuren gewonnen, z. B. sehr glatt, wenn man entweder durch Einwirkung von Kaliumcyanat oder durch Kochen mit Harnstoff und Barytwasser zunächst die α-Ureidosäuren darstellt und diese dann mit verdünnter Schwefelsäure kocht. So entsteht aus Alanin:

$$\begin{matrix} CH_3\cdot CH\cdot NH_2 \\ CO\cdot OH \end{matrix} \longrightarrow \begin{matrix} CH_3\cdot CH\cdot NH\cdot CO\cdot NH_2 \\ CO\cdot OH \end{matrix} \xrightarrow{-H_2O} \begin{matrix} CH_3\cdot CH\cdot NH \\ CO\cdot NH \end{matrix}\!\!>\!CO \qquad (T)$$

[1] Vgl.: Neubauer, A. **137**, 289 (1865). — Huppert, B. **6**, 1278 (1873). — Baumann, Hoppe-Seyler, B. **7**, 36 (1874). — Hill, B. **9**, 1091 (1876). — I. Traube, B. **15**, 2111 (1882). — E. Fischer, A. **215**, 287 (1882). — Franchimont, Klobbie, R. **8**, 289 (1889). — Guareschi, B. **25** Ref., 327 (1892). — Bailey, Randolph, B. **41**, 2498 (1898). — Harries, M. Weiss, A. **327**, 355 (1903). — Siemonsen, A. **333**, 113 (1904). — Harries, A. **361**, 69 (1908). — Weitzner, A. **362**, 126, 130 (1908). — E. Schmidt, Ar. **250**, 341, (1912). — H. Biltz, Heyn, B. **45**, 1666 (1912). — Ackermann, Z. B. **62**, 212 (1913); **63**, 78 (1914). — L. Baumann, C. **1915**, II, 821.

Hydantoin-N-essigsäure: Jongkees, R. **27**, 324 (1908). — Bailey, Snyder, Am. Soc. **37**, 940, 945 (1915).

[2] Vgl.: Schwebel, B. **10**, 2045 (1877). — Guareschi, B. **25** Ref., 327 (1892). — Bischoff, Hausdörfer, B. **25**, 2274 (1892). — W. Hentschel, B. **31**, 508 (1898). — Frerichs, Beckurts, Ar. **237**, 337 (1899). — Mouneyrat, B. **33**, 2393 (1900). — Frerichs, Breustedt, J. pr. [2] **66**, 231 (1902). — Bailey, Am. **28**, 395 (1902). — Höchster Farbwerke, D.R.P. 132477 (C. **1902**, II, 173). — Lumière, Barbier, Bl. [3] **35**, 124 (1906). — T. B. Johnson, Hadley, Am. Soc. **37**, 174 (1915).

[3] Vgl.: Urech, A. **165**. 99 (1872). B. **6**, 1113 (1873). — Heintz, A. **169**, 120 (1873). — Pinner, Lifschütz, B. **20**, 2356 (1887). — Pinner, B. **21**, 2320 (1888). — Duvillier, Bl. [3] **13**, 487 (1895). — Errera, G. **26**, I, 197 (1896). — Andreasch, M. **23**, 803 (1902). — Harries, M. Weiss, A. **327**, 357, 383 (1903). — Hugounenq, Morel, C. r. **140**, 150 (1905). — Gabriel, A. **348**, 50 (1906). — Lippich, B. **41**, 2956, 2970 (1908). — E. Königs, Mylo B. **41**, 4435 (1908). — Dakin, Am. **44**, 48 (1910). Soc. **107**, 439 (1915).

das erste Homologe — das 5-Methyl-hydantoin (α-Lactyl-harnstoff), das im geschlossenen Capillarrohr bei 147° schmilzt. Aus den optisch-aktiven Formen der α-Aminosäuren gewinnt man die Hydantoine, da das asymmetrische Kohlenstoffatom erhalten bleibt, in aktivem Zustand. DAKIN hat nun die wichtige Beobachtung gemacht, daß das aus Leucin entstehende optisch-aktive 5-Isobutyl-hydantoin (Formel Ia, s. u.) in alkalischer Lösung innerhalb 30 Stunden sein Drehungsvermögen vollständig einbüßt, während das optisch-aktive 5-Methyl-5-äthyl-hydantoin (II) unter den gleichen Bedingungen keine Änderung des Drehwertes zeigt. Dies erklärt sich, wenn man annimmt, daß das Hydantoin und seine Monoalkyl-Homologen in alkalischer Lösung eine desmotrope Umwandlung in „Enol-Formen“ (Ib) erleiden — ein Vorgang, der die Asymmetrie des alkylierten Kohlenstoffatoms aufhebt und bei den Dialkyl-hydantoinen nicht möglich erscheint:

Ia) $\begin{matrix} C_4H_9\cdot\overset{*}{C}H\cdot NH \\ CO\cdot NH \end{matrix}\Big\rangle CO$, Ib) $\begin{matrix} C_4H_9\cdot C\cdot NH \\ HO\cdot C\cdot NH \end{matrix}\Big\rangle CO$, II) $\begin{matrix} (CH_3)(C_2H_5)\overset{*}{C}\cdot NH- \\ CO\cdot NH \end{matrix}\Big\rangle CO$.

Die mit Hilfe von Aryl-isocyanaten analog Formelreihe S (S. 457) leicht erhältlichen 3-Aryl-Derivate[1] von homologen Hydantoinen können, wie schon Bd. I, Tl. II, S. 730—731 mitgeteilt wurde, zur Charakterisierung der entsprechenden Aminosäuren dienen.

Interessante *N*-Amino-Derivate[2] von homologen Hydantoinen hat BAILEY[3] aus den Produkten hergestellt, welche durch Einwirkung von Senfölen und von Isocyanaten auf α-Hydrazosäuren und α-Semicarbazinosäuren (vgl. Bd. I, Tl. II, S. 799, 1455) entstehen. Besonders sei hervorgehoben, daß das 1-Amino-3-phenyl-5.5-dimethyl-hydantoin (Formel III, s. u.) durch Brom in wäßrigem Alkohol zu dem „1-Azo-[3-phenyl-5.5-dimethyl-hydantoin]“ (Formel IV) oxydiert wird;

III) 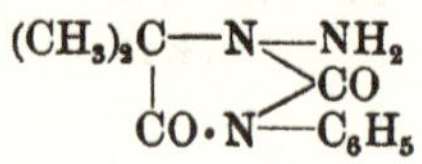, IV) 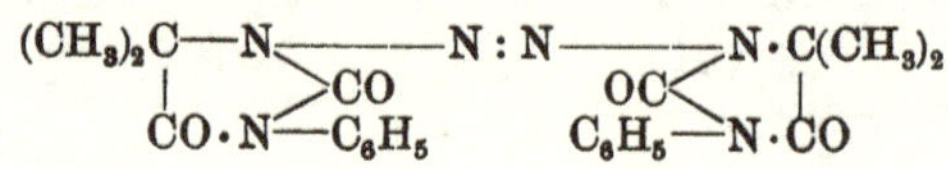

dieser tetrazon-artige Körper ist eine weiße, krystallinische Substanz, zersetzt sich bei 285° (korr.) und liefert bei der Spaltung mit heißer verdünnter Schwefelsäure unter Entwickelung von Stickstoff und Stickoxydul das 3-Phenyl-5.5-dimethyl-hydantoin neben anderen Produkten.

Ein physiologisch wichtiges Derivat des Hydantoins ist das **Allantoin**, aus dem das Hydantoin zuerst gewonnen worden ist (vgl. S. 455). Es darf als 5-Ureido-hydantoin:

$$\begin{matrix} H_2N\cdot CO\cdot NH\cdot CH\cdot NH \\ CO\cdot NH \end{matrix}\Big\rangle CO$$

aufgefaßt werden (vgl. Weiteres über die Konstitution S. 461—462).

Allantoin wurde 1799 von BUNIVA und VAUQUELIN[4] in der Allantois-Flüssigkeit der Kühe entdeckt. Später wurde es im Kälberharn, Hunde-

---

[1] Vgl.: MOUNEYRAT, B. **33**, 2393 (1900). — Über 1-Aryl-Derivate s. FRERICHS, HOLLMANN, Ar. **243**, 684 (1905).

[2] Über *N*-Amino-hydantoin selbst s. W. TRAUBE, HOFFA, B. **31**, 167 (1898).

[3] BAILEY, Am. Soc. **26**, 1006 (1904); **30**, 1412 (1908). — BAILEY, RANDOLPH, B. **41**, 2494 (1908). — BAILEY, READ, Am. Soc. **37**, 1884 (1915).

[4] A. ch. [1] **33**, 275 (1799). — Vgl. LASSAIGNE, A. ch. [2] **17**, 295 (1821).

harn und den Harnen anderer Säugetiere gefunden[1]; seine Menge wird beträchtlich vermehrt[2], wenn dem tierischen Organismus Stoffe zugeführt werden, welche den Purin-Komplex im Molekül aufweisen, wie Harnsäure, Adenosin, Guanosin usw. Auch der normale menschliche Harn[3] enthält bei Erwachsenen[4] Allantoin, aber in erheblich geringerer Menge als der Harn von Hunden und Kaninchen; die tägliche Ausscheidung beträgt nur Zentigramme. Mehrfach sind ferner kleine Allantoin-Mengen in Vegetabilien[5] aufgefunden worden, so in den Sprossen von Platanen, Weizenkeimen, Rübensäften, Tabaksamen usw.

Das Auftreten von Allantoin im Harn wird auf den Abbau von Purinkörpern zurückgeführt. Diese Annahme wird besonders durch den Nachweis gestützt, daß auch die überlebende Rinderniere und Hundeleber Harnsäure in Allantoin überzuführen vermögen[6].

Auf rein chemischem Wege entsteht das Allantoin aus der Harnsäure durch verschiedene Oxydationsmittel[7] in alkalischer oder neutraler Lösung:

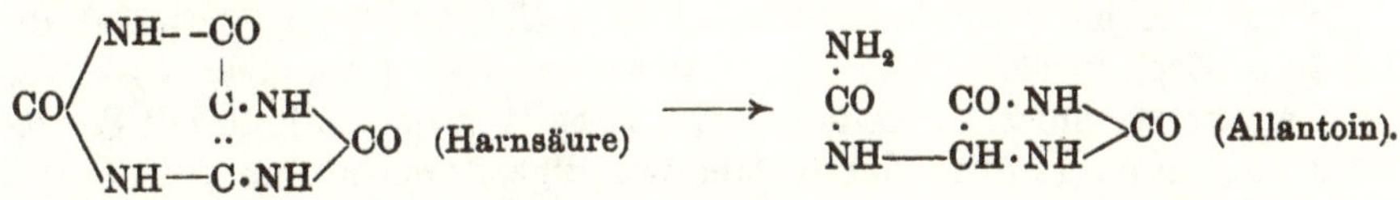

(Harnsäure) → (Allantoin).

Die Oxydation von harnsaurem Natrium mit einer kalten Lösung von Kaliumpermanganat ergibt nach dem Ansäuern mit Essigsäure und Ein-

[1] Vgl.: Wöhler, A. **70**, 229 (1849). — Meissner, Jolly, Z. **1865**, 231. — E. Salkowski, B. **11**, 500 (1878). H. **42**, 217 (1904). — Swain, C. **1905**, I, 827. — Wiechowski, B. Ph. P. **11**, 109 (1908). — Wreath, Hawk, Am. Soc. **33**, 1601 (1911). — Hunter, Givens, C. **1913**, I, 826. — Hunter, Givens, Guion, C. **1914**, II, 1167—1168.

[2] Vgl.: E. Salkowski, B. **9**, 719 (1876). C. **1899**, I, 298. — Th. Cohn, H. **25**, 507 (1898). — Mendel, White, C. **1905**, I, 277. — Thannhauser, Bommer, H. **91**, 337 (1914). — Falta, C. **1914**, I, 1360. — Bönheim, C. **1914**, I, 1685. — Vgl. dagegen Starkenstein, A. Pth. **65**, 182 (1912).

[3] Vgl.: Wiechowski, A. Pth. **60**, 185 (1908). Bio. Z. **19**, 368 (1909); **25**, 431 (1910). — H. Ascher, Bio. Z. **26**, 370 (1910). — Vgl. auch Fairhall, Hawk, Am. Soc. **34**, 546 (1912).

[4] Säuglingsharn enthält nach Schittenhelm u. Wiener [H. **63**, 283 (1909)] kein Allantoin.

[5] E. Schulze, Barbieri, J. pr. [2] **25**, 145 (1882). — E. Schulze, Bosshard, H. **9**, 420 (1885). — v. Lippmann, B. **29**, 2652 (1896). — Scurti, Perciabosco, C. **1907**, I, 282. — de Plato, C. **1910**, I, 1622. — Titherley, Coppin, C. **1912**, I, 732. — Smolenski, C. **1912**, II, 768. — Funk, C. **1912**, II, 1669. — Stieger, H. **86**, 268 (1913). — Power, Salway, C. **1913**, I, 1931; **1913**, II, 1232.

[6] Wiechowski, B. Ph. P. **9**, 295 (1907). — Vgl. auch: J. Pohl, A. Pth. **48**, 372 (1903). — Eppinger, B. Ph. P. **6**, 287 (1905). — Batelli, Stern, Bio. Z. **19**, 218 (1909).

[7] Liebig, Wöhler, A. **26**, 245 (1838). — Schlieper, A. **67**, 214 (1848). — Neubauer, A. **99**, 217 (1856). — Gorup, A. **110**, 94 (1859). — Wheeler, Z. **1866**, 746. — W. Gibbs, A. Spl. **7**, 327 (1869). — Claus, B. **7**, 227 (1874).

dampfen zur Krystallisation fast die theoretische Ausbeute an Allantoin und dient zu seiner Darstellung[1].

Die S. 458 gegebene Strukturformel läßt das Allantoin als ein „Diureid der Glyoxylsäure" erscheinen (vgl. dazu Bd. I, Tl. II, S. 1406). Dieser Auffassung entsprechend kann man es synthetisch durch Kondensation von Harnstoff mit Glyoxylsäure bereiten[2], wie zuerst Grimaux nachwies. Auch durch Kombination von Harnstoff mit Hydantoin unter dem Einfluß von Brom in Eisessig läßt es sich aufbauen, wenn auch nur in schlechter Ausbeute[3].

Allantoin krystallisiert aus heißem Wasser in schief abgeschnittenen, sechsseitigen Prismen, schmilzt[4] rasch erhitzt bei 238—240° (korr.) unter Zersetzung und löst[3,5] sich bei 25° in 189 Tln., bei 100° in ca. 10 Tln. Wasser zu einer neutral reagierenden Lösung. Es besitzt sehr schwachen Säurecharakter[6]; mit ammoniakalischer Silbernitrat-Lösung liefert seine konzentrierte Lösung einen aus mikroskopischen Kügelchen bestehenden Niederschlag von Allantoin-Silber[7] $Ag(C_4H_5O_3N_4)$.

Schon bei mehrstündigem Kochen in wäßriger Lösung[8] erleidet das Allantoin Zersetzung. Mit kalter konzentrierter Kalilauge[9] liefert es zuerst ein krystallinisches Kaliumsalz, das bei der Behandlung mit Säuren wieder Allantoin ergibt; durch mehrstündiges Stehen mit Alkali aber erfolgt Aufspaltung zum Kaliumsalz der Allantoinsäure:

$$\left.\begin{array}{l}H_2N\cdot CO\cdot NH\cdot \dot{C}H\cdot NH\\ \qquad\qquad\qquad\quad CO\cdot NH\end{array}\right> CO + KOH = \begin{array}{l}H_2N\cdot CO\cdot NH\cdot \dot{C}H\cdot NH\cdot CO\cdot NH_2\\ \qquad\qquad\qquad\quad CO\cdot OK\end{array},$$

die weiterhin in Harnstoff und Glyoxylsäure zerlegt werden kann (vgl. Bd. I, Tl. II, S. 1406).

In schwach saurer Lösung wird Allantoin von Natriumamalgam zu Acetylen-diurein (S. 498) — Formel V, s. u. — reduziert[10]; durch Reduktion mit Jodwasserstoff liefert es Hydantoin (vgl. S. 455). Oxydation in

$$\text{V)}\quad CO\left<\begin{array}{l}NH\cdot \dot{C}H\cdot NH\\ NH\cdot CH\cdot NH\end{array}\right>CO, \qquad \text{VI)}\quad \begin{array}{r}CO\cdot NH\cdot CO\cdot NH_2\\ H_2N\cdot CO\cdot NH\cdot CO\qquad\qquad\end{array}$$

---

[1] Sundwik, H. **41**, 343 (1904). — Über die anzunehmenden Zwischenstufen s. ferner R. Behrend, A. **333**, 144 (1904).

[2] Grimaux, A. ch. [5] **11**, 389 (1877). — Simon, Chavanne, C. r. **143**, 52 (1906). — Vgl. auch Michael, Am. **5**, 198 (1883).

[3] Siemonsen, A. **333**, 108, 133, 137 (1904).

[4] H. Biltz, Giesler, B. **46**, 3413 (1913).

[5] H. Biltz, B. **43**, 2900 (1910). [6] Vgl. Wood, Soc. **89**, 1834 (1906).

[7] Über Metall-Derivate des Allantoins vgl.: Limpricht, A. **88**, 94 (1853). — Mulder, A. **159**, 362 (1871).

[8] Wiechowski, Bio. Z. **25**, 453 (1910).

[9] L.-J. Simon, C. r. **138**, 425 (1904). — R. Behrend, R. Schultz, A. **365**, 36 (1909). — Givens, C. **1914**, II, 1145.

[10] Rheineck, A. **134**, 219 (1865).

saurer Lösung mit Kaliumpersulfat oder Kaliumpermanganat führt zum Oxalsäure-diureid[1] (VI, S. 460). Durch kombinierte Oxydation und Reduktion haben H. Biltz und Giesler[2] einen lehrreichen Abbau zum 5-Amino-hydantoin bewerkstelligt; die in alkalischer Lösung durch Kaliumpermanganat entstehende „Allantoxansäure" (VII) — s. auch S. 465 — liefert nämlich bei der Reduktion mit Natriumamalgam die „Hydroxonsäure" (VIII), welche beim Kochen mit Essigsäureanhydrid Kohlendioxyd abspaltet und in ein Triacetyl-Derivat des Amino-hydantoins übergeht. Aus diesem Triacetyl-Derivat konnte durch Zersetzung mit

VII) $HO_2C \cdot N : \dot{C}$—NH$\diagdown$ / $\dot{C}O \cdot NH\diagup$ >CO,   VIII) $HO_2C \cdot NH \cdot \dot{C}H \cdot NH\diagdown$ / $\dot{C}O \cdot NH\diagup$ >CO,

IX) $H_2N \cdot \dot{C}H \cdot NH\diagdown$ / $\dot{C}O \cdot NH\diagup$ >CO

Salzsäure das salzsaure Salz des 5-Amino-hydantoins (IX) selbst bereitet werden, das bei der Umsetzung mit Kaliumcyanat wieder Allantoin ergab.

Bei der Zersetzung mit Natrium-hypochlorit[3] gibt das Allantoin die Hälfte seines Stickstoff-Gehaltes als freien Stickstoff ab. — Den Organismus des Hundes und des Menschen passiert es größtenteils unverändert[4].

Die im Voranstehenden dargelegten genetischen Beziehungen, welche das Allantoin mit dem Hydantoin, dem Harnstoff und der Glyoxylsäure verknüpfen, — insbesondere auch der zuletzt erwähnte Aufbau aus Amino-hydantoin und Kaliumcyanat — lassen die bisher benutzte Formel X des 5-Ureido-hydantoins als wohlbegründeten Ausdruck für die Konstitution[5] des Allantoins erscheinen. Aber mit allen Tatsachen läßt sich auch die bicyclische Formel XI eines „Oxyacetylen-diureins"

X) CO<(NH—C*H—NH / NH_2 CO—NH)>CO,   XI) CO<(NH—CH——NH / NH—C(OH)—NH)>CO

(vgl. S. 498) vereinigen. Die beiden Formeln stehen zueinander im Verhältnis der Oxo-cyclo-Desmotropie, und man wird es sehr wohl als möglich betrachten dürfen, daß die Lösungen des Allantoins ein Gleichgewicht der beiden Formen darstellen. Für diese Annahme fällt besonders der Umstand ins Gewicht, daß, obwohl die Formel X im Gegensatz zu XI ein asymmetrisches Kohlenstoffatom aufweist, das Allantoin aus natürlichen Quellen optisch inaktiv ist. Durch diesen Befund

---

[1] H. Biltz, Topp, B. **46**, 1404 (1913). [2] B. **46**, 3410 (1913).

[3] H. Biltz, Behrens, B. **43**, 1997 (1910).

[4] Minkowski, C. **1899**, I, 212. — Wiechowski, A. Pth. **60**, 185 (1908). — Taylor, Adolph, C. **1914**, II, 1167. — Vgl. auch Luzzatto, H. **38**, 537 (1903).

[5] Vgl. dazu: H. Biltz, B. **43**, 2002 (1910); **44**, 291 (1911). — Mendel, Dakin, C. **1910**, I, 1239. — Dakin, Am. **44**, 52 (1910). Soc. **107**, 434 (1915). — Fenton, Wilks, C. **1911**, I, 809. — Titherley, Soc. **103**, 1336 (1913).

wird die Formel X als alleiniges Symbol der Allantoin-Struktur recht unwahrscheinlich. Er kann aber auch durch Desmotropie zwischen X und der Enol-Formel XII gedeutet werden (vgl. S. 458 Isobutyl-hydantoin):

$$\text{XII)}\quad CO\left\langle\begin{array}{l}NH - C \text{——} NH\\ NH_2 \quad \ddot{C}(OH)\cdot NH\end{array}\right\rangle CO\,.$$

Nachweis und Bestimmung[1] des Allantoins gründet man auf seine Fällbarkeit durch Quecksilberacetat-Lösung bei Gegenwart von viel Natriumacetat. Zur Identifizierung dient zweckmäßig die Analyse seiner Silberverbindung (S. 460).

N-Methyl-Derivate des Allantoins[2] sind durch Oxydation von methylierten Harnsäuren, sowie durch Einwirkung von Methyljodid auf Allantoin-Silber (S. 460) hergestellt worden. Hervorzuheben ist das Kaffolin[3], das zuerst beim Abbau des Kaffeins erhalten wurde und als ein Trimethyl-allantoin der Formel XIII — 1.3-Dimethyl-5-[methyl-carbaminyl-amino]-hydantoin — erkannt worden ist. Analog wie die Hydroxonsäure zu 5-Amino-hydantoin (S. 461), läßt es sich durch Essigsäureanhydrid und nachfolgende Spaltung mit Salzsäure in 1.3-Dimethyl-5-methylamino-hydantoin (Acekaffin) — Formel XIV —

$$\text{XIII)}\quad \begin{array}{l}H_2N\cdot CO\cdot N(CH_3)\cdot \dot{C}H\cdot N(CH_3)\\ \qquad\qquad\qquad\quad CO\cdot N(CH_3)\end{array}\!\!\Big\rangle CO\,,\qquad \text{XIV)}\quad \begin{array}{l}HN(CH_3)\cdot \dot{C}H\cdot N(CH_3)\\ \qquad\quad\;\; CO\cdot N(CH_3)\end{array}\!\!\Big\rangle CO$$

überführen, aus dem durch Kaliumcyanat wieder Kaffolin, durch Methyl-isocyanat Tetramethyl-allantoin gewonnen werden kann.

Das mit dem Hydantoin isomere ***N,N'*-Methylen-oxamid** (Formel V, S. 454), das die beiden Carbonyle in Nachbarstellung enthält, ist an sich nicht bekannt. Zu mehreren Derivaten ist man aber vom Oxanilid und vom Glyoxim-*N,N'*-diphenyläther gelangt[4]. Vinyliden-oxanilid (1.3-Diphenyl-2-methylen-4.5-dioxoimidazol-tetrahydrid) entsteht aus Oxanilid beim Kochen mit Essigsäureanhydrid und Natriumacetat:

$$\begin{array}{l}CO\cdot NH\cdot C_6H_5\\ \dot{C}O\cdot NH\cdot C_6H_5\end{array} + O\left\langle\begin{array}{l}CO\cdot CH_3\\ CO\cdot CH_3\end{array}\right. = \begin{array}{l}CO\cdot N(C_6H_5)\\ \dot{C}O\cdot N(C_6H_5)\end{array}\!\!\Big\rangle C : CH_2 + H_2O + HO\cdot CO\cdot CH_3\,,$$

schmilzt bei 208—210°, ist gegen wäßrige Säuren sehr beständig, wird aber durch alkoholische Salzsäure glatt in Oxanilid und Essigsäure zerlegt, während alkoholisches Kali in Oxalsäure und *N,N'*-Diphenyl-äthenylamidin spaltet:

$$\begin{array}{l}CO\cdot N(C_6H_5)\\ \dot{C}O\cdot N(C_6H_5)\end{array}\!\!\Big\rangle C : CH_2 + 2\,KOH = \begin{array}{l}CO\cdot OK\\ \dot{C}O\cdot OK\end{array} + \begin{array}{l}HN(C_6H_5)\\ N(C_6H_5)\end{array}\!\!\Big\rangle C\cdot CH_3\,.$$

---

[1] Vgl.: Abderhaldens Handbuch der biochemischen Arbeitsmethoden, Bd. III (Berlin u. Wien 1910), S. 897. — C. Neubergs Handbuch „Der Harn" (Berlin 1911), S. 648.

S. ferner: Wiechowski, Bio. Z. **25**, 446 (1910). — Handovsky, H. **90**, 211 (1914). — Plimmer, Skelton, C. **1914**, I, 2070.

[2] Vgl.: E. Fischer, Ach, B. **32**, 2724, 2745 (1899). — Siemonsen, A. **333**, 101 (1904). — H. Biltz, B. **43**, 2000 (1910). — Grohmann, A. **382**, 77 (1911). — Dakin, Soc. **107**, 437 (1915).

Über *C*-Methyl-allantoin (Homo-allantoin, Pyvuril) — vgl. Bd. I, Tl. II, S. 1406 — s.: L.-J. Simon, C. r. **133**, 587 (1901); **136**, 506 (1903); **138**, 373 (1904). — Dakin, Soc. **107**, 437 (1915).

[3] E. Fischer, A. **215**, 292 (1882). — H. Biltz, B. **44**, 287, 298 (1911).

[4] v. Pechmann, B. **30**, 2791, 2878 (1897). — v. Pechmann, Ansel, B. **33**, 613, 1297 (1900).

Durch Reduktion mit Zinkstaub in neutraler alkoholischer Lösung geht es in Äthyliden-oxanilid $\begin{matrix}CO\cdot N(C_6H_5)\\ \cdot \\ CO\cdot N(C_6H_5)\end{matrix}\!\!>CH\cdot CH_3$ (Schmelzp. 218—219°) über, das sich mit alkoholischem Kali in Oxalsäure und α,α-Dianilino-äthan $(C_6H_5\cdot NH)_2CH\cdot CH_3$ spaltet. [α-Oxy-äthyliden]-oxanilid (Schmelzp. 174°) entsteht bei kurzem Erwärmen von Glyoxim-*N*,*N'*-diphenyläther mit Essigsäureanhydrid:

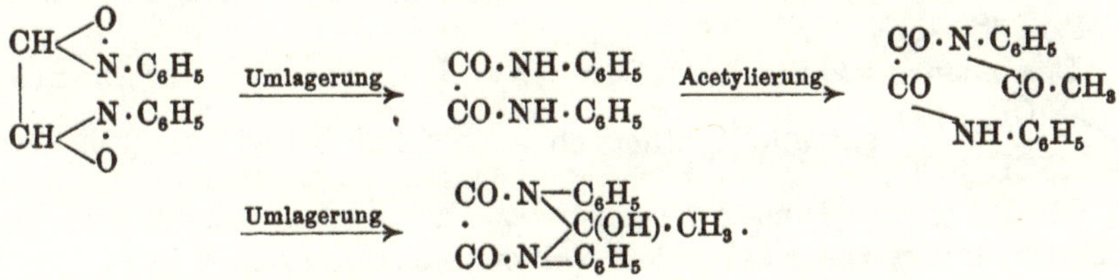

Die **Parabansäure**[1] (Oxalyl-harnstoff) — Formel VI auf S. 454 — entsteht durch Oxydation der Harnsäure in saurer Lösung, z. B. beim Erwärmen mit Salpetersäure. Sie ist von Wöhler und Liebig entdeckt worden; für die Untersuchungen über die Harnsäure-Gruppe war sie von großer Bedeutung. Synthetisch gewinnt man sie aus Harnstoff durch Einwirkung von Oxalylchlorid; Bildung aus Hydantoin s. S. 456 (Formelreihe Q). Sie krystallisiert aus Wasser in breiten Nadeln, schmilzt bei 242—244° unter Zersetzung und löst sich in 21·2 Tln. Wasser von 8°, in ca. 140 Tln. siedenden Äthers. Ihr Säuregrad ($k = 7\cdot 5 \times 10^{-7}$) ist erheblich höher als derjenige des Hydantoins. Durch Fällung mit Silberlösung liefert sie das Silbersalz $Ag_2(C_3O_3N_2) + H_2O$, das bei der Umsetzung mit Methyljodid in eine Dimethyl-parabansäure (Cholestrophan, S. 464) übergeht, welche bei der Spaltung durch Erhitzen mit Salzsäure den Stickstoff lediglich in Form von Methylamin entläßt. Hierdurch wird von den beiden möglichen Oxalyl-harnstoff-Formeln:

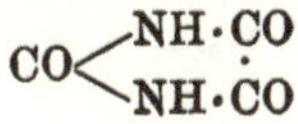 und 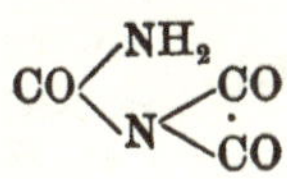

die zweite für die Parabansäure ausgeschlossen, da das Methylierungsprodukt eines ihr entsprechenden Körpers bei der Spaltung einen Teil des Stickstoffs als Ammoniak abgeben müßte. — Beim Erwärmen mit

[1] Wöhler, Liebig, A. **26**, 285 (1838). — Strecker, A. **118**, 156 (1861). — Hardy, A. ch. [4] **2**, 374 (1864). — Finck, A. **132**, 304 (1864). — Wheeler, Z. **1866**, 746. — Tollens, Wagner, A. **166**, 321 (1873). — Menschutkin, A. **172**, 73 (1874). — Tollens, A. **175**, 227 (1875). — Grimaux, A. ch. [5] **11**, 367, 380 (1877). — Calm, B. **12**, 624 (1879). — Andreasch, M. **2**, 285 (1881). — Rudinskaja, B. **18** Ref., 609 (1885). — Trübsbach, Ph. Ch. **16**, 711 (1895). — Cazeneuve, C. r. **129**, 834 (1895). — Tafel, Reindl, B. **34**, 3287 (1901). — Siemonsen, A. **333**, 115 (1904). — Wood, Soc. **89**, 1834 (1906). — Bornwater, R. **31**, 124 (1912). — H. Biltz, Topp, B. **46**, 1387 (1913). — Paternò, G. **44**, I, 241 (1914).

Alkalien geht Parabansäure unter Ringöffnung in Salze der Oxalursäure über (vgl. Bd. I, Tl. II, S. 1401):

$$CO\langle\begin{matrix}NH\cdot CO\\ NH\cdot CO\end{matrix} + KOH = CO\langle\begin{matrix}NH_2\\ NH\cdot CO\cdot CO\cdot OK\end{matrix}$$

Bei der elektrolytischen Reduktion entstehen Hydantoin und Äthylenharnstoff (S. 455).

Das eben erwähnte *N,N'*-Dimethyl-Derivat der Parabansäure $CO\langle\begin{matrix}N(CH_3)\cdot CO\\ N(CH_3)\cdot CO\end{matrix}$ entsteht synthetisch auch durch Einwirkung von Oxalylchlorid auf *symm.*-Dimethyl-harnstoff. Die Verbindung[1] wurde zuerst durch Oxydation von Kaffein mit Salpetersäure gewonnen, erhielt später den Namen „Cholestrophan", weil sie in ihren Eigenschaften einen Bearbeiter an das Cholesterin erinnerte, schmilzt bei 154° (korr.), siedet unzersetzt bei 275—277°, löst sich bei 20° in 53·4 Tln. Wasser und wird durch warme wäßrige Alkalibicarbonat-Lösung sehr leicht in Kohlensäure und Dimethyl-oxamid, durch kalte alkoholische Alkalien in Dimethyl-harnstoff und Oxalsäure gespalten.

Eine *O*-Methyl-isoparabansäure[2] [2-Methoxy-4.5-dioxo-imidazol-dihydrid-(4.5)] $CH_3O\cdot C\langle\begin{matrix}N{-}CO\\ NH\cdot CO\end{matrix}$ entsteht durch Kondensation von *O*-Methyl-isoharnstoff (Bd. I, Tl. II, S. 1393) mit Oxalester, schmilzt bei 137·5° und löst sich leicht in Wasser, Alkali und kochendem Alkohol.

Im Anschluß an die heterovicinalen Oxo-Derivate sind noch einige Verbindungen zu erwähnen, welche sich als deren Imide betrachten lassen (vgl. dazu S. 450—451).

Dem Äthylen-harnstoff (S. 455) entspricht das **Äthylen-guanidin**[3] (3-Imino-imidazol-tetrahydrid) $\begin{matrix}H_2C\cdot NH\\ H_2C\cdot NH\end{matrix}\rangle C:NH$, das durch Einwirkung von Jodcyan auf Äthylendiamin erhalten worden ist.

---

[1] Stenhouse, A. **45**, 371 (1843); **46**, 229 (1843). — Rochleder, A. **73**, 57, 123 (1850). — Strecker, A. **118**, 174 (1861). — Menschutkin, A. **178**, 201 (1875). — Calm, B. **12**, 625 (1879). — Maly, Hinteregger, M. **2**, 87 (1881). — Andreasch, M. **2**, 283 (1881). — Trübsbach, Ph. Ch. **16**, 715 (1895). — R. Behrend, Fricke, A. **327**, 261 (1895). — Bornwater, R. **31**, 128 (1912). — H. Biltz, Heyn, B. **45**, 1672 (1912). — Beythien, A. **389**, 231 (1912). — H. Biltz, Topp, B. **46**, 1396 (1913).

Über andere *N*-Alkyl- und *N*-Aryl-parabansäuren s. z. B.: A. W. Hofmann, J. **1861**, 529. B. **2**, 688 (1869); **3**, 764 (1870). — Stojentin, J. pr. [2] **32**, 9, 21 (1885). — Hanssen, B. **20**, 785 (1887). — Abenius, J. pr. [2] **41**, 81, 82 (1890). — Andreasch, B. **31**, 138 (1898). C. **1899**, II, 805. — Dieckmann, Kämmerer, B. **38**, 2985 (1905). — E. Schmidt, Ar. **250**, 335 (1912). — H. Biltz, Topp, B. **46**, 1387 (1913). — H. Biltz, Strufe, A. **404**, 164 (1914). — Figee, R. **34**, 307, 310 (1915).

[2] Bruce, Am. Soc. **26**, 456 (1904).

[3] M. Schenck, Ar. **247**, 497 (1909).

2-Monoimide des Hydantoins und des 1-Methyl-hydantoins sind das **Glykocyamidin** und **Kreatinin**:

$$\begin{matrix} H_2C\cdot NH \\ \dot{} \\ OC\cdot NH \end{matrix}\!\!>\!C:NH \quad \text{und} \quad \begin{matrix} H_2C\cdot N(CH_3) \\ \dot{} \\ OC\cdot NH\text{---} \end{matrix}\!\!>\!C:NH\,,$$

die schon in Bd. I, Tl. II, S. 1419—1423 ausführlich besprochen wurden[1]. Das Diimid des 1-(*N*-)Oxy-5.5-dimethyl-hydantoins liegt in dem Bd. I, Tl. II, S. 721 geschilderten **Porphyrexin** vor.

Ein **Allantoin-monimid**[2] („Iminoallantoin") $C_4H_7O_2N_5$ entsteht aus Harnsäure durch Oxydation in Gegenwart von Ammoniak. Die in kaltem Wasser fast unlösliche Substanz hat im Gegensatz zum Allantoin basische Eigenschaften, löst sich sehr leicht in etwas mehr als der äquivalenten Menge starker Mineralsäure und spaltet beim Kochen dieser Lösung rasch Ammoniak unter Abscheidung von Allantoin ab.

Das 2-Monoimid der Parabansäure ist das **Oxalyl-guanidin**[3] $\begin{matrix} OC\cdot NH \\ \dot{} \\ OC\cdot NH \end{matrix}\!\!>\!C:NH$, das sich aus freiem Guanidin durch Eintragen in Oxalester schon bei gewöhnlicher Temperatur bildet. Es ist eine weiße, krystallinische, in Alkohol unlösliche Substanz, die sich in kaltem Wasser wenig löst, von wäßrigen Alkalien aber leicht aufgenommen wird und aus dieser Lösung beim Neutralisieren als Krystallpulver von der Zusammensetzung $C_3H_3O_2N_3 + H_2O$ niedergeschlagen wird, während sie sich in einem Überschuß von konzentrierter Mineralsäure wieder auflöst.

Auch das 4-Monoimid der Parabansäure[4] ist bekannt und wird **Allantoxaidin**[5] genannt. Zu ihm gelangt man von der S. 461 als Oxydationsprodukt des Allantoins genannten „Allantoxansäure". Diese Säure, welche seine *N*-Carbonsäure darstellt, ist nur in Form von Salzen beständig und zerfällt, wenn man sie in Freiheit setzt, in Kohlendioxyd und Allantoxaidin:

$$\begin{matrix} HO_2C\cdot N:C\cdot NH \\ \dot{} \\ OC\cdot NH \end{matrix}\!\!>\!CO = CO_2 + \begin{matrix} HN:C\cdot NH \\ \dot{} \\ OC\cdot NH \end{matrix}\!\!>\!CO\,. \qquad (U)$$

Das Allantoxaidin krystallisiert aus Wasser in kurzen Prismen mit 1 Mol. Krystallwasser, das schon an der Luft fortzugehen beginnt, und schmilzt unter Zersetzung bei 282° (korr.); es reagiert in wäßriger Lösung sauer. Beim Erhitzen mit Wasser oder mit Säuren wird es in Biuret und Ameisensäure gespalten:

$$\begin{matrix} HN:C\text{—}NH \\ | \\ OC\text{--}NH \end{matrix}\!\!>\!CO + 2\,H_2O = H\cdot CO\cdot OH + \begin{matrix} H_2N\cdot CO\cdot NH \\ \\ H_2N \end{matrix}\!\!>\!CO\,. \qquad (V)$$

Schwefel-Verbindungen, welche den Oxy- bzw. Oxo-Derivaten der Imidazol-Reihe entsprechen.

Thiol- bzw. Thion-Derivate der Imidazol-Reihe sind in erheblicher Zahl dargestellt worden. Der Grund hierfür ist darin zu suchen, daß

[1] Über *N*-Phenyl-glykocyamidin s. Ellinger, Matsuoka, H. **89**, 441 (1914).

[2] Denicke, A. **349**, 270 (1906).

[3] Michael, J. pr. [2] **35**, 458 Anm. (1887); **49**, 31 (1894). — W. Traube, B. **26**, 2551 (1893).

[4] Über sein 1.3-Diphenyl-Derivat und dessen interessante Isomerisation s. Dieckmann, Kämmerer, B. **38**, 2980, 2984 (1905); **40**, 3737 (1907).

[5] Ponomarew, B. **11**, 2156 (1878). — H. Biltz, Giesler, B. **46**, 3414 (1913).

solche Verbindungen sich in einer Anzahl von Reaktionen recht leicht bilden und durch ebenfalls recht glatt verlaufende Umwandlungen, in denen der Schwefel eliminiert wird, als Zwischenprodukte für die Herstellung von schwefelfreien Imidazol-Körpern präparative Wichtigkeit erlangen. An sich besitzen sie meist kein sonderliches Interesse (vgl. indessen S. 476 das Ergothionein). Hervorzuheben ist nur, daß ihr Verhalten im Gegensatz zu demjenigen der analogen Sauerstoff-Körper mehr den Mercapto-Formeln als den desmotropen Formeln mit doppelt gebundenem Schwefel entspricht.

Zunächst ist hier an die leichte Entstehung von 2-Mercapto-imidazolen aus α-Amino-aldehyden bzw. -ketonen durch Einwirkung von Kaliumrhodanid oder Senfölen zu erinnern, die schon S. 440 in Formelreihe B und C (s. auch M auf S. 451) erläutert wurde. Die einfachste Verbindung dieser Art — das **μ-Imidazolyl-mercaptan**[1] $\begin{matrix}HC\cdot NH\\ \ddot{HC}\cdot N=\end{matrix}\!\!>C\cdot SH$ — schmilzt nach vorangegangener Bräunung bei 222°; sie bildet sowohl mit Säuren wie mit Basen Salze. — Zu Homologen führt außer jener allgemein anwendbaren Reaktion[2] auch die Kondensation von α-Oxy-ketonen mit Thioharnstoff[3], z. B.:

$$\begin{matrix}C_3H_7\cdot CH(OH)\\ C_3H_7\cdot CO\end{matrix} + \begin{matrix}H_2N\\ HN\end{matrix}\!\!>C\cdot SH = 2H_2O + \begin{matrix}C_3H_7\cdot C\cdot NH\\ C_3H_7\cdot \ddot{C}\cdot N=\end{matrix}\!\!>C\cdot SH\,.$$

Um zwei Wasserstoffatome reicher ist der **Äthylen-thioharnstoff**[4]:

$$\begin{matrix}H_2C\cdot NH\\ H_2C\cdot N=\end{matrix}\!\!>C\cdot SH\,,$$

den man erhält, wenn man das aus Äthylendiamin und Schwefelkohlenstoff durch Addition entstehende Thiocarbamidsäure-Derivat mit siedendem Wasser behandelt. Er bildet weiße Krystalle von äußerst bitterem Geschmack, schmilzt bei 194°, löst sich leicht in Wasser und wird von frisch gefälltem Quecksilberoxyd bei Abwesenheit von Alkali zu Äthylen-harnstoff (S. 455) entschwefelt, während bei Gegenwart von Alkali Spaltung in Äthylendiamin, Schwefelwasserstoff und Kohlendioxyd eintritt.

2-Thio-hydantoin[5] wird am besten durch die Reaktion von Ammoniumrhodanid auf Hippursäure in Essigsäureanhydrid gewonnen. Es entsteht hierbei 1-Benzoyl-2-thio-hydantoin, dessen Bildung wahrscheinlich in den folgenden Phasen verläuft:

$$\begin{matrix}C_6H_5\cdot CO\cdot NH\\ OH\cdot CO\end{matrix}\!\!>CH_2 \xrightarrow{-H_2O} \begin{matrix}C_6H_5\cdot C:N\\ O\cdot CO\end{matrix}\!\!>CH_2 \xrightarrow{+HSCN} \begin{matrix}C_6H_5\cdot CO\cdot NH\cdot CH_2\\ CS:N\cdot CO\end{matrix}$$

$$\xrightarrow{\text{Isomerisation}} \begin{matrix}C_6H_5\cdot CO\cdot N-CH_2\\ SC<\quad\quad\\ NH\cdot CO\end{matrix}\;; \qquad (W)$$

[1] W. Marckwald, B. **25**, 2359 (1892).

[2] Anwendung auf das Glykosamin: Neuberg, H. Wolff, B. **34**, 3843 (1901).

[3] Basse, Klinger, B. **31**, 1220, 1221, 1223 (1898).

[4] A. W. Hofmann, B. **5**, 242 (1872). — Schacht, Ar. **235**, 441 (1897). — Klut, Ar. **240**, 675 (1902).

[5] Vgl.: Klason, C. **1890**, II, 344. — Komatsu, C. **1911**, II, 537. — Wheeler, Nicolet, Johnson, Am. **46**, 469 (1911). — Johnson, Nicolet, Am. Soc. **33**, 1973

aus dem Benzoyl-Derivat wird durch starke Salzsäure quantitativ das Thiohydantoin selbst erzeugt, welches gelbe Prismen darstellt, unter Zersetzung bei 227° schmilzt und sich in Wasser wenig, in Alkalien leicht löst. — **4-Thio-hydantoin**[1] ist aus [Carbäthoxy-amino]-acetonitril bereitet worden, indem man dieses Nitril zunächst mit Schwefelwasserstoff zum entsprechenden Thioamid vereinigte und dann aus dem Thioamid durch gelindes Erwärmen mit der molekularen Menge Alkali Alkohol abspaltete:

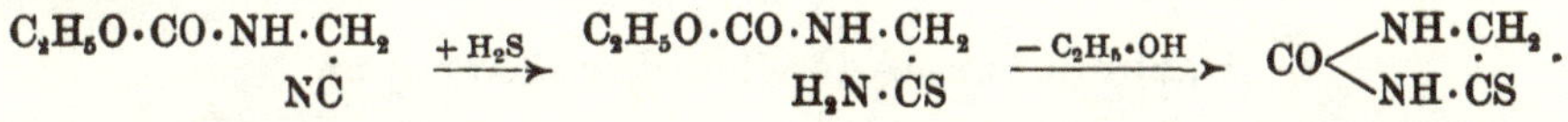

Im Gegensatz zu dem in wäßriger und alkalischer Lösung beständigen 2-Thiohydantoin, oxydiert sich das 4-Thio-hydantoin in alkalischer Lösung an der Luft rasch unter intensiver Färbung. — Beide Thiohydantoine können zu Hydantoin entschwefelt werden. Über die isomeren Verbindungen „Pseudothiohydantoin" und „Isothiohydantoin", die nicht wie diese wahren Thiohydantoine den Imidazol-Kern, sondern den Thiazol-Kern enthalten, s. S. 542—544.

Zu den drei möglichen Typen von *N*-Aryl-Derivaten des 2-Thiohydantoins[2] bzw. seiner Homologen ist man durch die folgenden Reaktionen gelangt:

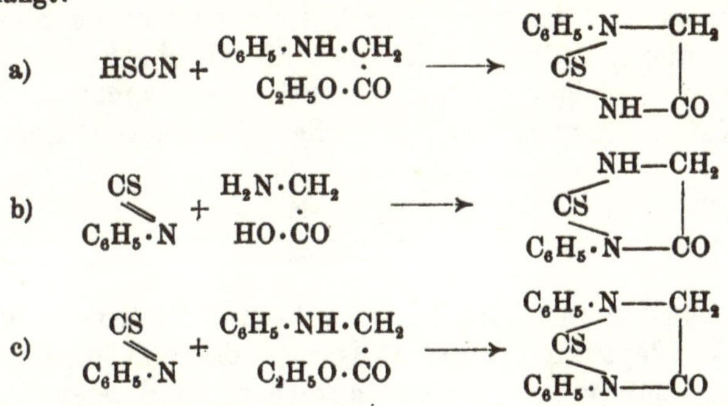

a) (1-Phenyl-2-thiohydantoin);

b) (3-Phenyl-2-thiohydantoin);

c) (1.3-Diphenyl-2-thio-hydantoin).

Die Verbindungen aller drei Typen kondensieren sich leicht an ihrer Methylen-Gruppe mit aromatischen Aldehyden, während von den entsprechenden Phenylhydantoinen nur das 3-Phenyl-hydantoin diese Fähigkeit zeigt.

2-Thio-parabansäure $CS<^{NH\cdot CO}_{NH\cdot CO}$ entsteht durch Einwirkung ätherischer Oxalylchlorid-Lösung auf Thioharnstoff[3], stellt rotgelbe Krystalle dar, schmilzt bei 215—220° unter Zersetzung und löst sich sehr leicht in Wasser. — *N*-Alkyl- und

---

(1911). Am. **49**, 197 (1913). — Johnson, C. **1912**, I, 1450. Am. **49**, 68 (1913). Am. Soc. **35**, 780 (1913). — Johnson, Scott, Am. Soc. **35**, 1130, 1136 (1913). — Johnson, Bengis, Am. Soc. **35**, 1605 (1913).

[1] Johnson, Chernoff, Am. Soc. **34**, 1208 (1912).

[2] Vgl.: Aschan, B. **17**, 424, 426 (1884). — W. Marckwald, Neumark, Stelzner, B. **24**, 3278 (1891). — Bailey, Randolph, B. **41**, 2494, 2505 (1908). — Wheeler, Brautlecht, Am. **45**, 446 (1911). — Brautlecht, C. **1911**, II, 1681. — Johnson, Pfau, Hodge, Am. Soc. **34**, 1041 (1912). — Johnson, Hadley, Am. Soc. **37**, 174 (1915).

Über *N*-Aryl-*N'*-amino-Derivate s.: Bailey, Am. Soc. **26**, 1006 (1904). — Bailey, Randolph, B. **41**, 2494 (1908). — Bailey, Read, Am. Soc. **36**, 1763 (1914).

[3] H. Biltz, Topp, B. **46**, 1391, 1400 (1913).

N-**Aryl-Derivate**[1] lassen sich durch Addition von Cyan an alkylierte bzw. arylierte Thioharnstoffe und Zersetzung der Additionsprodukte mit Salzsäure darstellen, z. B.:

$$CS\left\langle\begin{matrix}NH\cdot C_6H_5\\NH\cdot C_6H_5\end{matrix}\right. + \begin{matrix}CN\\ \vdots \\CN\end{matrix} = CS\left\langle\begin{matrix}N(C_6H_5)\cdot C:NH\\ \vdots \\N(C_6H_5)\cdot C:NH\end{matrix}\right. \xrightarrow{HCl} CS\left\langle\begin{matrix}N(C_6H_5)\cdot CO\\ \vdots \\N(C_6H_5)\cdot CO\end{matrix}\right. .$$

Durch Silbernitrat werden sie zu Alkyl- bzw. Aryl-parabansäuren entschwefelt.

Carbonsäuren der Imidazol-Gruppe.

Von *Kern-Carbonsäuren* ist bisher nur eine kleine Zahl bekannt geworden.

Imidazol-carbonsäure-(4 bzw. -5)[2], zu der man zuerst beim Abbau des Histidins (S. 469) gelangte, entsteht auch aus Traubenzucker durch langes Stehenlassen mit ammoniakalischer Kupfersulfat-Lösung (vgl. die ähnliche Bildung von Methyl-imidazol Bd. I, Tl. II, S. 919). Sie ist leicht löslich in Wasser und zersetzt sich bei 286° unter Entwickelung von Kohlendioxyd und Bildung von Imidazol.

Hervorzuheben ist die **Imidazol-dicarbonsäure-(4.5)**[3], deren Synthese aus Dinitro-weinsäure, Formaldehyd und Ammoniak schon S. 443 erläutert wurde (Gleichung D). Wichtig ist, daß die gleiche Säure sich — wenn auch in sehr geringer Menge — bei der Oxydation des Benzimidazols mit Kaliumpermanganat in heißer alkalischer Lösung bildet:

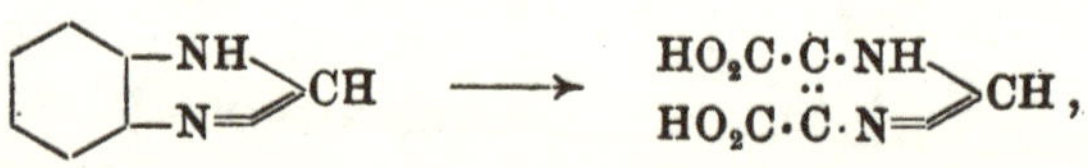

weil dadurch die Übereinstimmung des heterocyclischen Systems in den einkernigen und den kondensierten Imidazol-Körpern dargetan wird. Sie stellt ein weißes Krystallpulver dar und ist in kochendem Wasser kaum löslich, in Alkohol und Äther unlöslich. Spaltung durch Hitze s. S. 443, Gleichung E.

Homologe[4] entstehen, wenn man auf Dinitro-weinsäure statt Formaldehyd dessen Homologe und Ammoniak wirken läßt.

Größere Bedeutung haben im Verlauf der letzten 10 Jahre diejenigen Carbonsäuren erlangt, *deren Carboxyl in einer Seitenkette* gebunden ist. Denn es hat sich herausgestellt, daß sich von ihnen interessante Naturstoffe ableiten.

Auf S. 453—454 wurde mitgeteilt, wie man synthetisch vom Diamino-aceton zum 4-(bzw. 5-)Oxymethyl-imidazol (2. Formel in Formelreihe N) gelangen kann. Aus

[1] Vgl.: Maly, Z. **1869**, 258. — Andreasch, M. **2**, 276 (1881). B. **31**, 137 (1898). C. **1899**, II, 805. — Nägele, M. **33**, 949, 959 (1912).

[2] Knoop, B. Ph. P. **10**, 117 (1907). — Windaus, Ulrich, H. **90**, 366 (1914). Synthese der 5- (bzw. 4-)Methyl-imidazol-carbonsäure-(4 bzw. -5): Gerngross, B. **45**, 513, 522, 524 (1912). D.R.P. 258296 (C. **1914**, I, 1480).

[3] Maquenne, A. ch. [6] **24**, 525 (1891). — Bamberger, Berlé, A. **273**, 311, 338 (1893). — Burian, B. **37**, 701 (1904).

[4] Maquenne, A. ch. [6] **24**, 529, 536, 537, 539, 541 (1891).

dieser Verbindung kann man nun die einfachste hierhergehörige Säure — **Imidazolyl-(4 bzw. 5)-essigsäure**[1] — über die folgenden Zwischenstufen aufbauen:

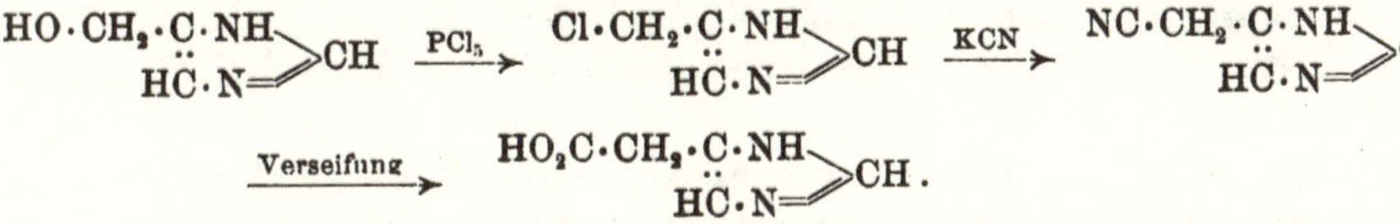

(X)

In dieser Hinsicht ist besonders die **β-[Imidazolyl-(4- bzw. 5)]-propionsäure**[2] wichtig, die synthetisch aus β-Glyoxyl-propionsäure (Bd. I, Tl. II, S. 1238) nach dem allgemeinen Imidazol-Aufbau (vgl. Gleichung A auf S. 440, D auf S. 443) durch Reaktion mit Formaldehyd und Ammoniak gewonnen werden kann:

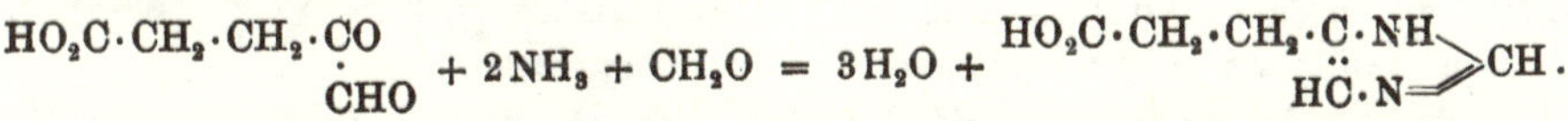

Sie krystallisiert in kleinen Prismen, zersetzt sich bei 208—209° und löst sich leicht in Wasser.

Bemerkenswert ist, daß die freie Säure gegen Benzoylchlorid und Alkali beständig ist, ihr Anilid aber durch dieses Agens analog dem Imidazol selbst (vgl. S. 445 H) aufgespalten wird[3].

Als ihr α-Amino-Derivat (β-Imidazolyl-alanin):

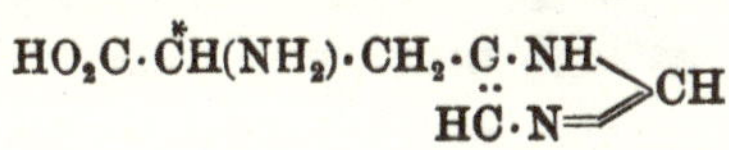

ist das **Histidin** erkannt worden, das zu den Bausteinen der Protein-Moleküle gehört und bei der Verarbeitung der durch Hydrolyse der Proteine gebildeten Gemische zusammen mit Lysin und Arginin in der „Hexonbasen"-Fraktion auftritt (vgl. Bd. I, Tl. II, S. 769, 1424).

Das Histidin wurde 1896 von Kossel[4] unter den Produkten entdeckt, die aus dem Sturin — dem Protamin des Störs — beim Kochen mit verdünnter Schwefelsäure entstehen. Man begegnete ihm darauf sehr häufig bei der Hydrolyse von Proteinen durch Säuren[5] oder

---

[1] Knoop, B. Ph. P. **10**, 118 (1907). — Pyman, Soc. **99**, 669, 680 (1911).

[2] Knoop, Windaus, B. Ph. P. **7**, 146, 147 (1906). — Windaus, W. Vogt, B. **40**, 3691 (1907). B. Ph. P. **11**, 406 (1909). — Gerngross, B. **42**, 405 (1909). — Ackermann, H. **65**, 509 (1910).

[3] Windaus, B. **43**, 499 (1910).

[4] H. **22**, 182 (1896).

[5] Vgl. z. B.: Hedin, H. **22**, 191 (1896). — E. Schulze, Winterstein, H. **28**, 459 (1899). — Kossel, Kutscher, H. **31**, 207 (1900). — Lawrow, B. **34**, 101 (1901). — Hugounenq, C. r. **138**, 1063 (1904). — Galimard, C. r. **138**, 1355 (1904). — Kirbach, H. **50**, 143 (1906). — Suzuki u. Mitarbeiter, H. **62**, 11 (1909). — F. C. Koch, C. **1911**, I, 1549. — Kossel, F. Weiss, H. **78**, 404 (1912). — Abderhalden, A. Weil, H. **83**, 434, 439 (1913). — Zeller, H. **86**, 105 (1913). — Lock, Thomas, H. **87**, 74 (1913). — Tamura, H. **87**, 106 (1913); **88**, 194 (1913); **89**, 295 (1914); **90**, 288 (1914). — Kossel, H. **88**, 169, 170, 171 (1913). — Aldrich, Am. Soc. **37**, 203 (1915). — W. Küster, H. **94**, 169 (1915).

durch Enzyme[1]. Recht reichlich entsteht es aus dem im Blut enthaltenen Oxyhämoglobin; die Zersetzung von Rinderblut durch kochende Salzsäure dient daher zur Darstellung[2] des Histidins. Wichtig ist ferner seine Bildung bei der Spaltung des basischen Muskel-Bestandteils „Carnosin“[3].

Aber nicht nur durch Spaltung von natürlichen Stoffen hat man das Histidin erhalten; vielfach ist es auch frei in natürlichen Produkten beobachtet worden. So findet es sich im Harn[4], in carcinomatösem Exsudat[5], im LIEBIGschen Fleischextrakt[6] und in den Extrakten des Fleisches mancher Fische[7], ferner in mehreren Käsen[8]. Sehr häufig hat man seine Gegenwart in Keimpflanzen festgestellt[9]; auch in den Knollen von Kartoffeln und Dahlien ist es enthalten[10]. Im Steinpilz[11] findet es sich zusammen mit Trimethyl-histidin (vgl. S. 473). Endlich ist sein Vorkommen in Ackerböden[12] zu erwähnen.

Für die Konstitution[13] des Histidins stellte zuerst H. PAULY die heute geltende Formel als wahrscheinlich auf. KNOOP und WINDAUS bestätigten sie durch Abbau des Histidins zur β-Imidazolyl-propionsäure und durch deren Synthese (vgl. S. 469). Daß die Amino-Gruppe zum Carboxyl sich in α-Stellung befindet, bewies KNOOP, indem er die (durch salpetrige Säure aus dem Histidin hervorgehende) entsprechende Oxysäure mit Bariumpermanganat zur Imidazolyl-essigsäure (S. 469) oxydierte. Endlich wurde die Struktur auch noch von PYMAN[14] durch Synthese sicher-

[1] Vgl.: MATHEWS, H. **25**, 192 (1898). — KUTSCHER, H. **25**, 199 (1898); **32**, 70 (1901). — MOSCA, G. **43**, II, 448 (1913).

[2] Vgl.: S. FRÄNKEL, M. **24**, 230 (1903). — KOSSEL, H. **39**, 212 (1903). — H. PAULY, H. **42**, 514 (1904). — KNOOP, B. Ph. P. **10**, 115 (1907). — ABDERHALDEN, MEDIGRECEANU, H. **59**, 165 (1909). — ABDERHALDEN, EINBECK, H. **62**, 329 (1909). — F. EHRLICH, Bio. Z. **63**, 387 (1914).

[3] GULEWITSCH, H. **50**, 535 (1907). — M. MAUTHNER, M. **34**, 889 (1913). — Vgl. auch v. FÜRTH, HRYNTSCHAK, Bio. Z. **64**, 172 (1914).

[4] ENGELAND, C. **1908**, II, 1273. H. **57**, 58 (1908).

[5] WIENER, Bio. Z. **41**, 153 (1912).

[6] KUTSCHER, C. **1908**, I, 404. — ENGELAND, C. **1909**, I, 566.

[7] SUZUKI u. Mitarbeiter, H. **62**, 7, 23 (1909). C. **1913**, I, 1042.

[8] WINTERSTEIN, THÖNY, H. **36**, 32 (1902). — VAN SLYKE, HART, Am. **29**, 379 (1903).

[9] Vgl.: E. SCHULZE, H. **28**, 465 (1899); **30**, 252, 260, 263, 270, 283, 290 (1900); **47**, 511 (1906). — WASSILIEW, L. V. St. **55**, 56 (1901). — YOSHIMURA, Bio. Z. **31**, 221 (1911).

[10] E. SCHULZE, L. V. St. **59**, 331 (1904).

[11] YOSHIMURA, C. **1910**, II, 892. — WINTERSTEIN, REUTER, L. V. St. **79/80**, 548 (1913).

[12] SCHREINER, LATHORP, C. **1911**, II, 1609.

[13] Vgl.: S. FRÄNKEL, M. **24**, 229 (1903). B. Ph. P. **8**, 156 (1906). — WEIGERT, H. **39**, 213 (1903). — H. PAULY, H. **42**, 508 (1904). — KNOOP, WINDAUS, B. Ph. P. **7**, 144 (1905). B. Ph. P. **8**, 406 (1906). — KNOOP, B. Ph. P. **10**, 111 (1907).

[14] Soc. **99**, 1386 (1911).

gestellt; er kombinierte das in Formelreihe X (S. 469) an zweiter Stelle aufgeführte [Chlor-methyl]-imidazol mit Natrium-Chlor-malonester (vgl. Bd. I, Tl. II, S. 520) und gelangte von dem so erhaltenen [Imidazolyl-methyl]-chlor-malonester in folgender Weise:

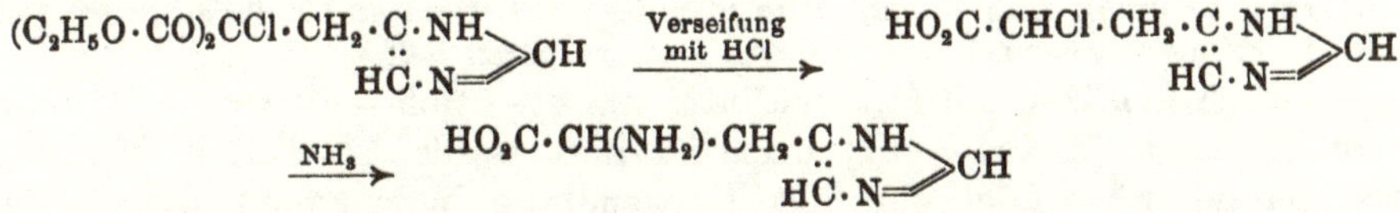

zum racemischen Histidin, aus dem dann das natürliche Histidin durch Spaltung abgeschieden werden konnte (vgl. unten).

Entsprechend der Gegenwart eines asymmetrischen Kohlenstoffatoms in der Strukturformel (C * in der Formel auf S. 469), ist das natürlich vorkommende und das aus Proteinen durch Säuren abgespaltene Histidin optisch aktiv. Man bezeichnet es als *l*-Histidin. Es schießt aus wäßriger Lösung in großen blätterigen Krystallen an, zersetzt sich[1] bei 285° (korr.) unter Aufschäumen und ist in heißem Wasser leicht mit schwach alkalischer Reaktion[2] löslich, in Alkohol sehr wenig löslich, in Äther unlöslich. Die wäßrige Lösung des freien Histidins ist linksdrehend ($[\alpha]_D^{20} = -39{\cdot}7$ be $c = 3{\cdot}2$), während die salzsaure Lösung nach rechts dreht[3]. Mit Silbernitrat gibt die wäßrige Lösung nach vorsichtigem Zusatz von Ammoniak eine voluminöse, amorphe (in überschüssigem Ammoniak leicht lösliche) Fällung des Silbersalzes $Ag_2(C_6H_7O_2N_3) + H_2O$. Von den Salzen[4], die das Histidin mit Säuren bildet, seien das aus Wasser in dicken glashellen Tafeln krystallisierende Monohydrochlorid $C_6H_9O_2N_3.HCl + H_2O$, das bei 160—165° erweicht und bei 255° schmilzt, und das in starker Salzsäure kaum lösliche Bishydrochlorid $C_6H_9O_2N_3.2HCl$ erwähnt; kocht man die wäßrige Lösung des Bishydrochlorids einige Minuten, so krystallisiert beim Erkalten das Monohydrochlorid aus.

Das *d,l*-Histidin[1,5] wird aus dem *l*-Histidin durch Racemisierung beim Erhitzen mit 20-prozentiger Salzsäure auf 160° oder leichter durch 5-stündiges Erhitzen mit Barytwasser im Autoklaven auf 5 Atmosphären Druck erhalten und entsteht auch bei der Hydrolyse des Sturins mit Alkali; über seine Synthese s. o. Es zer-

---

[1] ABDERHALDEN, A. WEIL, H. **77**, 438 (1912).

[2] Über die Dissoziationskonstanten des Histidins als Base und Säure s. KANITZ, H. **47**, 476 (1906).

[3] KOSSEL, H. **28**, 382 (1899).

[4] Vgl.: KOSSEL, H. **22**, 182 (1896). — M. BAUER, H. **22**, 285 (1896). — KUTSCHER, H. **28**, 383 (1899). — SCHWANTKE, H. **29**, 2492 (1900). — STEUDEL, H. **37**, 220 (1903); **44**, 158 (1905). — M. SCHENCK, H. **43**, 73 (1904). — ABDERHALDEN, EINBECK, H. **62**, 329 (1909). — BRIGL, H. **64**, 337 (1910). — WECHSLER, H. **73**, 139 (1911).

Über ein Eisensalz s. HOFFMANN-LA-ROCHE & Co., D.R.P. 266522 (C. **1913**, II, 1717).

[5] S. FRÄNKEL, B. Ph. P. **8**, 160 (1906). — EWINS, PYMAN, Soc. **99**, 342 (1911). — PYMAN, Soc. **99**, 1395 (1911). — KOSSEL, F. WEISS, H. **78**, 411 (1912).

setzt sich ebenfalls bei 285—286° (korr.), besitzt aber im Gegensatz zu dem fade schmeckenden *l*-Histidin einen schwach süßen Geschmack. Sein Monohydrochlorid krystallisiert mit 2 Mol. Wasser, von denen bei 100° nur $1^1/_2$ Mol. abgegeben werden, sintert bei 112° und schmilzt bei 117—119°. Durch Kombination mit *d*-Weinsäure läßt sich das *d,l*-Histidin in seine beiden Komponenten spalten. Das *d*-Histidin[1] erhält man ferner, wenn man das *d,l*-Histidin an Kaninchen verfüttert oder in seiner Gegenwart Zucker durch Hefe vergären läßt.

Durch Erhitzen mit Mineralsäuren auf etwa 265—270° kann Histidin zum Histamin (S. 451—452) decarboxyliert werden[2]. Durch Wirkung von Bakterien[3] erfolgt ebenfalls Umwandlung in Histamin, daneben in β-Imidazolyl-propionsäure (S. 469). Dem Tierkörper dargereicht[4], bewirkt Histidin keine Vermehrung der Allantoin-Ausscheidung (vgl. dazu S. 459).

Für den Nachweis des Histidins benutzt man vielfach seine Fähigkeit, mit Diazokörpern zu kuppeln[5] (vgl. dazu S. 446). Mit Diazobenzol-sulfonsäure in sodaalkalischer Lösung erhält man eine dunkelkirschrote Färbung, die beim Ansäuern in Orange übergeht. Diese Reaktion ist sehr empfindlich; außer dem Histidin zeigt sie von den Protein-Spaltungsprodukten nur das Tyrosin. Von dem Tyrosin unterscheidet sich aber das Histidin dadurch, daß es auch nach Behandlung mit Benzoylchlorid und Sodalösung die Reaktion gibt, während das Tyrosin hierbei sein Kuppelungsvermögen einbüßt[6].

Zur Isolierung[7], quantitativen Bestimmung[8] und besonders zur Trennung von Arginin dient das Verhalten gegen Silbernitrat und gegen Mercurisulfat. Fügt man zu einer sauren Lösung von Arginin und Histidin, die einen Überschuß von Silbernitrat enthält, vorsichtig Barytwasser hinzu, so fällt zuerst Histidinsilber (S. 471) aus, während das Argininsilber erst bei stärkerem Überschuß von Baryt niedergeschlagen wird[9]. Aus dem Niederschlag von Histidinsilber erhält man durch Zerlegung mit Schwefelwasserstoff in verdünnter Schwefelsäure eine schwefelsaure Lösung, aus welcher das Histidin durch Mercurisulfat vollständig ausgefällt wird[10]. Zerlegt man diesen Quecksilber-Niederschlag nun abermals mit Schwefelwasserstoff, so gewinnt man eine Lösung, in der man den Histidin-Gehalt

---

[1] Pyman, Soc. **99**, 1399 (1911). — Abderhalden, A. Weil, H. **77**, 446 (1912). — F. Ehrlich, Bio. Z. **63**, 388 (1914).

[2] Ewins, Soc. **99**, 340 (1911).

[3] Ackermann, H. **65**, 504 (1910). — A. Berthelot, M.-D. Bertrand, C. r. **154**, 1643, 1827 (1912). — Mellanby, Twort, C. **1912**, II, 1672.

[4] Kowalewsky, Bio. Z. **23**, 1 (1909). — Abderhalden, Einbeck, H. **62**, 322 (1909). — Abderhalden, Einbeck, J. Schmid, H. **68**, 395 (1910). — S. auch Dakin, Wakeman, C. **1912**, I, 742.

[5] H. Pauly, H. **42**, 513, 516 (1904); **94**, 284, 426 (1915). — Über eine durch Bromwasser hervorgerufene Farbenreaktion s. Knoop, B. Ph. P. **11**, 356 (1908).

[6] Inouye, H. **83**, 79 (1912). — S. auch: Kossel, Edlbacher, H. **83**, 396 (1915). — Aldrich, Am. Soc. **37**, 205 (1915).

[7] Isolierung aus Pflanzenteilen: E. Schulze, L. V. St. **59**, 347, 353 (1904).

[8] Mikrochemische Bestimmung: Kober, Sugiura, Am. Soc. **35**, 1579 (1913). — Colorimetrische Bestimmung: M. Weiss, Ssobolew, Bio. Z. **58**, 119 (1913). — Brom-Verbrauch: Siegfried, Reppin, H. **95**, 24 (1915).

[9] Kossel, Kutscher, H. **31**, 171 (1900).

[10] Kossel, Patten, H. **38**, 40 (1903).

durch Stickstoff-Bestimmung nach KJELDAHL oder durch Isolierung und Wägung des salzsauren Salzes ermitteln kann[1].

Unter den Derivaten des Histidins[2] ist das Betain des Histidins — Trimethyl-histidin[3] (Herzynin):

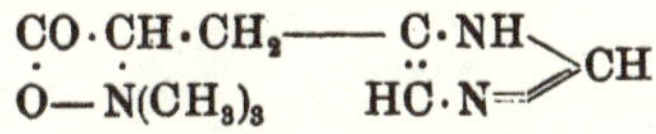

— hervorzuheben, das im Champignon-Extrakt von KUTSCHER entdeckt wurde, ferner im Steinpilz gefunden worden ist und aus dem Ergothionein (S. 476) durch Oxydation mit Eisenchlorid entsteht. Es ist in salzsaurer Lösung rechtsdrehend. Sein Monopikrat $C_{15}H_{18}O_9N_6 + H_2O$ wird bei 105° wasserfrei und schmilzt bei 201°; das Dipikrat $C_{21}H_{21}O_{16}N_9 + 2H_2O$ wird ebenfalls bei 105° wasserfrei und schmilzt bei 212—213°.

Durch eine andere Umwandlung des eben genannten Ergothioneins — Näheres s. S. 476—477, Formel XV bis XVII — ist man zur **β-[Imidazolyl-(4 bzw. 5)]-acrylsäure** 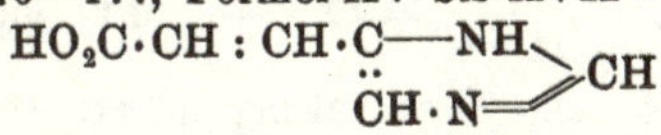 gelangt[4], die bei 235—236° schmilzt und in kaltem Wasser mäßig, in heißem sehr leicht löslich ist. Diese Säure hat sich identisch erwiesen[5] mit der von JAFFÉ[6] entdeckten **Urocaninsäure**, welche der Harn von gewissen, aber sehr selten anzutreffenden Hunden in nicht unbedeutender Menge enthält[7].

Lactone von *Oxy-carbonsäuren* der Imidazol-Reihe liegen wahrscheinlich in einigen Alkaloiden der Pilocarpus-Blätter vor. So wird für das **Pilocarpin** die Formel:

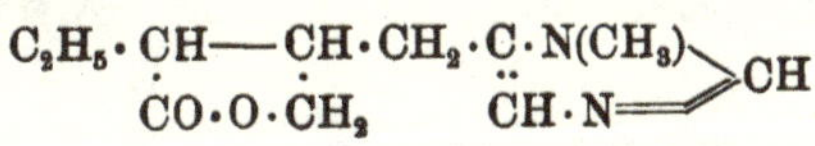

benutzt[8]. Die Besprechung dieser Verbindungen soll aber der Gruppe „Alkaloide" in Bd. II, Tl. IV vorbehalten bleiben.

---

[1] Bestimmung als Pikrolonat: KOSSEL, PRINGLE, H. **49**, 319 (1906). — F. WEISS, H. **52**, 112 (1907). — BRIGL, H. **64**, 337 (1910).

[2] Über „Histidin-anhydrid" s. PAULY, H. **64**, 76 (1910). — Über Polypeptide s.: E. FISCHER, SUZUKI, B. **38**, 4185 (1905). — E. FISCHER, CONE, A. **363**, 107 (1908). — Über Dipikryl-histidin s. HIRAYAMA, H. **59**, 292 (1909). — Über Derivate eines Dijod-histidins s. PAULY, B. **43**, 2246, 2254 (1910).

[3] KUTSCHER, C. **1911**, I, 497. — BARGER, EWINS, Soc. **99**, 2340 (1911). C. **1913**, II, 1879. — WINTERSTEIN, REUTER, C. **1912**, II, 936. H. **86**, 234 (1913). — ENGELAND, KUTSCHER, C. **1913**, I, 28. — WINTERSTEIN, REUTER, KOROLEW, L. V. St. **79/80**, 549 (1913). — KÜNG, H. **91**, 246 (1914).

Über Pentamethyl-histidin s. ENGELAND, KUTSCHER, Z. B. **59**, 415 (1913).

[4] BARGER, EWINS, Soc. **99**, 2337, 2339 (1911).

[5] HUNTER, C. **1912**, II, 516.

[6] B. **7**, 1669 (1874); **8**, 811 (1875). — S. auch Nekrolog auf JAFFÉ, B. **46**, 838 (1913).

[7] SIEGFRIED, H. **24**, 399 (1898).

[8] Vgl. PYMAN, Soc. **101**, 2262 (1910).

Von den *Oxo-carbonsäuren*[1] seien diejenigen kurz erwähnt, welche analog den Hydantoinen (s. Formelreihe T auf S. 457) entstehen, wenn man statt Amino-monocarbonsäuren die Amino-dicarbonsäuren mit dem Harnstoff-Rest kombiniert, z. B.:

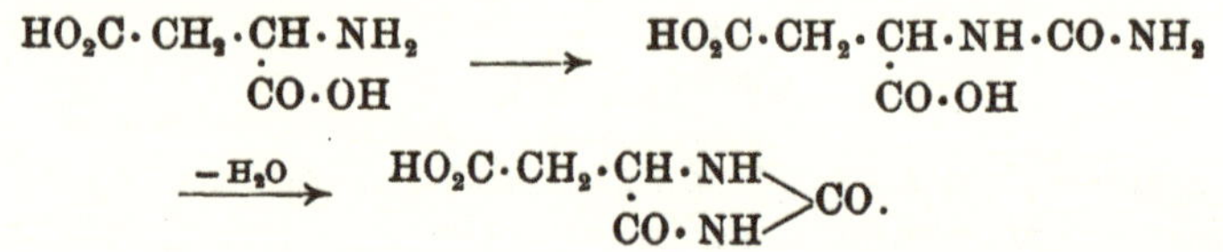

Die nach dieser Gleichung aus *l*-Asparaginsäure (Bd. I, Tl. II, S. 777) herstellbare **Hydantoin-4-essigsäure**[2] („Malyl-ureidsäure") bildet dicke Prismen, schmilzt nach vorherigem Sintern bei 220—225°, zeigt in *n*-Soda-Lösung $[\alpha]_D^{19} = -125^0$ (c = 4·8) und racemisiert sich in dieser Lösung recht rasch (vgl. dazu S. 458).

Eine *Oxy-oxo-carbonsäure* — die an sich nicht bekannte **5-Oxy-hydantoin-carbonsäure-(5)** 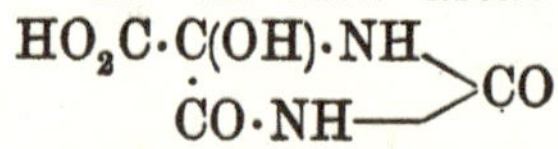 — hat sich in neueren Untersuchungen von H. Biltz[3] als Stammkörper vieler Verbindungen, die durch den Abbau der *N*-alkylierten Harnsäuren bzw. des mit ihnen konstitutionell nahe verwandten Kaffeins entstehen, erwiesen. Biltz nennt das innere (lactonartige) Anhydrid ihres *N*-carboxylierten Amids:

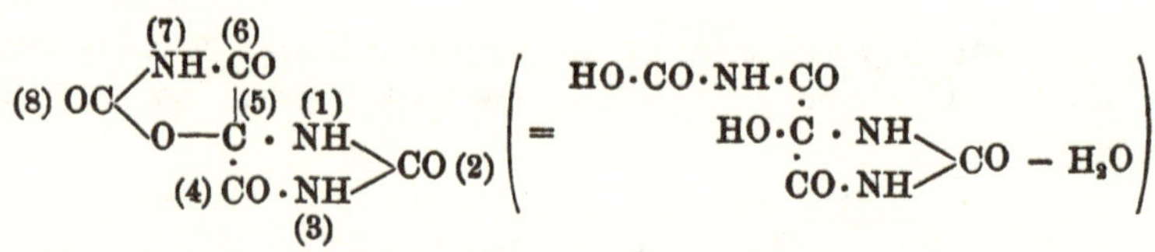

„Kaffolid" und bezeichnet die Vorgänge, in denen sich dessen Derivate aus Harnsäuren bilden, als „Kaffolid-Abbau" dieser Verbindungen. Das 1.3-Dimethyl-kaffolid (Formel V, s. u.) entsteht aus der 7.9-Dimethyl-harnsäure auf folgendem Wege:

---

[1] Über Glyoxalon-(2)-carbonsäure-(4) s. Beythien, A. **389**, 218, 230 (1912); über Glyoxalon-(2)-dicarbonsäure-(4.5) s. Fenton, Wilks, Soc. **101**, 1581 (1912).

Über Hydantoin-carbonsäure-(5) s. Johnson, Nicolet, Am. Soc. **36**, 355 (1914).

Derivate der 4.5-Dioxo-imidazol-dihydrid-carbonsäure-(2): Dimroth, Dienstbach, B. **41**, 4071 ff. (1908).

[2] Grimaux, A. ch. [5] **11**, 402 (1877). — Guareschi, B. **10**, 1748 (1877). — Gabriel, A. **348**, 51, 87 (1906). — Lippich, B. **41**, 2972 (1908). — Dakin, Am. **44**, 49, 57 (1910). — Johnson, Guest, Am. **48**, 109 (1912).

Über Hydantoin-propionsäure aus Glutaminsäure s.: Dakin, Am. **44**, 58 (1910). — Johnson, Guest, Am. **47**, 249 (1912).

[3] H. Biltz, B. **43**, 1589, 1600, 1618 (1910); **46**, 3407 (1913). — H. Biltz, Topp, B. **44**, 1511, 1524 (1911). — H. Biltz, Hayn, B. **45**, 1680 (1912). — H. Biltz, Strufe, A. **404**, 142, 157 ff. (1914). — H. Biltz, Damm, A. **406**, 62 ff. (1914).

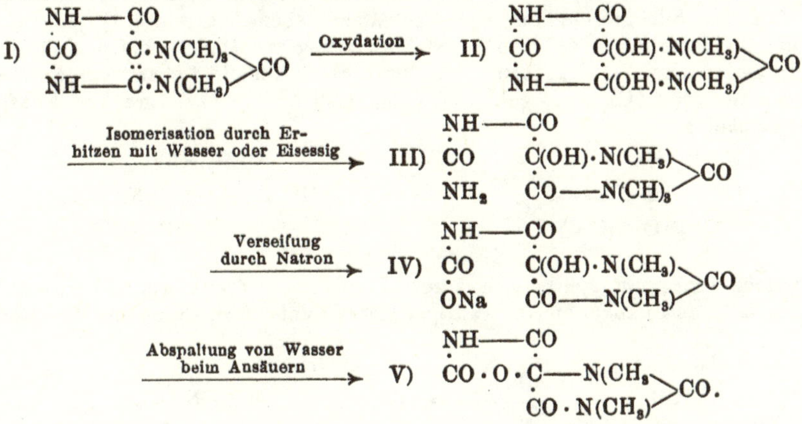

Es krystallisiert aus Chloroform in derben Rhomboedern, schmilzt bei 163—164° und liefert beim Kochen mit Wasser unter Aufnahme von Wasser und Abspaltung von Kohlendioxyd das Amid (VI) der Oxy-dimethyl-hydantoin-carbonsäure, das sich mit Alkalien in Ammoniak, Mesoxalsäure und Dimethyl-harnstoff spaltet:

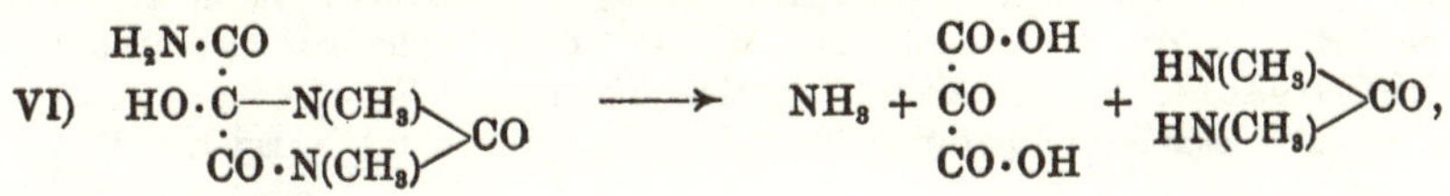

während bei seiner Destillation Zerfall in Ammoniak, Kohlenoxyd und Cholestrophan (S. 464) erfolgt.

In ähnlicher Weise, wie 1.3-Dimethyl-kaffolid aus 7.9-Dimethyl-harnsäure, entsteht aus 1.3.7-Trimethyl-harnsäure (VII), die zuerst von E. Fischer aus dem Kaffein erhalten worden war, das „Apokaffein", das ebenfalls E. Fischer[1] zuerst dargestellt hatte, und das sich durch die Arbeiten von H. Biltz nun als 1.7-Dimethyl-kaffolid (VIII) herausgestellt hat:

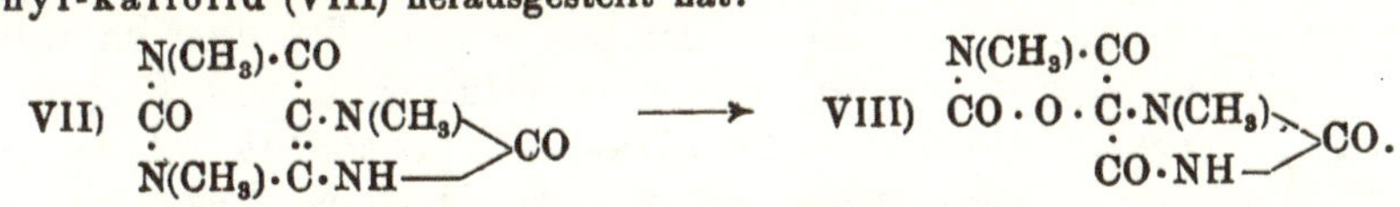

Es schmilzt nach vorherigem Sintern bei 154° und geht beim Kochen mit Wasser in das Methylamid der 5-Oxy-1-methyl-hydantoin-carbonsäure-(5) (Kaffursäure, Formel IX) über; dieses wird von Jodwasserstoff zum Methylamid der 1-Methyl-hydantoin-carbonsäure-(5) (Hydro-kaffursäure, Formel X) reduziert, das bei der Verseifung mit Baryt und nachfolgendem Ansäuern das 1-Methyl-hydantoin (vgl. S. 457) der Formel XI liefert:

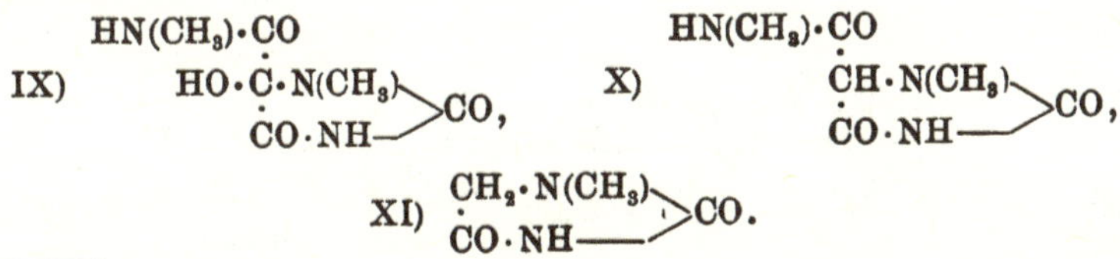

[1] A. 215, 277 (1882). — S. ferner Maly, Andreasch, M. 3, 100 (1882).

Aus der Silberverbindung des Apokaffeins ebenso wie aus derjenigen des 1.3-Dimethyl-kaffolids erhält man durch Einwirkung von Methyljodid das zuerst aus Kaffein gewonnene Allokaffein[1], das durch den „Kaffolid-Abbau" aus der Tetramethyl-harnsäure (XII) hervorgeht und demgemäß als 1.3.7-Trimethyl-kaffolid (XIII) erscheint:

es entsteht sehr glatt synthetisch durch Vereinigung von Dimethyl-harnstoff mit Dimethyl-alloxan in angesäuerter wäßriger Lösung unter Abspaltung von Methylamin:

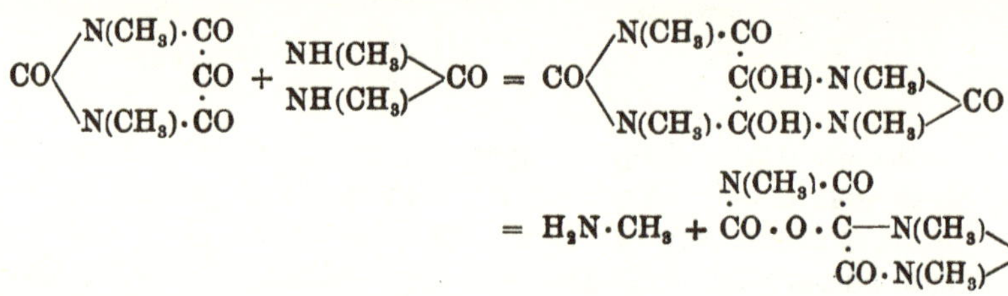

schmilzt bei 205° und siedet in kleinen Mengen unzersetzt. Beim Kochen mit Wasser liefert es das Methylamid der 5-Oxy-1.3-dimethyl-hydantoin-carbonsäure-(5) (Allokaffursäure, Formel XIV), die sich bei milder Einwirkung von Bariumhydroxyd zu Mesoxalsäure-methylamid und Dimethyl-harnstoff aufspalten läßt:

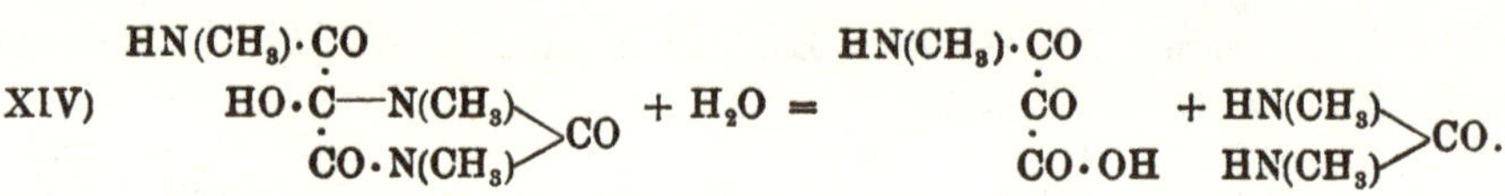

Zum Schluß ist noch ein sehr interessantes Schwefel-Derivat[2] einer Imidazol-carbonsäure zu erwähnen, nämlich das von Tanret[3] im Mutterkorn entdeckte **Ergothionein,** für welches Barger und Ewins[4] die Formel XV eines μ-Mercapto-histidin-methylbetains äußerst wahrscheinlich gemacht haben, indem sie es auf folgendem Wege:

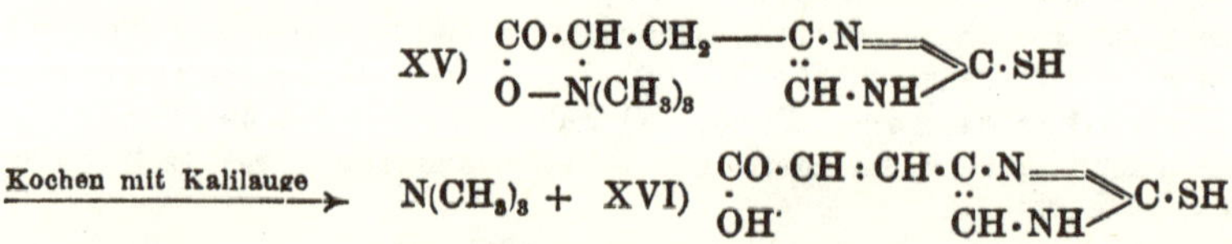

---

[1] E. Fischer, A. **215**, 275 (1882). B. **30**, 3011 (1897). — E. Schmidt, Schilling, A. **228**, 169 (1885). — Torrey, B. **31**, 2159 (1898). — Biltz, B. **43**, 1600 (1910).

[2] Über Thiohydantoin-essigsäure $HO_2C\cdot CH_2\cdot CH\cdot NH / CO\cdot NH > CS$ s.: Johnson, Guest, Am. **48**, 106, 108 (1912). — Johnson, Kohmann, Am. **49**, 199 (1913).

[3] A. ch. [8] **18**, 114 (1909). [4] Soc. **99**, 2336 (1911).

$\xrightarrow{HNO_3}$ XVII) $\begin{array}{l} CO\cdot CH:CH\cdot C\cdot N= \\ \overset{\cdot}{O}H \qquad \ddot{C}H\cdot NH \end{array} \!\!>CH$

$\xrightarrow{Na + Alkohol}$ XVIII) $\begin{array}{l} CO\cdot CH_2\cdot CH_2\cdot C\cdot N= \\ \overset{\cdot}{O}H \qquad \ddot{C}H\cdot NH \end{array} \!\!>CH$

zur β-Imidazolyl-propionsäure (S. 469) abbauten und es ferner durch Oxydation mit Eisenchlorid in Trimethyl-histidin (S. 473) unter Abspaltung der SH-Gruppe (vgl. S. 440) verwandelten.

Ergothionein krystallisiert aus Wasser in farblosen Nadeln mit 2 Mol. Wasser, wird über Schwefelsäure wasserfrei, ist in frischem Zustand geruchlos, löst sich in 8.6 Tln. Wasser von 20° und ist in dieser Lösung rechtsdrehend. Es besitzt keine ausgesprochene physiologische Wirkung. Seine wäßrige Lösung reagiert auf Lackmus neutral.

Sechzehntes Kapitel.

Mehrkernige Imidazol-Systeme.

(*C*-Phenylierte Imidazol-Körper [Amarin, Lophin usw.], benzylierte Imidazol-Körper usw. — Benzimidazole und andere kondensierte Systeme [Spiro-dihydantoine, Acetylen-diureine usw.]).

I. Nichtkondensierte Systeme.

Über Verbindungen, deren Moleküle *zwei Imidazol-Kerne in carbodiphenyloider Verknüpfung* enthalten, ist wenig Sicheres bekannt.

Die Formel des μ,μ-**Diimidazolyls** $\begin{array}{l} CH\cdot NH \\ \ddot{C}H\cdot N= \end{array}\!\!>C\cdot C<\!\!\begin{array}{l} NH\cdot CH \\ =N\cdot \ddot{C}H \end{array}$ ist für das Glykosin[1] $C_6H_6N_4$ aufgestellt worden, das neben Glyoxalin bei der Einwirkung von Ammoniak auf Glyoxal (vgl. S. 439, 443) entsteht. Es stellt ein in Wasser fast unlösliches Krystallpulver dar, sublimiert, ohne zu schmelzen, in Nadeln und löst sich leicht in verdünnter Salzsäure.

In großer Zahl sind *C-arylierte Imidazol-Körper* dargestellt worden[2].

---

[1] Debus, A. **107**, 199 (1858). — Wyss, B. **10**, 1375 (1877). — Pinner, B. **17**, 2000 (1884). — Japp, Cleminshaw, Soc. **57**, 552 (1887).

Über μ,μ-Diimidazolyl-tetrahydrid s. Forssell, B. **24**, 1846 (1891); **25**, 2132 (1892).

[2] Außer den im Folgenden speziell aufgeführten Zitaten vgl. noch z. B.: Japp, Wynne, Soc. **49**, 462 (1886). — Moos, B. **20**, 732 (1887). — M. Lewy, B. **21**, 2194 (1888). — Forssell, B. **25**, 2134 (1892). — Anschütz, H. Müller, A. **284**, 25 (1895). — Japp, Davidson, Soc. **67**, 32 (1895). — Behr-Bregowski, B. **30**, 1522 (1897). — Eibner, Purucker, B. **33**, 3663 (1900). — Ruhemann, Stapleton, Soc. **77**, 806, 809 (1900). — Tröger, J. pr. [2] **64**, 530 (1901). — Gabriel, A. **350**, 118 (1906). B. **41**, 1926 (1908). — Pinner, A. **350**, 135 (1906). — Radziszewski, C. **1909**, I, 1883. — H. Biltz, B. **42**, 1792 (1909). A. **391**, 231 (1912). — H. Biltz, Behrens, B. **43**, 1984 (1910). — H. Biltz, Krebs, A. **391**, 191 (1912). — H. Biltz, Seydel, A. **391**, 215 (1912). — Mc Combie, Scarborough, Soc. **103**, 56 (1913). — Stephen, Weizmann, Soc. **105**, 1046 (1914).

2-Phenyl-glyoxalin[1] (μ-Phenyl-imidazol) $\begin{matrix} CH\cdot NH \\ \ddot{} \\ CH\cdot N \end{matrix}\!\!>\!C\cdot C_6H_5$ entsteht nach der allgemeinen, durch die Gleichungen D und E auf S. 443 erläuterten Synthese unter Anwendung von Benzaldehyd (statt Formaldehyd), schmilzt bei 148°, siedet bei 340° (unkorr.) und kuppelt mit Diazokörpern (vgl. S. 446). — **4-Phenyl-glyoxalin**[2] wird aus Phenyl-glyoxal, Formaldehyd und Ammoniak (analog Gleichung A auf S. 440) erhalten, krystallisiert aus heißem Wasser in Blättchen und schmilzt bei 128°. — 4-Phenyl-imidazolon-(2)[3] bildet sich aus salzsaurem ω-Amino-acetophenon durch Umsetzung mit Kaliumcyanat:

$$\begin{matrix} C_6H_5\cdot CO \\ \dot{} \\ CH_2\cdot NH_2 \end{matrix} + HCNO = \begin{matrix} C_6H_5\cdot CO & H_2N \\ \dot{} & \\ CH_2\cdot NH & \end{matrix}\!\!>\!CO = H_2O + \begin{matrix} C_6H_5\cdot C{-}NH \\ \ddot{} \\ CH\cdot NH \end{matrix}\!\!>\!CO \quad (A)$$

und wird durch Salpetersäure in Eisessig zu Formyl-benzoyl-harnstoff oxydiert:

$$\begin{matrix} C_6H_5\cdot C{-}NH \\ \| \\ CH\cdot NH \end{matrix}\!\!>\!CO + O_2 = \begin{matrix} C_6H_5\cdot CO\cdot NH \\ \\ OHC\cdot NH \end{matrix}\!\!>\!CO. \quad (B)$$

2.4-Diphenyl-glyoxalin[4] — aus Benzamidin durch ω-Brom-acetophenon:

$$\begin{matrix} C_6H_5\cdot CO \\ \dot{} \\ CH_2Br \end{matrix} + \begin{matrix} H_2N \\ HN \end{matrix}\!\!>\!C\cdot C_6H_5 = H_2O + HBr + \begin{matrix} C_6H_5\cdot C\cdot NH \\ \ddot{} \\ CH\cdot N \end{matrix}\!\!>\!C\cdot C_6H_5 \quad (C)$$

in großer Ausbeute erhältlich — schmilzt bei 193°. — **4.5-Diphenyl-glyoxalin**[5] wird aus Benzil, Formaldehyd und Ammoniak gewonnen und schmilzt bei 227°. — Sehr ausführlich wurde in letzter Zeit das 4.5-Diphenyl-glyoxalon[6] (Tolanmonourein) untersucht, das durch Kochen von Benzoin mit Harnstoff in Eisessig:

$$\begin{matrix} C_6H_5\cdot CH(OH) \\ \dot{} \\ C_6H_5\cdot CO \end{matrix} + \begin{matrix} H_2N \\ H_2N \end{matrix}\!\!>\!CO = 2H_2O + \begin{matrix} C_6H_5\cdot C\cdot NH \\ \ddot{} \\ C_6H_5\cdot C\cdot NH \end{matrix}\!\!>\!CO \quad (D)$$

leicht dargestellt werden kann und bei 324—325° (korr.) schmilzt. Mit Diazokörpern kuppelt es nicht. Interessant sind einige Umwandlungen, zu denen die große Reaktionsfähigkeit seiner Doppelbindung die Veranlassung gibt. So wird durch konz. Salpetersäure in Eisessig nach dem Zusatz von Wasser das „Diphenyl-glyoxalon-glykol" (4.5-Diphenyl-4.5-dioxy-2-oxo-imidazol-tetrahydrid) — Formel I, s. u. — erhalten, das beim Umkrystallisieren aus Alkohol unter Zugabe von einigen

$$I)\ \begin{matrix} C_6H_5\cdot C(OH)\cdot NH \\ \dot{} \\ C_6H_5\cdot C(OH)\cdot NH \end{matrix}\!\!>\!CO, \qquad II)\ \begin{matrix} C_6H_5\cdot C(OC_2H_5)\cdot NH \\ \dot{} \\ C_6H_5\cdot C(OC_2H_5)\cdot NH \end{matrix}\!\!>\!CO,$$

$$III)\ \begin{matrix} (C_6H_5)_2C{-}NH \\ \dot{} \\ CO\cdot NH \end{matrix}\!\!>\!CO$$

---

[1] Maquenne, A. ch. [6] **24**, 543 (1891). — Burian, B. **37**, 700 (1904).

[2] Pinner, B. **35**, 4135 (1902). — Vgl. auch Pinner, B. **38**, 1531 (1905).

[3] Rupe, B. **27**, 582 (1894); **28**, 251 (1895).

[4] Kunckell, B. **34**, 639 (1901). — Kunckell, Donath, B. **34**, 1829 (1901). — Vgl. auch Minovici, B. **29**, 2103 (1896).

[5] Japp, Soc. **51**, 557 (1887). — Pinner, B. **35**, 4136 (1902); **38**, 1536 (1905). — H. Biltz, Krebs, A. **391**, 210 (1912). — *N*-Phenyl-Derivat: Everest, Mc Combie, Soc. **99**, 1751 (1911).

[6] Anschütz, Schwickerath, A. **284**, 21 (1895). — Burian, B. **37**, 707 (1904). — H. Biltz, A. **339**, 245, 249, 260, 262, 265 (1905); **368**, 156, 262 (1909); **391**, 169 (1912). B. **40**, 4802 ff. (1907); **41**, 167, 1379, 1754, 1761 (1908). — Brazier, Mc Combie, Soc. **101**, 2353, 2354 (1912). — H. Biltz, Seydel, B. **46**, 138 (1913).

Tropfen verdünnter Salpetersäure in seinen Diäthyläther (II), durch einstündiges Kochen mit starkem alkoholischem Kali aber in 5.5-Diphenyl-hydantoin (III) verwandelt wird. Diese Verwandlung, welche unter Platzwechsel eines Phenyls verläuft, entspricht dem Übergang von Pinakonen in Pinakoline, und kann auch — wie die „Pinakolin-Umlagerung" — „umgekehrt" werden; denn das 5.5-Diphenylhydantoin[1] liefert bei energischer Reduktion mit Jodwasserstoff und Phosphor neben Spaltungsprodukten das 4.5-Diphenyl-glyoxalon. Die 1.3-Dialkyl-Derivate des Glykols I entstehen beim Kochen einer alkoholisch-alkalischen Lösung von Benzil mit symmetrisch disubstituierten Harnstoffen, z. B.:

$$\begin{matrix} C_6H_5\cdot CO \\ C_6H_5\cdot CO \end{matrix} + \begin{matrix} NH(CH_3) \\ NH(CH_3) \end{matrix}\!\!>\!CO = \begin{matrix} C_6H_5\cdot C(OH)\cdot N(CH_3) \\ C_6H_5\cdot C(OH)\cdot N(CH_3) \end{matrix}\!\!>\!CO, \qquad (E)$$

während die Reaktion von Benzil mit Harnstoff selbst und Alkali infolge jenes Platzwechsels das 5.5-Diphenyl-hydantoin ergibt; sie lösen sich auffallenderweise in wäßriger Natronlauge und werden beim Ansäuern wieder unverändert abgeschieden, erleiden die Umlagerung zu 1.3-Dialkyl-5.5-diphenyl-hydantoinen beim Kochen mit alkoholischem Alkali nicht, wohl aber beim Schmelzen.

Die wichtigsten *C*-phenylierten Imidazol-Körper sind zwei seit langer Zeit unter den Namen „Lophin" und „Amarin" bekannte Verbindungen, die sich als 2.4.5-Triphenyl-glyoxalin (IV) und 2.4.5-Triphenyl-glyoxalin-dihydrid-(4.5) (V) herausgestellt haben:

$$\text{IV)}\ \begin{matrix} C_6H_5\cdot C\cdot NH \\ C_6H_5\cdot C\cdot N= \end{matrix}\!\!>\!C\cdot C_6H_5, \qquad \text{V)}\ \begin{matrix} C_6H_5\cdot \overset{*}{C}H\cdot NH \\ C_6H_5\cdot \underset{*}{C}H\cdot N= \end{matrix}\!\!>\!C\cdot C_6H_5.$$

Beide wurden von LAURENT[2] 1844 bei Umwandlungen des Hydrobenzamids (des Einwirkungsproduktes von Ammoniak auf Benzaldehyd) aufgefunden. Als Abkömmlinge des Imidazols deutete sie zuerst EMIL FISCHER; die obigen Strukturformeln wurden von JAPP bewiesen[3].

LAURENT bereitete das **Lophin** (Formel IV, s. o.) durch starkes Erhitzen des Hydrobenzamids, wobei oberhalb 360° eine lebhafte Reaktion einsetzt, in der sich auch Ammoniak, Wasserstoff, Toluol, Stilben und Benzonitril bilden[4]. Das Lophin entsteht hierbei in einer Ausbeute von ca. 40 %, und diese Bildungsweise eignet sich zu seiner Darstellung[5]; nach unseren heutigen Kenntnissen beruht sie darauf, daß sich Hydrobenzamid zu Amarin isomerisiert und letzteres zwei Wasserstoffatome abspaltet:

---

[1] Konstitutionsbeweis: H. BILTZ, SEYDEL, B. **44**, 411 (1911).

[2] C. r. **19**, 353 (1844). J. pr. [1] **35**, 455 (1845).

[3] Vgl. zur Konstitution: E. FISCHER, TROSCHKE, B. **13**, 711 (1880). — E. FISCHER, A. **211**, 216 (1882). — JAPP, ROBINSON, B. **15**, 1268 (1882). — RADZISZEWSKI, B. **15**, 1493 (1882). — CLAUS, B. **15**, 2333 (1882). — JAPP, B. **15**, 2410 (1882). — BAHRMANN, J. pr. [2] **27**, 310 (1883). — CLAUS, SCHERBEL, B. **18**, 3085 (1885). — KULISCH, M. **17**, 300 (1896). — JAPP, MOIR, Soc. **77**, 611 (1900).

[4] RADZISZEWSKI, B. **10**, 71 (1877).

[5] PINNER, B. **35**, 4140 (1902).

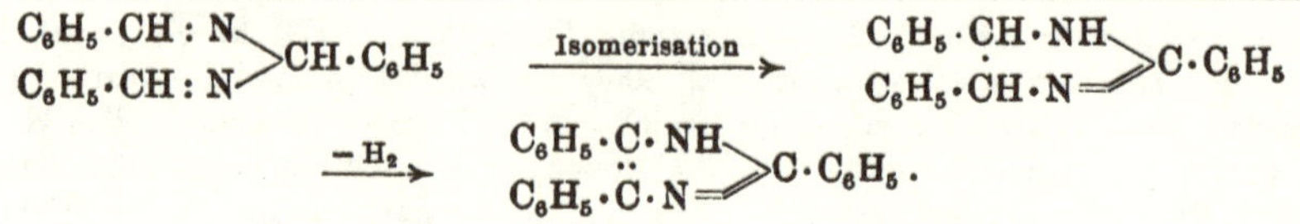

(F)

Die Struktur des Lophins wird aber besonders durch zwei weitere Entstehungsweisen beleuchtet, deren eine entsprechend der allgemeinen Glyoxalin-Synthese (A auf S. 440) in der Reaktion von Benzil mit Benzaldehyd und Ammoniak[1]:

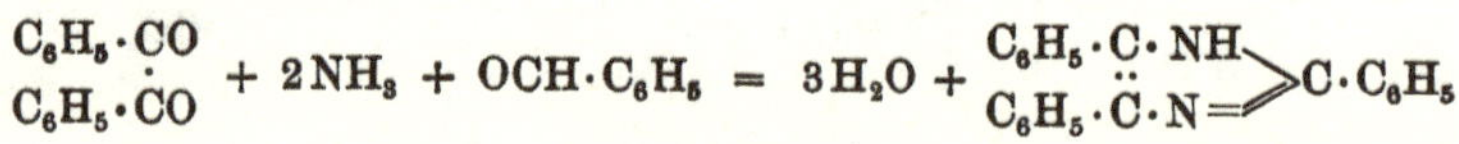

besteht, während bei der anderen Benzoin mit Benzamidin unter dem Einfluß von warmer alkoholischer Natronlauge[2] gemäß der Gleichung:

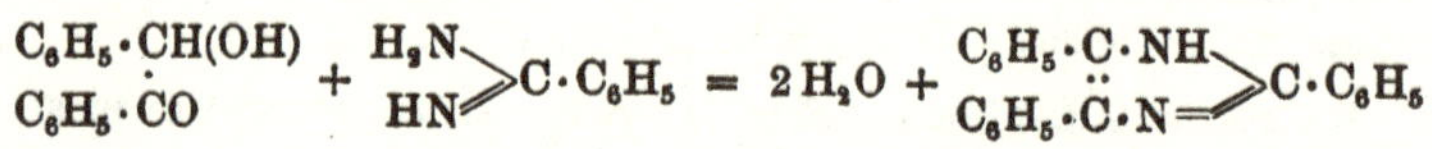

zusammentritt. Über Bildung von Lophin aus Amarin s. S. 482. Eigentümlich ist der glatte Übergang von Kyaphenin in Lophin durch Reduktion mit Zinkstaub in Essigsäure[3]:

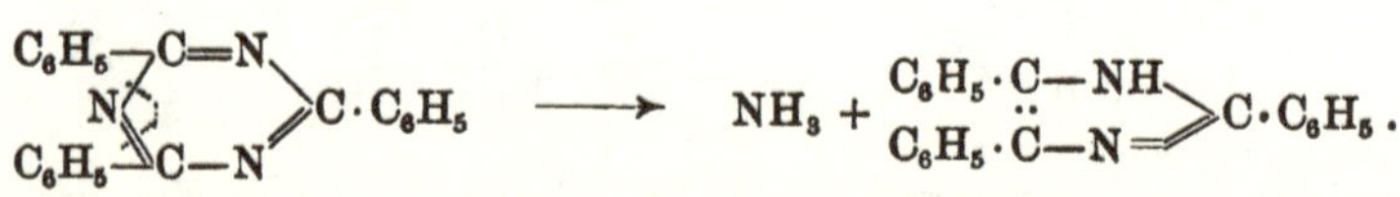

Das Lophin wird zweckmäßig durch Krystallisation aus Pyridin gereinigt. Es bildet farblose Nadeln, schmilzt bei 275° und destilliert unverändert. Es ist geruchlos, geschmacklos und in siedendem Wasser unlöslich; 100 Tle. absoluten Alkohols lösen[4] bei 20° 0·8 Tle., beim Siedepunkt 2·7 Tle. Aus salzsäurehaltigem Alkohol krystallisiert das Hydrochlorid[5] $C_{21}H_{16}N_2$, HCl.

Am Lophin hat zuerst Radziszewski die höchst interessante Erscheinung beobachtet, daß es in Berührung mit alkoholischem Kali bei Zutritt des Luft-Sauerstoffs eine sehr langsam vor sich gehende Zersetzung erleidet, die von einer verhältnismäßig intensiven Lichtentwickelung begleitet ist; dieses Leuchten[6] ist besonders bei ca. 65° stark und verschwindet beim Aufsieden des Alkohols. Bei der Reaktion entstehen Ammoniak und Benzoesäure; doch bleibt noch bei 150-stündiger Dauer ein großer Teil des Lophins unverändert. — Bei kurzem Erwärmen

[1] Japp, B. **15**, 2412 (1882). [2] Kulisch, M. **17**, 302 (1896).

[3] Radziszewski, B. **15**, 1493 (1882). — Vgl. auch Francis, Davis, Soc. **85**, 260 (1904).

[4] Ekman, A. **112**, 176 (1859).

[5] Atkinson, Gössmann, A. **97**, 288 (1856). — L. Brunner, A. **151**, 135 (1869).

[6] Radziszewski, B. **10**, 70 (1877). — S. ferner: Trautz, Ph. Ch. **53**, 67 (1905). — Ville, Derrien, C. r. **156**, 2021 (1913). — Blanchetière, C. r. **157**, 118 (1913).

mit Chromsäure in Eisessig zerfällt Lophin glatt in Benzamid und Dibenzamid[1]:

$$\begin{array}{l} C_6H_5\cdot C\text{—}NH \\ \quad\;\, \| \\ C_6H_5\cdot C\text{—}N \end{array} \!\!>\! C\cdot C_6H_5 + H_2O + O_2 = C_6H_5\cdot CO\cdot NH_2 + \begin{array}{l} C_6H_5\cdot CO\cdot NH \\ \qquad\qquad \diagdown CO\cdot C_6H_5 \end{array}.$$

Beim Erhitzen mit Jodwasserstoffsäure und Phosphor auf etwas über 300° spaltet es sich unter Bildung von Benzoesäure[2]; von Natrium in siedendem Alkohol aber wird es nicht reduziert[3].

Bei längerem Erhitzen von Lophin mit Methyljodid und Methylalkohol auf 120—130° entsteht Dimethyl-lophoniumjodid $C_{23}H_{21}N_2J$, das durch Natrium in Alkohol aufgespalten wird, wobei in geringer Ausbeute 1.2-Diphenyl-1.2-bis-[methyl-amino]-äthan $C_6H_5\cdot CH(NH\cdot CH_3)\cdot CH(NH\cdot CH_3)\cdot C_6H_5$ gebildet wird[4]. — Beim Kochen mit Essigsäureanhydrid und Natriumacetat bleibt Lophin unverändert[5]. — *N*-Phenyl-lophin[6] (1.2.4.5-Tetraphenyl-imidazol) wird durch Erhitzen von Benzoylanilino-desoxybenzoin mit wäßrigem Ammoniak auf 210—220° erhalten:

$$\begin{array}{l} C_6H_5\cdot CH\cdot N\!<\!\begin{smallmatrix} C_6H_5 \\ CO\cdot C_6H_5 \end{smallmatrix} \\ C_6H_5\cdot CO \end{array} + NH_3 = 2\,H_2O + \begin{array}{l} C_6H_5\cdot C\cdot N\!<\!\begin{smallmatrix} C_6H_5 \\ C\cdot C_6H_5 \end{smallmatrix} \\ C_6H_5\cdot C\cdot N \end{array}.$$

Das **Amarin** (Formel V, S. 479) entsteht aus dem Hydrobenzamid durch Isomerisation (vgl. Formelreihe F auf S. 480) bei mehrstündigem Behandeln mit siedender Kalilauge[7] oder bei dreistündigem Erhitzen[8] des Hydrobenzamids für sich auf 120—130°. In wenig glatter Reaktion bildet es sich synthetisch durch Erwärmen von Benzoin und Benzaldehyd mit Ammoniak[9].

Amarin[10] krystallisiert aus verdünntem Alkohol in farblosen Rhomboedern von der Zusammensetzung $C_{21}H_{18}N_2 + {}^1/_2 H_2O$, die bei 106° schmelzen, wird zwischen 100° und 110°, sowie im Exsiccator wasserfrei und schmilzt dann bei 133°. Es ist in Wasser kaum, in Alkohol und verdünnter Essigsäure leicht löslich; die alkoholische Lösung reagiert stark alkalisch. Das Hydrochlorid $C_{21}H_{18}N_2.HCl$ und das Nitrat[11] $C_{21}H_{18}N_2.HNO_3$ sind in Wasser schwer löslich; beide besitzen intensiv bitteren Geschmack. Mit alkoholisch-ammoniakalischer Silberlösung[12]

---

[1] E. Fischer, Troschke, B. **13**, 708 (1880).

[2] Japp, B. **15**, 2417 (1882).

[3] H. Biltz, Krebs, A. **391**, 213 (1912).

[4] O. Fischer, J. pr. [2] **73**, 441 (1906). [5] H. Biltz, B. **40**, 4805 (1907).

[6] Everest, Mc Combie, Soc. **99**, 1746, 1748, 1762 (1911). — Vgl. auch Bailey, Mc Combie, Soc. **101**, 2276 (1912).

[7] Fownes, A. **54**, 364 (1845).

[8] Bertagnini, A. **88**, 127 (1853). — Vgl. auch: Gössmann, A. **93**, 329 (1855). — Kühn, A. **122**, 319 (1862).

[9] Radziszewski, B. **15**, 1495 (1882).

[10] Vgl.: Delépine, A. ch. [7] **16**, 223 (1899). — O. Fischer, Prause, J. pr. [2] **77**, 125 (1908).

[11] Claus, C. Witt, B. **18**, 1671 (1885).

[12] Claus, Elbs, B. **16**, 1272 (1883). — Claus, Kohlstock, B. **18**, 1849 (1885). — Claus, Scherbel, B. **18**, 3077 (1885).

gibt Amarin die Silberverbindung $C_{21}H_{17}N_2Ag$ in farblosen Krystallkörnchen, die bei 218° schmilzt und bei höherem Erhitzen sich unter Hinterlassung von Silber zersetzt, während Lophin in quantitativer Menge sublimiert. Auch bei der Zersetzung des Amarins selbst durch trockene Destillation bildet sich Lophin[1].

Auch das Amarin entwickelt, wenn auch schwächer als das Lophin (S. 480), in alkoholischer Kalilösung Licht[2]; intensiv wird das Leuchten bei Zusatz von Chlor- oder Bromwasser oder alkoholischer Jodlösung[3]. — Bei der Oxydation mit Chromsäure in Eisessig[4] entsteht Lophin. — Bei der Reduktion mit Natrium in Alkohol[5] wird Ammoniak abgespalten und in schlechter Ausbeute das Dibenzalderivat des Diphenyl-äthylendiamins $C_6H_5 \cdot CH(N:CH \cdot C_6H_5) \cdot CH(N:CH \cdot C_6H_5) \cdot C_6H_5$ gebildet. — Die Amarinsalze geben in warmer alkoholisch-essigsaurer Lösung mit salpetriger Säure das Nitroso-amarin[6] $C_{21}H_{17}N_2(NO)$, das aus Alkohol in gelblichen Tafeln krystallisiert, sich bei 149—150° unter Bildung von viel Lophin zersetzt und bei der Behandlung mit Säuren Amarin zurückliefert. — Mit Diazokörpern kuppelt Amarin nicht[7].

Durch Alkylierung[8] kann Amarin in Dialkyl-amaronium-halogenide übergeführt werden, die durch Zersetzung mit Alkali zu *N,N'*-Benzoyl-dialkyl-Derivaten des *C,C'*-Diphenyl-äthylendiamins aufgespalten werden, z. B.:

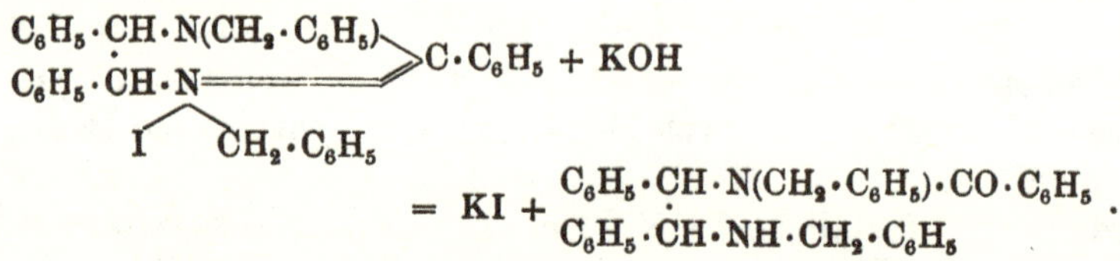

Bei der Einwirkung von Benzoylchlorid[9] in Benzol entsteht, wenn man auf 2 Mol. Amarin 1 Mol. Benzoylchlorid anwendet, Monobenzoyl-amarin (Schmelzp. 179°), das beim Kochen mit Alkohol unter Zusatz von etwas Salzsäure rasch zu *N,N'*-Dibenzoyl-*C,C'*-diphenyl-äthylendiamin aufgespalten wird:

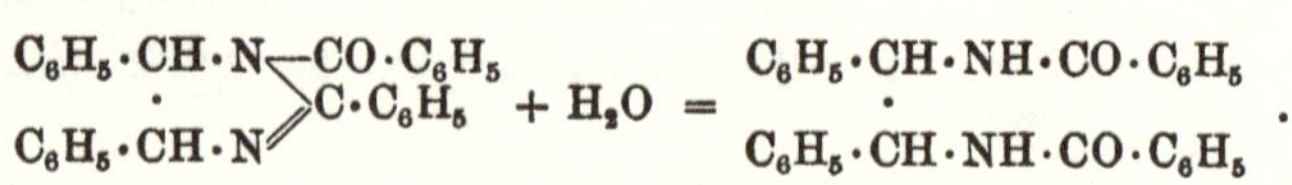

In einer sehr sorgfältigen Untersuchung haben Japp und Moir diese Ringspaltungen der Alkyl- und Acyl-Derivate aufgeklärt und festgestellt,

---

[1] Fownes, A. **54**, 365, 368 (1845). [2] Radziszewski, B. **10**, 74 (1877).
[3] Trautz, Ph. Ch. **53**, 86 (1905).
[4] E. Fischer, Troschke, B. **13**, 707 (1880).
[5] O. Fischer, Prause, J. pr. [2] **77**, 126 (1908).
[6] Borodin, B. **8**, 933 (1875). [7] Burian, B. **37**, 707 (1904).
[8] Borodin, A. **110**, 78 (1859). — Claus, Elbs, B. **13**, 1418 (1880); **16**, 1273 (1883). — Claus, B. **15**, 2326 (1882). — Claus, Kohlstock, B. **18**, 1851 (1885). — Claus, Scherbel, B. **18**, 3077 (1885). — Japp, Moir, Soc. **77**, 608 (1900).
[9] Bahrmann, J. pr. [2] **27**, 300 (1883). — Claus, Scherbel, B. **18**, 3081 (1885). — Japp, Moir, Soc. **77**, 611, 632 (1900).

daß die Produkte der Aufspaltung derjenigen Form des Diphenyl-äthylendiamins zugehören, welche bei 120—121° schmilzt und als (nicht spaltbare) *meso*-Form aufzufassen ist (vgl. Bd. II, Tl. II, 1. Aufl., S. 220 bis 221). Zugleich ermittelten sie, daß ein schon früher beobachtetes Isomeres des Amarins analoge Beziehungen zu dem racemischen (spaltbaren) Diphenyl-äthylendiamin vom Schmelzp. 90° hat.

Dieses *d,l*-Iso-amarin[1] entsteht durch Umlagerung des Amarins, wenn man dessen Hydrochlorid kurze Zeit über den Schmelzpunkt erhitzt, besonders glatt aber, wenn man freies Amarin mit alkoholischem Natriumäthylat auf 150—160° erhitzt. Synthetisch kann es aus rac. Diphenyl-äthylendiamin durch Einwirkung von Benzoesäure bei 180° bereitet werden:

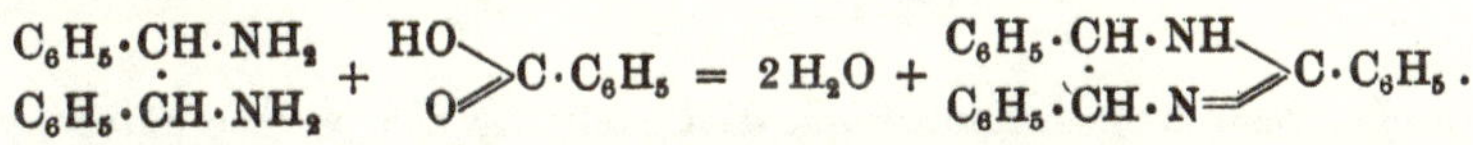

Es krystallisiert aus Alkohol in Nadeln und schmilzt bei 198°; gleich dem Amarin ist es eine einsäurige Base und liefert eine Silberverbindung $C_{21}H_{17}N_2Ag$, die sich beim Erhitzen unter Bildung von Lophin zersetzt (vgl. S. 482). Durch Kombination mit *d*-Weinsäure kann es in seine optisch-aktiven Komponenten zerlegt werden.

Die optisch-aktiven Formen — *d*- und *l*-Iso-amarin — schmelzen bei 175° und sind in Alkohol leichter löslich als das *d,l*-Iso-amarin.

Nach diesen Ergebnissen ist die Isomerie von Amarin und Iso-amarin auf das Vorhandensein zweier gleichartig asymmetrischer Kohlenstoffatome im Molekül zurückzuführen, wie es die Strukturformel V auf S. 480 anzeigt, wenn man diese Formel als Oszillations-Formel:

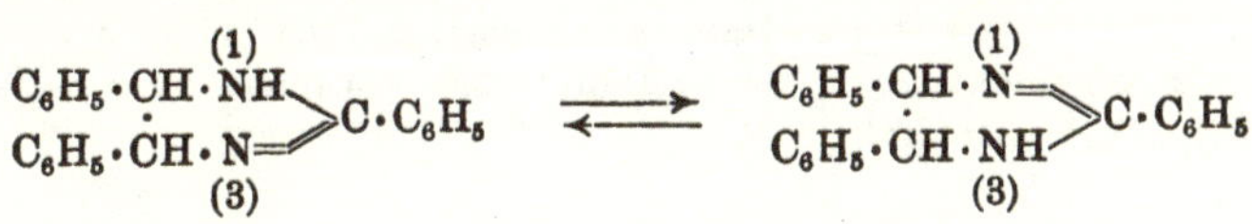

auffaßt[2] (vgl. dazu S. 442). Die Formeln eines Triphenyl-glyoxalin-dihydrids mit anderer Lage der Doppelbindung:

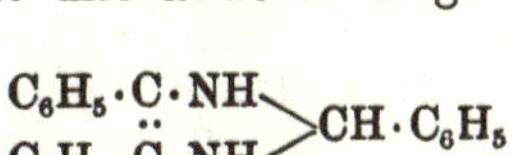

und

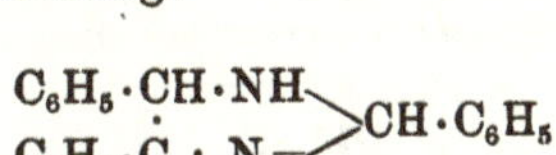

vermögen die Beziehungen zu den stereoisomeren Diphenyl-äthylendiaminen nicht zu erklären.

[1] EKMAN, A. **112**, 169 (1859). — FEIST, ARNSTEIN, B. **28**, 3177 (1895). — SNAPE, BROOKE, Soc. **75**, 208 (1899). — JAPP, MOIR, Soc. **77**, 608, 636 (1900). — SNAPE, Soc. **77**, 778 (1900). — BUSCH, LEEFHELM, J. pr. [2] **77**, 16 (1908). — O. FISCHER, PRAUSE, J. pr. [2] **77**, 129 (1908).

[2] Andernfalls wären zwei u n gleichartig-asymmetrische Kohlenstoffatome vorhanden, und auch das Amarin sollte sich in optisch-aktive Formen spalten lassen.

Die Konfiguration des Amarins und Isoamarins darf hiernach durch die folgenden Symbole wiedergegeben werden:

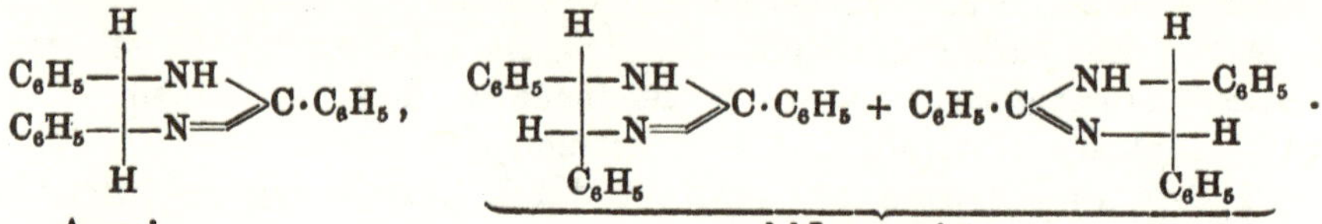

Amarin *d,l*-Isoamarin

Es sind mehrere Analoga des Lophins und Amarins bekannt, die — in ähnlicher Weise, wie diese beiden Verbindungen aus dem Ammoniak-Derivat des Benzaldehyds — aus den Ammoniak-Derivaten anderer aromatischer Aldehyde hervorgehen[1].

In großer Zahl sind Verbindungen dargestellt worden, welche *einen Imidazol- und einen Benzol-Kern durch ein Kohlenstoffatom voneinander getrennt* enthalten[2]. Erwähnt sei nur das **5-Benzal-hydantoin**[3], das durch Kondensation von Phenyl-propiolsäureester mit Harnstoff in Gegenwart von Natriumäthylat:

gebildet wird und ferner ganz glatt aus Hydantoin und Benzaldehyd in siedendem Eisessig bei Gegenwart von Natriumacetat und etwas Essigsäureanhydrid entsteht (Gleichung R auf S. 456). Es krystallisiert aus Alkohol in strohgelben Nadeln, schmilzt bei 220°, löst sich leicht in Kalilauge und wird durch Salzsäure wieder ausgefällt. Bei der Kondensation von Hydantoin mit Benzaldehyd bildet sich in sehr kleiner Menge daneben ein diastereomeres Benzal-hydantoin, das bei 246° schmilzt. — Durch kurzes Kochen mit Jodwasserstoffsäure und rotem Phosphor kann Benzal-hydantoin zu **5-Benzyl-hydantoin**[4] (Schmelzp. 190°) reduziert werden, das bei längerem Kochen mit Jodwasserstoffsäure und Phosphor Phenyl-alanin $C_6H_5 \cdot CH_2 \cdot CH(NH_2) \cdot CO_2H$ abspaltet.

---

[1] Vgl. z. B.: BAHRMANN, J. pr. [2] **27**, 311 (1883). — GATTERMANN, A. **347**, 365, 367 (1906). — COUSIN, VOLMAR, Bl. [4] **15**, 417 (1914). C. **1914**, I, 2002.

[2] Vgl. z. B.: SONN, B. **40**, 4668 (1907). — FINGER, ZEH, J. pr. [2] **82**, 50 (1910).

[3] RUHEMANN, CUNNINGTON, Soc. **75**, 958 (1899). — RUHEMANN, STAPLETON, Soc. **77**, 241 (1900). — H. L. WHEELER, CH. HOFFMAN, Am. **45**, 371 (1911). — WHEELER, HOFFMAN, JOHNSON, C. **1911**, II, 1682. — JOHNSON, BATES, Am. Soc. **37**, 383 (1915).

[4] S. auch DAKIN, DUDLEY, C. **1914**, I, 1181.

Über Verbindungen vom Typus des Benzal-hydantoins, Benzyl-hydantoins, Benzal-thiohydantoins usw. s. ferner: WHEELER, BRAUTLECHT, Am. **45**, 446 (1911). — WHEELER, NICOLET, JOHNSON, Am. **46**, 463, 470 (1911). — JOHNSON, BRAUTLECHT, Am. Soc. **33**, 1531 (1911). C. **1912**, II, 1205. — JOHNSON, O'BRIEN, C. **1912**, II, 1206. — JOHNSON, NICOLET, Am. Soc. **33**, 1973 (1911); **34**, 1048 (1912) Am. **47**, 468 (1912); **49**, 200 (1913). — JOHNSON, HOFFMAN, Am. **47**, 20 (1912). — JOHNSON, BENGIS, Am. Soc. **34**, 1054, 1063 (1912); **35**, 1606 (1913). — JOHNSON, SHEPARD, Am. Soc. **36**, 1735 (1914). — JOHNSON, HADLEY, Am. Soc. **37**, 171 (1915). — JOHNSON, SCOTT, Am. Soc. **37**, 1851ff., 1859ff. (1915). — JOHNSON, KOHMANN, Am. Soc. **37**, 1878ff., 2169, 2170 (1915). — JOHNSON, WRENSHALL, Am. Soc. **37**, 2133 (1915).

II. Kondensierte Systeme.

Die Benzimidazol-Gruppe.

Das aus einem Benzol- und einem Imidazol-Kern orthokondensierte System:

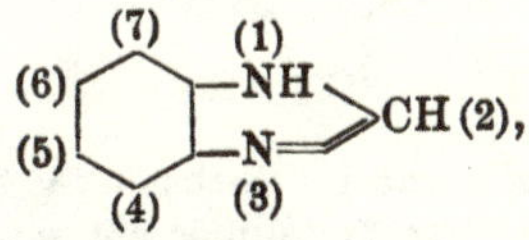 Benzimidazol,

hat uns schon bei Besprechung der *ortho*-Diamine der Benzol-Reihe in Tl. I[1] beschäftigt. Denn die „Anhydrobasen", deren Bildung durch Acylierung der *ortho*-Diamine dort als ein charakteristisches Merkmal dieser Diamine im Gegensatz zu den *meta*- und *para*-Diaminen hervorgehoben wurde, sind ja nichts anderes als Benzimidazole.

Sie wurden zuerst 1872 von HOBRECKER[2] im HOFMANNschen Laboratorium als Produkte der Reduktion von nitrierten Acyl-aryl-aminen[3] beobachtet; hierbei kann man die intermediäre Bildung von Amino-Derivaten der Acyl-aryl-amine annehmen, z. B.:

$$CH_3\cdot C_6H_3\begin{cases}NH\cdot CO\cdot CH_3\\ NO_2\end{cases} \xrightarrow{\text{Reduktion}} CH_3\cdot C_6H_3\begin{cases}NH\cdot CO\cdot CH_3\\ NH_2\end{cases}$$

$$\xrightarrow{-H_2O} CH_3\cdot C_6H_3\begin{cases}NH\\ N\end{cases}\!\!>C\cdot CH_3\,. \qquad \text{(A)}$$

Einige Jahre darauf entdeckte LADENBURG[4], daß die Anhydrobasen mit Leichtigkeit aus den Diaminen durch Kochen mit organischen Säuren hergestellt werden können, z. B.:

$$C_6H_4\begin{cases}NH_2\\ NH_2\end{cases} + HO\cdot CO\cdot CH_3 = 2\,H_2O + C_6H_4\begin{cases}NH\\ N\end{cases}\!\!>C\cdot CH_3\,. \qquad \text{(B)}$$

In ausgedehnten Untersuchungen führte HÜBNER[5] den Nachweis, daß nur die Verbindungen der *ortho*-Reihe in diesen Reaktionen Anhydroverbindungen ergeben. Wegen ihrer genetischen Beziehungen benannte man sie in den älteren Untersuchungen als Derivate der *o*-Diamine, z. B.:

$$CH_3\cdot C_6H_3\begin{cases}NH\\ N\end{cases}\!\!>C\cdot C_2H_5 = \text{Propenyl-}o\text{-toluylendiamin;}$$

in der späteren Literatur tauchen dann neben solchen Namen die Bezeichnungen als Benzimidazol-Körper auf.

---

[1] 1. Auflage, S. 229. [2] B. **5**, 920 (1872).

[3] Vgl. ferner z. B.: E. G. SMITH, Am. **6**, 172 (1884). — LELLMANN, HAILER, B. **26**, 2760, 2763 (1893). — KYM, B. **33**, 2848 (1900). — BAYER & Co., D.R.P. 283448 (C. **1915**, I, 1101).

[4] B. **8**, 677 (1875).

[5] A. **208**, 278 (1881); **209**, 339 (1881); **210**, 328 (1881).

Bei der Reaktion A (S. 485) treten zuweilen, wie zuerst v. NIEMENTOWSKI beobachtete, unter den Reduktionsprodukten auch Verbindungen auf, die gegenüber den Benzimidazolen um ein Sauerstoffatom reicher sind. Sie werden Oxanhydro-Verbindungen[1] genannt; für den einfachsten Fall (vgl. S. 494) kommen die folgenden Formulierungen in Betracht:

I) 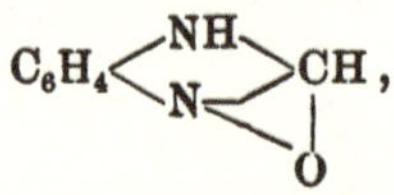 Ia) 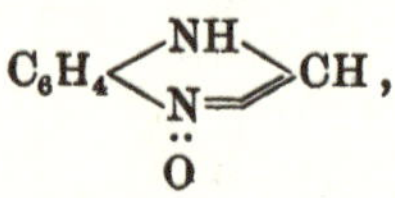 Ib) 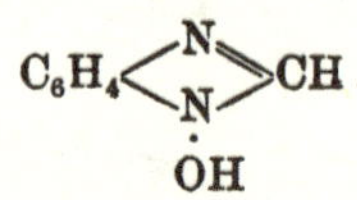

Merkwürdigerweise ist es weder nach Reaktion A noch nach B gelungen, Benzimidazole darzustellen, welche in der 2-Stellung ein α,β-ungesättigtes, rein aliphatisches Radikal enthalten[2] (Formel II, s. u.), während die analoge Verbindung III

II)  III) 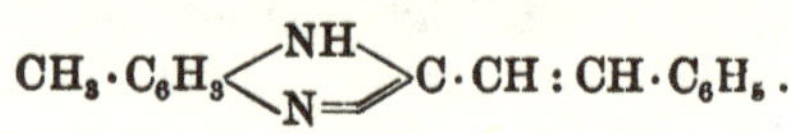

mit ungesättigtem fettaromatischen Radikal aus Toluylendiamin und Zimtsäure bereitet werden kann (einen anderen Weg vgl. in Gleichung D auf S. 488).

Auch durch Erhitzen der salzsauren *o*-Diamine mit Säureamiden, sowie mit Säureestern werden Benzimidazole gebildet[3].

Wenn der Benzolkern unsymmetrisch substituiert ist, so erscheint Isomerie durch verschiedene Stellung des im Imidazol-Kern an Stickstoff gebundenen Wasserstoffs denkbar, z. B.:

IV) 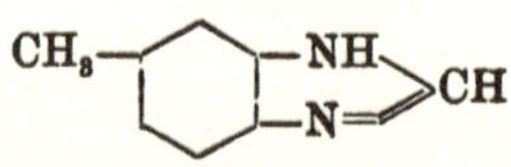 und IVa) 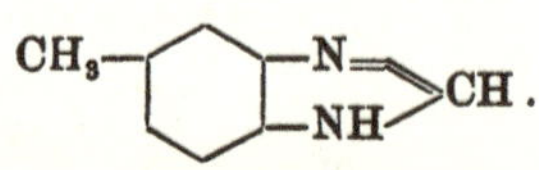

Eine solche Isomerie hat sich aber nur verwirklichen lassen, wenn jener Wasserstoff durch Kohlenwasserstoff-Radikale vertreten ist, nicht bei den am Stickstoff unsubstituierten Benzimidazolen. Diese bieten vielmehr einen Fall von „virtueller Tautomerie“ (vgl. Bd. I, Tl. I, S. 122) dar[4], ebenso wie die unsymmetrisch substituierten einkernigen Imidazole (vgl. Bd. II, Tl. III, S. 442).

Die Benzimidazole sind farblose, häufig gut krystallisierbare Verbindungen. Wie schon in Bd. II, Tl. I hervorgehoben wurde, besitzen sie so stark **basischen** Charakter, daß sie sich in verdünnten Säuren mit Leichtigkeit auflösen (während sie in kaltem Wasser nicht oder wenig löslich sind); dies gilt nicht nur für diejenigen Benzimidazole,

---

[1] v. NIEMENTOWSKI, B. **20**, 1875, 1880 (1887); **25**, 862, 871 (1892); **43**, 3012 (1910). — BACZYŃSKI, v. NIEMENTOWSKI, C. **1902**, II, 940.

[2] FICHTER, J. pr. [2] **74**, 316, 321 (1906). — Über Bildung von Benzimidazol-Derivaten aus *o*-Diaminen und α-Oxysäuren s. BISTRZYCKI, PRZEWORSKI, B. **45**, 3485 (1912).

[3] v. NIEMENTOWSKI, B. **30**, 3062 (1897). — Über Einwirkung von Säurechloriden auf *o*-Diamine s. BISTRZYCKI, CYBULSKI, B. **24**, 631 (1891).

[4] Vgl. dazu: KAISER, B. **18**, 2949 (1885). — v. NIEMENTOWSKI, B. **19**, 715 (1886); **20**, 1874 (1887). — O. FISCHER, B. **34**, 930 (1901). J. pr. [2] **73**, 424 (1906); **75**, 88 (1907). — O. FISCHER, RIGAUD, B. **34**, 4202 (1901); **35**, 1259 (1902).

welche in der 2-Stellung Wasserstoff oder Alkyl enthalten, sondern auch für die an dieser Stelle durch Aryl substituierten Benzimidazole, wie $C_6H_4\langle{}^{NH}_{N}\rangle C\cdot C_6H_5$. — Andererseits sind sie zur Bildung von Metall-Derivaten, wie

V) $CH_3\cdot C_6H_3\langle{}^{NAg}_{N}\rangle C\cdot CH_3$ und VI) $CH_3\cdot C_6H_3\langle{}^{NNa}_{N}\rangle C\cdot CH_3$,

befähigt[1].

Merkwürdig sind die Unterschiede in der Beständigkeit der Natriumsalze gegen Wasser. Während das oben sub VI formulierte Natriumsalz durch Wasser zu Natriumhydroxyd und Dimethyl-benzimidazol hydrolysiert wird, lösen sich das 2-Monomethyl-benzimidazol $C_6H_4\langle{}^{NH}_{N}\rangle C\cdot CH_3$ und das 2-Monophenyl-benzimidazol in wäßrigem Alkali auf.

Das stickstoffhaltige Ringsystem ist in den Benzimidazolen selbst äußerst beständig. Eine Spaltung in *ortho*-Diamine und Säuren — Umkehrung der Gleichung B auf S. 485 — erfolgt auch bei starkem Erhitzen mit Mineralsäuren unter Druck nicht[2]. Über leichte Spaltungen der quartären Alkylate und der Acyl-Derivate vgl. aber S. 489, 490, 491—492.

Der Versuch, Benzimidazole zu Dihydriden zu reduzieren:

$$C_6H_4\langle{}^{NH}_{N}\rangle CH \xrightarrow{+H_2} C_6H_4\langle{}^{NH}_{NH}\rangle CH_2$$

ist erfolglos geblieben[3]. Auch gegen Oxydationsmittel[4] ist das Benzimidazol-System so widerstandsfähig, daß es gelingt, die daran haftenden Methyle ohne Zerfall des Ringkomplexes zu Carboxyl zu oxydieren, z. B.:

$$CH_3\cdot C_6H_3\langle{}^{NH}_{N}\rangle C\cdot CH_3 \xrightarrow{KMnO_4} CO_2H\cdot C_6H_3\langle{}^{NH}_{N}\rangle C\cdot CH_3$$

$$\longrightarrow CO_2H\cdot C_6H_3\langle{}^{NH}_{N}\rangle C\cdot CO_2H. \quad (C)$$

Daß bei sehr energischer Oxydation des Benzimidazols in kleiner Menge die Imidazol-dicarbonsäure-(4.5) entsteht, indem die Benzol-Hälfte zerstört wird, die Imidazol-Hälfte aber erhalten bleibt, wurde schon S. 468 mitgeteilt.

Ein in der 2-Stellung des Benzimidazol-Kerns befindliches Methyl zeigt bemerkenswerte Kondensationsfähigkeit, wie z. B. aus der Reaktion:

---

[1] BAMBERGER, LORENZEN, A. **273**, 271, 279 (1893).
[2] O. FISCHER, B. **22**, 645 (1889).
[3] Vgl. BAMBERGER, LORENZEN, A. **273**, 270, 277 (1893).
[4] Vgl. BAMBERGER, BERLÉ, A. **273**, 306, 323 (1893).

$$CH_3\cdot C_6H_3<\genfrac{}{}{0pt}{}{NH}{N=}>C\cdot CH_3 + CHO\cdot C_6H_5$$

$$= H_2O + CH_3\cdot C_6H_3<\genfrac{}{}{0pt}{}{NH}{N=}>C\cdot CH:CH\cdot C_6H_5 \qquad (D)$$

hervorgeht[1].

Sehr leicht wird bei der Einwirkung von Chlorkalk das Imid-Wasserstoffatom durch Chlor ersetzt[2]. Die entstehenden *N*-Chlor-Derivate entwickeln, mit Salzsäure übergossen, schon bei gewöhnlicher Temperatur Chlor. Unter der Einwirkung trockenen siedenden Benzols lagern sie sich um, indem das Chlor in den Benzolkern wandert, z. B.:

$$CH_3\cdot C_6H_3<\genfrac{}{}{0pt}{}{NH}{N=}>C\cdot CH_3 \xrightarrow{\text{Chlorkalk}} CH_3\cdot C_6H_3<\genfrac{}{}{0pt}{}{NCl}{N=}>C\cdot CH_3$$

$$\xrightarrow{\text{Umlagerung}} CH_3\cdot C_6H_2Cl<\genfrac{}{}{0pt}{}{NH}{N=}>C\cdot CH_3. \qquad (E)$$

Ausführlich und mit interessanten Ergebnissen wurde die Alkylierung[3] der Benzimidazole — besonders von OTTO FISCHER — untersucht. Die Einwirkung der Alkyljodide führt zunächst zu *N*-Alkylbenzimidazolen vom Typus VII (s. u.), dann zu deren Jodalkylaten vom Typus VIII.

$$\text{VII)}\ C_6H_4<\genfrac{}{}{0pt}{}{N(C_2H_5)}{N}>CH, \qquad \text{VIII)}\ C_6H_4<\genfrac{}{}{0pt}{}{N(C_2H_5)}{N(I)(C_2H_5)}>CH, \qquad \text{IX)}\ C_6H_4<\genfrac{}{}{0pt}{}{NH(C_2H_5)}{NH(C_2H_5)}.$$

Die Monoalkyl-Derivate (VII) können auch — analog den Formelreihen A und B auf S. 485 — aus *o*-nitrierten Acyl-alkyl-aryl-aminen durch Reduktion:

$$CH_3\cdot C_6H_3<\genfrac{}{}{0pt}{}{N(CH_3)\cdot CO\cdot CH_3}{NO_2} \longrightarrow CH_3\cdot C_6H_3<\genfrac{}{}{0pt}{}{N(CH_3)}{N=}>C\cdot CH_3, \qquad (F)$$

sowie aus *N*-Monoalkyl-*ortho*-Diaminen durch Kochen mit Säuren:

$$CH_3\cdot C_6H_3<\genfrac{}{}{0pt}{}{NH(CH_3)}{NH_2} + HO\cdot COH = 2\,H_2O + CH_3\cdot C_6H_3<\genfrac{}{}{0pt}{}{N(CH_3)}{N=}>CH \qquad (G)$$

gewonnen werden. Sehr bemerkenswert ist das von PINNOW beobachtete Auftreten

---

[1] Vgl. BAMBERGER, BERLÉ, A. **273**, 303, 315 (1893).

[2] BAMBERGER, LORENZEN, A. **273**, 275, 289 (1893). — Einwirkung von Brom: BACZYNSKI, NIEMENTOWSKI, C. **1902**, II, 940.

[3] Vgl.: HÜBNER, A. **208**, 288 (1881); **210**, 349, 355 (1881). — HOWE, Am. **5**, 418 (1883). — A. HEMPEL, J. pr. [2] **41**, 166 (1890). — BAMBERGER, LORENZEN, A. **273**, 274, 282 (1893). — O. FISCHER, B. **26**, 195, 200 (1893); **34**, 936 (1901); **37**, 552, 556 (1904); **38**, 320 (1905). J. pr. [2] **73**, 419 (1906); **75**, 92 (1907). — PINNOW, B. **30**, 3120 (1897). J. pr. [2] **63**, 355 (1901); **65**, 579 (1902). — PINNOW, SÄMANN, B. **32**, 2181 (1899). — O. FISCHER, RIGAUD, B. **34**, 4202 (1901); **35**, 1258 (1902). — O. FISCHER, HESS, B. **36**, 3967 (1903). — O. FISCHER, LIMMER, J. pr. [2] **74**, 57 (1906). — RUPE, THIESS, B. **42**, 4293 (1909). — MELDOLA, KUNTZEN, Soc. **99**, 1283, 2034 (1911). — TINKLER, Soc. **101**, 1245 (1912). — L. WOLFF, A. **399**, 300 (1913).

einer hierher gehörigen Verbindung unter den Produkten der Reduktion des *o*-nitrierten *N*-Dimethyl-*p*-toluidins:

(H)

Daß entsprechend der Formel VIII die quartären Verbindungen ihre beiden Alkyle auf die beiden Stickstoffatome verteilt und nicht etwa an ein und dasselbe Stickstoffatom gebunden enthalten, ergibt sich aus der Spaltung, die sie bei durchgreifender Behandlung mit Alkali erleiden; denn sie führt zu symmetrisch dialkylierten *ortho*-Diaminen der Benzolreihe vom Typus IX. Dieser Spaltung geht aber bei der Behandlung mit Alkali die Bildung von Verbindungen voraus, welche ihrer empirischen Zusammensetzung nach durch Austausch des Halogens gegen Hydroxyl entstanden sind, und für welche demnach die Auffassung als quartäre Ammoniumhydroxyde (X) am nächsten liegt. Daß diese Auffassung aber nicht zutrifft, ergibt sich aus den Wahrnehmungen, die man

X) 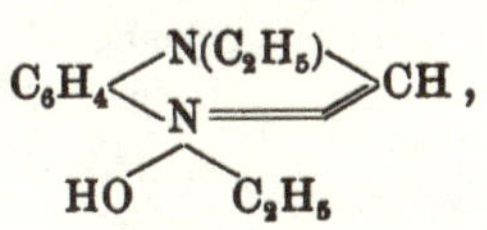 ,

XI) 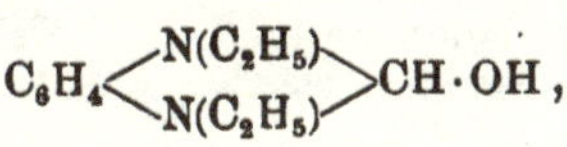 ,

XII) 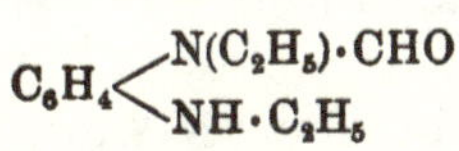

bei der Einwirkung von frisch gefälltem Silberoxyd auf die Halogenalkylate macht. Denn man erhält hierbei alkalisch reagierende Lösungen, welche an Äther nichts abgeben, und in welchen den Analogien zufolge Ammoniumhydroxyde (X) anzunehmen sind; kocht man sie aber einige Zeit oder setzt ihnen Ätzkali zu, so erfolgt Umwandlung in dieselben Produkte, die auch bei der direkten Zersetzung der Halogenalkylate durch Alkali entstehen und mit Äther ausgeschüttelt werden können. Diese ätherlöslichen Produkte sind also durch eine Isomerisierung der Ammoniumbasen entstanden. Wahrscheinlich sind sie gemäß Formel XI als *C*-Oxy-Derivate („Carbinole") dihydrierter Benzimidazole zu deuten; daneben kommt noch die Auffassung XII in Betracht, nach der sie als Acylderivate von *N,N'*-dialkylierten Diaminen erscheinen, bei ihrer Bildung also schon Ringspaltung erfolgt wäre. Jedenfalls sind sie nicht die den quartären Salzen (VIII) entsprechenden eigentlichen Basen (X), sondern deren „Pseudobasen"; durch Behandlung mit Säuren aber gehen sie wieder in die quartären Salze zurück (wobei sich vorübergehend Salze der Pseudobasen zu bilden scheinen).

Die wäßrige Lösung der „Pseudobasen" ist frisch bereitet neutral, nimmt aber nach einigen Stunden stark alkalische Reaktion an. Aus diesem Umstand, ebenso wie aus Beobachtungen über das ultraviolette Absorptionsspektrum und über die elektrische Leitfähigkeit darf man schließen, daß die Umwandlung der Ammoniumbase in die Pseudobase reversibel ist, und daß sich zwischen beiden ein Gleichgewicht einstellt (Tinkler).

Die Spaltung der Pseudobasen in ein Molekül Säure und ein Molekül *N,N'*-Dialkyl-diamin:

$$C_6H_4\Big\langle{N(X)\atop N(X)}\Big\rangle C(OH)\cdot Y \quad \text{bzw.} \quad C_6H_4\Big\langle{N(X)\cdot CO\cdot Y\atop NH\cdot X} + H_2O$$

$$= C_6H_4\Big\langle{NH\cdot X\atop NH\cdot X} + HO\cdot CO\cdot Y \qquad \text{(I)}$$

erfolgt in den einzelnen Fällen mit sehr verschiedener Leichtigkeit. Sie tritt z. B. sehr leicht beim Kochen mit verdünnter Natronlauge ein, wenn $X = CH_3$ und $Y = H$ ist, noch leichter wenn in dem Benzolkern Nitrogruppen vorhanden sind. Ist dagegen $Y = CH_3$ und befindet sich außerdem im Benzolkern noch ein Methyl, so gelingt die Spaltung weder mit wäßrigem noch mit alkoholischem Kali beim Kochen unter gewöhnlichem Druck, sondern erst beim Erhitzen auf 150°.

Die Pseudobasen werden synthetisch aus den symmetrisch dialkylierten *ortho*-Diaminen durch Acylierung erhalten, z. B.:

$$C_6H_4\Big\langle{NH\cdot CH_3\atop NH\cdot CH_3} + HO\cdot COH = H_2O + C_6H_4\Big\langle{N\cdot CH_3 \;\; \searrow CHO\atop NH(CH_3)} \quad \text{bzw.} \quad C_6H_4\Big\langle{N(CH_3)\atop N(CH_3)}\Big\rangle CH\cdot OH.$$

Durch Oxydation — z. B. mit Kaliumpermanganat — können sie in Benzimidazolone übergeführt werden, z. B.:

$$C_6H_4\Big\langle{N(CH_3)\atop N(CH_3)}\Big\rangle C(OH)\cdot CH_3 \longrightarrow C_6H_4\Big\langle{N(CH_3)\atop N(CH_3)}\Big\rangle CO.$$

Unter den *N*-Alkyl- bzw. *N*-Aralkyl-Derivaten sind diejenigen vom Typus:

$$C_6H_4\Big\langle{N\cdot CH_2\cdot R\atop N}\Big\rangle C\cdot R \qquad \text{(R = Wasserstoff, Alkyl oder Aryl)}$$

besonders hervorzuheben. In ihnen liegen die „Aldehydine"[1] vor, deren charakteristische Bildung durch Einwirkung von Aldehyden auf *ortho*-Diamine in saurer Lösung schon in Tl. I besprochen worden ist[2].

In neutraler Lösung bilden sich bei Anwendung aromatischer Aldehyde die eigentlichen Aldehyd-Derivate der Diamine, wie:

$$\text{XIII)} \quad C_6H_4\Big\langle{N:CH\cdot R\atop NH_2}, \qquad \text{XIV)} \quad C_6H_4\Big\langle{N:CH\cdot R\atop N:CH\cdot R};$$

diejenigen vom Typus XIII oxydieren sich leicht an der Luft zu nicht *N*-alkylierten Benzimidazolen:

$$C_6H_4\Big\langle{N:CH\cdot R\atop NH_2} - H_2 = C_6H_4\Big\langle{N=\atop NH}\Big\rangle C\cdot R,$$

diejenigen vom Typus XIV lagern sich unter verschiedenen Einflüssen (z. B. bei

[1] Vgl.: LADENBURG, B. **10**, 1126 (1877); **11**, 590, 1648 (1878). — HINSBERG, B. **19**, 2025 (1886); **20**, 1585 (1887). — O. FISCHER, WRESZINSKI, B. **25**, 2711 (1892). — HINSBERG, FUNCKE, B. **27**, 2187 (1894). — HINSBERG, KOLLER, B. **29**, 1497 (1896). — BRÜHL, Ph. Ch. **22**, 386 (1897). — PINNOW, WISKOTT, B. **32**, 898 (1899).

[2] 1. Auflage, S. 230—231.

längerem Stehen in alkoholischer Lösung oder beim Erhitzen über den Schmelzpunkt) in die isomeren Aldehydine um:

$$C_6H_4\left\langle\begin{matrix}N:CH\cdot R\\ N:CH\cdot R\end{matrix}\right. \longrightarrow C_6H_4\left\langle\begin{matrix}N\cdot CH_2R\\ N\end{matrix}\right\rangle C\cdot R\,.$$

Die aliphatischen Aldehyde bilden mit den *ortho*-Diaminen in saurer Lösung Aldehydine, in neutraler Lösung dagegen Produkte, welche die gleiche Zusammensetzung wie die Aldehydine, aber das doppelte Molekulargewicht besitzen[1]; daneben entstehen sowohl in neutraler wie in saurer Lösung die nicht *N*-alkylierten Benzimidazole $C_6H_4\left\langle\begin{matrix}N=\\ NH\end{matrix}\right\rangle C\cdot R$.

Mit *ortho*-Diaminen, welche an einem Stickstoffatom monosubstituiert sind, reagieren die aromatischen Aldehyde unter Bildung von gelb- bis rotgefärbten Verbindungen, die durch Säuren meist leicht spaltbar sind und entweder gemäß XV als Azomethine oder gemäß XVI als Imidazol-dihydride zu formulieren sind[2]; sie

$$\text{XV)}\ C_6H_4\left\langle\begin{matrix}NH\cdot R\\ N:CH\cdot Ar\end{matrix}\right.,\quad \text{XVI)}\ C_6H_4\left\langle\begin{matrix}N\cdot R\\ NH\end{matrix}\right\rangle CH\cdot Ar,\quad \text{XVII)}\ C_6H_4\left\langle\begin{matrix}NR\\ N=\end{matrix}\right\rangle C\cdot Ar$$

gehen durch Oxydation sehr leicht in die farblosen 2-Aryl-benzimidazole (XVII) über, die durch kochende Säuren nicht gespalten werden.

N-Monoaryl-benzimidazole[3] entstehen aus den *N*-Monoaryl-Derivaten der *ortho*-Diamine („*ortho*-Semidinen") durch Einwirkung von Säuren, Säurechloriden oder Säureanhydriden, z. B.:

$$C_2H_5\cdot O\cdot C_6H_3\left\langle\begin{matrix}NH\cdot C_6H_5\\ NH_2\end{matrix}\right. + HO\cdot CO\cdot H = 2H_2O + C_2H_5\cdot O\cdot C_6H_3\left\langle\begin{matrix}N\cdot C_6H_5\\ N\end{matrix}\right\rangle CH\,.$$

Die Einführung eines Acyls in die Benzimidazole gelingt bei Ausschluß von Wasser durch die Einwirkung von Säurechloriden[4]. Durch weitere Einwirkung von Säurechloriden in Gegenwart von Wasser können die *N*-Monoacyl-benzimidazole (s. Formel XVIII, S. 492) interessante Umwandlungen erleiden, die nach neueren Untersuchungen von GERNGROSS[5] und von L. WOLFF[6] folgendermaßen zu deuten sind:

[1] Betreffs ihrer Struktur s. O. FISCHER, B. **32**, 245 (1899).

[2] Vgl.: O. FISCHER, SIEDER, B. **23**, 3800 (1890). — O. FISCHER, B. **25**, 2826 (1892). — Über *N,N'*-Dibenzolsulfonyl-benzimidazol-dihydrid s. HINSBERG, STRUPLER, A. **287**, 224 (1895).

[3] Vgl. z. B.: O. FISCHER, B. **26**, 187 (1893). — JACOBSON, A. **287**, 132 (1895). — REISSERT, GOLL, B. **38**, 92 (1895). — MUTTELET, A. ch. [7] **14**, 402, 433 (1898). — KYM, B. **37**, 1070 (1904). — v. WALTHER, KESSLER, J. pr. [2] **74**, 193, 203 (1906). — MELDOLA, Soc. **89**, 1938 (1906). — MELDOLA, HAG, Soc. **93**, 1659 (1908); **95**, 133 (1909). — MELDOLA, KUNTZEN, Soc. **99**, 36 (1911). — KYM, RINGER, B. **48**, 1682 (1915).

[4] Vgl.: BAMBERGER, LORENZEN, A. **273**, 275, 288 (1893). — GERNGROSS, B. **46**, 1912 (1913).

[5] B. **46**, 1913 (1913).

[6] A. **399**, 297 (1913).

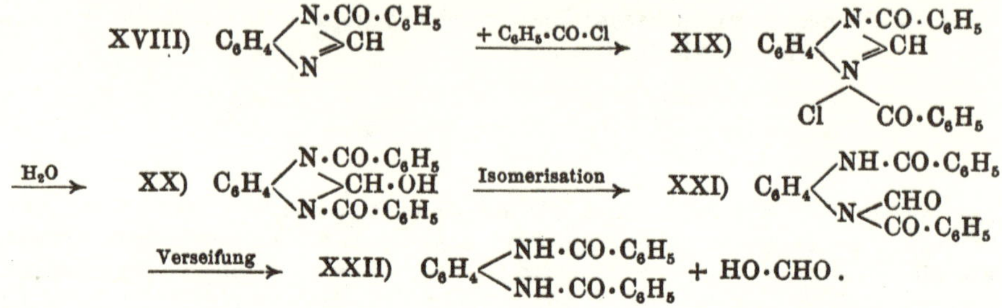

Das Benzoylchlorid-Additionsprodukt XIX ist noch hypothetisch, die übrigen Produkte (XX, XXI und XXII) aber wurden isoliert (vgl. über XX S. 494). Infolge dieser Reaktionen erhält man bei der „Benzoylierung nach SCHOTTEN-BAUMANN" (Einwirkung von Benzoylchlorid in wäßrigem Alkali) aus dem Benzimidazol selbst das unter Ringöffnung und Abspaltung von Ameisensäure entstandene Endprodukt[1] XXII — das Dibenzoylderivat eines *ortho*-Diamins. Diese auffallend leichte Ringöffnung ist indessen keine allgemein gültige Reaktion[2]; bei mehreren Benzimidazolen führt die Benzoylierung nach SCHOTTEN-BAUMANN zu Monobenzoylbenzimidazolen (vgl. S. 496).

Trotzdem manche Benzimidazole recht leicht zugänglich sind, hat kein Glied der reichlich ausgebauten Gruppe praktische Bedeutung gewonnen. Die im Voranstehenden gegebene ausführlichere Darlegung der interessanten Bildungs- und Umwandlungs-Vorgänge braucht daher bezüglich der *einzelnen Vertreter* nur noch durch wenige Angaben ergänzt zu werden. Die Schmelzpunkte des Benzimidazols selbst, einiger Homologen und 2-Phenyl-Derivate sind in der Tabelle Nr. 4 auf S. 493 zusammengestellt.

Benzimidazol[3] (Methenyl-*o*-phenylendiamin) krystallisiert sehr schön aus Alkohol und destilliert unzersetzt oberhalb 300°; die Salze, welche diese einsäurige Base mit Salzsäure, Salpetersäure, Schwefelsäure und Essigsäure bildet, sind in Wasser leicht löslich. Mit alkalischem Diazobenzol kuppelt Benzimidazol im Gegensatz zum Indazol (vgl. S. 428) nicht. — *N*-Methyl-benzimidazol[4]

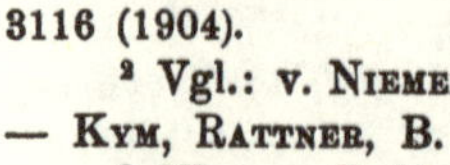 krystallisiert aus Petroläther in weißen Prismen, schmilzt bei 61°, siedet bei 278° (unter 730 mm Druck) und ist mit Wasserdampf, wenn auch schwer, flüchtig; die aus seinem Jodmethylat durch Alkali entstehende Pseudo-

---

[1] BAMBERGER, BERLÉ, A. **273**, 342 (1893). — Vgl. auch HELLER, B. **37**, 3116 (1904).

[2] Vgl.: v. NIEMENTOWSKI, B. **32**, 1460 (1899). — O. FISCHER, B. **34**, 931 (1901). — KYM, RATTNER, B. **45**, 3239 (1912).

[3] WUNDT, B. **11**, 827 (1878). — GRASSI-CRISTALDI, LAMBARDI, G. **25**, I, 224 (1895). — BAMBERGER, A. **305**, 298 Anm. (1899). — BÉHAL, D.R.P. 115334 (C. **1900**, II, 1141). — DAINS, B. **35**, 2503 (1902). — PAULY, GUNDERMANN, B. **41**, 4011 (1908).

[4] O. FISCHER, B. **22**, 644 (1889); **38**, 321 (1905). — O. FISCHER, WRESZINSKI, B. **25**, 2711 (1892).

Tabelle Nr. 4.

Name	Formel	Schmelzp.
Benzimidazol[1]	$C_6H_4\left\langle\begin{matrix}NH\\N\end{matrix}\right\rangle CH$	170°
2-Methyl-benzimidazol[2—7, 39] . .	$C_6H_4\left\langle\begin{matrix}NH\\N\end{matrix}\right\rangle C\cdot CH_3$	175°
4- (bzw. 7-)Methyl-benzimidazol[8] .	$CH_3\cdot C_6H_3\left\langle\begin{matrix}NH\\N\end{matrix}\right\rangle CH$	143°
5- (bzw. 6-)Methyl-benzimidazol[9—11]	$CH_3\cdot C_6H_3\left\langle\begin{matrix}NH\\N\end{matrix}\right\rangle CH$	114°
2.5- (bzw. 2.6-)Dimethyl-benzimidazol[2, 12—18, 21, 22]	$CH_3\cdot C_6H_3\left\langle\begin{matrix}NH\\N\end{matrix}\right\rangle C\cdot CH_3$	203°
4.6- (bzw. 5.7-)Dimethyl-benzimidazol[19]	$(CH_3)_2C_6H_2\left\langle\begin{matrix}NH\\N\end{matrix}\right\rangle CH$	175°
2.4.5.7- (bzw. 2.4.6.7-)Tetramethyl-benzimidazol[20]	$(CH_3)_3C_6H\left\langle\begin{matrix}NH\\N\end{matrix}\right\rangle C\cdot CH_3$	232°
2-Phenyl-benzimidazol[23—30, 33, 34, 38]	$C_6H_4\left\langle\begin{matrix}NH\\N\end{matrix}\right\rangle C\cdot C_6H_5$	294°
2-Phenyl-5- (bzw. 6-)methyl-benzimidazol[31, 32]	$CH_3\cdot C_6H_3\left\langle\begin{matrix}NH\\N\end{matrix}\right\rangle C\cdot C_6H_5$	239°
α,β-Naphthimidazol[35—37]	$C_{10}H_6\left\langle\begin{matrix}NH\\N\end{matrix}\right\rangle CH$	174°

Zitate zu der Tabelle Nr. 4. — [1] S. die Zitate auf S. 492, Fußnote 3. — [2] Ladenburg, B. **8**, 677 (1875). — [3] Hübner, A. **209**, 353 (1881). — [4] Kaiser, B. **18**, 2945 (1885). — [5] Manuelli, Galloni, G. **31**, I, 21 (1901). — [6] Rupe, Porai-Koschitz, C. **1904**, I, 102. — [7] Brand, Stohr, B. **39**, 4059 (1906). — [8] Hübner, Schüpphaus, B. **17**, 777 (1884). — [9] Ladenburg, B. **10**, 1123 (1877). — [10] O. Fischer, B. **22**, 644 (1889). — [11] Bamberger, Berlé, A. **273**, 322 (1893). — [12] Hobrecker. B. **5**, 920 (1872). — [13] Ladenburg, Rügheimer, B. **12**, 954 (1879). — [14] Nölting, O. N. Witt, B. **17**, 81 (1884). — [15] Bössneck, B. **21**, 1909 (1888). — [16] Niementowski, B. **25**, 862 (1892). — [17] Maron, Salzberg, B. **44**, 3002 (1911). — [18] Maron, D.R.P. 282374, 282375 (C. **1915**, I, 580, 581). — [19] O. Fischer, Rigaud, B. **34**, 4205 (1901). — [20] Bogert, A. Bender, Am. Soc. **36**, 571 (1914). — [21] Bistrzycki, Ulffers, B. **25**, 1991 (1892). — [22] Autenrieth, Hinsberg, B. **25**, 606 (1892). — [23] Hübner, A. **208**, 304 (1881); **210**, 347, 349 (1881). — [24] Auwers, v. Meyenburg, B. **24**, 2386 (1891). — [25] Hinsberg, Koller, B. **29**, 1498 (1896). — [26] Walther, v. Pulawski, J. pr. [2] **59**, 251 (1899). — [27] Japp, Meldrum, Soc. **75**, 1043 (1899). — [28] Pawlewski, C. **1903**, II, 204. — [29] O. Fischer, J. pr. [2] **73**, 432 (1906). — [30] Gastaldi, Cherchi, G. **43**, I, 302 (1913). — [31] Ladenburg, Rügheimer, B. **12**, 952 (1879). —

[32] HÜBNER, A. **208**, 316 (1881). — [33] FRANZEN, B. **40**, 910 (1907). — [34] H. L. WHEELER, Am. **17**, 401 (1895). — [35] O. FISCHER, WRESZINSKI, B. **25**, 2711 (1892). — [36] O. FISCHER, B. **32**, 1314 (1899); **34**, 932 (1901). — [37] HELLER, B. **37**, 3112, 3116 (1904). — [38] Amino- und Hydrazino-Derivate: MIKLASZEWSKI, v. NIEMENTOWSKI, B. **34**, 2953 (1901). [39] WALJASCHKO, BOLTINA, C. **1915**, II, 397.

base[1] $C_9H_{12}ON_2$ — 1.3-Dimethyl-2-oxy-benzimidazol-dihydrid? (vgl. S. 489) — krystallisiert aus Ligroin in weißen Nadeln und schmilzt bei 74—75°. — *N*-Phenyl-benzimidazol[2] schmilzt bei 97°. — *N*-Acetyl-benzimidazol[3] schmilzt bei 113—114° und wird schon beim Erwärmen mit verdünnter Sodalösung zu Benzimidazol verseift. — *N*-Benzoyl-benzimidazol[4] (Formel XVIII auf S. 492) schmilzt bei 93—94° und wird durch kurzes Kochen mit Wasser verseift. Schüttelt man seine Lösung in Äther + Benzol mit 1 Mol.-Gewicht Benzoylchlorid und $^1/_2$ bis 1 Mol.-Gewicht Wasser[5], so gelangt man zu dem 1.3-Dibenzoyl-2-oxy-benzimidazol-dihydrid-(2.3) (Formel XX auf S. 492), das bei raschem Erhitzen zwischen 135—140° schmilzt und bei langsamem Weitererhitzen wieder erstarrt, indem es sich zu dem bei 157° schmelzenden *N*-Formyl-*N*,*N'*-dibenzoyl-*o*-phenylendiamin (Formel XXI auf S. 492) isomerisiert. Interessant ist die Leichtigkeit, mit der das Dibenzoyl-oxy-dihydrid (XX) sich ätherifiziert; schon durch kurzes Kochen mit absolutem Alkohol wird es in seinen Äthyläther $C_6H_4\left<\begin{matrix}N(CO\cdot C_6H_5)\\N(CO\cdot C_6H_5)\end{matrix}\right>CH\cdot O\cdot C_2H_5$ übergeführt.

Das **Oxbenzimidazol**[6] (Formel I bzw. Ia oder Ib auf S. 486) entsteht neben Benzimidazol bei der Reduktion von *o*-Nitro-formanilid mit alkoholischer Schwefelammonium-Lösung, unter Umständen in einer Ausbeute von 60—70% der Theorie. Es krystallisiert aus heißem Wasser in weißen Nadeln, schmilzt bei 210° zu einer farblosen Flüssigkeit, die bereits bei 212° Gasbläschen entwickelt, und löst sich sowohl in Alkalien, wie in organischen und in Mineralsäuren. Benzimidazol entsteht aus ihm durch Kaliumpermanganat in warmer schwefelsaurer Lösung, sowie durch Ferrosulfat in siedender ammoniakalischer Lösung. Unter der Einwirkung vieler Agenzien — z. B. bei der Behandlung mit Benzoylchlorid in kalter alkalischer Lösung — erleidet das Oxbenzimidazol Umlagerung zu dem ihm isomeren *o*-Phenylenharnstoff (2-Oxy-benzimidazol, s. S. 495).

Das einfachste Aldehydin (vgl. S. 490—491) mit ausschließlich aromatischen Radikalen — das **1-Benzyl-2-phenyl-benzimidazol**[7] (Benzaldehydin des *o*-Phenylendiamins) $C_6H_4\left<\begin{matrix}N\cdot CH_2\cdot C_6H_5\\N\end{matrix}\right>C\cdot C_6H_5$ — krystallisiert aus Alkohol in farblosen Prismen, schmilzt bei 133—134° und ist in Wasser unlöslich, in Alkohol leicht löslich; sein Nitrat $C_{20}H_{16}N_2, HNO_3$ schießt aus heißem Wasser in farblosen Prismen an und löst sich in kaltem Wasser sehr schwer.

---

[1] O. FISCHER, B. **34**, 937 (1901).

[2] BAMBERGER, LAGUTT, B. **31**, 1506 (1898). — O. FISCHER, RIGAUD, B. **34**, 4204 (1901).

[3] BISTRZYCKI, PRZEWORSKI, B. **45**, 3486, 3490 (1912). — GERNGROSS, B. **46**, 1913 (1913). D.R.P. 282491 (C. **1915**, I, 584).

[4] BAMBERGER, BERLÉ, A. **273**, 360 (1893). — HELLER, B. **37**, 3116 (1904). — GERNGROSS, B. **46**, 1912 (1913). D.R.P. 282491 (C. **1915**, I, 584).

[5] GERNGROSS, B. **46**, 1919 (1913).

[6] v. NIEMENTOWSKI, B. **43**, 3014, 3019 (1910).

[7] LADENBURG, ENGELBRECHT, B. **11**, 1653 (1878).

Auf verschiedenen Wegen — z. B. durch Erwärmen von salzsaurem *o*-Phenylendiamin mit Harnstoff auf 130—140° — hat man den **o-Phenylen-harnstoff**[1] gewonnen, der als 2-Oxy-benzimidazol oder als 2-Oxo-benzimidazol-dihydrid-(2.3) (Benzimidazolon):

$$C_6H_4\langle{}^{NH}_{N}\rangle C\cdot OH \qquad \text{oder} \qquad C_6H_4\langle{}^{NH}_{NH}\rangle CO$$

aufgefaßt werden kann. Er krystallisiert in farblosen Blättern, schmilzt bei 305°, ist in siedendem Wasser schwer löslich und wird sowohl von verdünnter Natronlauge wie von schwach erwärmter konzentrierter Salzsäure leicht aufgenommen, dagegen nicht von verdünnter Salzsäure. Die Verbindung ist außerordentlich beständig; sie wird weder durch Benzoylchlorid in alkalischer Lösung, noch beim Erhitzen mit konzentrierter Salzsäure auf ca. 200° gespalten und bleibt sogar beim Destillieren mit rotglühendem Zinkstaub der Hauptmenge nach unverändert.

Der analoge Schwefelkörper — **o-Phenylen-thioharnstoff** (2-Mercapto-benzimidazol)[2]:

$$C_6H_4\langle{}^{NH}_{N}\rangle C\cdot SH \qquad \text{oder} \qquad C_6H_4\langle{}^{NH}_{NH}\rangle CS$$

— schmilzt bei 292—293°. Sehr leicht entstehen *N*-Aryl-Derivate[3] seiner Homologen bzw. Analogen aus *ortho*-Semidinen durch einfaches Kochen mit Schwefelkohlenstoff in alkoholischer Lösung, z. B.:

$$C_2H_5O\cdot C_6H_3\langle{}^{NH\cdot C_6H_5}_{NH_2} + CS_2 = H_2S + C_2H_5O\cdot C_6H_3\langle{}^{N-C_6H_5}_{N}\rangle C\cdot SH;$$

auch bilden sie sich aus Hydrazo-Körpern, die Neigung zur Semidin-Umlagerung zeigen, beim Erhitzen mit Schwefelkohlenstoff auf ca. 150°, in einigen Fällen schon durch längere Einwirkung bei gewöhnlicher Temperatur. Diese Verbindungen sind sehr krystallisationsfähig, lösen sich leicht in verdünnten Alkalien, liefern mit Quecksilberoxyd in alkoholischer Lösung weiße krystallinische Quecksilbersalze und werden durch alkoholisches Kali bei 200° nicht gespalten.

Weitere kondensierte Imidazol-Systeme.

Die Reaktionen, welche von einkernigen Benzol-Körpern zu Benzimidazolen führen (S. 485—486), sind auch auf Abkömmlinge der kondensierten cyclischen Kohlenwasserstoffe (Naphthalin usw.) übertragen worden.

---

[1] Rudolph, B. **12**, 1296 (1879). — Lellmann, Würthner, A. **228**, 221 (1885). — Sandmeyer, B. **19**, 2654 (1886). — A. Hartmann, B. **23**, 1047 (1890). — Manuelli, Recchi, R.A.L. [5] **9**, II, 269 (1900). — Kym, J. pr. [2] **75**, 323 (1907). — v. Niementowski, B. **43**, 3021 (1910).

Vgl. auch: Pinnow, Sämann, B. **32**, 2181 (1899). — R. Meyer, A. **327**, 6 (1903). — Kym, Ratner, B. **45**, 3238 (1912).

[2] Lellmann, A. **221**, 8 (1883). — Billeter, Steiner, B. **20**, 231 (1887). — Kym, J. pr. [2] **75**, 324 (1907).

[3] Vgl. z. B.: O. Fischer, Sieder, B. **23**, 3799 (1890). — Jacobson, W. Fischer, B. **25**, 1001 (1892). — Jacobson, A. **287**, 133 (1895). — Jacobson, Hugershoff, B. **36**, 3841 (1903).

So gelangte man zu Vertretern der **Naphthimidazol-, Anthrimidazol-**[1], **Phenanthrimidazol-**[2] und **Acenaphthimidazol**[3]**-Gruppe.**

Wie das Naphthalin zur Phthalsäure, so wird das α,β-Naphthimidazol[4] (Formel I, s. u.) — vgl. Tabelle Nr. 4 auf S. 493 — durch Chromsäure in Eisessig zur Benzimidazol-dicarbonsäure (II) oxydiert:

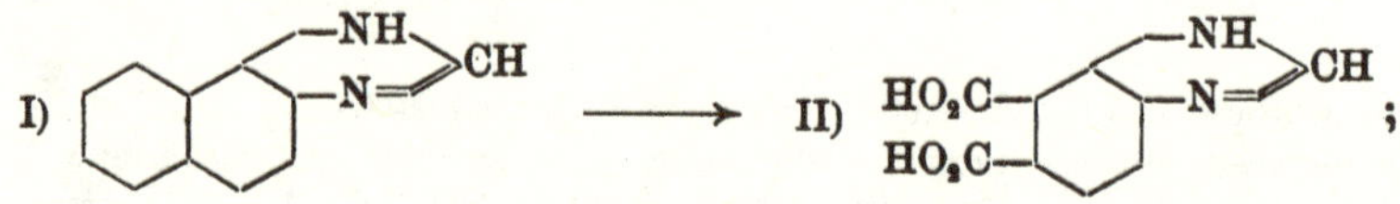

die große Beständigkeit des Benzimidazol-Systems gegen Oxydationsmittel (vgl. S. 487) tritt hierin deutlich zutage. Gegenüber Benzoylchlorid in Alkali ist der Imidazol-Kern des Naphthimidazols widerstandsfähiger als derjenige des Benzimidazols (vgl. S. 492); denn es entsteht ohne Ringspaltung ein *N*-Monobenzoyl-Derivat, das auch nicht so leicht verseift wird wie das *N*-Benzoyl-benzimidazol (S. 494).

Von den sonstigen Ergebnissen in der Naphthimidazol-Gruppe[5] sei die Bildung von Äthenyl-α,β-naphthylendiamin beim Stehenlassen von α-Nitroso-*N*-äthyl-β-naphthylamin mit alkoholischer Salzsäure[6]:

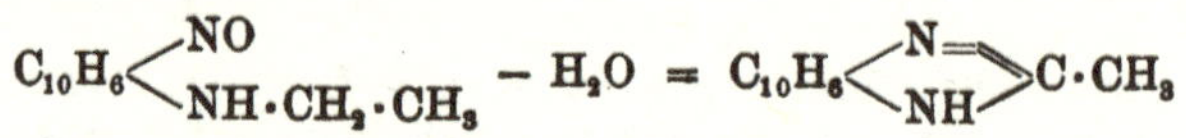

hervorgehoben. — Interessant sind auch die Beobachtungen[7] über die Verbindungen von folgendem Typus:

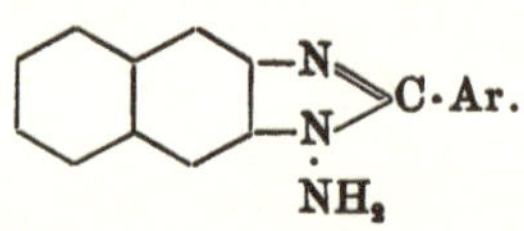

In ihnen ist die Amino-Gruppe wie in den asymmetrisch-sekundären Hydrazinen gebunden, zeigt aber eine merkwürdig geringe Reaktionsfähigkeit. So reduzieren

---

[1] Bayer & Co., D.R.P. 238982 (C. **1911**, II, 1288); 247246 (C. **1912**, II, 168). — Ullmann, Junghans, A. **399**, 332, 339 (1913). — Ullmann, Medenwald, B. **46**, 1807 (1913). — Schaarschmidt, A. **407**, 176 (1914).

[2] Vgl.: Japp, Davidson, Soc. **67**, 34, 45 (1895). — Vahlen, C. **1902**, I, 1302; **1903**, I, 898. — Pschorr, B. **35**, 2731 (1902). — Bergell, Pschorr, H. **40**, 572 (1904).

[3] F. Sachs, Mosebach, B. **44**, 2856 (1911).

[4] S. die Zitate Nr. 35—37 auf S. 494.

[5] Vgl. z. B.: Hübner, A. **208**, 328 (1881). — Liebermann, Jacobson, A. **211**, 67 (1882). — A. Prager, B. **18**, 2158 (1885). — Lellmann, Remy, B. **19**, 799 (1886). — P. Friedländer, v. Zakrzewski, B. **27**, 764 (1894). — O. Fischer, B. **27**, 2773 (1894). J. pr. [2] **73**, 434 (1906); **75**, 88 (1907). — Meldola, Eynon, Soc. **77**, 1159 (1900). — Meldola, Eyre, Lane, Soc. **83**, 1185 (1903). — Meldola, Lane, Soc. **85**, 1592 (1904). — Franzen, B. **38**, 269 (1905). J. pr. [2] **76**, 213, 229 (1907). — Aktienges. f. Anilinfabr., D.R.P. 167139 (C. **1906**, I, 797); 193350 (C. **1908**, I, 999). — Bayer & Co., D.R.P. 172319 (C. **1906**, II, 644). — Cassella & Co., D.R.P. 172981 (C. **1906**, II, 985); 175023 (C. **1906**, II, 1538); 175666 (C. **1906**, II, 1748); 209110 (C. **1909**, I, 1624); 233939 (C. **1911**, I, 1469).

[6] O. Fischer, Hepp, B. **20**, 1248, 2471 (1887).

[7] Franzen, J. pr. [2] **73**, 545 (1906). — Franzen, Scheuermann, J. pr. [2] **77**, 193 (1908).

diese Stoffe nicht FEHLINGsche Lösung, werden von Quecksilberoxyd nicht zu Tetrazonen oxydiert und kondensieren sich mit aromatischen Aldehyden nur schwer, mit Ketonen gar nicht zu Hydrazonen.

Ebenfalls nach den üblichen Methoden wurden Verbindungen synthetisiert, in deren Molekülen *zwei Imidazol-Kerne mit einem dazwischen befindlichen Benzol-Kern* kondensiert sind, — **Benzo-bis-imidazole**[1], wie:

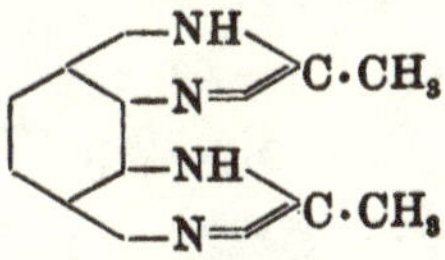

und

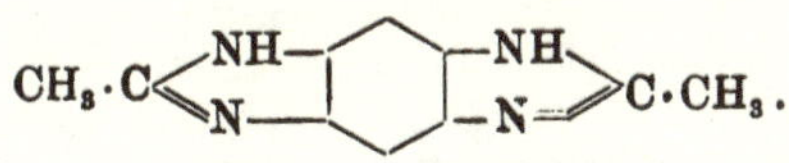

Interessanter ist die *direkte Kondensation zweier Imidazol-Kerne miteinander.* In *spirocyclischer* Art findet sie sich bei Abkömmlingen des an sich nicht bekannten **Spiro-di-hydantoins**[2]:

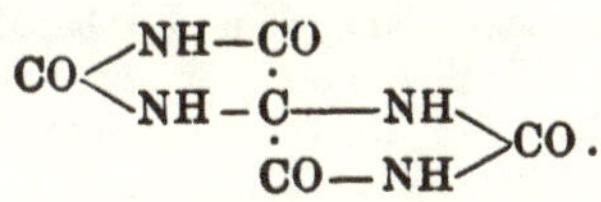

Dieses gleicht strukturell dem S. 474 besprochenen Kaffolid, zu dem es in derselben Beziehung steht, wie ein Lactam zu dem entsprechenden Lacton. Zu seinen *N*-Methyl-Derivaten[2,3] ist man in ähnlicher Weise, wie zu den *N*-methylierten Kaffoliden, beim Abbau von *N*-methylierten Purin-Körpern gelangt, nämlich von der 1.3.7-Trimethyl-harnsäure (Formel I, s. u.) über Trimethyl-harnsäure-glykoläther (II) zum Tri-

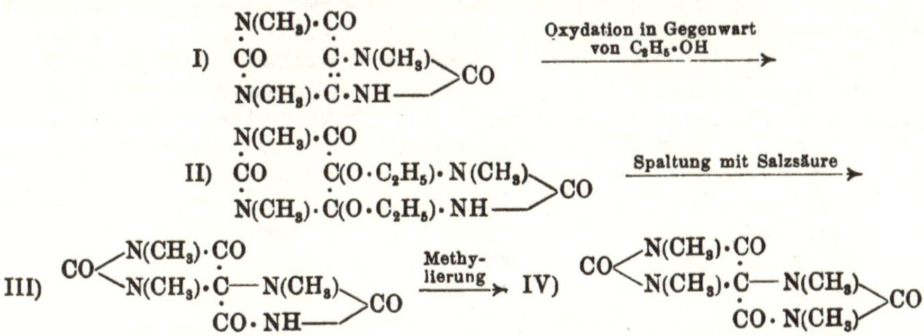

methyl-spirodihydantoin (III), das Hypokaffein genannt wird, und von der Tetramethyl-harnsäure zum Tetramethyl-spirodihydantoin (IV), das ursprünglich den Namen „Oxy-tetramethyl-harnsäure“ erhalten hatte. Mehrere Synthesen bestätigen diese Formeln,

---

[1] Vgl.: NIETZKI, HAGENBACH, B. **20**, 329, 336 (1887). — NIETZKI, L. SCHMIDT, B. **22**, 1652 (1889). — SCHUSTER, PINNOW, B. **29**, 1056 (1896). — KYM, B. **44**, 2919 (1911). — KYM, RATNER, B. **45**, 3238 (1912).

[2] H. BILTZ, B. **44**, 282 (1911).

[3] E. FISCHER, A. **215**, 288 (1882). B. **30**, 3012 (1897). — H. BILTZ, DAMM, A. **406**, 97 (1914).

z. B. die Bildung der Oxy-tetramethylharnsäure beim Zusammenschmelzen von Allokaffursäure (S. 476) mit symm. Dimethyl-harnstoff:

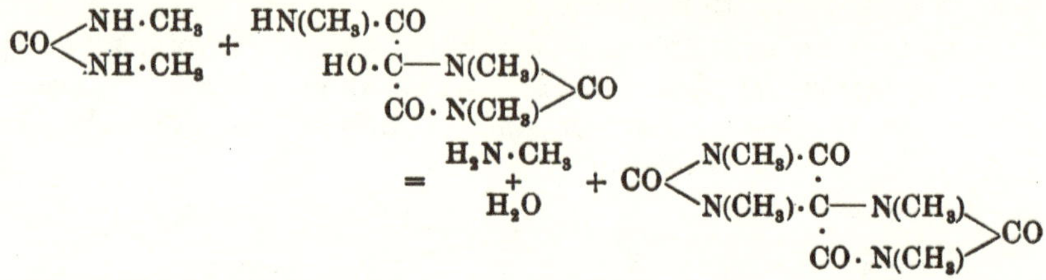

Hypokaffein (Formel III, s. o.) schießt aus heißem Wasser in prächtigen Krystallen an, schmilzt bei 185—186° (korr.) und destilliert bei höherer Temperatur fast unzersetzt. Es ist auffallend beständig; so kann es mit Wasser tagelang gekocht werden, verträgt Behandlung mit rauchender Salpetersäure, sowie mit Chromsäure-Gemisch in der Wärme und wird von rauchender Jodwasserstoffsäure nicht verändert. Dagegen wird es durch überschüssiges Barytwasser leicht unter Sprengung des nur ein Methyl enthaltenden Ringes und Abspaltung von Kohlendioxyd in Kaffolin (S. 462) übergeführt. Hypokaffein gibt ein Silbersalz $C_8H_9O_4N_4Ag$, das bei der Umsetzung mit Methyljodid die Oxy-tetramethyl-harnsäure (Schmelzpunkt 228—229°) — Formel IV, S. 497 — liefert.

Naphthalinartig kondensiert treten zwei Imidazol-Kerne in den sogenannten **Acetylen-diureinen**[1] auf, welche aus 1.2-Dicarbonyl-Verbindungen durch Reaktion mit (2 Mol.) Harnstoff entstehen, z. B.:

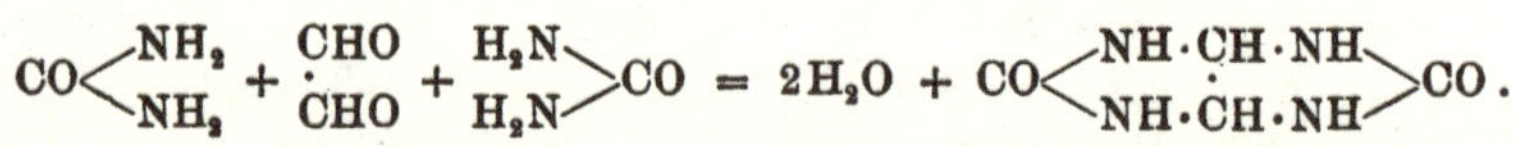

Das nach dieser Gleichung aus Glyoxal und Harnstoff in wäßriger, mit einigen Tropfen Salzsäure versetzter Lösung gewinnbare, einfachste Acetylen-diurein war zuerst durch Reduktion von Allantoin (vgl. S. 460) erhalten und Glykoluril genannt worden. Es krystallisiert aus Wasser meist in farblosen salpeterartigen Spießen und löst sich in 1060 Tln. Wasser von 17°, in ca. 60 Tln. siedenden Wassers. Beim Kochen mit konzentriertem Barytwasser wird es in Hydantoinsäure (Bd. I, Tl. II, S. 1404) und Harnstoff (bzw. Kohlendioxyd und Ammoniak) gespalten.

Das *C*, *C'*-Diphenyl-acetylendiurein (Tolan-harnstoff) wird durch Zusammenschmelzen von Benzil mit Harnstoff erhalten. Für die Struktur besonders beweisend ist die glatte Bildung aus Diphenyl-glyoxalonglykol (S. 478) und Harnstoff in Alkohol bei Zusatz von konzentrierter Salzsäure:

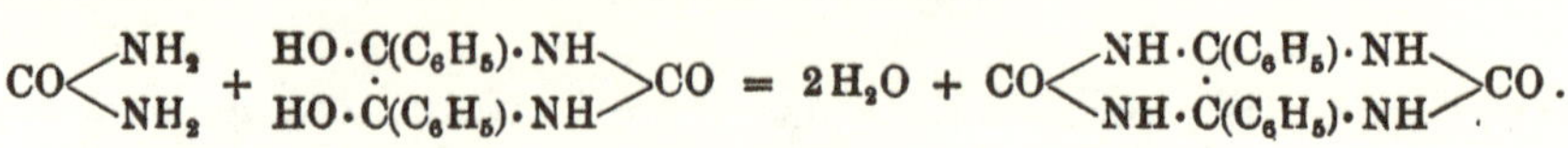

In seiner bicyclischen Formel (XI auf S. 461) erscheint das Allantoin als *C*-Oxy-acetylendiurein.

[1] Vgl.: RHEINECK, A. **134**, 219 (1865). — H. SCHIFF, A. **189**, 157 (1877). — BÖTTINGER, B. **10**, 1923 (1877); **11**, 1784 (1878). — PINNER, B. **17**, 1997 (1884). — WIDMAN, B. **19**, 2477 (1886). — FRANCHIMONT, KLOBBIE, R. **7**, 16, 246 (1888); **8**, 290 (1889). — ANGELI, G. **19**, 563 (1889). — ANSCHÜTZ, GELDERMANN, A. **261**, 129 (1890). — SIEMONSEN, A. **333**, 111 (1904). — R. BEHREND, E. MEYER, RUSCHE, A. **339**, 1 (1905). — FENTON, Soc. **87**, 815 (1905). — H. BILTZ, B. **40**, 4806 (1907). A. **368**, 243 (1909). — H. BILTZ, BEHRENS, B. **43**, 1984 (1910)

Einen Pyrrol-Kern mit einem Imidazol-Kern kondensiert enthält das Thiohydantoin der Pyrrolidon-carbonsäure[1]:

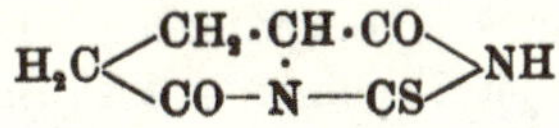

das aus Pyrrolidon-α-carbonsäure (S. 205) durch Erhitzen mit Kaliumrhodanid in Essigsäureanhydrid entsteht.

In den Molekülen der Verbindungen[2]:

V) 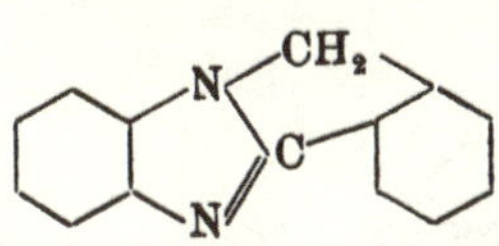, VI) 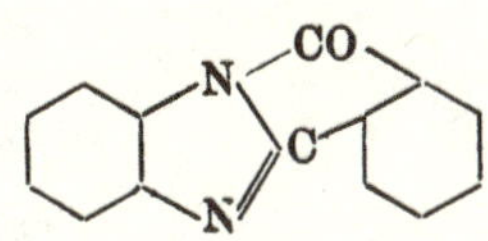

finden wir *ein mittleres, aus einem Imidazol- und einem Pyrrol-Kern orthokondensiertes System beiderseits noch mit je einem Benzol-Kern orthokondensiert.* Die Verbindung der Formel V — **o-Benzylen-benzimidazol** — entsteht durch einen der Aldehydin-Bildung (S. 490—491) analogen Prozeß beim Erhitzen von *o*-Phthalaldehyd mit salzsaurem *o*-Phenylendiamin in wäßriger Lösung. Sie krystallisiert aus Benzol in farblosen Nadeln, schmilzt bei 210° und ist eine schwache einsäurige Base. — Durch Permanganat in Essigsäure wird sie zu **o-Benzoylen-benzimidazol** (VI) oxydiert, das auch durch Reduktion von *o*-Nitrophthalanil $C_6H_4\langle^{\text{—N—CO}}_{NO_2 \quad \dot{C}O\cdot\dot{C}_6H_4}$ erhalten werden kann und durch seinen chromophoren Charakter bemerkenswert ist. Die bei 212° schmelzende Substanz bildet rein gelbe Nadeln und wird durch Kochen mit Alkalien oder Säuren zu der farblosen 2-Phenyl-benzimidazol-*o*-carbonsäure aufgespalten:

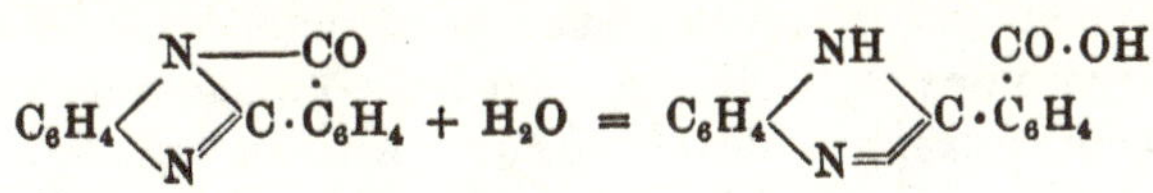

aus der sie durch Erhitzen auf 280—290° wieder zurückgebildet wird. Das Jodmethylat des Benzoylen-benzimidazols $C_{15}H_{11}ON_2I$ stellt leuchtend rote Nadeln dar.

Das wichtigste kondensierte Imidazol-System aber ist das Purin:

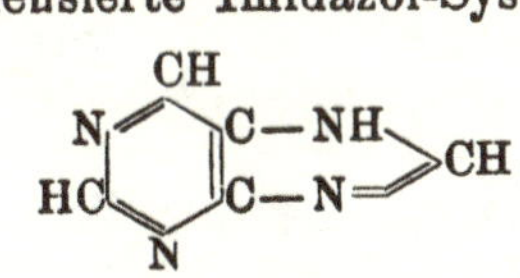

---

[1] Johnson, Guest, Am. **47**, 247 (1912).

[2] Vgl.: Bistrzycki, B. **24**, 630 (1891). — Thiele, Falk, A. **347**, 114, 125 (1906). — Rupe, Thiess, B. **42** 4287 (1909).

in welchem die Stammsubstanz einer großen Zahl von Naturstoffen (Harnsäure, Xanthin, Kaffein usw.) vorliegt. Da das im Purin-Molekül mit Imidazol verkuppelte zweite Ringsystem — das Pyrimidin — in der Anordnung dieses Lehrbuchs eine spätere Stelle einnimmt, so ist diese Körpergruppe noch nicht jetzt, sondern erst im Anschluß an das Pyrimidin zu schildern. Auf ihre außerordentliche biochemische Bedeutung sei indes schon hier hingewiesen.

Siebzehntes Kapitel.

Isoxazol-Körper.

(Einkernige Isoxazole, Isoxazolone usw. — Phenylierte Isoxazol-Körper. — Kondensierte Isoxazol-Systeme [Indoxazen, Anthranil usw.].)

I. Einkernige Isoxazol-Körper.

Das Isoxazol enthält, wie das Pyrazol (S. 353 ff.), die beiden Hetero-Atome benachbart:

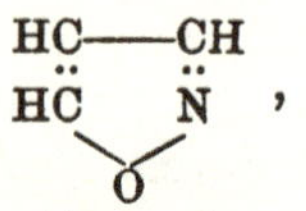

Isoxazol

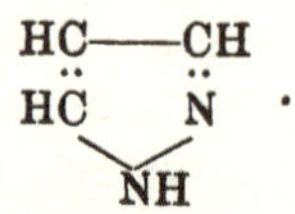

Pyrazol

Wo im Pyrazol-Ring sich die Imidgruppe befindet, steht im Isoxazol-Ring ein Sauerstoffatom.

Dieser Beziehung gemäß besitzen die Bildungsprozesse, die zu Isoxazol-Körpern führen, große Ähnlichkeit mit denjenigen für Pyrazol-Körper. Wie man zu Pyrazolen hauptsächlich durch die Reaktionsfähigkeit des Hydrazins $H_2N \cdot NH_2$ gelangt ist, so stützen sich die Isoxazol-Synthesen auf Umsetzungen des Hydroxylamins $HO \cdot NH_2$.

Der allgemeinen Pyrazol-Bildung durch Einwirkung von Hydrazinen auf 1.3-Dicarbonyl-Verbindungen (Nr. 1 auf S. 355) entspricht also eine ebenso allgemeine Isoxazol-Synthese. Man erhält aus β-Diketonen oder β-Keto-aldehyden durch Einwirkung von Hydroxylamin Isoxazole[1] (vgl. dazu Bd. I, Tl. II, S. 842—843), z. B.:

$$\begin{array}{c} CH_3 \cdot CO \cdot CH_2 \cdot CO \cdot CH_3 \\ + H_2N\text{——}OH \end{array} = 2\,H_2O + \begin{array}{c} CH_3 \cdot \ddot{C} \cdot CH : \dot{C} \cdot CH_3 \\ N\text{——}O \end{array}, \qquad (A)$$

aus β-Ketonsäureestern „Isoxazolone"[2], z. B.:

$$\begin{array}{c} CH_3 \cdot CO \cdot CH_2 \cdot CO \cdot OC_2H_5 \\ + H_2N\text{——}OH \end{array} = H_2O + C_2H_5 \cdot OH + \begin{array}{c} CH_3 \cdot \ddot{C} \cdot CH_2 \cdot \dot{C}O \\ N\text{——}O \end{array}. \qquad (B)$$

---

[1] CLAISEN, B. **24**, 3900 (1891). [2] HANTZSCH, B. **24**, 495 (1891).

Ferner gewinnt man Isoxazole durch Behandlung des Propiolaldehyds (Bd. I, Tl. I, S. 1009) und seiner Homologen mit Hydroxylamin, wobei als Zwischenphase die Bildung von Oximen, die sich dann isomerisieren, anzunehmen ist[1]:

$$\begin{matrix} CHO\cdot C:C\cdot R \\ + H_2N\cdot OH \end{matrix} \xrightarrow{-H_2O} \begin{matrix} CH\cdot C:C\cdot R \\ N\cdot OH \end{matrix} \xrightarrow{\text{Umlagerung}} \begin{matrix} CH\cdot CH:C\cdot R \\ N\text{———}O \end{matrix}. \qquad (C)$$

Die Reaktion zwischen β-Chlor-ketonen (vgl. Bd. I, Tl. II, S. 880) und Hydroxylamin[2] ergibt „Isoxazoline"[3] (Isoxazol-dihydride), z. B.:

$$\begin{matrix} CH_3\cdot CO\cdot CH_2\cdot CH_2\cdot Cl \\ + H_2N\text{—}OH \end{matrix} = H_2O + HCl + \begin{matrix} CH_3\cdot C\cdot CH_2\cdot CH_2 \\ N\text{———}O \end{matrix}. \qquad (D)$$

Die Konstitution[4] des Ringsystems, das man bei den Produkten dieser Reaktionen anzunehmen hat, läßt sich besonders aus der Bildungsweise A unter Berücksichtigung des Verhaltens, welches die Körper zeigen, ableiten. Man wird nicht zweifeln, daß die Einwirkung des Hydroxylamins auf das Diketon in erster Linie ein Monoxim (Formel I, s. u.) erzeugt, das dann 1 Mol. Wasser abspaltet. Da nun das entstehende Oxim-anhydrid keine sauren Eigenschaften besitzt, muß bei dem Wasseraustritt das Hydroxyl der Oximino-Gruppe verschwunden sein, und es ergeben sich hiernach die fünf Möglichkeiten II bis VI:

I) 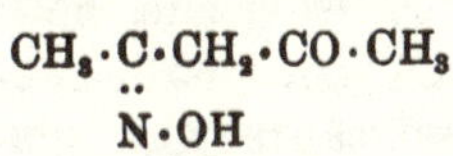 ,

II) 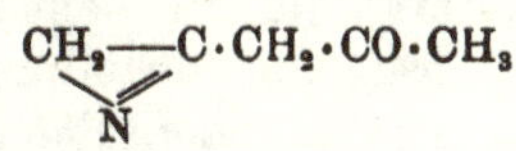 ,

III) 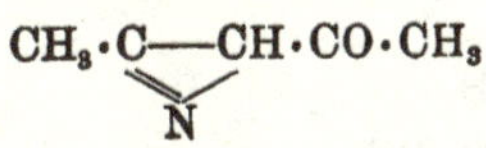 ,

IV) 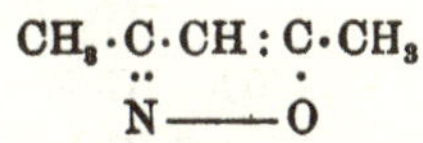 ,

V) 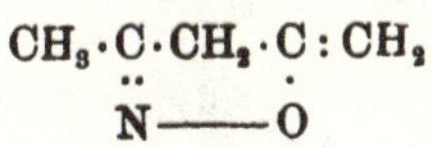 ,

VI) 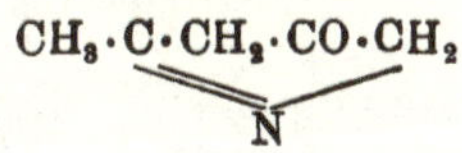 .

Von diesen werden II, V und VI dadurch ausgeschlossen, daß das Dibenzoyl-methan $C_6H_5\cdot CO\cdot CH_2\cdot CO\cdot C_6H_5$, das an Stelle der Methyle zwei Phenyle enthält, ganz analog wie das Acetyl-aceton mit Hydroxylamin reagiert (Bildung von α,γ-Diphenyl-isoxazol, S. 508); III kann nicht zutreffen, da die Verbindung keine Carbonyl-Reaktionen zeigt. Hiernach bleibt Formel IV übrig, welche die Analogie mit dem Pyrazol zum Ausdruck bringt und sich dem Verhalten gut anpaßt.

Für die Bezifferung ergibt sich aus Regel Nr. 2 auf S. 35 das Schema VII (S. 502) als zweckmäßig. In der Literatur wird aber die Anwendung griechischer Buchstaben gemäß VIII häufig vorgezogen.

---

[1] Claisen, B. **36**, 3665 (1903). — Moureu, Delange, C. r. **138**, 1341 (1904).

[2] Maire, Bl. [4] **3**, 272, 276 (1908).

[3] Die Produkte dieser Reaktion sind noch nicht genauer untersucht, und es erscheint nicht unmöglich, daß sie nicht die Isoxazoline selbst, sondern deren acyclische Isomerisationsprodukte, wie etwa $CH_3\cdot C(:NH)\cdot CH:CH\cdot OH$, sind; vgl. dazu Claisen, B. **24**, 3917 (1891).

[4] Claisen, B. **24**, 3901 (1891).

VII) 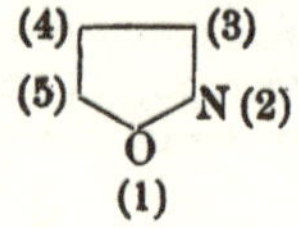 , VIII) 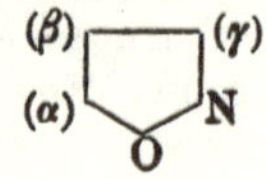 ,

Zur allgemeinen Charakteristik ist zunächst hervorzuheben, daß die niederen Vertreter der Isoxazole farblose Flüssigkeiten von intensivem pyridinartigen Geruch sind und den Charakter schwacher Basen besitzen. Sie vereinigen sich mit Brom zu Dibromiden. Auch lagern sie bei der Behandlung mit Natrium (in wäßrigem Äther) zwei Wasserstoffatome an; die hierdurch gebildeten Produkte[1] sind nicht die den Pyrazolinen (vgl. S. 357) entsprechenden Isoxazoline, sondern durch Ringspaltung entstandene β-Amino-Derivate ungesättigter Ketone (vgl. Bd. I, Tl. II, S. 1082), z. B.:

$$\begin{array}{c}CH_3\cdot C\cdot CH:C\cdot CH_3\\ N\text{———}O\end{array} + H_2 = \begin{array}{c}CH_3\cdot C\cdot CH:C\cdot CH_3\\ NH\quad HO\end{array} = \begin{array}{c}CH_3\cdot C:CH\cdot C\cdot CH_3\\ NH_2\quad O\end{array}. \qquad (E)$$

Äußerst interessante Unterschiede haben sich in dem Verhalten der Isoxazole gegen Alkali[2] ergeben, je nachdem an den Kohlenstoffatomen, welche den Hetero-Atomen benachbart sind, sich Wasserstoffatome oder Kohlenwasserstoff-Reste befinden. Diejenigen Isoxazole, bei welchen die α-Stellung frei, die γ-Stellung aber besetzt ist, werden bei gelindem Erwärmen mit alkoholischem Kali in Essigsäure und ein Säurenitril zerlegt:

$$\begin{array}{c}HC\text{——}C\cdot R\\ HC\cdot O\cdot N\end{array} + KOH = \begin{array}{c}CH_3\\ CO\cdot OK\end{array} + \begin{array}{c}C\cdot R\\ N\end{array}. \qquad (F)$$

Noch unbeständiger sind die Isoxazole mit unbesetzter γ-Stellung; sie werden durch alkoholisches Alkali schon bei gewöhnlicher Temperatur zu den Alkalisalzen von (enolisierten) β-Ketonsäurenitrilen aufgespalten:

$$\begin{array}{c}HC\text{——}CH\\ R\cdot C\cdot O\cdot N\end{array} + KOH = \begin{array}{c}HC\text{————}C\\ R\cdot C\cdot OK\qquad N\end{array} + H_2O. \qquad (G)$$

Dagegen sind Isoxazole, die sowohl in α- wie in γ-Stellung alkyliert oder aryliert sind, gegen Alkalien so widerstandsfähig, daß sie selbst bei hoher Temperatur von ihnen nicht angegriffen werden.

Für die nach Reaktion B (S. 500) gebildeten „Isoxazolone“ kommen mehrere desmotrope Formulierungen[3] in Betracht, z. B.:

$$IX)\ \begin{array}{c}CH_3\cdot C\cdot CH_2\cdot CO\\ N\text{———}O\end{array},\quad X)\ \begin{array}{c}CH_3\cdot C:CH\cdot CO\\ NH\text{——}O\end{array},\quad XI)\ \begin{array}{c}CH_3\cdot C\cdot CH:C\cdot OH\\ N\text{——}O\end{array},$$

---

[1] Vgl. CLAISEN, B. **24**, 3912 (1891).

[2] Vgl. CLAISEN, B. **24**, 3904 (1891); **36**, 3672 (1903).

[3] Vgl.: RABE, B. **30**, 1614 (1897). — BÜLOW, HECKING, B. **44**, 239 (1911). — OLIVERI-MANDALÀ, COPPOLA, R.A.L. [5] **20**, I, 244 (1911).

nach denen sie entweder als Oxo-isoxazoline (IX und X) oder als Oxy-isoxazole (XI) erscheinen. Es sind farblose, meist gut krystallisierende Verbindungen[1], die in wäßriger Lösung stark sauer reagieren und von Alkalien, sowie Alkalicarbonaten leicht unter Bildung von Salzen (vgl. S. 504) aufgenommen werden.

Zur Charakterisierung der Isoxazol-Gruppe haben besonders Untersuchungen von CLAISEN beigetragen. Ihm verdankt man auch die Entdeckung des Stammkörpers — des **Isoxazols**[2] selbst (s. die Formel auf S. 500), das entsprechend Formelreihe C auf S. 501 aus Propiolaldehyd durch Einwirkung von Hydroxylamin entsteht. Es ist ein wasserhelles, dünnflüssiges Liquidum von durchdringendem Pyridin-Geruch, siedet unter 760 mm Druck bei 95—95·5°, zeigt $D_4^{14} = 1{\cdot}084$ und erfordert bei gewöhnlicher Temperatur ungefähr 6 Vol. Wasser zur Lösung. Mit Platinchlorid verbindet es sich beim Erwärmen zu hellgelben Kryställchen von der Zusammensetzung $2\,C_3H_3ON + PtCl_4$. Beim Zusammenmischen mit alkoholischem Natrium- oder Kalium-Äthylat scheidet es die durch Ringspaltung entstehenden Alkalisalze des Cyan-acetaldehyds CH(O·Me): CH·CN ab (vgl. Gleichung G auf S. 502).

α-Methyl-isoxazol (Siedep. 122°, $D^{15} = 1{\cdot}030$) und **γ-Methyl-isoxazol**[3] (Siedep. 118°, $D^{15} = 1{\cdot}026$) entstehen nebeneinander aus Acetessigaldehyd durch Hydroxylamin (vgl. Bd. I, Tl. II, S. 860). Die α-Verbindung erhält man ferner quantitativ durch Umlagerung von Tetrolaldehyd-oxim $CH_3{\cdot}C:C{\cdot}CH:N{\cdot}OH$ (vgl. Formelreihe C auf S. 501) beim langsamen Eintragen in etwa 10-proz. Kaliumcarbonat-Lösung. Sie liefert bei längerem Erhitzen mit Methyljodid auf 100° ein krystallinisches, in Wasser leicht lösliches Jodmethylat, das durch Silberoxyd in Wasser zum Methylamid der Acetessigsäure aufgespalten wird:

$$\begin{array}{l}\quad HC{\cdot}CH:C{\cdot}CH_3\\ {}^{CH_3}_{\ I}{>}\ddot{N}\text{———}O\end{array} + AgOH = \begin{array}{l}CO{\cdot}CH_2{\cdot}C{\cdot}CH_3\\ CH_3{\cdot}NH\qquad \ddot{O}\end{array} + AgI. \qquad (H)$$

Auch Dimethylsulfat gibt ein Anlagerungsprodukt; aus seiner wäßrigen Lösung erhält man durch Einwirkung von Kaliumcyanid das α-Methylimid des Acetonoxalsäure-nitrils:

$$\begin{array}{l}\qquad HC{\cdot}CH:C{\cdot}CH_3\\ {}^{\quad CH_3}_{CH_3{\cdot}SO_4}{>}N\text{———}O\end{array} + KCN = \begin{array}{l}CN{\cdot}C{\cdot}CH_2{\cdot}C{\cdot}CH_3\\ CH_3{\cdot}\ddot{N}\qquad \ddot{O}\end{array} + CH_3{\cdot}SO_4K. \qquad (I)$$

Bei längerem Kochen mit Phenyl-hydrazin entsteht aus α-Methyl-isoxazol das 1-Phenyl-3-methyl-pyrazolon-(5)-imid:

$$\begin{array}{l}HC{\cdot}CH:C{\cdot}CH_3\\ \ddot{N}\text{———}O\end{array} + C_6H_5{\cdot}NH{\cdot}NH_2 = \begin{array}{l}HN:C{\cdot}CH_2{\cdot}C{\cdot}CH_3\\ C_6H_5{\cdot}N\text{——}\ddot{N}\end{array} + H_2O. \qquad (K)$$

α,γ-Dimethyl-isoxazol[4] — Bildung s. in Gleichung A auf S. 500 — siedet bei 141—142° und zeigt $D^{15} = 0{\cdot}985$.

---

[1] Vgl. UHLENHUTH, A. **296**, 33 (1897). [2] B. **36**, 3665 (1903).

[3] CLAISEN, B. **25**, 1787 (1892); **42**, 59 (1909); **44**, 1161 (1911). — VIGUIER, A. ch. [8] **28**, 487 (1913). — MUMM, CL. BERGELL, B. **45**, 3041, 3049 (1912).

[4] ZEDEL, B. **21**, 2178 (1888). — A. u. C. COMBES, Bl. [3] **7**, 780 (1892). — TAFEL, PFEFFERMANN, B. **36**, 220 (1903).

α,β,γ-Trimethyl-isoxazol[1] wird aus Methyl-acetylaceton $CH_3 \cdot CO \cdot CH(CH_3) \cdot CO \cdot CH_3$ durch Hydroxylamin erhalten und entsteht ferner neben Acetonitril und salpetriger Säure bei der Zersetzung von Nitro-äthan durch warme Lösungen von Alkalicarbonaten. Schmelzp. + 3·5°, Siedep. 171° (korr.), $D_{15}^{15} = 0 \cdot 986$.

β-Nitro-isoxazol[2] bildet sich durch Einwirkung von Hydroxylamin auf Nitromalondialdehyd (vgl. Bd. I, Tl. II, S. 1073—1074), krystallisiert aus einem Gemisch von Äther und Ligroin in Platten, schmilzt bei 46—47° und ist in kaltem Wasser wenig löslich. Die wäßrige Lösung ist farblos, wird aber allmählich gelb und nimmt dabei saure Reaktion an. Durch Einwirkung von Anilin auf die alkoholische Lösung entsteht das Anil des Nitro-malonaldehydsäure-nitrils:

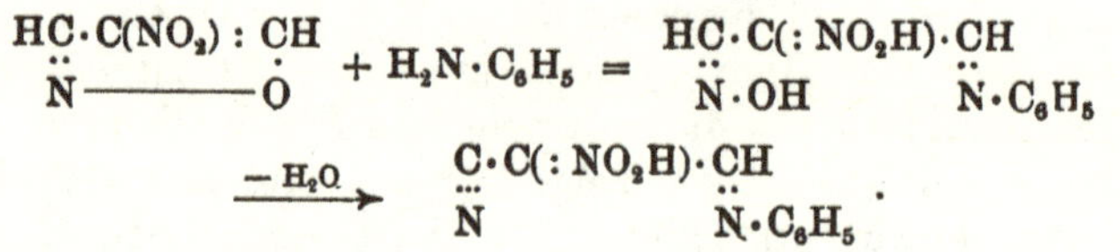

Das γ-**Methyl-isoxazolon**[3] (3-Methyl-5-oxo-isoxazolin bzw. 3-Methyl-5-oxy-isoxazol), das nach Gleichung B auf S. 500 aus Acetessigester durch Einwirkung von Hydroxylamin (in alkalischer Lösung) gewonnen wird, entsteht auch aus Tetrolsäureester (Bd. I, Tl. I, S. 983) durch Behandlung mit Hydroxylamin in Alkohol bei Gegenwart von etwas Natron. Aus seiner Eisessig-Lösung wird es durch Wasser in blendend weißen Nadeln gefällt, die bei 169—170° unter Zersetzung schmelzen; es ist in kaltem Wasser und Äther schwer, in heißem Wasser und Alkohol leicht löslich. In Salzsäure ist es erheblich leichter löslich als in Wasser; durch konzentrierte Salzsäure wird es als festes Hydrochlorid gefällt, das durch Wasser augenblicklich zersetzt wird. Es verträgt Erhitzen mit Salzsäure auf 200° und Kochen mit konz. Schwefelsäure. Eigentümlich ist die Zusammensetzung seiner Metallsalze (vgl. S. 503); sie leiten sich von einem aus 2 Molekülen durch Wasseraustritt gebildeten Komplex ab, indem ein Wasserstoffatom durch Metall vertreten wird. Dem Kaliumsalz, das in schön ausgebildeten farblosen Tafeln krystallisiert und in Wasser leicht löslich ist, kommt demgemäß die Formel $C_8H_7O_3N_2K$ zu; seine wäßrige Lösung reagiert neutral und gibt mit Mineralsäuren das Methyl-isoxazolon zurück. Aus dem (gelatinösen) Silbersalz erhält man durch Methyljodid einen schön krystallisierenden Methyläther $C_9H_{10}O_3N_2$ (Schmelzp. 74—75°). Mit Eisenchlorid gibt das Methyl-isoxazolon eine tintenartige Färbung. Mit Benzoldiazoniumchlorid kuppelt es in essigsaurer Lösung unter Bildung von Methyl-benzolazo-oxy-isoxazol (s. S. 506).

[1] Dunstan, Dymond, Soc. **59**, 410 (1891). — Claisen, B. **24**, 3912 (1891). — Dunstan, Goulding, Soc. **77**, 1268 (1900).

[2] Hill, Torrey, Am. **22**, 106 (1899). — Hill, Hale, Am. **29**, 253 (1903).

[3] Hantzsch, B. **24**, 497 (1891). — Knorr, Reuter, B. **27**, 1174 (1894). — Uhlenhuth, A. **296**, 46 (1897). — Oliveri-Mandalà, G. **40**, I, 126 (1910). — Oliveri-Mandalà, Coppola, R.A.L. [5] **20**, I, 244 (1911). — Dains, Griffin, Am. Soc. **35**, 962 (1913).

Das **β,γ-Dimethyl-isoxazolon**[1] $\begin{array}{l} CH_3\cdot C\cdot CH(CH_3)\cdot CO \\ N\text{———————}O \end{array}$ entsteht analog Gleichung B auf S. 500 aus α-Methyl-acetessigester durch Hydroxylamin und schmilzt bei 123—124°.

Aus dem Diacetonitril (Bd. I, Tl. II, S. 1143) erhält man durch salzsaures Hydroxylamin das Cyan-acetoxim (Formel XII, s. u.), das beim Erhitzen mit Salzsäure Hydroxylamin abspaltet, sich aber beim Erwärmen mit Wasser bis fast zum Siedepunkte in lebhafter Reaktion zu einer Verbindung isomerisiert, welche beim Kochen mit Salzsäure nicht Hydroxylamin, sondern nur Ammoniak abspaltet. Diese Verbindung[2] ist entweder gemäß XIII als **Imid des γ-Methyl-isoxazolons** oder gemäß XIV als 3-Methyl-5-amino-isoxazol aufzufassen. Sie schmilzt bei 84°,

$$\text{XII)}\ \begin{array}{l} CH_3\cdot C\cdot CH_2\cdot CN \\ \quad N\cdot OH \end{array},\quad \text{XIII)}\ \begin{array}{l} CH_3\cdot C\cdot CH_2\cdot C:NH \\ \quad N\text{———}O \end{array},\quad \text{XIV)}\ \begin{array}{l} CH_3\cdot C\cdot CH:C\cdot NH_2 \\ \quad N\text{———}O \end{array}$$

ist in Wasser und Alkohol leicht löslich, gibt mit Chlorwasserstoff in Äther ein Hydrochlorid $C_4H_6ON_2$, HCl und mit Essigsäureanhydrid ein Monoacetyl-Derivat $C_6H_8O_2N_2$.

Einige interessante Stoffe können als *Abkömmlinge von α,β-Dioxo-isoxazolinen* gedeutet werden. Hier ist zunächst an die schon in Bd. I, Tl. II, S. 1237—1238 und 1301 besprochene **Metafulminursäure** $C_3H_3O_3N_3$ zu erinnern, in welcher das Dioxim des einfachsten α,β-Dioxo-isoxazolins (s. u. Formel XV) vorliegt:

$$\text{XV)}\ \begin{array}{l} HC\cdot C(:N\cdot OH)\cdot C:N\cdot OH \\ N\text{—————————}O \end{array},\quad \text{XVI)}\ \begin{array}{l} HO\cdot C\cdot C(:N\cdot OH)\cdot C:NH \\ \quad N\text{—————————}O \end{array},$$

$$\text{XVII)}\ \begin{array}{l} H_2N\cdot C\cdot C(:N\cdot OH)\cdot CO \\ \quad\quad N\text{—————————}O \end{array},$$

$$\text{XVIII)}\ \begin{array}{l} HC\cdot C(NO_2):C\cdot NH_2 \\ N\text{—————}O \end{array}\ \text{bzw.}\ \begin{array}{l} HC\cdot C(:NO_2H)\cdot C:NH \\ N\text{———————}O \end{array}.$$

In nahem Zusammenhang mit der Metafulminursäure stehen die folgenden drei, ihr isomeren Verbindungen:

1) **α-Imid-β-oxim des γ-Oxy-α,β-dioxo-isoxazolins**[3] (γ-Oxy-β-isonitroso-isoxazolon-imid) — Formel XVI —, aus Metafulminursäure durch Erhitzen mit Sodalösung auf 60—70° entstehend; orangegelbes, krystallinisches Pulver, sehr zersetzlich, in Wasser und anderen Mitteln schwer löslich.

2) **β-Monoxim des γ-Amino-α,β-dioxo-isoxazolins**[4] (γ-Amino-β-isonitroso-isoxazolon) — Formel XVII —, aus dem Amidoxim der Isonitroso-cyan-acethydroxamsäure (vgl. Bd. I, Tl. II, S. 1197) durch kurzes Erwärmen seines Hydro-

---

[1] Uhlenhuth, A. **296**, 56 (1897).

[2] Burns, J. pr. [2] **47**, 121, 129 (1893).

Analoge Verbindungen aus anderen „Dinitrilen": Hanriot, C. r. **112**, 796 (1891). — Hanriot, Reynaud, Bl. [3] **21**, 14 (1899).

Analoge Verbindungen entstehen auch aus Acetylen-nitrilen R·C:C·CN durch Einwirkung von Hydroxylamin, s. Moureu, Lazennec, Bl. [4] **1**, 1083 (1907).

[3] Wieland, Baumann, A. **392**, 212 (1912).

[4] Wieland, Hess, B. **42**, 1362 (1909). — Wieland, Gmelin, A. **367**, 90 (1909). — Wieland, Baumann, A. **392**, 203 (1912).

chlorids mit Wasser unter Abspaltung von Hydroxylamin entstehend; orangegelbe Nadeln; Zersetzungspunkt 160°, in siedendem Wasser leicht löslich.

3) **γ-Fulminursäure**[1] (α-Amino-β-nitro-isoxazol) — Formel XVIII —, aus Furoxan-dicarbonamid (Kap. 23) beim Kochen mit Wasser neben Fulminursäure und β-Fulminuramid (Kap. 23) entstehend; Schmelzp. 247°, ziemlich löslich in siedendem Wasser.

Aus α-Isonitroso-acetessigester erzeugt die Einwirkung von Hydroxylamin (analog Gleichung B auf S. 500):

$$\begin{matrix} CH_3\cdot CO\cdot C(:N\cdot OH)\cdot CO\cdot OC_2H_5 \\ + H_2N\text{——}OH \end{matrix} = H_2O + C_2H_5\cdot OH + \begin{matrix} CH_3\cdot \ddot{C}\cdot C(:N\cdot OH)\cdot \dot{C}O \\ N\text{————}O \end{matrix}$$

das schon Bd. I, Tl. II, S. 1177—1178 beschriebene **γ-Methyl-β-oximino-isoxazolon**[2] (β-Monoxim des γ-Methyl-α,β-dioxo-isoxazolins).

Durch kalte Salpetersäure (D: 1·2) wird es zu **γ-Methyl-β-nitro-isoxazolon**[3] $\begin{matrix} CH_3\cdot \ddot{C}\cdot CH(NO_2)\cdot \dot{C}O \\ N\text{————}O \end{matrix}$ oxydiert, das warzenförmige Krystallgruppen bildet, sich bei 123° plötzlich zersetzt und von Wasser sehr leicht zu einer stark sauer reagierenden Lösung aufgenommen wird, in Äther dagegen sehr schwer löslich ist. Sein Natriumsalz $Na(C_4H_3O_4N_2) + 2H_2O$ krystallisiert aus Wasser in großen wasserhellen Prismen und schmeckt intensiv süß. Beim Erhitzen mit verdünnten Alkalien erfolgt vollständige Spaltung unter Bildung von Essigsäure, Blausäure, Kohlensäure und salpetriger Säure.

Das durch Kuppelung von Methyl-isoxazolon mit Diazobenzol (vgl. S. 504) entstehende Produkt[4] kann als β-Phenyl-hydrazon des γ-Methyl-α,β-dioxo-isoxazolins (XIX) aufgefaßt werden; in neuerer

$$\text{XIX)}\ \begin{matrix} CH_3\cdot \ddot{C}\cdot C(:N\cdot NH\cdot C_6H_5)\cdot \dot{C}O \\ N\text{————}O \end{matrix}, \qquad \text{XX)}\ \begin{matrix} CH_3\cdot \ddot{C}\cdot C(\cdot N:N\cdot C_6H_5):\dot{C}\cdot OH \\ N\text{————}O \end{matrix}$$

Zeit bevorzugt man indessen die Formulierung als **γ-Methyl-β-benzolazo-α-oxy-isoxazol** gemäß XX. Es bildet sich auch aus α-Benzolazo-acetessigester bei der Umsetzung mit Hydroxylamin, krystallisiert aus Alkohol in gelben Blättchen, schmilzt unter Zersetzung bei 193°, ist in Wasser und Säuren unlöslich, löst sich aber in verdünnten Alkalien. Bei längerem Erhitzen mit starker Kalilauge wird das β-Oxim-α-phenylhydrazon des Methylglyoxals $CH_3\cdot C(:N\cdot OH)\cdot CH:N\cdot NH\cdot C_6H_5$ gebildet. Durch Erhitzen mit Hydrazinhydrat in Eisessig erfolgt Umwandlung in das entsprechende Pyrazol-Derivat:

---

[1] Ulpiani, G. **42**, I, 385 (1912).

[2] Nussberger, B. **25**, 2142, 2157 (1892). — Jovitschitsch, B. **28**, 2093, 2675 (1895). — Guinchard, B. **32**, 1723 (1899). — Whiteley, Soc. **83**, 26, 44 (1903). — Bouveault, Wahl, B. **38**, 926, 2066 (1905). — Hantzsch, Kemmerich, B. **42**, 1014 (1909).

[3] Jovitschitsch, B. **28**, 2093, 2681 (1895).

[4] Knorr, Reuter, B. **27**, 1174 (1894). — R. Schiff, B. **28**, 2732 (1895). — R. Schiff, Viciani, B. **30**, 1163 (1897). — R. Schiff, Betti, B. **30**, 1342 (1897). — Bülow, Hecking, B. **44**, 238, 467 (1911).

$$\begin{array}{l}CH_3\cdot \ddot{C}\cdot C(\cdot N:N\cdot C_6H_5):\dot{C}\cdot OH \\ N\text{———————}O\end{array} + H_2N\cdot NH_2$$

$$= \begin{array}{l}CH_3\cdot \ddot{C}\cdot C(\cdot N:N\cdot C_6H_5):\dot{C}\cdot OH \\ N\text{———————}NH\end{array} + H_2N\cdot OH.$$

Auch *exocyclische Oxo-Derivate*[1] des Isoxazols, wie

$$\begin{array}{l}CH_3\cdot CO\cdot \ddot{C}\cdot CH:\dot{C}\cdot CH_3 \\ N\text{———}O\end{array},$$

sind bekannt.

Carbonsäuren der Isoxazol-Gruppe[2] sind durch Variation der allgemeinen Bildungsreaktionen gewonnen worden. Bemerkenswert ist, daß es nicht gelungen ist, aus ihnen durch Erhitzen unter Kohlendioxyd-Abspaltung zu den Isoxazolen selbst zu gelangen, da bei der Destillation tiefgreifende Zersetzung unter partieller Verkohlung eintritt[3].

α-Methyl-isoxazol-γ-carbonsäure[4] entsteht aus Aceton-oxalsäure durch Hydroxylamin:

$$\begin{array}{l}HO_2C\cdot CO\cdot CH_2\cdot CO\cdot CH_3 \\ \quad + H_2N\text{———}OH\end{array} = 2\,H_2O + \begin{array}{l}HO_2C\cdot \ddot{C}\cdot CH:\dot{C}\cdot CH_3 \\ N\text{———}O\end{array},$$

krystallisiert aus kochendem Wasser in weißen Prismen und schmilzt bei 176° unter Gasentwicklung.

Isoxazolon-β-carbonsäureäthylester[5] $\begin{array}{l}HC\cdot CH(CO\cdot OC_2H_5)\cdot \dot{C}O \\ \ddot{N}\text{——————}O\end{array}$ erhält man sowohl aus Äthoxymethylen-malonester $C_2H_5O\cdot CH:C(CO\cdot OC_2H_5)_2$, wie aus Dicarboxy-glutaconsäureester (vgl. Bd. I, Tl. II, S. 474) durch Einwirkung von Hydroxylamin. Er krystallisiert aus Wasser in farblosen Prismen, schmilzt (rasch erhitzt) bei 183° bis 185° unter Zersetzung, erzeugt mit Eisenchlorid eine tiefrote Färbung und besitzt so stark saure Eigenschaften, daß er selbst von Alkaliacetaten leicht gelöst wird. Beim Kochen mit Kalilauge tritt Spaltung unter Bildung von Ammoniak, Kohlendioxyd und Malonsäure ein. Ammoniakalisches Silbernitrat gibt ein weißes krystallinisches Silbersalz; aus ihm erhält man durch Alkyljodide Monoalkyl-Derivate, welche in Alkali unlöslich sind, von Eisenchlorid nicht gefärbt werden und die Struktur $\begin{array}{l}HC:C(CO\cdot OC_2H_5)\cdot \dot{C}O \\ \dot{N}(Alk)\text{—————}O\end{array}$ besitzen müssen, da sie beim Kochen mit Alkalien unter Bildung von Alkylamin zerfallen.

Im Vergleich mit der Pyrazol-Gruppe ist die Isoxazol-Gruppe nur wenig ausgebaut. Der Anreiz durch Auffindung praktisch verwertbarer Vertreter fehlte hier.

---

[1] Vgl. z. B.: Scholl, B. **30**, 1287 (1897). — Scholl, M. Baumann, B. **30**, 1292 (1897). — Angelico, Calvello, G. **34**, I, 41, 47ff. (1904). — J. Schmidt, K. Th. Widmann, B. **42**, 1875, 1885 (1909).

[2] Vgl. z. B. außer den im Folgenden speziell aufgeführten Zitaten: Palazzo, R.A.L. [5] **14**, II, 244 (1903). — Palazzo, Salvo, R.A.L. [5] **14**, II, 252 (1905). — Palazzo, Carapelle, R.A.L. [5] **14**, II, 287 (1905). — J. Schmidt, K. Th. Widmann, B. **41**, 1252 (1908); **42**, 1869, 1901 (1909). — Thiele, Landers, A. **369**, 301 (1909).

[3] Vgl.: Claisen, A. **277**, 174 (1893). B. **42**, 60 (1909).

[4] L. Wolff, A. **317**, 19 (1901). — Claisen, B. **42**, 60 (1909). — Mumm, Cl. Bergell, B. **45**, 3042, 3045 (1912).

[5] Ruhemann, B. **30**, 1085, 2031 (1897). — Claisen, Haase, B. **30**, 1480 (1897). A. **297**, 81 (1897).

II. Mehrkernige nichtkondensierte Isoxazol-Systeme.

Vereinzelt sind — unter passender Variation der üblichen Isoxazol-Synthesen — Verbindungen erhalten worden, die in ihren Molekülen *zwei Isoxazol-Kerne direkt oder durch Zwischenglieder miteinander verbunden enthalten*[1], z. B.:

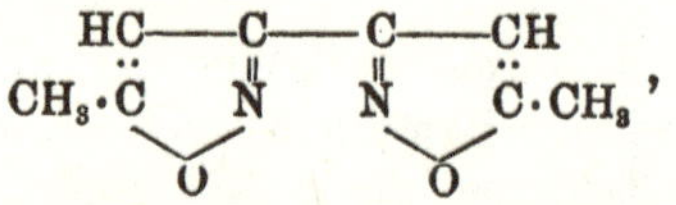 , 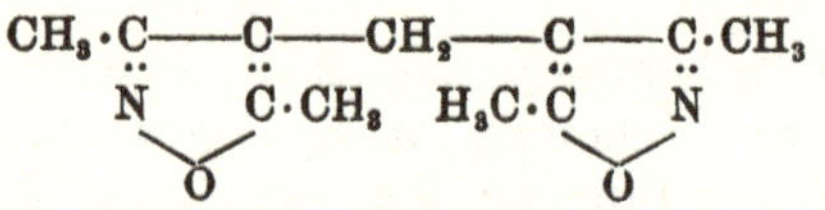 .

Recht zahlreich sind *arylierte Isoxazol-Körper*[2] hergestellt worden — Verbindungen also, die durch die *direkte Verknüpfung von Benzol- mit Isoxazol-Kernen* charakterisiert sind.

α-Phenyl-isoxazol[3] $\begin{matrix} C_6H_5\cdot C:CH\cdot CH \\ O\text{——}N \end{matrix}$ ist entsprechend Reaktion A (S. 500) aus Benzoyl-acetaldehyd $C_6H_5\cdot CO\cdot CH_2\cdot CHO$ und entsprechend Reaktion C (S. 501) aus Phenyl-propiolaldehyd, dessen Oxim $C_6H_5\cdot C:C\cdot CH:N\cdot OH$ — in kaltem Wasser suspendiert und mit einem Tropfen Alkali versetzt — sich fast augenblicklich zum Phenyl-isoxazol umlagert, erhalten worden. Es schmilzt bei 22—23°, siedet bei 254—256° (korr.) und erinnert im Geruch an Benzonitril. In Wasser und verdünnten kalten Alkalien ist es unlöslich; von warmen Alkalien wird es allmählich unter Umwandlung in das isomere ω-Cyan-acetophenon $C_6H_5\cdot CO\cdot CH_2\cdot CN$ gelöst (S. 502).

Zum **α,γ-Diphenyl-isoxazol**[4] ist man auf mehreren Wegen gelangt, z. B. durch Einwirkung von Hydroxylamin auf Benzoyl-phenyl-acetylen:

$$\begin{matrix} C_6H_5\cdot CO\cdot C:C\cdot C_6H_5 \\ +\ H_2N\cdot OH \end{matrix} = H_2O + \begin{matrix} C_6H_5\cdot C\cdot CH:C\cdot C_6H_5 \\ N\text{——}O \end{matrix} .$$

[1] Vgl. z. B.: Claisen, B. **24**, 3910 (1891). — Knövenagel, B. **36**, 2142, 2168 (1903). — Rabe, A. **332**, 12, 20, 21 (1904).

[2] Vgl. außer den im Folgenden speziell aufgeführten Zitaten noch z. B.: Pond, Shoffstall, Am. Soc. **22**, 681 (1900). — Wieland, A. **329**, 248, 260 (1903). B. **37**, 1151 (1904). — Bülow, Sautermeister, B. **37**, 356 (1904). — L. Berend, Heymann, J. pr. [2] **69**, 463 (1904). — Watson, Soc. **85**, 1326 (1904). — Bülow, B. **37**, 2205 (1904). — Wieland, Bloch, A. **340**, 67, 73 (1905). — Bülow, Busse, B. **39**, 2463 (1906). — Posner, Oppermann, B. **39**, 3707 (1906). — Wieland, Semper, A. **358**, 50, 64 (1907). — Wahl, A. Meyer, Bl. [4] **3**, 962 (1908). — v. Walther, J. pr. [2] **83**, 171 (1911). — Haller, Bauer, C. r. **152**, 1446 (1911). — A. Meyer, C. r. **155**, 841 (1912). — Schöttle, B. **45**, 2341, 2343 (1912). — Diels, Sharkoff, B. **46**, 1863, 1865 (1913). — Wahl, Silberzweig, Bl. [4] **13**, 236 (1913). — Lifschitz, Ph. Ch. **87**, 572 (1914). — Betti, Alessandri, G. **45**, I, 462 (1915). — Betti, Berlingozzi, G. **45**, II, 44, 151 (1915). — Marshall, Soc. **107**, 519 (1915).

[3] Claisen, Stock, B. **24**, 130 (1891). — Claisen, B. **36**, 3671 (1903). — Moureu, Delange, C. r. **138**, 1341 (1904).

[4] C. Goldschmidt, B. **28**, 2540 (1895). — J. Wislicenus, A. **308**, 248 (1899). — Posner, B. **34**, 3985 (1901). — Moureu, Brachin, Bl. [3] **31**, 344, 347 (1904). — E. André, A. ch. [8] **29**, 589 (1913). — Betti, G. **45**, I, 368 (1915).

α,γ-Diphenyl-isoxazolin[1] $\begin{array}{c} C_6H_5\cdot \ddot{C}\cdot CH_2\cdot \dot{C}H\cdot C_6H_5 \\ N\text{——}O \end{array}$ entsteht bei der Einwirkung von Hydroxylamin auf Benzal-acetophenon $C_6H_5\cdot CO\cdot CH:CH\cdot C_6H_5$, krystallisiert in weißen Nadeln, schmilzt bei 73° und gibt bei der Oxydation mit Chromsäure in Eisessig das Diphenyl-isoxazol.

Hervorzuheben sind die β-Nitro-Derivate, welche sich bei der Einwirkung nitroser Gase auf Verbindungen bilden, in deren Molekülen sich die Gruppierung:

$$Ar\cdot \overset{|}{C}{=}\overset{|}{C}-\underset{\ddot{}\;O}{C}-$$

findet[2]. So entsteht aus dem Zimtaldehyd infolge der Vorgänge:

$$C_6H_5\cdot CH:CH\cdot CHO \xrightarrow{+N_2O_3} \begin{array}{c} C_6H_5\cdot \dot{C}H\cdot CH(NO_2)\cdot CHO \\ NO \end{array}$$

$$\xrightarrow{\text{Isomerisation}} \begin{array}{c} C_6H_5\cdot \ddot{C}\cdot CH(NO_2)\cdot CHO \\ N\cdot OH \end{array} \xrightarrow{-H_2O} \begin{array}{c} C_6H_5\cdot \ddot{C}\cdot C(NO_2):CH \\ N\text{———}O \end{array}$$

das **β-Nitro-γ-phenyl-isoxazol** (neben anderen Produkten in einer Ausbeute von 35—40%). Es krystallisiert in derben, schwach gefärbten Prismen, schmilzt bei 116° und wird von Säuren nicht angegriffen. Mit Alkalien bilden sich zunächst Salze, bei deren Zersetzung mit Säuren das Nitro-phenyl-isoxazol zurückgewonnen wird, bei längerer Einwirkung aber Spaltungsprodukte. Interessant ist besonders die Spaltung mit methylalkoholischem Kali in Benzonitril und Nitro-essigsäuremethylester (vgl. dazu Gleichung F auf S. 502). Durch amalgamiertes Aluminium in feuchtem Äther erfolgt Reduktion zu **β-Amino-γ-phenyl-isoxazol** — einem bei 179° unter 12 mm Druck siedenden Öl.

Interessant sind auch die prächtig krystallisierenden, meist tief braunrot bis grün gefärbten β-Nitroso-γ-arylamino-α-aryl-isoxazole[3], welche aus Diacylfuroxanen durch Einwirkung von primären Arylaminen entstehen (s. Kap. 23, Gleichung Q b) und sich beim Kochen mit Alkohol, Eisessig oder auch mit Acetylchlorid in farblose Isomere (Azoxime, s. Kap. 23) verwandeln, z. B.:

$$\begin{array}{c} C_6H_5\cdot NH\cdot \ddot{C}\cdot C(NO):\dot{C}\cdot C_6H_5 \\ N\text{———}O \end{array} \longrightarrow \begin{array}{c} C_6H_5\cdot NH\cdot \dot{C}:N\cdot \ddot{C}\cdot CO\cdot C_6H_5 \\ O\text{——}N \end{array}.$$

Das **β-Nitroso-γ-anilino-α-phenyl-isoxazol** krystallisiert aus Eisessig in dunkelbraunroten Nadeln, zersetzt sich bei etwa 100° und läßt sich mit Zinkstaub und Eisessig quantitativ zu **β-Amino-γ-anilino-α-phenyl-isoxazol** (farblose Nadeln, Schmelzp. 147°) reduzieren.

Das auf verschiedenen Wegen erhältliche, aus Benzoyl-essigester $C_6H_5\cdot CO\cdot CH_2\cdot CO\cdot OC_2H_5$ durch Hydroxylamin gemäß Gleichung B auf

---

[1] Rupe, F. Schneider, B. **28**, 965 (1895). — Claus, J. pr. [2] **54**, 408 (1896).

[2] Wieland, A. **328**, 160, 163, 195, 224, 245 (1903).

[3] Vgl.: Holleman, B. **21**, 2838 (1888). R. **11**, 259 (1892). — Böeseken, R. **16**, 297 (1897); **29**, 275 (1910). — Wieland, Gmelin, A. **375**, 297 (1910). — Böeseken, van Lennep, R. **31**, 196 (1912).

S. 500 leicht darstellbare **γ-Phenyl-isoxazolon**[1] ist besonders ausführlich untersucht worden. Bemerkenswert ist seine Bildung aus Zimtsäure über β-Hydroxylamino-β-phenyl-propionsäure:

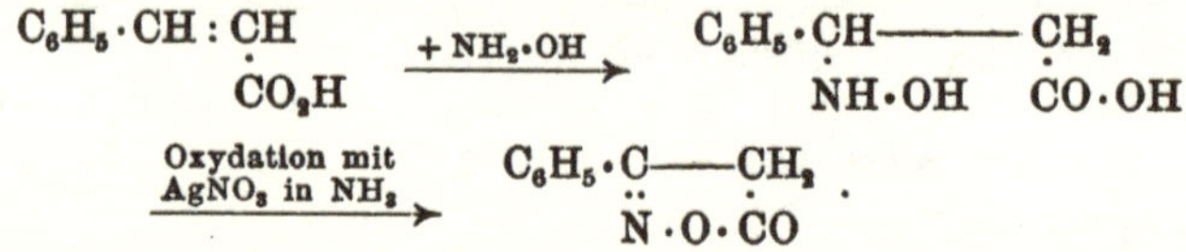

Die Verbindung krystallisiert aus siedendem Alkohol in farblosen Nädelchen, schmilzt bei 152° unter Zersetzung, löst sich selbst in siedendem Wasser nur spärlich, leicht dagegen schon in sehr verdünnten Alkalien oder Alkalicarbonaten; ihre alkoholische Lösung gibt mit Eisenchlorid eine tintenartige braunschwarze Färbung. Sie ist leichter spaltbar als das analoge Methyl-isoxazolon (S. 504); denn sie zerfällt beim Erhitzen mit konzentrierter Salzsäure auf 120° in Kohlendioxyd und Acetophenon-oxim $C_6H_5 \cdot C(:N \cdot OH) \cdot CH_3$. Die Metallsalze sind normal zusammengesetzt; das Kaliumsalz $C_9H_6O_2NK$ bildet farblose Blättchen und ist in Wasser leicht mit neutraler Reaktion löslich. Das Silbersalz gibt mit Methyljodid ein bei 78° schmelzendes, farbloses Methyl-Derivat, das als *N*-Methyl-phenylisoxazolon (Formel I s. u.) zu formulieren ist, da es beim Erhitzen mit Kalilauge Methylamin abspaltet; daneben entsteht bei der Methylierung des freien Phenyl-isoxazolons mit Diazo-

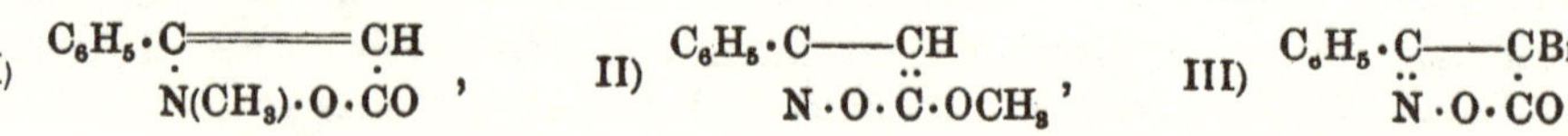

methan das *O*-Methyl-Derivat (II) (Schmelzp. 70°). Durch Einwirkung von Brom in Eisessig erhält man aus dem Phenyl-isoxazolon glatt das β,β-Dibrom-Derivat (III) (farblose Nadeln, Schmelzp. 76—77°).

Eingehend verfolgt wurden die Kondensations-Vorgänge, zu denen das Phenylisoxazolon durch sein reaktionsfähiges Methylen befähigt wird. So vereinigt es sich leicht mit aromatischen Aldehyden beim Kochen in Alkohol unter Wasseraustritt zu Verbindungen von der Art des β-Benzal-phenylisoxazolons (IV). Mit *p*-Nitroso-dimethylanilin tritt es zu

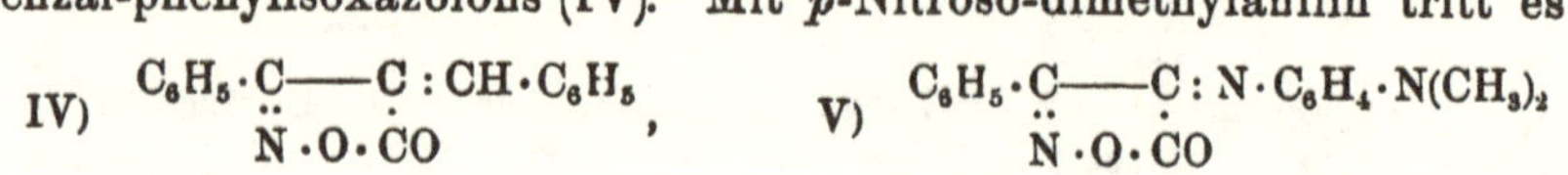

[1] Claisen, Zedel, B. **24**, 141 (1891). — Hantzsch, B. **24**, 502 (1891). — Obregia, A. **266**, 334 (1891). — Hantzsch, Miolati, Ph. Ch. **10**, 19 (1892). — Burns, J. pr. [2] **47**, 124 (1893). — Uhlenhuth, A. **296**, 37 (1897). — Rabe, B. **30**, 1614 (1897). — Ruhemann, Cunnington, Soc. **75**, 957 (1899). — Ruhemann, Stapleton, Soc. **77**, 240, 247 (1900). — Posner, B. **38**, 2316 (1905); **39**, 3516, 3521 (1906); **40**, 226 (1907). — A. Tingle, Am. **24**, 50 (1900); **34**, 471 (1905). — Moureu, Lazennec, Bl. [4] **1**, 1079, 1092 (1907). — Wahl, A. Meyer, Bl. [4] **3**, 951 (1908). A. ch. [8] **17**, 366 (1909). — Oliveri-Mandalà, Coppola, R.A.L. [5] **20**, I, 244 (1911). — Dains, Griffin, Am. Soc. **35**, 960 (1913). — A. Meyer, Bl. [4] **13**, 903 (1913); [4] **15**, 609 (1914). A. ch. [9] **1**, 252, 289 (1914).

einem Azomethin (V, S. 510), mit Isatin-chlorid zu einem Indigoid[1] (VI) zusammen:

VI) 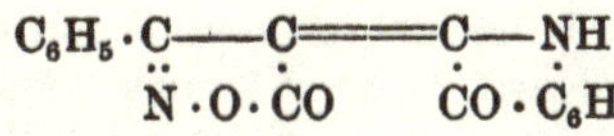 .

Durch Einwirkung von salpetriger Säure auf das Phenyl-isoxazolon entsteht das **γ-Phenyl-β-oximino-isoxazolon**[2] (Formel VII, s. u.), das auch aus γ-Phenyl-β,β-dibrom-isoxazolon (III, S. 510) durch Umsetzung mit Hydroxylamin erhalten werden kann. Es krystallisiert aus heißem Wasser in hellgelben (wasserhaltigen) Nadeln und zersetzt sich wasserfrei bei 163—165°. Es bildet mit farblosen Metallen Salze von verschiedenen Farben — eine Erscheinung, welche jedenfalls in Konstitutions-Änderungen begründet ist. So ist das Lithiumsalz $C_9H_5O_3N_2Li$ zinnober-

VII) 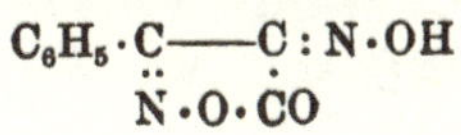 , VIII) 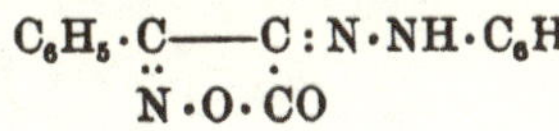 ,

IX) 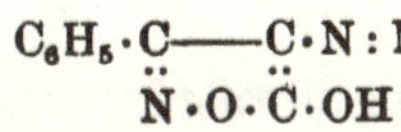 .

rot, ein entsprechend zusammengesetztes Kaliumsalz blauviolett. Durch überschüssige Alkalien werden die Alkalisalze zu den farblosen Salzen der Phenyl-glyoxim-carbonsäure $C_6H_5 \cdot C(:N \cdot OH) \cdot C(:N \cdot OH) \cdot CO_2H$ aufgespalten. Auf einem analogen Vorgang beruht der Übergang des aus dem Silbersalz durch Methyljodid entstehenden (gelben) Methylesters in Furazan-carbonsäure beim Kochen mit Alkalien:

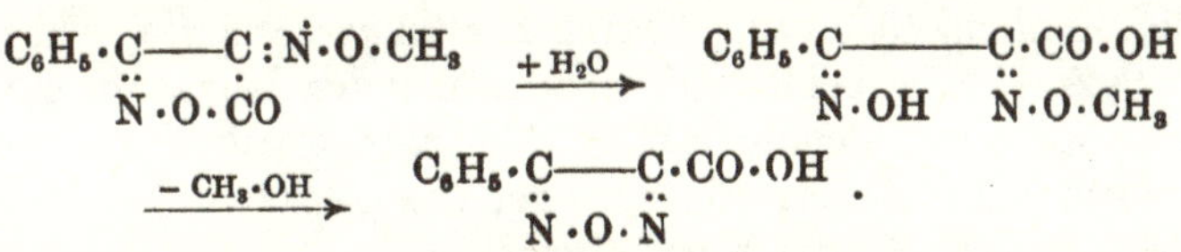

Ringspaltung erfolgt auch — unter Bildung von Benzylamin — bei der Reduktion mit Zinn und Salzsäure in Alkohol.

Das durch Kuppelung von Phenyl-isoxazolon mit Diazobenzol entstehende **β-Benzolazo-γ-phenyl-isoxazolon**[3] (Formel VIII oder IX, s. o.) krystallisiert aus Alkohol in orangegelben Prismen und schmilzt bei 166°.

γ,γ-Diphenyl-isoxazolidon[4] erhält man beim Kochen von β-Phenyl-zimtsäureester mit Hydroxylamin in Alkohol:

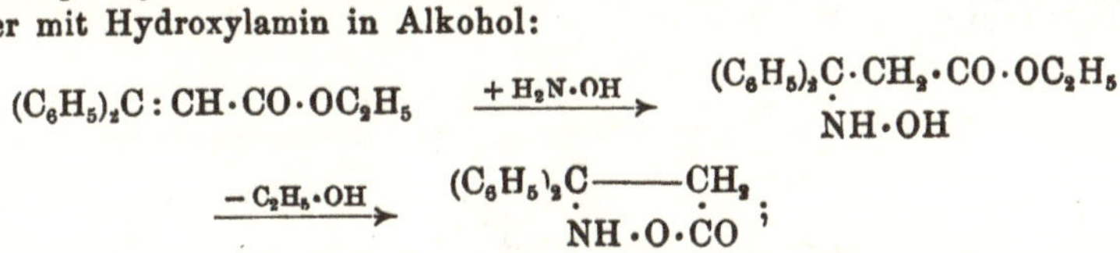

[1] Über weitere Indigoide s. A. MEYER, Bl. [4] **13**, 992 (1913).

[2] CLAISEN, ZEDEL, B. **24**, 142 (1891). — NUSSBERGER, B. **25**, 2149, 2161 (1892). — GUINCHARD, B. **32**, 1737 (1899). — WHITELEY, Soc. **83**, 26, 44 (1903). — LUBLIN, J. pr. [2] **74**, 528 (1906). — HANTZSCH, B. **42**, 966 (1909). — HANTZSCH, KEMMERICH, B. **42**, 1007 (1909). — HANTZSCH, HEILBRON, B. **43**, 76 (1910). — A. MEYER, A. ch. [9] **1**, 321 (1914). Bl. [4] **15**, 612 (1914).

[3] CLAISEN, ZEDEL, B. **24**, 142 (1891). — A. MEYER, A. ch. [9] **1**, 302, 317, 326 (1914). — Vgl. ferner A. MEYER, C. r. **152**, 610 (1911). Bl. [4] **13**, 1033 (1913).

[4] POSNER, A. **389**, 97 (1912).

es schmilzt bei 199—199·5° ohne Zersetzung und ist in Natronlauge löslich, in Sodalösung und verdünnten Säuren unlöslich.

Das S. 510 genannte **β-Benzal-γ-phenyl-isoxazolon**[1] (IV) ist ein Beispiel für die *Verknüpfung von Benzol- mit Isoxazol-Kernen durch Zwischenglieder*[2]. Es stellt hellgelbe, glänzende Blättchen dar, schmilzt bei 191° unter Zersetzung, ist in Alkohol wenig löslich und wird von warmem Alkali unter Abspaltung von Benzaldehyd zersetzt. Phenylhydrazin spaltet ebenfalls Benzaldehyd ab (unter Bildung von Benzal-phenylhydrazin). Eigentümlich ist die Umwandlung, welche es beim Kochen mit alkoholischem Ammoniak (und etwas Benzaldehyd) erleidet; es entsteht unter Mitwirkung des atmosphärischen Sauerstoffs das Amid der α,γ-Diphenyl-isoxazol-β-carbonsäure:

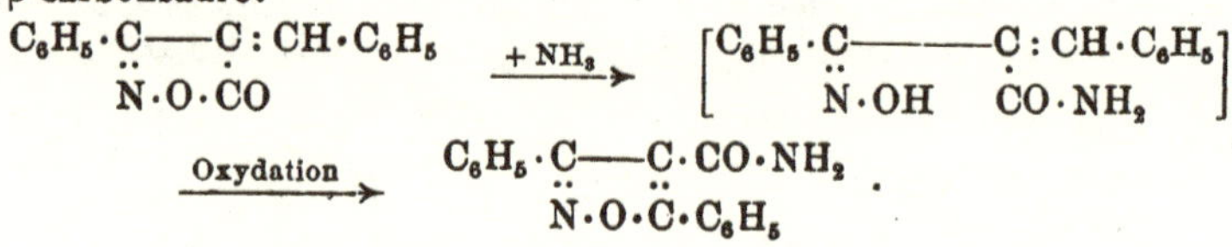

III. Mehrkernige kondensierte Isoxazol-Systeme.

Die strukturellen Verhältnisse, welche sich bei der *Orthokondensation eines Benzol-Kerns mit einem Isoxazol-Kern* einstellen, liegen ähnlich wie bei der naphthalinartigen Kondensation von Benzol mit Pyrazol zu Indazol (vgl. S. 422—423). Doch bietet sich hier — abgesehen von den verschiedenen Möglichkeiten der Bindungsverteilung innerhalb der Kerne — noch die Möglichkeit einer gröberen Stellungs-Isomerie, weil im Gegensatz zum Pyrazol die beiden Hetero-Atome des Isoxazols nicht gleichartig sind. Es kann demgemäß in dem sich ergebenden zweikernigen Gebilde entweder das Sauerstoffatom oder das Stickstoffatom des Isoxazol-Kerns direkt in den Benzol-Kern eingreifen.

Den ersten Fall kann man durch den Namen α,β-Benz-isoxazol kennzeichnen, da hierbei die α- und β-Stelle des Isoxazol-Kerns (vgl. S. 502, Formel VIII) für die Kondensation in Anspruch genommen werden. Es ergibt sich — außer der zentrischen Formulierung, vgl. S. 12ff., 26 — für ihn nur eine Kernbindungs-Möglichkeit, welche durch das folgende Symbol wiedergegeben wird:

I) 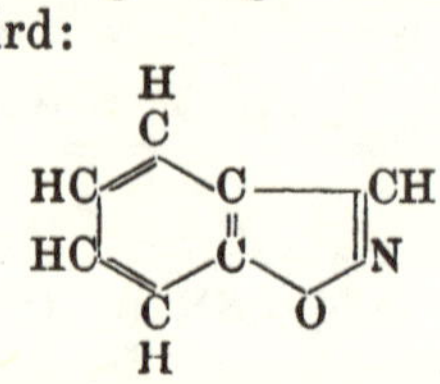 (α,β-Benz-isoxazol, Indoxazen)

[1] Wahl, A. Meyer, Bl. [4] **3**, 952 (1908). — A. Meyer, Bl. [4] **13**, 1106 (1913). — Betti, G. **45**, I, 362 (1915); **45**, II, 80 (1915). — Vgl. ferner A. Meyer, C. r. **156**, 716 (1913).

[2] Weitere Beispiele: Abenius, Söderbaum, B. **25**, 3471 (1892). — R. Schiff, B. **28**, 2733 (1895). — Knövenagel, Renner, B. **28**, 2995 (1895). — Metzner, A. **298**, 379 (1897). — R. Schiff, Viciani, B. **30**, 1160 (1897). — Scholl, M. Baumann, B. **30**, 1312 (1897). — R. Schiff, Betti, B. **30**, 1337 (1897). — Knövenagel, Albert, B. **37**, 4477 (1904). — Ciusa, Terni, R.A.L. [5] **20**, II, 25 (1911). — Bianchi, G. **42**, II, 496 (1912). — Betti, Alessandri, G. **45**, I, 462 (1915). — Betti, Berlingozzi, G. **45**, II, 44 (1915).

und der Indazol-Formel I auf S. 422 analog ist. Im zweiten Falle dagegen — demjenigen des *β,γ*-Benz-isoxazols — sind zwei Arten der Kernbindung konstruierbar:

IIa) 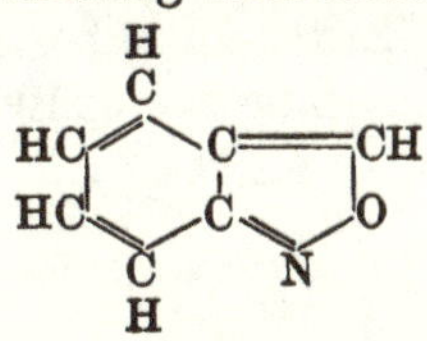 und IIb) 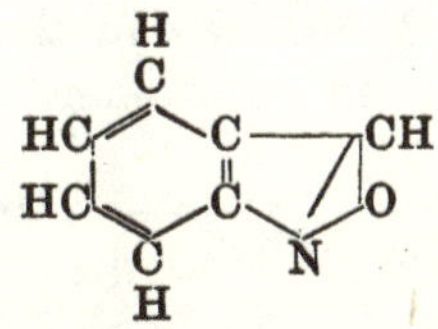 (*β,γ*-Benz-isoxazol, Anthranil);

IIa entspricht der chinoiden Indazol-Formel (S. 422 unten), IIb der tricyclischen Indazol-Formel (III auf S. 422). Ein Analogon der Indiazen-Formel (II auf S. 422) ist natürlich wegen der Zweiwertigkeit des Sauerstoffatoms nicht denkbar.

Die beiden Fälle der Orthokondensation sind verwirklicht worden. Die gebräuchliche Bezeichnung für das System I ist Indoxazen (abgeleitet von Inden, aus dessen Formel die *α,β*-Benzisoxazol-Formel hervorgeht, wenn man $CH_2<$ gegen O und $CH\leqslant$ gegen N austauscht), für IIa bzw. IIb Anthranil (vgl. die Begründung S. 514).

Als erstes Derivat des *α,β*-Benzisoxazols entdeckten 1892 Cathcart und V. Meyer das **γ-Phenyl-indoxazen**[1], das mit großer Leichtigkeit aus den Oximen der *o*-Halogen-benzophenone bei der Einwirkung von Alkali unter Abspaltung von Halogenwasserstoff hervorgeht:

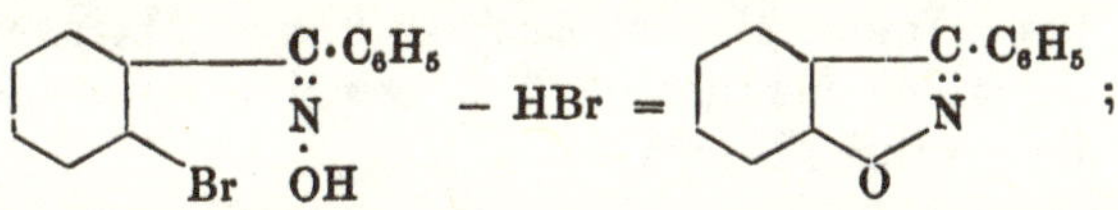 (A)

in analoger Weise verwandelt sich das *o*-Nitro-benzophenonoxim leicht in Phenyl-indoxazen, indem salpetrige Säure austritt. Phenyl-indoxazen bildet blendend weiße Krystalle, schmilzt bei 83—84° und siedet unter sehr geringer Zersetzung bei 331—336°. Es bleibt beim Erhitzen mit rauchender Salzsäure auf 200° unverändert; rauchende Jodwasserstoffsäure verwandelt es bei 140—160° in *o*-Oxy-benzophenon. Natrium in Alkohol reduziert zu *o*-Oxy-benzhydrylamin $C_6H_4(OH)\cdot CH(NH_2)\cdot C_6H_5$.

Durch Variation der Reaktion A sind noch einige andere *γ*-arylierte Indoxazene gewonnen worden[2].

Versuche, in ähnlicher Weise das **Indoxazen** selbst zu erhalten, ergaben an seiner Stelle das isomere Salicylsäurenitril (bzw. durch weitere Verseifung die Salicylsäure):

 (B)

[1] Cathcart, V. Meyer, B. **25**, 1489, 3294 (1892). — V. Meyer, B. **26**, 1250 (1893). — v. Meyenburg, B. **26**, 1657 (1893). — P. Cohn, M. **15**, 645 (1894); **16**, 267 (1895); **17**, 102 (1896).

[2] Heidenreich, B. **27**, 1452 (1894). — Knoll, P. Cohn, B. **28**, 1872 (1895). — Willgerodt, Gartner, B. **41**, 2819 (1908). — S. ferner Borsche, B. **42**, 1312 (1909). A. **390**, 1 (1912).

V. MEYER stellte diesen Befund[1] in Parallele mit der Spaltung, welche einkernige Isoxazole mit unbesetzter γ-Stellung durch Alkali erleiden (Gleichung G auf S. 502), und zog den Schluß, daß das in γ-Stellung nicht substituierte Indoxazen in alkalischen Flüssigkeiten zu unbeständig sei, um isoliert werden zu können[2]. CONDUCHÉ[3] hat indessen später aus dem Isoxim:

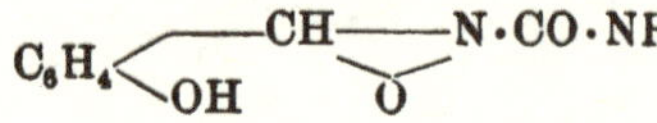

das durch Kondensation von *N*-Oxy-harnstoff (Bd. I, Tl. II, S. 1468) mit Salicylaldehyd erhalten wird, beim Stehenlassen mit der genau äquimolekularen Menge Kaliumhydroxyd in wäßriger Lösung eine farblose, unter 26 mm Druck bei ca. 100° siedende Flüssigkeit ($D_4^{15} = 1{\cdot}175$) von der Zusammensetzung C_7H_5ON gewonnen, die sich in 20-proz. Kalilauge unter starker Wärmeentwickelung löst, indem sie in Salicylsäurenitril übergeht. In diesem Produkt liegt wahrscheinlich das Indoxazen vor.

Viel bearbeitet und viel umstritten ist das mit dem Indoxazen stellungsisomere **Anthranil**[4] (β,γ-Benzisoxazol, „Anthroxan"). Es wurde 1882 von P. FRIEDLÄNDER und HENRIQUES als Produkt der Reduktion von *o*-Nitro-benzaldehyd mit Zinn in Eisessig entdeckt. Da die Verbindung bei der Behandlung mit warmen Alkalien leicht unter Aufnahme eines Wassermoleküls in Anthranilsäure übergeht, hielten die Entdecker es für wahrscheinlich, daß sie ein inneres Anhydrid (Lactam oder Lactim) der Anthranilsäure:

IIIa) 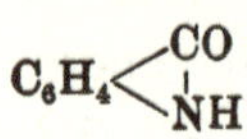 oder IIIb) 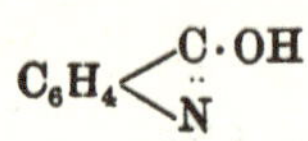

sei, und gaben ihr den Namen „Anthranil". Bald darauf wurde daneben die Formel IIb auf S. 513 zwar in Betracht gezogen, aber wieder ver-

---

[1] Vgl.: RUSSANOW, B. **25**, 3300 (1892). — V. MEYER, B. **26**, 1251 (1893).

[2] Vgl. ferner BORSCHE, A. **390**, 5 (1912).

[3] A. ch. [8] **13**, 47 (1908).

[4] P. FRIEDLÄNDER, R. HENRIQUES, B. **15**, 2105 (1882). — P. FRIEDLÄNDER, B. **15**, 2572 (1882). — P. FRIEDLÄNDER, WLEÜGEL, B. **16**, 2227 (1883). — P. FRIEDLÄNDER, SCHREIBER, B. **28**, 1382 (1895). — BUHLMANN, EINHORN, B. **34**, 3788 (1901). — BAMBERGER, ED. DEMUTH, B. **34**, 3874, 4015 (1901); **36**, 829 (1903). — ANSCHÜTZ, O. SCHMIDT, B. **35**, 3470 (1902). — BAMBERGER, B. **36**, 819, 839 (1903); **37**, 966 (1904); **42**, 1647, 1707 (1909); **48**, 537 (1915). J. pr. [2] **81**, 254 (1910). — O. SCHMIDT, B. **36**, 2465, 2477 (1903). — HELLER, B. **36**, 2766, 4178 (1903); **44**, 2418 Anm. 2 (1911). J. pr. [2] **77**, 145 (1908); **80**, 320 (1909). C. **1910**, II, 975. — BRÜHL, B. **36**, 3637 (1903). — BAMBERGER, ELGER, B. **36**, 3645 (1903). — FREUNDLER, Bl. [3] **31**, 878 (1904). — CARRÉ, A. ch. [8] **6**, 413 (1905). — REISSERT, B. **40**, 4214, 4223 (1907). — KALLE & Co., D.R.P. 194364 (C. **1908**, I, 1346). — SCHRÖTER, EISLEB, A. **367**, 159 (1909). — BAMBERGER, LUBLIN, B. **42**, 1676 (1909). — BAMBERGER, FODOR, B. **43**, 3325 (1910). — SCHEIBER, B. **44**, 2409 (1911).

worfen. Durch sehr eingehende Untersuchungen führte später BAMBERGER den Nachweis, daß die Auffassung als Benzisoxazol gemäß dieser Formel oder der ähnlichen IIa den Bildungsweisen, Eigenschaften und dem Verhalten des Anthranils gerecht wird.

Die Formel IIb erlaubt eine sehr einleuchtende Erklärung für die eben erwähnte Bildung des Anthranils, die zu seiner Entdeckung führte, sehr glatt verläuft und für die Darstellung die geeignetste ist. Man hat nur anzunehmen, daß der *o*-Nitro-benzaldehyd zum *o*-Hydroxylamino-benzaldehyd reduziert wird, aus dem dann durch Wechselwirkung zwischen der Hydroxylamin- und der Aldehyd-Gruppe (innere Oximierung) Wasser austritt:

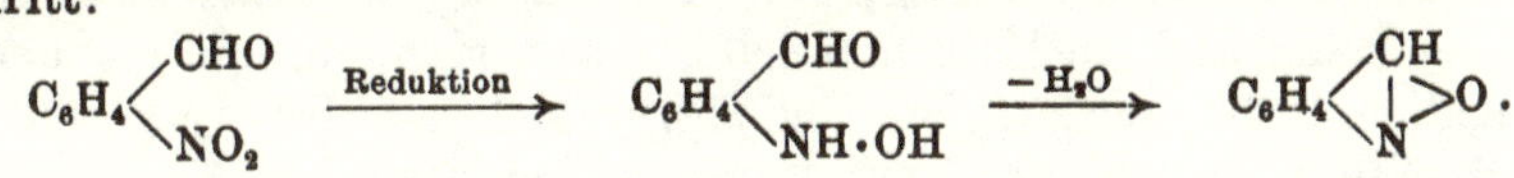
(C)

Unter den Argumenten, welche BAMBERGER gegen die Formeln IIIa und IIIb und für die Benzisoxazol-Auffassung vorbrachte, ist besonders gewichtig der Nachweis, daß aus dem *o*-Nitro-acetophenon sich durch Reduktion eine Verbindung bildet, die in ihrem physikalischen und chemischen Verhalten als ein wahres Homologes des Anthranils erscheint (vgl. S. 517 *C*-Methyl-anthranil), wie es bei obiger Deutung von vornherein zu erwarten ist:

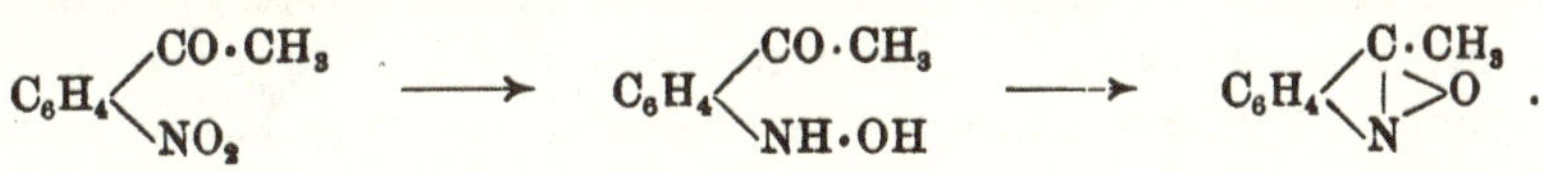
(D)

Das Reduktionsprodukt des *o*-Nitro-acetophenons aber muß seiner Herkunft nach Methyl an Kohlenstoff gebunden enthalten und kann daher von den Formeln IIIa und IIIb als Homologes überhaupt nicht abgeleitet werden.

Anthranil ist noch durch mehrere andere Vorgänge erhalten worden. So entsteht es aus *o*-Azido-benzaldehyd unter Abspaltung von Stickstoff durch trockenes Erhitzen oder Erhitzen mit Wasser, wobei man die intermediäre Bildung eines zweiwertigen, sich dann durch Umlagerung intramolekular absättigenden Restes annehmen kann:

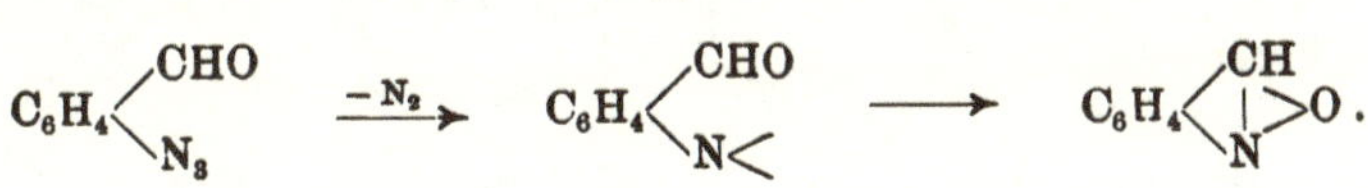
(E)

Aus *o*-Amino-benzaldehyd gewinnt man es durch Oxydation mit Sulfomonopersäure; hierbei ist wieder, wie bei Formelreihe C, *o*-Hydroxylamino-benzaldehyd als Zwischenstufe anzunehmen:

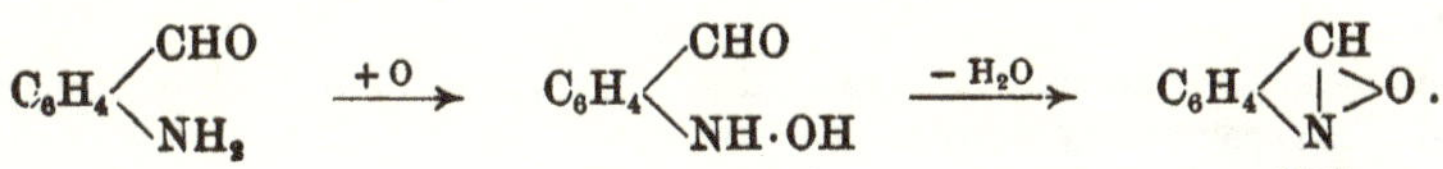
(F)

Aus *o*-Nitroso-benzylalkohol bildet sich Anthranil beim Kochen mit Wasser:

$$C_6H_4{<}\begin{matrix}CH_2\cdot OH\\ NO\end{matrix} - H_2O = C_6H_4{<}\begin{matrix}CH\\ |\\ N\end{matrix}{>}O\,. \qquad (G)$$

Anthranil ist ein farbloses, leicht bewegliches Öl, erstarrt bei -18^0 noch nicht und zeigt das spez. Gewicht $D_4^{20} = 1{\cdot}183$. Unter gewöhnlichem Druck beginnt es bei ca. 210—215° zu sieden, zersetzt sich aber dabei größtenteils; unter 15 mm Druck siedet es unzersetzt bei 100—101°. Es ist in den gebräuchlichen organischen Lösungsmitteln leicht, in heißem Wasser schwerer löslich, besitzt einen eigentümlichen, zugleich an Pflanzenbasen und an Bittermandelöl erinnernden Geruch, verflüchtigt sich leicht mit Wasserdämpfen und färbt sich an der Luft und am Licht allmählich braun unter Verharzung. Seine basischen Eigenschaften sind nur schwach; zwar löst es sich in kalter konzentrierter Mineralsäure, wird aber durch Wasser wieder ausgefällt. Zur Abscheidung, Reinigung und Erkennung ist die Quecksilberchlorid-Verbindung $C_7H_5ON + HgCl_2$ sehr geeignet; sie krystallisiert aus verdünntem Weingeist in farblosen Nadeln, schmilzt bei 178·5°, ist in heißem Wasser leicht, in kaltem sehr schwer löslich und wird durch Erhitzen mit Kaliumchlorid-Lösung glatt in die Komponenten gespalten.

Das Anthranil ist gegen Säuren sehr beständig, verträgt auch Erhitzen mit Wasser auf 120°, wird dagegen durch Alkalien leicht verändert und zwar, wie schon S. 514 erwähnt, in Anthranilsäure übergeführt. Diese auf den ersten Blick befremdliche Umwandlung erscheint verständlich, wenn man sich der Spaltung erinnert, welche einkernige Isoxazol-Körper mit unbesetzter α-Stellung durch Alkalien erleiden (Gleichung F auf S. 502). Die Analogie tritt besonders hervor, wenn man für das Anthranil die Formel IIa (S. 513) benutzt und in beiden Fällen Imino-ketene als Zwischenprodukte annimmt:

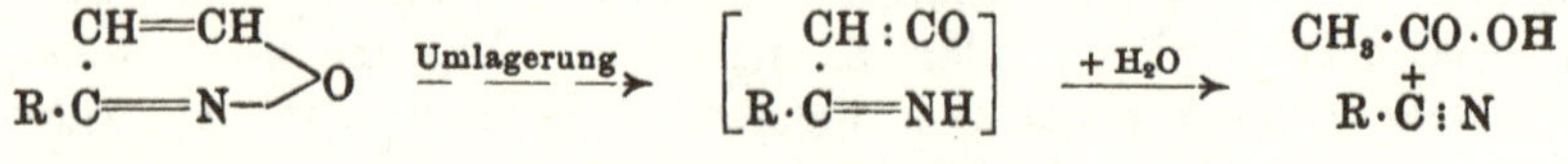

(H)

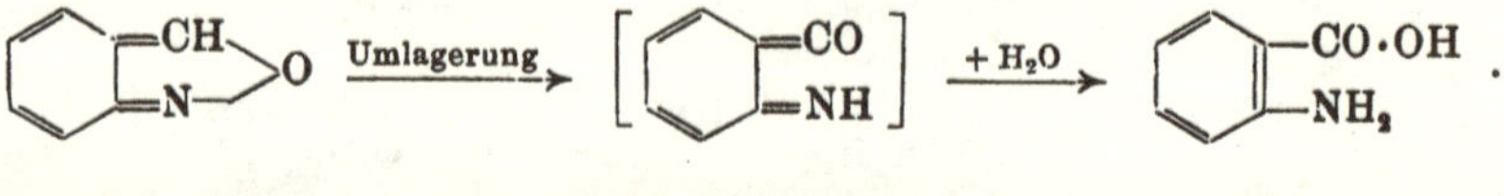

(I)

Jedesmal wird aus dem α-Kohlenstoffatom, indem zwischen ihm und den Hetero-Atomen der Ring gesprengt wird, ein Carboxyl; im ersten Fall erfolgt auch Sprengung zwischen dem β- und γ-Kohlenstoffatom, die im zweiten Falle ausbleibt, weil diese Kohlenstoffatome nicht nur dem Isoxazol-, sondern auch dem beständigen Benzol-Kern angehören.

Ähnlich kann man den Übergang des Anthranils durch Benzoylchlorid in das sogenannte „Benzoyl-anthranil" deuten:

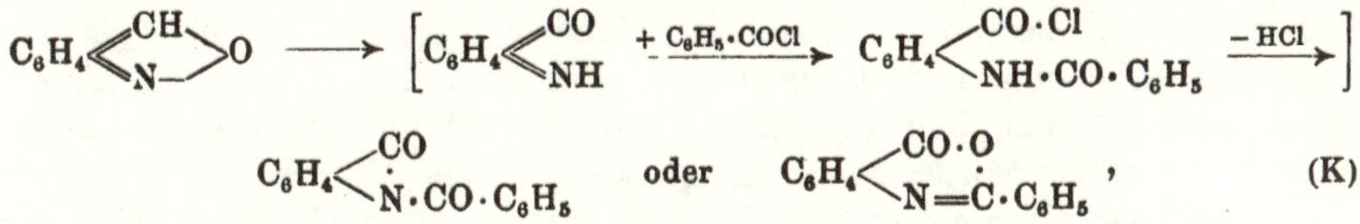

(K)

das auch aus Anthranilsäure durch Benzoylierung erhalten wird.

Die Öffnung des Isoxazol-Rings erfolgt noch in mehreren anderen interessanten Reaktionen. So entsteht beim Kochen mit alkoholischer Hydroxylamin-Lösung reichlich das *o*-Hydroxylamino-benzaldoxim:

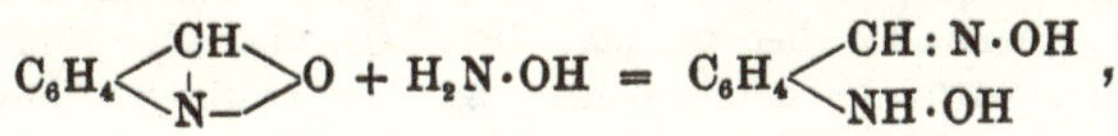

(L)

das beim Erwärmen in wäßrig-salzsaurer Lösung wieder Anthranil zurückbildet. Salpetrige Säure (Natriumnitrit und 23-proz. Salzsäure) erzeugt als Hauptprodukt den *o*-Nitrosohydroxylamino-benzaldehyd, daneben den ihm isomeren *o*-Nitramino-benzaldehyd:

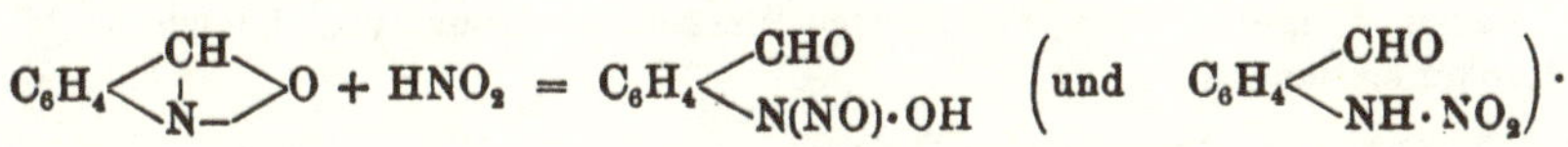

(M)

In beiden Fällen also bilden sich Derivate des *o*-Hydroxylamino-benzaldehyds, als dessen inneres Anhydrid das Anthranil bei der Benzisoxazol-Auffassung erscheint (vgl. S. 515). Durch Reduktion mit Eisenvitriol und Ammoniak entsteht aus dem Anthranil quantitativ *o*-Amino-benzaldehyd.

Bei der Einwirkung von Dimethylsulfat auf Anthranil erhält man ein Gemisch von *o*-Monomethylamino- und *o*-Dimethylamino-benzaldehyd.

Die Reaktion C (S. 515), die zur Entdeckung des Anthranils geführt hat, läßt sich zur Gewinnung weiterer Benzisoxazol-Körper mit unbesetzter α-Stellung auf Halogen-, Alkoxy-Derivate usw. des *o*-Nitro-benzaldehyds übertragen[1]. Wichtiger als die so erhältlichen *Bz*-Substitutionsprodukte des Anthranils ist das **C-Methyl-anthranil**[2] (α-Methyl-β,γ-benzisoxazol), dessen Bildung aus *o*-Nitro-acetophenon S. 515 durch Formelreihe D erläutert worden ist. Es ist ein farbloses Öl, das im Eis-Kochsalz-Gemisch zu glasglänzenden Nadeln erstarrt und im Geruch an Anthranil erinnert; es siedet unter 11 mm Druck bei 115·5—116° und zeigt $D_4^{20} = 1{\cdot}133$. In seinen physikalischen Eigenschaften (Siedepunkt, optisches Brechungs- und Absorptions-Vermögen),

[1] Vgl. P. Friedländer, Schreiber, B. **28**, 1384 (1895).

[2] Camps, Ar. **240**, 426 (1902). — Bamberger, Elger, B. **36**, 1611, 3645 (1903). — Brühl, B. **36**, 3643 (1903). — Bamberger, B. **37**, 968 (1904); **42**, 1667 (1909); **48**, 537 (1915). J. pr. [2] **81**, 260 (1910). — Heller, J. pr. [2] **77**, 165, 169 (1908). C. **1910**, II, 975. — Bamberger, Lublin, B. **42**, 1676 (1909). — Heller, Tischner, B. **42**, 4562 (1909). — Scheiber, B. **44**, 2409 (1911).

ebenso wie in seinem chemischen Verhalten erweist es sich als ein wahres (*C*-)Homologes des Anthranils. Es ist indessen gegen Alkalien, von denen es beim Kochen partiell unter Bildung von *o*-Amino-acetophenon verändert wird, beständiger; auch dieser Unterschied erscheint als Stütze der Benzisoxazol-Auffassung, wenn man sich des Verhaltens der verschieden substituierten einkernigen Isoxazol-Körper gegen Alkali (vgl. S. 502) erinnert. Beim Überhitzen isomerisiert sich das Methylanthranil zu Indoxyl, das durch Oxydation in Indigblau übergeht (vgl. S. 246, 291).

C-Phenyl-anthranil[1] (α-Phenyl-β,γ-benzisoxazol) kann durch Reduktion von *o*-Nitro-benzophenon erhalten werden. Interessant ist seine Bildung beim Stehenlassen von *o*-Nitro-benzaldehyd mit Benzol und konzentrierter Schwefelsäure[2]:

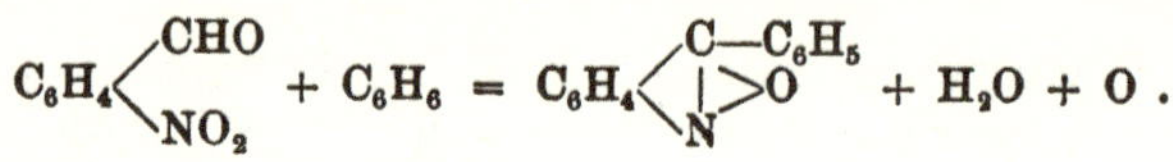 (N)

Es stellt gelbliche Krystalle dar, schmilzt bei 52—53° und wird in kalter konzentrierter Schwefelsäure durch eine Spur von salpetriger Säure zu Acridon isomerisiert; diesen Vorgang kann man unter Berücksichtigung von Gleichung M auf S. 517 folgendermaßen deuten:

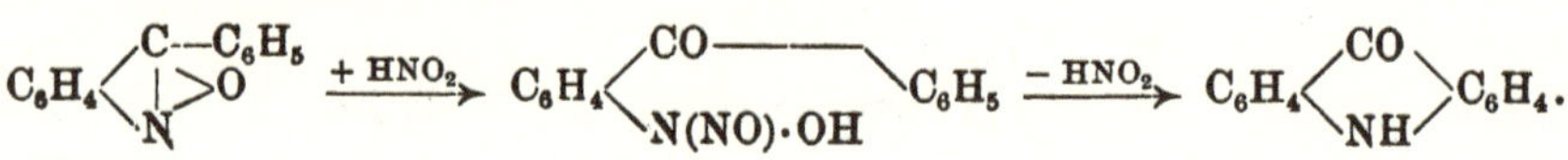 (O)

Beim Erwärmen von *o*-Nitrophenyl-glycidsäure $C_6H_4(NO_2)\cdot CH\cdot CH\cdot CO_2H$ (mit O-Brücke zwischen den beiden CH) mit Eisessig entsteht unter Abspaltung von Kohlendioxyd neben Anthranil der „**Anthroxan-aldehyd**“[3] (gelbliche Nadeln, Schmelzp. 72·5°), der als γ-Formyl-benzisoxazol 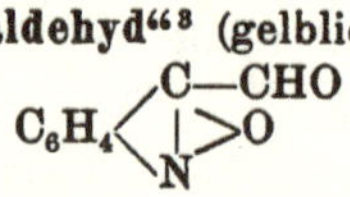 aufzufassen ist und sich mit wäßrigem Alkali glatt in Isatin umlagert. — Durch Oxydation liefert er die **Anthroxansäure**[4] (Anthranil-*C*-carbonsäure, β,γ-Benzisoxazol-α-carbonsäure), die auch analog den Formelreihen C und D (S. 515) durch Reduktion von *o*-Nitrophenyl-glyoxylsäure $C_6H_4(NO_2)\cdot CO\cdot CO_2H$ mit Zinn in Eisessig (oder Zinkstaub in Ammoniak) und analog Gleichung G (S. 516) aus *o*-Nitroso-mandelsäurenitril $C_6H_4(NO)\cdot CH(OH)\cdot CN$ durch

---

[1] Bamberger, Elger, B. **36**, 1615 (1903). — Kliegl, B. **41**, 1845 (1908); **42**, 593 (1909). — Bamberger, B. **42**, 1710, 1716, 1722 (1909). — Bamberger, Lindberg, B. **42**, 1723 (1909). — Vgl. auch Bäzner, Gardiol, B. **39**, 2512 (1906).

[2] Über ähnliche Bildung *C*-arylierter Benzisoxazol-Körper s.: Zincke, Prentzell, B. **38**, 4116 (1905). — Zincke, Siebert, B. **39**, 1930 (1906). — Bamberger, B. **42**, 1714 (1909).

[3] Schillinger, Wleügel, B. **16**, 2222 (1883). — Bamberger, B. **42**, 1711 (1909). — Heller, Tischner, B. **42**, 4557, 4562 (1909). — Heller, C. **1910**, II, 975.

[4] Schillinger, Wleügel, B. **16**, 2224 (1883). — Heller, B. **39**, 2341, 2343, 2344 (1906); **44**, 2419, 2421 (1911). J. pr. [2] **77**, 168 (1908); **80**, 321 (1909). A. **375**, 266, 281 (1910). C. **1910**, II, 975. — Reissert, B. **41**, 3923 (1908). — Bamberger, B. **42**, 1664, 1711 (1909). J. pr. [2] **81**, 254 (1910). — Bamberger, Lindberg, B. **43**, 123, 125 (1910). — Scheiber, B. **44**, 2417 (1911).

Erhitzen mit konzentrierter Salzsäure entsteht. Sie krystallisiert aus Wasser in farblosen Nadeln, schmilzt gegen 200° unter lebhaftem Aufschäumen und löst sich in heißem Wasser ziemlich, in kaltem fast gar nicht. In ammoniakalischer Lösung mit Eisenvitriol gelinde erwärmt, gibt sie nach dem Abfiltrieren des gebildeten Eisenoxyds und Ansäuern fast quantitativ Isatin — ein Vorgang, den man sich durch folgende Zwischenstufen erklären kann:

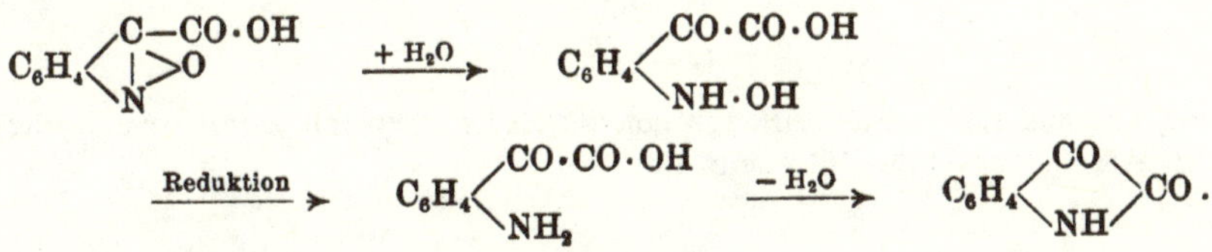

Beim Erhitzen mit Wasser auf 155° entsteht zwar eine geringe Menge Anthranil; eine glatte Decarboxylierung gelingt aber weder hierbei, noch bei der Zersetzung durch Schmelzen, die fast explosionsartig verläuft (vgl. dazu S. 507 das Verhalten der einkernigen Isoxazol-carbonsäuren).

β, γ-Benz-isoxazolon[1]:

IVa) 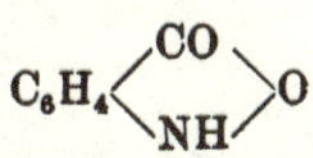 oder IVb) 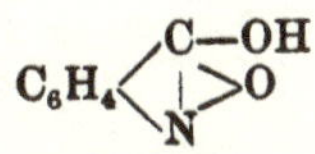

ist das Anhydrid der *o*-Hydroxylamino-benzoesäure, welches aus dieser Säure durch kurzes Kochen mit doppeltnormaler Schwefelsäure gebildet wird. Es krystallisiert aus Benzol in farblosen Nadeln und schmilzt (rasch erhitzt) bei 112° unter Aufschäumen zu einer schwarzroten Flüssigkeit, aus der sich *o*-Azo-benzoesäure isolieren läßt. Von kaltem Wasser wird es ziemlich schwer zu einer sauer reagierenden Lösung aufgenommen, von Natronlauge, Ammoniak und Soda leicht zu Lösungen, aus denen es durch verdünnte Säuren wieder gefällt wird. Durch Alkylierung und Acylierung geht es in Derivate über, die sich von der Formel IVa ableiten, da sie bei der Reduktion *N*-Alkyl- bzw. *N*-Acyl-Derivate der Anthranilsäure liefern:

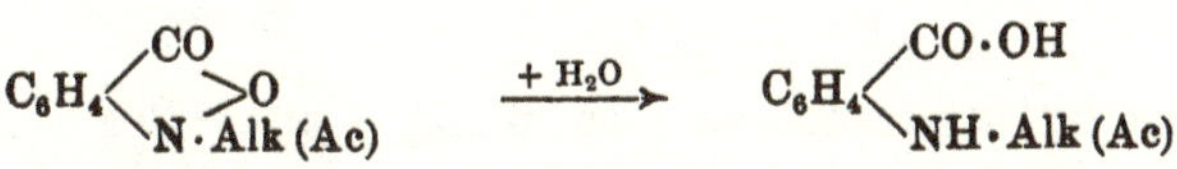

Die Alkylderivate werden durch Alkalien leicht zu Salzen der *N*-Alkylhydroxylamino-benzoesäuren $C_6H_4(CO \cdot OH) \cdot N(Alk) \cdot OH$ aufgespalten, während das Benzisoxazolon selbst mit Alkalien nicht die Salze der *o*-Hydroxylamino-benzoesäure gibt, sondern seine eigenen Salze, die sich vermutlich von der Formel IVb ableiten.

[1] Bamberger, Pyman, B. **42**, 2297 (1909). — Heller, B. **43**, 1907 (1910).

Als Beispiel **weiterer kondensierter Isoxazol-Körper**[1] sei das **Anthra-di-isoxazol:**

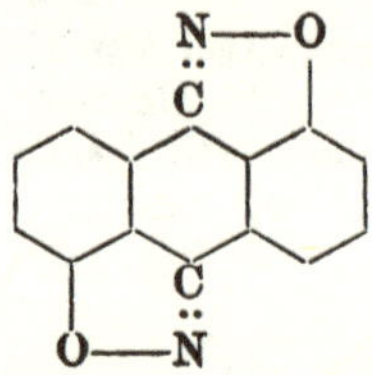

genannt, das aus 1.5-Dichlor-anthrachinon durch Erhitzen mit salzsaurem Hydroxylamin in Alkohol auf 175—180° entsteht.

Achtzehntes Kapitel.

Oxazol-Körper.

(Einkernige Oxazole, Oxazoline, Oxazolone usw. — Phenylierte Oxazol-Körper. — Benzoxazol usw.).

I. Einkernige Oxazol-Körper.

Die Zahl der bekannten einkernigen Oxazol-Körper ist einstweilen gering. Den Stammkörper — das **Oxazol** selbst — kennt man noch nicht. Für die Namenbildung seiner Abkömmlinge ergibt sich aus Regel Nr. 2 auf S. 35 das Bezifferungs-Schema I; in der Literatur wird vielfach gemäß II beziffert:

I) 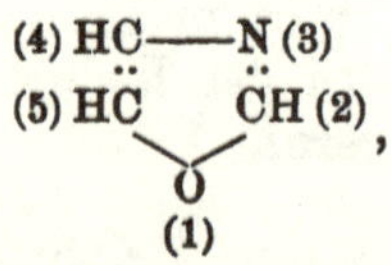 , II) 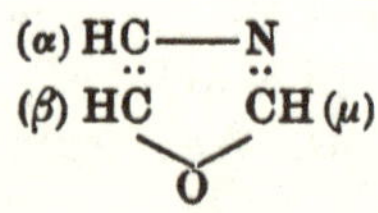 .

2.4-Dimethyl-oxazol[2] wird in wenig glatter Reaktion durch Erhitzen von Acetamid mit Chlor-aceton (auf 120—125°) erhalten:

$$\begin{matrix} CH_3\cdot CO \\ CH_2Cl \end{matrix} + \begin{matrix} H_2N \\ OC\cdot CH_3 \end{matrix} = H_2O + \begin{matrix} CH_3\cdot C—N \\ HC\cdot O\cdot C\cdot CH_3 \end{matrix}, HCl. \qquad (A)$$

Es ist eine farblose neutrale Flüssigkeit, siedet bei 108° und ist in Wasser, Alkohol und Äther sehr leicht löslich. Im Geruch ähnelt es dem Pyridin und ist vom 2.4-Dimethyl-thiazol (vgl. S. 536, 537) kaum zu

---

[1] J. B. Tingle, Am. **19**, 409 (1897). — M. Freund, Achenbach, B. **43**, 3251 (1910). — Borsche, Bahr, A. **402**, 108 (1914).

[2] Schuftan, B. **28**, 3070 (1895). — Österreich, B. **30**, 2254 (1897).

unterscheiden. Das Platindoppelsalz $(C_5H_7ON, HCl)_2PtCl_4$ krystallisiert in gelbroten Täfelchen, schmilzt bei 196° unter Zersetzung und löst sich sehr leicht in Wasser. — **2.5-Dimethyl-oxazol**[1] entsteht aus Acetamino-aceton (bereitet durch Acetylierung von Amino-aceton) unter der Einwirkung von Phosphorpentachlorid:

$$\begin{array}{ccc} & CH_2\text{——}NH & \\ CH_3\cdot CO & & OC\cdot CH_3 \end{array} - H_2O = \begin{array}{c} CH\text{—}N \\ CH_3\cdot\ddot{C}\cdot O\cdot\ddot{C}\cdot CH_3 \end{array}. \qquad (B)$$

Diese in vielen Varianten zum Ausbau der Oxazol-Gruppe benutzte Reaktion erinnert an die Bildung von Furan-Körpern aus 1.4-Dicarbonyl-Verbindungen (vgl. S. 45, 48). Das 2.5-Dimethyl-oxazol siedet unter 755 mm Druck bei 117—118° (korr.), riecht stark pyridinartig und ist mit Wasser mischbar.

2-Methyl-oxazolin[2] [2-Methyl-oxazol-dihydrid-(4.5)] wird aus dem Hydrobromid des β-Brom-äthylamins durch Kochen mit Essigsäureanhydrid gewonnen (vgl. Bd. I, Tl. II, S. 260, letzte Gleichung), ist farblos, dünnflüssig und siedet unter 757·5 mm Druck bei 109·5—110·5° (korr.). Es riecht süßlich pyridinartig, mischt sich mit Wasser und erteilt ihm alkalische Reaktion. Sein Pikrat $C_4H_7ON.C_6H_3O_7N_3$ schmilzt bei 160° und verwandelt sich beim Kochen mit Wasser unter Ringspaltung:

$$\begin{array}{l} CH_2\text{—}N \\ CH_2\cdot O\cdot\ddot{C}\cdot CH_3 \end{array} + H_2O = \begin{array}{ll} CH_2\cdot NH_2 & \;\;O \\ CH_2\cdot O\text{———} & \ddot{C}\cdot CH_3 \end{array} \qquad (C)$$

in das Pikrat des β-Aminoäthyl-acetats.

Oxazolidine[3] (Oxazol-tetrahydride) entstehen durch Einwirkung von Aldehyden auf β-Amino-äthylalkohol bzw. seine *N*-Alkyl-Derivate (Bd. I, Tl. II, S. 270, 272) beim Kochen in ätherischer Lösung über Pottasche, z. B.:

$$\begin{array}{l} CH_2\cdot NH_2 \\ CH_2\cdot OH \end{array} + CHO\cdot CH_3 = H_2O + \begin{array}{l} CH_2\cdot NH \\ CH_2\cdot O \end{array}\!\!>\!CH\cdot CH_3; \qquad (D)$$

$$\begin{array}{l} CH_2\cdot NH\cdot CH_3 \\ CH_2\cdot OH \end{array} + CH_2O = H_2O + \begin{array}{l} CH_2\cdot N(CH_3) \\ CH_2\cdot O \end{array}\!\!>\!CH_2. \qquad (E)$$

Sie sind sehr unbeständig und werden beim Schütteln mit Wasser, Säuren oder Alkalien leicht wieder in die Komponenten gespalten[4].

2-Methyl-oxazolidin (Produkt der Gleichung D) ist eine leicht bewegliche, wasserhelle, alkalisch reagierende Flüssigkeit von starkem Geruch, siedet unter 748 mm Druck bei 140—142°, verflüchtigt sich leicht mit Ätherdämpfen und poly-

[1] Gabriel, B. **43**, 1287 (1910).

[2] Gabriel, B. **22**, 2221 (1889). — Gabriel, Heymann, B. **23**, 2502 (1890). — Gabriel, A. Neumann, B. **25**, 2387 (1892). — Gabriel, Eschenbach, B. **30**, 2495 (1897). Über 2.5-Dimethyl-oxazolin s. Udinck, B. **32**, 975 (1899).

[3] Knorr, Matthes, B. **34**, 3484 (1901).

[4] Auf diese Charakteristik passen nicht die Angaben über ein Produkt, das aus 2.4-Dimethyl-oxazol (S. 520) durch Reduktion mit Natrium in Alkohol erhalten und als 2.4-Dimethyl-oxazolidin aufgefaßt wurde [Österreich, B. **30**, 2255 (1897)].

merisiert sich beim Aufbewahren zu einem dicken Öl. — **3-Methyl-oxazolidin** (Produkt der Gleichung E, S. 521) siedet unter 735 mm Druck bei 100°.

Am meisten untersucht wurden *Oxo-Derivate* der Oxazol-Gruppe. Als **μ-Oxazolidon**[1] (2-Oxo-oxazol-tetrahydrid) kann das von GABRIEL entdeckte innere Anhydrid der β-Oxyäthyl-carbamidsäure bezeichnet werden, dessen Bildungsweisen aus β-Brom-äthylamin (durch Silber- oder Natriumcarbonat) und aus β-Oxy-äthylamin (durch Kaliumcyanat) schon Bd. I, Tl. II, S. 260 und 271 in Formeln erläutert worden sind. Es entsteht auch durch Destillation von β-Oxyäthyl-carbamidsäure-methylester:

$$\begin{matrix} CH_2\cdot NH \\ CH_2\cdot OH \end{matrix} \!\!\searrow\! CO\cdot OCH_3 = CH_3\cdot OH + \begin{matrix} CH_2\cdot NH \\ CH_2\cdot O \end{matrix} \!\!>\! CO, \qquad (F)$$

schießt aus absolutem Alkohol in derben wasserklaren Krystallen an, schmilzt bei 91°, siedet unter 21 mm Druck bei ca. 200° und löst sich leicht in Wasser, ohne ihm alkalische Reaktion zu erteilen. Von salpetriger Säure wird es in das *N*-Nitroso-Derivat $\begin{matrix} CH_2\cdot N(NO) \\ CH_2\cdot O \end{matrix}\!\!>\! CO$ verwandelt, das gelbe Nadeln darstellt, bei 53° schmilzt und durch seine Unbeständigkeit interessant ist: es zersetzt sich oft freiwillig nach einigen Tagen, zischt, mit einem Tropfen 33-prozentiger Kalilauge in Berührung, auf und fängt dann Feuer; in verdünntem Alkali löst es sich ohne Färbung klar unter Entwickelung von Acetylen und Stickstoff auf. Beim Kochen mit Anilin verwandelt sich Oxazolidon in *N,N'*-Äthylen-*N*-phenylharnstoff:

$$\begin{matrix} CH_2\cdot NH \\ CH_2\cdot O \end{matrix} \!\!>\! CO + H_2N\cdot C_6H_5 = H_2O + \begin{matrix} CH_2\cdot NH \\ CH_2\cdot N(C_6H_5) \end{matrix} \!\!>\! CO. \qquad (G)$$

Zum *N*-Phenyl-μ-oxazolidon[2] gelangt man auf folgendem Wege:

$$\begin{matrix} CH_2\cdot Cl \\ CH_2\cdot OH \end{matrix} \xrightarrow{COCl_2} \begin{matrix} CH_2\cdot Cl \\ CH_2\cdot O\cdot CO\cdot Cl \end{matrix}$$

$$\xrightarrow{H_2N\cdot C_6H_5} \begin{matrix} CH_2\cdot Cl \quad NH\cdot C_6H_5 \\ | \qquad\quad CO \\ CH_2\cdot O \end{matrix} \xrightarrow{-HCl} \begin{matrix} CH_2\cdot N\cdot C_6H_5 \\ CH_2\cdot O \end{matrix} \!\!>\! CO, \qquad (H)$$

der vom Glykol-chlorhydrin seinen Ausgangspunkt nimmt. Die Verbindung krystallisiert aus kochendem Wasser oder warmem Alkohol in weißen Tafeln und schmilzt bei 124°.

---

[1] GABRIEL, B. **21**, 568 (1888); **38**, 2410 (1905). — GABRIEL, ESCHENBACH, B. **30**, 2495 (1897). — FRANCHIMONT, LUBLIN, R. **21**, 47, 49 (1902). — KNORR, RÖSSLER, B. **36**, 1280 (1903).

Über 5-Chlormethyl-2-oxo-oxazol-tetrahydrid s. JOHNSON, GUEST, Am. **44**, 453 (1910).

[2] NEMIROWSKI, J. pr. [2] **31**, 173 (1885). — P. OTTO, J. pr. [2] **44**, 17 (1891). — S. ferner JOHNSON, LANGLEY, Am. **44**, 352 (1910).

Das Imid des μ-Oxazolidons $\begin{matrix}CH_2\cdot NH\\ CH_2\cdot O\end{matrix}\!\!>\!C{:}NH$ bzw. μ-Amino-oxazolin $\begin{matrix}CH_2\cdot N\\ CH_2\cdot O\end{matrix}\!\!>\!C\cdot NH_2$ ist der Äthylen-*pseudo*-harnstoff[1] (Äthylen-isoharnstoff), der aus β-Brom-äthylamin und Kaliumcyanat gewonnen wird (vgl. Bd. I, Tl. II, S. 260 2. Gleichung); sein Pikrat $C_3H_6ON_2.C_6H_3O_7N_3$ krystallisiert aus heißem Wasser in gelben Nadeln, erweicht von ca. 170° ab und schmilzt bei 186—188°.

Propylen-*pseudo*-harnstoff[2] (2-Imino-5-methyl-oxazolidin) entsteht durch Umlagerung von Allyl-harnstoff beim Erhitzen mit rauchender Salzsäure:

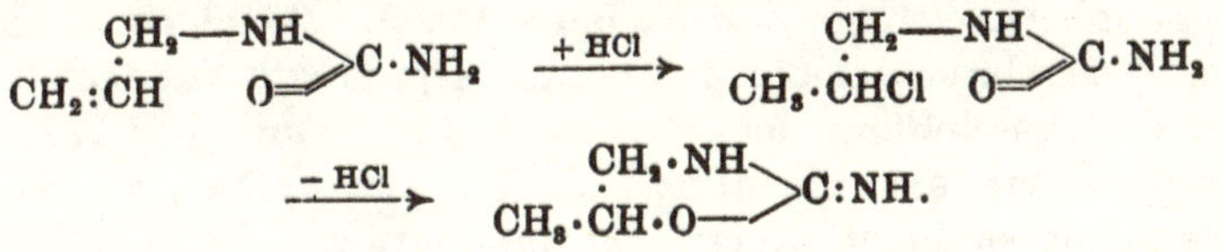
(I)

2.4-Dioxo-oxazolidin[3] wird aus seinem 2-Imid (Isohydantoin), das sich in lebhafter Reaktion aus Glykolsäureester und Guanidin in Alkohol bildet:

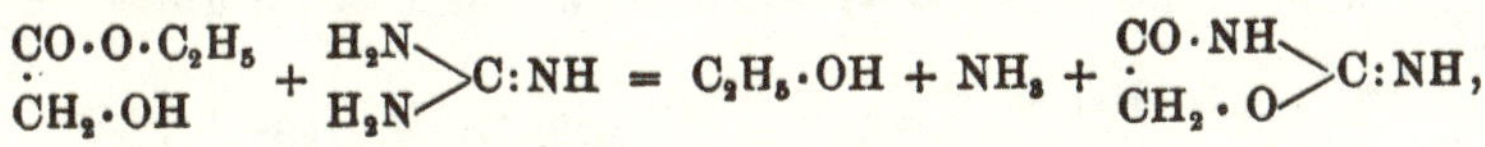
(K)

durch Kochen mit alkoholischer Salzsäure erhalten:

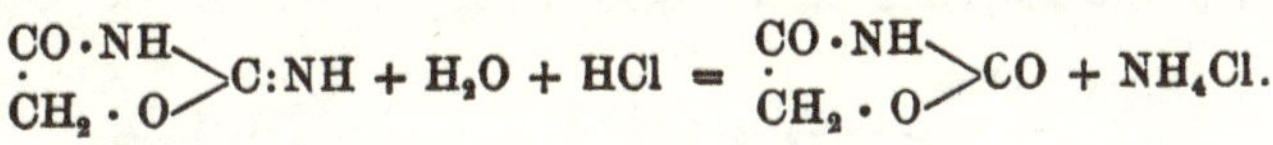
(L)

Es krystallisiert aus Wasser in farblosen Tafeln, schmilzt bei 89—90°, siedet unter 11 mm Druck bei 173° unzersetzt und ist in Wasser und Alkohol sehr leicht, in Ligroin fast gar nicht löslich; die wäßrige Lösung reagiert sauer.

Auch Schwefel-Verbindungen[4], welche den Oxo- bzw. Oxy-Derivaten der Oxazol-Reihe entsprechen, sind bekannt. So entsteht z. B. aus dem γ-Amino-α,β-propylenglykol (Bd. I, Tl. II, S. 278) durch Einwirkung von Schwefelkohlenstoff:

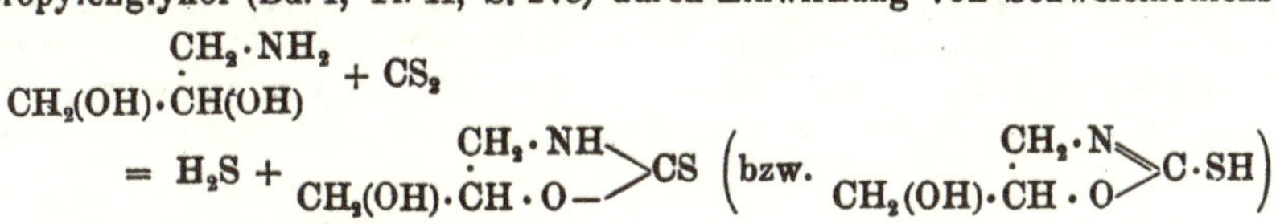

das **2-Mercapto-5-methylol-oxazolin.**

---

[1] GABRIEL, B. **22**, 1150 (1889). — 3-(N-)Phenyl-Derivat: GABRIEL, STELZNER, B. **28**, 2938 (1895). — MENNE, B. **33**, 658 (1900).

[2] GABRIEL, B. **22**, 2990 (1889). — PH. HIRSCH, B. **23**, 966 (1900). — Über Brompropylen-*pseudo*-harnstoff s.: E. Schmidt, Ar. **236**, 443 (1898). — RUNDQUIST, Ar. **236**, 457 ff. (1898).

[3] W. TRAUBE, ASCHER, B. **46**, 2077 (1913). — N-Phenyl-Derivat und dessen Homologe: LAMBLING, Bl. [3] **27**, 442, 445, 449, 607, 609, 611 (1902).

[4] MAQUENNE, ROUX, C. r. **134**, 1589 (1902). — ROUX, C. r. **135**, 693 (1902); **138**, 505 (1904). — HOLMBERG, J. pr. [2] **84**, 656, 662, 666 (1911).

II. Mehrkernige nichtkondensierte Oxazol-Systeme.

Die Gruppe der *arylierten Oxazol-Körper*[1] ist etwas reichlicher ausgebaut, als diejenige der einkernigen, da die zu ihrer Synthese dienenden, der Benzol-Reihe angehörenden Ausgangsstoffe verhältnismäßig leicht zugänglich und bequem zu handhaben sind. Die Bildungsvorgänge beruhen größtenteils auf den gleichen Grundlagen, wie die im vorangehenden Abschnitte durch Gleichungen erläuterten Reaktionen, die von aliphatischen α-Halogen-ketonen, α-Amino-ketonen, β-Halogen-aminen usw. ausgehen. Die Untersuchung der Reaktionsprodukte hat sich auch hier meist auf die Feststellung der äußeren und physikalischen Eigenschaften beschränkt. Besondere Eigentümlichkeiten im Verhalten des Oxazol-Systems sind dabei nicht zutage gefördert worden. Hervorgehoben kann werden, daß Hydrierungen von Oxazolen zu Oxazolinen oder Oxazolidinen nicht beobachtet wurden[2].

Das 2-Phenyl-oxazol ist noch nicht bekannt. Sein Dihydrid, das 2-Phenyl-oxazolin[3], entsteht aus β-Bromäthyl-benzamid beim schnellen Auflösen in heißem Wasser:

$$\begin{array}{l} CH_2\cdot NH \\ CH_2Br \end{array}\!\!\searrow CO\cdot C_6H_5 = \begin{array}{l} CH_2\cdot N \\ CH_2\cdot O \end{array}\!\!>C\cdot C_6H_5 . HBr, \qquad (A)$$

aus Benzimino-β-chloräthyläther durch Einwirkung von verdünntem Alkali:

$$\begin{array}{l} CH_2\cdot Cl\ \ HN \\ CH_2\cdot O\text{——} \end{array}\!\!>C\cdot C_6H_5 - HCl = \begin{array}{l} CH_2\cdot N \\ CH_2\cdot O \end{array}\!\!>C\cdot C_6H_5 , \qquad (B)$$

aus dem Benzoylderivat des Äthylen-imins (vgl. Bd. I, Tl. II, S. 251) durch Umlagerung beim Destillieren:

$$\begin{array}{l} CH_2 \\ CH_2 \end{array}\!\!>N\cdot CO\cdot C_6H_5 = \begin{array}{l} CH_2\cdot N \\ CH_2\cdot O \end{array}\!\!>C\cdot C_6H_5 . \qquad (C)$$

Es ist eine farblose, stark lichtbrechende Flüssigkeit von eigentümlichem Geruch, siedet bei 242—243° und besitzt brennenden Geschmack. Mischbar mit Alkohol und Äther, löst es sich nur wenig in Äther. Als ausgesprochene Base wird es von verdünnten kalten Halogenwasserstoffsäuren leicht aufgenommen; in diesen Lösungen aber erleidet es beim Eindampfen Ringspaltung, die bei Gegenwart von überschüssi-

---

[1] Vgl. außer den im Folgenden speziell zitierten Abhandlungen noch z. B.: M. Lewy, B. **21**, 2192 (1888). — Elfeldt, B. **24**, 3218 (1891). — Kay, B. **26**, 2849 (1893). — Söderbaum, B. **28**, 1899 (1895). — Bookman, B. **28**, 3116 (1895). — Üdinck, B. **32**, 968 (1899). — Ed. Strauss, B. **33**, 2829 (1900). — Diels, Beccard, B. **39**, 4126, 4128 (1906). — Mohr, Stroschein, B. **42**, 2521 (1909). — Mohr, J. pr. [2] **81**, 49, 473 (1910). — Gabriel, B. **43**, 1283 (1910). — Lister, Robinson, Soc. **101**, 1297 (1912). — Mc Combie, Parkes, Soc. **101**, 1991 (1912). — Crowther, Mc Combie, Soc. **103**, 27 (1912). — Mc Combie, Scarborough, Soc. **103**, 56 (1912). — W. Traube, Ascher, B. **46**, 2082 (1913). — Rüdenburg, B. **46**, 3560, 3562 (1913).

[2] Vgl. Gabriel, Stelzner, B. **29**, 2381 (1896).

[3] Gabriel, Heymann, B. **23**, 2493 (1890). — Gabriel, A. Neumann, B. **25**, 2383 (1892). — Gabriel, Stelzner, B. **28**, 2933 (1895); **29**, 2381 (1896).

gem Halogenwasserstoff zum β-Bromäthyl-benzamid (Ausgangsprodukt der Reaktion A, s. S. 524), andernfalls zum Aminoäthyl-benzoat $H_2N\cdot CH_2\cdot CH_2\cdot O\cdot CO\cdot C_6H_5$ führt (analog Reaktion C auf S. 521). Durch Reduktion mit Natrium in siedendem Amylalkohol liefert es β-Oxyäthyl-benzylamin $HO\cdot CH_2\cdot CH_2\cdot NH\cdot CH_2\cdot C_6H_5$. — 2-Phenyl-oxazolidin[1] (2-Phenyl-oxazol-tetrahydrid), analog Gleichung D auf S. 521 aus Benzaldehyd entstehend, ist ein alkalisch reagierendes, stark riechendes Öl und siedet unter 748 mm Druck bei 284°. — **4-Phenyl-oxazol**[2] wird analog Gleichung A auf S. 520 durch Erhitzen von ω-Brom-acetophenon $C_6H_5\cdot CO\cdot CH_2Br$ mit Formamid erhalten, schmilzt bei + 6° und siedet bei 220—222° (unkorr.); sein salzsaures Salz wird durch Wasser hydrolysiert. — **5-Phenyl-oxazol**[3] (Schmelzp. 42°) entsteht analog Gleichung B auf S. 521 aus ω-Formamino-acetophenon.

Die drei theoretisch möglichen Diphenyl-oxazole:

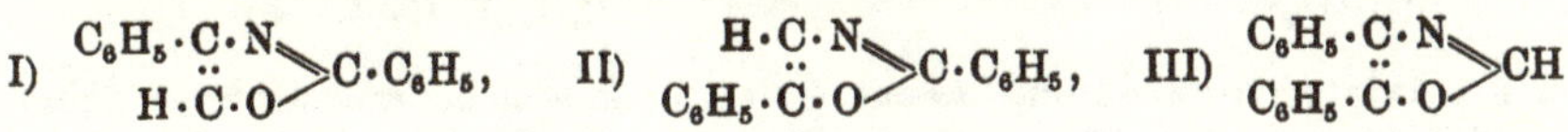

sind sämtlich dargestellt worden. — **2.4-Diphenyl-oxazol**[4] (Formel I) schmilzt bei 102·5—103·5° und siedet unzersetzt bei 338—340°; man erhält es aus ω-Brom-acetophenon und Benzamid (analog Gleichung A auf S. 520). — Am genauesten untersucht ist das **2.5-Diphenyl-oxazol**[5] (Formel II). Es wird analog Gleichung B auf S. 521 aus ω-Benzamino-acetophenon durch Einwirkung von Phosphorpentachlorid oder kurzes Erwärmen mit konz. Schwefelsäure gewonnen, ferner aus Benzaldehyd-cyanhydrin durch Kondensation mit Benzaldehyd in ätherischer, mit Chlorwasserstoff gesättigter Lösung:

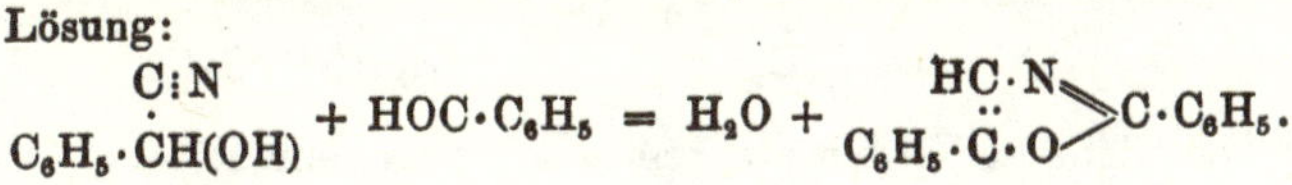 (D)

Es schmilzt bei 74° und zeigt in alkoholischer oder benzolischer Lösung bei Magnesium-Licht violettblaue Fluorescenz. Durch mehrstündiges Erhitzen mit starker Salzsäure auf 150° wird es nicht verändert. Es verbindet sich mit Methyljodid zu einem Jodmethylat und wird durch Chromsäure in Eisessig zum Phenylglyoxylyl-benzamid $C_6H_5\cdot CO\cdot CO\cdot NH\cdot CO\cdot C_6H_5$ oxydiert, von Natrium in siedendem Alkohol zum Phenyl-[benzylamino-methyl]-carbinol $C_6H_5\cdot CH(OH)\cdot CH_2\cdot NH\cdot CH_2\cdot C_6H_5$ reduziert. — **4.5-Diphenyl-oxazol**[6] entsteht durch Einwirkung von konz. Schwefelsäure auf ein Gemisch von Benzoin und Blausäure:

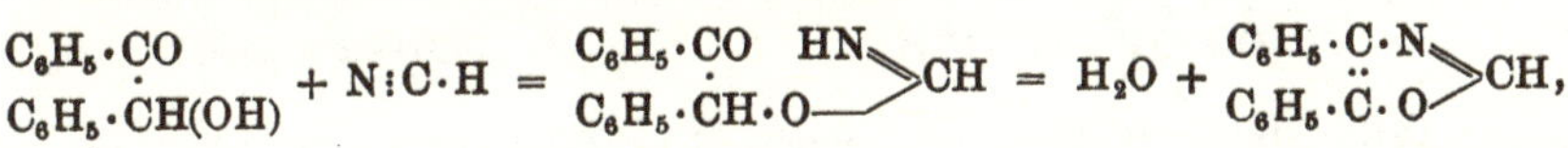 (E)

schmilzt bei 44° und ist in den gebräuchlichen organischen Mitteln leicht löslich.

Wenn man in der eben erwähnten, durch Gleichung E erläuterten Bildungsreaktion die Blausäure durch Benzonitril ersetzt, gelangt man zu **2.4.5-Triphenyl-**

[1] Knorr, Matthes, B. **34**, 3487 (1901).

[2] Blümlein, B. **17**, 2580 (1884). — M. Lewy, B. **20**, 2578 (1887); **21**, 930 (1888). — Hantzsch, B. **21**, 945 (1888).

[3] Bachstez, B. **47**, 3165 (1914).

[4] Blümlein, B. **17**, 2580 (1884). — M. Lewy, B. **20**, 2579 (1887); **21**, 930 (1888). — Hantzsch, B. **21**, 945 (1888).

[5] E. Fischer, B. **29**, 205 (1896). — Minovici, B. **29**, 2103 (1896). — Robinson, Soc. **95**, 2169 (1909). — Gabriel, B. **43**, 136 (1910).
Über 2.5-Diphenyl-oxazolin s. Wolfheim, B. **47**, 1448 (1914).

[6] Japp, Murray, Soc. **63**, 470 (1893).

oxazol[1], das in älteren Untersuchungen unter den Produkten der Einwirkung von Ammoniak auf Benzil beobachtet und vor der durch JAPP erfolgten Aufklärung seiner Struktur „Benzilam“ (auch „Azobenzil“) genannt worden war. Es entsteht ferner sehr glatt analog Gleichung B auf S. 521 aus Benzoyl-desylamin $C_6H_5 \cdot CO \cdot CH(C_6H_5) \cdot NH \cdot CO \cdot C_6H_5$ beim Erwärmen (2 Minuten) mit konz. Schwefelsäure. Es schmilzt bei 115·5—116°, löst sich leicht in Benzol und zeigt darin schwach blaue Fluorescenz. Bei der Oxydation mit Chromsäure-Mischung liefert es fast quantitativ Benzoesäure; auch beim Erhitzen mit konz. Salzsäure auf 250° wird Benzoesäure abgespalten.

Aus Benzilsäure erhält man durch Einwirkung von Benzonitril in konzentrierter Schwefelsäure:

$$\begin{matrix} CO\cdot OH \\ (C_6H_5)_2C(OH) \end{matrix} + N\vdots C\cdot C_6H_5 = H_2O + \begin{matrix} CO\cdot N \\ (C_6H_5)_2C\cdot O \end{matrix}\!\!>\!C\cdot C_6H_5 \qquad (F)$$

das **2.5.5-Triphenyl-oxazolon**, das aus heißem Essigester in durchsichtigen Rhomben krystallisiert und bei 136° schmilzt[2]. Es wird beim Kochen mit Kalilauge zu der Säure $(C_6H_5)_2C(CO_2H) \cdot O \cdot C(:NH) \cdot C_6H_5$ aufgespalten und kann aus dieser Säure durch Wasserabspaltung wiedergewonnen werden.

Als Beispiel für Verbindungen, in denen *Oxazol- mit Benzol-Kernen indirekt verknüpft*[3] sind, sei das **2-Benzyl-5-phenyl-oxazol**[4] aufgeführt, das aus ω-Phenacetyl-amino-acetophenon durch konz. Schwefelsäure entsteht:

$$\begin{matrix} CH_2 & \text{—} & NH \\ C_6H_5\cdot CO & & CO\cdot CH_2\cdot C_6H_5 \end{matrix} - H_2O = \begin{matrix} CH\text{—}N \\ C_6H_5\cdot C\cdot O\cdot C\cdot CH_2\cdot C_6H_5 \end{matrix}$$

und bei 89° schmilzt; im Gegensatz zum 2.5-Diphenyl-oxazol (vgl. S. 525) zeigen seine Lösungen keine Fluorescenz.

Durch ihre Farbigkeit interessant sind die von ERLENMEYER JUN.[5] bearbeiteten 2-Phenyl-4-aryliden-oxazolone, welche bei der Kondensation von aromatischen Aldehyden mit Hippursäure unter dem Einflusse von Essigsäureanhydrid entstehen, z. B.:

$$C_6H_5\cdot CHO + \begin{matrix} CH_2 & \text{——} & NH \\ CO\cdot OH & & CO\cdot C_6H_5 \end{matrix}$$

$$\xrightarrow{-H_2O} \begin{matrix} C_6H_5\cdot CH:C & \text{——} & NH \\ CO\cdot OH & & CO\cdot C_6H_5 \end{matrix} \quad \text{bzw.} \quad \begin{matrix} C_6H_5\cdot CH:C & \text{——} & N \\ CO\cdot OH & & C(OH)\cdot C_6H_5 \end{matrix}$$

$$\xrightarrow{-H_2O} \begin{matrix} C_6H_5\cdot CH:C & \text{——} & N \\ CO\cdot O\cdot C\cdot C_6H_5 \end{matrix}$$

(2-Phenyl-4-benzal-oxazolon, inneres Anhydrid der α-Benzoylamino-zimtsäure).

Diese Verbindungen können als ungesättigte Lactone aufgefaßt werden, welche im ungesättigten Lacton-Ring ein $CH\!\!<$ durch Stickstoff ersetzt enthalten. Daher

[1] Vgl.: JAPP, B. **16**, 2638 (1883). — HENIUS, A. **228**, 341 (1885). — LEUCKART, J. pr. [2] **41**, 332 (1890). — JAPP, MURRAY, Soc. **63**, 474 (1893). — PINNER, B. **35**, 4137 (1902). — MC KENZIE, BARROW, Soc. **103**, 1334 (1913).

[2] JAPP, FINDLAY, Soc. **75**, 1027 (1899).

[3] Vgl. auch: ELFELDT, B. **24**, 3222 (1891). — FOULDS, ROBINSON, Soc. **103**, 1768 (1913).

[4] ROBINSON, Soc. **95**, 2170 (1909).

[5] A. **275**, 1 (1993); **337**, 265 (1904). B. **33**, 2036 (1900). — S. auch BAIN, W. H. PERKIN, ROBINSON, Soc. **105**, 2394 ff. (1914).

werden sie auch mit dem Klassennamen „Azlactone" belegt[1]. Sie sind meist gelb gefärbt, besonders intensiv das aus Zimtaldehyd entstehende Azlacton:

$$\begin{array}{l} C_6H_5\cdot CH:CH\cdot CH:C\text{——}N \\ \qquad\qquad\qquad\quad CO\cdot O\cdot C\cdot C_6H_5 \end{array}$$

— das 2-Phenyl-4-cinnamyliden-oxazolon-(5) [2-Phenyl-4-cinnamyliden-5-oxo-oxazol-dihydrid-(4.5)]; es krystallisiert in leuchtend gelben Nädelchen und schmilzt bei 152°.

III. Mehrkernige kondensierte Oxazol-Systeme.

Die Chemie des orthokondensierten Systems:

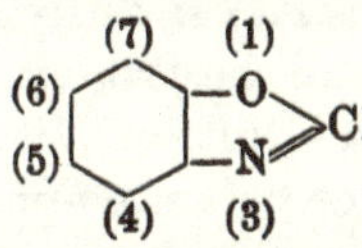
CH (2 oder μ), Benzoxazol,

ist in ihrer Entwickelung eng mit unserer Kenntnis des ihm ähnlichen Benzimidazol-Systems (vgl. S. 485 ff.) verknüpft. Kurz nachdem LADENBURG die Bildung der Benzimidazol-Körper durch Acylierung von *ortho*-Diaminen der Benzol-Reihe entdeckt hatte, fand er[2], daß sich *ortho*-Aminophenole gegen organische Säuren bzw. ihre Anhydride analog verhalten, also ebenfalls — im Gegensatz zu den stellungsisomeren *meta*- und *para*-Aminophenolen — „Anhydro-Verbindungen" liefern. Die so entstehenden Anhydro-Verbindungen unterscheiden sich natürlich von denjenigen aus *ortho*-Diaminen dadurch, daß sie in dem an den Benzolkern angegliederten Ringe an Stelle einer Imid-Gruppe ein Sauerstoffatom enthalten. Ihre Bildung wird für den denkbar einfachsten Fall durch die Gleichung:

$$C_6H_4{<}{OH \atop NH_2} + {OH \atop O}{>}C\cdot H = 2H_2O + C_6H_4{<}{O \atop N}{>}CH \qquad (A)$$

wiedergegeben. Auf diese allgemein gültige Entstehungsweise stützte sich zunächst auch die Nomenklatur. Man bezeichnete also z. B. das Produkt der Reaktion A, für das man heute den Namen „Benzoxazol" bevorzugt, als „Methenyl-aminophenol".

Im Vergleich mit den Benzimidazol-Körpern sind die Benzoxazole schwächere Basen; die Salze, die sie mit konzentrierten Säuren bilden, werden durch Wasser zerlegt. — Ihr heterocyclisches System ist viel weniger beständig. Durch Erhitzen mit alkoholischem Kali auf ca. 120° erfolgt die Umkehrung der Reaktion A, also Spaltung in ein Aminophenol und eine Carbonsäure, z. B.:

$$C_6H_4{<}{O \atop N}{>}C\cdot CH_3 + 2H_2O = C_6H_4{<}{OH \atop NH_2} + {HO \atop O}{>}C\cdot CH_3; \qquad (B)$$

[1] Nach einem anderen Vorschlag „Lactimone"; vgl.: MOHR, KÖHLER, B. 40, 998 (1907). — MOHR, J. pr. [2] 80, 532 (1909).

[2] B. 9, 1524 (1876).

in vielen Fällen bewirkt schon gelinde Einwirkung von verdünnten Säuren Ringöffnung zu *o*-Acylamino-phenolen, z. B.:

$$C_6H_4<{}^{O}_{N}>C\cdot CH_3 + H_2O = C_6H_4<{}^{OH}_{NH\cdot CO\cdot CH_3} \quad \text{(C)}$$

Benzoxazol[1] (Methenyl-*o*-aminophenol) wird leicht nach Reaktion A gewonnen, wenn man *o*-Aminophenol mit Ameisensäure am Rückflußkühler erhitzt und das Reaktionsprodukt, das dann *o*-Formylaminophenol $C_6H_4(OH)\cdot NH\cdot CHO$ enthält, destilliert; auch entsteht es beim Destillieren von Formamid mit *o*-Aminophenol. Es krystallisiert in farblosen wohlausgebildeten Prismen, schmilzt bei 30·5°, siedet bei 182·5°, ist mit Dampf äußerst leicht flüchtig und besitzt einen eigenartig penetranten Geruch. Bei 4- bis 5-stündigem Erhitzen mit Wasser im Dampfbad wird es fast quantitativ zu Formylamino-phenol aufgespalten; doppeltnormale Salzsäure bewirkt diese Reaktion schon bei gewöhnlicher Temperatur innerhalb weniger Minuten. Mit Quecksilberchlorid vereinigt es sich zu einer in kaltem Wasser und Alkohol schwer löslichen, wohlkrystallisierbaren Verbindung $C_7H_5ON + HgCl_2$ (vgl. S. 516 das analoge Verhalten des isomeren Anthranils). Erhitzt man Benzoxazol mit überschüssigem Methyljodid auf 100°, so erhält man ein Jodmethylat C_8H_8ONJ, das gelblich glänzende Nadeln darstellt, bei 182—183° unter Jodentwickelung schmilzt und beim Kochen mit 20-proz. Salzsäure unter Bildung von *o*-Methylamino-phenol $C_6H_4(OH)\cdot NH\cdot CH_3$ gespalten wird.

2-Chlor-benzoxazol[2,3] (Schmelzp. + 7°, Sdp. 201—202°) und 2-Brom-benzoxazol[3] (Schmelzp. 27°) werden glatt aus Thiocarb-aminophenol (S. 531) durch Einwirkung von trockenem Chlor bzw. Brom in Chloroform und darauffolgende Einwirkung von Wasser erhalten:

$$C_6H_4<{}^{O}_{N}>C\cdot SH + 2Cl_2 = C_6H_4<{}^{O}_{N}>C\cdot Cl + HCl + SCl_2. \quad \text{(D)}$$

Sie vereinigen sich mit Säuren zu salzartigen Verbindungen; da das Produkt aus 2-Chlor-benzoxazol und Bromwasserstoff identisch ist mit demjenigen aus 2-Brombenzoxazol und Chlorwasserstoff, muß man annehmen, daß das Säure-Molekül nicht vom Stickstoff allein unter Übergang in den fünfwertigen Zustand gebunden wird, sondern sich vielmehr an die Doppelbindung zwischen Stickstoff und Kohlenstoff unter Bildung von „Carboniumsalzen“ anlagert:

$$C_6H_4<{}^{O}_{N}>CCl \xrightarrow{+HBr} C_6H_4<{}^{O-}_{NH}>C<{}^{Cl}_{Br} \xleftarrow{+HCl} C_6H_4<{}^{O}_{N}>C\cdot Br. \quad \text{(E)}$$

[1] Ladenburg, B. **10**, 1124 (1877). — v. Niementowski, B. **30**, 3064 (1897). — Bamberger, B. **36**, 2042 (1903); **42**, 1713 (1909). — O. Fischer, J. pr. [2] **73**, 435 (1906).

[2] Seidel, J. pr. [2] **42**, 454 (1890).

[3] Mc Coy, Am. **21**, 113, 123 (1899).

2-Methyl-benzoxazol[1] (Äthenyl-*o*-aminophenol) ist flüssig ($D^0 = 1{\cdot}1365$), in Wasser unlöslich, in Alkohol leicht löslich und siedet bei 200—201°; im Geruch erinnert es an Acetamid. — **2-Phenyl-benzoxazol**[2] (Benzenyl-*o*-aminophenol) kann aus *o*-Aminophenol durch Reaktion mit Benzoylchlorid, Benzamid, Benzonitril oder Benzimino-methyläther erhalten werden. Auch entsteht es aus *o*-Nitrophenyl-benzoat durch Behandlung mit Zinn und Salzsäure infolge der Reaktionen:

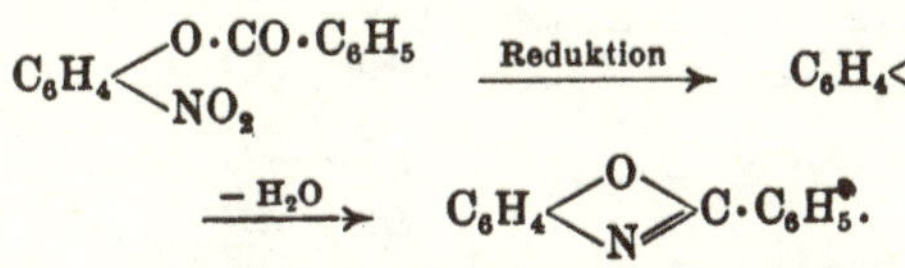

(F)

Es krystallisiert in Blättern, schmilzt bei 103° und siedet oberhalb 360°. Es wird von starken Säuren leicht aufgenommen, aus diesen Lösungen aber durch Wasser wieder gefällt. Beim Erhitzen mit konzentrierter Salzsäure auf 130° wird es in Benzoesäure und *o*-Aminophenol gespalten.

Eine vielbearbeitete und durch interessante Bildungsweisen bemerkenswerte Verbindung ist das **Benzoxazolon**[3], für welches die beiden desmotropen Formeln:

I) 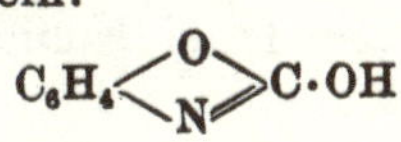 (2-Oxy-benzoxazol)

und

II) 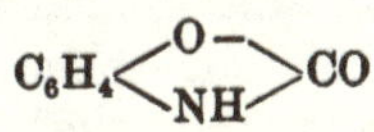 (2-Oxo-benzoxazol-dihydrid-[2.3])

zur Wahl stehen (vgl. dazu S. 530—531). Nach beiden Formeln erscheint es als ein Kohlensäure-Anhydroderivat des *o*-Aminophenols, und hierauf gründet sich die Bezeichnung „Carb-aminophenol"; anfänglich wurde es irrtümlich mit der Strukturformel $HO{\cdot}C_6H_4{\cdot}N:CO$ belegt und daher „Oxy-carbanil" genannt. Aus *o*-Aminophenol kann man die Ver-

[1] Ladenburg, B. **9**, 1524 (1876). — v. Niementowski, B. **30**, 3070 (1897).
Über Bildung von 2.4.6-Trimethyl-benzoxazol aus dem Oxim des 6-Oxy-2.4-dimethyl-acetophenons durch Beckmannsche Umlagerung s. v. Auwers, Borsche, B. **48**, 1699, 1710 (1915).

[2] Ladenburg, B. **9**, 1526 (1876). — Hübner, A. **210**, 384 (1881). — Böttcher, B. **16**, 629 (1883). — Wheeler, Am. **17**, 399 (1895). — Ransom, B. **31**, 1063, 1065, 1268 (1898). — Einhorn, A. **311**, 39 (1900). — O. Fischer, J. pr. [2] **73**, 437 (1906). — Boehm, Bournot, B. **48**, 1570, 1572 (1915).
Über Amino-Derivate s.: Lellmann, Ebel, B. **28**, 1127 (1895). — Kym, B. **32**, 1427 (1899).

[3] Groenvik, Bl. [2] **25**, 179 (1876). — Bendix, B. **11**, 2264 (1878). — Kalkhoff, B. **16**, 1828 (1883). — G. Bender, B. **19**, 2269, 2950 (1886). — Sandmeyer, B. **19**, 2655 (1886). — v. Chetmicky, B. **20**, 177 (1887). — Lellmann, Bonhöffer, B. **20**, 2126 (1887). — Jaffe, Hilbert, H. **12**, 295 (1888). — R. Jacoby, J. pr. [2] **37**, 28 (1888). — Leuckart, J. pr. [2] **41**, 327 (1890). — Kleine, H. **22**, 329 (1896). — Ransom, B. **31**, 1055 (1898). Am. **23**, 1 (1900). — Mc Coy, Am. **21**, 121 (1899). — van Dam, R. **18**, 410 (1899). — Hartley, Dobbie, Palliatseas, Soc. **77**, 839 (1900). — Gräbe, Rostowzew, B. **35**, 2749, 2751 (1902). — Marquis, C. r. **143**, 1164 (1906). — Young, Dunstan, Soc. **93**, 1054, 1056 (1908). — E. v. Meyer, J. pr. [2] **92**, 256 (1915).

bindung auf verschiedenen Wegen gewinnen, sehr glatt durch Behandlung mit Phosgen in Pyridin-Lösung. Vom Salicylsäure-amid gelangt man zu ihr durch Einwirkung von Natriumhypochlorit in alkalischer Lösung (ein besonders interessanter Fall der „HOFMANNschen Reaktion", vgl. Bd. I, Tl. I, S. 611):

$$\begin{matrix} C_6H_4 & \text{—} & CO \\ OH & & NH_2 \end{matrix} \longrightarrow \begin{matrix} C_6H_4 & \text{—} & C\cdot ONa \\ ONa & & Cl\cdot N \end{matrix}$$

$$\longrightarrow \begin{matrix} ONa & & Cl\cdot C\cdot ONa \\ C_6H_4 & \text{—} & N \end{matrix} \xrightarrow{-NaCl} \begin{matrix} O & \text{—} & C\cdot ONa \\ C_6H_4 & \text{—} & N \end{matrix} . \qquad (G)$$

Im Organismus des Hundes entsteht sie (gepaart mit Schwefelsäure bzw. Glykuronsäure) durch Umwandlung von Acetanilid (auch von Formanilid), wohl infolge von Oxydation des Acyls und Hydroxylierung des Benzolkerns:

$$C_6H_5\cdot NH\cdot CO\cdot CH_3 \longrightarrow C_6H_4{<}{\begin{matrix} OH \\ NH\cdot CO\cdot OH \end{matrix}} \xrightarrow{-H_2O} C_6H_4{<}{\begin{matrix} O \\ NH \end{matrix}}{>}CO\,; \qquad (H)$$

daneben tritt *p*-Aminophenol auf, während bei Kaninchen nur letzteres, nicht aber das Benzoxazolon ausgeschieden wird. Das Benzoxazolon krystallisiert aus heißem Wasser in seideglänzenden weißen Nadeln oder Platten, die 1 Mol. Krystallwasser enthalten, schmilzt wasserhaltig bei 97—98°, wasserfrei bei 137—138° und löst sich leicht in Alkohol; sehr leicht wird es von wäßrigen Alkalien zu Lösungen aufgenommen, aus denen es durch Säuren unverändert gefällt wird. Mit ammoniakalischer Silberlösung gibt es ein Silbersalz $(C_7H_4O_2N)Ag$ als farblosen amorphen Niederschlag. Gegen kochende Alkalien ist es ziemlich beständig, wird aber allmählich davon unter Bildung von *o*-Aminophenol gespalten.

Wenn man das Benzoxazolon als Kaliumsalz in Alkohol mit Äthyljodid behandelt, erhält man seinen *N*-Äthyläther (Schmelzp. 29°, Sdp. 300°), welcher bei 100° im Rohr von konzentrierter Salzsäure nicht verändert, bei 160—170° aber in Kohlendioxyd und *o*-Äthylamino-phenol gespalten wird:

$$C_6H_4{<}{\begin{matrix} O \\ N(C_2H_5) \end{matrix}}{>}CO + H_2O = C_6H_4{<}{\begin{matrix} OH \\ NH\cdot C_2H_5 \end{matrix}} + CO_2 . \qquad (I)$$

Der *O*-Äthyläther (Äthoxymethenyl-*o*-aminophenol) — ein eigentümlich riechendes, bei 225—230° siedendes Öl — bildet sich beim Eintragen von salzsaurem *o*-Aminophenol in Carbimidsäure-diäthylester (Bd. I, Tl. II, S. 1373):

$$C_6H_4{<}{\begin{matrix} OH \\ NH_2Cl \end{matrix}} + {\begin{matrix} C_2H_5O \\ HN \end{matrix}}{>}C\cdot OC_2H_5$$

$$= C_6H_4{<}{\begin{matrix} O \\ N \end{matrix}}{>}C\cdot OC_2H_5 + NH_4Cl + C_2H_5\cdot OH \qquad (K)$$

und wird von konzentrierter Salzsäure schon in der Kälte unter Entwickelung von Äthylchlorid zum Benzoxazolon verseift. Eine vergleichende Untersuchung der Absorptionsspektren hat ergeben, daß in alkoholischer Lösung das Benzoxazolon selbst mit seinem *N*-Äthyläther, nicht aber mit dem *O*-Äthyläther ein ähnliches

Spektrum zeigt. Hieraus darf man schließen, daß in seiner alkoholischen Lösung jedenfalls die Form II (S. 529) vorwiegt.

***Bz*-Oxy-Derivate von Benzoxazol-Körpern**[1] sind durch Acylierung von orthoamidierten mehrwertigen Phenolen erhalten worden, z. B.:

$$\begin{matrix}H_3C\\HO\end{matrix}\!>C_6H_2\!<\!\begin{matrix}OH\\NH_2\end{matrix} + \begin{matrix}HO\\O\end{matrix}\!>C\cdot H = 2\,H_2O + \begin{matrix}H_3C\\HO\end{matrix}\!>C_6H_2\!<\!\begin{matrix}O\\N\end{matrix}\!>CH.$$

Sie zeigen bei gewisser Hydroxyl-Stellung in Lösungen Fluorescenz, wenn in μ-Stellung ein Aryl steht (s. u. Formel III), nicht aber wenn an der gleichen Stelle sich Alkyl befindet (IV):

III) 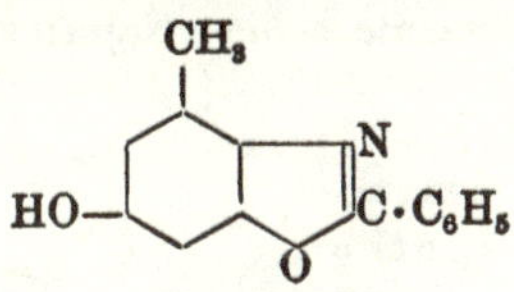

(fluoresciert)

IV) 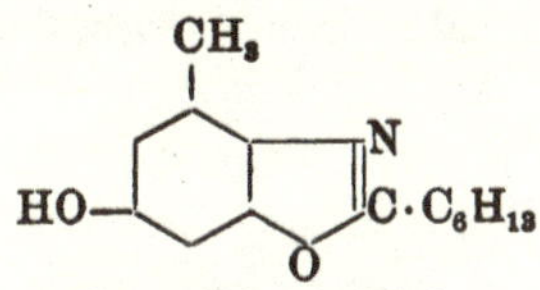

(fluoresciert nicht)

Die dem Benzoxazolon entsprechende Schwefelverbindung — das **Thiocarb-aminophenol**[2] (2-Mercapto-benzoxazol):

$$\text{V)}\quad C_6H_4\!<\!\begin{matrix}O\\N\end{matrix}\!>C\cdot SH \qquad \text{bzw.} \qquad \text{VI)}\quad C_6H_4\!<\!\begin{matrix}O\\NH\end{matrix}\!>CS$$

— entsteht sehr leicht und glatt durch Kochen von *o*-Aminophenol mit Schwefelkohlenstoff in Alkohol. Sie krystallisiert aus siedendem Wasser in Nadeln, schmilzt bei 193° und löst sich leicht in Äther, mäßig in Alkohol, ziemlich schwer in siedendem Wasser, kaum in kaltem; von fixen Alkalien und Ammoniak wird sie leicht aufgenommen. Salzsäure spaltet bei 160—170° in Kohlendioxyd, Schwefelwasserstoff und *o*-Aminophenol. Einwirkung von Chlor und von Brom s. S. 528 Gleichung D.

In alkalischer Lösung verhält sich die Verbindung entsprechend der Formel V. So gibt sie mit alkoholischer Jodlösung das bei 110° schmelzende Disulfid $\left[C_6H_4\!<\!\begin{matrix}O\\N\end{matrix}\!>C\cdot S-\right]_2$, mit Äthyljodid einen bei gewöhnlicher Temperatur flüssigen Äthyläther, der sich als *S*-Äthyl-Derivat dadurch erweist, daß er mit konzentrierter Salzsäure bei 150—160° Äthylmercaptan abspaltet.

---

[1] Vgl.: Henrich, M. **19**, 483 (1898). — Henrich, Rhodius, B. **35**, 1480, 1481 (1902). — Henrich, B. Wagner, B. **35**, 4199 (1902). — Henrich, Opfermann, B. **37**, 3108 (1904). — Henrich, Schierbenberg, J. pr. [2] **70**, 328 (1904). — H. Kauffmann, de Pay, B. **39**, 326 (1906).

Über μ-[Phenoxy-methyl]-benzoxazol $C_6H_4\!<\!\begin{matrix}O\\N\end{matrix}\!>C\cdot CH_2\cdot OC_6H_5$ siehe G. Cohn, J. pr. [2] **64**, 293 (1901).

[2] Dünner, B. **9**, 465 (1876). — Bendix, B. **11**, 2264 (1878). — Kalkhoff, B. **16**, 1825 (1883). — v. Chetmicki, B. **20**, 178 (1887). J. pr. [2] **42**, 442 (1890). — P. Seidel, J. pr. [2] **42**, 445 (1890). — Mc Coy, Am. **21**, 113 (1899).

Über Homologe s. Jacobson, Schenke, B. **22**, 3232 (1889).

Beim Erhitzen mit Anilin geht das Thiocarb-*o*-aminophenol unter Entwickelung von Schwefelwasserstoff in **Carbanil-*o*-aminophenol**[1] (2-Anilino-benzoxazol bzw. Benzoxazolon-anil):

VII) 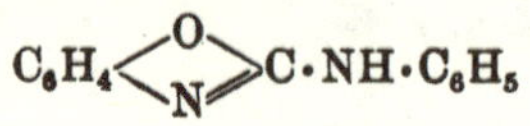 bzw. VIII) 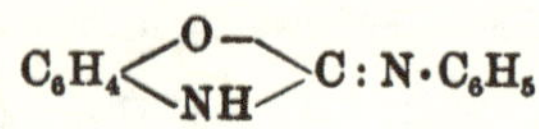

über — eine schwach basische Verbindung vom Schmelzp. 178°. Die Formel VII ist vorzuziehen, da Monomethyl-anilin auf Thiocarb-*o*-aminophenol in ganz analoger Weise reagiert.

Von *höher kondensierten Oxazol-Körpern*[2] seien die beiden **Naphthoxazole**[3]:

IX) 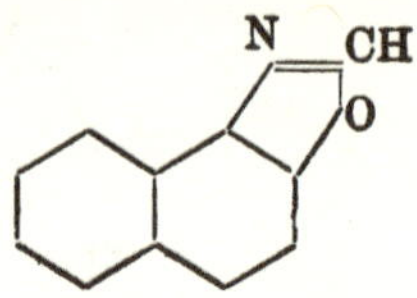 (Methenyl-[α-amino-β-naphthol], Schmelzp. 64°)

und

X) 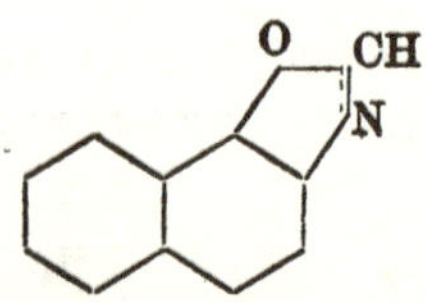 (Methenyl-[β-amino-α-naphthol], Schmelzp. 79°)

erwähnt; IX wird beim Kochen mit Wasser zu α-Formylamino-β-naphthol aufgespalten, während X gegen Wasser beständiger ist, aber mit verdünnter Salzsäure β-Amino-α-naphthol liefert.

Die *spirocyclische Kondensation von einem Oxazol- mit einem Imidazol-Kern:*

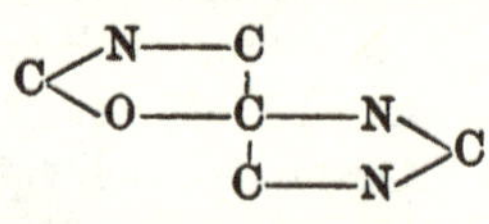

liegt den **Kaffolid-Körpern** (S. 474—476) zugrunde.

In einigen neuerdings durch Einwirkung von Aldehyden auf Diacetyl-monoxim erhaltenen Stoffen wird das System:

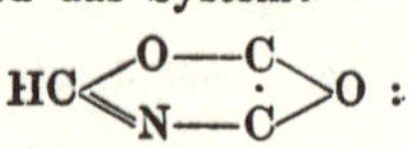 : *4.5-Endoxy-oxazolin*

angenommen[4].

---

[1] Kalckhoff, B. **16**, 1826 (1883). — Young, Dunstan, Soc. **93**, 1052 (1908).

[2] Über Benzo-bis-oxazol-Körper s.: Einhorn, Cobliner, H. Pfeiffer, B. **37**, 104, 122 (1904). — Kym, B. **44**, 2921, 2927, 2929 (1911).

[3] O. Fischer, J. pr. [2] **73**, 438 (1906). — Vgl. auch: Jacobson, B. **21**, 414 (1888). — Jacobson, Schenke, B. **22**, 3241 (1889). — Bayer & Co., D.R.P. 165102 (C. **1905**, II, 1761). — E. v. Meyer, J. pr. [2] **92**, 258 (1915).

Über Anthrachinon-oxazol-Derivate s.: Ullmann, Junghans, A. **399**, 331, 335, 337 (1913). — Höchster Farbw., D.R.P. 284181 (C. **1915**, I, 1349); 286093, 286094 (C. **1915**, II, 567, 568).

[4] Diels, Riley, B. **48**, 897 (1915).

Neunzehntes Kapitel.

Isothiazol- und Thiazol-Körper.

(Benz-isothiazol und andere Isothiazol-Körper. — Einkernige Thiazol-Körper. — Phenylierte, benzylierte Thiazol-Körper usw. — Benzo-thiazole, Dehydro-thio-toluidin usw. — Selenazol-Körper.)

Erinnert man sich, daß die meisten Bildungsweisen der Isoxazol-Körper auf Wirkungen des Hydroxylamins beruhen (vgl. S. 500), so wird man nicht darüber erstaunen, daß man von Isothiazol-Körpern bisher nur geringe Kenntnis hat. Denn da die dem Hydroxylamin entsprechende Schwefelverbindung — $NH_2 \cdot SH$: Thio-hydroxylamin — noch nicht bekannt ist, bestand auch nicht die Möglichkeit, die zum Isoxazol-Ringschluß führenden Reaktionen des Hydroxylamins derart umzugestalten, daß sich das analoge, Schwefel an Stelle von Sauerstoff enthaltende Ringsystem zusammenfügt.

In der Tat ist der Isothiazol-Ring mit zweiwertigem Schwefel erst in wenigen Stoffen mit einiger Sicherheit[1] verwirklicht. Der einfachste ist das von Gabriel und Posner 1895 entdeckte **β,γ-Benz-isothiazol**[2]:

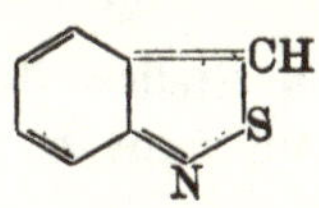

bzw.

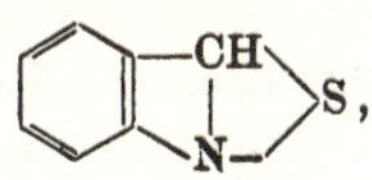

welches dem Anthranil (S. 513, 514 ff.) gleicht und daher auch Thioanthranil genannt werden kann. Es bildet sich aus dem o-Nitrobenzylmercaptan bei der Reduktion mit Zinnchlorür und Salzsäure:

$$C_6H_4<\begin{matrix}CH_2\cdot SH\\ NO_2\end{matrix} + H_2 = C_6H_4<\begin{matrix}CH\\ |\\ N\end{matrix}>S + 2H_2O,$$

ist ein scharf schmeckendes, hellgelbliches Öl ($D^{16} = 1{\cdot}252$), siedet unter 448 mm Druck bei 242° (korr.) und riecht süßlich chinolinähnlich (vgl. dazu S. 551). Es löst sich leicht in starken Säuren und wird daraus beim Verdünnen mit Wasser teilweise wieder abgeschieden. Beim Erhitzen mit Phenylhydrazin liefert es (unter Entwickelung von Schwefelwasserstoff, Ammoniak und Benzol) das Phenylhydrazon des o-Aminobenzaldehyds $C_6H_4(NH_2)\cdot CH : N \cdot NH \cdot C_6H_5$, indem das Phenylhydrazin zugleich spaltend und reduzierend wirkt.

---

[1] Über Auffassung von Chrysean (Bd. I, Tl. II, S. 1270) als Thioamid einer Amino-isothiazol-carbonsäure s. Hellsing, B. **36**, 3553 (1903).

[2] Gabriel, Posner, B. **28**, 1027 (1895). — Gabriel, Stelzner, B. **29**, 162 (1896). — Gabriel, Leupold, B. **31**, 2185 (1898). — Bamberger, B. **42**, 1667, 1712 (1909).

In hoher Kondensation findet man den Isothiazol-Ring bei einigen Verbindungen, die GATTERMANN[1] aus α-Rhodan-anthrachinonen gewonnen hat. So bildet sich aus 1-Rhodan-anthrachinon beim Erhitzen mit wäßrigem Ammoniak auf 130°:

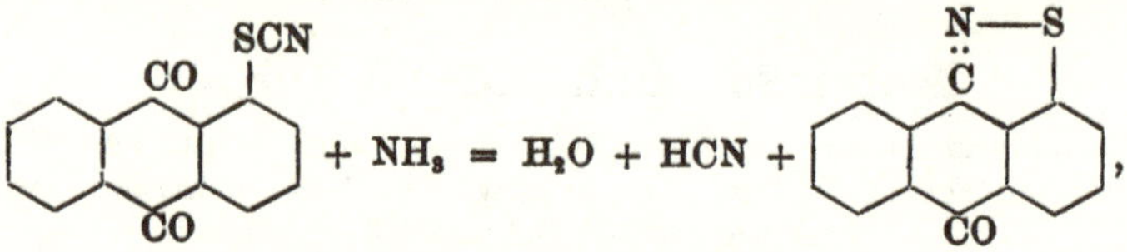

fast quantitativ ein **„Anthrachino-isothiazol"**. Es krystallisiert aus Eisessig in schwach gelb gefärbten Blättchen und schmilzt bei 221°.

Falls den „Thiopyrinen" die Betain-Formulierung zukommt (vgl. S. 399), findet sich in ihren Molekülen der Isothiazol-Ring kondensiert mit dem Vierring

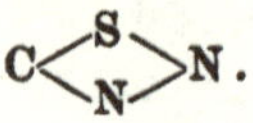.

Mit höherwertigem Schwefel finden wir das Isothiazol-System im ***o*-Benzoesäure-sulfinid (Saccharin)** (Formel a, s. u.), der **Naphtho-sultam-disulfonsäure** (b), die bereits als Anhydro-Derivate von Sulfamid-

a) 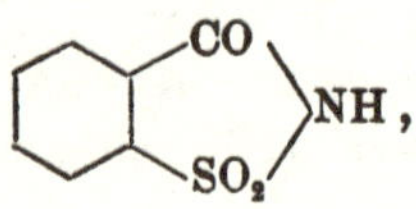   b) 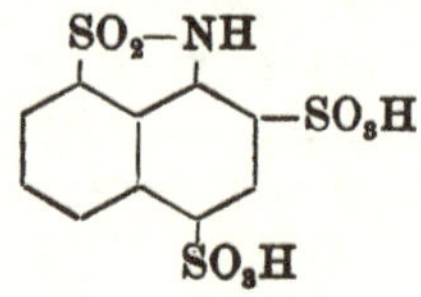

säuren oder Amino-sulfonsäuren an früheren Stellen dieses Lehrbuchs behandelt wurden (vgl. Bd. I, Tl. I u. II), und manchen ähnlichen Verbindungen.

Thiazol-Körper sind dagegen in recht großer Zahl bekannt. Um ihre Kenntnis hat sich besonders HANTZSCH verdient gemacht. In den Untersuchungen, die er mit seinen Schülern 1887 und in den folgenden Jahren ausführte[2], wurden die in der älteren Literatur vorhandenen Beobachtungen über Thiazol-Derivate in ihrer Zusammengehörigkeit beleuchtet und ferner neue Methoden ausgearbeitet, durch deren Variation diese Verbindungsgruppe eine bedeutende Erweiterung erfuhr. Durch seine Untersuchungen wurden auch der Stammkörper — das Thiazol selbst — und dessen Homologe erst bekannt, und als besonders interessantes Ergebnis stellte sich eine außerordentliche Ähnlichkeit zwischen Thiazol- und Pyridin-Körpern heraus (vgl. S. 535—536).

---

[1] A. **393**, 123, 192 (1912). — Vgl. auch BAYER & Co., D.R.P. 216306 (C. **1910**, I, 69); 217688 (C. **1910**, I, 590); 255590 (C. **1913**, I, 480).

Entsprechende Selen-Verbindungen (Isoselenazol-Derivate): BAYER & Co., D.R.P. 264139 (C. **1913**, II, 1180).

[2] Vgl.: HANTZSCH, J. H. WEBER, B. **20**, 3118 (1897). — HANTZSCH u. A., A. **249**, 1—53 (1888); **250**, 257ff. (1889); **259**, 228ff. (1890); **261**, 1ff. (1891); **265**, 108 (1891).

Für die Bezifferung benutzte HANTZSCH[1] das Schema I; zweckmäßiger ist II (vgl. dazu S. 35 Nr. 2):

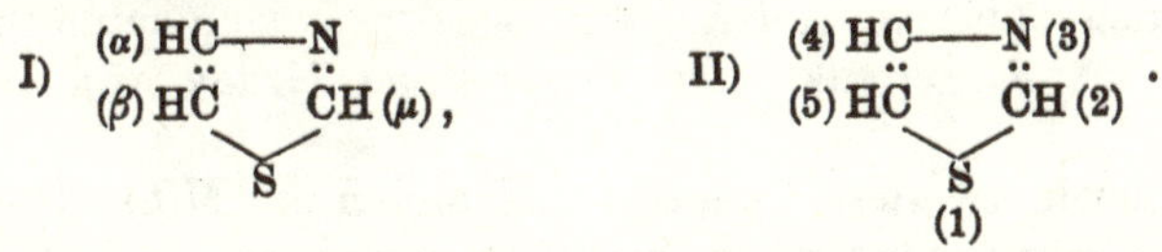

Die Thiazol-dihydride nennt man Thiazoline, die Tetrahydride: Thiazolidine[2] (vgl. S. 33). Für die einwertigen Radikale C_3H_2NS empfiehlt sich die Bezeichnung[3] „Thiazolyl".

I. Einkernige Thiazol-Körper.

Die folgenden Methoden stehen für die Darstellung von Thiazolen zur Verfügung:

a) man kondensiert α-halogenierte Aldehyde oder Ketone mit Thioamiden der Fettsäuren[4], z. B.:

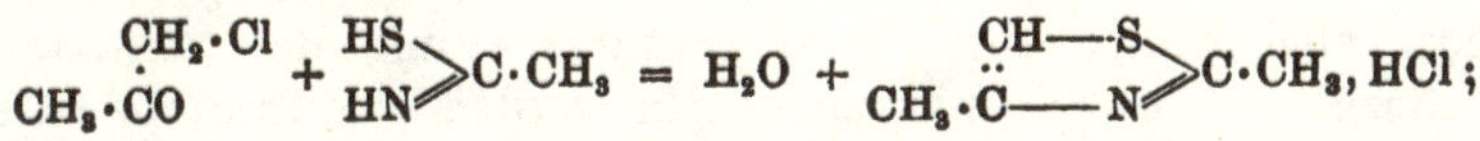

(A)

b) man kondensiert α-halogenierte Aldehyde oder Ketone mit Thioharnstoff zu μ-Amino-thiazolen (vgl. S. 538), behandelt diese mit salpetriger Säure und zersetzt die Diazotierungs-Produkte (vgl. S. 539) durch Kochen mit Alkohol[5], z. B.:

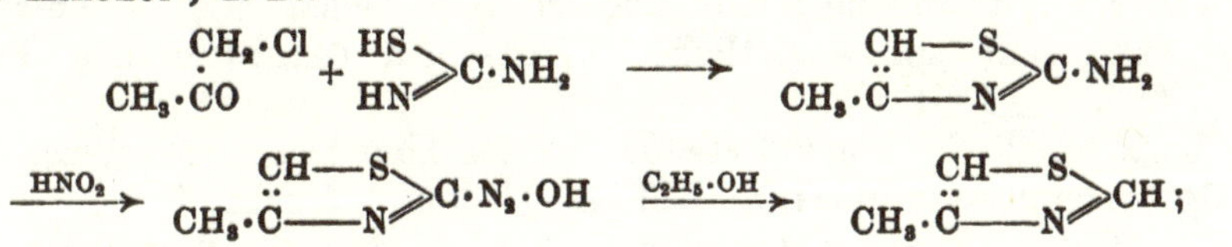

(B)

c) man behandelt α-Acylamino-aldehyde (bzw. -acetale) oder -ketone mit Phosphorpentasulfid[6], z. B.:

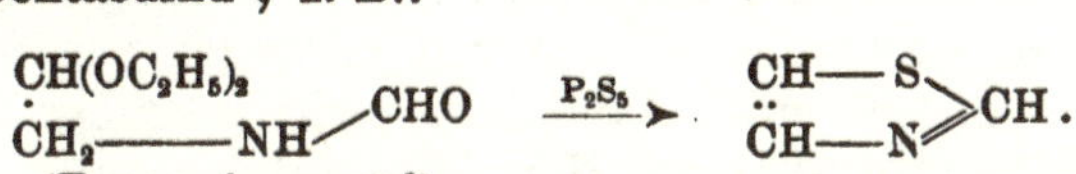

(Formamino-acetal) (C)

Die unter c aufgeführte Bildungsweise entspricht der Überführung von 1.4-Diketonen in Thiophene durch Schwefelphosphor (vgl. S. 111).

Wie die Thiophene den Benzol-Kohlenwasserstoffen, so gleichen die Thiazole in ihren Eigenschaften[7] außerordentlich den Pyridin-Basen

[1] A. **249**, 3 (1888). [2] HANTZSCH, A. **249**, 6 (1888).

[3] Die kürzere Bezeichnung „Thiazyl" — HANTZSCH, A. **249**, 6 Anm. (1888) — läßt Zweifel, ob sie von Thiazol oder Thiazin abzuleiten ist.

[4] HANTZSCH, A. **250**, 262 (1889). [5] POPP, A. **250**, 273 (1889).

[6] GABRIEL, BACHSTEZ, B. **47**, 3169 (1914).

[7] Vgl.: HANTZSCH, A. **250**, 258 (1889). — HUBACHER, A. **259**, 251 (1890).

(vgl. dazu S. 11, 111, 115, 121). Es sind farblose, bewegliche, sehr flüchtige Flüssigkeiten, welche im Geruch und den Löslichkeitsverhältnissen von den entsprechenden Pyridin-Körpern sich kaum unterscheiden lassen und im Siedepunkt nur um wenige Grade von letzteren abweichen.

Die Thiazole reagieren neutral und bilden mit Mineralsäuren Salze, welche sauer reagieren; auch hierin stimmen sie mit den Pyridinen überein.

Bei der Besprechung der Pyridin-Körper (Kap. 30) wird hervortreten, daß der Pyridin-Kern im Gegensatz zum Benzol-Kern der Nitrierung schwer zugänglich ist. Auch dieses Verhalten findet man bei den Thiazolen wieder; denn sie sind gegen konzentrierte Salpetersäure in der Hitze fast unempfindlich. Besonders im Hinblick auf die Empfindlichkeit des Thiophen-Rings gegen Salpetersäure (vgl. S. 122) muß dies auffällig erscheinen. — Abweichend sowohl von den Alkyl-pyridinen wie von den Alkyl-thiophenen (vgl. S. 119) ließen sich die Alkyl-thiazole nicht zu Thiazol-carbonsäuren oxydieren; von Kaliumpermanganat werden sie lebhaft angegriffen, aber unter Herausspaltung des Schwefels als Schwefelsäure. — Von Reduktionsmitteln werden die Thiazole teils gar nicht, teils unter Ringspaltung verändert (vgl. S. 537, Gleichung D); Hydrierungen zu Thiazolinen oder Thiazolidinen wurden nicht beobachtet (vgl. S. 444, 447 das analoge Verhalten der Imidazole, S. 524, 525 der Oxazole).

Weder mit Isatin, noch mit Phenanthrenchinon geben die Thiazole Farbenreaktionen: ein wesentlicher Unterschied gegenüber den Thiophenen (vgl. S. 117, 119).

Charakteristische Eigentümlichkeiten des Thiophen-Rings verschwinden also beim Ersatz eines Ring-Methenyls durch Stickstoff.

Das **Thiazol**[1] selbst (s. Formel I u. II auf S. 535) siedet bei 116·8° (korr.) — 2° höher als Pyridin — und zeigt $D_4^{17} = 1·198$. Es ist mit Wasser und den üblichen organischen Lösungsmitteln mischbar; aus der wäßrigen Lösung wird es durch Eintragen von festem Kali abgeschieden. Es brennt mit bläulicher, nicht rußender Flamme. Sein Platindoppelchlorid $(C_3H_3NS)_2H_2PtCl_6 + 2H_2O$ krystallisiert in orangegelben Prismen, wird bei 110° wasserfrei und ist in kaltem Wasser leicht löslich; bei kurzem Erwärmen seiner Lösung scheidet sich die nur schwach gelbliche, selbst in heißem Wasser unlösliche, mikrokrystallinische Verbindung $(C_3H_3NS)_2PtCl_4$ ab (vgl. S. 444 über die Platinsalze des Glyoxalins). Zum Nachweis des Thiazols ist die in Wasser schwer lösliche, undeutlich krystallinische Quecksilberchlorid-Verbindung $(C_3H_3NS)HgCl_2$ geeignet, die beim Zusammenbringen von wäß-

[1] Popp, A. **250**, 274 (1889). — Walker, Ph. Ch. **4**, 339, 342 (1889). — Schatzmann, A. **261**, 13 (1891). — Willstätter, Wirth, B. **42**, 1909, 1918 (1909). — Gabriel, Bachstez, B. **47**, 3170 (1914).

riger Thiazol-Lösung mit Sublimat-Lösung als weißer Niederschlag ausfällt, bei ca. 200° erweicht und bei ca. 225° völlig unter Dunkelfärbung geschmolzen ist.

2-Methyl-thiazol[1] siedet unter 729 mm Druck bei 128° (korr.) und ist mit kaltem Wasser in jedem Verhältnis mischbar. — **4-Methyl-thiazol**[2] siedet bei 131—132°.

2.4-Dimethyl-thiazol[3] ist von den Thiazolen am leichtesten zugänglich (nach Gleichung A auf S. 535) und daher am eingehendsten untersucht. Es siedet unter 719 mm Druck bei 144—145·5° (korr.), zeigt $D^{15} = 1{\cdot}060$ und mischt sich mit eiskaltem Wasser in jedem Verhältnis, wird aber schon bei gelindestem Erwärmen reichlich wieder abgeschieden. Mit Methyljodid verbindet es sich zu einem sehr krystallisationsfähigen, in Wasser leicht löslichen Jodmethylat $C_6H_{10}NSI$, das beim Erhitzen mit konzentrierter Kalilauge langsam unter Entwickelung des Geruchs nach Methylamin zersetzt wird. Zinn in Salzsäure, Zinkstaub in Eisessig zeigen keine Einwirkung auf 2.4-Dimethyl-thiazol; von Natrium in Alkohol aber wird es unter Bildung von Äthyl-isopropyl-amin reduziert:

(D)

— **2.5-Dimethyl-thiazol**[4] siedet unter 758 mm Druck bei 153° (korr.).

Trimethyl-thiazol[5] siedet unter 718 mm Druck bei 167° (korr.).

2-Chlor-thiazol[6] wird aus diazotiertem 2-Amino-thiazol (S. 539) durch kurzes Kochen mit konzentrierter Salzsäure erhalten. Es ist ein farbloses Öl (Siedep. 144° bis 144·5°), das in Wasser untersinkt und sich wenig darin löst; in verdünnten Säuren ist es nicht leichter löslich als in Wasser. Schon durch längeres Kochen mit Wasser wird es langsam unter Abspaltung von Salzsäure zersetzt; von Zinkstaub in Eisessig wird es zu Thiazol reduziert.

Zur Gewinnung von Thiazolinen[7] wurden die folgenden, von GABRIEL ausgearbeiteten Reaktionen benutzt:

a) Einwirkung von Alkylen-dibromiden auf Thioamide, z. B.:

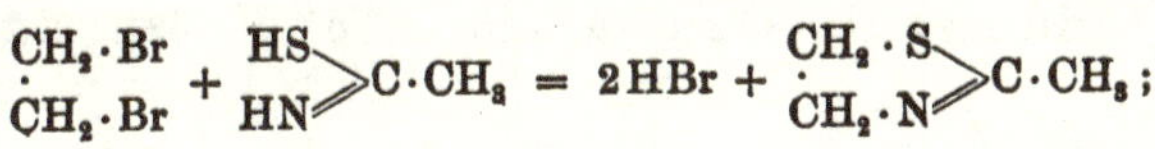
(E)

b) Einwirkung von β-Bromalkylamin-Salzen auf Thioamide, z. B.:

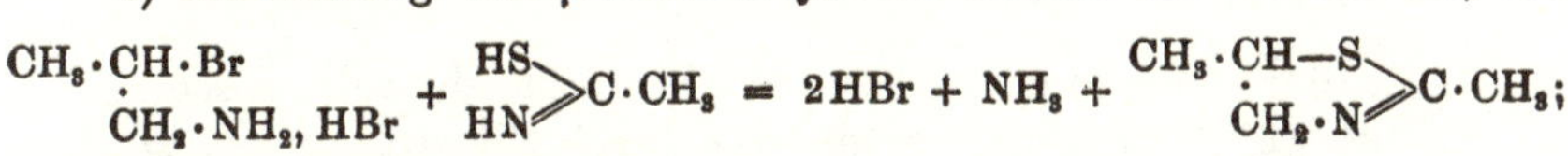
(F)

c) Erhitzen von diacyliertem β,β'-Diamino-diäthyldisulfid (Bd. I, Tl. II, S. 280) mit Phosphorpentachlorid, z. B.:

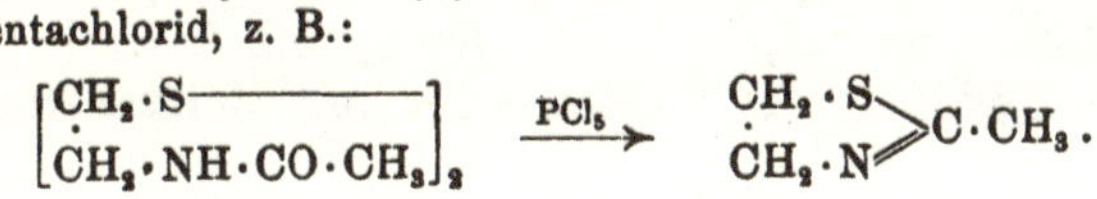
(G)

[1] HANTZSCH, A. **250**, 270 (1889).

[2] ARAPIDES, A. **249**, 23 (1888). — POPP, A. **250**, 277 (1889).

[3] HANTZSCH, A. **250**, 265 (1889). — SCHATZMANN, A. **261**, 6 (1891). — STEUDE, A. **261**, 41 (1891). — SCHUFTAN, B. **27**, 1009 (1894).

[4] HUBACHER, A. **259**, 240 (1890). — GABRIEL, B. **43**, 1287 (1910).

[5] ROUBLEFF, A. **259**, 253 (1890).

[6] SCHATZMANN, A. **261**, 10 (1891).

[7] Vgl. GABRIEL, v. HIRSCH, B. **29**, 2609 (1896).

Das **Thiazolin**[1] selbst [Thiazol-dihydrid-(4.5)] wurde nach Reaktion b aus β-Bromäthylamin und Thioformamid bereitet. Es ist ein farbloses Öl, dessen Geruch an Pyridin und Thiophen erinnert, siedet bei 138—139° (korr.) und reagiert auf Curcuma alkalisch.

2-Methyl-thiazolin[2] siedet unter 769 mm Druck bei 144·5—145° und ist mit Wasser mischbar. Beim Kochen mit Salzsäure wird es allmählich in β-Amino-äthyl-mercaptan und Essigsäure gespalten:

$$\begin{matrix} CH_2\cdot S \\ CH_2\cdot N \end{matrix}\!\!>\!C\cdot CH_3 + 2\,H_2O + HCl = \begin{matrix} CH_2\cdot SH \\ CH_2\cdot NH_2, HCl \end{matrix} + \begin{matrix} HO \\ O \end{matrix}\!\!>\!C\cdot CH_3; \qquad (H)$$

von Bromwasser wird es in saurer Lösung unter Ringöffnung zu Taurin (Bd. I, Tl. II, S. 281) oxydiert:

$$\begin{matrix} CH_2\cdot S \\ CH_2\cdot N \end{matrix}\!\!>\!C\cdot CH_3 + 2H_2O + 3O = \begin{matrix} CH_2\cdot SO_3H \\ CH_2\cdot NH_2 \end{matrix} + \begin{matrix} HO \\ O \end{matrix}\!\!>\!C\cdot CH_3. \qquad (I)$$

μ-Amino-Derivate der Thiazole entstehen glatt durch Kondensation von Thioharnstoff, welcher hierbei nach der Pseudo-thioharnstoff-Formel (vgl. Bd. I, Tl. II, S. 1441) reagiert, mit α-halogenierten Ketonen bzw. Aldehyden[3]. Statt der α-halogenierten Aldehyde kann man Verbindungen anwenden, die ihnen nahestehen und durch Abspaltungsvorgänge in sie übergehen; so erhält man das einfachste Amino-thiazol unter Anwendung von 1.2-Dichlor-äther in Gegenwart von Wasser (vgl. Bd. I, Tl. II, S. 207, 866):

$$\begin{matrix} CH_2\cdot Cl \\ CHO \end{matrix} \left(\text{aus } \begin{matrix} CH_2\cdot Cl \\ CHCl\cdot O\cdot C_2H_5 \end{matrix}\right) + \begin{matrix} HS \\ HN \end{matrix}\!\!>\!C\cdot NH_2 = H_2O + \begin{matrix} CH\cdot S \\ CH\cdot N \end{matrix}\!\!>\!C\cdot NH_2, HCl. \qquad (K)$$

Für die μ-Amino-thiazole kommt auch die Auffassung als μ-Imino-thiazoline (Imide von μ-Oxo-thiazolinen) in Betracht, z. B.:

$$\text{Ia)}\quad \begin{matrix} CH\cdot S \\ CH_3\cdot C\cdot N \end{matrix}\!\!>\!C\cdot NH_2 \qquad \text{und} \qquad \text{Ib)}\quad \begin{matrix} CH\cdot S \\ CH_3\cdot C\cdot NH \end{matrix}\!\!>\!C:NH.$$

Entsprechend der desmotropen Formel Ib (Imino-thiazolin-Formel) reagieren sie bei der Alkylierung; denn das durch Einwirkung von Methyljodid auf 4-Methyl-2-amino-thiazol entstehende Dimethyl-Derivat ist identisch mit dem Produkt, welches aus symm. Dimethyl-thiocarbamid (Bd. I, Tl. II, S. 1444) durch Kondensation mit Chloraceton entsteht:

$$\begin{matrix} CH_2\cdot Cl \\ | \\ CH_3\cdot CO \end{matrix} + \begin{matrix} HS \\ NH - CH_3 \end{matrix}\!\!>\!C:N\cdot CH_3 = H_2O + \begin{matrix} CH\cdot S \\ \| \\ CH_3\cdot C - N - CH_3 \end{matrix}\!\!>\!C:N\cdot CH_3, HCl. \qquad (L)$$

---

[1] WILLSTÄTTER, WIRTH, B. **42**, 1909, 1919 (1909).

[2] GABRIEL, B. **24**, 1117 (1891). — PINKUS, B. **26**, 1083 (1893). — GABRIEL, v. HIRSCH, B. **29**, 2610 (1896).

[3] TRAUMANN, A. **249**, 31 (1888).

2-Amino-thiazol[1] (μ-Thiazolyl-amin bzw. μ-Imino-thiazolin), das nach Gleichung K gewonnen wird, krystallisiert aus Alkohol in gelblichen Tafeln, schmilzt bei 90°, reagiert deutlich alkalisch und löst sich schwer in kaltem und in heißem Wasser, auch in Alkohol und Äther. Es bildet mit 1 Äquivalent Säure Salze, die neutral reagieren; das Hydrochlorid $C_3H_4N_2S, HCl + H_2O$ stellt weiße Nadeln dar und ist in Wasser leicht löslich.

Von den beiden stellungsisomeren *N*-Monomethyl-Derivaten:

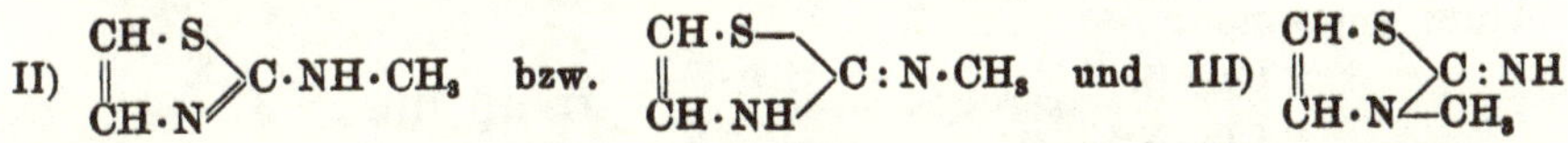

entsteht II durch Einwirkung von Monomethyl-thiocarbamid auf Dichlor-äther, III durch Erhitzen des Amino-thiazols mit Methyljodid und etwas Methylalkohol auf 130°. Beide Verbindungen werden in schwach salzsaurer Lösung durch Natriumnitrit in Nitrosamine übergeführt. Dasjenige des Methyl-Derivats II zeigt ein sehr eigentümliches Verhalten gegen kalte 10-prozentige Salzsäure; es geht unter Abspaltung von Wasser:

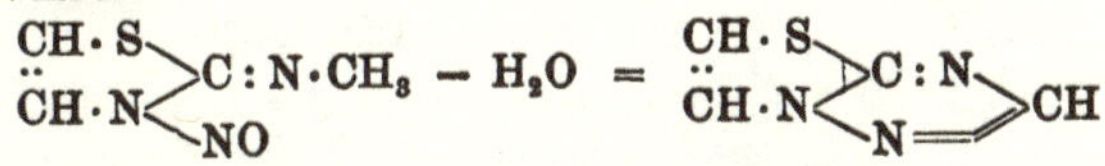 (M)

in eine bicyclische Base („Thiazoltriazol", Kap. 22) über.

2-Amino-4-methyl-thiazol[2] („Rhodanpropimin") — Formel Ia bzw. Ib (S. 538) — entsteht aus Chloraceton nicht nur durch Kondensation mit Thiocarbamid (vgl. Formelreihe B auf S. 535), sondern auch mit Ammoniumrhodanid in ammoniakalischer Lösung, ist farblos, schmilzt bei 42°, siedet bei ca. 35 mm Druck unzersetzt bei 136°, bei gewöhnlichem Druck unter geringer Zersetzung bei 231° bis 232° und ist sehr leicht löslich in Wasser, Alkohol und Äther.

Durch salpetrige Säure werden die μ-Amino-thiazole in sehr unbeständige Produkte übergeführt, die als Diazo-thiazolhydroxyde oder als μ-Nitrosoimino-thiazoline:

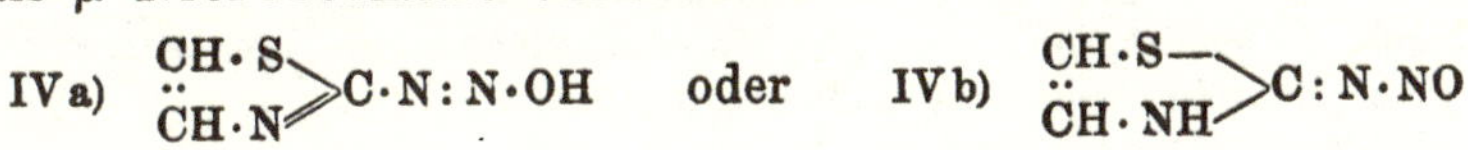

aufgefaßt werden können. Sie kuppeln mit Phenolen zu Azo-Farbstoffen, werden aber von verdünnten Säuren nur unter Zersetzung und Bildung harzartiger Produkte gelöst, während konzentrierte Chlor- oder Bromwasserstoffsäure unter Entwickelung von Stickstoff 2-Halogen-thiazole liefert (vgl. S. 537 2-Chlor-thiazol) und siedender Alkohol ebenfalls den Stickstoff der Diazogruppe abspaltet und deren Austausch gegen Wasserstoff bewirkt[3] (vgl. S. 535 sub B).

[1] Traumann, A. **249**, 35 (1888). — Näf, A. **265**, 111 (1891). — Hantzsch, Schwab, B. **34**, 824, 834 (1901). — Hantzsch, Witz, B. **34**, 842, 845 (1901).

[2] Tscherniac, Norton, B. **16**, 345 (1883). — Hantzsch, J. H. Weber, B. **20**, 3121 (1887). — Traumann, A. **249**, 37 (1888). — Hantzsch, B. **25**, 3283 (1892). — Young, Crookes, Soc. **89**, 59 (1906).

[3] Vgl.: Traumann, A. **249**, 39 (1888). — Popp, A. **250**, 273 (1889). — Wohmann, A. **259**, 277 (1890). — Schatzmann, A. **261**, 8 (1891). — Näf, A. **265**, 109 (1891). — Morgan, Morrow, Soc. **107**, 1291 (1915).

μ-Amino-thiazoline bzw. μ-Imino-thiazolidine sind die sogenannten Alkylen-pseudothioharnstoffe[1], deren einfachster Vertreter der **Äthylen-pseudothioharnstoff**:

Va) 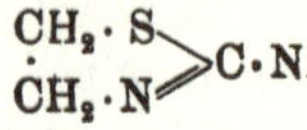 bzw. Vb) 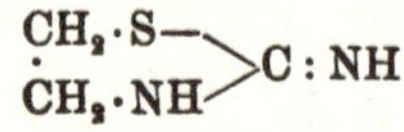

ist. Er wird als bromwasserstoffsaures Salz durch Eindampfen der wäßrigen Lösung von bromwasserstoffsaurem β-Brom-äthylamin mit Kaliumrhodanid gewonnen:

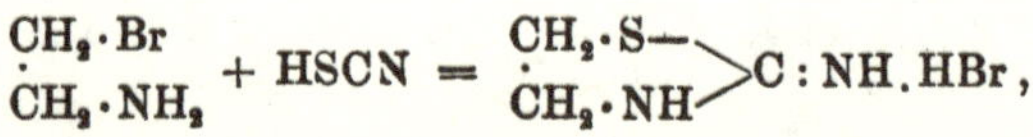 (N)

krystallisiert aus Benzol in farblosen Nadeln, schmilzt bei 84—85° und löst sich sehr leicht in Wasser; die wäßrige Lösung reagiert so stark alkalisch, daß sie sich titrieren läßt. Durch Oxydation mit Bromwasser entsteht Tauro-carbamidsäure:

 (O)

Verteilt man den Äthylen-pseudothioharnstoff in heißem Benzol und leitet salpetrige Säure ein, so erfolgt neben der Bildung eines Nitro-Derivats Umwandlung in 2-Phenyl-thiazolin (S. 548):

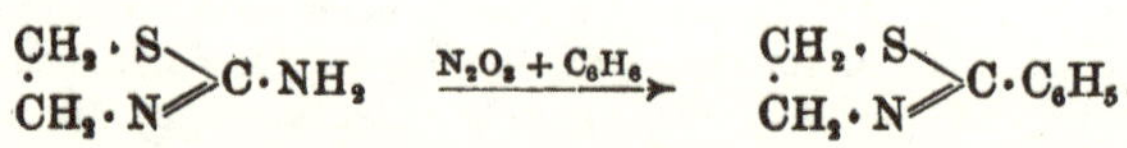 (P)

Propylen-pseudothioharnstoff (2-Amino-5-methyl-thiazolin bzw. 2-Imino-5-methyl-thiazolidin) entsteht analog aus β-Brom-propylamin, ferner durch Umlagerung des Allyl-thioharnstoffs beim Erhitzen mit Bromwasserstoff, wie schon Bd. I, Tl. II, S. 1445 durch eine Gleichung erläutert wurde. Ebenda wurde auch bereits mitgeteilt, daß sein Exo-Monobromderivat als bromwasserstoffsaures Salz in dem „Thiosinammin-dibromid" vorliegt.

Vielfach bearbeitet sind Oxy- bzw. Oxo-Derivate der Thiazol-Reihe und ihnen entsprechende Mercapto- bzw. Thion-Derivate. Schon in Bd. I, Tl. II, S. 1313 wurde mitgeteilt, daß sich **2-Oxy-4-methyl-thiazol**[2] (Formel VIa, S. 541) sehr leicht durch Umlagerung von Rhodan-

[1] Vgl.: Will, B. **15**, 343 (1882). — Gabriel, B. **22**, 1140, 2984 (1889). — B. Prager, B. **22**, 2991 (1889). — Avenarius, B. **24**, 262 (1891). — Ph. Hirsch, B. **23**, 965 (1890). — Gadamer, Ar. **234**, 1 (1896). — Gabriel, Leupold, B. **31**, 2832 (1898). — Kolshorn, B. **37**, 2481 (1904). — Urban, Ar. **242**, 63 (1904). — Young, Crookes, Soc. **89**, 59 (1906). — Gabriel, Colmann, B. **39**, 2889 (1906). — Raffo, Rossi, G. **45**, I, 30, 33 (1915).

Über Hydrazino-, Hydrazo- und Azo-thiazoline s. Busch, Lotz, J. pr. [2] **90**, 258, 266, 270ff. (1914).

[2] Hantzsch, J. H. Weber, B. **20**, 3127 (1887). — Arapides, A. **249**, 23 (1888). — Wohmann, A. **259**, 297 (1890). — Tscherniac, B. **25**, 2608, 3648 (1892).

Über **2-Mercapto-4-methyl-thiazol** s. Miolati, G. **23**, I, 578 (1893).

aceton mittelst alkalischer Agenzien bildet. Diese Verbindung, für die auch die Formel VIb eines 2-Oxo-4-methyl-thiazolins in Betracht kommt, stellt hell rahmfarbene Nadeln dar, schmilzt bei 105—106°

VIa) 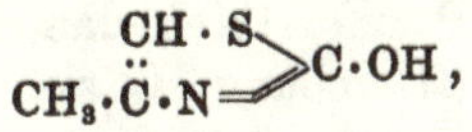 VIb) 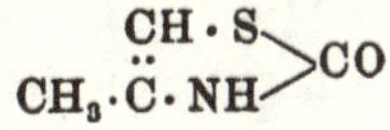

und wird bei 17° von ca. 40 Tln. Wasser zu einer neutralen Lösung aufgenommen; sie ist geruchlos und mit Wasser kaum flüchtig. Für die Formel VIb spricht die Leichtigkeit, mit welcher der Sauerstoff gegen stickstoffhaltige Gruppen ausgetauscht wird; so entsteht beim Vermischen mit Anilin unter freiwilliger Erwärmung das entsprechende Anilid (2-Anilino-4-methyl-thiazol bzw. 2-Phenylimino-4-methyl-thiazolin):

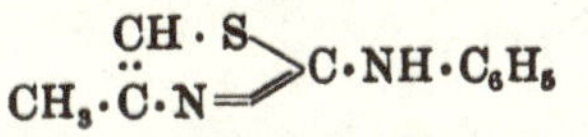 bzw. 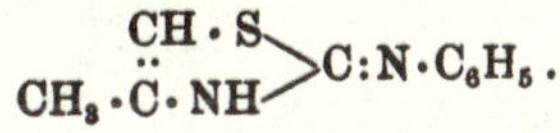

2-Mercapto-thiazolin[1] kann sowohl aus Äthylen-imin, wie aus β-Brom-äthylamin und aus β-Oxy-äthylamin durch Einwirkung von Schwefelkohlenstoff erhalten werden (vgl. Bd. I, Tl. II, S. 252, S. 260 vorletzte Gleichung, S. 271 zweite Gleichung). Es krystallisiert aus Holzgeist in farblosen Nadeln, schmilzt bei 106—107° und wird nicht von Säuren, dagegen von fixen Alkalien mit Leichtigkeit gelöst. Durch Bromwasser wird es zu Taurin, Kohlendioxyd und Schwefelsäure oxydiert:

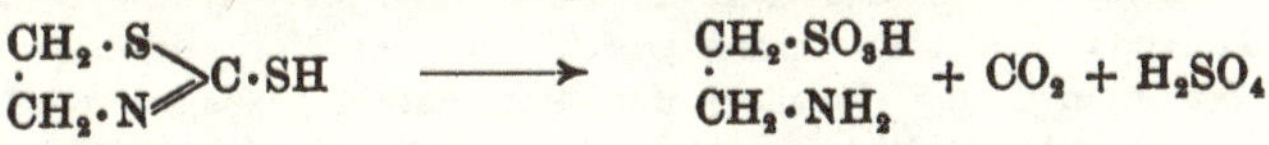 (Q)

während der aus seinem Kaliumsalz mit Methyljodid entstehende *S*-Methyläther (Öl vom Siedep. 216—217°, löslich in Säuren, unlöslich in Alkalien) hierbei neben Taurin und Kohlendioxyd die Methan-sulfonsäure ergibt:

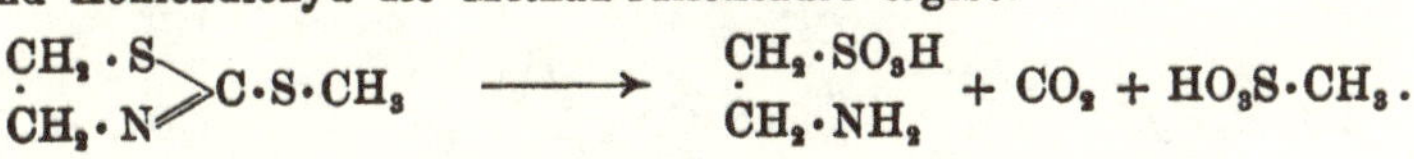 (R)

Über Spaltung zu β-Amino-äthylmercaptan s. Bd. I, Tl. II, S. 280.

Der am längsten bekannte Thiazol-Körper ist das 2.4-Dioxy-thiazol bzw. 2.4-Dioxo-thiazolidin[2]:

VIIa)  oder VIIb) 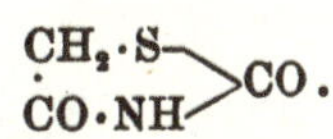

Heintz entdeckte diesen Stoff 1865 und hielt ihn für Rhodan-essigsäure. Volhard nannte ihn 1874 **Senföl-essigsäure**[3], weil er ihn als Isothio-

---

[1] Gabriel, B. **22**, 1153 (1889). — Gabriel, Stelzner, B. **28**, 2931 (1895). — Gabriel, Leupold, B. **31**, 2837 (1898). — Maquenne, Roux, C. r. **134**, 1589 (1902). — Knorr, Rössler, B. **36**, 1281 (1903). — Roux, A. ch. [8] **1**, 119 (1904).

Homologe: Ph. Hirsch, B. **23**, 967 (1890). — Gabriel, Leupold, B. **31**, 2838 (1898). — E. Strauss, B. **33**, 2830 (1900).

[2] Denkbar sind natürlich auch die Formeln von Oxy-oxo-thiazolinen.

[3] Heintz, A. **136**, 232 (1865). — Volhard, J. pr. [2] **9**, 6 (1874). — Claesson, B. **10**, 1346, 1352 (1877). — Liebermann, Lange, B. **12**, 1594 (1879). — Arapides, A. **249**, 27 (1888). — Andreasch, M. **10**, 73 (1889). — Ostwald, Ph. Ch. **3**, 181 (1889). — Wheeler, Barnes, Am. **24**, 65, 73, 76 (1900). — Hantzsch, Vögelen, B. **35**, 1007 (1902). — Kanolt, Am. Soc. **29**, 1402 (1907).

cyan-essigsäure $SC:N\cdot CH_2\cdot CO_2H$ auffaßte. Dieser Name erhielt sich im Gebrauch, auch nachdem 1879 LIEBERMANN und LANGE die Deutung gemäß der Formel VIIb zur Geltung gebracht hatten. Die Senfölessigsäure bildet sich aus dem Pseudo-thiohydantoin (s. u.) durch Erwärmen mit verdünnten Säuren (Gleichung W auf S. 543); am bequemsten gewinnt man sie aus Rhodanessigsäure-isoamylester (vgl. Bd. I, Tl. II, S. 1313) durch Kochen mit rauchender Salzsäure, wobei als Zwischenprodukt „Carbamin-thioglykolsäure" auftritt (CLAESSON):

$$\begin{matrix} CH_2\cdot S\cdot CN \\ CO\cdot OC_5H_{11} \end{matrix} \xrightarrow{+H_2O} \begin{matrix} CH_2\cdot S\cdot CO\cdot NH_2 \\ CO\cdot OC_5H_{11} \end{matrix} \xrightarrow{\text{Verseifung}} \begin{matrix} CH_2\cdot S\cdot CO\cdot NH_2 \\ CO\cdot OH \end{matrix}$$

(Carbamin-thioglykolsäure)

$$\xrightarrow{-H_2O} \begin{matrix} CH_2\cdot S- \\ CO\cdot NH- \end{matrix}\!\!>CO. \qquad (S)$$

Sie krystallisiert aus Wasser in farblosen Tafeln, schmilzt bei 125—126° und ist in kaltem Wasser schwer, in heißem leicht löslich; in kleinen Mengen vorsichtig erhitzt, sublimiert sie fast ohne Zersetzung. Ihre Alkalisalze sind in Wasser sehr leicht löslich und reagieren stark alkalisch.

Bei der Methylierung des Natriumsalzes mit Methyljodid bildet sich ein *N*-Methyl-Derivat, wie sich daraus ergibt, daß das Methylierungsprodukt beim Kochen mit Natron in Thioglykolsäure und Methylamin gespalten wird.

Das entsprechende *N*-Phenyl-Derivat[1] („Phenylsenföl-glykolid") ist auf verschiedenen Wegen gewonnen worden, z. B. in folgender Weise aus Chloressigsäure und symm. Diphenyl-thioharnstoff:

$$\begin{matrix} CH_2\cdot Cl \\ | \\ CO\cdot OH \end{matrix} + \begin{matrix} HS \\ HN\cdot C_6H_5 \end{matrix}\!\!>C:N\cdot C_6H_5 \longrightarrow \begin{matrix} CH_2\cdot S \\ | \\ CO\cdot N\cdot C_6H_5 \end{matrix}\!\!>C:N\cdot C_6H_5 \xrightarrow{\text{Kochen mit HCl}} \begin{matrix} CH_2\cdot S \\ | \\ CO\cdot N\cdot C_6H_5 \end{matrix}\!\!>CO. \qquad (T)$$

Von der Formel VIIb der Senföl-essigsäure kann man durch Austausch eines Sauerstoffatoms gegen Imid zwei stellungsisomere Monoimide ableiten:

$$VIII)\ \begin{matrix} CH_2\cdot S- \\ CO\cdot NH- \end{matrix}\!\!>C:NH \quad \text{und} \quad IX)\ \begin{matrix} CH_2\cdot S- \\ C(:NH)\cdot NH- \end{matrix}\!\!>CO,$$

die gleich zusammengesetzt sind mit den zur Imidazol-Reihe gehörigen „wahren Thio-hydantoinen" (vgl. S. 466—467). Man nennt das 2-Monimid (VIII) „Pseudo-thiohydantoin", das 4-Monimid (IX) „Iso-thiohydantoin".

Das 1873 von MALY und zugleich von VOLHARD entdeckte **Pseudo-thiohydantoin**[2] (Formel VIII) — auch Thiourantoin (Sulfhydan-

[1] LANGE, B. **12**, 598 (1879). — LIEBERMANN, A. **207**, 130, 137 (1881). — P. J. MEYER, B. **14**, 1662 (1881). — EVERS, B. **21**, 975 (1888). — RIZZO-NICCOLÒ, G. **28**, I, 366 (1898). — RUHEMANN, Soc. **95**, 118 (1909). — HOLMBERG, J. pr. [2] **84**, 672 (1911).

[2] VOLHARD, A. **166**, 383 (1873). J. pr. [2] **9**, 7 (1874). — MALY, A. **168**, 133 (1873). B. **12**, 967 (1879). — MULDER, B. **8**, 1263 (1875). — ANDREASCH, B. **12**, 1385

toin, Glykolyl-sulfoharnstoff) genannt — ist eine sehr leicht zugängliche Verbindung. Man erhält ihr Hydrochlorid durch Zusammenschmelzen von Thio-harnstoff mit Chlor-essigsäure:

$$\begin{array}{l}CH_2\cdot Cl\\ CO\cdot OH\end{array} + \begin{array}{l}HS\\ H_2N\end{array}\!\!>C{:}NH = \begin{array}{l}CH_2\cdot S\\ CO\cdot NH\end{array}\!\!>C{:}NH, HCl + H_2O. \qquad (U)$$

Eigentümlicherweise entsteht sie auch aus dem Thio-harnstoff bei der Einwirkung von Dichlor-essigsäure. Dies beruht auf einer reduzierenden Wirkung des Thio-harnstoffs, wie sie mehrfach bei ähnlichen Reaktionen (vgl. S. 547 Bildung der „Sulfuvinursäure") beobachtet wird.

Die Entdecker hatten dem Produkt der Reaktion U die Struktur eines wahren Thiohydantoins beigelegt. LIEBERMANN und LANGE leiteten dann 1879 aus seinem Verhalten die heute geltende Formel ab, nach welcher das Schwefelatom ein Ringglied bildet. Für diese Konstitution besonders beweisend ist die von ANDREASCH angeführte Synthese durch Erwärmen von Thioglykolsäure mit Cyanamid:

$$\begin{array}{l}CH_2\cdot SH\\ CO\cdot OH\end{array} + H_2N{-}C{:}N = \begin{array}{l}CH_2\cdot S{-\!-\!-}\\ CO\cdot OH \quad H_2N\end{array}\!\!>C{:}NH = \begin{array}{l}CH_2\cdot S\\ CO\cdot NH\end{array}\!\!>C{:}NH + H_2O. \qquad (V)$$

Pseudothiohydantoin krystallisiert aus heißem Wasser in farblosen langen Prismen und ist in kaltem Wasser wenig, in Alkohol fast gar nicht löslich. Es besitzt keinen eigentlichen Schmelzpunkt; beim langsamen Erhitzen auf 200° tritt unter Braunfärbung Zersetzung ein. Durch Erwärmen mit verdünnten Säuren geht es sehr leicht unter Abspaltung von Ammoniak in Senfölessigsäure (S. 541—542) über:

$$\begin{array}{l}CH_2\cdot S\\ CO\cdot NH\end{array}\!\!>C{:}NH + H_2O = \begin{array}{l}CH_2\cdot S\\ CO\cdot NH\end{array}\!\!>C{:}O + NH_3; \qquad (W)$$

durch Kochen mit Barytwasser wird es in Thioglykolsäure und Cyanamid, das sich zu Dicyandiamid polymerisiert, zerlegt (Umkehrung der Bildung V, s. o). Mit Brom in Eisessig liefert es ein Dibrom-Additionsprodukt, mit salpetriger Säure ein Isonitroso-Derivat (S. 546).

(1879); **13**, 1421, 1423 (1880). M. **8**, 407 (1887); **18**, 89 (1897). — LIEBERMANN, LANGE, B. **12**, 1593 (1879). — KRAMPS, B. **13**, 788 (1880). — LIEBERMANN, A. **207**, 121 (1881). — DIXON, Soc. **63**, 816 (1893). — MIOLATI, G. **23**, I, 94 (1893). — CONRAD, L. SCHMIDT, A. **285**, 205 (1895). — RIZZO-NICCOLÒ, G. **28**, II, 68 (1898). — FRERICHS, Ar. **237**, 314 (1899). — FRERICHS, BECKURTS, Ar. **238**, 318 (1900).

Über *C*-Homologe vgl. z. B. DIXON, TAYLOR, Soc. **93**, 20 (1908).

Über *N*-Phenylamino-pseudo-thiohydantoin $\begin{array}{l}CH_2\cdot S\\ |\\ CO\cdot N{-}NH\cdot C_6H_5\end{array}\!\!>C{:}NH$ und „Bis-pseudo-thiohydantoin" $\left[\begin{array}{l}CH_2\cdot S\\ |\\ CO\cdot N{-\!-\!-}\end{array}\!\!>C{:}NH\right]_2$ s.: FRERICHS, P. FÖRSTER, A. **371**, 237, 241, 245, 256 (1910). — FRERICHS, HÖLLER, A. **398**, 256 (1913).

In großer Zahl sind *N*-Alkyl- und *N*-Aryl-Derivate des Pseudothiohydantoins hergestellt worden. Aus dem reichlichen Versuchsmaterial[1] seien die folgenden interessanten Befunde hervorgehoben, welche von WHEELER und JOHNSON bezüglich der Monophenyl-pseudo-thiohydantoine gewonnen wurden. Wenn man Chloracet-anilid mit Kaliumrhodanid etwa eine halbe Stunde in starkem Alkohol erwärmt, erhält man das bei 91° schmelzende Rhodan-acetanilid (Formel X), das sich beim viertelstündigen Erhitzen auf dem Wasserbade in das „labile Phenyl-pseudo-thiohydantoin" umlagert (XIa oder XIb). Dieses labile, bei 148° schmelzende Produkt isomerisiert sich bei weiterem Erhitzen oder bei kurzem Kochen mit verdünntem Alkohol (unter partieller Zersetzung) zu dem bei 178° schmelzenden „stabilen Phenyl-pseudo-thiohydantoin" (XII), welches das Phenyl an das exocyclische Stickstoffatom gebunden enthält:

X) 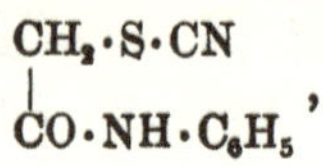 , XIa) 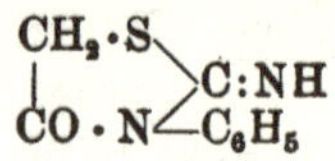 oder XIb) 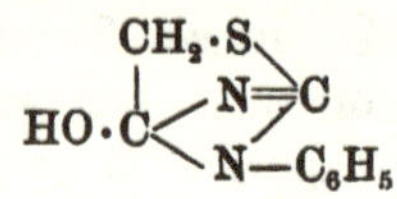 ,

XII) 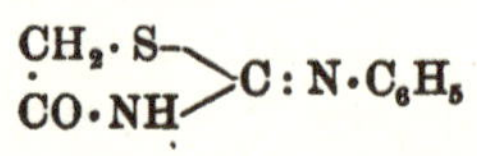

und auch in mehreren anderen Reaktionen erhalten wurde.

N,N'-Diphenyl-pseudo-thiohydantoin (XIII) wird leicht aus Chloressigsäure und symm. Diphenyl-thioharnstoff gewonnen (vgl. Formelreihe T auf S. 542). Von einer desmotropen Form des Pseudothiohydantoins leitet sich das *N,N*-Diphenyl-pseudo-thiohydantoin der Formel XIV ab, das aus unsymmetrischem Diphenyl-thioharnstoff $(C_6H_5)_2N \cdot C(SH):NH$ durch Zusammenschmelzen mit Chloracetylchlorid entsteht.

XIII) 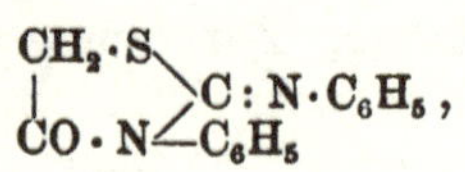 , XIV) 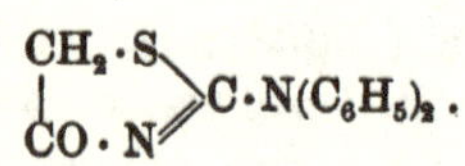 .

Das **Iso-thiohydantoin** (Formel IX auf S. 542) bildet sich aus Rhodan-acetamid (aus Kaliumrhodanid und Chlor-acetamid erhalten) durch Umlagerung mit Schwefelsäure:

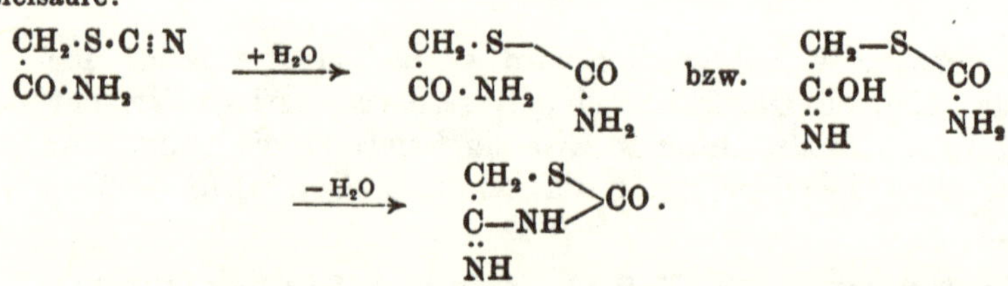

(X)

Es schmilzt bei 71° und ist sowohl in Wasser wie in Alkohol leicht löslich. Über sein Verhalten ist nur festgestellt, daß es durch fortgesetzte Einwirkung von Säuren gleich dem Pseudothiohydantoin in Senfölessigsäure übergeht[2].

Wenn man das Pseudothiohydantoin mit Schwefelkohlenstoff in

---

[1] Vgl. z. B.: P. J. MEYER, B. **10**, 1965 (1877); **14**, 1661 (1881). — LANGE, B. **12**, 595 (1879). — ANDREASCH, M. **2**, 775 (1881). — LIEBERMANN, A. **207**, 121 (1881). — DIXON, Soc. **71**, 617 (1897). — WHEELER, JOHNSON, Am. **28**, 121 (1902). — WHEELER, JAMIESON, Am. Soc. **25**, 367 (1903). — DIXON, TAYLOR, Soc. **101**, 558 (1912). — BECKURTS, FRERICHS, Ar. **253**, 233 (1915).

[2] MIOLATI, G. **23**, I, 90 (1893).

alkoholischer Lösung einige Stunden auf 160° erhitzt, erhält man infolge der Reaktion:

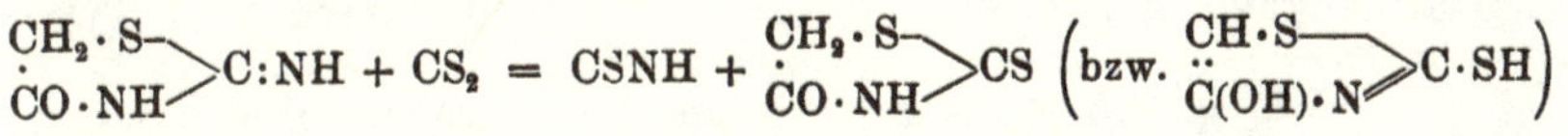
(Xa)

das 2-Thion-4-oxo-thiazolidin (bzw. 2-Mercapto-4-oxy-thiazol). Diese Verbindung wurde zuerst 1877 von Nencki durch Erwärmen von Chloressigsäure mit Ammoniumrhodanid gewonnen und wegen ihrer sauren Eigenschaften und ihrer Oxydierbarkeit zu rotbraunen Farbstoffen **Rhodaninsäure**[1] genannt; heute zieht man die Bezeichnung **Rhodanin** vor. Sie ist wohl der am leichtesten gewinnbare Vertreter der einkernigen Thiazol-Körper. Die Nenckische Bildung erklärt sich dadurch, daß Chloressigsäure sich mit dem Rhodanid teils zu Rhodanessigsäure umsetzt, teils aus ihm Rhodanwasserstoff frei macht, der unter Bildung von Schwefelwasserstoff sich weiter zersetzt. und daß nun Rhodanessigsäure mit Schwefelwasserstoff in folgender Weise reagiert:

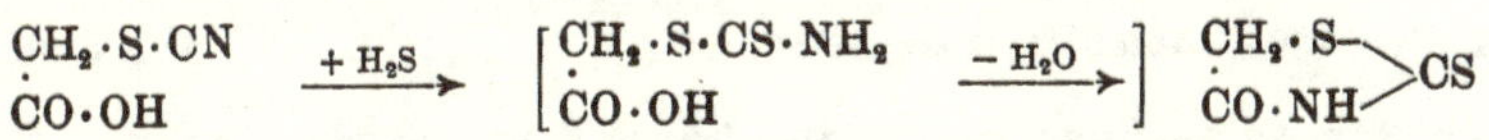
(Xb)

(vgl. in Gleichung S auf S. 542 die analoge Bildung der Senfölessigsäure). Am bequemsten stellt man das Rhodanin dar, indem man die durch Umsetzung von chloressigsaurem Natrium mit dithio-carbamidsaurem Ammonium (Bd. I, Tl. II, S. 1432) entstehende Lösung von thiocarbaminthioglykolsaurem Salz mit Essigsäure versetzt und stehen läßt:

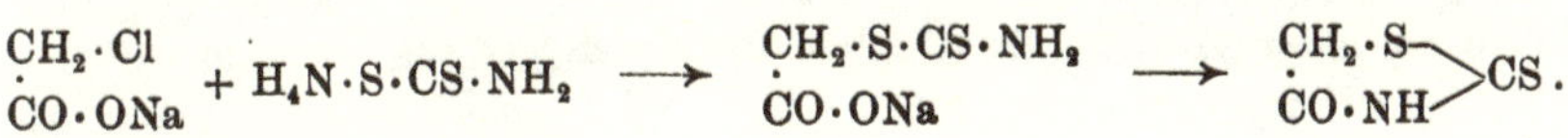
(Xc)

Das Rhodanin krystallisiert aus heißem Wasser in schwach gelben Tafeln und Prismen, schmilzt bei 166—167°, wobei es sich teilweise zersetzt, reagiert auf Lackmus sauer und schmeckt schwach bitter. In kaltem Wasser ist es nur sehr wenig, in Alkohol und Äther leicht löslich, ebenso in freien und kohlensauren Alkalien, sowie in Ammoniak. Aus den alkalischen Lösungen wird es durch Mineralsäuren und Essigsäure unverändert gefällt; beim Erwärmen der alkalischen Lösungen aber erfolgt rasche Zersetzung unter Abspaltung von Rhodanwasserstoff. Beim Kochen mit Wasser bleibt Rhodanin unverändert, beim Erhitzen mit

[1] Nencki, J. pr. [2] **16**, 1 (1877). B. **17**, 2277 (1884). — Liebermann, Lange, B. **12**, 1594 (1879). — Ginsburg, Bondzynski, B. **19**, 113 (1886). — Andreasch, M. **10**, 79 (1889). — Freydl, M. **10**, 82 (1889). — Miolati, A. **262**, 82 (1891). — Delépine, Bl. [3] **29**, 53 (1903). — Bargellini, R. A. L. [5] **15**, I, 35 (1906). — Holmberg, J. pr. [2] **79**, 264 (1909); **82**, 444 (1910). — Felix, P. Friedländer, M. **31**, 77 (1910). — Kučera, M. **35**, 139 (1914).

Über *C*-Homologe vgl. z. B.: Berlinerblau, B. **19**, 124 (1896). — Wheeler, Johnson, Am. Soc. **24**, 681, 686 (1902). — Holmberg, J. pr. [2] **81**, 455 (1910). — Andreasch, Zipser, M. **25**, 178 (1914).

Wasser auf 200° wird es gespalten, und zwar der Hauptsache nach in Thioglykolsäure, Kohlendioxyd, Schwefelwasserstoff und Ammoniak. Mit vielen Aldehyden kondensiert es sich zu Verbindungen vom Typus

$$R{\cdot}CH{:}\underset{CO\cdot NH}{C\cdot S}\!\!>\!CS$$

(vgl. S. 548 Benzal-rhodanin), mit Isatin-anilid zu einem Indigoid.

N-Phenyl-rhodanin[1] entsteht analog Formelreihe Xc (S. 545) aus phenyldithiocarbamidsaurem Kalium und Chloressigsäure, ferner beim Erhitzen von Thioglykolsäure mit Phenylsenföl:

$$\begin{matrix} CH_2\cdot SH \\ | \\ CO\cdot OH \end{matrix} + \begin{matrix} CS \\ /\!/ \\ N\cdot C_6H_5 \end{matrix} = \begin{matrix} CH_2\cdot S \\ | \\ CO\cdot N\cdot C_6H_5 \end{matrix}\!\!>\!C{:}S + H_2O\,, \qquad \text{(X d)}$$

bildet schwefelgelbe Blättchen oder Nadeln, schmilzt bei 193—194° unter Braunfärbung und ist in Wasser unlöslich, in Alkohol schwer löslich. Es kondensiert sich mit Aldehyden, Alloxan, Nitrosodimethylanilin usw.

Vom Trioxo-thiazolidin leitet sich als 2-Imid-5-Oxim das **Isonitroso-pseudothiohydantoin**[2] $\begin{matrix} HO\cdot N{:}C\cdot S \\ O{:}C\cdot NH \end{matrix}\!\!>\!C{:}NH$ ab, das durch Einleiten von salpetriger Säure in die wäßrige Suspension des Pseudothiohydantoins recht glatt entsteht. Aus viel kochendem Wasser fällt es als blaß gelblich weißes, schweres Krystallpulver nieder. Mit Basen bildet es lebhaft (gelb bis rot) gefärbte Verbindungen. Bei der Reduktion mit Zinn und Salzsäure liefert es Glykokoll und Thioharnstoff.

Mehrere Carbonsäuren der Thiazol-Reihe[3] sind bekannt geworden. Meist haben zu ihrem Aufbau die gleichen Prinzipien gedient, auf denen die im

---

[1] v. Braun, B. **35**, 3387 (1902). — Andreasch, Zipser, M. **24**, 499 (1903); **25**, 159 (1904). — Holmberg, J. pr. [2] **81**, 457 (1910); **84**, 684 (1911). — Butscher, M. **32**, 9 (1911). — Nägele, M. **33**, 941 (1912). — Kučera, M. **35**, 137 (1914).

Über weitere *N*-Aryl-rhodanine vgl.: Andreasch, Zipser, M. **26**, 1191 (1905). — A. Wagner, M. **27**, 1233 (1906). — Andreasch, M. **29**, 399 (1908). — Kaluza, M. **30**, 701 (1909). — Holmberg, J. pr. [2] **81**, 459 (1910). — Antulich, M. **31**, 891 (1910).

Über Rhodanin-*N*-essigsäure s.: H. Körner, B. **41**, 1904 (1908). — Andreasch, M. **31**, 785 (1910). — Holmberg, J. pr. [2] **81**, 456 (1910).

Über *N*-Amino-rhodanin s.: Andreasch, M. **27**, 1211 (1906); **29**, 409 (1908). — Holmberg, J. pr. [2] **81**, 464 (1908).

[2] Maly, B. **12**, 967 (1879). — Maly, Andreasch, B. **13**, 601 (1880). — Andreasch, M. **6**, 821 (1885).

[3] Vgl.: Nencki, Sieber, J. pr. [2] **25**, 74 (1882). — Hantzsch, A. **250**, 269 (1889). — Zürcher, A. **250**, 281 (1889). — Roubleff, A. **259**, 264 (1890). — Wohmann, A. **259**, 277 (1890). — Steude, A. **261**, 22 (1891). — Hantzsch, Schiffer, B. **25**, 728 (1892). — Miolati, G. **23**, I, 576 (1893). — Tambach, A. **280**, 233 (1894). — Böttinger, Ar. **232**, 349 (1894). — Weidel, Niemilovicz, M. **16**, 721 (1895). — Andreasch, M. **16**, 789 (1895); **18**, 56 (1897). — Conrad, B. **29**, 1046 (1896). — Lespieau, C. r. **138**, 422 (1904). — Manchot, B. **43**, 1314 (1910). — Johnson, Ambler, Am. **48**, 197 (1912).

Voranstehenden mitgeteilten Synthesen von Thiazolen, Amino-, Oxy-thiazolen usw. beruhen. So erhält man aus Brom-brenztraubensäureester $CH_2Br \cdot CO \cdot CO_2C_2H_5$ und Thioharnstoff analog Gleichung K auf S. 538 den Äthylester der **2-Amino-thiazol-carbonsäure-(4)** (Sulfuvinursäure) $\begin{matrix} CH \cdot S \\ \ddot{} \\ HO_2C \cdot C—N \end{matrix} \!\!>\! C \cdot NH_2$, die in freiem Zustand sich auch aus Dibrom- wie aus Tribrom-brenztraubensäure bei der Einwirkung von Thioharnstoff bildet (vgl. dazu S. 543 die Bildung des Pseudo-thiohydantoins aus Dichlor-essigsäure). Über Bildung der **2-Amino-4-methyl-thiazol-carbonsäure-(5)** und **2-Amino-thiazolyl-(4)-essigsäure** in Form ihrer Ester aus den Halogen-Derivaten des Acetessigesters s. Bd. I, Tl. II, S. 1145. Erwähnt sei endlich noch die interessante Entstehung der **Pseudo-thiohydantoin-essigsäure** beim Erhitzen von Thioharnstoff mit Malein- oder Fumarsäure und etwas Wasser auf 105°:

$$\begin{matrix} HO_2C \cdot CH:CH \\ \quad\quad\quad\quad\;\; CO_2H \end{matrix} + \begin{matrix} HS \\ H_2N \end{matrix}\!\!>\!C:NH = \begin{matrix} HO_2C \cdot CH_2 \cdot CH \cdot S— \\ \quad\quad\quad\quad\;\; CO \cdot NH \end{matrix}\!\!>\!C:NH + H_2O. \quad (Y)$$

II. Mehrkernige nichtkondensierte Thiazol-Systeme.

C-Arylierte Thiazol-Körper[1] sind in recht großer Zahl bekannt; doch liegt kein Anlaß zu näherer Besprechung vor, da die Entstehungsweisen, Eigenschaften und das Verhalten dem Bilde, das im vorangehenden Abschnitte an der Hand der einkernigen Thiazol-Körper entworfen wurde, nichts Wesentliches hinzufügen.

2-Phenyl-thiazol[2] wurde analog Gleichung A auf S. 535 aus Chlor-acetaldehyd und Thio-benzamid, ferner analog Formelreihe C auf S. 535 aus Benzamino-acetal $CH(OC_2H_5)_2 \cdot CH_2 \cdot NH \cdot CO \cdot C_6H_5$ gewonnen. Es ist flüssig, siedet unter 732 mm Druck bei 267—269° (korr.) und löst sich leicht in Säuren, wird aber aus diesen Lösungen beim Verdünnen mit viel Wasser fast vollständig wieder ausgefällt. — **4-Phenyl-thiazol**[3] (analog Formelreihe B auf S. 535 aus ω-Brom-acetophenon bereitet) schmilzt bei 52°, siedet bei 273° (korr.), riecht ähnlich dem Diphenylamin und ist in kaltem Wasser wenig, in heißem leicht löslich. — **5-Phenyl-thiazol**[4] (aus Formamino-acetophenon $C_6H_5 \cdot CO \cdot CH_2 \cdot NH \cdot CHO$ durch Phosphorpentasulfid) schmilzt bei 45—46° und hat einen eigentümlichen pilzartigen Geruch.

2.4-Diphenyl-thiazol[5] krystallisiert aus Alkohol in farb- und geruchlosen Blättchen, schmilzt bei 92—93° und siedet unzersetzt oberhalb 360°. — **2.5-Diphenyl-thiazol**[6] schmilzt bei 103—104°.

---

[1] Vgl. außer den im Folgenden speziell zitierten Abhandlungen noch z. B.: Arapides, A. **249**, 14 (1888). — Traumann, A. **249**, 38 (1888). — Hantzsch, A. **250**, 269 (1889). — Schatzmann, A. **261**, 7, 14, 16 (1891). — Miolati, G. **23**, I, 579 (1893). — Söderbaum, B. **28**, 1900, 1901 (1895). — Strauss, B. **33**, 2829 (1900). — Wheeler, Am. **26**, 348, 353 (1901). — Wheeler, Johnson, Am. Soc. **24**, 682, 688 (1902). — Kolshorn, B. **37**, 2485 (1904). — Gabriel, B. **43**, 1285, 1286 (1910). — Fourneau, Vila, Bl. [4] **9**, 985 (1911). — Johnson, Burnham, Am. **47**, 232 (1912). — Biltz, Krebs, A. **391**, 197 Anm. (1912). — v. Walther, Roch, J. pr. [2] **87**, 27 (1913). — Rüdenburg, B. **46**, 3561, 3563 (1913). — Wolfheim, B. **47**, 1448, 1449 (1914). — Gabriel, Colman, B. **47**, 1870, 1872 (1914).

[2] Hubacher, A. **259**, 234 (1890). — Bachstez, B. **47**, 3163 (1914).

[3] Popp, A. **250**, 279 (1889).

[4] Bachstez, B. **47**, 3164 (1914).

[5] Hubacher, A. **259**, 237 (1890).

[6] Gabriel, B. **43**, 137 (1910).

Triphenyl-thiazol[1] entsteht analog Gleichung A auf S. 535 aus Thio-benzamid und Desyl-bromid $C_6H_5\cdot CHBr\cdot CO\cdot C_6H_5$, schmilzt bei 86—87°, ist ganz unlöslich in Wasser und fast unlöslich in Säuren.

2-Phenyl-thiazolin[2] wurde nach den drei S. 537 angeführten allgemeinen Reaktionen erhalten; über seine interessante Bildung aus Äthylen-pseudothioharnstoff s. S. 540 (Formelreihe P). Es ist flüssig, siedet bei 275—277°, riecht chinolinähnlich und löst sich leicht in Säuren. — Mehrere Homologe wurden durch Einwirkung von Phosphorpentasulfid auf Acyl-Derivate β-bromierter Amine bereitet[3], z. B.:

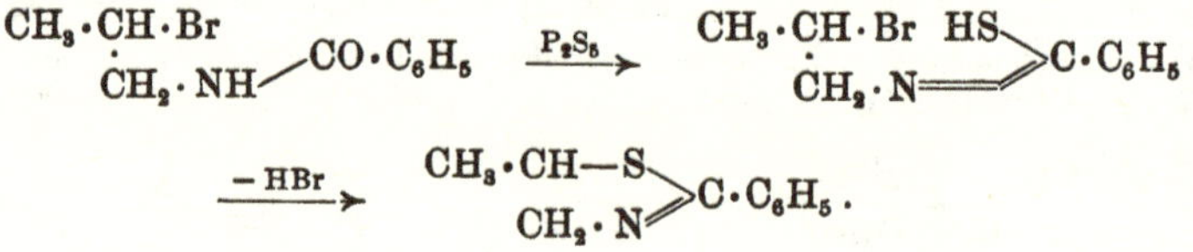

Senfölessigsäure (S. 541), Pseudo-thiohydantoin (S. 542) und Rhodanin (S. 545) enthalten in der 5-Stellung als Ringglied ein reaktionsfähiges Methylen und kondensieren sich infolgedessen leicht mit aromatischen Aldehyden[4] zu Verbindungen, wie:

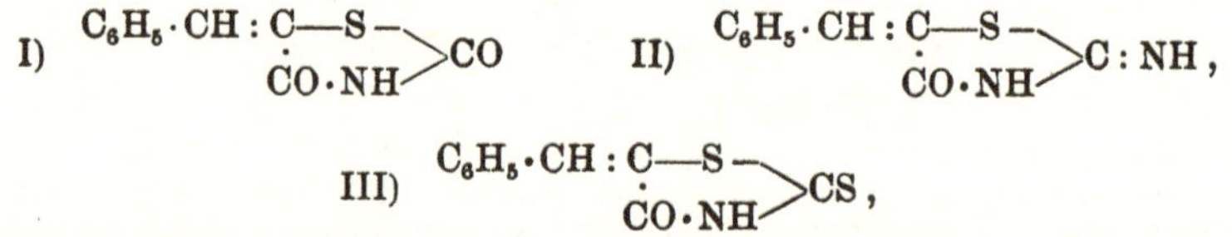

deren Moleküle *einen Benzolkern und einen Thiazolkern voneinander durch ein Zwischenglied getrennt enthalten.* Namentlich vom Rhodanin hat man solche Derivate in großer Mannigfaltigkeit hergestellt; die Kondensation erfolgt in alkoholischer Lösung durch kurzes Erwärmen bei Gegenwart von konzentrierter Schwefelsäure oder Salzsäure.

Benzal-senfölessigsäure (2.4-Dioxo-5-benzal-thiazolidin) — Formel I, s. o. — bildet farblose Blättchen und schmilzt bei 242°. — **Benzal-pseudothiohydantoin** (II) beginnt bei 280° zu sintern. — **Benzal-rhodanin** (Benzylidenrhodaninsäure) — Formel III — krystallisiert aus heißem Wasser in gelben Nadeln und schmilzt bei 200°. Es löst sich leicht in wäßrigen Alkalien; beim Erwärmen mit Barytwasser wird es unter Bildung von Benzal-thioglykolsäure $C_6H_5\cdot CH:C(SH)\cdot CO_2H$ gespalten.

---

[1] Hubacher, A. **259**, 245 (1890).

[2] Gabriel, Heymann, B. **23**, 158 (1890); **24**, 784 (1891). — Coblentz, Gabriel, B. **24**, 1123 (1891). — Gabriel, v. Hirsch, B. **29**, 2610 (1896). — Gabriel, Leupold, B. **31**, 2834 (1898).

[3] A. Salomon, B. **26**, 1327 (1893).

[4] Vgl.: Nencki, B. **17**, 2278 (1884). — Ginsburg, Bondzynski, B. **19**, 119 (1886). — Andreasch, M. **10**, 73 (1889). — Zipser, M. **23**, 958 (1902). — Andreasch, Zipser, M. **24**, 499 (1903); **25**, 159 (1904); **26**, 1191 (1905). — Stuchetz, M. **26**, 1209 (1905). — Bargellini, R.A.L. [5] **15**, I, 35, 181 (1906). — Kučera, M. **35**, 142, 144 (1914).

III. Mehrkernige kondensierte Thiazol-Systeme.

Das aus einem Benzol- und einem Thiazol-Kern orthokondensierte System:

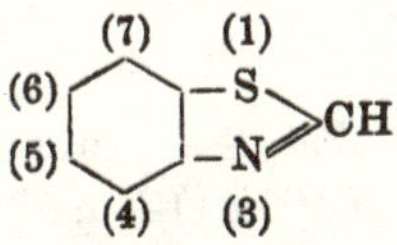

(2 oder μ) = Benzothiazol

ist der Stammkern einer zahlreichen und wichtigen Verbindungsgruppe, in der sich auch technisch interessante Vertreter (vgl. S. 555—557) finden.

In seinem Bau gleicht es dem Benzimidazol (S. 485) und dem Benzoxazol (S. 527):

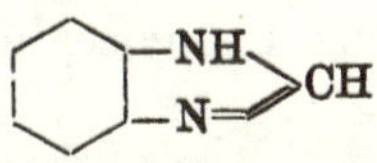

und

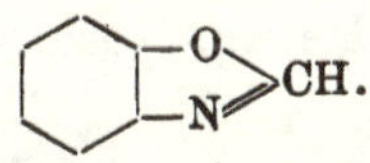

Wie in diesen Systemen „Anhydro-Verbindungen" von *ortho*-Diaminen und *ortho*-Amino-phenolen der Benzol-Reihe vorliegen, so sind die Benzothiazol-Körper, deren Entdeckung und Aufklärung man originellen und scharfsinnigen Untersuchungen A. W. Hofmanns aus den Jahren 1879 und 1880 verdankt, Anhydro-Derivate der *ortho*-Amino-thiophenole (*o*-Amino-mercaptane) und können daher als „aromatische Thioanhydroverbindungen" bezeichnet werden.

Demgemäß bilden sie sich aus *o*-Amino-thiophenolen durch Behandlung mit Säurechloriden, Säureanhydriden[1] usw., z. B.:

$$C_6H_4<\substack{SH\\NH_2} + Cl\cdot CO\cdot C_6H_5 = C_6H_4<\substack{S\\N}>C\cdot C_6H_5, HCl + H_2O. \qquad (A)$$

Allein diese Entstehungsweise hat nicht zu ihrer Auffindung geführt. Ihr kommt auch präparativ nicht eine solche Bedeutung zu, wie den analogen Bildungsprozessen der Benzimidazole und Benzoxazole; denn gerade umgekehrt bietet im allgemeinen die Spaltung von Benzothiazol-Körpern (vgl. S. 551, Gleichung H) erst einen vorteilhaften Weg zur Gewinnung der orthoamidierten aromatischen Mercaptane.

Wir besitzen aber eine große Anzahl anderer Bildungsprozesse, welche in ihrer Gesamtheit zeigen, daß zur Bildung des Benzothiazol-Komplexes eine besondere Neigung besteht[2], wenn **a)** Schwefel bei höherer Temperatur auf geeignete aromatische Amine

[1] Vgl.: A. W. Hofmann, B. **12**, 2362, 2365 (1879); **13**, 21 (1880). — Uber Bildung aus *o*-halogeniertem Amin und Thiosäure s. Wheeler, Liddle, Am. **42**, 442, 448 (1909).

[2] Vgl. die Literatur-Zusammenstellung bei Jacobson, Frankenbacher, B. **24**, 1400 (1891). — Vgl. ferner: Lang, B. **25**, 1902 (1892). — Hugershoff, B. **36**, 3122, 3134 (1903).

oder Amin-Derivate wirkt, und wenn **b)** Verbindungen mit dem Komplex:

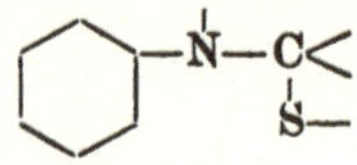

Umwandlungen unterworfen werden.

Beispiele für die in großer Mannigfaltigkeit beobachteten Vorgänge der Art **a** bieten die Entstehung von μ-Phenyl-benzothiazol durch Erhitzen von Benzanilid (sowie von Benzyliden-anilin oder von Benzylanilin) mit Schwefel:

$$C_6H_5\cdot NH\cdot CO\cdot C_6H_5 + S = C_6H_4<{}^{S}_{N}>C\cdot C_6H_5 + H_2O, \qquad (B)$$

diejenige von μ-Mercapto-benzothiazol aus Phenylsenföl:

$$C_6H_5\cdot N{=}CS + S = C_6H_4<{}^{S}_{N}>C\cdot SH \qquad (C)$$

und diejenige von μ-[*p*-Amino-benzenyl]-6-methyl-benzothiazol (Dehydrothiotoluidin, vgl. S. 556) aus p-Toluidin:

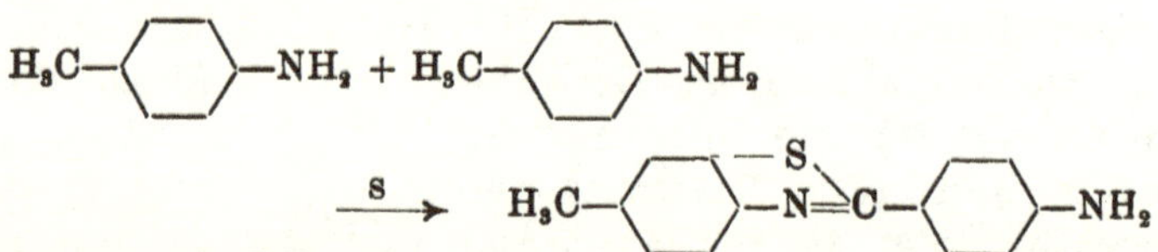

(D)

durch Erhitzen mit Schwefel.

Diese Vorgänge spielen sich bei höheren Wärmegraden (meist 180° bis 250°) ab. Sie sind jedenfalls in verschiedene Reaktionsphasen zu zerlegen, die man aber nicht klargelegt hat. Die Ausbeuten sind zwar nicht quantitativ, aber in vielen Fällen doch sehr reichlich, so daß in Anbetracht der Billigkeit der Agenzien manche Benzothiazol-Körper auf solchen Wegen sehr leicht zugänglich werden.

Durchsichtiger sind einige Reaktionen der Art **b.** Schon bei gewöhnlicher Temperatur und meist sehr glatt werden nach Jacobson Thioanilide in alkalischer Lösung durch Kaliumferricyanid zu Benzothiazolen oxydiert, z. B.:

$$C_6H_4<{}^{N}_{H}>C(SH)\cdot CH_3 \text{ (Thioacetanilid)} + O = H_2O + C_6H_4<{}^{N}_{S}>C\cdot CH_3. \qquad (E)$$

Hugershoff zeigte, daß die aus aromatischen Thioharnstoffen in Chloroform-Lösung durch Brom entstehenden Produkte Thiazol-Derivate sind, z. B.:

$$C_6H_4<{}^{N}_{H}>C(SH)\cdot NH\cdot C_6H_5 + Br_2 = C_6H_4<{}^{N}_{S}>C\cdot NH\cdot C_6H_5 + 2HBr. \qquad (F)$$

Hierher gehört ferner die Bildung von μ-Chlor-benzothiazol beim Erhitzen von Phenylsenföl mit Phosphorpentachlorid auf 160°, die vielleicht folgendermaßen zu deuten ist:

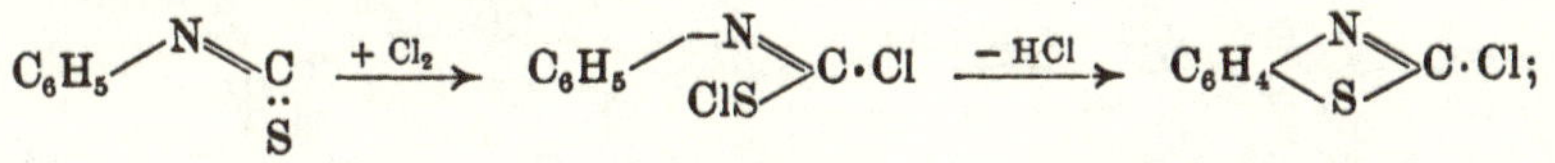 (G)

dieser (nur etwa 18% der theoretischen Ausbeute liefernde) Vorgang war der Ausgangspunkt der S. 549 erwähnten Untersuchungen HOFMANNs.

Wie man die einkernigen Thiazole mit den Pyridin-Basen vergleichen kann (vgl. S. 535—536), so erscheint die Benzothiazol-Formel als ein thiophenartiges Analogon der Chinolin-Formel:

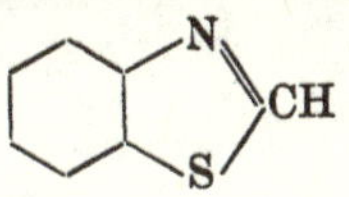 (Benzothiazol), 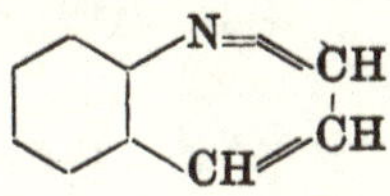 (Chinolin).

Diese Beziehung drückt sich tatsächlich in manchen Eigenschaften aus. Die Benzothiazole erinnern im Geruch an die Chinoline, sieden bei annähernd denselben Temperaturen und zeigen auch in den Salzen und Reaktionen manche Ähnlichkeit mit den entsprechenden Vertretern der Chinolin-Reihe[1].

Der Hetero-Ring der Benzothiazole ist erheblich beständiger als derjenige der Benzoxazole (vgl. S. 527—528). Durch Erhitzen mit Säuren erfolgt seine Aufspaltung nicht. Dagegen gelingt seine Sprengung (Umkehrung der Bildung A, S. 549) glatt durch Erhitzen mit alkoholischem Kali unter Druck oder Schmelzen mit Kali, z. B.:

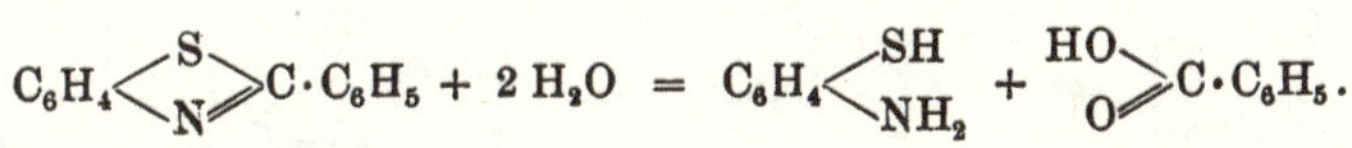 (H)

Das **Benzothiazol**[2] selbst, das auch Methenyl-*o*-aminothiophenol genannt werden kann, wurde zuerst durch Reduktion seines μ-Chlor-Derivats (s. dessen Bildung oben in G) mit Zinn und Salzsäure erhalten. Zur Darstellung kann man die Bildung bei 12-stündigem Sieden von Dimethyl-anilin mit Schwefel benutzen, wobei als Zwischenprodukt[3] eine krystallinische, bei 88—89° schmelzende Verbindung $C_8H_7NS_2$ auftritt. Das Benzothiazol ist ein farbloses Öl, schwerer als Wasser und darin kaum löslich; es siedet bei 230°, hat einen brennenden Geschmack, riecht chinolinähnlich und löst sich in verdünnten Säuren. Durch Erhitzen mit Kupfer auf 250° wird es nicht verändert. Mit Methyljodid vereinigt es sich bei 100° zu einem Jodmethylat C_7H_5NS, CH_3I. Bei der Einwirkung von Benzoylchlorid und Natronlauge wird

---

[1] Vgl.: A. W. HOFMANN, B. **20**, 2262 (1887). — JACOBSON, B. **21**, 2629 (1888).

[2] A. W. HOFMANN, B. **13**, 14, 18 (1880). — MÖHLAU, KROHN, B. **21**, 59 (1888). — REISSERT, B. **38**, 3430 (1905). — MÖHLAU, B. **39**, 862 (1906). — P. FRIEDLÄNDER, CHWALA, M. **28**, 270 (1907).

[3] Vgl. dazu: MÖHLAU, KLOPFER, B. **31**, 3164 (1898). — DÖHLE, RASSOW, C. **1913**, I, 1350.

es der Hauptmenge nach in Dibenzoyl-aminothiophenol unter Abspaltung von Ameisensäure verwandelt:

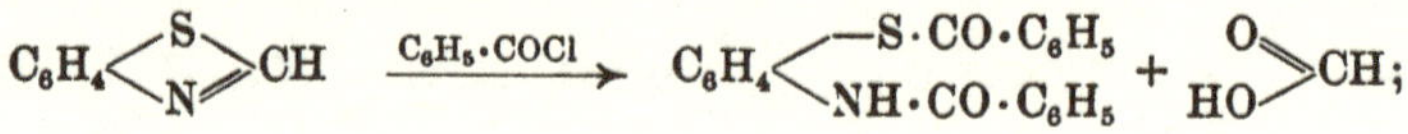 (I)

dieser Vorgang entspricht durchaus der Aufspaltung von Imidazol-Körpern (vgl. S. 445, 492).

Benzothiazol-*S*-dioxyd („Benzo-sulfazol")[1] wird aus *o*-Aminophenyl-methyl-sulfon durch Einwirkung von Phosphoroxychlorid bei Gegenwart von Ameisensäure erhalten:

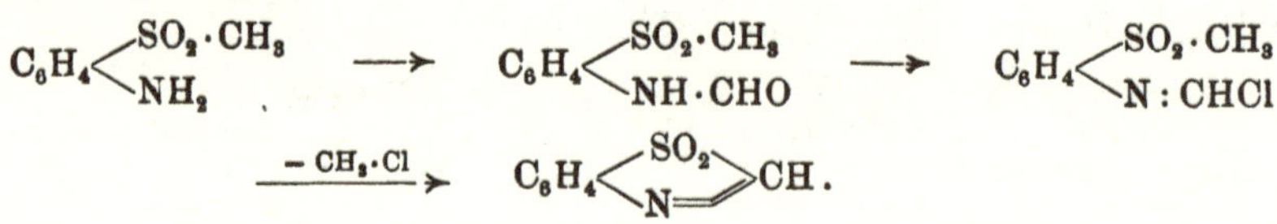

Es krystallisiert aus verdünntem Alkohol in weißen Blättchen, schmilzt bei 105° bis 107° unter vorherigem Erweichen und löst sich leicht in Alkohol.

Aus *o*-Amino-thiophenol entsteht durch Kondensation mit Formaldehyd ein zähes Öl (Siedep. 270°), das als **Benzothiazolin** (Formel I, s. u.) betrachtet wird. Das daraus durch Jod-Jodkalium-Lösung gebildete Jodid C_7H_6NSI gibt bei der Oxydation mit Wasserstoffsuperoxyd ein Hydrojodid $C_{14}H_{10}O_2N_2S_2.HI$, aus dem man durch Alkali ein tief dunkelblaues Pulver vom Aussehen des Indigos erhält[2]. Dieses Produkt, das sich in alkalischer Suspension zu einer braunen Küpe reduzieren läßt, wird als „Thionylindigo" (Formel II) aufgefaßt.

I) 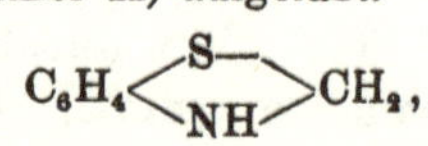

II) 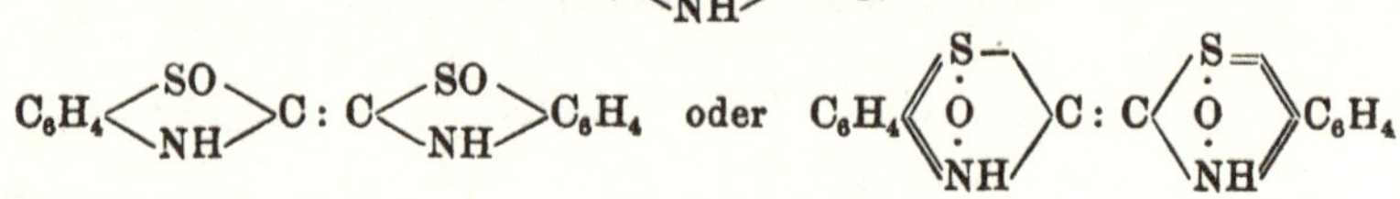

Eine Reihe weiterer Benzothiazol-Körper ist in Tabelle Nr. 5 auf S. 553 zusammengestellt.

Den Angaben der Tabelle über die Schmelz- und Siedepunkte sei noch Folgendes hinzugefügt.

Im **2-Chlor-benzothiazol** („Chlor-phenylsenföl", vgl. Bildung G auf S. 551) ist das Chloratom ziemlich leicht austauschbar. Über Reduktion zu Benzothiazol s. S. 551. Durch alkoholisches Ammoniak entsteht bei 150—160° das Amino-benzothiazol (s. u.), durch kurzes Erhitzen mit Anilin das Anilino-benzothiazol (S. 554).

Für das **2-Amino-benzothiazol**[3] sind noch weitere bemerkenswerte Entstehungsweisen mitzuteilen. Man erhält es bei der Reduktion von *o*-Nitro-phenylrhodanid, ferner beim Erhitzen von Phenyl-thiosemicarbazid mit 20-prozentiger Salzsäure auf 120—130°:

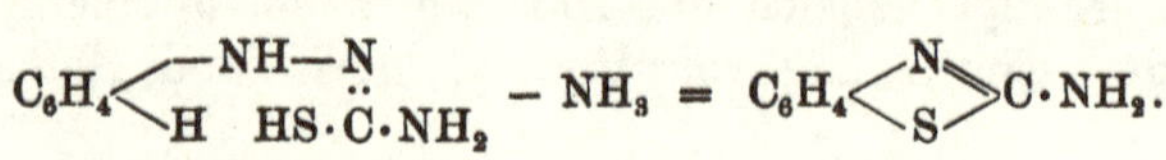 (K)

[1] Zincke, Siebert, B. **48**, 1244, 1252 (1915).

[2] Claasz, B. **45**, 1015, 1031, 1032 (1912).

[3] Literatur s. in der Tabelle. — Über Derivate eines *Bx*-Amino-benzothiazols s. O. Schmidt, B. **39**, 2406 (1906). — S. auch Kym, B. **32**, 3534, 3537 (1899).

Tabelle Nr. 5.

Name	Formel	Schmelz-punkt	Siede-punkt
Benzothiazol[1]	$C_6H_4<\genfrac{}{}{0pt}{}{S}{N}>CH$	—	230°
2-Methyl-benzothiazol[2—4. 36] .	$C_6H_4<\genfrac{}{}{0pt}{}{S}{N}>C\cdot CH_3$	—	239°
6-Methyl-benzothiazol[5] . .	$CH_3\cdot C_6H_3<\genfrac{}{}{0pt}{}{S}{N}>CH$	+ 15°	255°
2.6-Dimethyl-benzothiazol[5. 6]	$CH_3\cdot C_6H_3<\genfrac{}{}{0pt}{}{S}{N}>C\cdot CH_3$	—	265° (korr.)
2.4.6-Trimethyl-benzothiazol[6. 7]	$(CH_3)_2C_6H_2<\genfrac{}{}{0pt}{}{S}{N}>C\cdot CH_3$	—	274° (korr.)
2.4.6.7-Tetramethyl-benzothiazol[6]	$(CH_3)_3C_6H<\genfrac{}{}{0pt}{}{S}{N}>C\cdot CH_3$	60—62°	—
2-Chlor-benzothiazol[2. 8] . .	$C_6H_4<\genfrac{}{}{0pt}{}{S}{N}>C\cdot Cl$	ca. 24°	248°
2-Amino-benzothiazol[2. 8—18. 37]	$C_6H_4<\genfrac{}{}{0pt}{}{S}{N}>C\cdot NH_2$	129°	—
2-Anilino-benzothiazol[2. 8. 14. 19—21]	$C_6H_4<\genfrac{}{}{0pt}{}{S}{N}>C\cdot NH\cdot C_6H_5$	159°	—
2-Oxy-benzothiazol[2. 4. 8. 22. 23. 28]	$C_6H_4<\genfrac{}{}{0pt}{}{S}{N}>C\cdot OH$	136°	Oberhalb 360°
2-Mercapto-benzothiazol[19. 20. 24. 25]	$C_6H_4<\genfrac{}{}{0pt}{}{S}{N}>C\cdot SH$	174°	—
Benzothiazol-2-carbonsäure[26. 27]	$C_6H_4<\genfrac{}{}{0pt}{}{S}{N}>C\cdot CO_2H$	108°	—
2.2'-Bis-benzothiazolyl[3. 26. 29. 30]	$C_6H_4<\genfrac{}{}{0pt}{}{S}{N}>C-C<\genfrac{}{}{0pt}{}{S}{N}>C_6H_4$	ca. 306°	—
2-Phenyl-benzothiazol[2—4. 31—36]	$C_6H_4<\genfrac{}{}{0pt}{}{S}{N}>C\cdot C_6H_5$	114°	ca. 360°

Zitate zu der Tabelle Nr. 5: [1] S. die Zitate in Fußnote 2 und 3 auf S. 551. — [2] A. W. HOFMANN, B. **13**, 8 (1880). — [3] A. W. HOFMANN, B. **13**, 1223 (1880). — [4] JACOBSON, B. **19**, 1067 (1886). — [5] C. HESS, B. **14**, 492, 493 (1881). — [6] JACOBSON, NEY, B. **22**, 906 (1889). — [7] GUDEMAN, B. **21**, 2551 (1888). — [8] A. W. HOFMANN,

B. **12**, 1126 (1879). — [9] FROMM, A. **275**, 31, 47 (1893). — [10] E. FISCHER, BESTHORN, A. **212**, 326 (1882). — [11] HARRIES, LÖWENSTEIN, B. **27**, 866 (1894). — [12] HUGERSHOFF, B. **36**, 3134 (1903). — [13] HUGERSHOFF, B. **34**, 3132 (1901). — [14] HUGERSHOFF, B. **36**, 3121 (1903). — [15] FROMM, K. SCHNEIDER, A. **348**, 162 (1906). — [16] H. A. MÜLLER, C. **1906**, II, 1587. — [17] BESTHORN, B. **43**, 1519 (1910). — [18] FICHTER, BECK, B. **44**, 3636 (1911). — [19] A. W. HOFMANN, B. **20**, 1788 (1887). — [20] JACOBSON, FRANKENBACHER, B. **24**, 1400 (1891). — [21] FROMM, A. **394**, 287 (1912). — [22] JACOBSON, B. **19**, 1811 (1886). — [23] Vgl. Fußnote 1 unten. — [24] JACOBSON, B. **21**, 2626 (1888). — [25] SEIDEL, J. pr. [2] **42**, 447 (1890). — [26] A. W. HOFMANN, B. **20**, 2251 (1887). — [27] REISSERT, B. **37**, 3710, 3731 (1904). — [28] KWAYSSER, A. **277**, 239 (1893). — [29] LANG, B. **25**, 1902 (1892). — [30] LAUTH, Bl. [3] **15**, 82 (1896). — [31] A. W. HOFMANN, B. **12**, 2359 (1879). — [32] BAYER & Co., D.R.P. 51172 (FRDL. **2**, 301). — [33] WALLACH, A. **259**, 301 (1890). — [34] VOSWINCKEL, B. **35**, 1946 (1902). — [35] REISSERT, B. **38**, 3433 (1905). — [36] ZINCKE, SIEBERT, B. **48**, 1244, 1251 (1915). — [37] FICHTER, SCHONLAU, B. **48**, 1151 (1915).

Charakteristisch ist seine Reaktion mit Chlorkalk in kalter wäßriger Lösung: es entsteht ein flockiger dunkelvioletter Niederschlag, der in den gewöhnlichen Lösungsmitteln fast unlöslich ist, aber von konzentrierter Schwefelsäure mit schön tiefroter Farbe aufgenommen wird. — Für das 2-Anilino-benzothiazol (vgl. Gleichung F auf S. 550) sei noch die Bildung beim Erhitzen von Phenylsenföl mit Azobenzol auf 260—270° erwähnt:

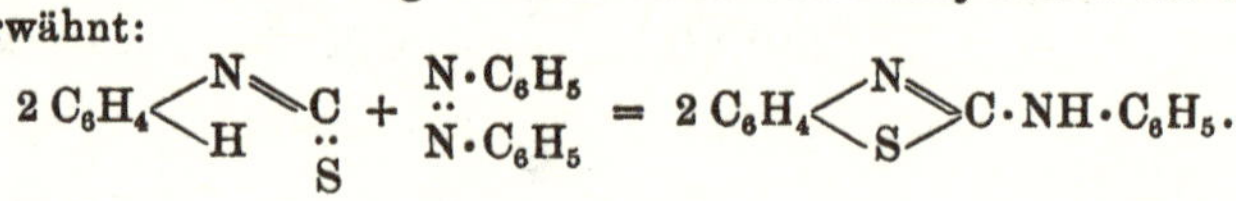
(L)

Zu dem **2-Oxy-benzothiazol** (bzw. 2-Oxo-benzothiazolin) gelangt man leicht vom Phenylthiourethan auf folgendem Wege (vgl. dazu Gleichung E auf S. 550):

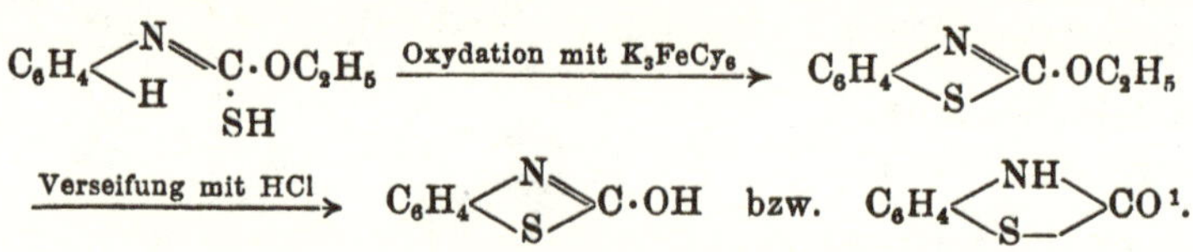
(M)

Es besitzt phenolartigen Charakter: unlöslich in Wasser, löst es sich leicht in fixen Alkalien (auch in viel Ammoniak) und wird daraus durch Zusatz von Säuren wieder gefällt. Schon durch Erhitzen mit konzentriertem wäßrigem Ammoniak auf 120—140° wird es zu *o*-Aminothiophenol und Kohlendioxyd aufgespalten.

Die **Benzothiazol-2-carbonsäure**[2] kann quantitativ aus Thio-oxanilsäure $C_6H_5\cdot N{:}C(SH)\cdot CO_2H$ (analog Gleichung E auf S. 550) durch Oxydation mit Kaliumferricyanid gewonnen werden; auch entsteht sie bei der Oxydation des 2-Methyl-benzothiazols mit kalter Kaliumpermanganat-Lösung. Sie zerfällt schon beim Schmelzen (108°) in Kohlendioxyd und Benzothiazol und kann wegen dieser Zersetzlichkeit aus höher siedenden Lösungsmitteln nicht umkrystallisiert werden. Ihr Natriumsalz ist schwer löslich in Wasser und krystallisiert daraus in glänzenden Plättchen.

---

[1] Die beiden Formeln stehen zueinander im Verhältnis der Desmotropie. Nach CLAASZ [B. **45**, 1030 (1912)] soll das aus *o*-Amino-thiophenol durch Phosgen entstehende Produkt verschieden von dem nach anderen Methoden bereiteten Oxy-benzothiazol sein. — Über ein *N*-Methyl-Derivat des Oxo-benzothiazolins s. BESTHORN, B. **43**, 1524 (1910).

[2] S. Tabelle. — Über andere Carbonsäuren vgl.: REISSERT, MORÉ, B. **39**, 3300, 3305 (1906). — REISSERT, HOLLE, B. **44**, 3029, 3035 (1911).

In vielen Reaktionen ist HOFMANN dem **2.2-Bis-benzothiazolyl,** das als Oxalsäure-Derivat des *o*-Amino-thiophenols betrachtet werden kann, begegnet. Aus dem *o*-Aminothiophenol entsteht dieser Körper, der in fast allen Lösungsmitteln nahezu unlöslich ist, durch Sublimation aber in prächtigen farblosen Krystallblättern erhalten wird, glatt beim Einleiten von Cyan in die alkoholische Lösung:

$$2\,C_6H_4{<}^{SH}_{NH_2} + NC\cdot CN = C_6H_4{<}^{S}_{N}{>}C\cdot C{<}^{S}_{N}{>}C_6H_4 + 2\,NH_3, \qquad \text{(N)}$$

ferner beim Erhitzen mit Oxalsäureester. In verwickelter Reaktion bildet er sich ziemlich reichlich bei 30-stündigem Sieden von Acetanilid mit Schwefel, wobei am Anfang stürmisch Schwefelwasserstoff und Kohlendioxyd entweichen und Essigsäure, Acetanilid und Anilin mit ein wenig 2-Methyl-benzothiazol überdestillieren. Interessant ist auch die Bildung beim Erhitzen von Benzothiazol mit 2-Chlor-benzothiazol:

$$C_6H_4{<}^{S}_{N}{>}CH + ClC{<}^{S}_{N}{>}C_6H_4 = C_6H_4{<}^{S}_{N}{>}C\cdot C{<}^{S}_{N}{>}C_6H_4 + HCl. \qquad \text{(O)}$$

Das Bis-benzothiazolyl löst sich in konzentrierter Schwefelsäure mit gelblich-grüner Farbe und wird aus dieser Lösung durch Wasser als weißer Niederschlag gefällt. Durch Kaliumhydroxyd bei 200° wird es quantitativ zu Oxalsäure und Aminothiophenol aufgespalten, durch Jodwasserstoffsäure und Phosphor bei 150° zu 2-Methylbenzothiazol, Schwefelwasserstoff und Anilin.

Sehr leicht zugänglich ist nach Bildungsweise B auf S. 550 das **2-Phenylbenzothiazol** (Benzenyl-*o*-aminothiophenol). Das Siedenlassen von Benzanilid (3 Tle.) mit Schwefel (1 Tl.) ergibt eine Ausbeute von ca. 60%; auch aus Benzylanilin und Schwefel läßt sich die Verbindung bequem gewinnen. Sie krystallisiert aus Alkohol in farblosen Nadeln und löst sich in konzentrierten Mineralsäuren, wird aber durch Wasser wieder ausgefällt. Bei gelindem Erwärmen riecht sie angenehm nach Geranien.

Ein technisches Interesse gewann die Thiazol-Gruppe 1889, als sich zeigte, daß ein von GREEN 1887 entdeckter und von der englischen Firma BROOKE, SIMPSON & SPILLER unter dem Namen „Primulin" in den Handel gebrachter Farbstoff ihr angehört. Die Untersuchungen über den Farbstoff, dessen Herstellung zunächst geheim gehalten wurde, ließen erkennen, daß er durch die Einwirkung von Schwefel auf *p*-Toluidin gewonnen wird, und führten zu einer näheren Bearbeitung dieser Reaktion.

Während beim Erhitzen von *p*-Toluidin mit Schwefel und Bleiglätte auf 140° im wesentlichen eine Verbindung $C_{14}H_{16}N_2S$ gebildet wird, welche ihrem Verhalten nach als eigentliches Thiotoluidin $(H_2N)(H_3C)C_6H_3\cdot S\cdot C_6H_3(CH_3)(NH_2)$ anzusehen ist und schon 1871 von MERZ und WEITH charakterisiert worden war, hatten 1885 DAHL & Co. ein anderes, wohl krystallisierbares Produkt entdeckt, das beim Erhitzen von *p*-Toluidin mit Schwefel allein auf ca. 180° unter Entwickelung von Schwefelwasserstoff entsteht; sie hielten es für ein isomeres Thiotoluidin. Unabhängig voneinander zeigten nun 1889 JACOBSON und GATTERMANN, daß die DAHLsche Verbindung nicht die empirische Formel $C_{14}H_{16}N_2S$, sondern vielmehr $C_{14}H_{12}N_2S$ besitzt, sowie daß sie nicht zwei primäre Amino-Gruppen, sondern nur eine enthält; daher wurde sie nunmehr

Dehydro-thiotoluidin[1] genannt. PFITZINGER und GATTERMANN bewiesen dann noch im gleichen Jahre für dieses nach der empirischen Gleichung: $2\,C_7H_9N + 4\,S = C_{14}H_{12}N_2S + 3\,H_2S$ entstandene Amin die Konstitution eines 2-[*p*-Amino-benzenyl]-6-methyl-benzothiazols (vgl. Gleichung D auf S. 550):

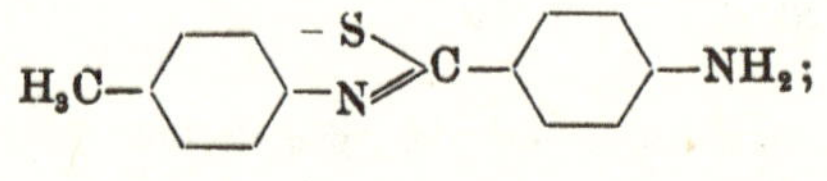

ihr Beweis gründet sich darauf, daß erstens das durch Oxydation von Thiobenz-*p*-toluid (analog Gleichung E auf S. 550) entstehende 2-Phenyl-6-methyl-benzothiazol identisch mit der Verbindung ist, welche man aus Dehydro-thiotoluidin durch Austausch von NH_2 gegen Wasserstoff mittels der Diazo-Reaktion erhält, und daß zweitens das Dehydro-thiotoluidin selbst durch Schmelzen mit Kali in *o*-Amino-*m'*-methyl-thiophenol und *p*-Amino-benzoesäure zerfällt (analog Gleichung H auf S. 551).

Dehydrothiotoluidin krystallisiert aus Alkohol in prächtigen, fast farblosen Nadeln, schmilzt bei 190—191°, siedet unter 766 mm Druck fast unzersetzt bei 434° und ist in Wasser so gut wie unlöslich; seine Lösungen in organischen Mitteln zeigen eine prächtige blaue Fluorescenz. Von konzentrierter warmer Salzsäure wird es zu einer orangefarbenen Lösung aufgenommen; Wasser scheidet aus ihr einen gelblichen Niederschlag ab, der durch Digerieren mit Alkali weiß wird und dann wieder freies Dehydrothiotoluidin darstellt. Durch Methylierung erhält man ein quartäres gelbes Derivat, welches Wolle, Seide und mit Tannin gebeizte Baumwolle rein gelb färbt und unter dem Namen „Thioflavin T“ als Farbstoff Verwendung findet. Auch einige andere einfache Abkömmlinge des Dehydrothiotoluidins werden als Farbstoffe benutzt, so das Diazoamino-Derivat seiner Sulfonsäure (Thiazolgelb S).

Ein homologes, aus *m*-Xylidin gewinnbares Amin — Dehydro-thio-*m*-xylidin — gibt durch Diazotieren und Kombinieren mit α-Naphthol-ε-disulfonsäure den Farbstoff „Erica“, der Baumwolle im Glaubersalz-Bade direkt rosa anfärbt.

---

[1] DAHL & Co., D.R.P. 35790 (FRDL. **1**, 535). — JACOBSON, B. **22**, 330 (1889). — GATTERMANN, B. **22**, 422 (1889). — ANSCHÜTZ, G. SCHULTZ, B. **22**, 580 (1889). — GREEN, B. **22**, 968 (1889). — PFITZINGER, GATTERMANN, B. **22**, 1063 (1889). — GATTERMANN, JACOBSON, B. **22**, 1372 (1889). — GATTERMANN, O. NEUBERG, B. **25**, 1081 (1892). — TARUGI, G. **27**, II, 165 (1897).

Über Homologe vgl. G. SCHULTZ, TICHOMIROW, J. pr. [2] **65**, 150 (1902).

Patent-Literatur über Dehydro-thiotoluidin, Primulin und Ähnliches s. in FRDL. **2**, 286—307, 559 (1891); **3**, 747—767 (1896); **4**, 824—846 (1899). S. ferner: BAYER & Co., D.R.P. 97285 (C. **1898**, II, 589); 163040 (C. **1905**, II, 1141); 277395 (C. **1914**, II, 675); 281048 (C. **1915**, I, 72). — HÖCHSTER FARBWERKE, D.R.P. 98761 (C. **1898**, II, 949); 100781 (C. **1899**, I, 717); 104230 (C. **1899**, II, 950). — LEONHARDT & Co., D.R.P. 99575 (C. **1899**, I, 159); 100421 (C. **1899**, I, 656). — CASSELLA & Co., D.R.P. 180162 (C. **1907**, I, 1371). — RASSOW, D.R.P. 234638 (C. **1911**, I, 1771).

Der wichtige Farbstoff **Primulin**[1], der S. 555 genannt wurde, ist aber kein einfacher Abkömmling des Dehydrothiotoluidins, sondern das Natriumsalz der Sulfonsäure eines schwefelreicheren Stoffes, der aus Dehydrothiotoluidin beim weiteren Erhitzen mit Schwefel entsteht. Man gewinnt das Primulin — ein in Wasser leicht lösliches braungelbes Pulver — direkt aus dem *p*-Toluidin, indem man dieses mit Schwefel auf höhere Temperatur erhitzt, das so erhaltene Produkt — die „Primulinbase" — der Sulfonierung unterwirft und die in Wasser unlösliche Sulfonsäure in ihr leicht lösliches Natriumsalz überführt. Die Primulinbase ist im Gegensatz zum farblosen Dehydrothiotoluidin, das in heißem Alkohol ziemlich leicht löslich ist, gelb und in Alkohol nur äußerst schwer löslich; durch Krystallisation aus Naphthalin erhält man sie als gelbes krystallinisches Pulver. Man konnte sie bisher noch nicht genügend reinigen, um ihre Zusammensetzung sicher festzustellen; demgemäß ist auch ihre Konstitution — abgesehen davon, daß sie in Rücksicht auf ihre Entstehung zur Thiazol-Reihe gerechnet werden darf, — noch unbekannt. Das Primulin färbt Baumwolle direkt gelb an; in dieser unmittelbar erzielbaren, lichtunechten Färbung aber liegt nicht seine Bedeutung, sondern in den weiteren Umwandlungen, welchen die ursprüngliche Färbung auf der Faser unterzogen werden kann. Der Farbstoff kann nämlich auf der Faser in einem Bade von Natriumnitrit und Salzsäure diazotiert werden, worauf man dann in einem zweiten Bade (Entwickelungsbade) die Azo-Kuppelung mit einem Phenol oder Amin vornehmen und dadurch die mannigfachsten weiteren Färbungen erzielen kann; man nennt die nach diesem Verfahren, das zuerst beim Primulin angewendet wurde, sich ergebenden Färbungen „Ingrainfarben". Praktisch wichtig sind die mit *β*-Naphthol entwickelte Primulinfärbung (Primulinrot) und diejenige, die mit Äthyl-*β*-naphthylamin bewirkt wird (Primulinbordeaux).

Auch einige fertige Azofarbstoffe aus Primulin (und anderen Thiazolkörpern) werden in den Handel gebracht[2].

Ist auch die Primulinbase ein schwefelhaltiger Körper, so wird das Primulin doch nicht derjenigen Farbstoffgruppe zugeteilt, welche man heute schlechthin „Schwefelfarben" zu nennen pflegt, und deren Vertreter aus allen möglichen Ausgangsstoffen durch Erhitzen mit Schwefelnatrium und Schwefel gewonnen werden. Auf diese ihrer chemischen Natur nach wenig aufgeklärten Farbstoffe, die in den verschiedensten Nuancen hergestellt werden, soll etwas näher noch bei Besprechung der Thiaz*in*-Körper (in der Abteilung über sechsgliedrig-heterocyclische

[1] Vgl.: Gattermann, B. **22**, 423, 425 (1889). — Green, B. **22**, 968 (1889); Soc. **55**, 233 (1889). — Pfitzinger, Gattermann, B. **22**, 1067 (1889). — R. Haller, C. **1914**, II, 962. — Herzog, Polotzky, Ph. Ch. **87**, 457 (1914).

[2] Vgl. Georgievicz-Grandmougin, Lehrbuch der Farbenchemie, 4. Aufl. (Leipzig u. Wien 1913), S. 158—162.

Systeme) zurückgekommen werden. Hier sei nur erwähnt, daß man in den gelben bis braunen Schwefelfarbstoffen Thiazol-Derivate vermutet[1].

Auch Derivate von **Naphtho-thiazol**[2] (Formel I, s. u.), **Anthra-thiazol**[3] (II),

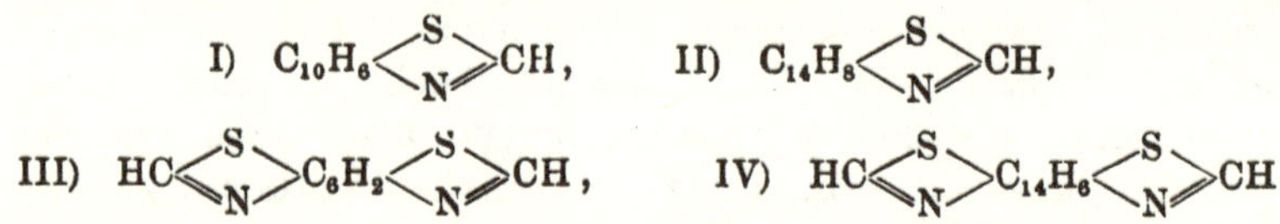

Benzo-bis-thiazol[4] (III) und **Anthra-bis-thiazol**[5] (IV) sind dargestellt worden.

Die spirocyclische Kondensation von Cumaran mit Benzothiazol[6] scheint in einer tiefroten Verbindung verwirklicht zu sein, die aus dem 2-*p*-Dimethylamino-anil des 2.3-Dioxo-cumarans (V) auf folgendem Wege entsteht:

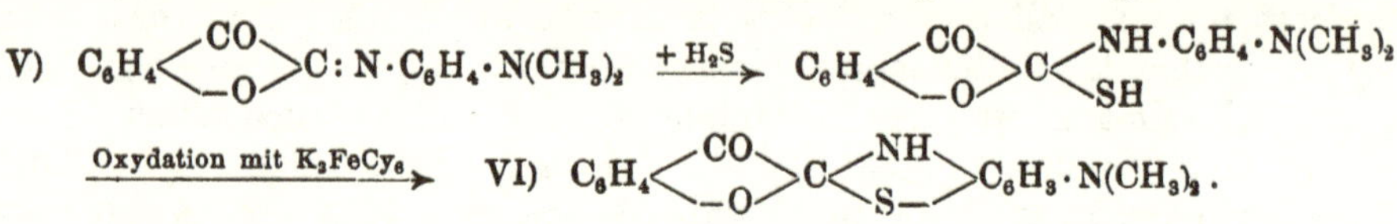

Diese Verbindung, welche, wenn ihr die Formel VI zukommt, ein Oxo-dimethylamino-Derivat des **2-Cumaran-2'-benzothiazolin-spirans** darstellt, liefert bei der Spaltung mit alkoholischem Kali neben Salicylsäure das 2-Amino-5-dimethylamino-thiophenol.

IV. Selenazol-Körper.

Einige der Methoden, welche zum Thiazol-Ringschluß gedient haben, konnten auch für die Gewinnung von Abkömmlingen des Selenazols[7] 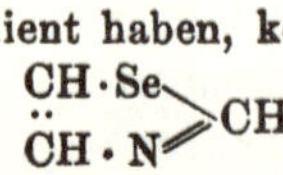 nutzbar gemacht werden, während dieser Stammkörper selbst noch nicht bekannt ist. So erhält man z. B. **2-Amino-selenazol** (weiße Nädelchen, Schmelzp. 121°) analog Gleichung K auf S. 538 aus Dichlor-äther und Selen-harnstoff. **2-Phenyl-benzo-selenazol** entsteht aus Benzanilid in mäßiger Ausbeute durch Sieden mit Selen (analog Gleichung B auf S. 550); es krystallisiert aus Eisessig in farblosen Nadeln und schmilzt bei 117°.

---

[1] Vgl.: P. FRIEDLÄNDER, Z. Ang. **19**, 617 (1906). — O. LANGE, „Die Schwefelfarbstoffe" (Leipzig 1912), S. 81.

[2] Vgl.: A. W. HOFMANN, B. **20**, 1795 (1887). — JACOBSON, B. **20**, 1895 (1887); **21**, 2624 (1888). — AKTIENGES. F. ANILINF., D.R.P. 55878 (FRDL. **2**, 303). — JACOBSON, FRANKENBACHER, B. **24**, 1406, 1408 (1891). — JACOBSON, KLEIN, B. **26**, 2365 (1893). — RUPE, SCHWARZ, C. **1905**, I, 101. — BAYER & Co., D.R.P. 165126, 165127 (C. **1905**, II, 1755).

[3] BAYER & Co., D.R.P. 250090 (C. **1912**, II, 883); 259037 (C. **1913**, I, 1643). — ULLMANN, JUNGHANS, A. **399**, 347 (1913). — BAD. ANILIN- U. SODAFABR., D.R.P. 264943 (C. **1913**, II, 1441); 267523 (C. **1914**, I, 91).

[4] GREEN, A. G. PERKIN, Soc. **83**, 1206 (1903).

[5] BAD. ANILIN- U. SODAFABR., D.R.P. 260905 (C. **1913**, II, 197).

[6] FRIES, HASSELBACH, SCHRÖDER, B. **47**, 1640 (1914).

[7] G. HOFMANN, A. **250**, 294 (1889). — BARINGER, B. **23**, 1003 (1890). — MICHELS, B. **25**, 3048 (1892). — H. BAUER, B. **46**, 92, 97 (1913). — FROMM, MARTIN, A. **401**, 178 (1913).

Zwanzigstes Kapitel.

Übersicht über die fünfgliedrig-heterocyclischen Systeme mit drei Hetero-Atomen.

Unter den Fünfringen mit drei Hetero-Atomen haben nur solche Systeme größere Wichtigkeit, bei denen Stickstoff allein oder zugleich mit Sauerstoff und Schwefel als Hetero-Element auftritt.

Von Verbindungen mit stickstofffreien Systemen können einige Brenzcatechin-Derivate angeführt werden:

Brenzcatechin-schwefligsäureester[1] (*o*-Phenylen-sulfit) (Formel I, s. u.), der aus Brenzcatechin und Thionylchlorid beim Kochen in Benzol entsteht, ist eine farblose, leicht bewegliche Flüssigkeit ($D^{15} = 1·409$), und siedet unter 760 mm Druck bei 210—211°. — **Brenzcatechin-chlorphosphin**[2] (II) wird aus Brenzcatechin

I) 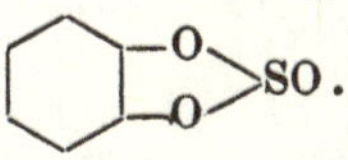 II) 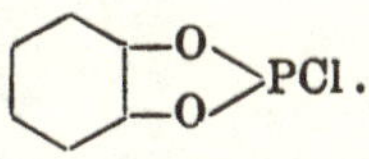

durch Erhitzen mit Phosphortrichlorid neben Triphenylen-diphosphit $(C_6H_4O_2)_3P_2$ erhalten, bildet eine weiße krystallinische Masse, schmilzt bei 30° und siedet unter 65 mm Druck bei 140°; durch Wasser wird es lebhaft unter Rückbildung von Brenzcatechin zersetzt.

Ist Stickstoff das einzige Hetero-Element, so ergeben sich zwei Möglichkeiten, je nachdem alle drei Stickstoff-Atome unmittelbar aneinander gereiht sind oder nur zwei direkt verbunden, von dem dritten aber durch Kohlenstoff getrennt sind. In ihren wenigst gesättigten Wasserstoff-Verbindungen werden unter Berücksichtigung der denkbaren Desmotropie-Fälle diese beiden Systeme durch die folgenden Symbole wiedergegeben:

III) CH——CH / N·NH·N bzw. CH═CH / NH·N=N oder CH_2—CH / N═N·N ;

IV) CH——N / N·NH·CH bzw. CH—NH / N·N═CH oder CH_2—N / N═N·CH .

Man nennt diese Stammkörper „Triazole“ oder auch „Pyrrodiazole“ (vgl. dazu S. 30, 352, 354) und unterscheidet[3] die beiden Fälle zweckmäßig durch die Bezeichnungen:

1.2.3-Triazol, *v*-(benachbartes) Triazol für III,
1.2.4-Triazol für IV.

---

[1] ANSCHÜTZ, POSTH, B. **27**, 2752 (1894). — Über ähnliche Schwefligsäureester acyclischer 1.2-Dioxy-Verbindungen s. SCHILLER, B. **42**, 2017 (1909).

[2] KNAUER, B. **27**, 2569 (1894). — Ebenda S. 2571 s. Brenzcatechin-oxychlorphosphin $C_6H_4<^{O}_{O}>POCl$.

[3] Unterscheidung als Orthotriazol (III) und Metatriazol (IV): KEHRMANN, MESSINGER, B. **25**, 901 (1902).

Wenn zugleich mit Stickstoff auch Sauerstoff als Hetero-Element auftritt, so bestehen die Möglichkeiten, daß

a) zwei Sauerstoffatome und ein Stickstoffatom, oder
b) ein Sauerstoffatom und zwei Stickstoffatome

sich im Ringe finden. Während für den Fall a kaum Beispiele vorliegen, ist der Fall b in den verschiedenen Variationen, welche die Reihenfolge der Hetero-Atome annehmen kann, verwirklicht.

Man kann die Systeme des Falles b sämtlich vom Furan ableiten, indem man sich zwei CH-Glieder (Methenyl-Gruppen) des Furan-Rings durch Stickstoff ersetzt denkt, und daher unter dem Sammelnamen „Furodiazole" vereinigen[1]. Unterscheiden kann man sie, ausgehend von dem Furan-Schema:

(b_1) HC——CH (b)
(a_1) HC·O·CH (a) ,

durch Angabe derjenigen Methenyle, auf welche sich der Ersatz durch Stickstoff erstrekt. Die folgende Übersicht enthält die vier Möglichkeiten unter Angabe der sich derart ergebenden rationellen Namen, denen die in der Literatur gebräuchlichen Namen hinzugefügt sind:

V) HC——N / HC·O·N ,
Furo-[a, b]-diazol,
Diazoanhydride

VI) HC——CH / N·O·N ,
Furo-[a, a_1]-diazol,
Furazane

VII) N——CH / HC·O·N ,
Furo-[a, b_1]-diazol,
Azoxime

VIII) N——N / HC·O·CH .
Furo-[b, b_1]-diazol,
Oxdiazole

Bekannt sind auch Vertreter derjenigen vier Ringsysteme, welche an Stelle des Sauerstoffatoms ein Schwefelatom in den Formeln V bis VIII enthalten. Ferner kennt man Abkömmlinge des zu Fall a (s. oben) gehörigen schwefelhaltigen Systems:

IX) S——S / H_2C·NH·CH_2 .

In den Verbindungsgruppen, die sich auf den Stammkörpern III bis VIII und den entsprechenden schwefelhaltigen Stammkörpern (einschließlich IX) aufbauen, finden wir — soweit unsere bisherige Kenntnis reicht — keine Stoffe, die sich in Lebensprozessen bilden. Sie umfassen ausschließlich Produkte der künstlichen Synthese; besonders ausgebaut sind die beiden Triazol-Gruppen (Stammkörper III und IV).

[1] G. Schröter; vgl. V. v. Richter's Chemie der Kohlenstoffverbindungen, 11. Aufl. Bd. II (Bonn 1913), S. 765. —. Diese Bezeichnung ist beibehalten worden, weil sie neuerdings in der Original-Literatur viel benutzt wird. Zweckmäßiger wäre der Sammelname „Oxdiazole" und die Unterscheidung als 1.2.3-, 1.2.5-, 1.2.4-, 1.3.4-Oxdiazol.

Erwähnt sei noch eine Verbindung, welche zwei Stickstoffatome zugleich mit einem Phosphoratom in einem Fünfring enthalten, das ***P*-Thiophenoxyl-phenphosphazin**[1]:

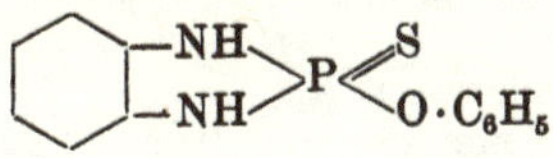

Einundzwanzigstes Kapitel.

1.2.3-Triazol-Körper.

(Einkernige 1.2.3-Triazol-Körper [1.2.3-Triazol und seine Homologen, *C*-Aminotriazole, Triazolon, Carbonsäuren usw.]. — Mehrkernige nichtkondensierte 1.2.3-Triazol-Körper. — Benztriazol-Körper [Azimide, Pseudo-azimide, Azimidole, Aznitroso-Verbindungen]. — Weitere kondensierte 1.2.3-Triazol-Systeme.)

Das Ringsystem des 1.2.3-Triazols ist zuerst in Kondensation mit Benzol bekannt geworden (über den am frühesten entdeckten Triazol-Körper s. S. 588), besonders in den Azimiden vom Typus:

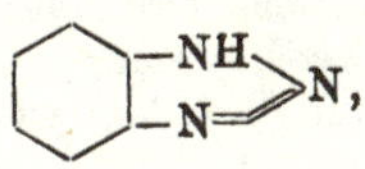

welche aus *ortho*-Diaminen der Benzol-Reihe durch Einwirkung der salpetrigen Säure entstehen (Näheres s. S. 580 ff.). Erst später lernte man Wege kennen, die zu einkernigen Triazol-Körpern führen.

I. Einkernige 1.2.3-Triazol-Körper.

Von den eben erwähnten, leicht erhältlichen Azimiden kann man durch Oxydation unter Zerstörung des Benzolkerns zur Dicarbonsäure des einkernigen Triazols gelangen, die sich bei der Destillation in Kohlendioxyd und Triazol selbst spaltet[2]:

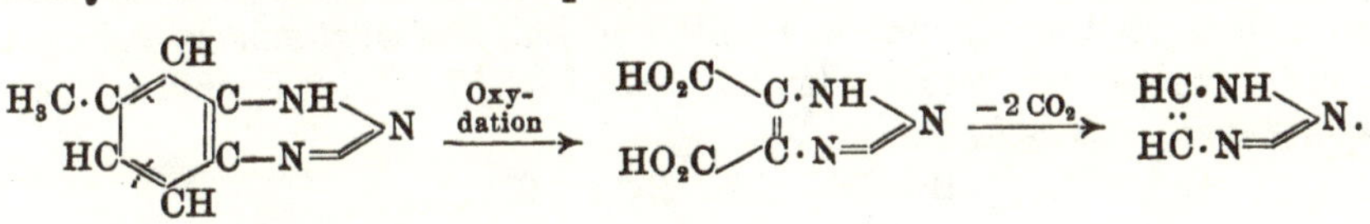

(A)

Die ersten Synthesen einkerniger Triazol-Körper fand v. Pechmann[3] bei Umwandlungen von Phenylosazonen der 1.2-Dicarbonyl-Verbindungen auf. Deren Oxydationsprodukte — die „Osotetrazine" —

[1] Autenrieth, Hildebrand, B. **31**, 1111 (1898).

[2] Bladin, B. **26**, 545, 2737 (1893).

[3] B. **21**, 2756 (1888). A. **262**, 265 (1890).

spalten beim Kochen mit Säuren die Gruppe C_6H_5N ab und gehen unter Verengerung ihres 6-Ringes zu einem 5-Ringe in *N*-Phenyl-Derivate der Triazole über, z. B.:

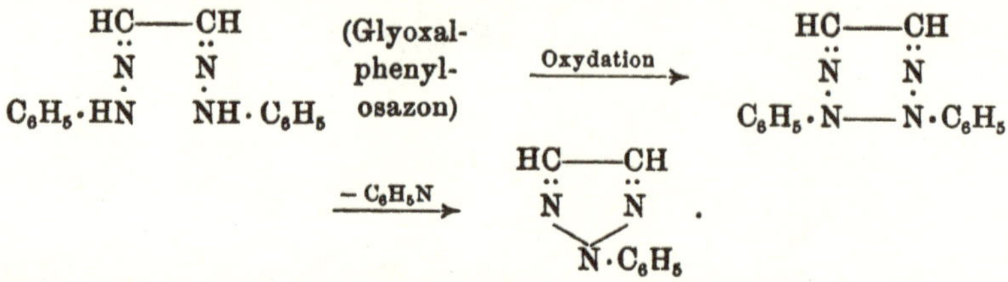

(B)

Mit schlechteren Ausbeuten läßt sich die Triazol-Bildung auch direkt bei den Osazonen durch Kochen mit Säuren oder durch trockene Destillation bewirken (vgl. Gleichung B auf S. 578). Recht glatt erfolgt sie beim Kochen der Phenyl-hydrazoxime (oder besser ihrer Monoacetate) mit Wasser, sehr verdünnten Alkalien oder kohlensauren Alkalien, z. B.:

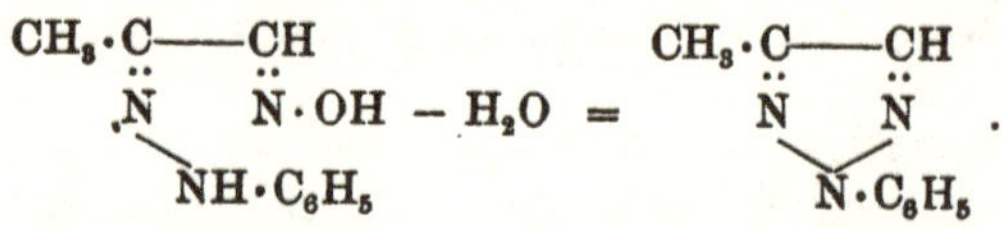

(C)

Oxydiert man die Aryl-hydrazoxime (mit Stickstofftetroxyd oder besser mit gelbem Quecksilberoxyd), so erhält man Verbindungen[1], welche gegenüber den Aryltriazolen um ein Sauerstoffatom reicher sind, in diese durch Reduktion übergehen und wohl am wahrscheinlichsten als ihre *N*-Oxyde zu deuten sind (vgl. auch S. 587 bis 588), z. B.:

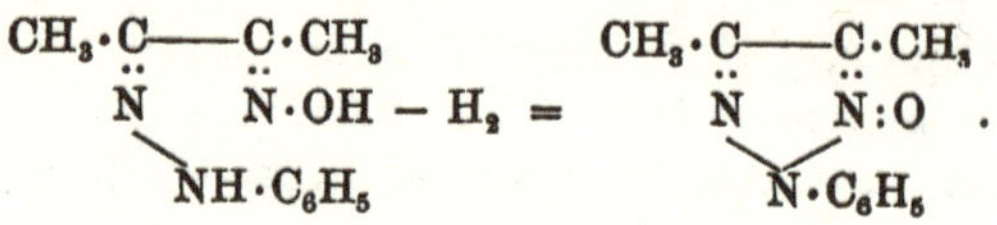

(D)

Während die Produkte dieser Synthesen gemäß ihrer Bildung das Aryl am mittleren Stickstoffatom enthalten, führt die Anlagerung des Phenyl-azids an Acetylen-Körper[2], sowie seine Reaktion mit β-Ketonsäureestern[3], einfachen Säureestern, Malonester in Gegenwart von Natriumäthylat zu Triazol-Derivaten, die an einem äußeren Stickstoffatom aryliert sein müssen; denn die gleich zusammengesetzten Produkte aus den Osazonen (bzw. Hydrazoximen) einerseits und aus den Aryl-aziden andererseits sind voneinander verschieden (vgl. S. 573—574 über Phenyl-triazol-dicarbonsäuren). Beispiele:

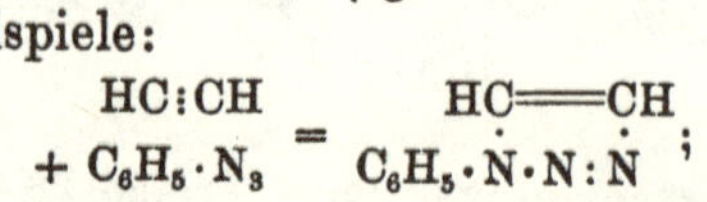

(E)

---

[1] Vgl.: Ponzio, J. pr. [2] **57**, 160 (1898). G. **29**, I, 277 (1899); **31**, II, 413 (1901); **38**, II, 522 (1908).

[2] Vgl.: Michael, Lühn, Higbee, Am. **20**, 377 (1899). — Dimroth, Fester, B. **43**, 2222 (1910).

[3] Dimroth, B. **35**, 1029, 4041 (1902). — Dimroth, Frisoni, Marshall, B. **39**, 3922 (1906).

$$\begin{matrix} CH_3\cdot CO\cdot CH_2\cdot CO\cdot OC_2H_5 \\ +\ C_6H_5\cdot N_3 \end{matrix} = H_2O + \begin{matrix} CH_3\cdot C{=\!=}C\cdot CO\cdot OC_2H_5 \\ C_6H_5\cdot N\cdot N:N \end{matrix}; \qquad (F)$$

vgl. ferner Gleichung R auf S. 570 und Za auf S. 575.

Analog E liefert die Stickstoffwasserstoffsäure mit Acetylen bei langem Erhitzen in Aceton-Lösung das Triazol selbst[1]:

$$\begin{matrix} HC\vdots CH \\ +\ HN_3 \end{matrix} = \begin{matrix} HC{=\!=}CH \\ NH\cdot N:N \end{matrix}. \qquad (G\ a)$$

Diazo-paraffine reagieren mit Cyan-Körpern leicht unter Vereinigung zu Triazolen[2], z. B.:

$$\begin{matrix} CH_3\cdot CH \\ N_2 \end{matrix} + \begin{matrix} C\cdot Cl \\ N \end{matrix} = \begin{matrix} CH_3\cdot C{-\!-}C\cdot Cl \\ N\cdot NH\cdot N \end{matrix}. \qquad (G\ b)$$

Über andersartige Triazol-Bildungen s. Formelreihen I (S. 566), Q (S. 569) und C (S. 578).

Die Konstitution[3] des Ringsystems, das in den Produkten der oben aufgeführten Reaktionen anzunehmen ist, wird besonders durch die Bildungsweise C (S. 562) beleuchtet und durch die Tatsache, daß dasselbe Produkt, das analog Gleichung C aus dem Phenyl-hydrazoxim des Diacetyls durch Wasseraustritt entsteht, aus dem Methyl-phenyl-hydrazoxim durch Austritt von Methylalkohol erhalten wird:

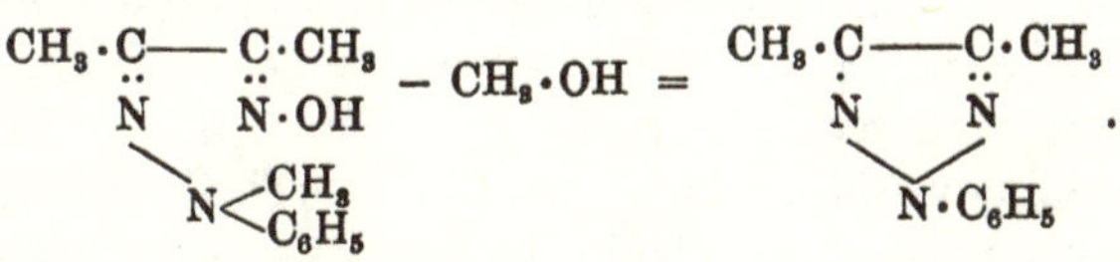

(H)

Es kann danach kein Zweifel sein, daß es sich um ein fünfgliedriges cyclisches System aus 2 Kohlenstoff- und 3 benachbarten Stickstoffatomen handelt. Dieses kann, wie schon S. 559 bemerkt wurde, drei desmotrope Formen annehmen:

$$I)\ \begin{matrix} CH{-\!-}CH \\ N\cdot NH\cdot N \end{matrix}, \qquad II)\ \begin{matrix} CH{=\!=}CH \\ NH\cdot N:N \end{matrix}, \qquad III)\ \begin{matrix} CH_2{-}CH \\ N:N\cdot N \end{matrix},$$

solange an kein Stickstoffatom ein Substituent und an keines der beiden Kohlenstoffatome mehr als je ein Substituent gebunden ist. Für das Triazol selbst und seine nicht geminalen *C*-Derivate muß die Struktur innerhalb dieser drei Möglichkeiten als unbestimmt gelten[4] (vgl. dazu S. 572—573 bei Triazol-carbonsäure). Wenn aber an einem Stickstoffatom

[1] Dimroth, Fester, B. **43**, 2219 (1910).

[2] Peratoner, Azzarello, R. A. L. [5] **16**, II, 237 (1907). — Tamburello, Milazzo, R. A. L. [5] **16**, II, 412 (1907).

[3] Vgl. v. Pechmann, A. **262**, 275 (1890).

[4] Vgl. Dimroth, B. **35**, 1038 (1902).

ein Substituent haftet oder an einem Kohlenstoffatom geminale Substitution erfolgt, so erscheint die Struktur im Sinne der Symbole:

Ia) CH——CH / N·NR·N , IIa) CH═CH / NR·N:N , IIIa) RR'C——CH / N:N·N

bestimmt. Die Verbindungen vom Typus Ia nennt man[1] vielfach „Osotriazole" wegen ihrer genetischen Beziehung zu Osazonen. Verbindungen vom Typus IIIa sind bisher nicht bekannt.

Für die Bezifferung wird im Folgenden entsprechend Regel Nr. 2 auf S. 35 stets das Schema:

IV) (5) C——C (4) / N—N—N / (1) (2) (3)

benutzt.

In der Literatur herrscht der wenig zweckmäßige Gebrauch, bei den Verbindungen vom Typus Ia und IIa den Stammkern verschieden zu beziffern, indem man immer bei demjenigen Stickstoffatom die Zählung beginnt, an welchem Substitution erfolgt ist:

IVa) (4) CH——CH (3) / N·NR·N / (5) (1) (2) , IVb) (5) CH═CH (4) / NR·N:N / (1) (2) (3) .

Nach Formel I (S. 563) erscheint das Triazol als cyclisches Derivat des Triazans, nach II und III des Triazens (vgl. Bd. I, Tl. I, S. 339). Während diejenigen Abkömmlinge dieser Stickstoffwasserstoffe, welche die Dreistickstoff-Kette nicht als Glied eines Ringes enthalten, verhältnismäßig zersetzlich sind (vgl. Bd. I, Tl. I, S. 390; Bd. I, Tl. II, S. 1465; ferner „Diazoamino-Verbindungen" in Bd. II, Tl. I), besitzt das Ringsystem des Triazols eine große Widerstandsfähigkeit. Aus den Carbonsäuren läßt sich durch trockene Destillation das Carboxyl abspalten, ohne daß das Ringsystem verändert wird. Fette Seitenketten können durch Oxydation in Carboxyle verwandelt werden, ohne daß das Ringsystem leidet. Unter der Einwirkung von Reduktionsmitteln aber ist in einigen Fällen ziemlich leichte Aufspaltung des Ringes beobachtet worden (vgl. Gleichung W auf S. 573).

Eine Neigung, ähnlich den Diazoamino-Körpern zwei Drittel des Stickstoffs als elementaren Stickstoff abzugeben, zeigen die Triazol-Körper von aromatischem Sättigungszustand, wie das Triazol selbst, seine Carbonsäuren usw., nicht. In hohem Maße tritt sie indessen hervor[2], wenn solche Substituenten in den Ring treten (NH_2, OH), welche die desmotrope Umwandlung in Abkömmlinge des dihydrierten Rings (Triazolins) ermöglichen, z. B.:

$HC═C·NH_2$ / N:N·NH ⇄ H_2C——C:NH / N:N·NH ;

[1] Vgl. v. Pechmann, A. **262**, 267 (1890).

[2] Vgl.: Dimroth, B. **35**, 4045 (1902). — Dimroth, Taub, B. **39**, 3914 (1906).

Triazol-Abkömmlinge solcher Art werden — häufig außerordentlich leicht — unter der Einwirkung von Säuren derart gespalten, daß zwei Stickstoffatome austreten, während das dritte Ring-Stickstoffatom mit den beiden Kohlenstoffatomen vereinigt bleibt:

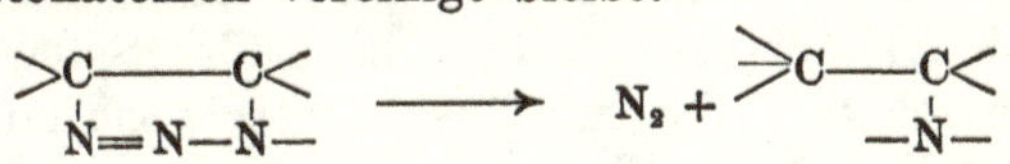

Beispiele hierfür s. in Gleichung M auf S. 567, T auf S. 571.

Gleich den Diazoamino-Körpern besitzen die Triazole nur schwach basischen Charakter (vgl. S. 566 die Unbeständigkeit des salzsauren Triazols gegen Wasser). Das an den Ring-Stickstoff gebundene Wasserstoffatom ist durch Metallatome vertretbar (vgl. S. 566 Triazolsilber); die hierin sich kundgebende acidifizierende Natur des Triazol-Systems bedingt sogar in manchen Fällen, in welchen eigentlich saure Gruppen nicht zugegen sind, Löslichkeit in verdünnten Alkalien[1] (vgl. S. 568 Anilinotriazol und S. 571 den Aldehyd und Alkohol des Phenyl-osotriazols, S. 577 *C*-Phenyl-triazol) und äußert sich besonders auffallend in dem stark sauren Charakter des *C*-Oxy-triazols[2] (vgl. S. 570).

„Aromatische Eigenschaften" des Triazol-Kerns treten — abgesehen von seiner Beständigkeit (vgl. S. 564) — in der Diazotierbarkeit der *C*-Amino-Derivate (vgl. S. 567, 568—569), der Fähigkeit des Aldehyds zur Cannizzaroschen Reaktion (vgl. S. 571) und der Widerstandsfähigkeit seiner Carbonsäure gegen Kaliumpermanganat (vgl. S. 572) hervor.

Die Hydrierungs-Stufen des Triazols $C_2H_3N_3$ sind nicht an sich, aber in Form von Derivaten (vgl. S. 578) bekannt. Man kann sie als „Triazolin" und „Triazolidin" bezeichnen (vgl. S. 33):

Triazol-dihydride $C_2H_5N_3$ = Triazoline,
Triazol-tetrahydrid $C_2H_7N_3$ = Triazolidin.

Das **1.2.3-Triazol**[3] (*o*-Triazol, Osotriazol) — Formel I bzw. II oder III auf S. 563 — ist auf mehreren Wegen erhalten worden (s. z. B. Formelreihe A auf S. 561 und Gleichung Ga auf S. 563); Bildung aus seiner Monocarbonsäure s. S. 572. Es stellt eine weiße zerfließliche Krystallmasse dar, schmilzt bei 23° und siedet unter 739 mm Druck bei 203°; überhitzte Triazol-Dämpfe verpuffen mit ziemlicher Heftigkeit. Es zeigt schwachen alkaloidartigen Geruch und anfangs süßlichen, zuletzt widerlichen Geschmack; $D_4^{25} = 1{\cdot}186$. Von Wasser und den gewöhnlichen Lösungsmitteln wird es in jedem Verhältnis aufgenommen; in Ligroin ist es unlöslich. Seine wäßrige Lösung reagiert

[1] Vgl. Dimroth, A. **364**, 194 (1909).

[2] Vgl. dazu: Dimroth, A. **364**, 198 (1909).

[3] v. Pechmann, A. **262**, 314, 320 (1890). — Bladin, B. **26**, 2737 (1893). — Brühl, Ph. Ch. **16**, 214 (1895). — Zincke, A. **311**, 317 (1900). — Dimroth, B. **35**, 1041, 1045 (1902). — Peratoner, Azzarello, R. A. L. [5] **16**, II, 321 (1907). — v. Pechmann, W. Bauer, B. **42**, 673 (1909). — Dimroth, Fester, B. **43**, 2222 (1910).

neutral. Das Hydrochlorid $C_2H_3N_3.HCl$ erhält man durch Einleiten von Salzsäure-Gas in eine ätherische Lösung als weißes Krystallpulver; beim Auflösen in Wasser wird es hydrolysiert. Mit Silbernitrat gibt die wäßrige Triazol-Lösung einen weißen Niederschlag des Silbersalzes $C_2H_2N_3Ag$, das in Ammoniak unlöslich, in heißer Salpetersäure löslich ist und beim Erhitzen verpufft. Mit Quecksilberchlorid fällt das Chloromercuri-Derivat $C_2H_2N_3.HgCl$ aus.

1-Methyl-1.2.3-triazol[1] ist auf folgendem Wege erhalten worden:

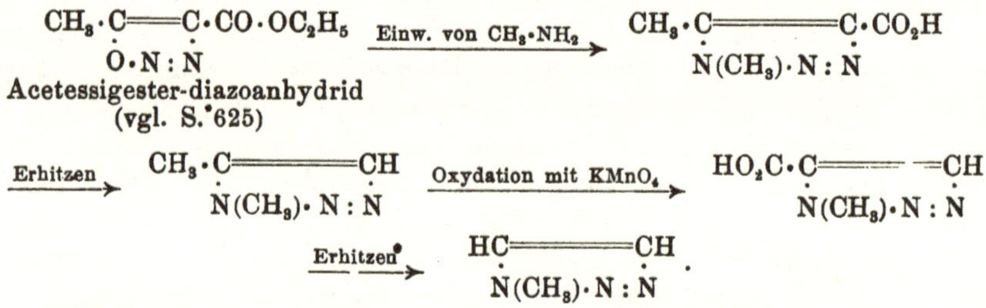

(I)

Es schmilzt bei 15—16°, siedet unzersetzt bei 228° (752 mm Druck) und ist in Wasser und Alkohol leicht löslich.

1-Phenyl-1.2.3-triazol[2] (eine Bildung s. in Gleichung E auf S. 562) scheidet sich aus heißem Wasser in weißen Täfelchen ab, schmilzt bei 56° und verbreitet bei der Verflüchtigung mit Dampf einen angenehmen aromatischen Geruch. — 2-Phenyl-1.2.3-triazol[3] (*N*-Phenyl-osotriazol) — eine Bildung s. in Formelreihe B auf S. 562 — ist ein Öl und siedet bei 223—224° unter 716 mm Druck.

1- oder 2-Benzoyl-1.2.3-triazol[4] entsteht durch Einwirkung von Benzoylchlorid auf Triazol, sowie auf Triazolsilber, krystallisiert aus Chloroform und Äther in weißen Nädelchen, schmilzt unscharf bei 100—102° und wird sehr leicht (schon beim Erwärmen mit Alkoholen) verseift.

2-Amino-1.2.3-triazol[5] (*N*-Amino-osotriazol) erhält man aus dem Benzoylosazon des Glyoxals in folgender Weise:

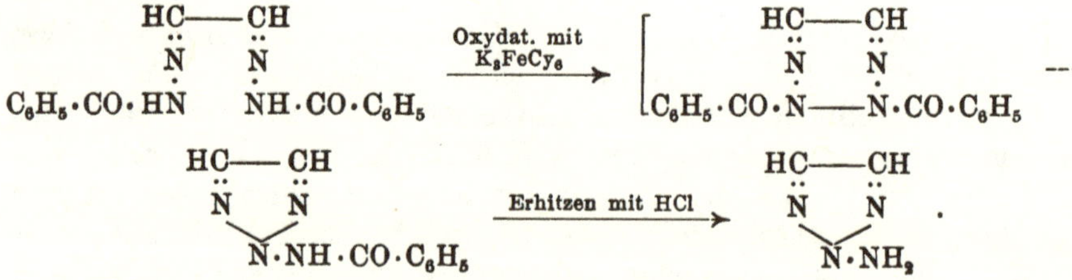

(K)

[1] L. Wolff, A. **394**, 54 (1912). — Vgl. auch Dimroth, Fester, B. **43**, 2223 (1910).

[2] Michael, Lühn, Higbee, Am. **20**, 383 (1898). — Zincke, A. **313**, 294 (1900). — Dimroth, B. **35**, 1035 (1902). — Dimroth, Fester, B. **43**, 2222 (1910).

[3] v. Pechmann, A. **262**, 290 (1890).

[4] v. Pechmann, A. **262**, 323 (1890). — Bladin, B. **26**, 2738 (1893). — Dimroth, B. **35**, 1045 (1902).

[5] v. Pechmann, W. Bauer, B. **42**, 662, 669 (1909). — S. auch Stollé, J. pr. [2] **78**, 544 (1908). B. **42**, 1047 (1909).

Über 1-Amino-5-methyl-triazol s.: L. Wolff, A. **325**, 158 (1902). — L. Wolff, Hall, B. **36**, 3617 (1903).

Es bildet äußerst hygroskopische Krystalle, schmilzt bei 51° und zersetzt sich, im Rohr erhitzt, mit scharfem Knall. In wäßriger Lösung mit salpetriger Säure behandelt, geht es in Triazol über (vgl. dazu S. 191, Textzeile 7—5 v. u.).

In analoger Weise kommt man vom Benzoylosazon des Diacetyls über 2-Amino-4.5-dimethyl-triazol zum **4.5-Dimethyl-1.2.3-triazol**[1], das aus Wasser mit 3 Mol. Krystallwasser in zollangen Prismen anschießt, im Vakuum über Schwefelsäure das Krystallwasser abgibt und wasserfrei unscharf bei 70° schmilzt.

Für das 2-Phenyl-4.5-dimethyl-1.2.3-triazol-1-oxyd[2], dessen Bildung auf S. 562 in Gleichung D wiedergegeben ist, kann auch die bicyclische Formel V (s. u.) in Betracht gezogen werden. Es krystallisiert in prächtigen Prismen und schmilzt bei 92—93°. Beim Erhitzen mit Salzsäure auf 120° liefert es ein Gemisch von 2-Phenyl-4.5-dimethyl-triazol (VI) und 2-Chlorphenyl-4.5.dimethyl-triazol (VII):

$$\text{V)}\quad \begin{array}{l} CH_3\cdot C\text{———}C{<}^{CH_3}_{O} \\ \quad\ \| \qquad\qquad\ \ | \\ \quad N\cdot N(C_6H_5)\cdot N \end{array},$$

$$\text{VI)}\quad \begin{array}{c} CH_3\cdot C\text{————}C\cdot CH_3 \\ \ddot{N}\cdot N(C_6H_5)\cdot \ddot{N} \end{array}, \qquad \text{VII)}\quad \begin{array}{c} CH_3\cdot C\text{————}C\cdot CH_3 \\ \ddot{N}\cdot N(C_6H_4Cl)\cdot \ddot{N} \end{array}.$$

Ein interessantes Material ist durch Untersuchungen von THIELE und SCHLEUSSNER[3] und von DIMROTH[4] für *C-Amino-Derivate*[5] des Triazols beigebracht worden.

Das **1-Phenyl-5-amino-triazol** kann man z. B. aus dem Azid der 1-Phenyl-triazol-carbonsäure-(5) (vgl. S. 572) durch die „CURTIUSsche Umlagerung" (vgl. Bd. I, Tl. I, S. 352, 629—630) bereiten:

$$\begin{array}{c} CH{=\!=}C\cdot CO\cdot N_3 \\ \dot{N}:N\cdot \dot{N}\cdot C_6H_5 \end{array} \xrightarrow[\text{mit Alkohol}]{\text{Kochen}} \begin{array}{c} CH{=\!=}C\cdot NH\cdot CO\cdot OC_2H_5 \\ \dot{N}:N\cdot \dot{N}\cdot C_6H_5 \end{array} \xrightarrow[\text{mit NaOH}]{\text{Kochen}} \begin{array}{c} CH{=\!=}C\cdot NH_2 \\ \dot{N}:N\cdot \dot{N}\cdot C_6H_5 \end{array}. \quad \text{(L)}$$

Es krystallisiert aus Wasser in weißen Nadeln, schmilzt bei 110°, löst sich leicht unter Salzbildung in verdünnter Salzsäure und ist in Natronlauge unlöslich. Durch Natriumnitrit wird es in salzsaurer Lösung in eine Diazoniumlösung übergeführt, die mit β-Naphthol in Alkali zu einem schönen Azokörper kuppelt. Durch Kochen mit verdünnter Schwefelsäure wird es innerhalb 10 Minuten unter Entwickelung von freiem Stickstoff gespalten, wobei sich als primäres Produkt Glykolsäurephenylamidin bildet:

$$\begin{array}{c} CH{=\!=}C\cdot NH_2 \\ \dot{N}{=\!=}N\cdot \dot{N}\cdot C_6H_5 \end{array} + H_2O = N_2 + \begin{array}{c} CH_2(OH)\cdot C\cdot NH_2 \\ \ddot{N}\cdot C_6H_5 \end{array}. \qquad \text{(M)}$$

Besonders bemerkenswert ist nun die glatte Isomerisation, welche dieses Amin beim Erhitzen auf 145° oder durch einstündiges Kochen

---

[1] v. PECHMANN, W. BAUER, B. **42**, 670, 672 (1909).

[2] PONZIO, J. pr. [2] **57**, 160 (1898). G. **29**, I, 277 (1899); **38**, II, 524 (1908).

[3] A. **295**, 129 (1897).

[4] B. **35**, 4046, 4059 (1902). A. **364**, 183 (1908).

[5] S. ferner: BAMBERGER, DE GRUYTER, B. **26**, 2785 (1893). J. pr. [2] **64**, 228 (1901). — JAGERSPACHER, B. **28**, 1286 (1895).

mit Pyridin (auch durch Kochen mit Essigsäureanhydrid) erleidet; es entsteht hierbei das bei 139° schmelzende **5-Anilino-triazol**, das sich von dem Ausgangsprodukt durch seine Löslichkeit in verdünntem Alkali und dadurch unterscheidet, daß es mit salpetriger Säure ein (wenig beständiges) *N*-Nitroso-Derivat liefert. Diese Umlagerung läßt sich verstehen, wenn man das 1-Phenyl-5-amino-triazol als cyclischen Diazoamino-Körper (vgl. S. 564—565) betrachtet und annimmt, daß — ähnlich wie offene Diazoamino-Körper mit Aminen unter Wanderung ihres Diazo-Teiles reagieren können, z. B.:

$$C_7H_7\cdot N:N\cdot NH\cdot C_7H_7 + NH_2\cdot C_6H_5 = C_7H_7\cdot N:N\cdot NH\cdot C_6H_5 + H_2N\cdot C_7H_7$$

— hier eine Wanderung des Diazo-Teiles von der intranuclearen Phenylimino- zur extranuclearen Amino-Gruppe erfolgt:

(N)

Eine solche Umlagerung wurde auch in mehreren anderen Fällen festgestellt, bei denen der Komplex:

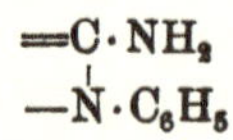

einen Bestandteil des Triazol-Rings bildet; sie ist eine allgemeine Reaktion der 1-Phenyl-5-amino-triazole.

2-Phenyl-4.5-diamino-triazol entsteht aus Phenylhydrazin auf folgendem Wege:

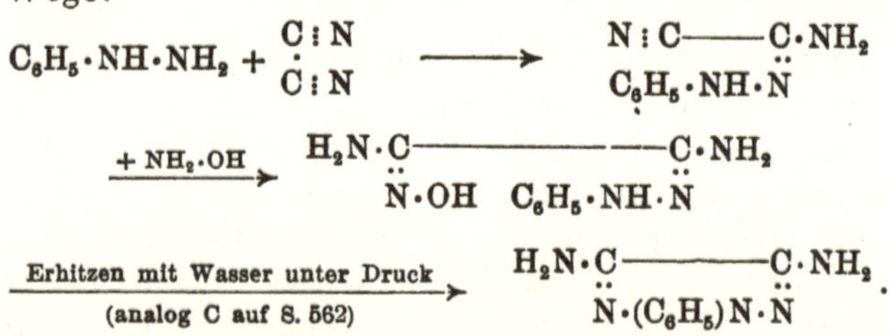
(O)

Es scheidet sich aus siedendem Wasser in farblosen Krystallen ab, schmilzt bei 143° und ist eine schwache, nur einsäurige Base, deren Salze durch Wasser leicht hydrolysiert werden. Seine wäßrige Lösung reagiert neutral, wirkt stark reduzierend und gibt mit Eisenchlorid eine tief indigoblaue Färbung; ein in die erwärmte salzsaure Lösung eingetauchter Fichtenspan wird intensiv rot gefärbt. Während es nach Art der zur Benzol-Reihe gehörenden *ortho*-Diamine mit 1.2-Diketonen Chinoxalin-Derivate liefert, gibt es beim Kochen mit Eisessig kein Imidazol (vgl. dazu S. 485), sondern ein Monoacetyl- neben einem Diacetyl-Derivat. Läßt man seine salzsaure Lösung zu einer salzsauren Lösung von Natriumnitrit fließen, so erfolgt glatte Diazotierung an einer Aminogruppe, wie durch Analyse des merkwürdigerweise nicht explosiven

Pikrats der entstandenen Diazoniumverbindung und durch Kuppelung mit Dimethylanilin nachgewiesen wurde. Die so gebildete Diazoniumlösung verliert ihr Kuppelungsvermögen bei kurzem Kochen nicht und bei gewöhnlicher Temperatur erst innerhalb mehrerer Tage; sie geht hierbei in das entsprechende Azimid (s. S. 589) über:

$$\begin{array}{ccc} N_2\cdot OH & & H_2N \\ C & \text{———} & C \\ N\cdot(C_6H_5)N\cdot N & & \end{array} - H_2O = \begin{array}{ccc} N:N & \text{———} & HN \\ C & \text{———} & C \\ N\cdot(C_6H_5)N\cdot N & & \end{array} . \qquad \text{(P)}$$

Im Obigen ist erwähnt worden, daß sich die *C*-Amino-Derivate des Triazols diazotieren und dann mit Phenolen oder tertiären Aminen zu *Azokörpern* kuppeln lassen. Eine direkte Synthese eines Azokörpers der Triazol-Gruppe findet (ähnlich B auf S. 562) statt, wenn man das Phenylhydrazon des Formazyl-methyl-ketons einige Minuten mit Eisessig kocht:

$$\begin{array}{ccc} CH_3\cdot C & \text{————} & C\cdot N:N\cdot C_6H_5 \\ N\cdot NH\cdot C_6H_5 & & N\cdot NH\cdot C_6H_5 \end{array} = C_6H_5\cdot NH_2 + \begin{array}{ccc} CH_3\cdot C & \text{————} & C\cdot N:N\cdot C_6H_5 \\ N\cdot N(C_6H_5)\cdot N & & \end{array} .$$

Das so erhältliche **2-Phenyl-4-methyl-5-benzolazo-triazol**[1] krystallisiert in goldgelben Prismen, schmilzt bei 122°, löst sich in konzentrierten Mineralsäuren mit dunkelorangeroter Farbe und wird durch Reduktion mit Zinnchlorür und Salzsäure in Anilin und 2-Phenyl-4-methyl-5-amino-triazol gespalten.

Das einfachste *esocyclische C-Oxy-Derivat* (Formel VIII, s. u.), für das auch die desmotropen *Oxo*-Formeln VIIIa in Betracht kommen, wird aus

$$\text{VIII)}\ \begin{array}{ccc} HC & \text{———} & C\cdot OH \\ N\cdot NH\cdot N & & \end{array} \quad \text{bzw.} \quad \begin{array}{ccc} HC & = & C\cdot OH \\ NH\cdot N:N & & \end{array} \quad \text{oder} \quad \begin{array}{ccc} HC & = & C\cdot OH \\ N:N\cdot NH & & \end{array} ,$$

$$\text{VIIIa)}\ \begin{array}{ccc} HC & \text{———} & CO \\ N\cdot NH\cdot NH & & \end{array} \quad \text{bzw.} \quad \begin{array}{ccc} H_2C & \text{———} & CO \\ NH\cdot N:N & & \end{array} \quad \text{oder} \quad \begin{array}{ccc} H_2C & \text{———} & CO \\ N:N\cdot NH & & \end{array}$$

dem Diazo-acetamid durch eine bemerkenswerte Umlagerung:

$$\begin{array}{ccc} CH & \text{———} & CO \\ N_2 & & NH_2 \end{array} = \begin{array}{ccc} CH & \text{———} & CO \\ N\cdot NH\cdot NH & & \end{array} , \qquad \text{(Q)}$$

die beim Digerieren mit verdünnter Kalilauge oder beim Erwärmen mit Barytwasser eintritt, erhalten, ferner aus der 5-Oxy-triazol-carbonsäure-(4) (s. S. 574) durch Abspaltung von Kohlensäure. Die Verbindung[2], welche gemäß VIII als **4- oder 5-Oxy-1.2.3-triazol** oder gemäß VIII als **Triazolon** (4- oder 5-Oxo-triazolin) zu bezeichnen ist, krystallisiert

[1] BAMBERGER, LORENZEN, B. **25**, 3543 (1892). — JAGERSPACHER, B. **28**, 1285 (1895). — BAMBERGER, DE GRUYTER, J. pr. [2] **64**, 227 (1901).

[2] CURTIUS, THOMPSON, B. **39**, 4140 (1906). — DIMROTH, AICKELIN, B. **39**, 4391 (1906). — CURTIUS, WELDE, B. **40**, 1197 (1907); **43**, 857, 862 (1910). — DIMROTH, A. **373**, 352 (1910). — CURTIUS, BOCKMÜHL, B. **43**, 2441 (1910). — CURTIUS, CALLAN, B. **43**, 2447 (1910).

aus verdünntem Alkohol in farblosen Rosetten, schmilzt bei 129° unter Gasentwickelung, verpufft beim Erhitzen vor der Flamme und ist in Wasser und Alkohol sehr leicht löslich, in Benzol unlöslich. Sie reagiert auf Lackmus lebhaft sauer und läßt sich mit Kalilauge glatt als einbasische Säure titrieren. Bemerkenswert ist ihre große Beständigkeit gegen Alkalien; selbst durch schmelzendes Kali wird sie kaum angegriffen. Dagegen wird beim Kochen mit mäßig konzentrierter Schwefelsäure allmählich Stickstoff entwickelt (vgl. dazu S. 564—565). Auf Zusatz von Bromwasser schäumt die wäßrige Lösung sofort unter lebhafter Gasentwickelung auf; das über Kalilauge aufgefangene Gas ist ein äquimolekulares Gemenge von Stickstoff und Kohlenoxyd. In alkalischer Lösung kuppelt das Oxy-triazol mit diazotiertem Toluidin zu Toluolazo-oxy-triazol. Mit Eisenchlorid färbt sich die wäßrige Lösung des Oxy-triazols tief braunrot.

Das 1-Phenyl-5-oxy-1.2.3-triazol[1] entsteht durch Abspaltung von Kohlendioxyd aus seiner 4-Carbonsäure (S. 575), ferner durch Kondensation von Diazobenzolimid (Phenyl-azid) mit Essigester bei Gegenwart von trockenem Natriumäthylat:

$$\begin{array}{l} CH_3\text{——}CO\cdot OC_2H_5 \\ \quad + N_3\cdot C_6H_5 \end{array} = C_2H_5\cdot OH + \begin{array}{l} CH\text{==}C\cdot OH \\ \dot{N}:N\cdot \dot{N}\cdot C_6H_5 \end{array}. \qquad (R)$$

Es schmilzt bei 118° und ist in Wasser kaum, dagegen in verdünnten Ätzalkalien und Sodalösung leicht löslich. Bei der Oxydation mit Kaliumpermanganat in schwefelsaurer Lösung bildet sich Oxanilsäure:

$$\begin{array}{l} CH\text{==}C\cdot OH \\ \dot{N}:N\cdot \dot{N}\cdot C_6H_5 \end{array} \longrightarrow \begin{array}{l} HO_2C\text{——}C:O \\ \qquad \dot{N}H\cdot C_6H_5 \end{array}. \qquad (S)$$

Sowohl das 5-Oxy-triazol wie sein 1-Phenyl-Derivat lassen sich durch salpetrige Säure am Kohlenstoff nitrosieren. Genau untersucht ist das aus dem 1-Phenyl-Derivat entstehende Produkt, das wahrscheinlich als **4-Monoxim des 1-Phenyl-4.5-dioxo-1.2.3-triazolins**[2] [1-Phenyl-4-isonitroso-triazolon-(5)]:

$$\begin{array}{l} HO\cdot N:C\text{——}CO \\ \qquad \dot{N}:N\cdot \dot{N}\cdot C_6H_5 \end{array}$$

aufzufassen ist. Die wenig haltbare Substanz fällt aus Äther durch Petroläther in kleinen citronengelben Nadeln nieder, färbt sich beim Erwärmen bald dunkel und ist bei 195° völlig zersetzt; sie wird von

---

[1] Dimroth, B. **35**, 4043, 4054 (1902). A. **335**, 81 (1904). — Dimroth, Taub, B. **39**, 3912 (1906).

Über *N*-Phenyl-Derivate des 4-Methyl-5-oxy-triazols s.: Jagerspacher, B. **28**, 1286 (1895). — Bamberger, de Gruyter, J. pr. [2] **64**, 229 (1901). — Dimroth, B. **35**, 4043, 4054 (1902). A. **335**, 93 (1904).

[2] Dimroth, Taub, B. **39**, 3912 (1906). — Dimroth, Dienstbach, B. **41**, 4055, 4068 (1908). — Vgl. auch Curtius, Welde, B. **40**, 1198 (1907).

Alkalien mit blauroter Farbe zu sehr zersetzlichen Lösungen aufgenommen. Das neutrale Kaliumsalz $K(C_8H_5O_2N_4)$ ist in fester Form blaugrün, das neutrale Natriumsalz hochrot. Beim Eintragen in rauchende Salzsäure erfolgt Spaltung in Stickstoff und Oxanil-hydroximsäurechlorid:

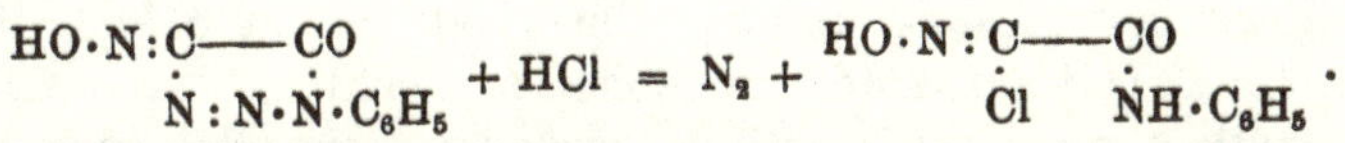
(T)

Das durch Einwirkung von Benzoylchlorid auf das Silbersalz erhältliche Monobenzoyl-Derivat tritt in einer roten und einer gelben Form auf. Während das analog entstehende Monoacetyl-Derivat durch Alkali fast momentan unter Rückbildung des Phenyl-isonitroso-triazolons verseift wird, erleidet das Benzoyl-Derivat durch wäßrige wie durch alkoholische Natronlauge schon bei -10° Abspaltung des Benzoyls, wobei aber gleichzeitig das Phenyl-isonitroso-triazolon eine merkwürdige Umlagerung zu 2-Phenyl-tetrazol-5-carbonsäure (S. 680—681) erleidet:

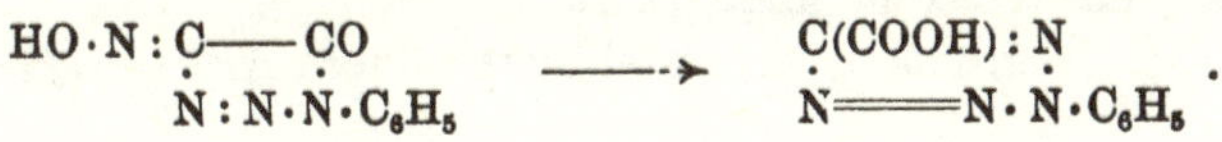
(U)

Als Beispiele *exocyclischer Oxy-* und *Oxo-Verbindungen* seien das **2-Phenyl-4-methylol-1.2.3-triazol** (Phenyltriazolyl-carbinol) — Formel IX, s. u. — und das **2-Phenyl-4-formyl-1.2.3-triazol** (*N*-Phenyl-osotriazol-aldehyd) — Formel X — genannt[1]. Das Oxim des Aldehyds X entsteht analog C (auf S. 562) aus dem Phenylhydrazon

IX) 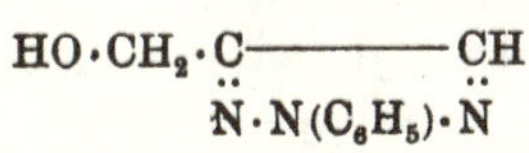 , X) 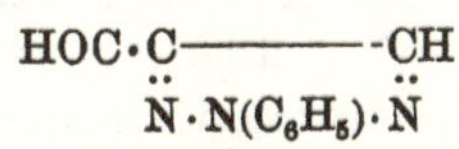

des monoacetylierten Diisonitroso-acetons durch Kochen mit sehr verdünnter Sodalösung:

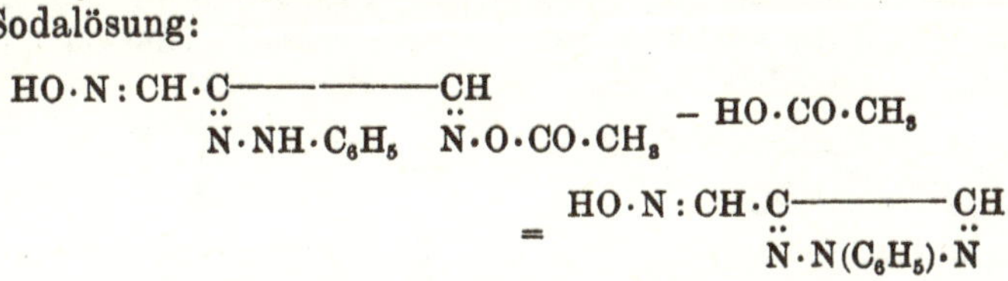
(V)

und liefert beim Kochen mit verdünnter Schwefelsäure den Aldehyd selbst. Dieser schmilzt bei 70°, destilliert ohne Zersetzung und besitzt einen stechenden süßlichen Geruch; er ist unlöslich in kaltem Wasser, löst sich aber ohne Veränderung in verdünnten Alkalien. Mit konzentrierten Alkalien erleidet er die Cannizzarosche Reaktion, liefert also neben der entsprechenden Carbonsäure den Alkohol IX (farblose Prismen, Schmelzp. 67°, in heißem Wasser nur wenig, in warmer verdünnter Natronlauge leicht löslich).

---

[1] v. Pechmann, A. **262**, 272, 283, 294, 296 (1890).
Über exocyclische Keto-Verbindungen vgl.: Zincke, A. **311**, 316 (1900). — L. Wolff, A. **325**, 154, 168 (1902); **394**, 57 (1912).

Für die einfachste *Carbonsäure*[1] der Triazol-Reihe — **1.2.3-Triazol-carbonsäure-(4 bzw. -5)**[2] — sind zwei interessante Synthesen zu berichten. Die Säure selbst kann durch Vereinigung von Stickstoffwasserstoff mit Propiolsäure $HC\vdots C\cdot CO_2H$ (Bd. I, Tl. I, S. 982) in warmer ätherischer Lösung analog Gleichung Ga auf S. 563, ihr Nitril analog Gleichung Gb auf S. 563 in lebhafter Reaktion durch Anlagerung von Diazomethan an Cyan erhalten werden (s. die Gleichung in Bd. I, Tl. II, S. 1259). Sie krystallisiert aus konzentrierter Salzsäure in weißen Blättchen, sintert bei 216°, schmilzt bei 219—220° und ist in siedendem Wasser leicht, in kaltem Wasser und in Alkohol schwer löslich, in Äther so gut wie unlöslich. Beim Erhitzen über den Schmelzpunkt spaltet sie sich glatt in Kohlendioxyd und Triazol (S. 565). Gegen Agenzien ist sie sehr beständig; auch in saurer Lösung wird sie von Permanganat nur langsam angegriffen.

Von dieser Säure sind drei stellungsisomere *N*-Phenyl-Derivate[3] ableitbar:

$$\text{XI)}\ \begin{matrix} CH{=\!=}C\cdot CO_2H \\ N(C_6H_5)\cdot N : N \end{matrix}\ , \qquad \text{XII)}\ \begin{matrix} CH{-\!-}C\cdot CO_2H \\ N\cdot N(C_6H_5)\cdot N \end{matrix}\ ,$$

$$\text{XIII)}\ \begin{matrix} CH{=\!=}C\cdot CO_2H \\ N : N\cdot N(C_6H_5) \end{matrix}\ ,$$

welche sämtlich durch synthetische Reaktionen erhalten worden sind, die Verbindung XII z. B. aus dem Produkt der Reaktion C auf S. 562 durch Oxydation. Wenn man die drei *N*-Phenyl-Derivate mit Salpetersäure behandelt, so werden sie in der Phenyl-Gruppe nitriert; reduziert man dann, so erhält man drei stellungsisomere *N*-[Amino-phenyl]-triazol-carbonsäuren, in denen durch den Eintritt der Amino-Gruppe der Benzolkern so sehr an Stabilität verloren hat, daß er durch Oxydation mit Kaliumpermanganat abgespalten werden kann, z. B.:

$$\begin{matrix} CH{=\!=}C\cdot CO_2H \\ N(C_6H_4\cdot NH_2)\cdot N : N \end{matrix} \longrightarrow \begin{matrix} CH{=\!=}C\cdot CO_2H \\ NH\cdot N : N \end{matrix}\ .$$

Man könnte nun erwarten, von den drei isomeren *N*-Phenyl-triazol-carbonsäuren auch zu drei isomeren phenylfreien Triazol-carbonsäuren zu gelangen:

$$\text{XIa)}\ \begin{matrix} CH{=\!=}C\cdot CO_2H \\ NH\cdot N : N \end{matrix}\ , \qquad \text{XIIa)}\ \begin{matrix} CH{-\!-}C\cdot CO_2H \\ N\cdot NH\cdot N \end{matrix}\ , \qquad \text{XIIIa)}\ \begin{matrix} CH{=\!=}C\cdot CO_2H \\ N : N\cdot NH \end{matrix}\ .$$

[1] Außer den im Folgenden speziell zitierten Abhandlungen vgl. noch für Carbonsäuren der Triazol-Reihe z. B.: KNORR, REUTER, B. **27**, 1177 (1894). — H. u. A. EULER, B. **36**, 4253 (1903); **37**, 49 (1904). — E. v. MEYER, C. **1908**, II, 594.

[2] v. PECHMANN, A. **262**, 317 (1890). — ZINCKE, A. **311**, 283, 317 (1900). — DIMROTH, B. **35**, 1044 (1902). — PERATONER, AZZARELLO, G. **38**, I, 86 (1908). — OLIVERI-MANDALÀ, G. **40**, I, 120 (1910). — OLIVERI-MANDALÀ, COPPOLA, G. **40**, II, 441 (1910).

[3] v. PECHMANN, B. **21**, 2761 (1888). A. **262**, 272, 282, 314 (1890). — DIMROTH, B. **35**, 1030, 1034, 1036, 1041 (1902). A. **364**, 210 (1909). — L. WOLFF, A. **394**, 79 1912); **399**, 292 (1913).

DIMROTH hat aber gezeigt, daß in allen drei Fällen die gleiche Säure entsteht, für welche also die drei Formeln XIa, XIIa und XIIIa zur Wahl stehen; hiermit ist ein wichtiger Beweis für die Desmotropie des Triazol-Kerns geliefert.

Aus dem Verhalten der *N*-Phenyl-triazol-monocarbonsäuren sei als bemerkenswert hervorgehoben, daß die Säure XII durch Natriumamalgam ziemlich glatt in Cyanwasserstoff und Phenylhydrazino-essigsäure gespalten wird:

$$\begin{array}{l}HC\text{———}C\cdot CO_2H\\ N\cdot N(C_6H_5)\cdot N\end{array} + 4H = \begin{array}{c}HC\\ N\end{array} + \begin{array}{r}CH_2\cdot CO_2H\\ HN(C_6H_5)\cdot NH\end{array}. \qquad (W)$$

Wie bereits in Bd. I, Tl. II, S. 1146—1147 mitgeteilt wurde, erhält man aus dem Diazoderivat des Acetessigesters durch Erwärmen mit essigsaurem Ammonium den Ester der **5-Methyl-1.2.3-triazol-carbonsäure-(4)**[1]. Analog gewinnt man durch Hydroxylamin[2] den Ester der 1(*N*)-Oxy-5-methyl-1.2.3-triazol-carbonsäure-(4) (Methyl-azimidol-carbonsäure-2):

$$\begin{array}{l}CH_3\cdot C\text{===}C\cdot CO\cdot OC_2H_5\\ \quad O\cdot N:N\end{array} + NH_2\cdot OH = H_2O + \begin{array}{l}CH_3\cdot C\text{===}C\cdot CO\cdot OC_2H_5\\ (HO)N\cdot N:N\end{array} \qquad (X)$$

— eine sehr krystallisationsfähige Verbindung (Schmelzp. 147—148°), welche eine rote Eisenchlorid-Reaktion gibt und sich als einbasische Säure titrieren läßt. Dementsprechend verhält sich die durch Verseifung daraus hervorgehende freie Methyl-azimidol-carbonsäure als zweibasische Säure; sie wird durch Kaliumpermanganat leicht zur Azimidol-dicarbonsäure (s. u.) oxydiert.

Die **1.2.3-Triazol-dicarbonsäure-(4.5)**[3] entsteht aus allen Azimino-Verbindungen der Benzol-Reihe durch oxydative Aufspaltung des mit dem Triazol-Ring kondensierten Benzolkerns, wie schon in Formelreihe A auf S. 561 am Beispiel des Azimino-toluols erläutert wurde. Synthetisch erhält man sie ferner analog Gleichung Ga auf S. 563 aus Acetylen-dicarbonsäure und Stickstoffwasserstoffsäure. Sie krystallisiert aus heißem Wasser mit 2 Mol. Krystallwasser, schmilzt wasserfrei bei 200—201° unter stürmischer Gasentwickelung und ist in Wasser leicht löslich.

Von ihr sind zwei stellungsisomere *N*-Phenyl-Derivate[4] ableitbar:

$$XIV)\ \begin{array}{l}HO_2C\cdot C\text{=====}C\cdot CO_2H\\ \qquad N(C_6H_5)\cdot N:N\end{array}, \qquad XV)\ \begin{array}{l}HO_2C\cdot C\text{———}C\cdot CO_2H\\ \qquad N\cdot N(C_6H_5)\cdot N\end{array}.$$

Zur Säure XV — 2-Phenyl-1.2.3-triazol-dicarbonsäure-(4.5) (*N*-Phenyl-osotriazol-dicarbonsäure) — gelangt man vom Phenylhydrazoxim des Diacetyls auf folgendem Wege, der ihre Konstitution verbürgt:

---

[1] L. WOLFF, A. **325**, 132, 153 (1902); **394**, 26, 48 (1912). — L. WOLFF, HALL, B. **36**, 3616 (1903).

[2] L. WOLFF, A. **325**, 163 (1902).

[3] BLADIN, B. **26**, 545, 2737 (1893). — ZINCKE, A. **291**, 320, 341 (1896); **311**, 281, 318 (1900). — MICHAEL, LÜHN, HIGBEE, Am. **20**, 389 (1898). — L. WOLFF, A. **325**, 154 (1902). — OLIVERI-MANDALÀ, COPPOLA, G. **40**, II, 436 (1910).

[4] v. PECHMANN, A. **262**, 311 (1890). — MICHAEL, LÜHN, HIGBEE, Am. **20**, 380 (1898). — ZINCKE, A. **313**, 256, 259, 291 (1900). — DIMROTH, B. **35**, 1030, 1036 (1902). — L. WOLFF, A. **394**, 75 (1912).

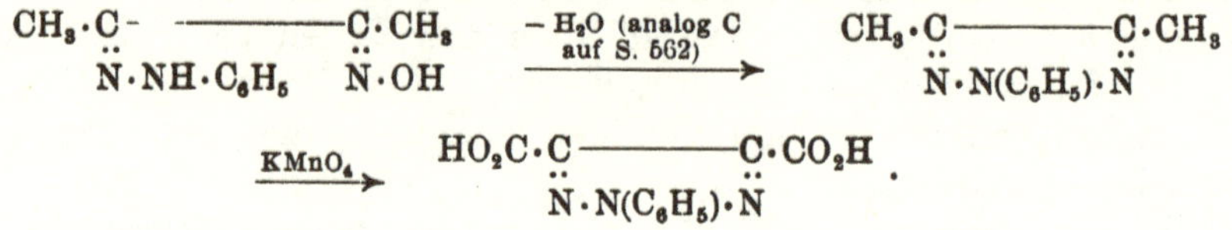

Verschieden von ihr und demnach entsprechend XIV als 1-Phenyl-1.2.3-triazol-dicarbonsäure-(4.5) aufzufassen ist die Säure, die aus dem Produkt der Reaktion zwischen Phenyl-azid und Acetessigester (Gleichung F auf S. 563) durch Verseifung und darauf folgende Oxydation entsteht; dieser Befund ist wichtig, weil er zeigt, daß bei den aus Aryl-aziden gewonnenen Triazol-Körpern das Aryl an einem der äußeren Stickstoffatome haften muß.

Wie aus den Azimiden die Triazol-dicarbonsäure, so geht aus den Azimidolen — *N*-Oxy-Derivaten der Azimide (s. S. 586—587) — durch Oxydation mit Kaliumpermanganat die 1(*N*)-Oxy-1.2.3-triazol-dicarbonsäure-(4.5) (Azimidol-dicarbonsäure) hervor, z. B.:

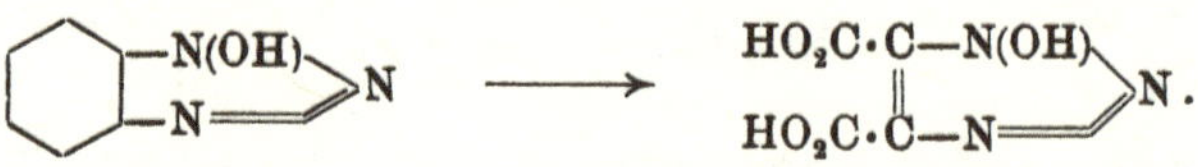
(Y)

Diese sehr starke Säure[1] scheidet sich aus Wasser, in welchem sie leicht löslich ist, in blätterigen weißen Krystallen mit 2 Mol. Wasser aus, schmilzt gegen 92° in ihrem Krystallwasser, wird über Schwefelsäure allmählich wasserfrei und schmilzt dann bei 152—153° unter starker Gasentwickelung und Hinterlassung einer kohligen Masse. Die wäßrige Lösung wird durch Eisenchlorid rot gefärbt.

An diese Oxysäure, deren nicht zu Carboxyl gehöriges Hydroxyl an Stickstoff gebunden ist, sei endlich als Beispiel von *C*-Oxy-carbonsäuren der Triazol-Reihe die **5-Oxy-1.2.3-triazol-carbonsäure-(4)**:

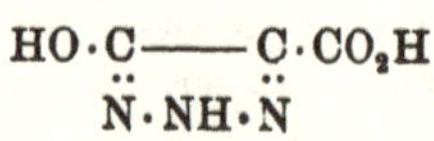
(bzw. desmotrope Formeln)

angeschlossen[2]. Ihre Abkömmlinge haben in einer Reihe eingehender Untersuchungen von Dimroth eine ausgezeichnete Charakterisierung im Hinblick auf allgemein interessante Umlagerungsprobleme gefunden.

Das 1(*N*)-Phenyl-Derivat ihres Methylesters ist am leichtesten zugänglich und daher besonders ausführlich bearbeitet. Es entsteht als Natriumsalz in lebhafter Reaktion, wenn man Phenyl-azid in methylalkoholischer Lösung auf Natrium-Malonsäure-dimethylester wirken läßt:

[1] Zincke, Schwarz, A. **311**, 332, 336 (1900). — L. Wolff, A. **325**, 165 (1902). — Curtius, J. pr. [2] **76**, 393 (1907).

[2] Dimroth, B. **35**, 4041 (1902). A. **335**, 1 (1904); **338**, 143 (1905); **364**, 197 (1909); **373**, 336 (1910); **377**, 127 (1910); **399**, 91 (1913). — Brühl, Ph. Ch. **51**, 535 (1905). — H. Goldschmidt, Z. El. Ch. **11**, 5 (1905). — Dimroth, Taub, B. **39**, 3915 (1906). — Dimroth, Aickelin, B. **39**, 4390 (1906). — Michael, A. **363**, 26 Anm. (1908).

$$\begin{array}{l}NaO\\CH_3\cdot O\end{array}\!\!>C{=}CH\cdot CO\cdot OCH_3 + C_6H_5\cdot N_3 = CH_3\cdot OH + \begin{array}{l}NaO\cdot C{=\!=}C\cdot CO\cdot OCH_3\\C_6H_5\cdot N\cdot N:N\end{array}; \qquad (Za)$$

(vgl. dazu Gleichung F auf S. 563, R auf S. 570). Aus der kalten wäßrigen Lösung des Natriumsalzes erhält man durch Ansäuern mit verdünnter Salzsäure den freien Ester in krystallwasserhaltiger Form; wasserfrei schmilzt er bei 74°. Er löst sich etwas in Wasser mit saurer Reaktion, momentan in verdünnter Natronlauge und Soda, ist also **eine ausgesprochene Säure**, und zwar von hohem Dissoziationsgrade ($K = 0{\cdot}0158$ bei $V = 148$); die alkoholische Lösung gibt mit Eisenchlorid eine intensive rotbraune Färbung. Dieser farblose, saure Ester lagert sich nun beim Schmelzen, sowie in Lösungen (bei gewöhnlicher Temperatur mit mäßiger Geschwindigkeit, beim Kochen rasch) in einen gelben, völlig neutralen Ester (Schmelzp. 82°) um, und zwar in gewissen Lösungsmitteln (Aceton, Äther, Benzol, Chloroform) annähernd vollständig, in anderen (Alkohole, Wasser) weniger vollständig; umgekehrt isomerisiert sich der gelbe Ester in Lösungsmitteln partiell zum farblosen Ester. Zwischen den beiden Isomeren stellt sich also ein Gleichgewichtszustand ein. Vollständig wird der gelbe Ester durch alkoholisches Natriumalkylat in das Natriumsalz des farblosen Esters verwandelt. Der gelbe Ester war anfänglich als die Keto-Form des farblosen Esters aufgefaßt worden; später hat es sich herausgestellt, daß er als Diazomalonanilidsäure-ester aufzufassen ist (vgl. dazu Bd. I, Tl. II, S. 808). Die reversible Umlagerung ist danach folgendermaßen zu formulieren:

$$\begin{array}{l}HO\cdot C{=\!=}C\cdot CO\cdot OCH_3\\C_6H_5\cdot N\cdot N:N\end{array} \rightleftarrows \begin{array}{l}OC{-\!-}C\cdot CO\cdot OCH_3\\C_6H_5\cdot HN \quad N_2\end{array} \qquad (Zb)$$

und findet ihr einfachstes Analogon in den Beziehungen von Triazolon zu Diazo-acetamid (vgl. S. 569 Gleichung Q).

Die durch Verseifung des farblosen Esters entstehende, freie **1-Phenyl-5-oxy-1.2.3-triazol-carbonsäure-(4)** (Schmelzp. lufttrocken mit 1 Mol. Krystallwasser : 82—83°) erfordert zur Neutralisation **zwei** Äquivalente Alkali und läßt sich in organischen Lösungsmitteln in eine gelbe einbasische Säure umlagern, aus der sie durch Erwärmen mit Alkali wieder zurückgebildet wird. Beim Erwärmen in wenig Wasser spaltet sie sich in Kohlendioxyd und 1-Phenyl-5-oxy-triazol (S. 570).

Wenn man den 1-Phenyl-5-oxy-triazol-carbonsäureester-(4) nitriert, kommt man zu einem Dinitro-Derivat, aus dem sich die Dinitrophenyl-Gruppe durch Erhitzen mit methylalkoholischem Ammoniak abspalten läßt:

$$\begin{array}{l}HO\cdot C{=\!=}C\cdot CO\cdot OCH_3\\(O_2N)_2C_6H_3\cdot N\cdot N:N\end{array} + NH_3 = (O_2N)_2C_6H_3\cdot NH_2 + \begin{array}{l}HO\cdot C{=\!=}C\cdot CO\cdot OCH_3\\HN\cdot N:N\end{array}.$$

Aus dem so gewonnenen Ester erhält man durch Verseifung mit Alkali die freie **5-Oxy-triazol-carbonsäure-(4)**, die beim Kochen in wäßriger Lösung sich in Kohlendioxyd und Triazolon (S. 569) spaltet.

Der Umstand, daß von den beiden nach Gleichung Zb sich ineinander umlagernden Stoffen der eine sauer, der andere neutral ist, bietet eine Handhabe, den Vorgang der Umlagerung durch titrimetrische Bestimmungen messend zu verfolgen. Ein solches Studium hat DIMROTH an dem obigen Beispiel und ähnlichen Isomerisationen von Triazol-Körpern (vgl. auch Gleichung N auf S. 568) durchgeführt. Er verfolgte hierbei besonders die Einflüsse, welche durch das Lösungsmittel und durch die Natur der am Triazol-Ring haftenden substituierenden Gruppen auf die Umlagerungsgeschwindigkeit und den Gleichgewichtswert ausgeübt werden.

Für die Abhängigkeit der Umlagerungsgeschwindigkeit vom Lösungsmittel hat sich hierbei das wichtige Ergebnis herausgestellt, daß die Geschwindigkeit annähernd umgekehrt proportional der Löslichkeit des verschwindenden Stoffes ist. Die folgende Tabelle erläutert dies für die Umlagerung des 1-Phenyl-5-oxy-triazol-carbonsäuremethylesters bei 10°; ihre erste Kolumne enthält die Geschwindigkeitskonstanten k in den verschiedenen Lösungsmitteln, ihre zweite die Löslichkeit des Triazol-Körpers in den gleichen Mitteln.

	k	Löslichkeit (g im Liter)
Methylalkohol . . .	0·00053	218
Äthylalkohol . . .	0·00103	97·7
Acetonitril	0·0047	41·5
Aceton	0·00527	56·5
Äthylformiat . . .	0·00828	23·3
Chloroform	0·0211	8·8
Nitrobenzol	0·046	6·5

„Die Löslichkeit ist also derjenige Faktor, der im wesentlichen die Geschwindigkeit bedingt. Daneben machen sich auch noch andere Einflüsse in untergeordneter Weise geltend“.

Die Geschwindigkeit der umgekehrten Umlagerung (Diazo ⟶ Triazol) ist sehr viel geringer. Beim Gleichgewicht ist demnach stets mehr Diazokörper als Triazolkörper vorhanden. In Methylalkohol bei 25° z. B. wird in der Minute je ein Molekül Triazolkörper unter rund 190 Molekülen umgelagert, aber je ein Molekül Diazokörper erst unter 28500 Molekülen, und beim Gleichgewicht ist demgemäß die Menge des Diazokörpers rund 150-mal so groß wie diejenige des Triazolkörpers.

Für die Abhängigkeit des Gleichgewichts vom Lösungsmittel konnte eine Beziehung bestätigt werden, die auf Grund einer Überlegung von VAN'T HOFF sich durch die Gleichung:

$$\frac{C_a}{C_b} = \frac{L_a}{L_b}\, G$$

ausdrücken läßt, in welcher C_a und C_b die Konzentrationen der beiden sich wechselseitig umlagernden Isomeren, L_a und L_b ihre Löslichkeiten, G eine Konstante bedeutet. Da G hiernach unabhängig von der Natur des Lösungsmittels ist, so läßt sich, wenn sein Wert in einem Lösungsmittel bestimmt ist, nunmehr aus den Löslichkeiten der Gleichgewichtszustand für jedes andere Lösungsmittel berechnen. Die nachstehenden Zahlen erläutern die Konstanz von *G* für die Umlagerung:

1-Methyl-5-oxy-triazol-carbonsäureester-(4) (b) $\rightleftarrows$ Diazomalon-methyl-amidsäureester (a)

bei 18°:

	$\frac{C_a}{C_b}$	$\frac{L_a}{L_b}$	$G = \frac{C_a}{C_b} \cdot \frac{L_b}{L_a}$
Methylalkohol . . .	3·27	6·29	0·52
Benzylalkohol . . .	8·62	13·28	0·65
Aceton	14·15	20·82	0·68
Äthylacetat	51·63	84·61	0·61
Äthylnitrat	89·91	171·3	0·53
Nitrobenzol	99	157·7	0·63

Eine Abhängigkeit von der Dielektrizitäts-Konstante des Lösungsmittels, wie sie früher vermutet worden war, zeigten weder die Umlagerungsgeschwindigkeit noch das Gleichgewicht.

Bezüglich des Einflusses, den die Natur des an Stickstoff gebundenen Substituenten X auf die Reaktion:

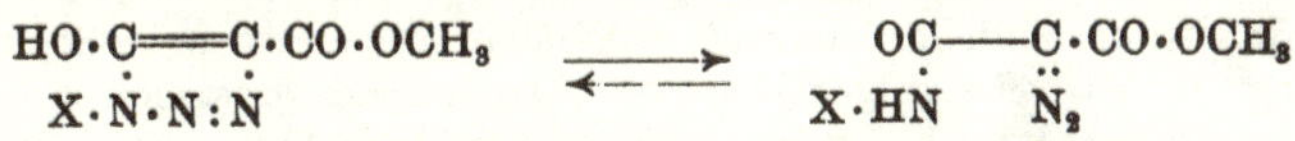

ausübt, hat sich herausgestellt, daß zunehmende Negativität von X die Geschwindigkeit der beiden entgegengesetzten Reaktionen vergrößert, aber die Umlagerung des Triazol- in den Diazo-Körper in sehr viel höherem Maße beschleunigt als die umgekehrte. Im Gleichgewicht nimmt also die Menge des Diazokörpers zu, je stärker negativ X ist. Bei X = $C_6H_3(NO_2)_2$ wandelt sich der aus seinem Natriumsalz in Freiheit gesetzte Triazolkörper momentan und praktisch vollständig in den Diazokörper um.

II. Mehrkernige nichtkondensierte 1.2.3-Triazol-Körper.

Zum **C-Phenyl-triazol**[1] ist man von der Phenyl-propiolsäure in folgender Weise gelangt:

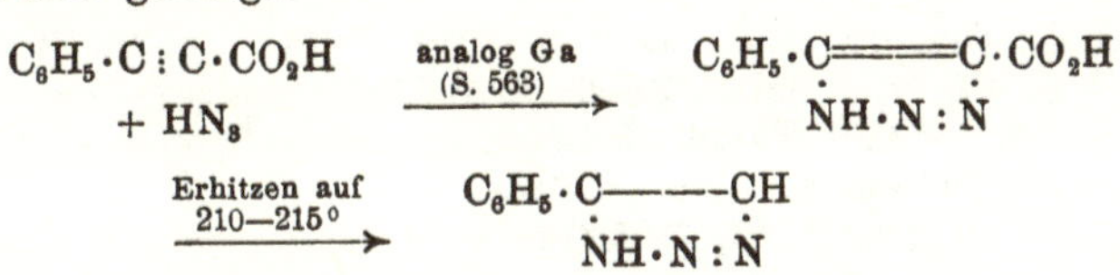

(A)

Es bildet perlmutterglänzende Schuppen, schmilzt bei 143—145° und ist in Wasser unlöslich, löst sich aber in verdünnten Alkalien (vgl. S. 565).

[1] Oliveri-Mandalà, Coppola, G. **40**, II, 440 (1910).

Aus dem sonstigen Material über *C-arylierte Triazol-Körper*[1] sei mitgeteilt, daß das **2.4.5-Triphenyl-1.2.3-triazol**[2] (Triphenyl-osotriazol) — Schmelzp. 122° — recht glatt durch trockene Destillation von Benzil-bis-phenylhydrazon entsteht:

$$\begin{matrix} C_6H_5\cdot\underset{\cdot\cdot}{C} & \text{———} & \underset{\cdot\cdot}{C}\cdot C_6H_5 \\ N\cdot NH\cdot C_6H_5 & & C_6H_5\cdot NH\cdot N \end{matrix} - C_6H_5\cdot NH_2 = \begin{matrix} C_6H_5\cdot\underset{\cdot\cdot}{C} & \text{———} & \underset{\cdot\cdot}{C}\cdot C_6H_5 \\ N\cdot N(C_6H_5)\cdot N \end{matrix}, \qquad (B)$$

während die analoge Reaktion bei anderen Osazonen meist schlecht verläuft (vgl. S. 562).

Sodann ist hervorzuheben, daß man in dieser Gruppe den Typus der hydrierten Triazole[3] kennen gelernt hat. Dihydride entstehen aus den Aryl-hydrazonen der ω-Arylamino-acetophenone durch Oxydation mit Chromsäure, auch ohne Zusatz eines Oxydationsmittels beim kurzen Aufkochen der alkoholischen Lösung mit etwas Eisessig; z. B.:

$$\begin{matrix} C_6H_5\cdot\underset{\cdot\cdot}{C} & \text{———} & \underset{\cdot}{C}H_2 \\ N\cdot NH\cdot C_6H_5 & & NH\cdot C_6H_4\cdot CH_3 \end{matrix} - 2H = \begin{matrix} C_6H_5\cdot\underset{\cdot\cdot}{C} & \text{———} & \underset{\cdot}{C}H_2 \\ N\cdot N(C_6H_5)\cdot N\cdot C_6H_4\cdot CH_3 \end{matrix}; \qquad (C)$$

sie lassen sich durch energische Reduktion mit Natrium und Alkohol in Tetrahydride überführen, die durch salpetrige Säure wieder zu den Dihydriden oxydiert werden.

Das Produkt der Gleichung C (s. o.) — **2.4-Diphenyl-1-*p*-tolyl-1.2.3-triazol-dihydrid-(1.5)** — krystallisiert in weißen Nadeln, schmilzt bei 152° und besitzt weder saure noch basische Eigenschaften. Das daraus entstehende Tetrahydrid — **2.4-Diphenyl-1-*p*-tolyl-1.2.3-triazolidin** — stellt farblose Täfelchen dar, erweicht bei 118° und schmilzt bei 122°.

Zu Abkömmlingen eines **Ditriazolyl-methans**[4] führt die Aufspaltung des β-Diphenyl-bisazimino-benzochinons (S. 589):

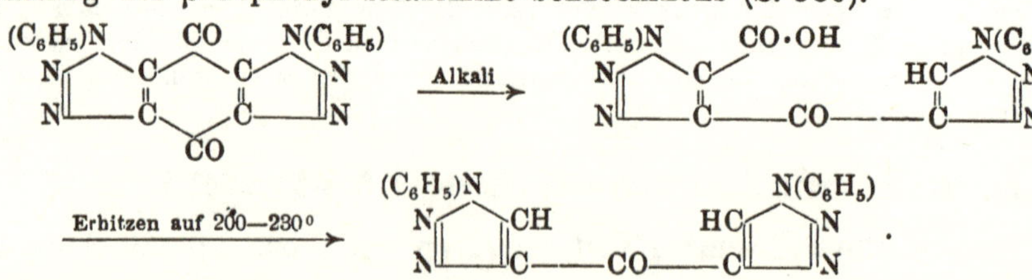

(D)

---

[1] Vgl. z. B.: DIMROTH, B. **35**, 4046, 4058 (1902). A. **335**, 102 (1904); **364**, 187, 219 (1909). — L. WOLFF, HALL, B. **36**, 3615 (1903). — DIMROTH, FRISONI, MARSHALL, B. **39**, 3920 (1906). — E. v. MEYER, C. **1908**, II, 594. — STOLLÉ, J. pr. [2] **78**, 545 (1908). — DIMROTH, B. **43**, 2222 Anm. (1910).

[2] AUWERS, V. MEYER, B. **21**, 2806 (1888). — PONZIO, G. **30**, II, 463 (1900). — H. BILTZ, WEISS, B. **35**, 3519 (1902).

[3] BUSCH, HEFELE, J. pr. [2] **83**, 426, 438, 448 (1911).

[4] L. WOLFF, A. **394**, 72, 81, 83 (1912).

Über Abkömmlinge des Phenyl-triazolyl-methans $\begin{matrix} C_6H_5\cdot CH_2\cdot\underset{\cdot\cdot}{C} & \text{——} & \underset{\cdot\cdot}{C}H \\ & N\cdot NH\cdot N \end{matrix}$ s. L. WOLFF, A. **325**, 166, 167 (1902); **399**, 275, 280 (1913). — S. auch DIMROTH, FRISONI, MARSHALL, B. **39**, 3926 (1906).

III. Benzotriazol-Körper (Azimide).

Für die durch zwei gemeinsame Kohlenstoffatome vermittelte Orthokondensation von einem Benzol- mit einem Triazol-Kern ergibt sich als nächstliegendes Strukturschema das Symbol I:

I) 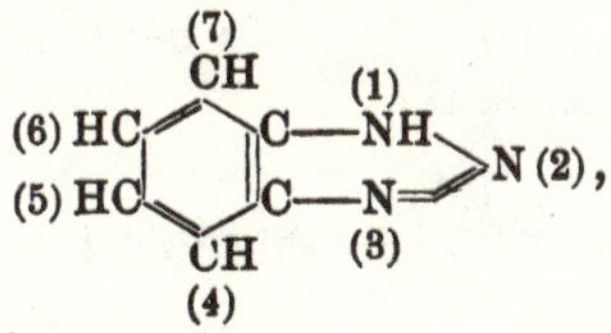

IIa) 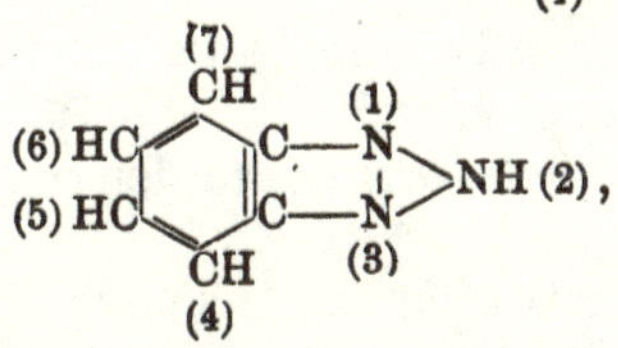 IIb) 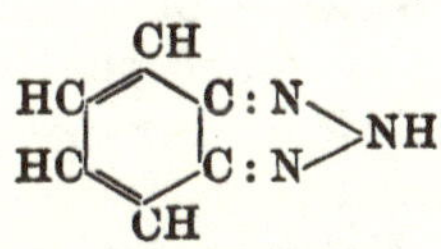

Diese Formel[1] des **Benzotriazols** (**Benztriazols**) enthält im heterocyclischen Teil für einen eintretenden Substituenten nur einen Platz, und zwar an einem unmittelbar mit dem Benzol-Kern verbundenen Stickstoffatom. Außer Derivaten, welche auf solcher Substitution beruhen, hat man indes Abkömmlinge anderer Art kennen gelernt, welche zweifellos die substituierende Gruppe an dem mittleren der drei Stickstoffatome enthalten, das nicht in direkter Bindung mit dem Benzol-Kern steht. Hierdurch wird man genötigt, für das Benzotriazol Formeln in Betracht zu ziehen, welche das Wasserstoffatom des Triazol-Kerns an das mittlere Stickstoffatom gebunden zeigen. Diese Bedingung erfüllen die tricyclische Formel IIa und die chinoide Formel IIb; für beide erscheint die Bezeichnung Benzosotriazol passend (vgl. dazu S. 564).

Ähnliche Struktur-Überlegungen ergaben sich uns bereits an früherer Stelle für das Zweikern-System des Benzopyrazols oder Indazols (vgl. S. 422—423; vgl. auch S. 513 Anthranil).

Es wurde schon S. 561 hervorgehoben, daß Verbindungen, welche sich auf den Stammkern I bzw. IIa oder IIb zurückführen lassen, die am längsten bekannten Triazol-Körper sind. In ihrer Gesamtheit bilden sie eine zahlreiche und sehr wichtige Körpergruppe, für welche Griess 1882 die Klassenbezeichnung „Azimido-Verbindungen" eingeführt hat, weil die in den Benzolkern eingreifende zweiwertige Gruppe N_3H nach Formel I die Vereinigung einer Azogruppe —N=N— mit einer

[1] Zur Konstitution und Geschichte der Benztriazole (Azimide) s.: Griess, B. **15**, 1878 (1882). — Zincke, Lawson, A. **240**, 110 (1887). — Nölting, Abt, B. **20**, 2999 (1887). — Zincke, Arzberger, A. **249**, 350 (1888). — Zincke, Campbell, A. **255**, 339 (1889). — Zincke, A. **291**, 313 (1896). — Zincke, Helmert, J. pr. [2] **53**, 91 (1896). — Morgan, Godden, Soc. **97**, 1702 (1910). — Morgan, Micklethwait, Soc. **103**, 1391 (1913).

Gruppe —NH— darstellt, die früher „Imi*do*" genannt wurde, während man heute im Sinne der Genfer Nomenklatur „Imi*no*" bevorzugt. Die hieraus abgekürzte Bezeichnung „Azimide" wird auch heute noch mehr gebraucht, als die auf den Gesamtbau des Ringsystems hinweisende Bezeichnung „Benzotriazole".

Die am Stickstoff nicht substituierten Azimide — sekundäre Azimide — entstehen allgemein bei der Einwirkung von salpetriger Säure auf *ortho*-Diamine, z. B.:

$$C_6H_4\langle{}^{NH_2}_{NH_2} + {}^{HO}_{O}\rangle N = 2H_2O + C_6H_4\langle{}^{NH}_{N=}\rangle N. \qquad (A)$$

A. W. Hofmann[1] beobachtete das erste Beispiel einer solchen Reaktion 1860 am Nitro-phenylendiamin. Ladenburg[2] zeigte 1876, daß sie ein Charakteristicum der *ortho*-Diamine im Gegensatz zu den *meta*- und *para*-Diaminen ist.

Für Erörterungen über die Konstitution der Azimide brachten erst spätere Arbeiten, unter denen besonders die ergebnisreichen Untersuchungen von Zincke zu nennen sind, ausreichendes Material herbei. In ihnen enthüllte sich eben (vgl. S. 579), daß es zwei Reihen von Azimid-Derivaten gibt, von denen die eine auf die Formel I (S. 579), die andere auf die Formel IIa oder IIb zurückzuführen ist. Für die nicht am Stickstoff substituierten Azimide wird heute in der Literatur fast allgemein die Formulierung gemäß I bevorzugt, ohne daß indes ein stichhaltiger Grund gegen IIa vorgebracht worden ist. Die Formulierung nach IIb kann wegen der Farblosigkeit der Verbindungen als unwahrscheinlich bezeichnet werden.

Daß bei der Reaktion A (s. oben) das durch die salpetrige Säure eingeführte Stickstoffatom einen Ringschluß zwischen den beiden ursprünglichen Stickstoffatomen bewirkt, zeigt der durch Oxydation erfolgende Abbau zu Triazol-dicarbonsäure und Triazol selbst, der im ersten Abschnitt dieses Kapitels bereits besprochen wurde (s. S. 561, 573).

Die Reaktion A läßt sich auf solche Derivate der *ortho*-Diamine ausdehnen, welche ein Wasserstoff-Atom einer Amino-Gruppe durch Alkyl[3], Aryl[4] oder Acyl[5] substituiert enthalten. In diesen Fällen müssen natürlich die entstehenden Produkte ihrer Bildung zufolge Abkömmlinge der Formel I sein, z. B.:

$$CH_3\cdot C_6H_3\langle{}^{NH\cdot C_2H_5}_{NH_2} + {}^{HO}_{O}\rangle N = 2H_2O + CH_3\cdot C_6H_3\langle{}^{N(C_2H_5)}_{N=\!=}\rangle N; \qquad (B)$$

---

[1] A. **115**, 251 (1860). [2] B. **9**, 219 (1876).

[3] Vgl. z. B.: Nölting, Abt, B. **20**, 2999 (1887).

[4] Vgl. z. B.: Jacobson, W. Fischer, B. **25**, 998 (1892). — Täuber, B. **25**, 1023 (1892). — Jacobson, A. **287**, 129 (1895). — Kym, Ringer, B. **48**, 1683 (1915).

[5] Vg. z. B.: Bössneck, B. **19**, 1758 (1886). — Morgan, Micklethwait, Soc. **87**, 75, 81 (1905); **103**, 1391 (1913).

$$C_2H_5\cdot O\cdot C_6H_3\left<\begin{matrix}NH\cdot C_6H_5\\NH_2\end{matrix}\right. + \begin{matrix}HO\\O\end{matrix}\!>\!N = 2H_2O + C_2H_5\cdot O\cdot C_6H_3\left<\begin{matrix}N(C_6H_5)\\N\end{matrix}\right>N; \quad (C)$$

$$C_6H_4\left<\begin{matrix}NH\cdot SO_2\cdot C_6H_5\\NH_2\end{matrix}\right. + \begin{matrix}HO\\O\end{matrix}\!>\!N = 2H_2O + C_6H_4\left<\begin{matrix}N(SO_2\cdot C_6H_5)\\N\end{matrix}\right>N. \quad (D)$$

Nach der auf S. 579 eingetragenen Bezifferung sind sie als *1*-Alkyl-, *1*-Aryl-, *1*-Acyl-Derivate der Benzotriazole zu bezeichnen.

Wenn der Benzolkern substituiert ist, sind für jedes *1*-(*N*-)Derivat zwei strukturisomere Vertreter:

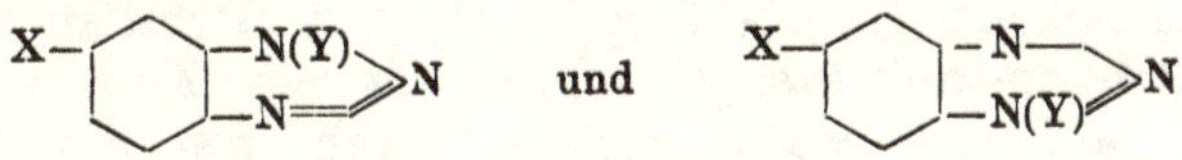

denkbar, die sich von einem und demselben Diamin:

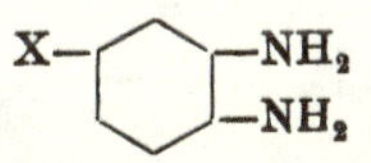

ableiten. Derartige Isomerien sind in mehreren Fällen verwirklicht worden[1]. Sehr interessant ist die Beobachtung von Morgan und Scharff[2], daß von den beiden folgenden, in solchem Verhältnis zueinander stehenden Isomeren:

das zweite sich beim Kochen seiner alkoholischen oder benzolischen Lösung in das erste umlagert. Aus der Leichtigkeit, mit der in diesem Falle die Wanderung eines schweren Säureradikals erfolgt, darf man schließen, daß Wasserstoff, der an seiner Stelle steht, noch viel leichter wandern wird, daß also Azimide:

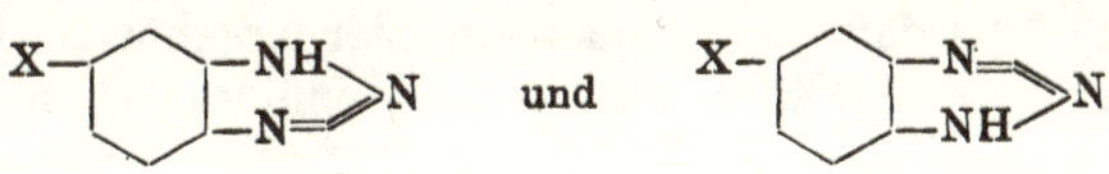

miteinander desmotrop sind.

Die Reihe von Verbindungen, welche auf die Formel IIa bzw. IIb des Benzotriazols (S. 579) zurückgeführt werden müssen, enthält bislang nur Aryl-Derivate. Solche *2*-arylierten Benzotriazole entstehen aus *o*-Amino-azo-Körpern durch Oxydation mit Chromsäure in essigsaurer Lösung[3], z. B.:

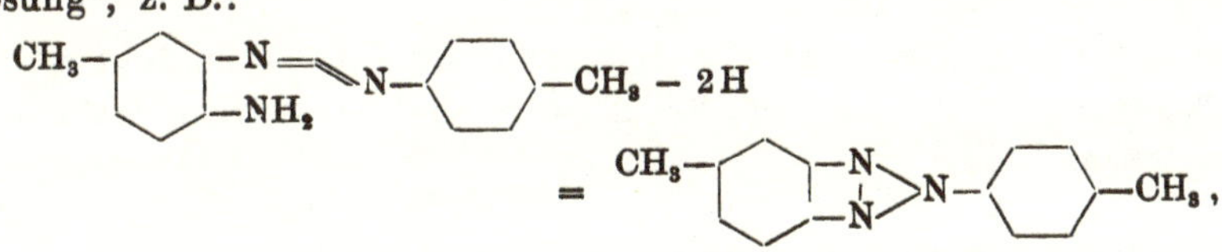

(E)

sowie auch beim Erhitzen[4] gegen 300° (wobei ein Teil des Amino-azo-Körpers in Monamin und Diamin zerfällt).

---

[1] Vgl. z. B.: Zincke, Helmert, J. pr. [2] **53**, 95 (1896).

[2] Soc. **105**, 117 (1914).

[3] Vgl.: Zincke, B. **18**, 3134, 3142 (1885). — Felix H. Witt, B. **45**, 2383 (1912).

[4] Charrier, G. **40**, II, 132 (1910).

Interessant ist auch ihre Bildung aus *o*-Azido-azo-Körpern durch Abspaltung von Stickstoff beim Erhitzen[1]:

$$CH_3\cdot C_6H_3\Big\langle{}^{N:N\cdot C_6H_4\cdot CH_3}_{N_3} - N_2 = CH_3\cdot C_6H_3\Big\langle{}^{N}_{N}\Big\rangle N\cdot C_6H_4\cdot CH_3. \quad \text{(Ea)}$$

Andererseits können sie aus *o*-Nitro-hydrazo-Körpern[2] bzw. *o*-Nitro-azo-Körpern[3] durch Reduktionsvorgänge erhalten werden. So gewinnt man z. B. das 2-Phenyl-5-nitro-benzotriazol, wenn man 2.4-Dinitro-1-brom-benzol mit Phenylhydrazin (bei Gegenwart von Natriumacetat oder Natriumbicarbonat) in Alkohol längere Zeit kocht; das hierbei in erster Phase entstehende 2.4-Dinitro-hydrazobenzol verliert beim Kochen mit Alkohol Wasser und Sauerstoff, welch letzterer einen Teil des Alkohols zu Aldehyd oxydiert:

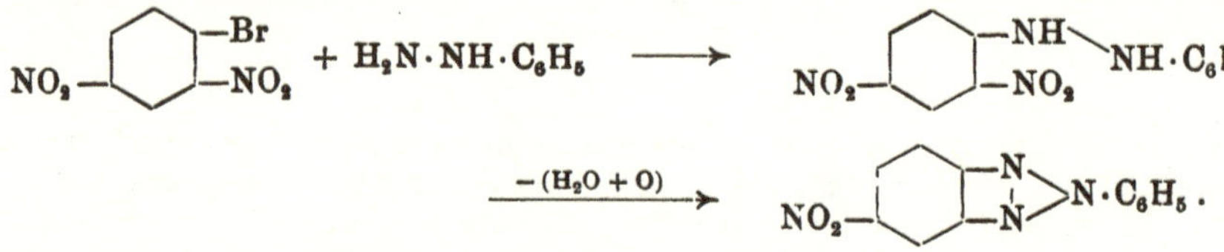

(F)

Über die durch Wasserabspaltung allein aus *o*-Nitro-hydrazo-Körpern sich bildenden Azimidoxyde s. S. 587—588.

Für die Gegenwart des Triazol-Rings in den Verbindungen, die nach den Reaktionen E, Ea und F entstehen, ist zwar ein direkter Beweis noch nicht erbracht. Es erscheint aber eine andere Formulierung als auf Grund von IIa bzw. IIb (S. 579) kaum möglich, wenn man berücksichtigt, daß der einfachste hierhergehörige Körper durch Natrium in Alkohol zu Anilin und *o*-Phenylendiamin gespalten wird[4]:

$$C_6H_4\Big\langle{}^{N}_{N}\Big\rangle N\cdot C_6H_5 + 3H_2 = C_6H_4\Big\langle{}^{NH_2}_{NH_2} + H_2N\cdot C_6H_5. \quad \text{(G)}$$

Die hiernach noch denkbare, an sich wenig wahrscheinliche Formel $C_6H_4\Big\langle{}^{\overset{v}{N}:N\cdot C_6H_5}_{\ddot{N}}$ mit einem fünfwertigen Stickstoffatom kann wohl im Hinblick auf die außerordentliche Beständigkeit der Verbindungen (vgl. 2-Phenyl-benzotriazol auf S. 585, 2-Tolyl-5-methyl-benzotriazol auf S. 586) außer Betracht bleiben.

---

[1] Zincke, Lawson, B. **19**, 1456 (1886).

[2] Vgl.: Willgerodt, Hermann, J. pr. [2] **40**, 252 (1889). — Kehrmann, Messinger, B. **25**, 898 (1892). — Willgerodt, J. pr. [2] **40**, 264 (1889); **46**, 128 (1892); **55**, 389 (1897). — Willgerodt, H. Klein, J. pr. [2] **60**, 97 (1899). — Willgerodt, Lindenberg, J. pr. [2] **71**, 402 (1905). — Borsche, Bahr, A. **402**, 97, 99 (1914).

[3] Elbs, Keiper, J. pr. [2] **67**, 580 (1903). — Grandmougin, J. pr. [2] **76**, 134 (1907).

[4] Gattermann, Wichmann, B. **21**, 1635 (1888).

Für die **Nomenklatur** der einzelnen Azimide und Azimid-Derivate empfiehlt es sich am meisten, sie als Benzotriazol-Körper aufzufassen und die Stellung der Substituenten nach der S. 579 in I und IIa eingetragenen Bezifferung[1] anzugeben. Gebräuchlicher sind allerdings heute noch in der Literatur Namen, welche die Azimide als Produkte des Austausches von zwei Benzol-Wasserstoffatomen gegen die Azimino- (Azimido-)Gruppe N_3H erscheinen lassen[2], z. B.:

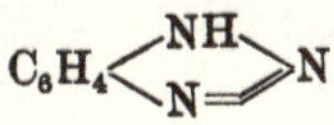 : Azimino-benzol oder *o*-Phenylen-azimid.

Die beiden Reihen von *N*-Derivaten (**tertiäre Azimide**) pflegt man als **Azimide und Pseudo-azimide**[3]:

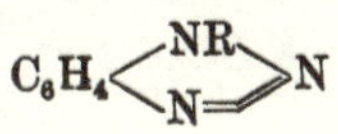 (Azimide),  (Pseudo-azimide)

zu unterscheiden, während sie bei der Ableitung vom Benzotriazol-Schema einfach als *1*- und *2*-Derivate auseinandergehalten werden[4].

Aus dem **Verhalten** der Benzotriazole ist zunächst ihre außerordentliche **Beständigkeit** hervorzuheben. Sowohl diejenigen, welche im Triazol-Kern nicht substituiert sind, wie die 1-Alkyl- und 2-Aryl-Derivate destillieren bei hohen Temperaturen unzersetzt; bei den meisten 1-Aryl-Derivaten erfolgt freilich durch Destillation (oberhalb 300°) Abspaltung von zwei Dritteln des Stickstoffs, wobei Carbazole entstehen[5], wie schon S. 336 durch eine Gleichung erläutert wurde. Mit Mineralsäuren können alle Benzotriazole unter Druck erhitzt werden, ohne Zersetzung zu erleiden. Auch starken Reduktionsmitteln leisten sie Widerstand. Daß indessen durch Oxydation der Benzol-Kern aufgespalten werden kann, wissen wir bereits aus der Bildung der Triazol-dicarbonsäure (S. 561, 573).

Während der basische Charakter bei allen Benzotriazolen — ebenso wie bei den einkernigen Triazolen (vgl. S. 565) — nur schwach ausgesprochen ist, besitzen diejenigen Benzotriazole, welche im Triazol-Kern nicht substituiert sind, deutliche Säurenatur[6]; sie bilden Metallsalze wie $CH_3 \cdot C_6H_3 : N_3Na$, $CH_3 \cdot C_6H_3 : N_3Ag$ usw. Enthalten sie im Benzol-Kern negative Substituenten, so lösen sie sich leicht in Ätzalkalien (z. B. $Br \cdot C_6H_3 : N_3H$).

[1] Über eine andere Bezifferung, welche der Regel Nr. 3 auf S. 35 widerspricht, s. Fries, A. **389**, 310 Anm. (1912).

[2] Vgl. Zincke, Lawson, A. **240**, 115 Anm. (1887).

[3] Zincke, Campbell, A. **256**, 341 (1889).

[4] Zur Nomenklatur vgl. auch Kehrmann, Messinger, B. **25**, 901 (1902).

[5] Gräbe, Ullmann, A. **291**, 16 (1896). — Ullmann, B. **31**, 1697 (1898). A. **332**, 82 (1904). — Delétra, Ullmann, C. **1904**, I, 1568. — Vgl. auch Borsche, Rantscheff, A. **379**, 168, 169 Anm. (1911).

[6] Vgl.: Zincke, Lawson, A. **240**, 115, 117 (1887). — Nölting, Abt, B. **20**, 3001 (1887). — Zincke, Arzberger, A. **249**, 362 (1888).

Wenn man auf die Metallsalze Alkylhalogenide wirken läßt, so entstehen 1-Alkyl-Derivate[1]. Diese vereinigen sich mit 1 Mol. Alkylhalogenid zu Verbindungen, welche den Charakter der quartären Ammoniumsalze zeigen[2] (Azammoniumsalze), z. B. $CH_3 \cdot C_6H_3 : N_3(CH_3)_2I$. Auch die 1-Aryl-benzotriazole addieren Alkyljodid zu Azammonium-Verbindungen[3], während den 2-Aryl-benzotriazolen (*N*-Aryl-pseudoazimiden) diese Fähigkeit abgeht[4].

Auch bei der Acylierung der im Triazol-Kern unsubstituierten Azimide tritt das Acyl an eines der äußeren Stickstoff-Atome. Bei der Acetylierung von 5-Methylbenzotriazol mit Acetylchlorid oder Essigsäureanhydrid werden die beiden Stellungsisomeren:

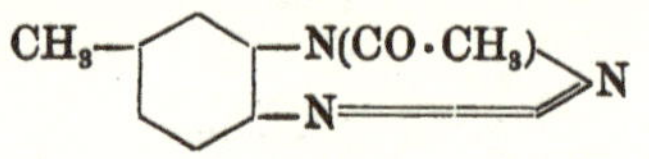
und
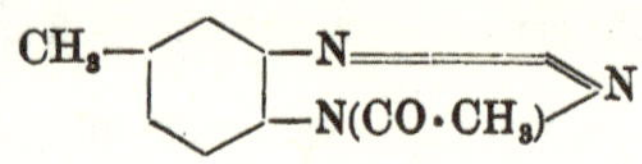

gebildet[5] (vgl. dazu S. 581).

Wie alle aus einem Benzol-Kern und einem heterocyclischen Kern orthokondensierten Systeme, so kann auch das Benzotriazol mit dem Naphthalin verglichen werden (vgl. S. 23—24, 26, 136, 434). Die Verfolgung dieser Parallele[6] hat in der Tat bemerkenswerte Ähnlichkeiten für Fälle ergeben, in denen der Benzol-Kern der Azimide analog substituiert ist, wie bei den zum Vergleich herangezogenen Naphthalin-Körpern ein Benzol-Kern des Naphthalin-Systems. So sind z. B. die folgenden beiden Verbindungen:

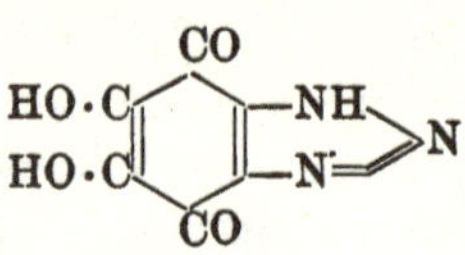
(6.7-Dioxy-benztriazol-chinon-[4.8]) und
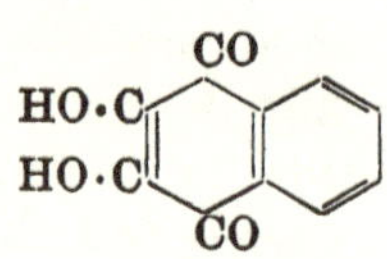
(Isonaphthazarin, vgl. Bd. II, Tl. II)

äußerlich kaum voneinander zu unterscheiden. Besonders hervorzuheben ist, daß das 5-Oxy-4.7-dimethyl-benztriazol (Formel III, s. u.) mit Diazokörpern nicht kuppelt, in seinem Verhalten sich also dem 2-Oxy-1-methyl-naphthalin (IV) an die Seite stellt und in Gegensatz zu den ein-

III)
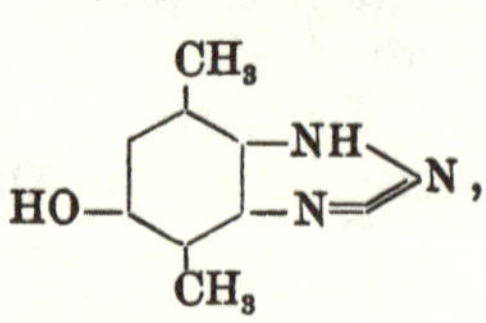
IV)
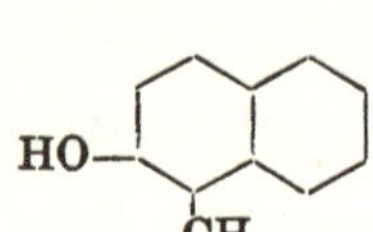

[1] Vgl. Nölting, Abt, B. **20**, 3002 (1887).

[2] Vgl. Zincke, Lawson, A. **240**, 121 (1887).

[3] Vgl. z. B. Jacobson, W. Fischer, B. **25**, 1004 (1892). — Vgl. auch Nietzki, Raillard, B. **31**, 1460 (1898).

[4] Zincke, Campbell, A. **255**, 341 (1889).

[5] Zincke, Lawson, A. **240**, 118 (1887). — Morgan, Micklethwait, Soc. **103**, 1391 (1913).

[6] Vgl.: Zincke, A. **311**, 277 (1900); **313**, 251 (1900); **370**, 297 (1909). — Fries A. **389**, 305 (1912).

kernigen Phenolen der Benzol-Reihe, welche noch eine Orthostelle zum Hydroxyl unbesetzt enthalten.

Der Stammkörper der Gruppe — das **Benzo-1.2.3-triazol**[1] (Benztriazol, Phentriazol, Azimino-benzol) $C_6H_4:N_3H$ — ist bisher nur wenig untersucht worden. Es krystallisiert aus einem Gemisch von Benzol und Toluol in weißen perlmutterglänzenden Nadeln und schmilzt bei 99—100°.

1-Methyl-benzotriazol[2] 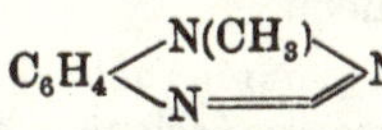 schmilzt bei 64—65° und siedet bei 270—271°. — 1-Phenyl-benzotriazol[3] schmilzt bei 89—90°. — 2-Phenyl-benzotriazol[4] (Phenyl-pseudoaziminobenzol, *N*-Phenyl-benzosotriazol) 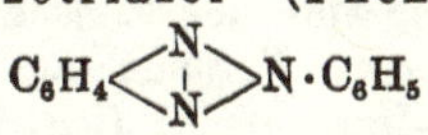 schmilzt bei 109·5°, ist unzersetzt destillierbar und bleibt auch bei der Destillation über Zinkstaub unverändert.

2-Phenyl-5-nitro-benztriazol[5] — Bildung s. Formelreihe F auf S. 582 — krystallisiert aus Alkohol in hellgelben Nadeln und schmilzt bei 178°.

Unter allen sekundären Aziminen ist am eingehendsten gekennzeichnet das **5- (bzw. 6-)Methyl-benzotriazol**[6] (3.4-Azimino-toluol) $CH_3 \cdot C_6H_3:N_3H$. Es liegt dies daran, daß das 3.4-Diamino-toluol, aus dem es durch Einwirkung von Alkalinitrit auf die saure wäßrige Lösung gewonnen wird, das am leichtesten zugängliche Orthodiamin der Benzolreihe ist. Das Azimino-toluol schmilzt bei 83—84°, siedet bei 323° fast ohne Zersetzung und löst sich leicht in Alkohol und heißem Toluol, ziemlich leicht in heißem Wasser, nur wenig in heißem Benzol. Von konzentrierter Salzsäure wird es sehr leicht aufgenommen; das beim Verdampfen dieser Lösung sich abscheidende salzsaure Salz wird aber durch Wasser zerlegt. Mit Platinchlorid fällt aus der salzsauren Lösung das Platindoppelchlorid $(C_7H_7N_3, HCl)_2PtCl_4$, das in schönen gelben

---

[1] Ladenburg, B. **9**, 221 (1876). — Griess, B. **15**, 2195 (1882). — Nietzki, Braunschweig, B. **27**, 3383 (1894).

Über *Bz*-Amino-Derivate vgl.: Nietzki, Prinz, B. **26**, 2956 (1893). — Pinnow, Koch, B. **30**, 2852 (1897). — Zincke, A. **311**, 291 (1900); **370**, 302 (1909). — Kehrmann, B. **37**, 3581 (1904). — Ley, v. Engelhardt, B. **41**, 2509 (1908). — Bayer & Co., D.R.P. 234966 (C. **1911**, II, 113). — Fries, E. Roth, A. **389**, 335 (1912). — Kym, Ringer, B. **48**, 1671 (1915).

Über Aziminophenyl-arsinsäure s. Bertheim, B. **44**, 3096 (1911).

[2] Reissert, B. **47**, 675 (1914).

[3] Schöpff, B. **23**, 1843 (1890). — Gräbe, Ullmann, A. **291**, 16 (1896).

[4] Gattermann, Wichmann, B. **21**, 1633 (1888). — Kehrmann, Messinger, B. **25**, 901 (1892). — Bamberger, R. Hübner, B. **36**, 3824 (1903). — Grandmougin, J. pr. [2] **76**, 134 (1907). — Felix H. Witt, B. **45**, 2383 (1912).

[5] Willgerodt, Ferko, J. pr. [2] **37**, 352 (1888). — Willgerodt, Hermann, J. pr. [2] **40**, 252 (1889); **42**, 126 (1890). — Kehrmann, Messinger, B. **25**, 898 (1902). — Willgerodt, J. pr. [2] **46**, 128 (1892).

[6] Ladenburg, B. **9**, 219 (1876). — Bössneck, B. **19**, 1759 (1886). — Zincke, Lawson, A. **240**, 115 (1887). — Nölting, Abt, B. **20**, 3001 (1887). — Leuckart, J. pr. [2] **41**, 325 (1890). — Bladin, B. **26**, 545, 2736 (1893). — Mixter, Am. **17**, 452 (1895).

Prismen krystallisiert. Das durch Lösen in alkoholischem Natron erhältliche Natriumsalz $C_7H_6N_3Na$ bildet glänzende Nädelchen, ist in Alkohol löslich, wird durch Äther aus der alkoholischen Lösung gefällt und löst sich in Wasser ziemlich schwer unter partieller Zersetzung. Beim Erhitzen des Azimino-toluols mit Salzsäure auf 160° findet keine wesentliche Zersetzung statt. In warmer alkalischer Lösung wird es von Kaliumpermanganat zu Benzotriazol-monocarbonsäure und Triazol-dicarbonsäure (S. 573) oxydiert.

2-p-Tolyl-5-methyl-benzotriazol[1] — Bildung s. in Formelreihe E auf S. 581 — stellt farblose Blättchen dar, schmilzt bei 125—126°, ist unzersetzt destillierbar und löst sich leicht in heißem Alkohol. Es kann in alkoholischer Lösung mit Zinnchlorür, mit Jodwasserstoffsäure, mit Essigsäure und Zinkstaub, sowie mit Kali und Zinkstaub andauernd gekocht werden, ohne daß Veränderung bemerkbar ist.

Interessant ist die Bildung des **1-Phenyl-benzotriazol-chinons-(4.7)**[2] (*N*-Phenylazimino-benzochinon) bei der Reaktion zwischen gewöhnlichem Chinon und Phenyl-azid in warmem Benzol:

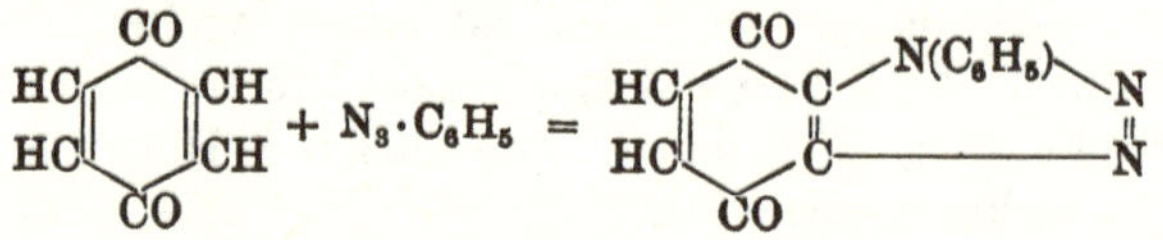

(H)

über weitere Produkte dieser Reaktion s. S. 589—590. Als Triazol-Körper wird die Verbindung dadurch gekennzeichnet, daß sie durch Oxydation sich in 1-Phenyl-triazol-dicarbonsäure-(4.5) (S. 574) überführen läßt. Sie krystallisiert aus heißem Aceton in goldgelben glänzenden Blättchen, beginnt bei 174° zu sintern und schmilzt einige Grade höher unter Gasentwickelung. Durch Reduktion mit Zinkstaub in Essigsäure liefert sie das entsprechende farblose Hydrochinon, das durch Kaliumdichromat in Eisessig wieder zum Phenylazimino-chinon oxydiert wird.

Benzotriazol-carbonsäuren[3] $HO_2C \cdot C_6H_3 : N_3H$ wurden aus Diamino-benzoesäuren durch salpetrige Säure, sowie aus Azimino-toluol durch Oxydation (vgl. oben) erhalten.

Eine bemerkenswerte Gruppe von Benzotriazol-Abkömmlingen ist dadurch gekennzeichnet, daß ein Sauerstoff-Atom mit Stickstoff des Triazol-Kerns verbunden ist. Hierher gehören zunächst die Azimidole, deren erster Vertreter von Nietzki und Braunschweig[4]

---

[1] Zincke, B. **18**, 3142 (1885). — Zincke, Lawson, B. **19**, 1456 (1886). — Michaelis, G. Erdmann, B. **28**, 2200 (1895).

[2] L. Wolff, A. **394**, 70, 74 (1912). — S. ferner über Chinone, Chinole, Chinitrole u. dgl. der Benztriazol-Reihe: Zincke, A. **311**, 277 (1900); **313**, 251 (1900); **370**, 297 (1909). — Fries, A. **389**, 315, 318, 345, 367 (1912).

[3] Vgl.: Griess, B. **2**, 436 (1869); **15**, 1878, 2198 (1882). J. pr. [2] **5**, 238 (1872). — Bladin, B. **26**, 2736 (1893). — Zincke, A. **291**, 313 (1896). — Keller, Ar. **246**, 39 (1908).

[4] B. **27**, 3381 (1894).

entdeckt worden ist. Sie entstehen allgemein aus [*o*-Nitro-aryl]-hydrazinen durch Wasserabspaltung bei der Einwirkung von Alkalien in gelinder Wärme (zuweilen schon in der Kälte), z. B.:

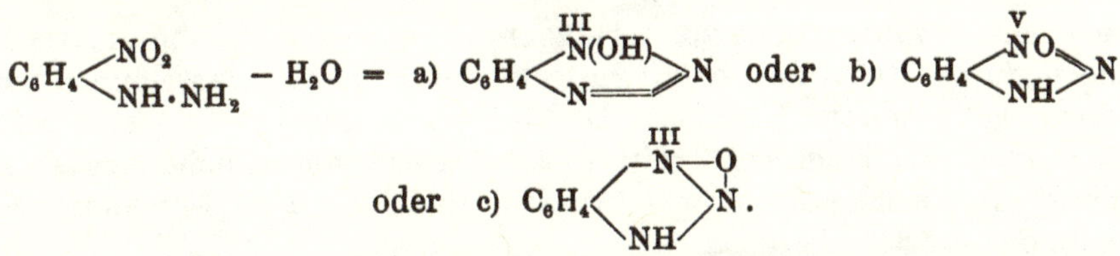

(I)

Dadurch, daß sie durch Reduktion in sekundäre Azimide übergehen, sind sie als Benzotriazol-Körper gekennzeichnet. Wegen ihrer stark sauren Natur bevorzugt man in der Literatur die Formulierung als *N*-Oxy-azimide gemäß a). Ihre Indifferenz gegen Essigsäureanhydrid könnte man für die Auffassung als Azimid-*N*-oxyde gemäß b) oder c) geltend machen.

Phenylen-azimidol[1,2] (Benzol-azimidol, 1-Oxy-1.2.3-benzotriazol oder Benztriazol-*N*-oxyd), dessen Entstehung in Gleichung I (s. o.) wiedergegeben ist, krystallisiert aus heißem Wasser in langen weißen Nadeln, schmilzt bei 157°, löst sich leicht in heißem, wenig in kaltem Wasser, kaum in Äther und Benzol und bildet mit Alkalien leicht lösliche Salze. Das Bleisalz $(C_6H_4ON_3)_2Pb$ krystallisiert aus heißem Wasser in farblosen Blättchen und verpufft bei 270°. Das Phenylen-azimidol ist eine so starke Säure, daß es beim Kochen Rohrzucker rasch invertiert. Beim Erhitzen mit Jodwasserstoffsäure auf 140—150° wird es zu Benzotriazol (S. 585) reduziert. Alkalische Kaliumpermanganat-Lösung oxydiert zu 1-Oxy-triazol-dicarbonsäure (S. 574).

Sodann sind hier die *N*-Aryl-[pseudoazimid-*N*-oxyde][3] (Az-nitroso-Verbindungen) aufzuführen, von denen namentlich Willgerodt eine große Zahl kennen gelehrt hat. Für sie kommen vorzugsweise die Formulierungen:

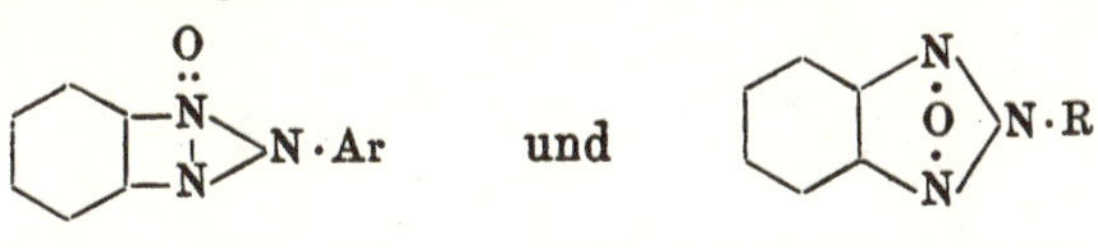

in Betracht. Sie entstehen aus *o*-nitrierten Hydrazoverbindungen durch Wasserabspaltung beim Kochen mit Eisessig, z. B.:

---

[1] Nietzki, Braunschweig, B. **27**, 3381 (1894).

[2] Zincke, Schwarz, A. **311**, 329 (1900).

Über *Bz*-Nitro-Derivate s.: Curtius, M. Mayer, J. pr. [2] **76**, 237, 369, 385 (1907). — Spiegel, B. **41**, 886 (1908). — Borsche, Rantscheff, A. **379**, 172 (1911). — Borsche, Fiedler, B. **46**, 2124, 2129 (1913).

[3] Vgl.: Willgerodt, Hermann, J. pr. [2] **40**, 254 (1889); **42**, 126 (1890). — Willgerodt, J. pr. [2] **46**, 136 (1892); **55**, 382, 392 (1897). — Willgerodt, H. Klein, J. pr. [2] **60**, 104 (1899) — Willgerodt, Herzog, J. pr. [2] **71**, 388, 391, 396 (1905). — Willgerodt, Lindenberg, J. pr. [2] **71**, 401, 404, 407 (1905). — Grandmougin, B. **39**, 3929 (1906). — Grandmougin, Guisan, B. **40**, 4206 (1907). — Valori, R.A.L. [5] **21**, I, 795 (1912).

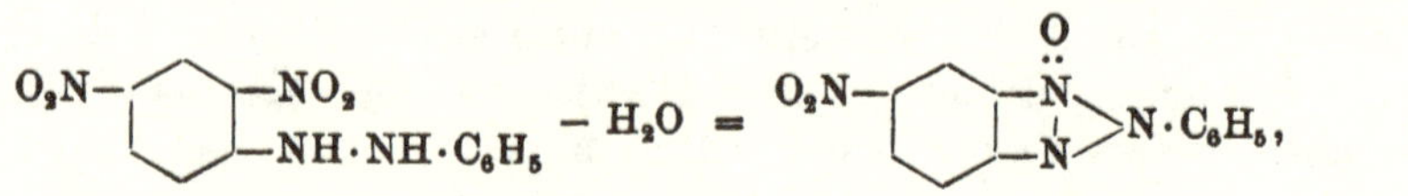 (K)

ferner aus *o*-nitrierten Azoxyverbindungen und *o*-nitrierten Azoverbindungen durch Reduktion mit Schwefelnatrium, Schwefelammonium oder hydroschwefligsaurem Natrium. Durch weitere Reduktion — eine solche findet schon bei längerem Erhitzen mit Alkohol, sowie beim Kochen mit Kaliumjodid in Eisessig statt — werden sie in die 2-Aryl-pseudoazimide (vgl. S. 581—583) übergeführt.

Die einfachste Verbindung dieser Art — **2-Phenyl-[benzotriazol-*N*-oxyd]**[1] (*N*-Phenyl-aznitrosobenzol, *N*-Phenyl-pseudo-aziminobenzol-*N*-oxyd) $C_6H_4:N_3(O)\cdot C_6H_5$ — wurde schon 1860 von ZININ aus *o*-Nitro-azoxybenzol durch Behandlung mit Schwefelammonium erhalten; in ihr liegt also der am längsten bekannte Triazol-Körper vor. Doch wurde ihre Konstitution erst 1899 von WERNER und STIASNY erkannt. Sie krystallisiert aus Ligroin in weißen Nadeln, schmilzt bei 88·5°, ist in konzentrierter Salzsäure löslich und durch Wasser wieder fällbar. Von Zinnchlorür in Salzsäure wird sie leicht zu 2-Phenyl-benzotriazol (S. 585) reduziert.

IV. Weitere kondensierte Triazol-Systeme.

In analoger Weise wie aus *o*-Diaminen, *o*-Amino-azo-Körpern, orthonitrierten Hydrazo-, Azo-Verbindungen der Benzol-Reihe Benzotriazole bzw. deren Abkömmlinge entstehen (vgl. S. 580—588), bilden sich **Naphthotriazole**[2] oder Abkömmlinge von solchen aus entsprechenden Naphthalin-Körpern. Zwei Stammkörper sind hier zu unterscheiden:

I) 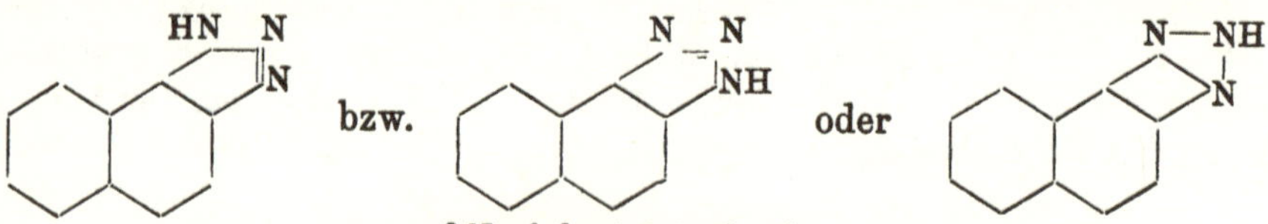

α,β-Naphtho-1.2.3-triazol

II) 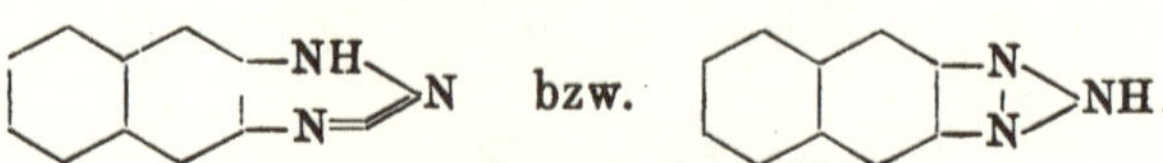

β,β-Naphtho-1.2.3-triazol

---

[1] ZININ, A. **114**, 222 (1860). — WERNER, STIASNY, B. **32**, 3262, 3271 (1899). — BAMBERGER, R. HÜBNER, B. **36**, 3822 (1903). — GRANDMOUGIN, J. pr. [2] **76**, 134 (1907).

[2] Vgl.: ZINCKE, B. **18**, 3136 (1885). — ZINCKE, CAMPBELL, A. **255**, 339 (1889). — MELDOLA, HUGHES, Soc. **59**, 378 (1891). — O. N. WITT, CHR. SCHMIDT, B. **25**, 1017 (1892). — O. N. WITT, G. SCHMIDT, B. **27**, 2375 (1894). — MICHAELIS, G. ERDMANN, B. **28**, 2202 (1895). — ZINCKE, NOACK, A. **295**, 25 (1897). — JACOBSON, TURNBULL, B. **31**, 901 (1898). — ÖHLER, D.R.P. 107498 (C. **1900**, I, 888); 119901 (C. **1901**, I, 1026); 124789 (C. **1901**, II, 1105). — GESELLSCH. F. CHEM. IND. in Basel, D.R.P. 146375 (C. **1903**, II, 1402). — KALLE & Co., D.R.P. 148011 (C. **1904**, I, 413). — ULLMANN, A. **332**, 101 (1904). — AKT.-GES. F. ANILINFABR., D.R.P. 170477 (C. **1906**, II, 186); 170513 (C. **1906**, II, 726). — MORGAN, GODDEN, Soc. **97**, 1702 (1910). — CHARRIER, G. **40**, II, 132 (1910). — GRIESHEIM-ELEKTRON, D.R.P. 245973 (C. **1912**, I,

Als Beispiel sei nur das 2.3-Azimino-naphthalin[1] (Formel II, s. S. 588) erwähnt, das aus 2.3-Diamino-naphthalin durch salpetrige Säure (analog Gleichung A auf S. 580) erhalten wird und auch beim Kochen von 2.3-Dihydrazino-naphthalin mit 20-proz. Salzsäure entsteht:

$$C_{10}H_6{<}\begin{matrix}NH\cdot NH_2\\ NH\cdot NH_2\end{matrix} = C_{10}H_6{<}\begin{matrix}NH\\ N{=}\end{matrix}{>}N + NH_3 + H_2.$$

Es krystallisiert aus Wasser in weißen Nadeln und schmilzt bei 187°; sein gelbes salzsaures Salz wird durch Wasser unter Entfärbung dissoziiert.

Die *naphthalinartige Kondensation zweier Triazol-Kerne* ist in dem **2-Phenyl 4.5-azimino-1.2.3-triazol**[2] verwirklicht, dessen Bildung schon S. 569 in Gleichung P erläutert wurde. Dieser interessante Stoff krystallisiert aus Wasser in farblosen Nadeln, bräunt sich beim Erhitzen auf 130—140° und verpufft unter Schmelzen zu einer schwarzen Masse bei 147°. Er zeigt nicht die große Beständigkeit, welche die Azimide der Benzol-Reihe auszeichnet (vgl. S. 583). Zwar wird er durch kalte verdünnte Mineralsäuren nicht verändert; aber beim Kochen mit Salzsäure ist sofort Rückbildung der Amino-diazonium-Verbindung nachweisbar, aus welcher er sich nach der zitierten Gleichung P bildet. Sehr glatt erfolgt diese Aufspaltung des einen Triazol-Kerns durch Acetylchlorid im Sinne folgender Gleichung:

$$\begin{matrix}N:N\text{——}HN\\ C\text{————}C\\ N\cdot(C_6H_5)N\cdot N\end{matrix} + CH_3\cdot COCl = \begin{matrix}N_2Cl\quad NH\cdot CO\cdot CH_3\\ C\text{————}C\\ N\cdot(C_6H_5)N\cdot N\end{matrix}.$$

Zwei Triazol-Kerne mit einem zwischen ihnen befindlichen Benzol-Kern kondensiert[3] findet man z. B. in zwei Verbindungen $C_{18}H_{10}O_2N_6$, die bei der Reaktion zwischen Phenyl-azid und Benzochinon neben *N*-Phenyl-azimino-benzochinon (s. Gleichung H auf S. 586) und einer Verbindung $C_{18}H_{14}O_2N_4$ entstehen und als Benzo-bis-triazol-Derivate der folgenden Struktur:

III) 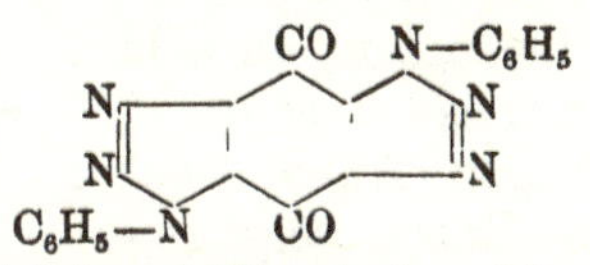 und IV) 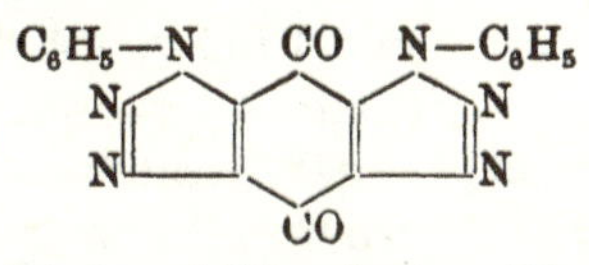

α-Diphenyl-[bisazimino-chinon] β-Diphenyl-[bisazimino-chinon]

1599); 273443 (C. **1914**, I, 1718). — L. Wolff, A. **399**, 274 (1913). — Morgan, Micklethwait, Soc. **103**, 71 (1913). — Kehrmann, Oulevay, Regis, B. **46**, 3717 (1913). — Ferreri, G. **44**, I, 632 (1914).

Über Anthratriazol-Derivate s.: Griesheim-Elektron, D.R.P. 250274 (C. **1912**, II, 884); 253088 (C. **1912**, II, 1855). — Ullmann, Illgen, B. **47**, 382 (1914).

[1] P. Friedländer, v. Zakrzewski, B. **27**, 765 (1894). — Franzen, J. pr. [2] **76**, 210, 218 (1907).

[2] Thiele, Schleussner, A. **295**, 132, 152 (1897).

[3] Vgl. auch: Nietzki, Prinz, B. **26**, 2960 (1893). — Fries, E. Roth, A. **389**, 337 (1912). — Fries, Empson, A. **389**, 349 (1912).

aufzufassen sind[1]. Die α-Verbindung (III) krystallisiert aus kochendem Benzoesäureester in farblosen Täfelchen, bräunt sich bei 320°, schmilzt bei etwa 340° und spaltet sich durch warme Natronlauge glatt in (2 Mol.) 1-Phenyl-triazol-carbonsäure-(4). Die β-Verbindung (IV) krystallisiert aus einem Gemisch von Aceton und Benzol in eigelben Nadeln, schmilzt bei 280—285° unter Gasentwickelung und gibt mit Natronlauge die Monocarbonsäure des Diphenyl-ditriazolyl-ketons (s. Formelreihe D auf S. 578), welche weiter durch Oxydation in 1-Phenyl-triazol-dicarbonsäure-(4.5) übergeht.

Auch *orthokondensierte Systeme aus einem Triazol-Kern und einem anderen heterocyclischen Kern* sind bekannt. So liefert das α-Oxim-β-phenylhydrazon des Thionaphthenchinons bei Behandlung seiner *O*-Acylderivate mit Natronlauge das ***N*-Phenyl-[thionaphthen-osotriazol]**[2]:

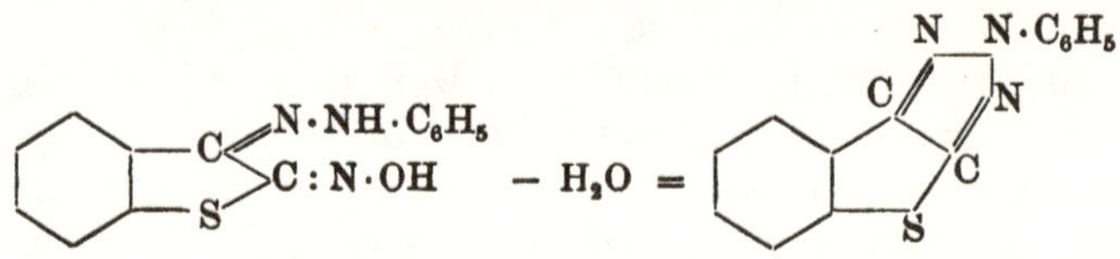

Zweiundzwanzigstes Kapitel.

1.2.4-Triazol-Körper.

(Einkernige 1.2.4-Triazol-Körper [1.2.4-Triazol, seine *N*-Derivate und Homologen, *C*-Halogen-, Amino-, Azo-, Hydrazo- und Diazo-triazole, Urazol und andere Oxo-Derivate, Mercapto-triazole, Carbonsäuren usw.]. — Mehrkernige nichtkondensierte 1.2.4-Triazol-Körper [Bis-triazolyle, *C*-arylierte Triazole, Triazolyl-pyrrol-Derivate]. — Mehrkernige kondensierte 1.2.4-Triazol-Körper [„Thiazol-triazol", Guanazo-guanazol, Endoimino-triazoline]).

Die ersten Synthesen[3] von Derivaten des 1.2.4-Triazols wurden 1885 von Bladin und 1889 von Andreocci aufgefunden; diese beiden Forscher entdeckten auch — unabhängig voneinander arbeitend — 1891 den Stammkörper der Gruppe[4]. Zum späteren Ausbau haben besonders Untersuchungen von Pellizzari und von Busch beigetragen.

---

[1] L. Wolff, A. **394**, 70, 79ff. (1912); **399**, 287 (1913).

[2] Auwers, A. **381**, 285, 298 (1911).

Triazol mit Pyrazol kondensiert: Michaelis, Klopstock, A. **354**, 112 (1907). — Michaelis, Schäfer, A. **407**, 269 (1915).

Benzotriazol mit Imidazol kondensiert: Kym, Ratner, B. **45**, 3249, 3250 (1912). — Fries, E. Roth, A. **389**, 337 (1912).

Triazol mit Isoxazol kondensiert: Wieland, Gmelin, A. **375**, 304 (1910).

[3] Bladin, B. **18**, 1544 (1885); **19**, 2598 (1886). — Andreocci, R. A. L. [4] **5**, II, 115 (1889); [4] **6**, II, 209 (1890). — Vgl. dazu: Bamberger, de Gruyter, B. **26**, 2385 (1893). — Widman, B. **26**, 2617 (1893).

[4] Andreocci, B. **25**, 225 (1892). — Bladin, B. **25**, 741 (1892).

Wie das 1.2.3-Triazol (vgl. S. 559, 563), kann auch das 1.2.4-Triazol in drei desmotropen Formen[1] gedacht werden:

I) 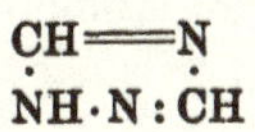, II) 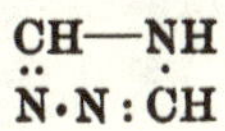, III) 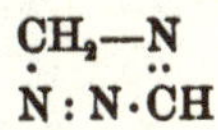.

N-Derivate kennt man sowohl vom Typus I, wie vom Typus II; geminale *C*-Derivate, welche sich nur von der Formel III ableiten lassen würden, sind nicht bekannt.

Für die Bezifferung wählen wir entsprechend Regel Nr. 2 auf S. 35 das Schema:

IV) 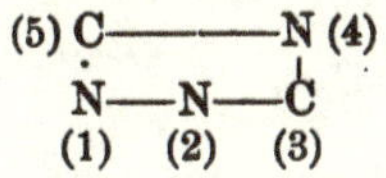.

Auch in diesem Falle wird in der Literatur leider vielfach mit der Bezifferung des Stammkerns gewechselt (vgl. S. 564), je nachdem es sich um Derivate handelt, welche an einem der beiden zusammenhängenden Stickstoffatome oder an dem isolierten Stickstoffatom substituiert sind:

IVa) 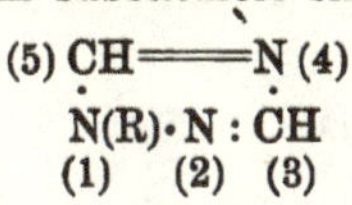, IVb) 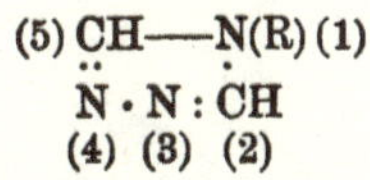.

Man beginnt also die Zählung an demjenigen Stickstoffatom, welches den Substituenten trägt, und kommt damit zu dem die Übersicht erschwerenden Ergebnis, die Verbindungen vom Typus IVa) als *1.2.4*-Triazol-, diejenigen vom Typus IVb) aber als *1.3.4*-Triazol-Derivate zu bezeichnen.

I. Einkernige 1.2.4-Triazol-Körper.

Die Bildungsweisen der 1.2.4-Triazol-Körper nehmen ihren Ausgang meist von organischen Derivaten des Hydrazins. Vorangestellt sei die Umwandlung von sekundären Säurehydraziden (Diacyl-hydrazine, vgl. Bd. I, Tl. I, S. 627) durch Chlorzink-Ammoniak[2] oder Amine[3], z. B.:

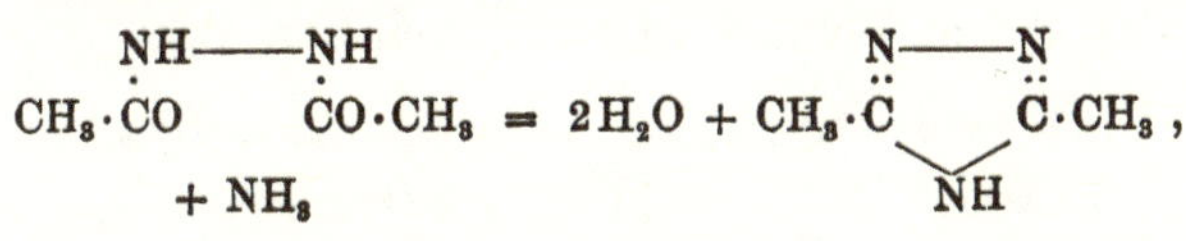 (A)

weil diese Reaktion dem Pyrrol-Ringschluß aus 1.4-Diketonen (vgl. S. 45, 148) ganz analog ist und demnach besonders deutlich macht, daß das zustande kommende Ringsystem ein Pyrrol-Ring ist, in dem an Stelle von zwei benachbarten CH-Gliedern sich zwei Stickstoffatome befinden.

---

[1] Vgl.: Andreocci, G. **29**, II, 15 (1899). — Pellizzari, R. A. L. [5] **10**, II, 297 (1901). G. **41**, II, 21, 36 (1911).

[2] Stollé, B. **32**, 797 (1899). J. pr. [2] **68**, 130, 142 (1903).

[3] Pellizzari, Massa, R. A. L. [5] **10**, I, 365 (1901). — Pellizzari, Alciatore, R. A. L. [5] **10**, I, 447 (1901). — Vgl. dazu: Busch, Schneider, J. pr. [2] **89**, 312 (1914). — Busch, J. pr. [2] **89**, 552 (1914).

Viel häufiger angewandt wurde aber eine von PELLIZZARI[1] ausgearbeitete, sehr variationsfähige Methode, welche darin besteht, daß man primäre Acyl-hydrazine (bzw. ihre Monoalkyl- oder Monoaryl-Derivate) mit Säureamiden (Säureaniliden usw.) erhitzt, z. B.:

$$\begin{array}{l}NH\cdot NH_2\\ HCO\end{array} + \begin{array}{l}CHO\\ NH_2\end{array} = 2H_2O + \begin{array}{l}NH\cdot N:CH\\ HC{=\!=\!=}N\end{array}; \qquad (B)$$

$$\begin{array}{l}NH\cdot NH\cdot C_6H_5\\ HCO\end{array} + \begin{array}{l}CHO\\ NH_2\end{array} = 2H_2O + \begin{array}{l}N\cdot N(C_6H_5)\cdot CH\\ HC{-\!-\!-\!-}N\end{array}; \qquad (C)$$

$$\begin{array}{l}NH\cdot NH_2\\ CH_3\cdot CO\end{array} + \begin{array}{l}CO\cdot CH_3\\ NH\cdot C_6H_5\end{array} = 2H_2O + \begin{array}{l}N\cdot N:C\cdot CH_3\\ CH_3\cdot C{-\!-\!-}N\cdot C_6H_5\end{array}. \qquad (D)$$

Zuweilen schon in der Kälte und in wäßriger Lösung erfolgt Triazol-Bildung bei der Einwirkung von salzsaurem Semicarbazid auf sekundäre Säureamide[2], z. B.:

$$\begin{array}{l}H_2N\cdot CO\cdot NH\cdot NH_2\\ +\ CH_3\cdot CO\cdot NH\cdot CO\cdot CH_3\end{array} \longrightarrow \left[\begin{array}{l}H_2N\cdot CO\cdot N{-\!-\!-}N\\ \quad CH_3\cdot C:N\cdot C\cdot CH_3\end{array}\right] \longrightarrow \begin{array}{l}HN{-\!-\!-}N\\ CH_3\cdot C:N\cdot C\cdot CH_3\end{array}. \qquad (Da)$$

Erhitzt man primäre Acyl-hydrazine für sich[3], so treten 2 Molekeln analog den Gleichungen B, C und D zusammen, indem die eine wie ein am Stickstoff amidiertes Säureamid wirkt, und es entstehen demgemäß N^4-Amino-triazole, z. B.:

$$\begin{array}{l}NH\cdot NH_2\\ CH_3\cdot CO\end{array} + \begin{array}{l}CO\cdot CH_3\\ NH\cdot NH_2\end{array} = 2H_2O + \begin{array}{l}N\cdot N:C\cdot CH_3\\ CH_3\cdot C{-\!-\!-}N\cdot NH_2\end{array}. \qquad (E)$$

Besonders bemerkenswert sind mehrere Prozesse, in denen *N*-Amino-Derivate des Triazols durch Ringverengerung aus (sechsgliedrigen) Tetrazin-Körpern entstehen (vgl. S. 597 Gleichung P, S. 613 Ya, S. 614 Yb, S. 616 Ha).

Zu *C*-Amino-triazolen gelangt man von den Säure-Derivaten des Amino-guanidins durch Behandlung mit Soda[4], z. B.:

$$\begin{array}{l}NH\cdot NH\cdot C\cdot NH_2\\ HCO\qquad\quad NH\end{array} - H_2O = \begin{array}{l}N\cdot NH\cdot C\cdot NH_2\\ HC{-\!-\!-}N\end{array}. \qquad (F)$$

Viele Reaktionen (S. 602—604, 605—609, 616) stehen für die Synthese von Oxy-triazolen (bzw. Oxo-triazolinen) zur Verfügung. So erhält man z. B. aus Phenyl-semicarbazid (Formel V, S. 593) beim Kochen mit

[1] Vgl.: PELLIZZARI, G. **24**, II, 223 (1894); **41**, II, 20 (1911). — PELLIZZARI, MASSA, R.A.L. [5] **10**, I, 363 (1901). — PELLIZZARI, ALCIATORE, R.A.L. [5] **10**, I, 444 (1901).

[2] K. BRUNNER, M. **36**, 509 (1915). — W. MILLER, M. **36**, 933 (1915).

[3] Vgl.: PELLIZZARI, G. **39**, I, 523 (1909); **41**, II, 28 (1911). — CURTIUS, J. pr. [2] **89**, 514 (1914).

[4] THIELE, MANCHOT, A. **303**, 33 (1898).

starker Ameisensäure das 1-Phenyl-3-oxy-triazol[1] (VI, s. u.). Solche Oxy-Derivate lassen sich nun durch Erhitzen mit Phosphorpentasulfid häufig recht glatt zu den entsprechenden sauerstofffreien Triazol-Körpern — im erwähnten Falle also zum 1-Phenyl-triazol (VII, s. u.) — reduzieren[2] (vgl. dazu auch S. 606 Formelreihe VI):

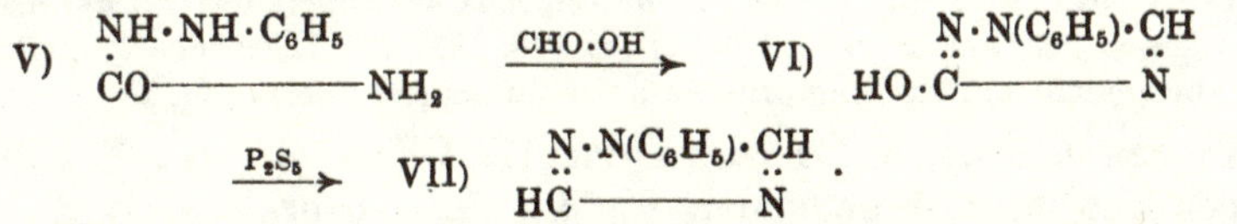
(G)

Aus den Säure-Derivaten des Thio-semicarbazids erhält man durch Erhitzen Mercapto-triazole, in denen bei energischer Oxydation mit Wasserstoffsuperoxyd das Sulfhydryl durch Wasserstoff ersetzt wird[3], z. B.:

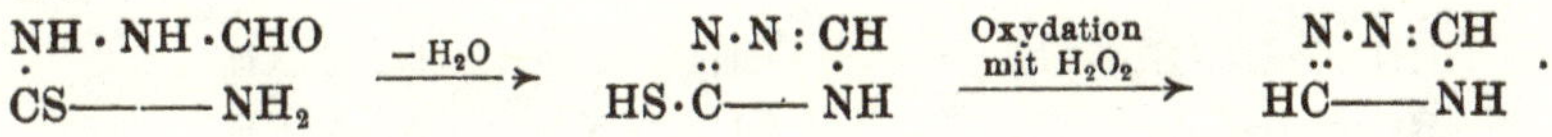
(H)

An dem Verhalten[4] der 1.2.4-Triazol-Körper ist zunächst die außerordentliche Beständigkeit gegen Oxydationsmittel hervorzuheben. Durch alkalisches Kaliumpermanganat lassen sich meist die an Kohlenstoff des Kerns befindlichen Seitenketten mit fast theoretischer Ausbeute zu Carboxyl aboxydieren, z. B.:

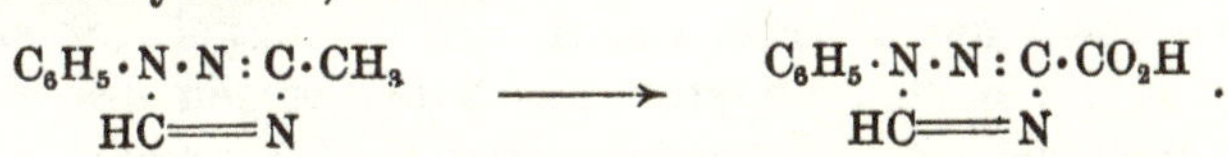
(I)

Auch in saurer Lösung läßt Kaliumpermanganat den Kern unberührt, während es an Stickstoff gebundenes Phenyl vollständig abspaltet, z. B.:

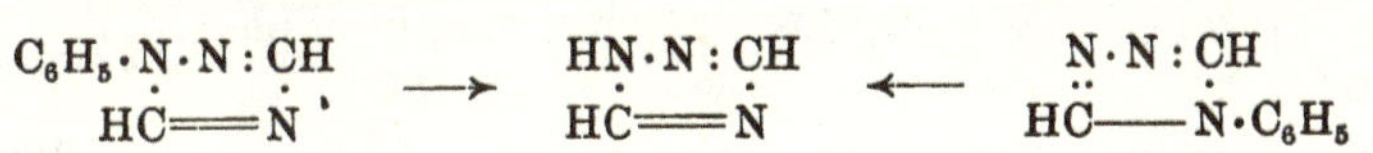
(K)

Sodann ist — ebenso wie beim 1.2.3-Triazol (vgl. S. 565, 570) — der auffallend stark saure Charakter derjenigen 1.2.4-Triazol-Körper bemerkenswert, welche im Kern die Gruppe —C(OH):N— bzw. —CO·NH— enthalten. Solche Verbindungen, z. B.:

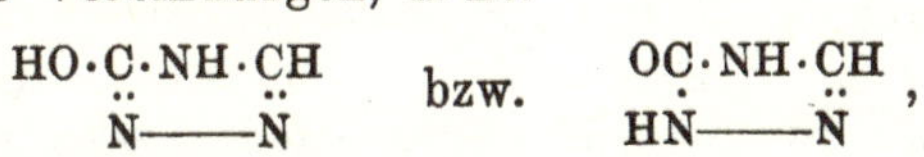

sind ausgesprochene Säuren, die Lackmus röten; vgl. S. 602ff.

---

1 WIDMAN, B. **26**, 2612 (1893).

2 Vgl.: ANDREOCCI, R. A. L. [5] **6**, II, 212 (1890). — PELLIZZARI, CUNEO, G. **24**, I, 509 (1894). — PELLIZZARI, FERRO, G. **28**, II, 541 (1898). — ANDREOCCI, MANNINO, G. **29**, II, 41 (1899).

3 M. FREUND, B. **29**, 2483 (1896).

4 Vgl. besonders: THIELE, MANCHOT, A. **303**, 34 (1898). — ANDREOCCI, G. **29**, II, 1 (1899). — MANCHOT, NOLL, A. **343**, 1 (1905).

Der basische Charakter ist ebenso wie bei den Pyrazolen (S. 357) und den 1.2 3-Triazolen (S. 565) wenig ausgeprägt[1] (im Gegensatz zu den Imidazolen, vgl. S. 441). Immerhin zeigen die mineralsauren Salze des 1.2.4-Triazols eine größere Beständigkeit als diejenigen des 1.2.3-Triazols.

Die Platindoppelchloride von mehreren Abkömmlingen des 1.2.4-Triazols haben gleich denjenigen der Pyrazol-Körper (vgl. S. 361) die Eigenschaft, beim Erhitzen 4 HCl abzugeben, um in Bichloro-plato-Verbindungen überzugehen.

In den *C*-Halogen-Derivaten der 1.2.4-Triazole (vgl. S. 599) ist das Halogen ähnlich fest gebunden wie im Chlor-benzol[2].

Die *C*-Amino-Derivate der 1.2.4-Triazole zeigen im allgemeinen das Verhalten der aromatischen Amine. Sie sind schwache Basen, lassen sich durch salpetrige Säure diazotieren und liefern bei der Oxydation in alkalischer Lösung Azo-triazole, z. B.:

(L)

Den 1.2.4-Triazolen ist also im ganzen ein benzolähnliches Verhalten eigen; doch ist hervorzuheben, daß sie der direkten Bromierung und Nitrierung nicht zugänglich sind. Unter den fünfgliedrig-heterocyclischen Systemen liegen für eine Parallele am nächsten das Pyrrol und das Pyrazol, weil von den drei Stickstoffatomen des 1.2.4-Triazols eines wie dasjenige des Pyrrols isoliert zwischen zwei Kohlenstoffatomen steht, während die beiden anderen gleich denjenigen des Pyrazols miteinander verbunden sind. Analogie mit dem Pyrazol tritt im Verhalten vielfach zutage. Auffallende Ähnlichkeiten mit den Pyrrol-Körpern sind dagegen nicht aufgefunden worden. Insbesondere geht den 1.2.4-Triazolen die charakteristische Empfindlichkeit der Pyrrole gegen Säuren ab.

Vielleicht darf man daraus den Schluß ziehen, daß von den drei desmotropen Formeln des 1.2.4-Triazols (S. 591) die Formel I, welche das Imid nicht zwischen zwei Kohlenstoffatomen zeigt, dem chemischen Verhalten des cyclischen Systems am besten Rechnung trägt.

1.2.4-Triazol[3] — in der Literatur zuweilen schlechthin Pyrrodiazol genannt, obwohl diese Bezeichnung auch auf das 1.2.3-Triazol zutrifft (vgl. S. 559), — ist auf recht vielen Wegen gewonnen worden.

---

[1] Vgl. Dedichen, B. **39**, 1834 (1906).

[2] Vgl. auch A. Cleve, B. **29**, 2672 (1896).

[3] Andreocci, B. **25**, 229 (1892). — Bladin, B. **25**, 745 (1892). — Pellizzari, Cuneo, G. **24**, I, 508 (1894). — Pellizzari, G. **24**, II, 225 (1894). R.A.L. [5] **10**, II, 297 (1901); [5] **11**, I, 20 (1902). — M. Freund, Meinecke, B. **29**, 2485 (1896). — Thiele, Manchot, A. **303**, 55 (1898). — Hantzsch, Silberrad, B. **33**, 85 (1900). — Silberrad, Soc. **81**, 602, 607 (1902). — Marckwald, Rudzik, B. **36**, 1115 (1903). — Manchot, Noll, A. **343**, 23 (1905). — Dedichen, B. **39**, 1849 (1906).

Zuerst (vgl. S. 590) erhielt man es aus seiner 3-Carbonsäure (s. S. 613) durch Erhitzen:

$$\begin{array}{l} HN\cdot N:C\cdot CO_2H \\ HC=\!=\!=N \end{array} - CO_2 = \begin{array}{l} HN\cdot N:CH \\ HC=\!=\!=N \end{array} . \qquad (M)$$

Die auf S. 592 in Gleichung B formulierte Synthese aus Formyl-hydrazin und Formamid bietet eine gute Darstellungsmethode, desgleichen die Reduktion von Urazol (3.5-Dioxy-triazol, vgl. S. 603) durch Erhitzen mit Phosphorpentasulfid (vgl. S. 593):

$$\begin{array}{l} HN\cdot NH\cdot CO \\ OC\text{------}NH \end{array} \xrightarrow{P_2S_5} \begin{array}{l} HN\cdot N:CH \\ HC=\!=\!=N \end{array} . \qquad (N)$$

Hervorzuheben ist ferner, daß sowohl aus 1-Phenyl-triazol wie aus 4-Phenyl-triazol bei der Oxydation (vgl. Formelreihe K auf S. 593) das Triazol mit den gleichen Eigenschaften erhalten wird, obwohl die starre Formulierung dieser Reaktionen im ersten Falle zur Triazol-Formel I (S. 591), im letzteren aber zur desmotropen Formel II führt. Über Bildung aus Thio-semicarbazid s. Formelreihe H auf S. 593; Bildung aus *N*-Amino-triazol S. 597.

Das 1.2.4-Triazol ist in Wasser und Alkohol leicht, in wasserfreiem Äther wenig löslich. Es krystallisiert in farblosen Nadeln, schmilzt bei 120—121°, sublimiert noch vor dem Schmelzen und siedet bei 260°. Sein Siedepunkt liegt also fast 60° höher als derjenige des isomeren 1.2.3-Triazols (vgl. S. 565). Wir finden hier wieder, wie beim Vergleich von Glyoxalin mit Pyrazol (s. S. 443), eine auffallende Verschiedenheit der Flüchtigkeit in dem Sinne, daß die unmittelbare Nachbarschaft von Stickstoffatomen die Flüchtigkeit außerordentlich erhöht. — Das 1.2.4-Triazol ist fast geruchlos.

Die wäßrige Lösung des Triazols reagiert neutral. — Triazol-Nitrat $C_2H_3N_3, HNO_3$ krystallisiert aus heißem Alkohol in kurzen Nadeln, schmilzt bei 138° und sublimiert bei sorgfältigem Erhitzen fast unverändert; es ist in Wasser sehr leicht mit stark saurer Reaktion löslich und bildet sehr beständige Doppelsalze. Auch beim Erwärmen von Triazol mit rauchender Salpetersäure erhält man das Triazolnitrat, ohne daß Nitrierung eintritt. Durch Natron oder Natriumäthylat gewinnt man aus Triazolnitrat nicht das freie Triazol, sondern Triazol-Natrium-nitrat $C_2H_3N_3, NaNO_3$. — Das Chloroplatinat $(C_2H_3N_3, HCl)_2PtCl_4 + 6H_2O$ ist in Wasser ziemlich löslich und zersetzt sich wasserfrei bei ca. 170° unter Abgabe von 2 HCl; die hierbei entstehende, selbst in kochendem Wasser kaum lösliche Verbindung $(C_2H_3N_3)_2PtCl_4$ scheidet sich auch beim Kochen der verdünnten wäßrigen Lösung des normalen Chloroplatinats ab. — Fügt man zur wäßrigen Lösung des Triazols Kupfersulfat, so fällt ein blauer, undeutlich krystallinischer Niederschlag von Triazol-Kupfer $(C_2H_2N_3)_2Cu$ aus.

Sowohl von der Formel I des 1.2.4-Triazols (S. 591), wie von der

Formel II lassen sich *N*-Derivate ableiten. Da in ihnen das „bewegliche“ Wasserstoffatom nicht mehr vorhanden ist, so ist die Desmotropie aufgehoben, und die beiden Formen:

$$\text{VIII)}\ \begin{array}{c}\text{HC}\!=\!=\!\text{N}\\ \text{RN}\cdot\text{N:CH}\\ N^1\text{-Derivate}\end{array}\qquad \text{und}\qquad \text{IX)}\ \begin{array}{c}\text{HC}\!-\!-\!\text{N}\cdot\text{R}\\ \text{N}\cdot\text{N:CH}\\ N^4\text{-Derivate}\end{array}$$

stellen selbständige Isomere dar.

Das N^1-**Methyl-1.2.4-triazol**[1] erhält man durch Einwirkung von Methyljodid auf Triazol in Methylalkohol bei Gegenwart der äquivalenten Menge Natriummethylat in sehr guter Ausbeute. Die Stellung des Methyls wird dadurch bewiesen, daß das gleiche Methyl-triazol sich beim Destillieren von Diformyl-methyl-hydrazin mit Formamid bildet:

$$\begin{array}{c}\text{H}\cdot\text{CO}\\ \text{CH}_3\cdot\text{N}\cdot\text{NH}\cdot\text{CHO}\end{array} + \begin{array}{c}\text{H}_2\text{N}\\ \text{OC}\cdot\text{H}\end{array} = \text{H}_2\text{O} + \text{HO}\cdot\text{COH} + \begin{array}{c}\text{H}\cdot\text{C}\!=\!=\!\text{N}\\ \text{CH}_3\cdot\text{N}\cdot\text{N:CH}\end{array}. \qquad (\text{O})$$

Es stellt farblose Krystalle dar, schmilzt bei 20°, siedet bei 178°, zeigt $D^{24} = 1{\cdot}097$, löst sich sehr leicht in Wasser und reagiert auf Lackmus neutral. — N^4-**Methyl-1.2.4-triazol**[2] wird analog Formelreihe H auf S. 593 aus der Formylverbindung $CHO\cdot NH\cdot NH\cdot CS\cdot NH\cdot CH_3$ des 4-Methyl-thiosemicarbazids gewonnen, schmilzt bei 90°, ist ebenfalls in Wasser sehr löslich, reagiert aber stark alkalisch.

N^1-**Phenyl-1.2.4-triazol**[3] — Bildungen s. in Gleichung C auf S. 592, in Formelreihe G auf S. 593 und Vh auf S. 606 — schmilzt bei 47°, siedet bei 266° unter 760 mm Druck, löst sich wenig in kaltem Wasser, aber leicht in verdünnten Säuren und hat einen schwachen süßlichen Geruch. — N^4-**Phenyl-1.2.4-triazol**[4] wird analog Gleichung D (S. 592) durch fünfstündiges Erhitzen von Formyl-hydrazin mit Formanilid gewonnen, schmilzt bei 121°, zersetzt sich teilweise bei der Destillation und ist in Wasser leicht löslich.

In der Reihe des 1.2.4-Triazols ist der Typus der *N*-Amino-Derivate besonders eingehend bearbeitet worden (vgl. Weiteres S. 603, 607, 613, 617). Der einfachsten, hierher gehörigen Verbindung — dem N^4-**Amino-1.2.4-triazol**[5] — begegneten schon 1888 CURTIUS und LANG

[1] PELLIZZARI, SOLDI, G. **35**, I, 373 (1905).

[2] M. FREUND, P. SCHWARZ, B. **29**, 2489 (1896).

[3] ANDREOCCI, R.A.L. [4] **6**, II, 213 (1890); [5] **6**, I, 222, 225 (1897). B. **25**, 226 (1892). — WIDMAN, B. **26**, 2615 (1893). — PELLIZZARI, G. **24**, II, 227 (1894). — PELLIZZARI, FERRO, G. **28**, II, 555 (1898).

[4] PELLIZZARI, MASSA, R.A.L. [5] **10**, I, 363 (1901).

[5] CURTIUS, LANG, J. pr. [2] **38**, 550 (1888). — PELLIZZARI, R.A.L. [5] **8**, I, 331 (1899). G. **39**, I, 520 (1909). — RUHEMANN, STAPLETON, Soc. **75**, 1132 (1899); **81**, 261 (1902). — HANTZSCH, SILBERRAD, B. **33**, 80 (1900). — STOLLÉ, J. pr. [2] **68**, 467 (1903); **75**, 94 (1907). B. **39**, 826 (1906). — RUHEMANN, MERRIMAN, Soc. **87**, 1768 (1905). — RUHEMANN, Soc. **89**, 1268 (1906). — DEDICHEN, B. **39**, 1852 (1906). — BÜLOW, B. **39**, 2618, 4106 (1906); **42**, 2208, 2487, 2594, 2715 (1909). — CURTIUS, DARAPSKY, E. MÜLLER, B. **40**, 819, 835, 837, 1183, 1193, 1470 (1907); **41**, 3168 (1908). — BUSCH, B. **40**, 2093 (1907). — E. MÜLLER, B. **41**, 3139 (1908). — BÜLOW, F. WEBER, B. **42**, 1990 (1909).

bei dem Studium der Produkte, die aus Diazo-essigester durch Alkalien entstehen (vgl. Bd. I, Tl. II, S. 805—806). Ihre Struktur hat aber erst 1906 Bülow erkannt, nachdem sie anfänglich als „Trimethin-triazimid“ $C_3H_6N_6$, später als Dihydro-tetrazin $C_2H_4N_4$ irrtümlich gedeutet worden war. Sie entsteht analog Gleichung E auf S. 592 beim Erhitzen von Monoformyl-hydrazin (desgleichen auch aus Diformyl-hydrazin). Ein großes Interesse beansprucht ihre Bildung durch Umlagerung des 1.2.4.5-Tetrazin-1.2-dihydrids beim Erhitzen:

$$\begin{array}{l} CH\cdot NH\text{---}NH \\ N\text{---}N\text{===}CH \end{array} \longrightarrow \begin{array}{l} HC\text{----}N\cdot NH_2 \\ N\cdot N:CH \end{array}. \qquad (P)$$

Bei dieser Isomerisation erfolgt eine Verengerung des sechsgliedrigen Tetrazin-Systems zu dem fünfgliedrigen Triazol-System, indem ein vorher als Ringglied zwischen Stickstoff und Kohlenstoff gebundenes Stickstoffatom sich vom Kohlenstoffatom löslöst, aber mit seinem Nachbar-Stickstoffatom vereinigt bleibt und an dem sich nun bildenden engeren Ringe die Rolle eines Substituenten übernimmt. Auf einer solchen Ringverengerung beruht die verwickelte Reaktionsfolge, die vom Diazo-essigester über Tetrazin-Körper zum *N*-Amino-triazol führt. Weitere Beispiele s. S. 614, 617.

Das 4-Amino-triazol bildet farblose zerfließliche Nadeln, schmilzt bei 82° und ist in warmem Alkohol leicht, in Äther nicht löslich. Es ist eine einsäurige, nicht alkalisch reagierende Base. Sein Hydrochlorid $C_2H_4N_4.HCl$ schmilzt bei 151° und ist in Wasser sehr leicht löslich. Beim Schütteln mit Benzoylchlorid und Natronlauge wird es unter Bildung von Dibenzoyl-hydrazin und Ameisensäure aufgespalten.

Seine Konstitution ergibt sich daraus, daß es in wäßriger Lösung durch salpetrige Säure quantitativ zu 1.2.4-Triazol abgebaut wird, und daß es sich in seinen Umsetzungen mit Carbonyl-Körpern wie ein Hydrazin mit einer freien NH_2-Gruppe verhält, z. B. mit Benzaldehyd ein Benzal-Derivat $C_2H_2N_3\cdot N:CH\cdot C_6H_5$ (Schmelzp. 171°) liefert. Von dieser Reaktionsfähigkeit der an ein Ring-Stickstoffatom gebundenen Amino-Gruppe hat Bülow eine interessante Nutzanwendung gezogen, indem er in vielfach variierten Kondensationen aus dem *N*-Amino-triazol eigenartige mehrkernige Systeme aufbaute, deren Charakteristikum darin besteht, daß in ihnen zwei heterocyclische Ringe durch Vermittelung von Stickstoff miteinander verbunden sind. So entsteht z. B. durch Vereinigung mit Acetonyl-aceton eine azidiphenyloide Verbindung, welche einen Triazol- und einen Pyrrol-Kern enthält:

$$\begin{array}{l} N:CH \\ N:CH \end{array}\!\!>\!N\text{---}NH_2 + \begin{array}{l} OC(CH_3)\cdot CH_2 \\ OC(CH_3)\cdot CH_2 \end{array} = 2H_2O + \begin{array}{l} N:CH \\ N:CH \end{array}\!\!>\!N\text{---}N\!<\!\begin{array}{l} C(CH_3):CH \\ C(CH_3):CH \end{array}. \qquad (Q)$$

Von dem *N*¹-Phenyl-1.2.4-triazol (S. 596) lassen sich zwei Monomethyl-Homologe:

$$X)\ \begin{array}{l} HC\text{===}N \\ C_6H_5\cdot N\cdot N:C\cdot CH_3 \end{array} \quad \text{und} \quad XI)\ \begin{array}{l} CH_3\cdot C\text{===}N \\ C_6H_5\cdot N\cdot N:CH \end{array}$$

ableiten. Beide sind bekannt und können durch Oxydation mit Kaliumpermanganat in saurer Lösung zum **C-Monomethyl-1.2.4-triazol**[1] abgebaut werden. Bei dieser Reaktion verbrennt also das an Stickstoff gebundene Phenyl, während das an Kohlenstoff gebundene Methyl unverändert bleibt. Man erhält in beiden Fällen das Methyltriazol mit den gleichen Eigenschaften, woraus sich aufs neue ergibt, daß die inneren Bindungen des Triazol-Kerns beweglich werden, sobald am Stickstoff die Substitution aufgehoben ist (vgl. S. 591, 595). Dieses 3- (bzw. 5-)Methyltriazol ist ein zerfließlicher Stoff, schmilzt bei 95° und siedet unter 760 mm Druck unverändert bei 265°. Durch Kaliumpermanganat in alkalischer Lösung wird es zur Triazol-carbonsäure (S. 613) oxydiert. — Das 1-Phenyl-3-methyl-1.2.4-triazol[2] (Formel X, S. 597) wird analog Gleichung C auf S. 592 durch Erwärmen von Acet-phenylhydrazid mit Formamid erhalten. Eigentümlich ist seine Bildung aus Benzolazo-acetisoaldoxim-methyläther beim Erwärmen mit Natrium-methylat in Methylalkohol:

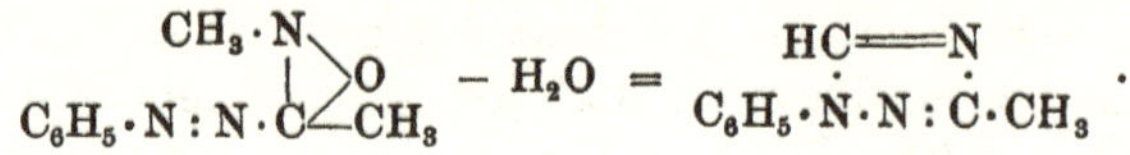
(R)

Es schmilzt bei 86·5°, siedet bei 274° und vereinigt sich mit Alkyljodiden zu quartären Jodalkylaten. Durch Kaliumpermanganat wird es in alkalischer Lösung zu 1-Phenyl-triazol-carbonsäure-(3), in saurer Lösung aber zu 3-Methyl-triazol (s. o.) oxydiert. — 1-Phenyl-5-methyl-1.2.4-triazol[3] (2-Phenyl-3-methyl-1.2.4-triazol) — Formel XI, S. 597 — entsteht analog Gleichung C (S. 592) aus Formylphenylhydrazin und Acetamid, ist noch bei −15° flüssig und siedet bei 275°.

3.5-Dimethyl-1.2.4-triazol[4] — Bildungen s. in Gleichung A auf S. 591 und Da auf S. 592 — schmilzt bei 141° und siedet unter 752 mm Druck bei 258°. — N^4-Amino-3.5-dimethyl-1.2.4-triazol[5] (vgl. Gleichung E auf S. 592) krystallisiert in dicken farblosen Prismen und schmilzt bei 196°.

C-Halogen-Derivate[6] der 1.2.4-Triazole entstehen sehr glatt aus den *C*-Amino-triazolen (S. 599) durch Diazotieren in stark halogenwasserstoff-

---

[1] Andreocci, B. **25**, 227 (1892). — Pellizzari, G. **41**, II, 36 (1911).

[2] Andreocci, R.A.L. [4] **6**, II, 212 (1890); [5] **6**, I, 293 (1897). B. **25**, 225 (1892). — Bamberger, Frei, B. **35**, 746 (1902). — Pellizzari, G. **41**, II, 32 (1911).

[3] Bladin, B. **18**, 1548 (1885); **19**, 2602 (1886). — Bamberger, de Gruyter, B. **26**, 2388 (1893). — Widman, B. **26**, 2617 (1893). — Pellizzari, G. **41**, II, 34, 93 (1911). — Bamberger, B. **44**, 3564 (1911).

Über 4-Phenyl-3-methyl-1.2.4-triazol s. Pellizzari, G. **41**, II, 41 (1911).

[4] Stollé, B. **32**, 797 (1899). J. pr. [2] **69**, 153 (1904). — Silberrad, Soc. **77**, 1187 (1900). — Dedichen, B. **39**, 1850 (1906). — Pellizzari, G. **41**, II, 31 (1911). — K. Brunner, M. **36**, 518 (1915).

Über *N*-Phenyl-Derivate s.: Pellizzari, Alciatore, R.A.L. [5] **10**, I, 446 (1901). — Pellizzari, G. **41**, II, 39 (1911).

[5] Curtius, Dedichen, J. pr. [2] **50**, 255 (1894); **52**, 272 (1895). — Silberrad, Soc. **77**, 1185 (1900). — Pellizzari, R.A.L. [5] **8**, I, 330 (1899). G. **39**, I, 535 (1909). — Ruhemann, Merriman, Soc. **87**, 1779 (1906). — Dedichen, B. **39**, 1855 (1906). — Wieland, B. **40**, 1677 (1907).

[6] Thiele, Manchot, A. **303**, 35, 42, 50 (1898). — Manchot, Noll, A. **343**, 2, 9, 14, 23 (1905). — Curtius, Darapsky, E. Müller, B. **40**, 815 (1907).

Über *N*-Aryl-Derivate s.: A. Cleve, B. **29**, 2675 (1896). — Andreocci, R.A.L. [5] **6**, I, 117, 221, 382 (1897).

saurer Lösung. In ihnen ist das Halogen sehr fest gebunden (vgl. S. 594); so gibt das 5-Chlor-3-methyl-triazol bei mehrstündigem Kochen an 30-proz. Natronlauge kein Chlor ab.

3- (bzw. 5-) Chlor-1.2.4-triazol CH═N · · NH·N : C·Cl krystallisiert aus Benzol in Nadeln, schmilzt bei 167·5°, läßt sich sublimieren, löst sich leicht in warmem Wasser und reagiert schwach sauer. Durch nascenten Wasserstoff (Natriumamalgam, Zink und Schwefelsäure) wird selbst in der Wärme kein Chlor abgespalten. Dagegen werden **3-Brom-1.2.4-triazol** (Schmelzp. 188—189°) und **3-Jod-1.2.4-triazol** (Schmelzp. 208°) durch Natriumamalgam leicht zu Triazol reduziert; auch entsteht Triazol aus ihnen unter Halogen-Abscheidung beim Übergießen mit rauchender Salpetersäure, während Chlortriazol beim gelinden Erwärmen mit rauchender Salpetersäure im wesentlichen unverändert bleibt.

Wie man zu *C-Amino-triazolen* vom Amino-guanidin (Bd. I, Tl. II, S. 1456—1457) gelangt, wurde schon S. 592 mitgeteilt. Das **3- bzw. 5-Amino-1.2.4-triazol**[1], dessen Bildung daselbst in Gleichung F wiedergegeben ist, schmilzt bei 159°, ist in Wasser und Alkohol leicht, in Essigester sehr schwer löslich, in Äther fast unlöslich und reagiert neutral. Zuerst war es aus einem Umwandlungsprodukt des Diazo-essigesters (s. S. 614 Amino-triazol-carbonsäure) erhalten und „Bis-diazomethan“ genannt worden. Während es in kalter schwefelsaurer Lösung gegen Permanganat sehr beständig ist, wird es in alkalischer Lösung zu Azo-triazol (S. 600) oxydiert. Ähnlich wie das *N*-Amino-triazol (vgl. S. 597) kann es zur Anknüpfung eines zweiten heterocyclischen Kerns an den Triazol-Kern vermittelst seiner Amino-Gruppe benutzt werden. Es entstehen z. B. mit 1.3-Diketonen Abkömmlinge eines zweikernigen, aus einem Pyrimidin- und einem Triazol-Kern orthokondensierten Systems:

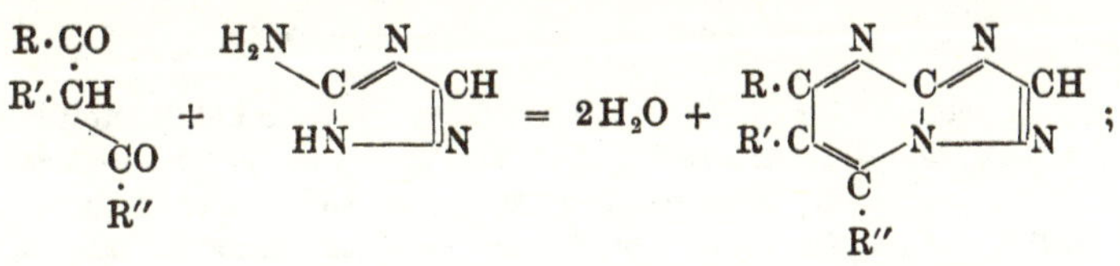
(S)

s. auch S. 618—619 (Formel II). Das Nitrat $C_2H_4N_4 . HNO_3$ des Amino-triazols ist mit saurer Reaktion in Wasser leicht löslich.

3-Amino-5-methyl-1.2.4-triazol[2] (aus Acetylamino-guanidin) schmilzt bei 148°, reagiert in Wasser ganz schwach alkalisch, wird bei längerem Kochen mit 30-proz.

---

[1] Curtius, Lang, J. pr. [2] **38**, 554 (1888). — Hantzsch, Silberrad, B. **33**, 79 (1900). — Hantzsch, M. Lehmann, B. **33**, 3678 (1900). — Thiele, Manchot, A. **303**, 45 (1899). — Curtius, Darapsky, E. Müller, B. **40**, 832 (1907). — Bülow, Haas, B. **42**, 4638 (1909). — Vgl. auch Gaiter, G. **45**, I, 452, 457 (1915).

Über *N*-Aryl-Derivate s.: Cuneo, G. **29**, I, 12, 89 (1889). — Busch, P. Bauer, B. **33**, 1060, 1067 (1900). — Pellizzari, Roncagliolo, G. **31**, I, 524 (1901). — Busch, Ulmer, B. **35**, 1714 (1902).

[2] Thiele, Heidenreich, B. **26**, 2598 (1893). — Thiele, Manchot, A. **303**, 39 (1889). — Bülow, Haas, B. **43**, 375 (1910). — Manchot, B. **43**, 1317 (1910).

Kalilauge kaum verändert, aber bei zweistündigem Erhitzen mit verdünnter Schwefelsäure auf 180—190° vollständig zu Ammoniak, Hydrazin, Kohlendioxyd und Essigsäure gespalten.

Für die *C-Monoamino*-triazole erscheinen auch desmotrope Imino-triazolin-Formeln (XII, s. u.) denkbar, werden aber durch das Verhalten (s. u. die Diazotierung) nicht gerade nahe gelegt. Für das *C-Diamino*-triazol (XIII) wird dagegen die desmotrope Formulierung als Diimino-triazolidin (XIV) in der Literatur bevorzugt; die Verbindung dieser Zu-

$$\text{XII)}\ \begin{array}{l}\text{HN:C}\cdot\text{NH}\cdot\text{CH}\\ \text{HN}\text{———}\text{N}\end{array},\quad \text{XIII)}\ \begin{array}{l}\text{H}_2\text{N}\cdot\text{C}\cdot\text{NH}\cdot\text{C}\cdot\text{NH}_2\\ \quad\ \text{N}\text{———}\text{N}\end{array},\quad \text{XIV)}\ \begin{array}{l}\text{HN:C}\cdot\text{NH}\cdot\text{C:NH}\\ \quad\text{HN}\text{———}\text{NH}\end{array}$$

sammensetzung wird daher erst später (S. 609—610) an derjenigen Stelle behandelt, an welche sie auf Grund der Formel XIV gehört (als Diimid des Dioxo-triazolidins).

Aryl-Derivate von *C-Amino-triazolinen*[1] entstehen glatt aus Triaryl-aminoguanidinen durch Einwirkung von Aldehyden:

$$\begin{array}{l}\text{(Ar)NH}\cdot\text{C}\cdot\text{NH(Ar)}\\ \quad\ \ \text{N}\cdot\text{NH(Ar)}\end{array} + \text{OHC}\cdot\text{R} = \text{H}_2\text{O} + \begin{array}{l}\text{(Ar)NH}\cdot\text{C}\cdot\text{N(Ar)}\cdot\text{CH}\cdot\text{R}\\ \qquad\quad\ \text{N}\text{———}\text{N(Ar)}\end{array} \qquad \text{(T)}$$

und werden durch Mineralsäuren wieder leicht in diese Komponenten gespalten. Sie sind durch ihr Verhalten bei der Oxydation wichtig geworden; hierbei gehen sie nämlich in bicyclisch-kondensierte Verbindungen — Endoimino-triazoline (Näheres s. S. 622) — über:

$$\begin{array}{l}\text{NH(Ar)}\quad\text{H}\\ \text{C}\cdot\text{N(Ar)}\cdot\text{C}\cdot\text{R}\\ \text{N}\text{———}\text{N(Ar)}\end{array} - 2\text{H} = \begin{array}{l}\qquad\ \text{N(Ar)}\\ \text{C}\cdot\text{N(Ar)}\cdot\text{C}\cdot\text{R}\\ \text{N}\text{———}\text{N(Ar)}\end{array}. \qquad \text{(U)}$$

Das entsprechend Gleichung T aus Triphenyl-aminoguanidin und Formaldehyd erhältliche **1.4-Diphenyl-3-anilino-1.2.4-triazolin** krystallisiert aus Benzol-Gasolin in weißen derben Nadeln, schmilzt bei 128°, löst sich leicht in Äther, wenig in kaltem, reichlich in heißem Alkohol und wird in alkoholischer Lösung durch Eisenchlorid zu „Nitron" (S. 623) oxydiert.

Die aus den *C*-Monoamino-triazolen durch Oxydation in alkalischer Lösung entstehenden *C-Azo-triazole*[1] sind außerordentlich beständig. Den meisten Basen gegenüber verhalten sie sich nur als schwache Säuren; ihre Silbersalze aber werden selbst von Salpetersäure nicht zersetzt.

3-Azo-1.2.4-triazol — Bildung s. in Gleichung L auf S. 594 — löst sich leicht in Alkalien und wird durch Säuren aus dieser Lösung als hellgelbes Pulver gefällt. In ammoniakalischer Lösung gibt es mit ammoniakalischem Silber ein sehr voluminöses rotes Silbersalz.

---

[1] Busch, Mehrtens, B. **38**, 4050, 4054, 4061 (1905). — Merck, D.R.P. 161235 (C. **1905**, II, 181).

[2] Thiele, Heidenreich, B. **26**, 2600 (1893). — Thiele, Manchot, A. **303**, 36, 47 (1898).

Durch Kuppelung von diazotierten *C*-Amino-triazolen lassen sich *gemischte Azo-Derivate*[1], wie $H_2N\cdot C_{10}H_6\cdot N:N\cdot C\cdot NH\cdot C\cdot CH_3$ / N——N, herstellen.

Durch salzsaure Zinnchlorür-Lösung werden die Azo-triazole zu *C-Hydrazo-triazolen*[2] reduziert, die durch ihre Beständigkeit gegen Säuren merkwürdig sind. Weder werden sie von Säuren in isomere Diamine umgelagert, noch erleiden sie bei der Behandlung mit Säuren, wie dies bei anderen zur Umlagerung nicht neigenden Hydrazo-Körpern meist beobachtet wird, eine gleichzeitige Oxydation zum entsprechenden Azokörper und reduktive Spaltung zum Monamin.

Salzsaures **3-Hydrazo-triazol** HC·NH·C·NH·NH·C·NH·CH / N——N N——N, 2 HCl fällt aus der wäßrigen Lösung auf Zusatz von Alkohol und konz. Salzsäure in weißen Nädelchen aus und schmilzt unter Zersetzung bei 227—230°; in Berührung mit Luft oxydiert es sich rasch zu Azo-triazol. Bei Luftabschluß 2 Stunden mit Salzsäure erhitzt, bleibt es unverändert.

Durch salpetrige Säure werden die *C*-Monoamino-triazole in saurer Lösung diazotiert. Die entstehenden, kuppelungsfähigen *Triazol-C-diazoniumsalze*[3] tauschen die Diazogruppe so leicht gegen Halogen aus, daß man beim Diazotieren in stark salzsaurer Lösung ohne weiteres aus den Amino-triazolen die Chlor-triazole (vgl. S. 598—599) erhält.

Am eifrigsten sind unter den Triazol-Körpern die *esocyclischen C-Oxy- bzw. Oxo-Derivate* bearbeitet worden. Denken wir uns ein Kohlenstoffatom des Kerns mit Hydroxyl verbunden, so ergeben sich die drei desmotropen Formeln XV des 3- (bzw. 5-) Oxy-triazols, zu denen noch die beiden desmotropen Oxo-Formeln XVI des „Triazolons" hinzutreten.

XV) HO·C·NH·CH / N——N bzw. HO·C·N:CH / N——NH oder HO·C:N·CH / HN——N,

XVI) OC·NH·CH / HN——N bzw. OC·N:CH / HN——NH

Sind beide Kohlenstoffatome mit Hydroxyl verbunden, so haben wir es mit zwei Oxy-Formeln (XVII), einer Dioxo-Formel (XVIII) und zwei Oxy-

XVII) HO·C·NH·C·OH / N——N bzw. HO·C:N·C·OH / HN——N, XVIII) OC·NH·CO / HN——NH,

XIX) HO·C·NH·CO / N——NH bzw. HO·C:N·CO / HN——NH

---

[1] Vgl. THIELE, MANCHOT, A. **303**, 41, 50 (1898).

[2] THIELE, HEIDENREICH, B. **26**, 2601 (1893). — THIELE, MANCHOT, A. **303**, 49 (1898). — MANCHOT, C. **1900**, I, 133.

[3] Vgl. THIELE, MANCHOT, A. **303**, 35, 43 (1898). — Über 3-Hydrazino-triazol und 3-Azido-triazol s. MANCHOT, A. **343**, 17, 21 (1905).

oxo-Formeln (XIX) zu tun, die untereinander im Verhältnis der Desmotropie stehen.

3- (bzw. 5-) Oxy-1.2.4-triazol[1] [1.2.4-Triazolon-(3)] (Formel XV und XVI, S. 601) wird beim Kochen von Aceton-semicarbazon mit Ameisensäure erhalten, wobei zunächst ein formyliertes Semicarbazid entsteht, das dann Ringschluß erleidet:

$$\begin{array}{ll} CO\cdot NH_2 & CHO \\ \dot{N}H \text{———} & \dot{N}H \end{array} - H_2O = \begin{array}{l} CO\cdot N:CH \\ \dot{N}H\text{——}\dot{N}H \end{array}. \qquad (Va)$$

Es krystallisiert in Täfelchen, schmilzt bei 234° und ist in Wasser und Alkohol leicht, in Äther nicht löslich. Es besitzt keine basischen Eigenschaften, wohl aber saure, rötet sogar Lackmus. In alkalischer Lösung kuppelt es mit *p*-Diazobenzol-sulfonsäure unter Rotfärbung. Mit heißem Essigsäureanhydrid liefert es ein Diacetyl-Derivat $C_6H_7O_3N_3$ (Schmelzp. 136°). Bemerkt zu werden verdient, daß das Oxy-triazol im Gegensatz zum Triazol selbst (vgl. S. 595) und den Halogen-triazolen (S. 599) der direkten Nitrierung zugänglich ist; es liefert mit rauchender Salpetersäure *5-Nitro-3-oxy-triazol.*

Das Prinzip der Reaktion Va ließ sich zur Gewinnung von *C*-Homologen des Oxy-triazols nicht ausnutzen, weil die höheren Acyl-Derivate des Semicarbazids zu leicht verseifbar sind, wohl aber zur Bereitung des *N*[1]-Phenyl-3-oxy-triazols[2] (vgl. Formel VI auf S. 593), das bei 274—275° schmilzt, in Wasser kaum löslich ist, von Alkalien und sogar von Alkalicarbonaten aber leicht aufgenommen wird und aus warmer Salzsäure in Form des Hydrochlorids $C_8H_7ON_3, HCl + H_2O$ krystallisiert. Mehrere Homologe desselben ließen sich leicht aus 1-Acyl-Derivaten des 1-Phenyl-semicarbazids durch Wasserabspaltung, die merkwürdigerweise beim Erwärmen mit verdünnter Kalilauge eintritt, herstellen[3], z. B.:

$$\begin{array}{ll} CO\cdot NH_2 & CO\cdot C_2H_5 \\ \dot{N}H\text{————} & \dot{N}\cdot C_6H_5 \end{array} - H_2O = \begin{array}{l} CO\cdot N:C\cdot C_2H_5 \\ \dot{N}H\text{——}\dot{N}\cdot C_6H_5 \end{array}. \qquad (Vb)$$

— Zu dem *N*[1]-Phenyl-5-oxy-triazol[4] gelangt man durch Einwirkung von Ameisensäure auf das 2-Phenyl-semicarbazid:

$$\begin{array}{l} CO\cdot NH_2 \\ \dot{N}(C_6H_5)\cdot NH_2 \end{array} + \begin{array}{l} HO\cdot COH \\ \end{array} = 2H_2O + \begin{array}{l} CO\cdot NH\cdot CH \\ \dot{N}(C_6H_5)\cdot \ddot{N} \end{array}, \qquad (Vc)$$

---

[1] Widman, A. Cleve, B. **31**, 378 (1898). — Manchot, B. **31**, 2447 (1898). — Manchot, Noll, A. **343**, 3, 24, 25 (1905).

[2] Widman, B. **26**, 2613 (1893); **29**, 1953 (1896). — Young, Soc. **71**, 313, 314 (1897).

[3] Widman, B. **29**, 1946 (1896). — Ähnliche Synthesen: Bailey, Acree, B. **33**, 1520 (1900). — Rupe, Österreicher, B. **45**, 30 (1912).

[4] Andreocci, R. A. L. [4] **6**, II, 210 (1890); [5] **6**, I, 115, 217 (1897). — Widman, B. **26**, 2614 (1893). — Andreocci, Mannino, G. **29**, II, 441 (1899). — Rupe, Labhardt, B. **33**, 234, 239 (1900). — Rolla, G. **38**, I, 332, 342 (1908). — Über Analoga vgl. Rupe, Metz, B. **36**, 1092 (1903).

sowie durch Einwirkung von Carbamidsäurechlorid auf symm. Formyl-phenylhydrazin:

$$\begin{matrix} Cl\cdot CO\cdot NH_2 \\ \end{matrix} + \begin{matrix} CHO \\ HN(C_6H_5)\cdot NH \end{matrix} = HCl + H_2O + \begin{matrix} CO\cdot NH\cdot CH \\ N(C_6H_5)\cdot N \end{matrix} . \qquad (Vd)$$

Es krystallisiert aus Alkohol in farblosen Blättchen, schmilzt bei 182°, löst sich leicht in kaltem Alkalicarbonat und wird durch Säuren wieder daraus abgeschieden.

*N*⁴-Amino-3-oxy-triazol[1] entsteht aus Carbohydrazid durch Erhitzen mit Orthoameisensäureester:

$$\begin{matrix} CO\cdot NH(NH_2) \\ NH\cdot NH_2 \end{matrix} + (C_2H_5\cdot O)_3CH = 3C_2H_5\cdot OH + \begin{matrix} CO\cdot N(NH_2)\cdot CH \\ NH\text{———}N \end{matrix} , \qquad (Ve)$$

schmilzt bei 181°, ist in Wasser leicht löslich, reagiert neutral und zerfällt bei längerem Kochen mit Salzsäure in Carbohydrazid und Ameisensäure. Mit salpetriger Säure liefert es 3-Oxy-triazol (S. 602); mit Benzaldehyd ein Benzal-Derivat $C_9H_8ON_4$ (Schmelzp. 178°).

Interessant ist die Bildung des **1-Phenyl-3-methyl-5-oxy-1.2.4-triazols**[2] beim Erwärmen von Acetyl-urethan mit Phenyl-hydrazin in wäßriger Lösung (ANDREOCCI):

$$\begin{matrix} C_2H_5O\cdot CO\cdot NH\cdot CO\cdot CH_3 \\ + C_6H_5\cdot NH\cdot NH_2 \end{matrix} = C_2H_5\cdot OH + H_2O + \begin{matrix} CO\cdot NH\cdot C\cdot CH_3 \\ N(C_6H_5)\cdot N \end{matrix} , \qquad (Vf)$$

weil dieser Vorgang vollkommen analog der Entstehung von „technischem Pyrazolon" aus Acetessigester und Phenyl-hydrazin ist. Die Verbindung schmilzt bei 163—164°, ist in kaltem Wasser sehr wenig, in warmem ziemlich, in kaltem Alkali leicht löslich und gibt mit Eisenchlorid eine rotbraune Färbung. Von Kaliumpermanganat wird sie in alkalischer Lösung zu 1-Phenyl-5-oxy-triazol-carbonsäure-(3) oxydiert.

Über Derivate des **3-Amino-5-oxy-1.2.4-triazolins**[3] $\begin{matrix} CH(OH)\cdot NH\cdot C\cdot NH_2 \\ NH\text{———}N \end{matrix}$ s. S. 622 (vgl. daselbst Formel VII).

Die Verbindung, deren desmotrope Formeln auf S. 601 sub XVII, XVIII und XIX gegeben sind, kann rationell als 3.5-Dioxy-1.2.4-triazol bzw. Dioxo-triazolidin oder Oxy-oxo-triazolin bezeichnet werden. Man nennt sie aber gewöhnlich wegen ihrer genetischen Beziehungen zum Harnstoff „Urazol". Von ihr leitet sich eine große Reihe von Derivaten ab, deren erstes — das 1-Phenyl-urazol (S. 605) — PINNER[4] 1887 entdeckt hat, und die man unter dem Klassennamen „Urazole" zusammenfaßt.

Das **Urazol**[5] selbst kann durch Erhitzen von Harnstoff mit Hydrazin-

---

[1] CURTIUS, HEIDENREICH, B. **27**, 2684 (1894). J. pr. [2] **52**, 475 (1895). — BUSCH, C. **1901**, I, 937. — STOLLÉ, J. pr. [2] **75**, 423, 429 (1907).

[2] ANDREOCCI, R.A.L. [4] **5**, II, 115 (1889); [4] **6**, II, 209 (1890); [5] **6**, I, 114, 217, 378 (1897). — ANDREOCCI, MANNINO, G. **29**, II, 43 (1899). — RUPE, LABHARDT, B. **33**, 238 (1900).

[3] BUSCH, MEHRTENS, B. **38**, 4052, 4057, 4060 (1905).

[4] B. **20**, 2358 (1887).

[5] PELLIZZARI, CUNEO, G. **24**, I, 499 (1894). — THIELE, STANGE, A. **283**, 16, 41 (1894). — THIELE, UHLFELDER, A. **303**, 94, 102 (1898). — CUNEO, C. **1898**, I, 39. — DIELS, B. **36**, 739, 744 (1903). — STOLLÉ, KRAUCH, J. pr. [2] **88**, 313 (1913).

salzen erhalten werden, wobei zunächst Hydrazin-dicarbonsäure-diamid entsteht, das beim Erhitzen sich in Ammoniak und Urazol spaltet (s. Bd. I, Tl. II, S. 1459—1460). Zur Darstellung geeignet ist die Bildung beim Erwärmen von Biuret mit Hydrazin-Hydrat auf 108°:

$$\begin{matrix} CO\cdot NH\cdot CO \\ NH_2 \qquad NH_2 \end{matrix} + N_2H_4 = 2NH_3 + \begin{matrix} CO\cdot NH\cdot CO \\ NH \text{——} NH \end{matrix}; \qquad (Vg)$$

auch entsteht es glatt aus den Salzen des *N*-Amino-biurets beim Erhitzen:

$$\begin{matrix} CO \text{——} NH \text{——} CO \\ NH\cdot NH_2, HCl \quad NH_2 \end{matrix} = NH_4Cl + \begin{matrix} CO\cdot NH\cdot CO \\ NH \text{——} NH \end{matrix} \qquad (Vh)$$

und aus dem Diamino-biuret schon durch kalte verdünnte Säuren (s. Bd. I, Tl. II, S. 1452).

Das Urazol bildet farblose Krystalle, schmilzt unter Zersetzung bei 244°, löst sich leicht in Wasser, ziemlich schwer in Alkohol, kaum in Äther, reduziert ammoniakalische Silberlösung in der Kälte und gibt mit Eisenchlorid eine schöne Rotfärbung. Es ist eine ausgesprochene, Lackmus rötende Säure; das Natriumsalz $C_2H_2O_2N_3Na + 2H_2O$ krystallisiert in Tafeln und löst sich leicht in Wasser. Beim Erhitzen mit Phosphorpentasulfid auf 180—200° liefert das Urazol reichlich 1.2.4-Triazol (vgl. S. 595). Bei längerem Erhitzen mit Essigsäureanhydrid und Natriumacetat entwickelt sich Kohlendioxyd, und man erhält Tetraacetylhydrazin (Bd. I, Tl. I, S. 628).

Die interessanteste Eigenschaft des Urazols ist seine Oxydierbarkeit zu einem tief gefärbten, cyclischen Azokörper[1]:

$$\begin{matrix} CO\cdot NH\cdot CO \\ N \text{===} N \end{matrix}.$$

Er erscheint als inneres Imid der Azo-dicarbonsäure (Bd. I, Tl. II, S. 1461) und wird daher in der Literatur als **Azo-dicarbonimid**[2] bezeichnet; auch kann man ihn Dioxo-1.2.4-triazolin oder Dehydro-urazol nennen. Man erhält ihn aus Urazol-Silber und ätherischer Jodlösung unter Zusatz von etwas Bariumoxyd und Magnesia als violettes Öl von außerordentlicher Unbeständigkeit. Wasser zersetzt sofort unter deutlicher Erwärmung in folgender Weise:

$$2\begin{matrix} CO\cdot NH\cdot CO \\ N \text{===} N \end{matrix} + 2H_2O = 2CO_2 + NH_3 + N_2 + \begin{matrix} CO\cdot NH\cdot CO \\ NH \text{——} NH \end{matrix}; \qquad (Vi)$$

man kann annehmen, daß hierbei zunächst ein Molekül hydrolytisch in Kohlendioxyd, Ammoniak und Diimid HN:NH gespalten wird, und daß das Diimid nun bei seinem Zerfall zu Stickstoff (vgl. Bd. I, Tl. II, S. 1461)

[1] S. auch BUSCH, ULMER, B. **35**, 1718 (1902).

[2] STOLLÉ, B. **45**, 275, 286 (1912). — Vgl. THIELE, STANGE, A. **283**, 42 (1894).

ein zweites Molekül des Azokörpers zu Urazol reduziert. Die leichte Reduzierbarkeit des Azodicarbonimids zeigt sich auch darin, daß seine ätherische Lösung aus angesäuerter Jodkalium-Lösung sofort Jod frei macht. Seine große Unbeständigkeit hat bisher die analytische Bestätigung der obigen Formel nicht zugelassen; doch ist es Stollé gelungen, das *N*-Phenyl-Derivat (s. S. 607 Azo-dicarbonanil) in analysenfähiger Form zu bereiten (s. auch Tritolyl-dehydroguanazol, S. 611).

Aus der sehr umfangreichen Literatur[1] über die an Stickstoff arylierten Urazole und deren *N*- und *O*-Alkyl-Derivate kann hier nur weniges mitgeteilt werden.

Das 1-Phenyl-urazol entsteht sowohl aus Harnstoff, wie aus Biuret beim Erhitzen mit Phenyl-hydrazin, desgleichen aus 1-Phenyl-semicarbazid — dem ersten Einwirkungsprodukt von Harnstoff auf Phenyl-hydrazin — beim Erhitzen mit Harnstoff. Aus 1-Phenyl-semicarbazid erhält man es ferner sehr glatt, indem man dessen durch Einwirkung von Chlor-ameisensäureester entstehendes 1-Carbäthoxyl-Derivat (Formel XX, s. u.) mit 1 Äq. wäßriger Kalilauge erwärmt und dann ansäuert; denn die durch die Verseifung als Alkalisalz gebildete Phenyl-semicarbazid-*N*-carbonsäure (XXI) spaltet in freiem Zustand spontan Wasser ab und geht in Phenylurazol (XXII) über:

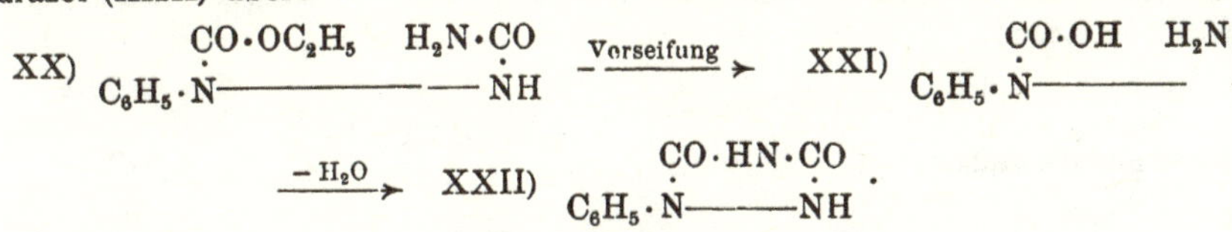

(Vk)

Es krystallisiert aus Wasser in weißen Blättchen, schmilzt bei 261—262°, ist in kaltem Wasser schwer, in heißem Alkohol leicht, in Benzol kaum löslich, zeigt saure Reaktion, löst sich leicht in Alkalien und Ammoniak und wird daraus durch Säuren unverändert wieder gefällt. Es läßt sich bei Gegenwart von Phenolphthalein scharf als einbasische Säure titrieren; sein Mononatriumsalz $C_8H_6O_2N_3Na$, bildet Nadeln und löst sich leicht in Wasser. Das 1-Phenyl-urazol reduziert weder Silber- noch alkalische Kupferlösung. Mit alkoholischer Eisenchlorid-Lösung gibt es eine schmutzig violette Färbung. Durch Kochen mit Säuren wird es nicht ver-

[1] Vgl.: Pinner, B. **20**, 2358 (1887); **21**, 1219 (1887). — Skinner, Ruhemann, Soc. **53**, 554 (1888). — Thiele, Stange, A. **283**, 45 (1894). — Thiele, Schleussner, A. **295**, 136, 170 (1897). — Andreocci, R.A.L. [5] **6**, I, 119, 227 (1897). — Cuneo, C. **1898**, I, 39. — Pellizzari, Ferro, G. **28**, II, 541 (1898). — Rupe, Labhardt, B. **32**, 13 (1899); **33**, 236, 245 (1900). — Busch, Heinrichs, B. **33**, 462 (1900); **34**, 2331 (1901). — Wheeler, Sanders, Am. Soc. **22**, 369, 377 (1900). — Purgotti, Vigano, G. **31**, II, 554 (1901). — Acree, B. **35**, 553 (1902); **36**, 3139 (1903); **37**, 618 (1904). Am. **31**, 185 (1904); **32**, 606 (1905); **38**, 1 (1907). — Busch, B. **35**, 973, 1562 (1902). — Busch, Frey, B. **36**, 1367 (1903). — Wheeler, Johnson, Am. **30**, 30, 37 (1903); **31**, 578 (1904). — Busch, Opfermann, B. **37**, 2337 (1904). — Wheeler, Statiropoulos, Am. **34**, 117 (1905). — Rolla, G. **38**, I, 333, 343 (1908). — Acree, Shadinger, Am. **39**, 124 (1908). — Acree, Johnson, Brunel, Shadinger, Nirdlinger, B. **41**, 3199 (1908). — Michael, B. **43**, 621 (1910). Am. **43**, 322 (1910). — Nirdlinger, Acree, Am. **43**, 358 (1910). — Nirdlinger, Marshall, Acree, Am. **43**, 424 (1910). — Brunel, Acree, Am. **43**, 505 (1910). — Pellizzari, G. **41**, I, 31 (1911). — Busch, Limpach, B. **44**, 577, 578 (1911). — Nirdlinger, Rogers, Acree, Am. **49**, 116 (1913).

ändert, von alkoholischem Kali erst bei 250—280° angegriffen[1] (unter Bildung von Kohlendioxyd, Ammoniak und Phenylhydrazin). Durch Erhitzen mit Phosphoroxychlorid entsteht 1-Phenyl-3.5-dichlor-triazol. Beim Erhitzen mit Phosphorpentasulfid bildet sich 1-Phenyl-triazol (S. 596), wobei als Zwischenprodukte 1-Phenyl-3-mercapto-triazol und das ihm entsprechende Sulfid auftreten:

$$\begin{matrix} & CO\cdot NH\cdot CO \\ C_6H_5\cdot N & \text{———} NH \end{matrix} \longrightarrow \begin{matrix} & CH:N\cdot C\cdot SH \\ C_6H_5\cdot N & \text{———} N \end{matrix}$$

und

$$\begin{matrix} & CH:N\cdot C\text{—}S\text{—}C\cdot N:CH & \\ C_6H_5\cdot N & \text{——}N \quad N\text{——} & N\cdot C_6H_5 \end{matrix} \longrightarrow \begin{matrix} & CH:N\cdot CH \\ C_6H_5\cdot N & \text{———} N \end{matrix}. \qquad (\text{VI})$$

Der Desmotropie des 1-Phenyl-urazols und seiner Alkyl-Derivate hat ACREE ein außerordentlich eingehendes Studium im Hinblick auf allgemeine Tautomerie-Probleme zugewandt. Von den verschiedenen desmotropen Formeln scheint die folgende:

$$\begin{matrix} & CO\cdot NH\cdot C\cdot OH \\ C_6H_5\cdot N & \text{———} N \end{matrix} \quad \text{(1-Phenyl-3-oxy-5-oxo-triazolin)}$$

in erster Linie für die saure Natur des Phenyl-urazols bestimmend zu sein. Hierfür sprechen besonders die nachstehenden, aus der elektrischen Leitfähigkeit abgeleiteten Affinitäts-Konstanten:

1-Phenyl-urazol		K = 0·0011
1-Phenyl-4-methyl-urazol	$\begin{matrix} & CO\cdot N(CH_3)\cdot C\cdot OH \\ C_6H_5\cdot N & \text{———} N \end{matrix}$	„ = 0·0011
1-Phenyl-2-methyl-urazol	$\begin{matrix} & CO\cdot NH\cdot CO \\ C_6H_5\cdot N & \text{———} N\cdot CH_3 \end{matrix}$	„ = 0·0000065
3-(*O*-)Äthyläther des 1-Phenyl-urazols	$\begin{matrix} & CO\cdot NH\cdot C\cdot O\cdot C_2H_5 \\ C_6H_5\cdot N & \text{———} N \end{matrix}$	„ = 0·0000043.

Sie zeigen deutlich, daß die Wasserstoff-Ionen im wesentlichen aus der in 2.3-Stellung befindlichen Gruppe CONH stammen, da der Ersatz des dieser Gruppe angehörigen Wasserstoffatoms durch Alkyl die Acidität sehr stark herabsetzt, während die Vertretung des Wasserstoffs in der 4.5-ständigen Gruppe CONH durch Methyl keinen erkennbaren Einfluß ausübt.

4-Phenyl-urazol wird in schlechter Ausbeute beim Erhitzen von Hydrazin-dicarbonsäure-diamid mit Anilin erhalten:

$$\begin{matrix} CO\cdot NH_2 & CO\cdot NH_2 \\ NH\text{———} & NH \end{matrix} + H_2N\cdot C_6H_5 = 2NH_3 + \begin{matrix} CO\cdot N(C_6H_5)\cdot CO \\ NH\text{————}NH \end{matrix}. \qquad (\text{Vm})$$

Es schmilzt bei 203° (unscharf), ist in kaltem Wasser ziemlich schwer löslich und scheidet aus ammoniakalischer Silberlösung bei Überschuß von Ammoniak nach Zusatz von einem Tropfen Natronlauge schon in der Kälte Silber aus. Bringt man es mit 2 Mol.-Gew. Ammoniak und 2 Mol.-Gew. Silbernitrat in wäßrig-alkoholischer Lösung unter guter Kühlung zusammen, so erhält man das Disilbersalz

[1] Sehr viel leichter werden durch alkoholisches Kali die an allen drei Stickstoffatomen substituierten Urazole aufgespalten, und zwar unter Bildung von trisubstituierten Semicarbaziden; vgl.: BUSCH, B. **35**, 1564 (1902). — BUSCH, LIMPACH, B. **44**, 565, 578 (1911).

$C_8H_5O_2N_3Ag_2$ als gelben käsigen Niederschlag. Mit ätherischer Jodlösung entsteht aus dem Disilbersalz das Azo-dicarbonanil[1] (4-Phenyl-3.5-dioxo-triazolin) $\begin{array}{l} CO\cdot N(C_6H_5)\cdot CO \\ N\!=\!=\!=\!=\!=\!=\!N \end{array}$ — körnige karminrote Krystalle, die sich in Äther violett lösen. Mit Wasser zersetzt sich dieser Azokörper nach einiger Zeit im Sinne der Gleichung Vi (S. 604) unter Entwickelung eines Drittels seines Gesamtstickstoffs; Alkohol und Alkalien bewirken fast augenblicklich lebhafte Gasentwickelung. Beim Erhitzen des Azodicarbonanils für sich entsteht unter Gasentwickelung neben geringen Mengen von Phenyl-isocyanat ein weißer krystallisierbarer Körper $C_{16}H_{10}O_4N_4$, der beim Erhitzen, ohne zu schmelzen, in glänzenden Nädelchen sublimiert.

Zum 1.4-Diphenyl-urazol gelangt man vom Phenyl-hydrazin z. B. auf folgendem Wege:

$$C_6H_5\cdot NH\cdot NH_2 \xrightarrow{Cl\cdot CO\cdot OC_2H_5} \begin{array}{l} \qquad\quad CO\cdot OC_2H_5 \\ C_6H_5\cdot NH\cdot NH \end{array}$$

$$\xrightarrow{COCl_2} \begin{array}{l} \qquad CO\cdot Cl \quad CO\cdot OC_2H_5 \\ C_6H_5\cdot N\text{———}NH \end{array} \xrightarrow{C_6H_5\cdot NH_2} \begin{array}{l} \qquad CO\cdot NH\cdot C_6H_5 \quad CO\cdot OC_2H_5 \\ C_6H_5\cdot N\text{—————}NH \end{array}$$

$$\xrightarrow{\text{Erwärmen mit Alkali}} \begin{array}{l} \qquad CO\cdot N(C_6H_5)\cdot CO \\ C_6H_5\cdot N\text{————}NH \end{array}. \qquad (Vn)$$

Es schmilzt bei 163°, löst sich in warmem Alkohol leicht, in Wasser fast gar nicht, wird aber von Alkalicarbonat-Lösungen spielend aufgenommen, ist also eine starke Säure. Sein Natriumsalz $C_{14}H_{10}O_2N_3Na$ kann in großen, glänzenden (krystallwasserhaltigen) Nadeln gewonnen werden.

N^4-Amino-urazol[2] bildet sich beim Erhitzen von Hydrazin-dicarbonsäure-diamid mit schwefelsaurem Hydrazin:

$$\begin{array}{l} CO\cdot NH_2 \quad CO\cdot NH_2 \\ NH\text{———}NH \end{array} + H_2N\cdot NH_2 = 2NH_3 + \begin{array}{l} CO\cdot N(NH_2)\cdot CO \\ NH\text{———}NH \end{array}, \qquad (Vo)$$

sowie (als Hydrazinsalz) aus Hydrazin-dicarbonsäureester bei mehrtägigem Kochen mit Hydrazin-Hydrat in alkoholischer Lösung; über eine weitere Bildungsweise aus *N,N'*-Dichlor-harnstoff (durch Ammoniak) s. Bd. I, Tl. II, S. 1388. Es krystallisiert aus Wasser in schönen Prismen, schmilzt bei 276° unter Gasentwickelung, ist in warmem Wasser ziemlich, in kochendem absolutem Alkohol kaum löslich und reduziert in der Kälte ammoniakalische Silberlösung. Seine Lösung besitzt stark saure Reaktion. Von konz. Schwefelsäure wird es bei 120—130° vollständig in Kohlendioxyd und Hydrazin gespalten; bei längerem Erhitzen mit 50-proz. Schwefelsäure im Wasserbade bleibt es dagegen unverändert. Sein Silbersalz gibt mit ätherischer Jodlösung eine sehr unbeständige, bei etwa 72° verpuffende, violette Azoverbindung.

---

[1] Stollé, B. **45**, 277, 287 (1912).

[2] Vgl.: Curtius, Heidenreich, B. **27**, 2684 (1894). J. pr. [2] **52**, 481 (1895). — Purgotti, G. **27**, II, 60 (1897). — Purgotti, Viganò, G. **31**, II, 550 (1901). — Pellizzari, Roncagliolo, G. **37**, I, 442 (1907). — Stollé, J. pr. [2] **75**, 421 (1907). B. **43**, 2468 (1910); **45**, 287 (1912); **46**, 260 (1913). — Chattaway, Soc. **95**, 235 (1909). — Stollé, Krauch, B. **45**, 3307 (1912); **47**, 725 (1914). — Diels, B. **47**, 2184 (1914).

Das N^4-Amino-urazol wurde anfänglich als Dioxo-tetrazin-tetrahydrid $OC\!<\!\begin{smallmatrix}NH\cdot NH\\NH\cdot NH\end{smallmatrix}\!>\!CO$ angesehen und gemäß dieser Deutung als Sechsring-Abkömmling auch „Urazin" genannt. Die heutige Auffassung wurde von BUSCH[1] eingeführt und durch Untersuchungen über analoge, an Stickstoff arylierte Körper begründet (s. u.).

Das 1-Phenyl-4-amino-urazol[2] entsteht nämlich aus dem α-Carbonsäure-chlorid des Phenyl-carbazinsäure-äthylesters (s. in Formelreihe Vn auf S. 607 die dritte Formel) durch Einwirkung von Hydrazin:

$$\begin{matrix} & CO\cdot Cl & CO\cdot OC_2H_5 \\ C_6H_5\cdot N & \text{———} & NH \end{matrix} \xrightarrow{N_2H_4} \begin{matrix} & CO\cdot NH\cdot NH_2 & CO\cdot OC_2H_5 \\ C_6H_5\cdot N & \text{————} & NH \end{matrix}$$

$$\xrightarrow{-C_2H_5\cdot OH} \begin{matrix} & CO\cdot N(NH_2)\cdot CO \\ C_6H_5\cdot N & \text{———} & NH \end{matrix}\,. \qquad (Vp)$$

Es schmilzt bei ca. 244°, löst sich leicht in Alkalicarbonat, ist also eine ausgesprochene Säure, zeigt dagegen keine basischen Eigenschaften. Durch salpetrige Säure wird es in 1-Phenyl-urazol übergeführt.

Wenn nun auch der bemerkenswerte Mangel an Basizität gegen die Formel mit primärer Amino-Gruppe, wie sie in Formelreihe Vp angenommen ist, zunächst Zweifel erweckt und in der Sechsring-Formel:

$$\begin{matrix} & CO\cdot NH\cdot NH\cdot CO \\ C_6H_5\cdot N & \text{————} & NH \end{matrix}$$

bessere Deutung zu finden scheint, so müssen solche Zweifel doch auf Grund des Versuchsmaterials schwinden, das BUSCH bei der Variation des Reaktionsprinzips Vp herbeischaffte. Denn offenbar kann, wenn man statt Hydrazin in dieser Reaktion *as.*-Methyl-phenyl-hydrazin verwendet, ein Sechsring-Körper überhaupt nicht gebildet werden, sondern nur der Fünfring-Körper von der Formel XXIII. Dieser Stoff aber läßt sich durch Jodwasserstoffsäure entmethylieren, und das

$$XXIII)\ \begin{matrix} & CO\cdot N[N(CH_3)(C_6H_5)]\cdot CO \\ C_6H_5\cdot N & \text{————} & NH \end{matrix}\,, \qquad XXIV)\ \begin{matrix} & CO\cdot N(NH\cdot C_6H_5)\cdot CO \\ C_6H_5\cdot N & \text{————} & NH \end{matrix}$$

Produkt der Entmethylierung, dem hiernach die Formel XXIV zukommt, ist identisch mit der Verbindung, welche analog Vp unter Anwendung von Phenyl-hydrazin entsteht:

$$\begin{matrix} & COCl & CO\cdot OC_2H_5 \\ C_6H_5\cdot N & \text{———} & NH \end{matrix} \xrightarrow{H_2N\cdot NH\cdot C_6H_5} \begin{matrix} & CO\cdot NH\cdot NH\cdot C_6H_5 & CO\cdot OC_2H_5 \\ C_6H_5\cdot N & \text{————} & NH \end{matrix}$$

$$\xrightarrow{-C_2H_5\cdot OH} \begin{matrix} & CO\cdot N(NH\cdot C_6H_5)\cdot CO \\ C_6H_5\cdot N & \text{————} & NH \end{matrix}\,. \qquad (Vq)$$

Das nach dieser letzten Formelreihe (Vq) in quantitativer Ausbeute entstehende 1-Phenyl-4-anilino-urazol[3] ist noch durch mehrere andere Prozesse erhalten

[1] Vgl.: C. **1901**, I, 933. B. **34**, 2311 (1901); **35**, 971 (1902); **40**, 2093 (1907).

[2] BUSCH, HEINRICHS, B. **33**, 455 (1900). — BUSCH, C. **1901**, I, 936. B. **34**, 2318 (1901).

[3] PINNER, B. **21**, 1225, 2329 (1888). — HELLER, A. **263**, 282 (1891). — RUPE, LABHARDT, B. **32**, 16 (1899). — STERN, J. pr. [2] **60**, 237 (1899). — BUSCH, C. **1901**, I, 935. B. **34**, 2312, 2317 (1901); **35**, 1563 Anm., 1566 (1902). — ACREE, B. **35**, 561 (1902). — BUSCH, LIMPACH, B. **44**, 572 (1911).

worden (z. B. beim Erhitzen von Phenyl-semicarbazid für sich); früher nannte man es auf Grund der Auffassung als Sechsring-Körper „Diphenyl-urazin“. Es schmilzt bei 264°, ist in den meisten Mitteln sehr wenig löslich, wird aber von Alkalicarbonaten gelöst und aus dieser Lösung durch Mineralsäuren, dagegen nicht durch Essigsäure gefällt. Es ist also eine starke Säure, die sich mit 1 Mol.-Gew. Alkali scharf titrieren läßt. Basische Eigenschaften fehlen ihm sowohl, wie seinem N^2-Methyl-Derivat $\begin{array}{c}CO\cdot N(NH\cdot C_6H_5)\cdot CO \\ C_6H_5\cdot N - \text{———} N\cdot CH_3\end{array}$, das bei der Einwirkung von Methyljodid in alkoholischem Kali aus ihm entsteht und nicht mehr saurer Natur ist. Gegen siedende Natronlauge und Salzsäure ist das Phenyl-anilino-urazol beständig. Mit alkoholischem Eisenchlorid gibt es eine violette Färbung.

Weiterhin sind interessante Derivate aufzuführen, die sich vom Urazol dadurch ableiten, daß von seinen beiden Sauerstoffatomen eines oder beide gegen Imid (bzw. substituiertes Imid) ausgetauscht sind. Sie werden, wenn man die Dioxo-Formel XVIII (S. 601) für das Urazol zugrunde legt, durch die Formeln:

$$\text{XXV)}\quad \begin{array}{c}HN:C\cdot NH\cdot CO \\ HN\text{——}NH\end{array}\quad \text{(Urazol-monimid)}$$

und

$$\text{XXVI)}\quad \begin{array}{c}HN:C\cdot NH\cdot C:NH \\ HN\text{——}NH\end{array}\quad \text{(Urazol-diimid)}$$

dargestellt; natürlich kommen auch desmotrope Formeln in Betracht (vgl. S. 600), z. B.:

$$\text{XXVa)}\quad \begin{array}{c}H_2N\cdot C\cdot NH\cdot C\cdot OH \\ N\text{——}N\end{array}\quad \text{(Amino-oxy-triazol)}$$

und

$$\text{XXVIa)}\quad \begin{array}{c}H_2N\cdot C\cdot NH\cdot C\cdot NH_2 \\ N\text{——}N\end{array}\quad \text{(Diamino-triazol)}.$$

Das **Urazol-monimid**[1] (XXV oder XXVa bzw. andere desmotrope Formeln) entsteht z. B. beim Erhitzen von salzsaurem Dicyandiamidin (Bd. I, Tl. II, S. 1416) mit salzsaurem Hydrazin (analog Vg auf S. 604):

$$\begin{array}{c}HN:C\cdot NH\cdot CO \\ NH_2 \quad NH_2\end{array} + N_2H_4 = 2\,NH_3 + \begin{array}{c}HN:C\cdot NH\cdot CO \\ HN\text{——}NH\end{array}. \qquad \text{(Vr)}$$

Es bildet farblose Nadeln, schmilzt bei 285° und ist in Wasser nur mäßig löslich, aber leicht sowohl in verdünntem Alkali, wie in verdünnten Mineralsäuren, besitzt also sowohl saure wie basische Eigenschaften. Es reduziert ammoniakalische Silberlösung und gibt mit Eisenchlorid Rotfärbung.

Das Urazol-diimid (XXVI oder XXVIa bzw. andere desmotrope Formeln) wird gewöhnlich **Guanazol**[2] genannt, weil es zum Guanidin

[1] PELLIZZARI, RONCAGLIOLO, G. **31**, I, 485 (1901). — S. auch MANCHOT, NOLL, A. **343**, 26 (1905).

[2] PELLIZZARI, G. **24**, I, 481 (1894). — PELLIZZARI, RONCAGLIOLO, G. **31**, I, 495 (1901). — K. A HOFMANN, EHRHART, B. **45**, 2731 (1912). — STOLLÉ, KRAUCH, J. pr. [2] **88**, 306, 310 (1913). — ZANDA, C. **1915**, I, 323.

Über *N*-Amino-Derivate s.: PELLIZZARI, REPETTO, G. **37**, II, 317 (1907). — STOLLÉ, BOWLES, B. **41**, 1101 (1908). — PELLIZZARI, G. **41**, I, 55 (1911). — STOLLÉ, KRAUCH, J. pr. [2] **88**, 312 (1913). — ZANDA, C. **1915**, I, 323.

in demselben Verhältnis steht wie Urazol zum Harnstoff. Es wird in guter Ausbeute aus Dicyandiamid (Bd. I, Tl. II, S. 1414) durch Erwärmen mit Hydrazin-Hydrat auf etwa 70° erhalten:

$$\begin{matrix}HN:C\cdot NH\cdot CN\\ NH_2\end{matrix} + N_2H_4 = NH_3 + \begin{matrix}HN:C\cdot NH\cdot C:NH\\ HN\text{———}NH\end{matrix}, \qquad (Vs)$$

krystallisiert aus verdünntem Alkohol in glasklaren Prismen und schmilzt bei 204°. In Wasser ist es sehr leicht, in Alkohol ziemlich, in Äther nicht löslich. Mit Eisenchlorid gibt es intensive Rotfärbung. Seine wäßrige Lösung reagiert auf Lackmus schwach alkalisch. Durch Auflösen in konzentrierter Salzsäure erhält man das Bis-hydrochlorid $C_2H_5N_5 . 2HCl$, das in wäßriger Lösung sich in Salzsäure und das Monohydrochlorid $C_2H_5N_5 . HCl$ dissoziiert. Läßt man die wäßrige Lösung des Monohydrochlorids längere Zeit mit Dicyandiamid kochen, so entsteht Guanazo-guanazol (S. 620):

$$\begin{matrix}HN:C\cdot NH\cdot C:NH\\ HN\text{———}NH\\ + HN:C(NH_2)\cdot NH\cdot CN\end{matrix} = NH_3 + \begin{matrix}HN:C\cdot NH\cdot C:NH\\ N\text{———}N\\ HN:C\cdot NH\cdot C:NH\end{matrix}. \qquad (Vt)$$

Erhitzt man das Hydrochlorid oder die freie Base etwa eine halbe Stunde für sich auf 275°, so bildet sich unter Zusammentritt von 3 Molekülen das Pyrazo-guanazol, in dessen Molekül die drei Triazol-Kerne — noch als solche bestehen bleibend — einen sie zusammenhaltenden Cyanur-Komplex gebildet haben:

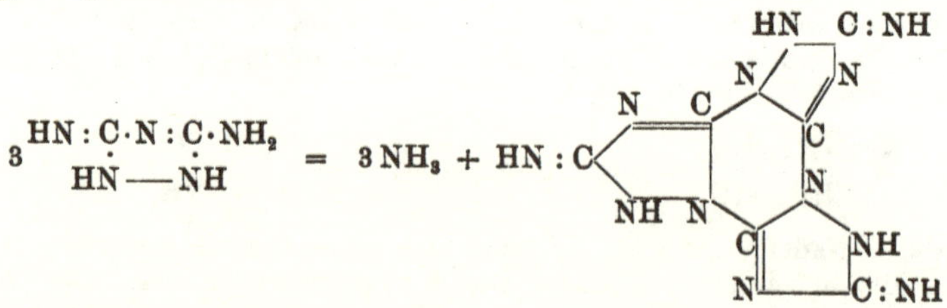

(Vu)

Unter den **arylierten Guanazolen**[1] sind die Triaryl-Derivate, welche ein Aryl am isolierten Stickstoffatom des Triazol-Kerns, die beiden anderen an den extranuclearen Stickstoffatomen enthalten, hervorzuheben, weil sie sich zu verhältnismäßig beständigen cyclischen Azokörpern (vgl. S. 604) — „Dehydro-guanazolen" — oxydieren lassen. Diese Triaryl-guanazole entstehen beim Erhitzen von *N*,*N'*-Diaryl-*N''*-amino-guanidinen für sich in zwei Reaktionsphasen:

[1] Vgl.: Pellizzari, G. **21**, II, 141 (1891). — Busch, Ulmer, B. **35**, 1716 (1902). — Pellizzari, Roncagliolo, G. **31**, I, 477 (1901). — Fromm, v. Göncz, A. **355**, 209 (1907). — Fromm, Vetter, A. **356**, 189 (1907). — Fromm, A. **361**, 317 (1908); **394**, 270, 271, 273 (1912). — Zanda, C. **1915**, I, 324.

$$2\,\begin{array}{l}C_6H_5\cdot N:\dot{C}\cdot NH\cdot C_6H_5\\ \quad\;\; NH\cdot NH_2\end{array} = N_2H_4 + \begin{array}{l}C_6H_5\cdot N:\dot{C}\cdot NH\cdot C_6H_5 \qquad C_6H_5\cdot NH\cdot\dot{C}:N\cdot C_6H_5\\ \qquad\quad HN\text{———————————————}NH\end{array},$$

$$\begin{array}{l}C_6H_5\cdot N:\dot{C}\cdot NH\cdot C_6H_5 \qquad C_6H_5\cdot NH\cdot\dot{C}:N\cdot C_6H_5\\ \qquad\quad HN\text{———————————————}NH\end{array}$$

$$= C_6H_5\cdot NH_2 + \begin{array}{l}C_6H_5\cdot N:\dot{C}\cdot N(C_6H_5)\cdot\dot{C}:N\cdot C_6H_5\\ \qquad\quad HN\text{————}NH\end{array}. \qquad (Vv)$$

Das Tri-p-tolyl-dehydro-guanazol:

$$\begin{array}{l}C_7H_7\cdot N:\dot{C}\cdot N(C_7H_7)\cdot\dot{C}:N\cdot C_7H_7\\ \qquad\quad N\text{=====}N\end{array}$$

bildet dunkelbraune Nädelchen, schmilzt bei 178°, löst sich in Äther violettblau und zeigt keine basischen Eigenschaften mehr. Von größeren Mengen konzentrierter Salzsäure wird es zerstört, von Schwefelwasserstoff in Äther wieder zum Tritolyl-guanazol reduziert.

Als Beispiel einer exocyclischen Oxo-Verbindung sei das aus dem Phenyl-hydrazidin der Brenztraubensäure durch Kochen mit Essigsäureanhydrid:

$$\begin{array}{l}CH_3\cdot CO\cdot C\cdot NH_2\\ \qquad\quad \ddot{N}\cdot NH\cdot C_6H_5\end{array} + \begin{array}{l}OC\cdot CH_3\\ \dot{O}\cdot CO\cdot CH_3\end{array}$$

$$= \begin{array}{l}CH_3\cdot CO\cdot\dot{C}\cdot N:\dot{C}\cdot CH_3\\ \qquad\quad \ddot{N}\text{——}N\cdot C_6H_5\end{array} + H_2O + CH_3\cdot CO\cdot OH \qquad (Vw)$$

in quantitativer Ausbeute entstehende **1-Phenyl-3-acetyl-5-methyl-triazol**[1] erwähnt. Es krystallisiert aus heißem Wasser in zentimeterlangen farblosen Nadeln, schmilzt bei 88—89° und löst sich leicht in Mineralsäuren.

Auch über *die den Oxy- bzw. Oxo-Derivaten entsprechenden Schwefel-Verbindungen* liegt eine reichhaltige Literatur vor.

Schon S. 593 (s. Formelreihe H) wurde mitgeteilt, daß das **3-Mercapto-1.2.4-triazol**[2] beim Erhitzen von Formyl-thiosemicarbazid entsteht. Es bildet kleine Nadeln, schmilzt bei 215—216°, wird von Wasser leicht zu einer sauer reagierenden Lösung aufgenommen, durch Eindampfen mit verdünnter Salzsäure nicht verändert und beim Erwärmen mit 3-prozent. Wasserstoffsuperoxyd-Lösung zunächst zu einem Disulfid (Schmelzp. 222°), dann zu Triazol oxydiert.

Zum **Monothio-urazol**[3] gelangt man z. B., wenn man Thiosemicarbazid mit Phenyl-isocyanat vereinigt und das Additionsprodukt mit konzentrierter Salzsäure kocht:

---

[1] BAMBERGER, DE GRUYTER, B. **26**, 2387 (1893). J. pr. [2] **64**, 236 (1901).

[2] M. FREUND, B. **29**, 2483 (1896).

Über *N*-Aryl-Derivate (s. auch Formelreihe Vl auf S. 606) vgl.: PELLIZZARI, FERRO, G. **28**, II, 541 (1898). — WHEELER, BEARDSLEY, Am. **27**, 267 (1902). — ROLLA, G. **38**, I, 338, 348 (1908). — FROMM, A. **394**, 281 (1912).

Über das N^4-Amino-Derivat s. STOLLÉ, BOWLES, B. **41**, 1101 (1908).

[3] M. FREUND, SCHANDER, B. **29**, 2506 (1896).

$$\begin{array}{l}CS\cdot NH_2\\ NH\cdot NH_2\end{array} \xrightarrow{+C_6H_5\cdot N\,CO} \begin{array}{l}CS\cdot NH_2 \quad CO\cdot NH\cdot C_6H_5\\ NH\text{———}NH\end{array}$$

$$\xrightarrow{-H_2N\cdot C_6H_5} \begin{array}{l}CS\cdot NH\cdot CO\\ NH\text{——}NH\end{array} . \qquad (W\,a)$$

Es schmilzt bei 177° und besitzt sowohl saure wie basische Eigenschaften. Eisenchlorid und Wasserstoffsuperoxyd verändern seine wäßrige Lösung in der Wärme nicht. — Aus dem Material über *N*-Aryl-Derivate[1] des Monothio-urazols sei die interessante Umlagerung hervorgehoben, die vom 2-Oxo-5-phenylimino-3-phenyl-4-methyl-thiobiazolidin unter dem Einfluß von kaltem alkoholischem Ammoniak zum 1.4-Diphenyl-2-methyl-3-thio-urazol führt:

$$\begin{array}{l}C_6H_5\cdot N:C\cdot S\cdot CO\\ (CH_3)N\text{—}N(C_6H_5)\end{array} \longrightarrow \begin{array}{l}S:C\cdot N(C_6H_5)\cdot CO\\ (CH_3)N\text{————}N(C_6H_5)\end{array} ; \qquad (W\,b)$$

die Struktur des Produkts dieser (in ähnlichen Fällen analog verlaufenden) Umlagerung ergibt sich aus seiner Synthese durch Einwirkung von Thiophosgen auf 1-Methyl-2.4-diphenyl-semicarbazid:

$$SCCl_2 + \begin{array}{l}HN(C_6H_5)\cdot CO\\ (CH_3)NH\text{—}N(C_6H_5)\end{array} = 2\,HCl + \begin{array}{l}SC\cdot N(C_6H_5)\cdot CO\\ (CH_3)N\text{————}N(C_6H_5)\end{array} . \qquad (W\,c)$$

Nitrile von *Carbonsäuren* der Triazol-Reihe waren diejenigen Stoffe, durch deren Auffindung Bladin[2] (vgl. S. 590) die Kenntnis der 1.2.4-Triazol-Gruppe erschloß. Er benutzte hierbei das Produkt der Anlagerung von Cyan an Phenyl-hydrazin („Dicyan-phenylhydrazin" = $C_6H_5\cdot NH\cdot N:C(NH_2)\cdot CN$) und führte es z. B. durch Erwärmen mit Essigsäureanhydrid in das Nitril der 1-Phenyl-5-methyl-1.2.4-triazol-carbonsäure-(3) über:

$$\begin{array}{l}NC\cdot C\cdot NH_2\\ N\cdot NH\cdot C_6H_5\end{array} + \begin{array}{l}CO\cdot CH_3\\ O\cdot CO\cdot CH_3\end{array} = \begin{array}{l}NC\cdot C\cdot N:C\cdot CH_3\\ N\text{---}N\cdot C_6H_5\end{array} + H_2O + HO\cdot CO\cdot CH_3 . \qquad (X\,a)$$

---

[1] Vgl.: Busch, Wolpert, B. **34**, 305, 309 (1901). — Busch, Holtzmann, B. **34**, 329, 342 (1901). — Busch, Grohmann, B. **34**, 2329 (1901). — Acree, B. **36**, 3151 (1903); **37**, 623 (1904). — Wheeler, Statiropoulos, Am. **34**, 117 (1905). — Acree, Johnson, Am. **38**, 259 (1905). — Acree, Shadinger, Am. **39**, 124, 257 (1908). — Pellizzari, G. **41**, I, 33 (1911). — Busch, Limpach, B. **44**, 564ff., 1573 (1911). — Busch, B. **45**, 73 (1912). — Nirdlinger, Rogers, Acree, Am. **49**, 116 (1913). — Esslinger, Acree, Am. Soc. **37**, 183 (1915). — Robertson, Acree, C. **1915**, II, 589. — Busch, J. pr. [2] **93**, 25 (1916).

Über *N*-Aryl-Derivate des Dithio-urazols vgl.: Busch, Wolpert, B. **34**, 304 (1901). — Busch, Holtzmann, B. **34**, 329, 342 (1901). — Acree, Willcox, B. **37**, 184 (1904). — Fromm, Schneider, A. **348**, 177ff. (1906). — Fromm, A. **361**, 338 (1908).

Über *N*-Aryl-Derivate des Thiourazol-imids (Amino-mercapto-triazol) vgl.: Busch, Ulmer, B. **35**, 1710 (1902). — Fromm, v. Göncz, A. **355**, 205 (1907). — Fromm, A. **361**, 326 (1908).

[2] B. **18**, 1544 (1885); **19**, 2598 (1886); **25**, 184, 189 (1892). — S. dazu Bamberger, de Gruyter, B. **26**, 2385 (1893).

Ferner gelangte er zu solchen Nitrilen, indem er das Dicyan-phenylhydrazin mit Aldehyden kondensierte und die Produkte dieser Kondensation mit gelinden Oxydationsmitteln behandelte:

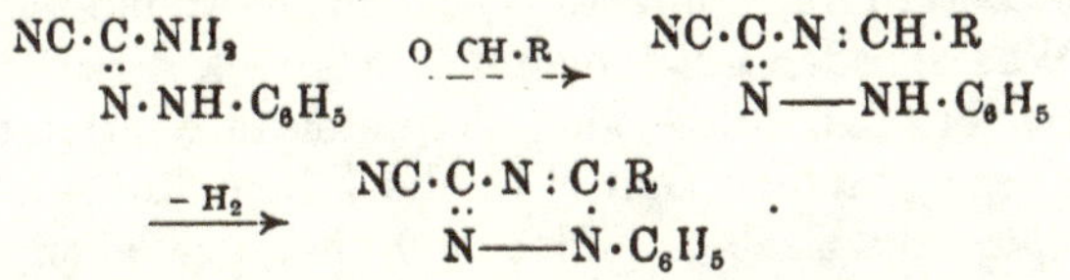

(Xb)

Die Nitrile konnten zu den Carbonsäuren verseift werden, deren weiterer Abbau dann auf folgendem Wege zur **1.2.4-Triazol-carbonsäure-(3 bzw. 5)**[1] — und damit zum Triazol selbst (vgl. S. 595) — führte:

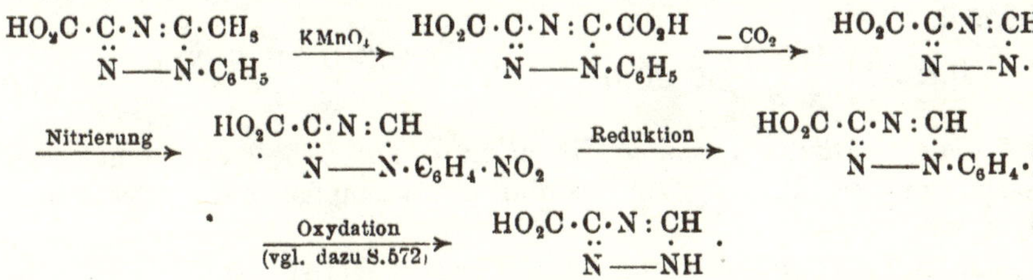

(Xc)

Zu dieser Säure gelangte auch ANDREOCCI, indem er sein 1-Phenyl-3-methyl-5-oxy-triazol (S. 603) den nachstehenden Umwandlungen unterwarf:

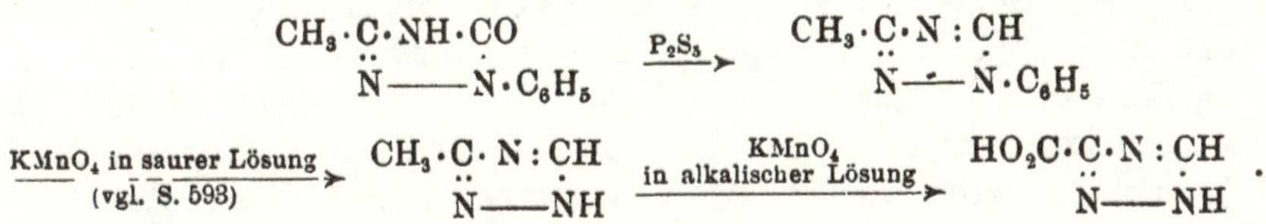

(Xd)

Sie ist ein weißes, in Wasser fast unlösliches Krystallpulver und zerfällt schon beim Kochen mit Wasser in Kohlendioxyd und Triazol.

Die **1.2.4-Triazol-3.5-dicarbonsäure**, deren N^1-Phenyl-Derivat man oben in Formelreihe Xc als Übergangsglied findet, ist selbst bislang nicht bekannt. Aber als ihr N^4-Amino-Derivat[2] ist eine Verbindung erkannt worden, welche als Nebenprodukt bei der Umwandlung der ihr isomeren *N,N'*-Dihydro-1.2.4.5-tetrazin-dicarbonsäure-(3.6) („Triazo-essigsäure", vgl. Bd. I, Tl. II, S. 805—806) durch starke Kalilauge entsteht:

(Ya)

[1] ANDREOCCI, B. **25**, 229 (1892). — BLADIN, B. **25**, 744 (1892).
Über das *N*-Phenyl-Derivat s. ferner: BLADIN, B. **23**, 1812, 3788 (1890). — BAMBERGER, DE GRUYTER, B. **26**, 2391, 2395 (1893). J. pr. [2] **64**, 239 (1901).

[2] HANTZSCH, SILBERRAD, B. **33**, 75, 3679 Anm. (1900). — SILBERRAD, Soc. **81**, 605 (1902). — BÜLOW, B. **39**, 2619, 2622 (1906). — CURTIUS, DARAPSKY, E. MÜLLER, B. **40**, 819, 828, 834, 1194 (1907); **41**, 3164 (1908).

(vgl. S. 597 sub P die ähnliche Bildung des *N*-Amino-triazols). Sie stellt lange farblose Nadeln dar, welche 1 Mol. Krystallwasser enthalten, und ist in Wasser leicht, in kaltem Alkohol schwer löslich. Sie schmilzt bei 77° unter Zerfall in Kohlendioxyd und *N*-Amino-triazol; auch beim Kochen mit Wasser oder Erwärmen mit Alkohol, sowie beim Übergießen mit konzentrierter Salzsäure oder Schwefelsäure erfolgt dieser Zerfall. Selbst beim Liegen an der Luft gibt die Säure Kohlendioxyd ab.

Als Hauptprodukt aber bildet sich bei der eben erwähnten Umwandlung der Dihydro-tetrazin-dicarbonsäure durch Kalilauge unter Abspaltung eines Carboxyls und Ringverengerung die **3-Amino-1.2.4-triazol-carbonsäure-(5)** [1] (früher als „Tris-bisdiazomethan-Tetracarbonsäure" auf Grund der unrichtigen Formulierung $C_{10}H_{12}O_8N_{12}$ bezeichnet):

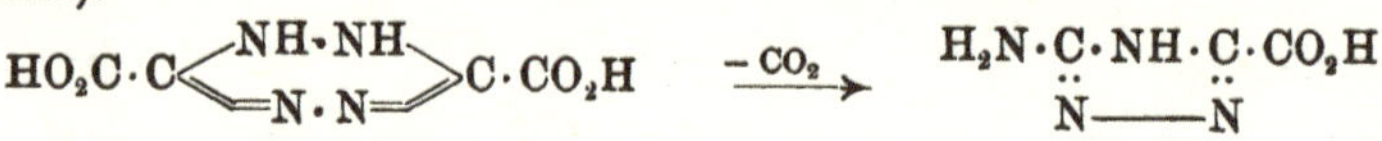

(Yb)

welche auch synthetisch analog Reaktion F auf S. 592 aus dem Oxalsäure-Derivat des Amino-guanidins durch Abdampfen mit Soda-Lösung erhalten wird:

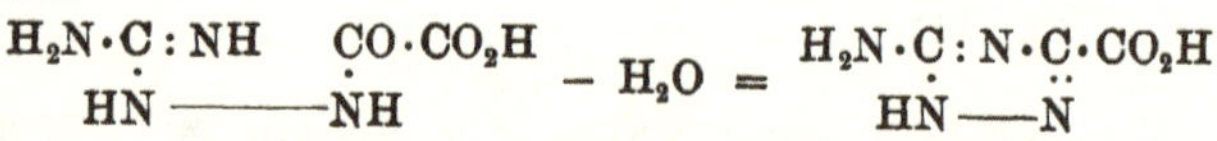

(Z)

Sie ist in Wasser mit saurer Reaktion sehr schwer löslich, in organischen Lösungsmitteln fast unlöslich und wird von Alkalien sehr leicht aufgenommen. Aus der alkalischen Lösung wird sie durch Mineralsäuren gefällt, durch einen Überschuß derselben aber wieder gelöst. Sie schmilzt bei 182° unter Zerfall in Kohlendioxyd und 3-Amino-triazol (S. 599); auch längeres Kochen mit Essigsäure bewirkt diesen Zerfall.

Durch Behandlung mit nascenter salpetriger Säure geht diese Amino-triazol-carbonsäure in **5-Diazo-1.2.4-triazol-carbonsäure-(3)** [2] über, welche die Zusammensetzung $C_3H_3O_3N_5$ besitzt, sich in trockenem Zustand bei geringer Reibung leicht zersetzt und beim Erwärmen mit Salzsäure in stürmischer Reaktion das 3-Chlor-triazol (S. 599) liefert. Bei der Zersetzung der Diazosäure mit angesäuerter Jodkalium-Lösung entstehen unter Abscheidung von Jod und Gasentwickelung Jod-triazol (S. 599) und Triazol. Ihre Reduktion mit Zinnchlorür und Salzsäure ergibt 3-Hydrazino-triazol. Mit absolutem Alkohol zersetzt sie sich unter Bildung von Triazol.

Durch Erwärmen der Diazosäure mit verdünnter Schwefelsäure erhält man die **5-Oxy-1.2.4-triazol-carbonsäure-(3)** [3], welche aus Wasser in kleinen Nadeln

---

[1] Curtius, Lang, J. pr. [2] **38**, 552 (1888). — Thiele, Manchot, A. **303**, 34, 51 (1898). — Hantzsch, Silberrad, B. **33**, 76 (1900). — Curtius, Darapsky, E. Müller, B. **40**, 815 (1907); **41**, 3164 (1908).

[2] Thiele, Manchot, A. **303**, 54 (1898). — Manchot, Noll, A. **343**, 1 (1905). — S. auch Manchot, B. **43**, 1312 (1910).

[3] Manchot, B. **31**, 2444 (1888). — Manchot, Noll, A. **343**, 17 (1905).

Über *N*-Phenyl-Derivate s.: Andreocci, R. A. L. [4] **6**, II, 209 (1890). — Young, Soc. **71**, 312 (1897). — Rupe, Labhardt, B. **33**, 239 (1900). — Rupe, Metz, B. **36**, 1101 (1903).

von der Zusammensetzung $C_3H_3O_3N_3 + H_2O$ krystallisiert und in kaltem Wasser ziemlich schwer, in warmem sehr leicht löslich ist. Sie wird beim Erhitzen wasserfrei und schmilzt dann bei 205° unter glattem Zerfall in Kohlendioxyd und Oxytriazol (S. 602). Mit Eisenchlorid gibt sie keine Färbung.

II. Mehrkernige nichtkondensierte 1.2.4-Triazol-Körper.

Mehrere Verbindungen sind bekannt geworden, in deren Molekülen *zwei Triazol-Kerne carbodiphenyloid* (vgl. S. 23) *miteinander verkettet* sind[1]. Als Beispiel diene das **1.1'-Diphenyl-3.3'-bis-triazolyl**, das aus „Cyanphenylhydrazin" durch Kochen mit Ameisensäure erhalten wird:

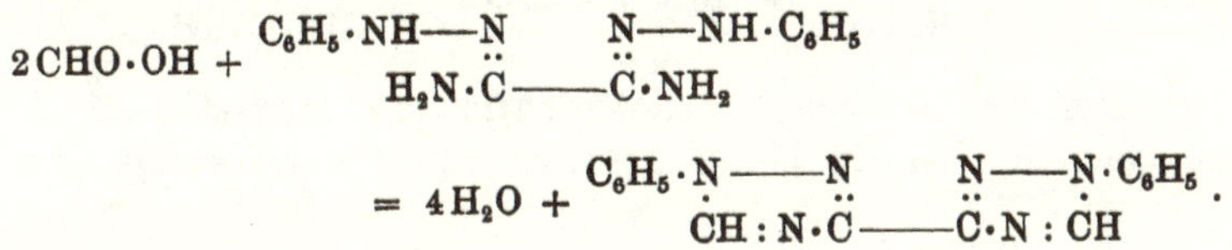
(A)

Es schmilzt bei 277—278° und ist in Wasser nicht, in heißem Alkohol schwer, in heißem Eisessig ziemlich leicht löslich. In heißen verdünnten Mineralsäuren löst es sich und krystallisiert beim Erkalten wieder aus.

Zahlreich wurden *C-arylierte Triazol-Körper*[2] hergestellt. Außer den im Abschnitt I (S. 591 ff.) angeführten Methoden haben hierfür hauptsächlich die folgenden Reaktionen gedient:

Acylierung von Hydrazidinen[3], z. B.:

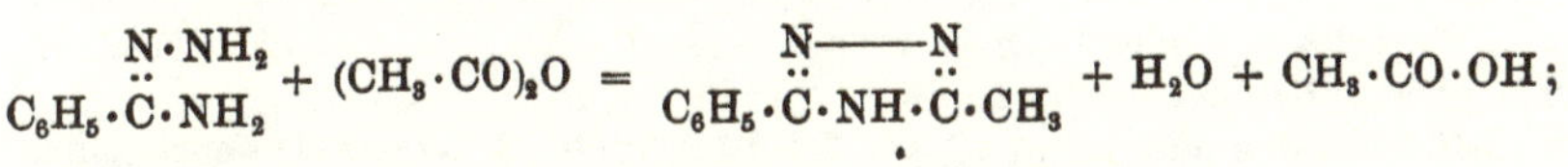
(B)

Abspaltung von Ammoniak aus Dihydrazidinen[4] (durch Kochen mit Eisessig) z. B.:

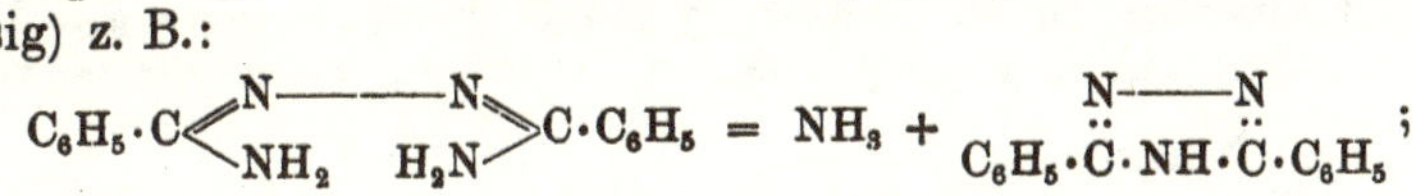
(C)

[1] Vgl.: Bladin, B. **21**, 3063 (1888); **22**, 3114 (1889). — E. Fischer, F. Müller, B. **27**, 186 (1894). — Rinman, B. **30**, 1194 (1897).

[2] Vgl. außer den im Folgenden speziell zitierten Abhandlungen noch z. B.: Widman, B. **29**, 1951 (1896). — Pinner, B. **30**, 1881, 1883, 1884, 1886 (1897). A. **298**, 6, 12, 15, 18, 42, 46, 52 (1897). — Young, Stockwell, Soc. **73**, 368 (1898). — Bailey, Acree, B. **33**, 1525 (1900). — Wheeler, Beardsley, Am. **27**, 257 (1902). — Busch, Walter, B. **36**, 1360 (1903). — Kamphausen, Schneider, J. pr. [2] **67**, 226 ff. (1903). — Spitta, J. pr. [2] **67**, 242 ff. (1903). — Blume, J. pr. [2] **67**, 261 (1903). — v. Walther, Krumbiegel, J. pr. [2] **67**, 481 (1903). — Wheeler, Johnson, Am. **31**, 584 (1904). — Johnson, Menge, Am. **32**, 358 (1904). — Stollé, J. pr. [2] **69**, 384 (1904); **74**, 2, 3, 12, 16, 17, 23 (1906). — Busch, Mehrtens, B. **38**, 4063 (1905). — Merck, D.R.P. 161235 (C. **1905**, II, 181). — Young, Soc. **87**, 626 (1905). — Wheeler, Statiropoulos, Am. **34**, 121, 127, 131 (1905). — Brandt, J. pr. [2] **74**, 539, 540 (1906). — Bailey, Read, Am. Soc. **36**, 1763 (1914).

[3] Pinner, A. **297**, 225 (1897). [4] Pinner, A. **297**, 228 (1897).

Oxydation von Semicarbazonen aromatischer Aldehyde mit Eisenchlorid[1, 2], z. B.:

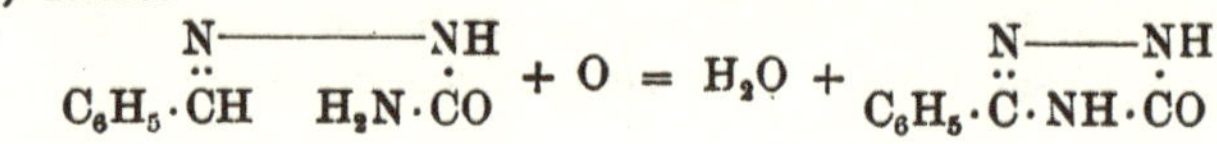 (D)

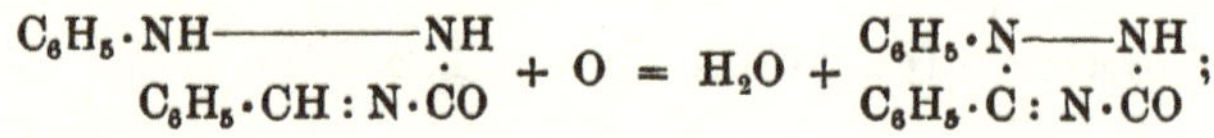 (E)

Kondensation von Azo-dicarbonamid (Bd. I, Tl. II, S. 1462) mit aromatischen Aldehyden durch Erhitzen mit Alkohol in Gegenwart von Eisenchlorür[2], z. B.:

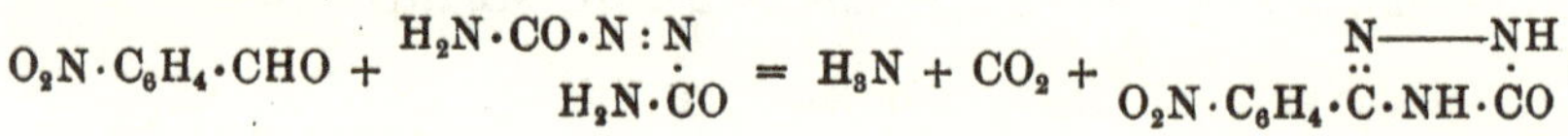 (F)

Kondensation von Diphenyl-carbohydrazid mit aromatischen Aldehyden in kochendem Eisessig bei Gegenwart von etwas Natriumacetat[3], z. B.:

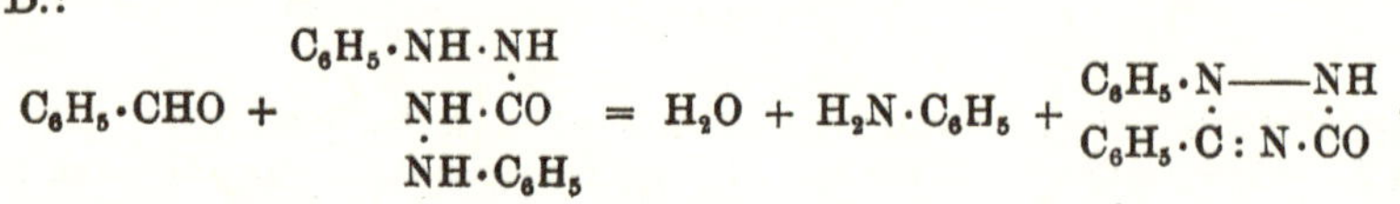 (G)

Deutlicher als bei den einkernigen Triazolen tritt der saure Charakter des Ringsystems darin zutage, daß die in 3.5-Stellung diarylierten Triazole in Alkalien sich beim Erwärmen lösen und beim Verdünnen dieser Lösungen nicht wieder herausfallen[4].

3- (bzw. 5-) Phenyl-triazol[5] ist auf verschiedenen Wegen gewonnen worden, z. B. aus 3-Phenyl-5-oxy-triazol (Produkt der Reaktion D, s. o.) durch Phosphorpentasulfid; es schmilzt bei 118°.

Am ausführlichsten untersucht ist das **3.5-Diphenyl-1.2.4-triazol**[6] nebst seinen *N*-Derivaten. Zur Darstellung geeignet ist die Reaktion C auf S. 615. Von seinen sonstigen Bildungsweisen ist die Entstehung aus Diphenyl-dihydrotetrazin bei der Reduktion (mit Zinkstaub in Eisessig oder mit Natrium in heißem Alkohol):

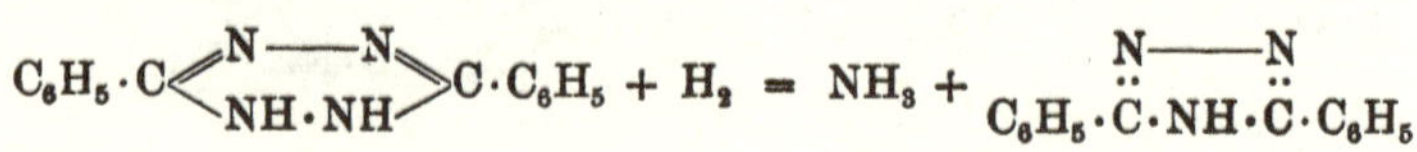 (Ha)

[1] YOUNG, Soc. **67**, 1063 (1895). — YOUNG, ANNABLE, Soc. **71**, 200 (1897).

[2] YOUNG, WITHAM, Soc. **77**, 224 (1900).

[3] B. ODDO, FERRARI, G. **45**, I, 238 (1915).

[4] PINNER, A. **297**, 238 (1897).

[5] YOUNG, OATES, Soc. **79**, 665 (1901). — YOUNG, Soc. **87**, 625 (1905). — MANCHOT, B. **43**, 1315 (1910). — PELLIZZARI, G. **41**, II, 29 (1911).

Über seine *N*-Phenyl-Derivate s.: YOUNG, Soc. **67**, 1068 (1895). — A. CLEVE, B. **29**, 2673 (1896). — MARCKWALD, BOTT, B. **29**, 2919 (1896). — EINHORN, A. **343**, 229 (1905).

[6] PINNER, A. **297**, 255, 260 (1897). — LOSSEN, STATIUS, A. **298**, 97 (1897). — STOLLÉ, B. **32**, 798 (1899). J. pr. [2] **68**, 466 (1903); **69**, 160 (1904); **73**, 286, 290 (1906). — SILBERRAD, Soc. **77**, 1189 (1900). — WIELAND, B. **42**, 4200, 4203 (1909). — PELLIZZARI, G. **41**, II, 31 (1911). — FRANZEN, KRAFT, J. pr. [2] **84**, 138 (1911). — FORSTER, CARDWELL, Soc. **103**, 864, 870 (1913).

und aus Benzal-benzhydrazidoxim durch **kalte** alkoholische Salzsäure:

$$\begin{array}{ll} NH\text{———————}&N \\ \cdot & \cdot\cdot \\ C_6H_5\cdot C:N\cdot OH & H\cdot C\cdot C_6H_5 \end{array} = H_2O + \begin{array}{l} NH-N \\ C_6H_5\cdot \dot{C}:N\cdot \ddot{C}\cdot C_6H_5 \end{array} \qquad (Hb)$$

bemerkenswert. Aus verdünntem Alkohol scheidet es sich mit 1 Mol. Krystallwasser in perlmutterglänzenden Blättchen ab; wasserfrei schmilzt es bei 192°. Beim Kochen mit Essigsäureanhydrid und Natriumacetat liefert es ein Acetyl-Derivat $C_{16}H_{13}ON_3$ (Schmelzp. 105°). — Interessant ist die glatte (und vielfach variierbare) Bildung des 1.3.5-Triphenyl-1.2.4-triazols[1] bei der Einwirkung von Natrium auf ein Gemisch von Benzonitril und Phenylhydrazin, die man sich vielleicht in folgenden Phasen verlaufend denken darf:

$$C_6H_5\cdot CN + H_2N\cdot NH\cdot C_6H_5 \longrightarrow \begin{array}{l} NH\cdot NH\cdot C_6H_5 \\ C_6H_5\cdot \dot{C}:NH \end{array} \xrightarrow{+\,C_6H_5\cdot CN}$$

$$\begin{array}{ll} NH\text{—————————}&N\cdot C_6H_5 \\ C_6H_5\cdot \dot{C}:NH & HN:\dot{C}\cdot C_6H_5 \end{array} \xrightarrow{-\,NH_3} \begin{array}{ll} N- & N\cdot C_6H_5 \\ C_6H_5\cdot \ddot{C}\text{——}N: & \dot{C}\cdot C_6H_5 \end{array}. \qquad (I)$$

Die Verbindung schmilzt bei 104° und siedet oberhalb 360° ohne Zersetzung. — 3.4.5-Triphenyl-1.2.4-triazol[2] bildet sich quantitativ beim Erhitzen von Dibenzoyl-hydrazidchlorid mit Anilin:

$$\begin{array}{ll} N\text{—————}&N \\ C_6H_5\cdot \ddot{C}Cl & Cl\ddot{C}\cdot C_6H_5 \end{array} + H_2N\cdot C_6H_5 = 2\,HCl + \begin{array}{l} N\text{—————}N \\ C_6H_5\cdot \ddot{C}\cdot N(C_6H_5)\cdot \ddot{C}\cdot C_6H_5 \end{array}. \qquad (K)$$

— Analog dieser letzten Gleichung entsteht aus Dibenzoyl-hydrazidchlorid und Hydroxylamin das 3.5-Diphenyl-*N*⁴-oxy-1.2.4-triazol[3], das aus Äther in farblosen Prismen krystallisiert, bei 185—186° schmilzt und in Wasser kaum löslich ist, dagegen von verdünnten Alkalien und Ammoniak aufgenommen wird. — Aus Benzoyl-hydrazin durch Erhitzen für sich auf 230° (in Gegenwart von $^1/_8$ Tl. Hydrazin-Hydrat) erhält man analog Gleichung E auf S. 592 quantitativ das 3.5-Diphenyl-*N*⁴-amino-1.2.4-triazol[4], das ebenfalls in guter Ausbeute aus 3.6-Diphenyl-tetrazin-dihydrid durch Umlagerung (vgl. S. 597, Gleichung P) beim Kochen mit alkoholischer Salzsäure gewonnen wird:

$$C_6H_5\cdot C\begin{array}{l} \diagup N\text{——}N\diagdown \\ \diagdown NH\cdot NH\diagup \end{array}C\cdot C_6H_5 = \begin{array}{l} N\text{—————}N \\ C_6H_5\cdot \ddot{C}\cdot N(NH_2)\cdot \ddot{C}\cdot C_6H_5 \end{array}. \qquad (L)$$

Es krystallisiert aus Alkohol in farblosen Blättchen und schmilzt bei 258°; aus heißer verdünnter Salzsäure scheidet es sich beim Erkalten als Hydrochlorid ab, das schon beim Trocknen die Salzsäure verliert und ebenso mit Wasser die freie Base entstehen läßt. Seine Amino-Gruppe ist im Vergleich mit derjenigen des *N*⁴-Amino-triazols (vgl. S. 597) — wohl infolge von sterischer Hinderung durch die

---

[1] Engelhardt, J. pr. [2] **54**, 143 (1896). — Pellizzari, G. **41**, II, 37 (1911).

[2] Pellizzari, Alciatore, R.A.L. [5] **10**, I, 451 (1901). — Stollé, J. pr. [2] **84**, 291 (1906). — Busch, Schneider, J. pr. [2] **89**, 311, 318 (1914). — Busch, J. pr. [2] **89**, 552 (1914).

[3] Stollé, J. pr. [2] **73**, 280, 293 (1906).

[4] Pinner, B. **27**, 1004 (1894); **30**, 1875 Anm. (1897). A. **297**, 260 (1897). — Silberrad, Soc. **77**, 1188 (1900). — Stollé, J. pr. [2] **71**, 31 (1905). — Bülow, F. Weber, B. **42**, 1992, 1996 (1909). — Franzen, F. Kraft, J. pr. [2] **84**, 125, 129 (1911).

beiden sie umgebenden Phenyle — sehr wenig reaktionsfähig. Es steht in seinem Verhalten den *N*-Amino-naphthimidazolen (S. 496—497) nahe und wird ebenso, wie diese, beim Kochen mit Quecksilberoxyd in Benzol nicht verändert. Durch salpetrige Säure wird es in 3.5-Diphenyl-triazol übergeführt.

Auch der Typus der Triazoline (Dihydro-triazole) ist unter den *C*-arylierten Triazol-Körpern in einigen Vertretern[1] bekannt geworden.

Z. B. entsteht aus β-Diphenyl-benzenylhydrazidin durch Einwirkung von Formaldehyd:

$$\begin{array}{ll} \ddot{N}\text{——}NH\cdot C_6H_5 & \\ C_6H_5\cdot C\text{——}NH(C_6H_5) \end{array} + CH_2O = H_2O + \begin{array}{l} \ddot{N}\text{————}\dot{N}\cdot C_6H_5 \\ C_6H_5\cdot C\cdot N(C_6H_5)\cdot CH_2 \end{array}$$

das **1.3.4-Triphenyl-1.2.4-triazol-dihydrid-(1.5)** (1.3.4-Triphenyl-1.2.4-triazolin), das bei kurzem Aufkochen mit 30- bis 40-proz. Schwefelsäure wieder in Formaldehyd und Diphenyl-benzenylhydrazidin gespalten wird.

Ein Benzol-Kern carbodiphenyloid mit zwei Triazol-Kernen verbunden findet sich in dem **3.3′-*p*-Phenylen-bis-[2-phenyl-5-oxy-triazol]**[2]:

$$\begin{array}{l} \ddot{N}\text{——}\dot{N}(C_6H_5) \qquad (C_6H_5)\dot{N}\text{——}\ddot{N} \\ HO\cdot C\cdot N:C\text{———}C_6H_4\text{———}C:N\cdot C\cdot OH \end{array};$$

es entsteht analog Gleichung E (S. 616) durch Oxydation einer alkoholischen Lösung von Phenyl-semicarbazid (2 Mol.) und Terephthalaldehyd (1 Mol.).

Als Beispiel von Körpern, in deren Molekülen *Benzol-Kerne durch Zwischenglieder mit Kohlenstoffatomen eines Triazol-Kerns verknüpft* sind[3], sei das **3.5-Dibenzyl-1.2.4-triazol**[4] $\begin{array}{c} \ddot{N}\text{——}\ddot{N} \\ C_6H_5\cdot CH_2\cdot C\cdot NH\cdot C\cdot CH_2\cdot C_6H_5 \end{array}$ erwähnt, das analog Gleichung C (S. 615) aus Bis-phenylacethydrazidin $C_6H_5\cdot CH_2\cdot C(NH_2):N\cdot N:C(NH_2)\cdot CH_2\cdot C_6H_5$ entsteht, bei 147° schmilzt und bei höherer Temperatur sublimiert.

Mehrfach sind auch *diphenyloide Systeme aus Triazol-Kernen mit anderen heterocyclischen Kernen*[5] verwirklicht worden. Die *carbodiphenyloide* Verknüpfung finden wir z. B. in dem **3.5-Di-[α-furyl]-1.2.4-triazol** (Formel I, s. u.), das nach dem Prinzip der Reaktion C (S. 615) aus dem

I) 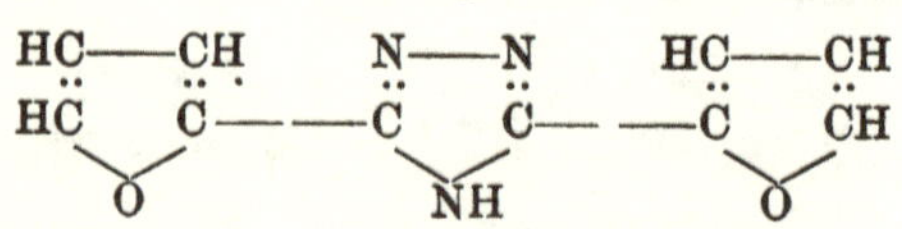,

II) 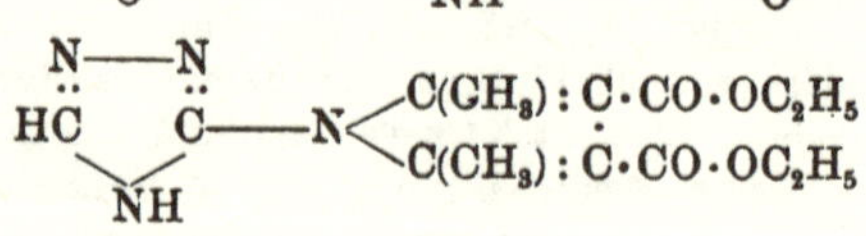

---

[1] Vgl.: Pinner, A. **297**, 230, 239, 266 (1897). — Busch, Ruppenthal, B. **43**, 3004, 3010 (1910).

[2] Young, Annable, Soc. **71**, 217 (1897).

[3] Vgl. z. B.: Widman, B. **29**, 1952 (1896). — Rupe, Labhardt, B. **33**, 244 (1900). — Franzen, F. Kraft, J. pr. [2] **84**, 125, 132 (1911). — Stollé, Laux, B. **44**, 1132 (1911). — Stollé, Fr. Schmidt, B. **45**, 3116 (1912). — Stollé, Münzel, F. Wolf, B. **46**, 2348 (1913).

[4] Pinner, A. **298**, 21 (1897).

[5] Vgl.: Pinner, A. **298**, 30, 33 (1898). — Bülow, B. **39**, 2621, 4106 (1906); **42**, 2487, 2491 (1909). — Bülow, K. Haas, B. **42**, 4639, 4644 (1909).

Dihydrazidin der Brenzschleimsäure erhalten wird. — Die *carbazidiphenyloide* Verbindung der Formel II — **2.5-Dimethyl-1-[1'.2'.4'-triazolyl-(3')]-pyrrol-dicarbonsäure-(3.4)-diäthylester** — kann aus *C*-Amino-triazol (S. 599) und Diacet-bernsteinsäureester aufgebaut werden. — Die Bildung der *azidiphenyloiden* Verbindung III aus *N*-Amino-triazol

III) 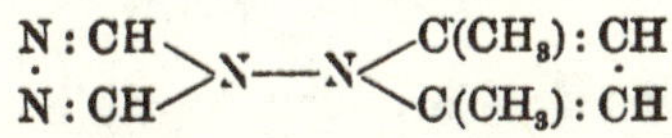

ist schon S. 597 in Gleichung Q erläutert worden. Dieses **2.5-Dimethyl-1-[1'.2'.4'-triazolyl-(4')]-pyrrol** krystallisiert aus heißem Wasser in langen derben Nadeln und schmilzt bei 151°.

III. Kondensierte 1.2.4-Triazol-Systeme.

Von allen heterocyclischen Kernen, die wir bisher betrachtet haben, unterscheidet sich das 1.2.4-Triazol dadurch, daß es keine Nachbarstellung zweier Kohlenstoffatome enthält. Dieser Unterschied ist für die Möglichkeiten, die es der Ring-Kondensation bietet, sehr wesentlich. Denn offenbar wird dadurch diejenige Art der Anellierung, welche wir in den früheren Fällen stets in erster Linie zu behandeln hatten, weil sie am häufigsten verwirklicht war (vgl. S. 26, 81), — die Ortho-Kondensation mittels zweier gemeinschaftlicher Kohlenstoffatome — überhaupt ausgeschlossen. Ein eigentliches Benzo-1.2.4-triazol kann es nicht geben.

Zwar wird in der Literatur[1] das Ringsystem:

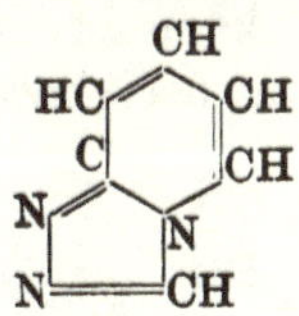

mit dem Namen „Benztriazol" belegt. Doch ist diese Bezeichnung nicht korrekt, da es gar keinen Benzol-Kern als sechsgliedrigen Einzelring enthält, sondern vielmehr einen Pyridin-Kern. Es wird demgemäß unter den vom Pyridin sich ableitenden kondensierten Systemen behandelt werden.

„*Ortho-Kondensation*" kann aber beim 1.2.4-Triazol auf andere Weise zustande kommen, indem nämlich entweder die Doppelatom-Gruppe I oder II:

I)  , II) 

als gemeinsamer Ringteil der beiden aneinander gelagerten Ringsysteme auftritt.

---

[1] Vgl. Marckwald, Rudzik, B. **36**, 1111 (1903).

Der erste Fall — *eine Kohlenstoff-Stickstoff-Gruppe als Bindeglied* — wird in einem schon S. 539 (s. Gleichung M) erwähnten Produkt angenommen, das aus nitrosiertem 2-Methylamino-thiazol entsteht und als **„Thiazol-triazol“**:

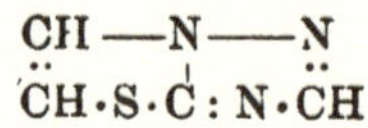

aufgefaßt wird[1]. Es ist in Form gut krystallisierter halogenwasserstoffsaurer Salze — $C_4H_3N_3S.HCl + 2H_2O$ und $C_4H_3N_3S, HBr + 2H_2O$ — analysiert worden, während die in Wasser sehr leicht lösliche, alkalisch reagierende freie Base nicht rein erhalten werden konnte. Die Formulierung muß einstweilen noch als zweifelhaft gelten.

Für den zweiten Fall — *eine Zweistickstoff-Gruppe als Bindeglied* — liegen mehrere Beispiele[2] vor. Unter ihnen ist das **Guanazo-guanazol**:

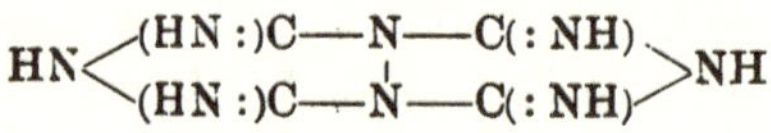

am besten untersucht, dessen Bildung aus Guanazol und Dicyandiamid S. 610 in Gleichung Vt erläutert wurde.

Es krystallisiert aus viel siedendem Wasser in weißen Blättchen, besitzt keinen Schmelzpunkt, sublimiert aber bei hoher Temperatur (unter partieller Zersetzung). Es ist in Alkohol und kaltem Wasser unlöslich, löst sich aber in Mineralsäuren und wird durch Alkalien daraus gefällt. Charakterisiert wurde es durch das Chloroplatinat $(C_4H_6N_8, HCl)_2PtCl_4 + 2H_2O$, das Pikrat $C_4H_6N_8.C_6H_3O_7N_3$ und die Silbernitrat-Verbindung $C_4H_6N_8 + AgNO_3$.

Eine *Kondensation*, bei welcher *zwei Kohlenstoffatome die Anknüpfungspunkte des zweiten Ringes* bilden, kann nur in *1.3-Stellung* erfolgen. Diesen Fall finden wir in den folgenden drei bicyclischen Systemen:

III) 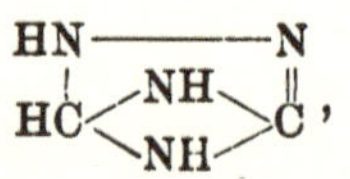 , IV) 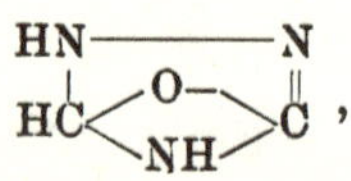 , V) 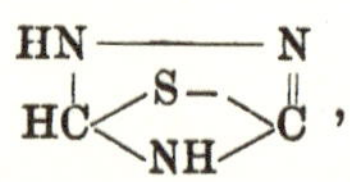 ,

deren Kenntnis wir Untersuchungen von Busch verdanken. Man kann die drei Stammkörper von einem Triazolin [Triazol-dihydrid-(4.5)]:

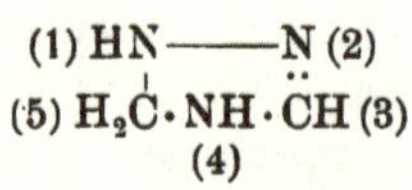

derart ableiten, daß man sich in der 3.5-Stellung eine innere Brücke durch eine Imino-Gruppe bzw. ein Sauerstoff- oder Schwefelatom geschlagen denkt, und kann sie demgemäß 3.5-Endoimino-1.2.4-triazolin (III), Endooxy-triazolin (IV) und Endothio-triazolin (V) nennen.

[1] Näf, A. **265**, 122 (1891).

[2] Vgl.: Pellizzari, Roncagliolo, G. **31**, I, 488, 495ff. (1901). — Stollé, B. **45**, 277, 280, 287 (1912).

Faßt man die in den Formeln III, IV und V sich findenden Einzelringe ins Auge, so kann man in jeder einen 1.2.4-Triazol-Ring finden, welcher mit einem zweiten heterocyclischen System — und zwar einem viergliedrigen — kondensiert ist, nämlich:

bei III mit 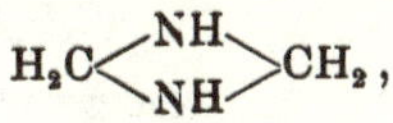, bei IV mit 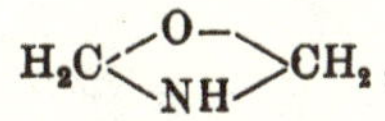,

bei V mit 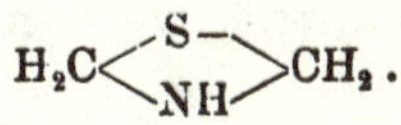.

Diese Ableitung wird für IV und V namentlich durch die folgende Schreibweise:

IVa) 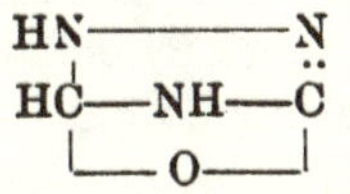, Va) 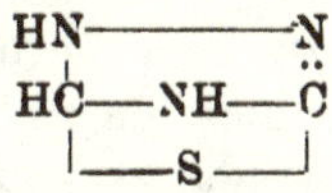

nahegelegt. Während sie für III die einzig mögliche ist, kann man sich IV und V aber noch auf andere Weise in Einzelringe zerlegt denken, indem man nämlich Sauerstoff und Schwefel zum fünfgliedrigen Komplex zählt. Dann erscheint

IV als kondensiert aus 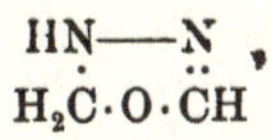, (Oxbiazol-dihydrid)

mit 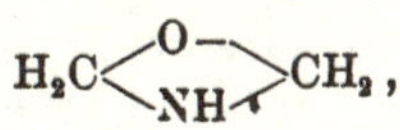,

V als kondensiert aus 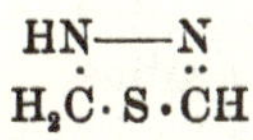 (Thiobiazol-dihydrid)

mit 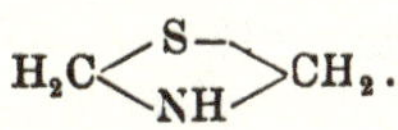.

Die letztere Betrachtungsweise ist für die Einordnung in unser Lehrbuch maßgebend, da in seinem System (vgl. S. 27—28) die Oxbiazol- und Thiobiazol-Körper den Triazol-Körpern nicht vorangehen, sondern ihnen folgen. Es werden demgemäß die Endooxy- und die Endothio-triazoline erst an späteren Stellen (S. 648—649 und S. 667) behandelt, hier dagegen nur die Endoimino-triazol-Körper[1], deren bicyclisches System nach jeder möglichen Art der Zerlegung einen 1.2.4-Triazol-Kern liefert.

Den Ausgangspunkt zu ihrer Gewinnung bilden Triaryl-amino-guanidine von der Struktur:

C(NH·Ar)(NH·Ar)(:N·NH·Ar) bzw. C(:NAr)(NH·Ar)(NH·NH·Ar).

---

[1] Busch, Mehrtens, B. **38**, 856, 4049 (1905). — Merck, D.R.P. 159692 (C. **1905**, I, 1120); 161235 (C. **1905**, II, 181). — Busch, H. Brandt, J. pr. [2] **74**, 541 (1906). — Ponzio, G. **45**, II, 23 (1915).

Diese gehen direkt in Triaryl-endoimino-triazoline über, wenn man sie mit Ameisensäure auf höhere Temperatur erhitzt, z. B.:

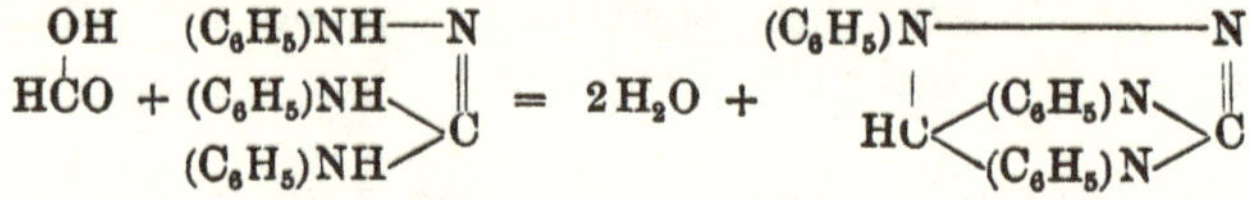
(A)

andere Säuren (Essigsäure, Benzoesäure) reagieren zwar nicht als solche, wohl aber in gleichem Sinne, wenn man sie als Chloride (Acetylchlorid, Benzoylchlorid) anwendet. In zwei Reaktionsstufen erhält man die Endoimino-Körper, wenn man die Triaryl-aminoguanidine zunächst mit Aldehyden kondensiert und die hierbei nach Gleichung T auf S. 600 entstehenden Arylamino-diaryl-triazoline mit Eisenchlorid oder mit Natriumnitrit in essigsaurer Lösung oxydiert (Gleichung U auf S. 600).

Statt der hier angenommenen Deutung könnte man entsprechend der folgenden Bildungsgleichung:

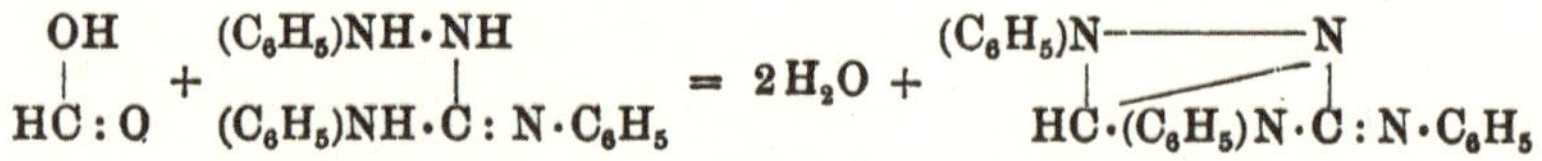
(B)

in den Reaktionsprodukten allenfalls auch Anile von Triazolonen erblicken. Dann aber müßte man erwarten, daß sie durch Säuren leicht in eine Anilinbase und ein Triazolon gespalten werden. Sie sind indessen gegen Mineralsäuren äußerst beständig und werden selbst bei 200° von konzentrierter Salzsäure nicht verändert. Andererseits werden sie durch Alkalien leicht in ihre Komponenten — Triaryl-aminoguanidin und Carbonsäure — zurückgespalten.

Die Triaryl-endoimino-triazoline sind gut krystallisierende Verbindungen, meist von gelber Farbe und von so stark basischen Eigenschaften, daß auch ihre Salze mit Carbonsäuren nicht von Wasser zerlegt werden; ihre Nitrate sind durch außerordentliche Schwerlöslichkeit ausgezeichnet (s. S. 623). Die freien Endoimino-triazoline addieren 1 Mol. Alkylhalogenid zu quartären, neutral reagierenden Salzen (wie VI, s. u.), aus denen durch vorsichtige Behandlung mit Alkali monocyclische „Pseudobasen" (alkyl-arylierte Amino-oxy-triazoline, wie VII) erhalten werden können, während warme Alkalien vollständige Ringspaltung unter Bildung von Alkyl-triaryl-aminoguanidinen (VIII) bewirken:

VI) 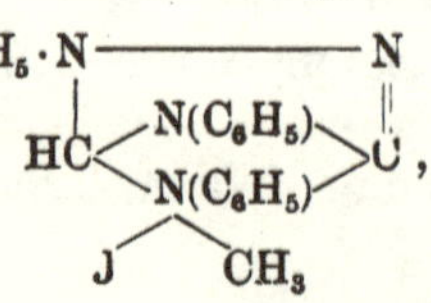

VII) 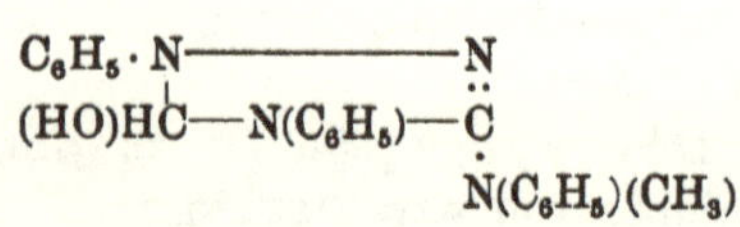

VIII) 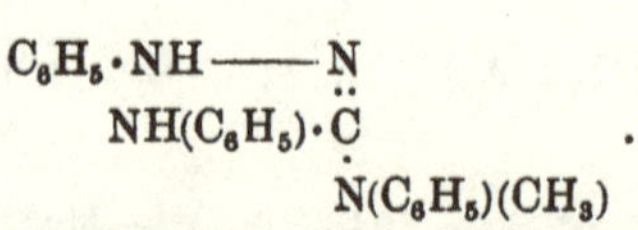

Von den in größerer Zahl dargestellten Vertretern braucht hier nur das **1.4-Diphenyl-3.5-endoanilo-triazolin** aufgeführt zu werden, das aus Triphenyl-aminoguanidin nach Gleichung A (S. 622) durch Ameisensäure oder nach T, U (S. 600) durch Formaldehyd leicht gewonnen werden kann. Es krystallisiert aus Alkohol in lebhaft glänzenden, gelben Blättchen oder Tafeln, schmilzt bei 189° unter Dunkelfärbung und schwachem Blasenwerfen und ist in Wasser unlöslich, auch in kaltem Alkohol schwer, in Chloroform aber leicht löslich. Von seinen Salzen ist das Acetat sehr leicht in Wasser löslich, dagegen das Nitrat $C_{20}H_{16}N_4, HNO_3$ außerordentlich schwer. Letzteres fällt daher aus einer essigsauren Lösung der Base durch Salpetersäure oder Nitrate als voluminöser Niederschlag aus; aus heißer, nicht zu konzentrierter Lösung schießt es in glänzenden Nadeln an, die über 260° schmelzen. Seine Löslichkeit ist so gering, daß sich seine Bildung zum äußerst empfindlichen Nachweis der Salpetersäure durch Fällung und zu ihrer gravimetrischen Bestimmung mit Vorteil benutzen läßt[1]. Mit Rücksicht auf diese Verwendung in der analytischen Praxis hat das Diphenyl-endoanilo-triazolin den kurzen Namen „Nitron" erhalten, unter dem es käuflich ist.

Dreiundzwanzigstes Kapitel.

Furodiazol-Körper.

(Cyclische Diazoanhydride. — Furazane und Furoxane. — Azoxime. — Oxdiazole).

In diesem Kapitel werden die vier S. 560 abgeleiteten Ringsysteme behandelt, in denen ein Sauerstoffatom zugleich mit zwei Stickstoffatomen als Hetero-Element sich findet. Jedes dieser Ringsysteme ist in Form von Abkömmlingen bekannt, während die Stammkörper der auf diese Systeme sich aufbauenden Verbindungsgruppen bisher noch nicht gewonnen worden sind.

I. Furo-[a b]-diazole[2] oder cyclische Diazoanhydride (Diazooxyde).

Die Atomgruppierung des Furo-[a b]-diazols (Vinylendiazooxyd):

(4) HC——N (3)
(5) HC·O·N (2)
(1)

[1] Vgl.: Busch, B. **38**, 861 (1905). — Busch, Mehrtens, B. **38**, 4055 Anm. (1905). — Gutbier, Z. Ang. **18**, 494 (1905). — Litzendorff, Z. Ang. **20**, 2209 (1907). — Franzen, Löhmann, J. pr. [2] **79**, 330 (1909).

Verwendung zur quantitativen Bestimmung der Pikrinsäure: Busch, Blume, Z. Ang. **21**, 354 (1908).

Verwendung zur Abscheidung von Wolframsäure: Gutbier, Weise, Fr. **53**, 426 (1914).

[2] Zur Bezeichnung s. S. 560, ebenda auch Anm.

wird mit großer Wahrscheinlichkeit in einer Anzahl von Stoffen angenommen, welche entstehen, wenn man Amino-1.3-diketone oder Amino-β-ketonsäuren, deren Amino-Gruppe sich zwischen den beiden Carbonylen (bzw. zwischen Carbonyl und Carboxyl) befindet, mit salpetriger Säure behandelt („diazotiert"), z. B.:

$$\begin{array}{l} CH_3\cdot CO\cdot CH\cdot NH_2 \\ \quad CH_3\cdot \dot{C}O \end{array} \left(\text{bzw. enolisiert: } \begin{array}{l} CH_3\cdot CO\cdot C\cdot NH_2 \\ \quad CH_3\cdot \ddot{C}\cdot OH \end{array}\right) + \begin{array}{l} ON \\ \dot{O}H \end{array}$$

$$= 2H_2O + \begin{array}{l} CH_3\cdot CO\cdot C\!-\!\!-\!N \\ \quad CH_3\cdot \ddot{C}\cdot O\cdot \ddot{N} \end{array}. \qquad (A)$$

Diese Stoffe sind von L. Wolff[1] entdeckt und in ihren Umsetzungen trefflich gekennzeichnet. Ihre Struktur[2] ist freilich nicht ganz unbestritten. Man zieht für sie auch die Konstitution „aliphatischer Diazokörper" (vgl. Bd. I, Tl. I, S. 387; Bd. I, Tl. II, S. 801—802) in Betracht, d. h. also z. B. für das Produkt der Reaktion A die Formeln:

$$\begin{array}{l} CH_3\cdot CO\cdot C{<}\begin{smallmatrix} N \\ \| \\ N \end{smallmatrix} \\ \quad CH_3\cdot \dot{C}O \end{array} \quad \text{oder} \quad \begin{array}{l} CH_3\cdot CO\cdot C : \overset{V}{N} \vdots N \\ \quad CH_3\cdot \dot{C}O \end{array}.$$

Solchen Annahmen aber widerspricht die **Farblosigkeit** (bzw. geringe Färbung) der Verbindungen. Denn da schon einfache aliphatische Diazokörper — wie Diazomethan (Bd. I, Tl. I, S. 388) und Diazoessigester (Bd. I, Tl. II, S. 803) — gelb sind, sollten Verbindungen, in denen die Gruppe $-C(N_2)-$ beiderseits von Carbonyl umgeben ist, tiefere Färbung zeigen.

Im Gegensatz zu den aliphatischen Diazokörpern werden ferner diese „**cyclischen Diazoanhydride**" von kalten Mineralsäuren und von Jodlösung nicht verändert. Von alkalischen Lösungen aber werden sie sehr leicht zersetzt (s. S. 625, Gleichung H).

Durch Umsetzung mit Schwefelammonium gehen sie in Thiodiazol-, durch Umsetzung mit Ammoniak in 1.2.3-Triazol-Körper über:

$$\begin{array}{l} R\cdot CO\cdot C\!-\!\!-\!N \\ \quad R\cdot \ddot{C}\cdot O\cdot \ddot{N} \end{array} \xrightarrow{H_2S} \begin{array}{l} R\cdot CO\cdot C\!-\!\!-\!N \\ \quad R\cdot \ddot{C}\cdot S\cdot \ddot{N} \end{array}; \qquad (B)$$

$$\begin{array}{l} R\cdot CO\cdot C\!-\!\!-\!N \\ \quad R\cdot \ddot{C}\cdot O\cdot \ddot{N} \end{array} \xrightarrow{H_3N} \begin{array}{l} R\cdot CO\cdot C\!-\!\!-\!\!-\!N \\ \quad R\cdot \ddot{C}\cdot NH\cdot \ddot{N} \end{array}. \qquad (C)$$

Hierbei findet indes nicht ein einfacher Austausch des Ring-Sauerstoffs gegen S bzw. NH statt. Vielmehr ist anzunehmen, daß zunächst Ringspaltung und dann erneute Ringbildung erfolgt, etwa in folgender Weise:

[1] A. **312**, 121 (1900); **325**, 129 (1902); **394**, 23 (1912). — S. ferner L. Wolff, Hall, B. **36**, 3612 (1903).

[2] Vgl.: Dimroth, A. **373**, 339 (1910). — L. Wolff, A. **394**, 31 (1912).

$$\begin{array}{l}R\cdot CO\cdot C\text{——}N \\ \quad R\cdot\ddot{C}\cdot O\cdot\ddot{N}\end{array} + H_2O = \begin{array}{l}R\cdot CO\cdot C\text{————}N \\ \quad R\cdot\ddot{C}\cdot OH \quad \ddot{N}\cdot OH\end{array}, \qquad (D)$$

$$\begin{array}{l}R\cdot CO\cdot C\text{————}N \\ \quad R\cdot\ddot{C}\cdot OH \quad \ddot{N}\cdot OH\end{array} + H_3N = \begin{array}{l}R\cdot CO\cdot C\text{——}N \\ \quad R\cdot\ddot{C}\cdot NH\cdot\ddot{N}\end{array} + 2H_2O. \qquad (E)$$

Dies ergibt sich daraus, daß die Reaktion in manchen Fällen von einem Diazoanhydrid zu zwei verschiedenen Abkömmlingen des neuen Ringsystems führt, ein Verlauf, der bei Annahme vorübergehender Ringöffnung im Sinne von D sich ohne Schwierigkeit erklärt, z. B.:

$$\begin{array}{l}C_6H_5\cdot CO\cdot CH\text{——}N \\ \quad CH_3\cdot CO \quad \ddot{N}\cdot OH\end{array} + H_2S = \begin{array}{l}C_6H_5\cdot CO\cdot C\text{——}N \\ \quad CH_3\cdot\ddot{C}\cdot S\cdot\ddot{N}\end{array} + 2H_2O \qquad (Fa)$$

und

$$\begin{array}{l}CH_3\cdot CO\cdot CH\text{——}N \\ \quad C_6H_5\cdot CO \quad \ddot{N}\cdot OH\end{array} + H_2S = \begin{array}{l}CH_3\cdot CO\cdot C\text{——}N \\ \quad C_6H_5\cdot\ddot{C}\cdot S\cdot\ddot{N}\end{array} + 2H_2O. \qquad (Fb)$$

Analog dem Ammoniak reagieren Hydroxylamin (vgl. Gleichung X auf S. 573), Phenylhydrazin und Semicarbazid, desgleichen Anilin und andere primäre Amine, wenn man sie bei Gegenwart von Essigsäure wirken läßt.

Freies Anilin dagegen bewirkt unter Stickstoff-Abspaltung Bildung von Säureaniliden, wobei eine sehr merkwürdige Wanderung eines Radikals eintritt:

$$\begin{array}{l}R\cdot CO\cdot C\text{——}N \\ \quad R\cdot\ddot{C}\cdot O\cdot\ddot{N}\end{array} + H_2N\cdot C_6H_5 = N_2 + \begin{array}{c}R\cdot CO\cdot CH \\ R \diagup \quad \diagdown CO\cdot NH\cdot C_6H_5\end{array}, \qquad (G)$$

welche an die Benzilsäure-Umlagerung erinnert[1].

Das Produkt der Reaktion A (S. 624), das man aus dem Amino-acetylaceton — erhältlich durch Reduktion von Isonitroso-acetylaceton (Bd. I, Tl. II, S. 852) — in schwefelsaurer Lösung durch Natriumnitrit bei 0° gewinnt, kann nach seiner Entstehung als **Acetylaceton-diazoanhydrid**[2], nach der hier angenommenen Struktur als 4-Acetyl-5-methyl-furo-[ab]-diazol bezeichnet werden. Es ist ein schwach gelb gefärbtes, eigenartig riechendes, leicht flüchtiges Öl, das bei −17° nicht erstarrt, sich leicht in Äther, Alkohol und 1½—2 Tln. Wasser löst und aus seiner neutral reagierenden wäßrigen Lösung durch Kaliumcarbonat ausgeschieden wird. Selbst unter 13 mm Druck läßt es sich nicht destillieren, zersetzt sich vielmehr bei etwa 90° unter Gasentwickelung. Durch sehr verdünnte kalte Natronlauge wird es in Diazo-aceton und Essigsäure gespalten:

$$\begin{array}{l}CH_3\cdot CO\cdot C\text{——}N \\ \quad CH_3\cdot\ddot{C}\cdot O\cdot\ddot{N}\end{array} + H_2O = \begin{array}{l}CH_3\cdot CO\cdot CHN_2 \\ + CH_3\cdot CO\cdot OH\end{array}. \qquad (H)$$

Das **Acetessigester-diazoanhydrid** (5-Methyl-furo-[ab]-diazol-carbonsäure-[4]-äthylester) wurde schon Bd. I, Tl. II, S. 1146—1147 beschrieben.

Benzoylaceton-diazoanhydrid[3] (4-Benzoyl-5-methyl-furo-[ab]-diazol

---

[1] Vgl. auch Schröter, B. **42**, 2347 (1909).

[2] L. Wolff, A. **325**, 139 (1902); **394**, 36, 45, 57 (1912).

[3] L. Wolff, A. **325**, 136, 140, 144, 148, 166, 170, 187 (1902); **394**, 46 (1912).

Über eine durch Einwirkung von salpetriger Säure auf Dibenzoylmethan entstehende Verbindung, die als 4-Benzoyl-5-phenyl-furo-[ab]-diazol angesprochen wird, s. Wieland, Bloch, B. **37**, 2524 (1904); **39**, 1488 (1906).

oder 4-Acetyl-5-phenyl-furo-[a b]-diazol) entsteht analog Reaktion A aus α-Amino-α-benzoyl-aceton $C_6H_5 \cdot CO \cdot CH(NH_2) \cdot CO \cdot CH_3$, bildet nahezu weiße Tafeln und schmilzt bei 65—66°. Durch kochendes Wasser wird es in Methyl-benzyl-keton übergeführt, wobei als Zwischenprodukt vermutlich α-Phenyl-acetessigsäure $CH_3 \cdot CO \cdot CH(C_6H_5) \cdot CO \cdot OH$ — ähnlich Gleichung G (s. S. 625) entstehend — auftritt, die dann Kohlendioxyd abspaltet.

Der Furo-[a b]-diazol-Ring wurde früher in *Kondensation mit dem Benzol-Kern* entsprechend Formel I (s. u.) in den „o-Diazo-phenolen" angenommen, die aus manchen negativ substituierten o-Amino-phenolen durch salpetrige Säure entstehen. Doch sind diese Verbindungen mit größerer Wahrscheinlichkeit auf eine

I) 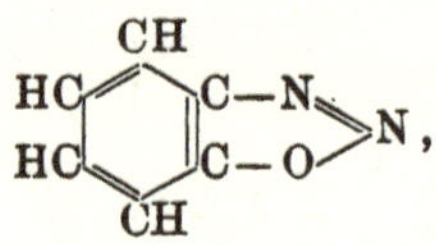 II) 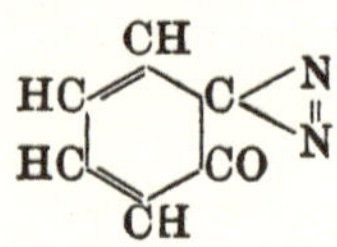 oder 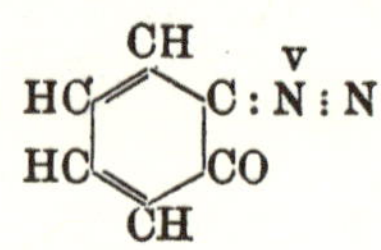

der Formeln II zu beziehen, d. h. als Diazide von o-Chinonen zu betrachten[1]. In einer aus 3.6-Diamino-1.2.4.5-tetraoxy-benzol (III) durch salpetrige Säure entstehenden Verbindung $C_6O_4N_4$ liegt aber höchstwahrscheinlich das **2.5-Dioxy-chinon-bis-diazoanhydrid**[2] der Formel IV vor. Sie wird aus warmer konzentrierter Salpetersäure durch langsame Fällung mit Wasser in farblosen, zentimetergroßen Prismen

III) 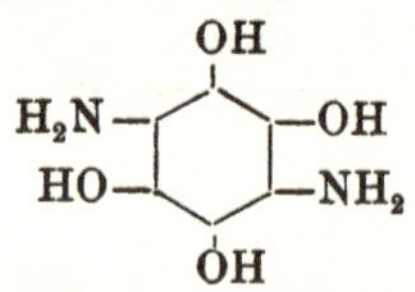, IV) 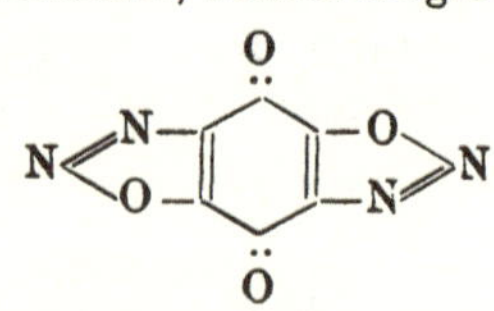,

V) 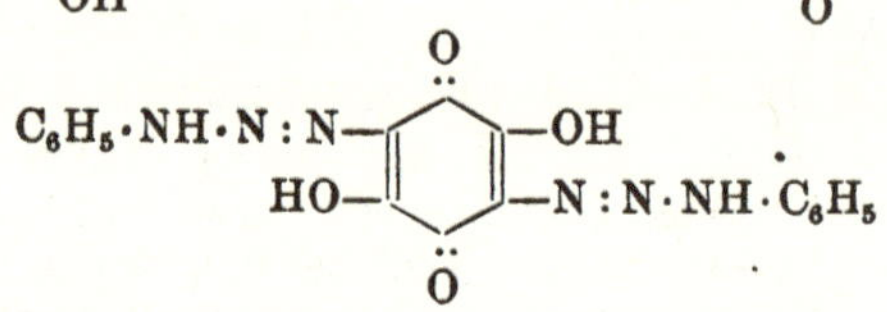

erhalten, verpufft bei 128° und färbt sich am Licht allmählich gelb. In kalten verdünnten Mineralsäuren und den gewöhnlichen organischen Lösungsmitteln ist sie unlöslich. Mit konzentriertem wäßrigem Ammoniak gibt sie einen farblosen Körper $C_6O_4N_4, 2NH_3$, der durch kalte Salzsäure sofort unter Stickstoff-Entwickelung zersetzt wird; mit Anilin dagegen entsteht ein roter Körper $C_6O_4N_4, 2C_6H_7N$ (V?), der durch Säuren alsbald wieder in Anilin und das Dioxychinon-bis-diazoanhydrid zerlegt wird.

In *Kondensation mit einem hydrierten Furan-Kern* finden wir das Furo-[a b]-diazol-System bei der **Diazo-tetronsäure**[3] und ihrem Dihydrid, die schon in Bd. I, Tl. II, S. 1242 (s. dort Formel V und VI) beschrieben wurden.

II. Furo-[a a$_1$]-diazole (Furazane und Furoxane).

Das System des Furo-[a a$_1$]-diazols:

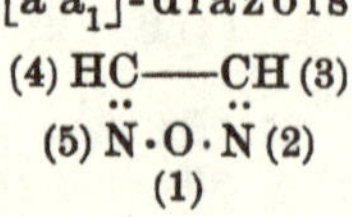

[1] Vgl. L. Wolff, A. **312**, 126 (1900). — Vgl. dagegen: Klemenc, B. **47**, 1407 (1914). — Morgan, Porter, Soc. **107**, 645 (1915).

[2] Henle, A. **350**, 344 (1906). [3] L. Wolff, A. **312**, 121, 143, 151 (1900).

findet sich in vielen Verbindungen, die zu den acyclischen α-Dioximen in naher Beziehung stehen. Zur bequemeren Benennung seiner Derivate hat es die zweckmäßige Bezeichnung „Furazan“ erhalten[1].

Zu Furazan-Körpern gelangt man von α-Dioximino-Verbindungen durch Abspaltung von Wasser[2], z. B.:

$$\begin{array}{ccc} CH_3\cdot \ddot{C} & \text{———} & \ddot{C}\cdot CH_3 \\ N\cdot OH & & N\cdot OH \end{array} - H_2O = \begin{array}{ccc} CH_3\cdot \ddot{C} & \text{——} & \ddot{C}\cdot CH_3 \\ N & \cdot O\cdot & N \end{array}. \qquad (A)$$

Man kann die Furazane auch als Isoxazole betrachten, in denen ein Methenyl des Rings durch Stickstoff vertreten ist:

$$\begin{array}{ccc} HC & \text{——} & CH \\ H\ddot{C} & \cdot O\cdot & \ddot{N} \end{array} \text{(Isoxazol)}, \qquad \begin{array}{ccc} HC & \text{——} & CH \\ \ddot{N} & \cdot O\cdot & \ddot{N} \end{array} \text{(Furazan)}.$$

Diese Beziehung kommt darin zum Ausdruck, daß der Furazan-Ring in seiner Beständigkeit gegen Natronlauge (oder Natriumäthylat) durch An- oder Abwesenheit von Substituenten ähnlich beeinflußt wird[3], wie der Isoxazol-Ring (vgl. S. 502). Ist nämlich nur eines der Furazan-Wasserstoffatome substituiert, so erfolgt durch Alkali leicht Umlagerung zu α-Isonitroso-nitrilen unter Ringsprengung:

$$\begin{array}{ccc} R\cdot \ddot{C} & \text{——} & \ddot{C}\cdot H \\ N & \cdot O\cdot & N \end{array} = \begin{array}{ccc} R\cdot \ddot{C} & \text{———} & \dddot{C} \\ N\cdot OH & & N \end{array}; \qquad (B)$$

dagegen werden die durch zwei Kohlenwasserstoffreste substituierten Furazane von Alkalien nicht verändert.

Dimethyl-furazan[4] erhält man nach Gleichung A aus Dimethylglyoxim am besten durch 6-stündiges Erhitzen mit wäßrigem Ammoniak auf 160—170°. Es ist eine farblose Flüssigkeit vom spez. Gew. 1·054 bei 15°, erstarrt in der Kälte zu einer strahlig-krystallinischen Masse, die bei — 7° schmilzt, und siedet unzersetzt bei 156° unter 744 mm Druck. Es löst sich wenig in Wasser, leicht in Alkohol und Äther und besitzt einen charakteristischen süßlichen Geruch, der an Chloroform erinnert. Gegen Säuren und Alkalien ist es äußerst beständig. Die Widerstandsfähigkeit des disubstituierten Furazan-Rings tritt auch darin hervor, daß das Dimethyl-furazan durch Kaliumpermanganat in schwefelsaurer Lösung mit guter Ausbeute zu Methyl-furazan-carbonsäure (S. 629) oxydiert werden kann.

Diacetyl-furazan[5] entsteht — analog Gleichung A — aus dem 3.4-Dioxim des Hexantetrons (Bd. I, Tl. II, S. 853) schon durch einfaches Schmelzen, in sehr guter Ausbeute bei gewöhnlicher Temperatur durch Essigsäureanhydrid. Es siedet unter 12—13 mm Druck bei 85—91°; unter gewöhnlichem Druck destilliert es zum

[1] L. Wolff, A. **260**, 100 (1890). [2] Vgl. L. Wolff, B. **28**, 69 (1895).
[3] Vgl. L. Wolff, Gans, B. **24**, 1166 (1891).
[4] L. Wolff, B. **28**, 69 (1895).
[5] Alessandri, R. A. L. [5] **21**, I, 659 (1912).
Über Dibenzoyl-furazan s. Angeli, B. **26**, 529 (1893).

großen Teil unzersetzt zwischen 185° und 195°, bei 195° aber erfolgt plötzliche Zersetzung.

Das **Phenyl-furazan**[1] dagegen, das aus den stereoisomeren Dioximen $C_6H_5\cdot C(:N\cdot OH)\cdot CH(:N\cdot OH)$ des Phenyl-glyoxals unter verschiedenen Bedingungen erhalten wird, bei 30° schmilzt und bereits bei gewöhnlicher Temperatur außerordentlich leicht sich verflüchtigt, ist zwar gegen Säuren sehr beständig, wird aber schon durch gelindes Erwärmen mit Sodalösung entsprechend Gleichung B zum Oxim des Benzoylcyanids $C_6H_5\cdot C(:N\cdot OH)\cdot CN$ aufgespalten.

Diphenyl-furazan[2] ist das Anhydrid der Benzil-dioxime $C_6H_5\cdot C(:N\cdot OH)\cdot C(:N\cdot OH)\cdot C_6H_5$. Es entsteht fast quantitativ aus dem α- und dem β-Benzil-dioxim beim Erhitzen mit Wasser auf 200—210°; aus dem γ-Dioxim kann man es sogar bei gewöhnlicher Temperatur erhalten, indem man dessen Säureester mit Natronlauge stehen läßt. Es krystallisiert aus Alkohol in Nadeln, schmilzt bei 94° und destilliert bei raschem Erhitzen in kleinen Proben unverändert. Bei längerem Sieden wird es aber teils in Benzonitril und Phenyl-isocyanat gespalten:

$$C_{14}H_{10}ON_2 = C_6H_5\cdot CN + C_6H_5\cdot N:CO\,,$$

teils zu „Dibenzenyl-azoxim" (S. 642) isomerisiert. Durch mehrstündiges Erhitzen mit konzentrierter Schwefelsäure wird es nicht verändert; durch andauerndes Erhitzen mit Jodwasserstoffsäure und Phosphor auf 230° kann es zu Dibenzyl reduziert werden.

Phenyl-oxy-furazan[3] entsteht durch Umlagerung des Phenyl-furoxans (S. 635) beim Durchschütteln der ätherischen Lösung mit Sodalösung:

$$\begin{array}{c} C_6H_5\cdot \ddot{C}\text{——}\ddot{C}\cdot H \\ N\cdot O\cdot N:O \end{array} = \begin{array}{c} C_6H_5\cdot \ddot{C}\text{——}\ddot{C}\cdot OH \\ N\cdot O\cdot N \end{array}, \qquad (C)$$

krystallisiert aus Benzol in farblosen Nädelchen und schmilzt nach vorherigem Sintern bei 110—111° unter stürmischer Zersetzung. Die sehr zersetzliche Verbindung löst sich sofort in Alkalien und kann bei raschem Ansäuern unverändert ausgefällt werden, zeigt also phenolartigen Säurecharakter. Läßt man aber die alkalische Lösung nur kurze Zeit stehen, so erfolgt vollständige Zersetzung. Beim Schütteln der ätherischen Lösung mit Ammoniak entsteht Phenyl-isonitroso-acetamidoxim:

$$\begin{array}{c} C_6H_5\cdot \ddot{C}\text{——}\ddot{C}\cdot OH \\ N\cdot O\cdot N \end{array} + NH_3 = \begin{array}{c} C_6H_5\cdot \ddot{C}\text{————}\ddot{C}\cdot NH_2 \\ N\cdot OH \quad N\cdot OH \end{array}. \qquad (D)$$

Zur **Furazan-carbonsäure**[4] gelangt man von der γ, δ-Diisonitrosovaleriansäure auf folgendem Wege[5]:

$$\begin{array}{c} H\ddot{C}\text{————}\ddot{C}\cdot CH_2\cdot CH_2\cdot CO_2H \\ N\cdot OH \quad N\cdot OH \end{array} \xrightarrow{\text{konz. } H_2SO_4} \begin{array}{c} H\ddot{C}\text{——}\ddot{C}\cdot CH_2\cdot CH_2\cdot CO_2H \\ N\cdot O\cdot N \end{array}$$

$$\xrightarrow{KMnO_4} \begin{array}{c} H\ddot{C}\text{——}\ddot{C}\cdot CO_2H \\ N\cdot O\cdot N \end{array}. \qquad (E)$$

---

[1] Russanow, B. **24**, 3498, 3503 (1891). — Wieland, Semper, A. **358**, 56 (1907).

[2] Auwers, V. Meyer, B. **21**, 810 (1888); **22**, 715 (1889). — Günther, A. **252**, 52 (1889). — Dodge, A. **264**, 178 (1891). — Wieland, Semper, A. **358**, 54 (1907).

[3] Wieland, Semper, A. **358**, 47, 59 (1907).

[4] L. Wolff, Gans, B. **24**, 1165 (1891).

[5] Über das Zwischenprodukt dieser Reaktionsfolge — „Furazan-propionsäure" — s. L. Wolff, A. **260**, 96, 101 (1890).

Sie krystallisiert aus Benzol in weißen Blättern, schmilzt bei 107° und ist in Wasser sehr leicht löslich. Mit Carbonaten liefert sie wohlcharakterisierte, aber gegen siedendes Wasser wenig beständige Salze. Von kaustischen Alkalien aber wird sie mit tiefgelber Farbe unter Umlagerung zu Cyan-isonitroso-essigsäure (entsprechend Gleichung B auf S. 627) aufgenommen.

Die **Methyl-furazan-carbonsäure**[1] dagegen, die aus dem Dimethyl-furazan durch Oxydation gewonnen wird (s. S. 627), wasserfrei bei 74° schmilzt und mit Wasserdämpfen flüchtig ist, wird in alkalischer Lösung nicht verändert. — Durch weitere Oxydation mit Permanganat in schwefelsaurer Lösung kann man sie in **Furazan-dicarbonsäure**[2] überführen, die bei 174° sintert, bei 178° unter Gasentwickelung schmilzt und beim Kochen mit Wasser sehr leicht unter Abspaltung des einen Carboxyls als Kohlendioxyd und Umlagerung in die Cyan-isonitroso-essigsäure übergeht.

Vom Oxalessigester führen die nachstehenden Umwandlungen:

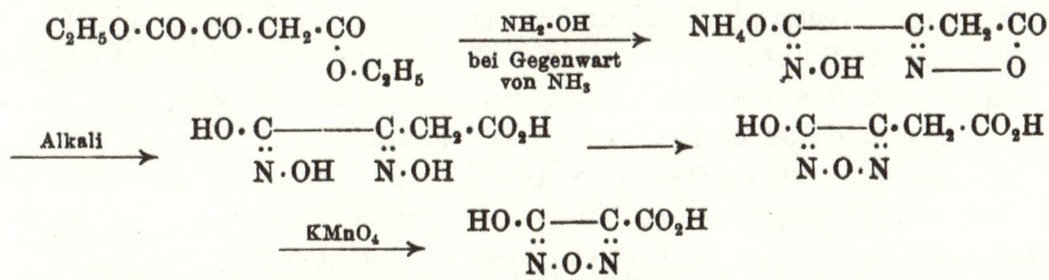

(F)

zur **Oxy-furazan-carbonsäure**[3] (Schmelzp. 175° unter Zersetzung). In diese Säure geht durch Verseifung mit Baryt eines der Bd. I, Tl. II, S. 1300—1301 genannten Knallsäure-Polymeren $C_3H_3O_3N_3$ — die Isofulminursäure[4] — über, und umgekehrt kann die Isofulminursäure aus dem Äthylester der Oxy-furazan-carbonsäure durch Einwirkung von Ammoniak gewonnen werden. Sie ist demnach als Oxy-furazan-carbonsäureamid $HO \cdot C_2ON_2 \cdot CO \cdot NH_2$ aufzufassen. Ihre Bildung aus Metafulminursäure — dem direkten Polymerisationsprodukt der Knallsäure — durch Einwirkung von Ammoniak kann man in folgender Weise:

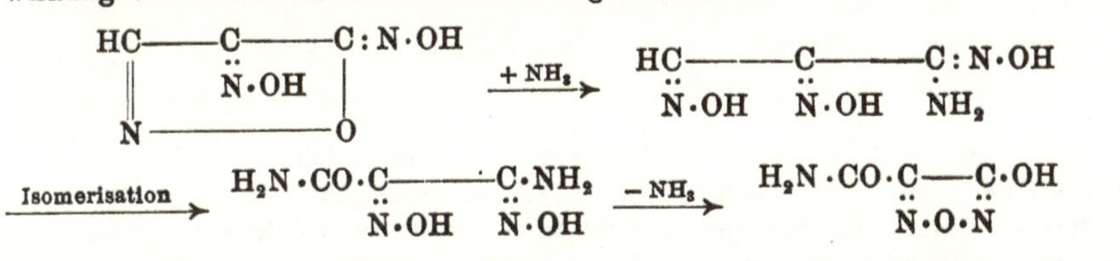

(G)

unter Annahme von Zwischenprodukten erklären, von denen dasjenige der dritten Formel (Isonitroso-malonamid-amidoxim) in der Tat isoliert worden ist. Die Iso-

---

[1] L. Wolff, B. **28**, 71 (1895). — Erbstein, Ar. **236**, 150 (1898).

Über Phenyl-furazan-carbonsäure s.: Nussberger, B. **25**, 2149, 2163 (1892). — Hantzsch, Heilbron, B. **43**, 76 (1910).

[2] L. Wolff, B. **28**, 72 (1895). — Dimroth, Dienstbach, B. **41**, 4069 (1908). — Alessandri, R.A.L. [5] **21**, I, 664 (1912).

[3] Hantzsch, Urbahn, B. **28**, 757, 765 (1895). — Wieland, A. Baumann, A. **392**, 204 (1912). — Ulpiani, G. **42**, I, 513 (1912).

[4] Ehrenberg, J. pr. [2] **30**, 55 (1884). — Nef, A. **280**, 324 (1894). — Ulpiani, G. **42**, I, 503 (1912). — Wieland, A. Baumann, A. **392**, 196 (1912).

fulminursäure bildet sich aus der Metafulminursäure auch bei der Einwirkung von Natriumcarbonat. Sie krystallisiert aus heißem Wasser in breiten farblosen Nadeln, schmilzt bei 202° unter Zersetzung, bläut Kongopapier und zersetzt Carbonate.

Wie entsprechend Gleichung A auf S. 627 einkernige Furazan-Körper aus acyclischen α-Dioximen entstehen, so gelangt man von den Dioximen der Orthochinone durch Wasserabspaltung sehr leicht zu *kondensierten Furazanen.* Die einfachste hierhergehörige Verbindung erhält man aus dem *o*-Benzochinon-dioxim, wenn man dessen Lösung in verdünnter Natronlauge der Destillation im Dampfstrom unterwirft:

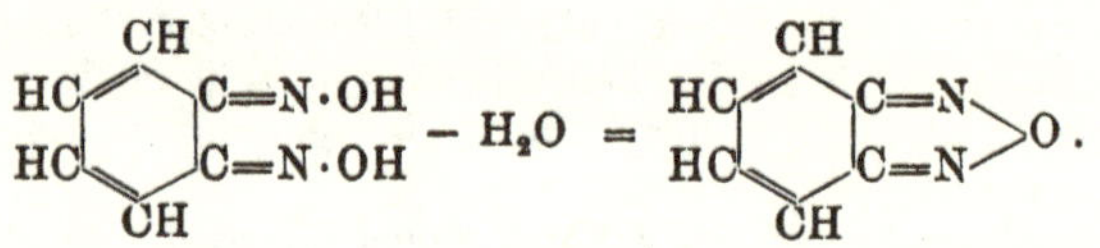

(H)

Dieses **Benzo-furazan**[1] ([*o*-Benzochinon-dioxim]-anhydrid) krystallisiert aus verdünntem Alkohol in weißen Nadeln, schmilzt bei 55°, ist sehr flüchtig, in den meisten Lösungsmitteln (außer Wasser) sehr leicht löslich und riecht durchdringend. Von Alkalien, verdünnten Säuren, auch von kalter konzentrierter Schwefelsäure wird es nicht verändert. Zinn und Salzsäure reduzieren zu *o*-Phenylendiamin.

Das auf verschiedenen Wegen gewonnene α,β-**Naphtho-furazan**[2]:

$$C_{10}H_6{<}\begin{matrix}N\\N\end{matrix}{>}O$$

krystallisiert aus Benzol in farblosen Nadeln, schmilzt bei 78° und riecht nach bitteren Mandeln. Hervorzuheben ist seine Bildung durch Oxydation sowohl von β-Nitroso-α-naphthylamin, wie von α-Nitroso-β-naphthylamin (β-Naphthochinon-α-oxim-β-imid) mit Kaliumferricyanid.

Das von H. Goldschmidt 1883 entdeckte **Phenanthro-furazan**[3]:

$$\begin{matrix}C_6H_4\cdot C:N\\ \cdot \\ C_6H_4\cdot C:N\end{matrix}{>}O$$

— Schmelzp. 186—187° — ist die erste Verbindung, in welcher der Furazan-Ring erkannt wurde. Aus dem Phenanthrenchinon-dioxim entsteht es schon durch Erhitzen mit absolutem Alkohol auf 150°. Gegen verdünnte Alkalien und Säuren ist es auch in der Hitze beständig.

[1] Zincke, Ph. Schwarz, A. **307**, 31, 40 (1899). — Green, Rowe, Soc. **101**, 2456 (1912).

[2] H. Goldschmidt, B. **17**, 216, 803 (1884). — H. Goldschmidt, H. Schmid, B. **17**, 2067 (1884). — Ilinski, B. **19**, 347 (1886). — Harden, A. **255**, 149, 156 (1889). — Ponzio, C. **1906**, I, 1700. — Forster, Barker, Soc. **103**, 1922 (1913).

[3] H. Goldschmidt, B. **16**, 2179 (1883). — Auwers, V. Meyer, B. **22**, 1993 (1889). — J. Schmidt, Söll, B. **40**, 2459 (1907).

Über „Bis-benzofurazan" $O{<}\begin{matrix}N\\N\end{matrix}{>}C_6H_3\cdot C_6H_3{<}\begin{matrix}N\\N\end{matrix}{>}O$ s. Green, Rowe, Soc. **103**, 2028 (1913).

Kondensiert mit einem Pyrazolin-Kern findet sich das Furazan-System in dem **1-Phenyl-3-methyl-[pyrazolchinon-(4.5)-dioxim]-anhydrid**[1], das aus 1-Phenyl-3-methyl-4-isonitroso-5-imino-pyrazolin (S. 402, Formel I) durch Oxydation mit Hypochlorit in alkalischer Lösung hervorgeht:

$$\begin{matrix} HO\cdot N:C & \text{———} & C\cdot CH_3 \\ HN:\dot{C}\cdot N(C_6H_5)\cdot & & \ddot{N} \end{matrix} + O = H_2O + O\langle\begin{matrix} N{=}C & \text{———} & C\cdot CH_3 \\ N{=}\dot{C}\cdot N(C_6H_5)\cdot & & \ddot{N} \end{matrix} . \qquad \text{(I)}$$

Es bildet hell strohgelbe Tafeln, schmilzt bei 94—95° und ist auch bei Siedehitze unlöslich in verdünnten Mineralsäuren und Alkalilaugen.

Ihrer allgemeinsten Bildungsweise nach erscheinen die Furazane als innere α-Dioxim-Anhydride (Glyoxim-Anhydride). In den verschiedensten Körpergruppen ist man nun Verbindungen begegnet, welche ihrer empirischen Zusammensetzung nach von Dioximen nicht, wie die Furazane, durch Mindergehalt der Elemente eines Wassermoleküls, sondern durch Mindergehalt zweier Wasserstoffatome sich ableiten lassen. In den meisten Fällen konnten diese Stoffe aus α-Dioximen durch Oxydation erhalten werden, und es lag daher nahe, in ihnen die sechsgliedrig-cyclische Atomgruppierung:

$$\begin{matrix} \text{—}C\text{———}C\text{—} \\ \ddot{N}\cdot O\cdot O\cdot \ddot{N} \end{matrix} \qquad (= C_2O_2N_2)$$

anzunehmen, sie also als innere „Glyoxim-peroxyde“ aufzufassen. Dieser Auffassung, die lange Zeit herrschend war, ist WIELAND[2] unter Zusammenfassung des vorliegenden Materials über Bildungsprozesse und Verhalten entgegengetreten, wobei er besonders betonte, daß den Verbindungen durchaus kein peroxydartiger Charakter zukommt; denn sie zeigen keine Oxydationswirkungen, und diejenigen unter ihnen, welche beiderseits des Komplexes $C_2O_2N_2$ Substituenten tragen, sind durch außerordentliche Beständigkeit ausgezeichnet. Er konnte ferner mehrere „Glyoxim-peroxyde“ durch Einwirkung von Phosphorpentachlorid bei mäßig hoher Temperatur (teils ohne Lösungsmittel, teils in indifferenten Lösungsmitteln) unter Abspaltung eines Sauerstoffatoms in Furazane überführen:

$$\begin{matrix} \text{—}C\text{———}C\text{—} \\ \llcorner N_2O_2 \lrcorner \end{matrix} + PCl_5 = \begin{matrix} \text{—}C\text{——}C\text{—} \\ \ddot{N}\cdot O\cdot \ddot{N} \end{matrix} + PCl_3O + Cl_2 \qquad \text{(K)}$$

und kam so zu dem Schluß, daß sie nicht ein sechsgliedriges Ringsystem enthalten, sondern das fünfgliedrige Furazan-System, an welches ein Sauerstoffatom angelagert ist. Für dieses aus Sauerstoff und Furazan

---

[1] MOHR, J. pr. [2] **79**, 45 (1909). — Über Verbindungen, in denen ein Pyrazol-Kern mit einem hydrierten Furazan-Kern kondensiert angenommen wird, s. MICHAELIS, A. **385**, 4, 20, 39 (1911).

[2] S. WIELAND, SEMPER, A. **358**, 36 (1907).

kombinierte Ringsystem hat er den Namen „F u r o x a n“ vorgeschlagen und die Strukturformeln I und II in Betracht gezogen, unter denen er

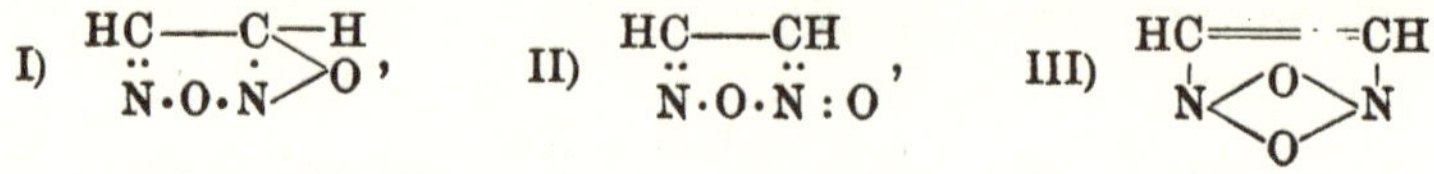

der ersten den Vorzug gibt. GREEN und ROWE[1], sowie FORSTER und BARKER[2] haben die Formel III hinzugefügt, welche sich von I und II dadurch wesentlich unterscheidet, daß nach ihr das Ringsystem symmetrische Struktur besitzt, während es bei I und II durch die Stellung eines Sauerstoffatoms unsymmetrisch gemacht wird. Ungleichartig disubstituierte Furoxane $R \cdot C_2O_2N_2 \cdot R_I$ könnten also nach I und II in je zwei Stellungsisomeren auftreten, während nach III eine solche Isomerie nicht möglich erscheint (vgl. dazu S. 639).

Die bisher gesammelten Beobachtungen erlauben, wie dem Herausgeber dieses Lehrbuchs scheint, eine Entscheidung zwischen den drei Symbolen nicht. Er benutzt im Folgenden die Formulierung II und folgt damit neueren Erkenntnissen in anderen Körpergruppen (z. B. Azoxyverbindungen), für welche die Annahme von brückenartig an dreiwertigen Stickstoff gebundenem Sauerstoff (—N—O) verlassen werden mußte[3] zugunsten der Annahme von doppelt an fünfwertigen Stickstoff gekettetem Sauerstoff (⋟N : O).

Im System unseres Lehrbuchs gehören die „Furoxane“ nach allen drei Formulierungen an diese Stelle. Denn nach II sind sie einkernige Furazan-*N*-oxyde, nach I und III aber „E n d o o x y - f u r a z a n - d i h y d r i d e“ (vgl. dazu S. 620), also bicyclisch kondensierte Furazan-Körper, in denen sich als zweites Ringsystem nach I der Dreiring —C, —N >O, nach III der Vierring —N<O, O>N— findet.

Unter den *Bildungsprozessen der Furoxane* erläutert am besten der Übergang mancher Glyoxime durch Oxydation in Furoxane[4], z. B.:

$$\begin{matrix} CH_3\cdot C & \text{———} & C\cdot CH_3 \\ \ddot{N}\cdot OH & & \ddot{N}\cdot OH \end{matrix} - 2H = \begin{matrix} CH_3\cdot C & \text{——} & C\cdot CH_3 \\ \ddot{N}\cdot O & \cdot & \ddot{N}:O \end{matrix}, \qquad .(Ka)$$

ihre Beziehung zu den Furazanen (vgl. Gleichung A auf S. 627); man bewirkt die Oxydation durch Stickstofftetroxyd in Äther oder durch alkalische Kaliumferricyanid-Lösung.

---

[1] Soc. **103**, 898 (1913). [2] Soc. **103**, 1919 (1913).

[3] Vgl. ANGELI, „Über die Konstitution der Azoxyverbindungen“, HERZsche Sammlung chemischer und chem.-techn. Vorträge, Bd. XIX (Stuttgart 1913), S. 447.

[4] Vgl. SCHOLL, B. **23**, 3496 (1890).

Ihre allgemeinste Entstehungsart aber beruht auf der spontan und glatt verlaufenden Polymerisation der Nitriloxyde[1], z. B.:

$$2\begin{array}{l}C_6H_5\cdot C\\ \quad\ddot{N}:O\end{array}\left(\text{bzw. } 2\begin{array}{l}C_6H_5\cdot \ddot{C}\\ \quad\ddot{N}\end{array}\!\!>O\right) = \begin{array}{l}C_6H_5\cdot \ddot{C}\text{---}\ddot{C}\cdot C_6H_5\\ \quad\ddot{N}\cdot O\cdot \ddot{N}:O\end{array}. \qquad (L)$$

Infolge dieses Prozesses gelangt man häufig zu Furoxanen durch Umwandlung von Hydroximsäure-Derivaten $R\cdot C\begin{array}{l}\diagup R_I\\ \diagdown N\cdot OH\end{array}$, weil aus solchen durch Abspaltung von R_IH leicht die Nitriloxyde $R\cdot C\vdots N:O$ hervorgehen. So erklären sich die Bildungen von Furoxanen aus Hydroximsäurechloriden durch Einwirkung von Alkalicarbonat[2], z. B.:

$$2\,C_6H_5\cdot C\begin{array}{l}\diagup Cl\\ \diagdown N\cdot OH\end{array} - 2\,HCl = 2\,C_6H_5\cdot C\vdots N:O = \begin{array}{l}C_6H_5\cdot \ddot{C}\text{---}\ddot{C}\cdot C_6H_5\\ \quad\ddot{N}\cdot O\cdot \ddot{N}:O\end{array}, \qquad (M)$$

und aus manchen Nitrolsäuren durch Selbstzersetzung[3], z. B.:

$$2\,C_2H_5O\cdot CO\cdot C\begin{array}{l}\diagup NO_2\\ \diagdown N\cdot OH\end{array} - 2\,HNO_2\ [= 2\,C_2H_5O\cdot CO\cdot C\vdots N:O]$$

$$= \begin{array}{l}C_2H_5O\cdot CO\cdot \ddot{C}\text{---}\ddot{C}\cdot CO\cdot OC_2H_5\\ \qquad\quad\ddot{N}\cdot O\cdot \ddot{N}:O\end{array}. \qquad (N)$$

Eine Reihe von disubstituierten Furoxanen, welche einerseits einen aromatischen, andererseits einen aliphatischen Rest enthalten, wurde durch Umwandlung der „Pseudonitrosite“ erhalten, die sich aus Verbindungen vom Typus $Ar\cdot CH:CH\cdot CH_2\cdot R$ durch Anlagerung von Stickstoffsesquioxyd bilden. Diese besonders von ANGELI[4] verfolgten Umwandlungen treten z. B. beim Kochen mit Wasser oder Alkohol ein; WIELAND[5] hat gezeigt, daß als Zwischenprodukte durch Isomerisation zunächst Nitro-oxime entstehen, die dann sehr leicht unter Abspaltung von Wasser in Furoxane übergehen, z. B.:

$$\begin{array}{lcl}CH_3\cdot O\cdot C_6H_4\cdot CH & \text{———} & CH\cdot CH_3\\ \qquad\qquad | & & \quad NO_2\\ \qquad\quad (N_2O_2) & & \\ \qquad\qquad | & & \quad NO_2\\ CH_3\cdot O\cdot C_6H_4\cdot CH & \text{———} & CH\cdot CH_3\end{array}$$

(Anethol-pseudonitrosit)

$$= 2\begin{array}{l}CH_3\cdot O\cdot C_6H_4\cdot \ddot{C}\text{———}\dot{C}H\cdot CH_3\\ \qquad\qquad\quad\ \ddot{N}\cdot OH\quad NO_2\end{array} \text{ bzw. } 2\begin{array}{l}CH_3\cdot O\cdot C_6H_4\cdot \ddot{C}\text{———}\ddot{C}\cdot CH_3\\ \qquad\qquad\quad\ \ddot{N}\cdot OH\quad NO\cdot OH\end{array}$$

$$= 2\begin{array}{l}CH_3\cdot O\cdot C_6H_4\cdot \ddot{C}\text{—}\ddot{C}\cdot CH_3\\ \qquad\qquad\quad\ \ddot{N}\cdot O\cdot \ddot{N}:O\end{array} + 2\,H_2O. \qquad (O)$$

---

[1] Vgl. WIELAND, B. **40**, 1667 (1907).

[2] WERNER, C. BLOCH, B. **32**, 1975 (1899). — S. auch WERNER, SKIBA, B. **32**, 1654 (1899).

[3] Vgl. JOVITSCHITSCH, B. **28**, 1214 (1895); **35**, 153 (1892). A. **347**, 240 (1906).

[4] Vgl. B. **25**, 1956 (1892); **26**, 593 (1893).

[5] WIELAND, A. **329**, 238 (1903). — WIELAND, SEMPER, A. **358**, 39 (1907).

Infolge dieser Umwandlungen erhält man solche Furoxane bei der Nitrosierung der Verbindungen $Ar \cdot CH : CH \cdot CH_2 \cdot R$ zuweilen auch direkt an Stelle der Pseudonitrosite oder neben ihnen.

Das *Verhalten* der Furoxane läßt die Beziehung zu den Furazanen[1] in der schon S. 631 (Gleichung K) erwähnten Umwandlung durch Phosphorpentachlorid hervortreten. Auch durch Reduktion mit Jodwasserstoff oder mit Zinn und Salzsäure sind manche Furoxane in die entsprechenden Furazane übergeführt worden. Die große Unbeständigkeit der halbseitig substituierten Abkömmlinge gegenüber der Beständigkeit der beiderseits substituierten (vgl. S. 627) findet man auch bei den Furoxanen wieder, besonders in dem Verhalten gegen Alkalien, während Säuren auf beide Typen nur geringe Wirkung ausüben.

Durch Ammoniak[2] (oder Amine) wird bei Furoxanen, die einseitig substituiert sind, der Ring sehr leicht unter Bildung von Amidoximen aufgespalten, z. B.:

$$\begin{matrix} C_6H_5 \cdot \ddot{C} \text{——} \ddot{C}H \\ N \cdot O \cdot N : O \end{matrix} + NH_3 = \begin{matrix} C_6H_5 \cdot \ddot{C} \text{———} \ddot{C} \cdot NH_2 \\ N \cdot OH \quad N \cdot OH \end{matrix} . \qquad (P)$$

Eine solche Aufspaltung kann auch bei disubstituierten Furoxanen eintreten, wenn ein Substituent leicht abspaltbar ist. So entsteht z. B. aus dem Dibenzoyl-furoxan durch Anilin unter Austritt eines Benzoyls (als Benzanilid) das Benzoyl-isonitroso-acetanilid-oxim:

$$\begin{matrix} C_6H_5 \cdot CO \cdot \ddot{C} \text{——} \ddot{C} \cdot CO \cdot C_6H_5 \\ N \cdot O \cdot N : O \end{matrix} + 2 C_6H_5 \cdot NH_2$$

$$= \begin{matrix} C_6H_5 \cdot CO \cdot \ddot{C} \text{———} \ddot{C} \cdot NH \cdot C_6H_5 \\ N \cdot OH \quad N \cdot OH \end{matrix} + C_6H_5 \cdot CO \cdot NH \cdot C_6H_5 , \qquad (Qa)$$

das sich aber sehr leicht durch Wasserabspaltung in ein intensiv farbiges Nitroso-isoxazol-Derivat (vgl. S. 509) umwandelt:

$$\begin{matrix} N \cdot OH \\ C_6H_5 \cdot CO \cdot \ddot{C} \text{———} \ddot{C} \cdot NH \cdot C_6H_5 \\ N \cdot OH \end{matrix} - H_2O = \begin{matrix} NO \\ C_6H_5 \cdot \ddot{C} : C \cdot \ddot{C} \cdot NH \cdot C_6H_5 \\ O \text{——} N \end{matrix} . \qquad (Qb)$$

Das **Furoxan** selbst konnte bisher noch nicht erhalten werden[3]. — **Dimethyl-furoxan**[4] (Bildung s. S. 631, Gleichung K) ist eine farblose leichtbewegliche Flüssigkeit, siedet unter 726 mm Druck fast unzersetzt bei 222—223° (korr.), löst sich in ca. 30 Tln. Wasser von 18°, ist mit Alkohol und Äther mischbar, geht mit Wasserdämpfen langsam über und besitzt einen angenehmen charakteristischen Geruch. Beim Ein-

[1] Vgl. WIELAND, SEMPER, A. **358**, 44 (1907).

[2] Vgl.: WIELAND, A. **375**, 297 (1910). — BÖESEKEN, R. **29**, 275 (1910). — BÖESEKEN, VAN LENNEP, R. **31**, 196 (1912).

[3] Vgl. dazu: JOVITSCHITSCH, A. **347**, 238, 245 (1906). — WIELAND, SEMPER, GMELIN, A. **367**, 56, 59 (1909). — ULPIANI, DE DOMINICIS, G. **42**, I, 250 (1912). — BAMBERGER, SUZUKI, B. **45**, 2744, 2756 (1912).

[4] SCHOLL, B. **23**, 3499 (1890).

dampfen mit wäßrigem oder alkoholischem Ammoniak auf dem Wasserbade bleibt es unverändert.

Dibrom-furoxan[1] ist der am längsten bekannte Furoxan-Körper. KEKULÉ entdeckte ihn 1858 als Produkt der Einwirkung von Brom auf Knallquecksilber und hielt ihn für Dibrom-nitro-acetonitril. Von SCHOLL und von HOLLEMAN wurde 1893 seine Zugehörigkeit zu der damals als „Glyoxim-peroxyde" zusammengefaßten Verbindungsgruppe erkannt; hieraus ergibt sich nunmehr nach WIELAND (vgl. S. 631) die Formulierung als Dibrom-furoxan. Die Entstehung aus Knallquecksilber wurde schon Bd. I, Tl. II, S. 1300 erläutert. Dibrom-furoxan bildet farblose Krystalle, schmilzt bei 50°, ist schon bei gewöhnlicher Temperatur sehr flüchtig, in Wasser unlöslich, in Alkohol und Äther leicht löslich, siedet nicht unzersetzt, kann aber mit Wasserdämpfen unzersetzt verflüchtigt werden und riecht ähnlich dem Chlorpikrin. Beim Kochen mit Anilin in Alkohol entsteht Oxal-dianilidoxim $C_6H_5\cdot NH\cdot C(:N\cdot OH)\cdot C(:N\cdot OH)\cdot NH\cdot C_6H_5$ (vgl. dazu Gleichung P auf S. 634), während ein Teil des Anilins zu Anilinschwarz oxydiert wird. Konzentrierte Salzsäure wirkt selbst beim Erwärmen nur langsam ein; nach mehrstündigem Erhitzen im Rohr auf 100° ist reichlich Oxalsäure und Hydroxylamin (neben wenig Ammoniak) gebildet.

Methyl-nitro-furoxan[2] — aus dem Oxim $CH_3\cdot C(:N\cdot OH)\cdot C(:N\cdot OH)\cdot NO_2$ der Acetyl-methylnitrolsäure (Bd. I, Tl. II, S. 1074—1075) durch grüne Salpetersäure — krystallisiert aus verdünntem Alkohol in farblosen, glasglänzenden Blättern, erweicht oberhalb 60° und schmilzt bei 66—67°.

Phenyl-furoxan[3] kann aus Phenyl-glyoxim $C_6H_5\cdot C(:N\cdot OH)\cdot CH:N\cdot OH$ durch Oxydation mit Kaliumferricyanid in alkalischer Lösung nicht erhalten werden, da es schon durch ganz verdünnte Alkalien, sogar Alkalicarbonate, zersetzt wird; seine Bereitung gelingt aber mit Stickstofftetroxyd in Äther. Es krystallisiert in farblosen Tafeln und schmilzt unscharf bei 95° unter schwacher Zersetzung. Es ist gegen kochende starke Salzsäure beständig, wird jedoch durch heißes Wasser ziemlich rasch verändert; durch sehr vorsichtige Behandlung mit Alkali erfolgt Umlagerung zu Phenyl-oxy-furazan (S. 628), durch weitere Einwirkung von Alkali Spaltung.

Diphenyl-furoxan[4] — der am leichtesten zugängliche Furoxan-

---

[1] KEKULÉ, A. **105**, 281 (1858). — HOLLEMAN, B. **26**, 1405 (1893). — SCHOLL, B. **31**, 643 Anm. (1898). — WIELAND, B. **42**, 4192 (1909).

[2] BEHREND, SCHMITZ, A. **277**, 325 (1893).

[3] SCHOLL, B. **23**, 3503 (1890). — WIELAND, SEMPER, A. **358**, 46, 56 (1907).

[4] KOREFF, B. **19**, 183 (1886). — GABRIEL, M. KOPPE, B. **19**, 1147 (1886). — AUWERS, V. MEYER, B. **21**, 803 (1888); **22**, 716 (1889). — BECKMANN, B. **22**, 1593 (1889). — ANGELI, B. **25**, 1960 (1892). G. **22**, II, 451, 478 (1892). — WERNER, BUSS, B. **27**, 2194, 2199 (1894). — WERNER, SKIBA, B. **32**, 1654 (1899). — MINUNNI, CIUSA, R.A.L. [5] **14**, II, 520 (1905). — PONZIO, J. pr. [2] **73**, 494 (1906). C. **1906**, I, 1701. — WIELAND, H. BAUER, B. **39**, 1483 (1906). — WIELAND, SEMPER, B. **39**, 2523 (1906). A. **358**, 54 (1907). — WIELAND, B. **40**, 1671 (1907).

Körper — ist dagegen sowohl gegen Säuren wie gegen Alkalien beständig. Es entsteht aus den drei stereoisomeren Dioximen des Benzils $C_6H_5 \cdot C(:N \cdot OH) \cdot C(:N \cdot OH) \cdot C_6H_5$ (analog Gleichung K auf S. 632) recht glatt durch alkalische Kaliumferricyanid-Lösung und ist auch durch mehrere andere Bildungsprozesse erhalten worden (vgl. z. B. Gleichung L und M auf S. 633). Es krystallisiert aus Alkohol in farblosen Nadeln und schmilzt bei 114°. Bei rascher Destillation geht es vollständig in Phenyl-isocyanat über ($C_{14}H_{10}O_2N_2 = 2\,C_6H_5 \cdot N:CO$). Durch Kochen mit alkoholischem Schwefelammonium wird es nicht verändert, durch anhaltendes Erhitzen mit Zinn und Salzsäure zu Diphenyl-furazan (S. 628) reduziert, während vorsichtige Reduktion mit Zinkstaub und der berechneten Menge Essigsäure in Alkohol fast quantitativ das γ-Benzildioxim ergibt.

Methyl-p-methoxyphenyl-furoxan[1] ist das Produkt, das durch die S. 633 erläuterten (vgl. Gleichung O) Umwandlungen aus Anethol-pseudonitrosit hervorgeht. Es schmilzt bei 97°, ist mit Wasserdämpfen flüchtig und verhält sich bei der Reduktion analog dem Diphenyl-furoxan (s. o.). Von konzentrierter Schwefelsäure wird es mit orangegelber Farbe gelöst, durch Wasser wieder unverändert daraus gefällt. Beim Kochen mit alkoholischem Kali erleidet es eine sehr eigentümliche Umlagerung zu einem Isoxazol-Derivat:

$$\begin{matrix} CH_3 \cdot O \cdot C_6H_4 \cdot \underset{\cdot\cdot}{C} — \underset{\cdot\cdot}{C} \cdot CH_3 \\ N \cdot O \cdot N:O \end{matrix} \longrightarrow \begin{matrix} CH_3 \cdot O \cdot C_6H_4 \cdot \underset{\cdot\cdot}{C} \cdot C(:N \cdot OH) \cdot \underset{\cdot}{C}H_3 \\ N — — — O \end{matrix} . \qquad (R)$$

Symm. Diacyl-furoxane mit aromatischem Acyl[2] $Ar \cdot CO \cdot C_2N_2O_2 \cdot CO \cdot Ar$ sind von Holleman eingehend bearbeitet worden und erhielten von ihm die Klassenbezeichnung „Dinitrosacyle". Sie entstehen allgemein durch Behandlung von Methyl-aryl-ketonen mit roter Salpetersäure (D: 1·4), wobei als Zwischenprodukte Isonitroso-ketone anzunehmen sind, im einfachsten Falle:

$$2\,C_6H_5 \cdot CO \cdot CH_3 \xrightarrow{\text{Nitrosierung}} 2\,C_6H_5 \cdot CO \cdot CH:N \cdot OH$$

$$\xrightarrow{\text{Oxydation}} \begin{matrix} C_6H_5 \cdot CO \cdot \underset{\cdot\cdot}{C} — \underset{\cdot\cdot}{C} \cdot CO \cdot C_6H_5 \\ N \cdot O \cdot N:O \end{matrix} . \qquad (S)$$

Durch kochende konzentrierte Salzsäure werden sie in die Säure $Ar \cdot CO \cdot OH$, Oxalsäure, Ammoniak und Hydroxylamin gespalten. Auch

---

[1] Tönnies, B. **13**, 1846 (1880). — Boeris, G. **23**, II, 165 (1893). — Wieland, A. **329**, 267 (1903). — Wieland, Semper, A. **358**, 50, 55, 64 (1907).

Über analoge Verbindungen aus Isosafrol, Isoapiol usw. s.: Angeli, B. **25**, 1956 (1892). G. **22**, II, 445, 468 (1892). — Angeli, Bartolotti, G. **22**, II, 493 (1892). — Malagnini, G. **24**, II, 1 (1894). — Angeli, Rimini, G. **25**, II, 194 (1895). — Puxeddu, G. **43**, I, 133 (1913).

[2] Vgl.: Holleman, R. **6**, 60 (1887); **10**, 211 (1891); **11**, 258 (1892). B. **20**, 3359 (1887); **21**, 2835 (1888). — Böeseken, R. **16**, 297 (1897); **29**, 283 (1910). — Ponzio, Charrier, G. **37**, II, 65 (1907). — Wieland, Gmelin, A. **375**, 297 (1910). — Böeseken, van Lennep, R. **31**, 196 (1912). — Böeseken, Bastet, R. **31**, 206 (1912). — Harding, Soc. **105**, 2799 (1914).

durch Alkalien wird die Säure $Ar\cdot CO\cdot OH$ leicht abgespalten. Zinkstaub in Essigsäure bewirkt Reduktion zu 1.4-Diketonen $Ar\cdot CO\cdot CH_2\cdot CH_2\cdot CO\cdot CH_3$. Sehr interessant ist die Einwirkung von Ammoniak und primären Aminen, die schon S. 634 in den Gleichungen Qa und Qb erläutert wurde. — Die einfachste hierhergehörige Verbindung, das aus Acetophenon gemäß S (S. 636) entstehende **Dibenzoyl-furoxan** („Diphenyl-dinitrosacyl"), wurde auch aus Chlor-isonitroso-acetophenon $C_6H_5\cdot CO\cdot C(:N\cdot OH)\cdot Cl$ durch Einwirkung von Silbernitrit erhalten (vgl. dazu Gleichung M auf S. 633). Sie bildet weiße Krystalle, schmilzt bei 87° und ist in Alkohol und Äther leicht, in Wasser nicht löslich.

Furoxan-carbonsäure[1] kann aus dem Bariumsalz der Dicarbonsäure (s. u.) durch vorsichtige Zersetzung mit Schwefelsäure gewonnen werden, krystallisiert in Nadeln, schmilzt bei 89—91° unter Zersetzung, wird spielend von Wasser aufgenommen und ist in Lösung sehr veränderlich. Schon bei kurzem Stehen ihrer wäßrigen Lösung wird sie zu Isonitroso-malonhydroximsäure aufgespalten:

$$\begin{array}{c} HO_2C\cdot \ddot{C}\text{——}\ddot{C}H \\ N\cdot O\cdot N:O \end{array} + H_2O = \begin{array}{c} HO_2C\cdot \ddot{C}\text{————}\ddot{C}\cdot OH \\ N\cdot OH \quad N\cdot OH \end{array} . \qquad (T)$$

Methyl-furoxan-carbonsäure[2] entsteht sowohl aus den durch Umwandlung der Pseudonitrosite sich bildenden Furoxan-Körpern (vgl. S. 633, Gleichung O) bei der Oxydation mit Kaliumpermanganat, z. B.:

$$CH_2{<}^{O}_{O}{>}C_6H_3\cdot \begin{array}{c} \ddot{C}\text{——}\ddot{C}\cdot CH_3 \\ N\cdot O\cdot N:O \end{array} \longrightarrow \begin{array}{c} HO_2C\cdot \ddot{C}\text{——}\ddot{C}\cdot CH_3 \\ N\cdot O\cdot N:O \end{array} , \qquad (U)$$

wie aus α,β-Diisonitroso-buttersäure $HO_2C\cdot C(:N\cdot OH)\cdot C(:N\cdot OH)\cdot CH_3$ durch Salpetersäure, schmilzt wasserfrei bei 92° und löst sich sehr leicht in Wasser.

Furoxan-dicarbonsäure[3] ist in Form ihrer Derivate sehr viel bearbeitet worden. Man erhielt ihren Diäthylester zuerst bei der Einwirkung von rauchender Salpetersäure auf Acetessigester; hierbei bilden sich als Zwischenprodukte Isonitroso-acetessigester (Bd. I, Tl. II, S. 1177) und dann Essigester-nitrolsäure (Bd. I, Tl. II, S. 1094), welch letztere sich nun nach Gleichung N auf S. 633 zersetzt. Auch durch Selbstzersetzung des Dinitro-essigesters beim Erwärmen (sogar schon bei längerem Aufbewahren) geht dieser Diäthylester hervor:

$$2\,C_2H_5O\cdot CO\cdot C{<}^{NO_2}_{NO\cdot OH} - 2\,HNO_3 = \begin{array}{c} C_2H_5O\cdot CO\cdot \ddot{C}\text{——}\ddot{C}\cdot CO\cdot OC_2H_5 \\ N\cdot O\cdot N:O \end{array} . \qquad (V)$$

Von seinen sonstigen Bildungsweisen sei noch die Oxydation von Di-

---

[1] WIELAND, SEMPER, GMELIN, A. **367**, 55, 59, 66 (1909).

[2] ANGELI, B. **26**, 594 (1893). — JOVITSCHITSCH, B. **28**, 2680 (1895).

[3] PRÖPPER, A. **222**, 48 (1884). — CRAMER, B. **25**, 717 (1892). — JOVITSCHITSCH, B. **28**, 1216, 2684 (1895). A. **347**, 239 (1906). — BECKH, B. **30**, 152 (1897). — BOUVEAULT, BONGERT, Bl. [3] **27**, 1164, 1171 (1902). — WAHL, Bl. [4] **3**, 27 (1908). A. ch. [8] **25**, 429 (1912). — WIELAND, SEMPER, GMELIN, A. **367**, 54, 60 (1909). — STEINKOPF, JÜRGENS, J. pr. [2] **83**, 464 (1911). — ULPIANI, G. **42**, I, 209, 217 (1912). — WIELAND, C. REISENEGGER, A. **401**, 246 (1913).

oximino-bernsteinsäureester mit salpetriger Säure in Äther oder mit rauchender Salpetersäure (analog Gleichung Ka auf S. 632) erwähnt. Er stellt ein dickliches Öl ($D_4^0 = 1{\cdot}296$) dar und siedet unter 23 mm Druck bei 170—171°. Beim Erhitzen mit Salzsäure wird er unter Bildung von Oxalsäure und Hydroxylamin gespalten. Mit kaltem Barytwasser läßt er sich glatt zu dem schwer löslichen, im trockenen Zustand höchst explosiven Bariumsalz der Furoxan-dicarbonsäure verseifen, das bei der Zerlegung mit verdünnter Schwefelsäure unter Abspaltung von Kohlendioxyd die sehr veränderliche Furoxan-monocarbonsäure (S. 637) liefert. Bei längerem Kochen des Esters mit Wasser wird Nitro-cyan-essigester gebildet — ein Vorgang, der folgendermaßen erklärt werden kann:

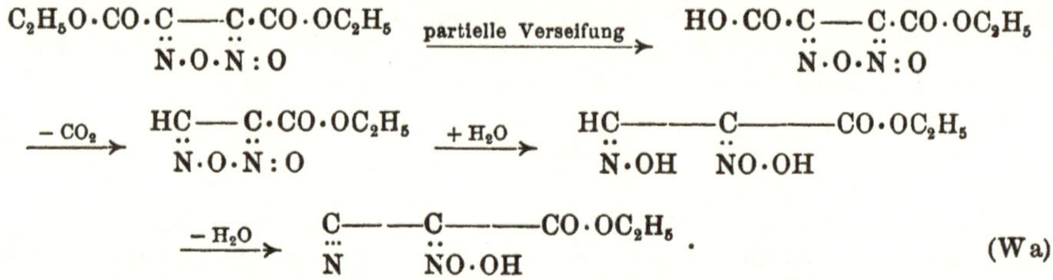

(Wa)

Durch Einwirkung von Ammoniak kann man aus dem Diäthylester das Diamid[1] bereiten, das aus nicht zu starker Salpetersäure in farblosen Nadeln krystallisiert, bei 224° unter Zersetzung schmilzt und gegen Alkalien sehr empfindlich ist. Beim Kochen mit Wasser liefert es die mit Furoxan-monocarbonsäureamid isomere Fulminursäure (Bd. I, Tl. II, S. 726):

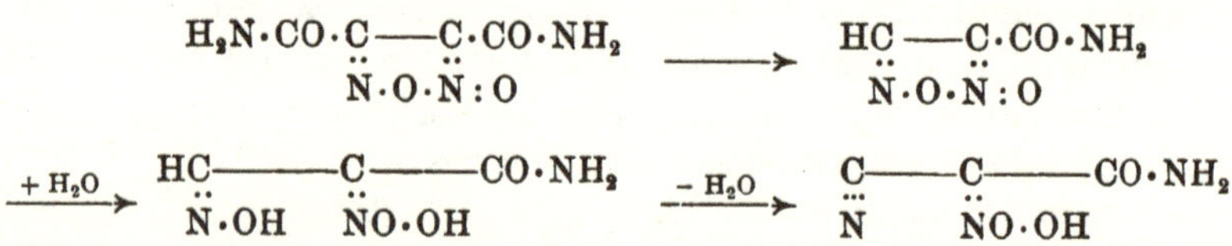

; (Wb)

daneben entstehen die mit Furoxan-monocarbonsäureamid gleichfalls isomere γ-Fulminursäure (S. 506):

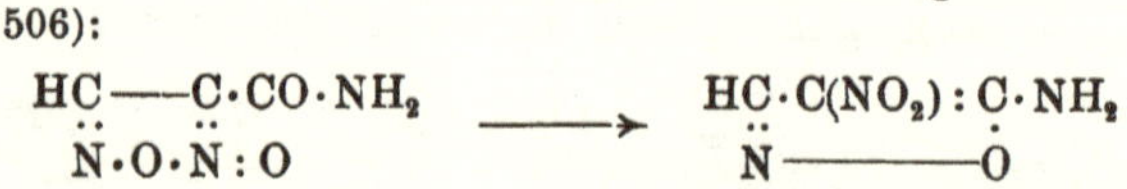

und als Hauptprodukt das β-Fulminursäure-amid, das als Endoimino-dihydrofurazan-carbonsäureamid HN<(CH—C·CO·NH₂ / N·O·N) aufgefaßt wird.

[1] Vgl.: Bouveault, Bongert, Bl. [3] **27**, 1166 (1902). — Ulpiani, G. **35**, II, 7 (1905); **42**, I, 248, 375 (1912). — Wieland, Semper, A. **358**, 50 Anm. (1907). — Wieland, Gmelin, A. **367**, 80 (1909). — Steinkopf, Jürgens, J. pr. [2] **83**, 464 (1911).
Über das Dianilid s. Dimroth, Dienstbach, B. **41**, 4069 (1908).
Über das Dinitril (früher als Nitro-acetonitril aufgefaßt) s.: Steiner, B. **9**, 783 (1876). — Ulpiani, G. **42**, I, 250 (1912).

Als *kondensierte Furoxan-Körper*[1] können die sogenannten *o-Dinitroso-Derivate* der Benzol- und Naphthalin-Reihe[2] betrachtet werden, die nach den folgenden Reaktionen gewonnen werden:

a) Zersetzung von *o*-Nitro-arylaziden beim Erhitzen, z. B.:

$$C_6H_4{<}^{N_3}_{NO_2} = N_2 + C_6H_4{<}\}N_2O_2; \qquad (X)$$

b) Oxydation von *o*-Chinon-dioximen mit alkalischer Kaliumferri-cyanid-Lösung, z. B.:

$$C_{10}H_6{<}^{N\cdot OH}_{N\cdot OH} - H_2 = C_{10}H_6{<}\}N_2O_2; \qquad (Y)$$

c) Oxydation von *o*-Nitro-arylaminen mit alkalischer Hypochlorit-Lösung, z. B.:

$$CH_3\cdot C_6H_3{<}^{NH_2}_{NO_2} - H_2 = CH_3\cdot C_6H_3{<}\}N_2O_2. \qquad (Z)$$

Doch dürfen diese Verbindungen nicht von den Symbolen I und II des Furoxans (vgl. S. 632) abgeleitet werden. Denn es hat sich herausgestellt, daß bei den Bildungsprozessen a und c (s. o.) aus Stellungs-Isomeren der folgenden Art:

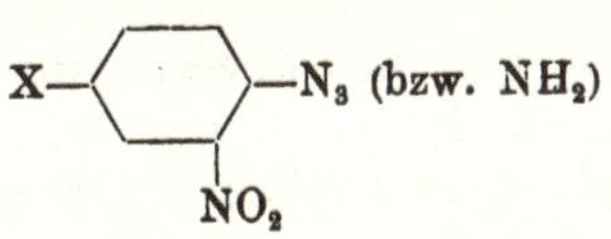

und

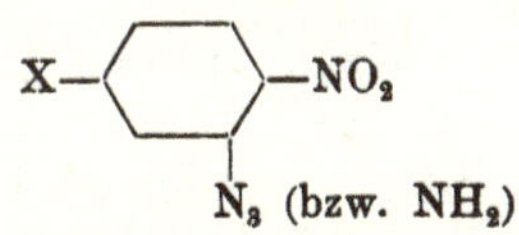

identische Produkte hervorgehen. Dies ist offenbar nur mit einer symmetrischen Struktur des sich anlagernden heterocyclischen Systems verträglich:

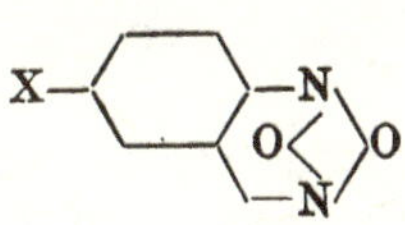

(vgl. S. 632, Formel III).

Die nach den obigen Reaktionen erhältlichen Produkte zeigen in ihren äußeren Eigenschaften keine Ähnlichkeit mit den eigentlichen Nitroso-Körpern und kondensieren sich nicht mit Anilin zu Azo-Körpern. Auch lassen sie sich weder mit Salpetersäure noch mit Kaliumpermanganat zu Dinitro-Körpern oxydieren. Die Bildungsweise b (s. o.)

[1] S. auch „Peroxyd der Campherchinon-dioxime": Forster, Soc. **83**, 525 (1903). — Ponzio, C. **1906**, I, 1701.

[2] Vgl.: Koreff, B. **19**, 181 (1886). — Ilinski, B. **19**, 349 (1886). — Zincke, Ph. Schwarz, A. **307**, 28 (1899). — Drost, A. **307**, 49 (1899). — Ponzio, C. **1906**, I, 1700, 1701. — Forster, Fierz, Soc. **91**, 1943 (1907). — Green, Rowe, Soc. **101**, 2452 (1912); **103**, 897, 2023 (1913). — Forster, Barker, Soc. **103**, 1918 (1913). — Vgl. auch Will, B. **47**, 715 (1914).

führt dazu, sie als Analoga der einkernigen Furoxane zu betrachten, die ja in gleicher Weise aus acyclischen 1.2-Dioximen hervorgehen (vgl. Gleichung Ka auf S. 632). Durch gelinde Reduktion hat man aus einigen Vertretern die entsprechenden Furazane erhalten können; durch weitere Reduktion entstehen *o*-Diamine.

Benzofurazan-oxyd (Benzo-furoxan, „*o*-Dinitroso-benzol“) krystallisiert aus Alkohol in weißen Nadeln, schmilzt bei 72°, ist leicht löslich in Alkohol und besitzt einen eigentümlichen, stechenden Geruch. Von Hydroxylamin in alkalisch-alkoholischer Lösung wird es in *o*-Benzochinon-dioxim verwandelt. — **α,β-Naphtho-furazan-oxyd** (Naphtho-furoxan, „1.2-Dinitroso-naphthalin“) ist ebenfalls farblos, schmilzt bei 127° und verflüchtigt sich leicht mit Wasserdämpfen. Bei der Reduktion mit Zinn und Salzsäure liefert es Naphtho-furazan (S. 630) neben 1.2-Diamino-naphthalin.

III. Furo-[a b$_1$]-diazole oder Azoxime.

Die Furo-[a b$_1$]-diazole entdeckten 1884 Tiemann und P. Krüger[1]; in Gemeinschaft mit seinen Schülern hat Tiemann eine große Zahl von Vertretern dargestellt und eingehend gekennzeichnet. Die Bildungsreaktion, welcher er sich bediente, besteht in der Einwirkung von Acylierungsmitteln auf Amidoxime, z. B.:

$$C_6H_5\cdot C\begin{matrix}\nearrow N\cdot OH\\ \searrow NH_2\end{matrix} + Cl\cdot CO\cdot C_6H_5 = C_6H_5\cdot C\begin{matrix}\nearrow N\cdot O\searrow\\ \searrow N=\!=\nearrow\end{matrix}C\cdot C_6H_5 + HCl + H_2O. \quad (A)$$

In solcher Weise wurden „Azoxime“ — mit diesem wenig glücklichen Namen belegte Tiemann die Verbindungsgruppe — erhalten, die als Substituenten entweder zwei Aryle oder ein Aryl zugleich mit einem Alkyl enthalten. Einfach substituierte Azoxime sind bisher nicht bekannt.

Läßt man Anhydride zweibasischer Säuren auf Amidoxime wirken, so gelangt man zu Carbonsäuren der Amidoxime[2], z. B.:

$$C_6H_5\cdot C\begin{matrix}\nearrow N\cdot OH\\ \searrow NH_2\end{matrix} + O\begin{matrix}\nearrow CO\cdot CH_2\\ \searrow CO\cdot CH_2\end{matrix} = C_6H_5\cdot C\begin{matrix}\nearrow N\cdot O\searrow\\ \searrow N=\!=\nearrow\end{matrix}C\cdot CH_2\cdot CH_2\cdot CO_2H + H_2O. \quad (B)$$

Symmetrisch diarylierte Azoxime entstehen ferner sehr leicht durch Abspaltung von Wasser (schon unter der Einwirkung von Lösungsmitteln wie Benzol und Chloroform) aus den Peroxyden der aromatischen Aldoxime[3], z. B.:

$$\begin{matrix}C_6H_5\cdot CH:N\cdot O\\ \qquad O\cdot N:CH\cdot C_6H_5\end{matrix} - H_2O = C_6H_5\cdot C\begin{matrix}\nearrow N\cdot O\searrow\\ \searrow N=\!=\nearrow\end{matrix}C\cdot C_6H_5. \quad (C)$$

Man erhält sie daher sehr häufig neben jenen Peroxyden oder an ihrer Stelle, wenn man Aldoxime Oxydations-Reaktionen unterwirft[4], z. B. als

[1] B. **17**, 1685, 1694 (1884).

[2] Vgl.: O. Schultz, B. **18**, 2458 (1885). — Wurm, B. **22**, 3132 (1889).

[3] Beckmann, B. **22**, 1591 (1889).

[4] Vgl.: Beckmann, B. **22**, 1590 (1889). — Minunni, Ciusa, R.A.L. [5] **14**, II, 518 (1905). — Bamberger, B. **33**, 1781 (1900). — Franzen, Zimmermann, J. pr. [2] **73**, 253 (1906). — Ponzio, Busti, C. **1906**, II, 232.

Hauptprodukte bei der Einwirkung von Amylnitrit in warmem Benzol. Dieser eigentümliche Bildungsprozeß zeigt, daß eine große Neigung zum Azoxim-Ringschluß besteht.

Die disubstituierten Azoxime sind indifferente Verbindungen, lösen sich also weder in verdünnten Säuren noch in Alkalilaugen. Obschon ihre Siedepunkte recht hoch liegen, sind sie mit den Dämpfen anderer Flüssigkeiten (z. B. Äther) und an der Luft außerordentlich flüchtig[1]. Gegen chemische Agenzien sind sie höchst beständig; so können sie mit rauchender Salpetersäure und mit konzentrierter Schwefelsäure ohne Zersetzung erwärmt werden. Bei tagelangem Kochen mit Zinn und Salzsäure erfolgt Reduktion unter Bildung von Nitrilen.

Durch Einwirkung von Aldehyden entstehen aus den Amidoximen sehr glatt Furo-[a b$_1$]-diazol-dihydride[2] („Hydrazoxime"), z. B.:

$$C_6H_5\cdot C\Big<\begin{matrix}N\cdot OH\\ NH_2\end{matrix} + CHO\cdot CH_3 = C_6H_5\cdot C\Big<\begin{matrix}N\cdot O\\ NH\end{matrix}\Big>CH\cdot CH_3 + H_2O\,. \qquad (D)$$

Im Gegensatz zu den Azoximen zeigen diese Hydro-Derivate basische Eigenschaften und werden von Säuren sowie von Alkalien leicht rückwärts (in Amidoxime und Aldehyde) gespalten. Von Oxydationsmitteln werden sie mit größter Leichtigkeit in Azoxime übergeführt.

Amino-acyl-azoxime werden, wie schon S. 509 mitgeteilt wurde, durch Umlagerung aus den farbigen β-Nitroso-γ-amino-α-aryl-isoxazolen erhalten, die ihrerseits aus Diacyl-furoxanen durch Einwirkung von Ammoniak oder primären Aminen hervorgehen (vgl. S. 634 Gleichung Qa und Qb, S. 637). Im Laufe dieser eigentümlichen Prozesse[3] wird also zunächst ein Furoxan-Ringsystem aufgespalten, dann ein Isoxazol- und endlich ein Azoxim-Ring geschlossen, z. B.:

$$\begin{array}{c}C_6H_5\cdot CO\cdot \ddot{C}\text{——}\ddot{C}\cdot CO\cdot C_6H_5\\ N\cdot O\cdot N:O\end{array} \xrightarrow{NH_2\cdot C_6H_5} \begin{array}{c}C_6H_5\cdot CO\cdot \ddot{C}\text{———}\ddot{C}\cdot NH\cdot C_6H_5\\ N\cdot OH\quad N\cdot OH\end{array} \xrightarrow{-H_2O}$$

$$\begin{array}{c}C_6H_5\cdot \dot{C}:C(NO)\cdot \ddot{C}\cdot NH\cdot C_6H_5\\ O\text{————}N\end{array} \xrightarrow{\text{Umlagerung}} \begin{array}{c}C_6H_5\cdot CO\cdot \ddot{C}\cdot N:\dot{C}\cdot NH\cdot C_6H_5\\ N\text{——}O\end{array}\,. \qquad (E)$$

Die Amino-acyl-azoxime sind farblose, in den meisten Lösungsmitteln unlösliche Stoffe. Gegen Säuren, Oxydations- und Reduktionsmittel sind sie recht beständig. Von warmen Alkalien werden sie in 1 Mol. aromatische Säure und 1 Mol. *N*-Aryl-*N'*-cyan-harnstoff gespalten, z. B.:

$$\begin{array}{c}C_6H_5\cdot CO\cdot \ddot{C}\cdot N:\dot{C}\cdot NH\cdot C_6H_5\\ N\text{——}O\end{array} + H_2O = C_6H_5\cdot CO\cdot OH + \begin{array}{c}C\cdot NH\cdot \ddot{C}\cdot NH\cdot C_6H_5\\ \vdots\\ N\qquad O\end{array}\,. \qquad (F)$$

Ihre Konstitution ist von Böeseken aufgeklärt.

---

[1] Tiemann, B. **18**, 1062 (1885).

[2] Vgl.: Tiemann, B. **22**, 2412 (1889). — Weise, B. **22**, 2424 (1889). — Schubart, B. **22**, 2437 (1889). — J. A. Miller, B. **22**, 2794 (1889). — Zimmer, B. **22**, 3140 (1889).

[3] Holleman, R. **11**, 258 (1892). — Böeseken, R. **16**, 306, 338 (1897); **29**, 278 (1910). — Wieland, Gmelin, A. **375**, 300 (1910). — Böeseken, van Lennep, R. **31**, 196 (1912).

Der Benennung der einzelnen Azoxime wird im Folgenden der Name Furo-[a b_1]-diazol des Stammkörpers[1] zugrunde gelegt mit der Bezifferung (vgl. dazu S. 35, Regel 2):

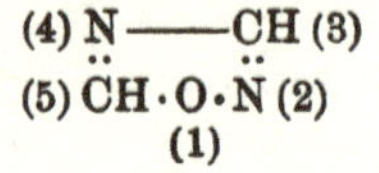

Am eingehendsten untersucht ist das **3.5-Diphenyl-furo-[a b_1]-diazol**[2] („Dibenzenyl-azoxim“), für welches zwei Entstehungsweisen S. 640 in den Gleichungen A und C formuliert sind. Hervorzuheben ist ferner seine Bildung aus α-Benzil-dioxim durch Abspaltung von Wasser unter „BECKMANNscher Umlagerung“, die unter dem Einfluß von konzentrierter Schwefelsäure, sowie von Phosphorpentachlorid eintritt:

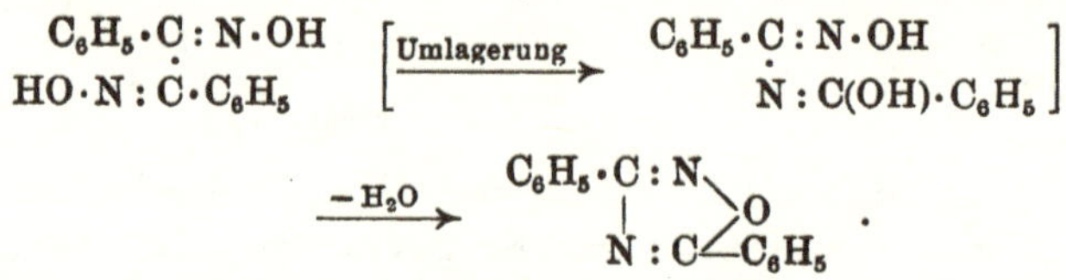

(G)

Das Dibenzenyl-azoxim krystallisiert aus verdünntem Alkohol in weißen asbestartigen Nadeln, schmilzt bei 108°, siedet unzersetzt bei 290°, sublimiert aber leicht schon bei viel niedrigerer Temperatur und ist in Wasser nicht, in Alkohol leicht löslich. Es wird von konzentrierter Salzsäure bei 180° nicht angegriffen, durch Kochen mit Permanganat in Eisessig nicht verändert, durch Zink und Eisessig nicht reduziert. Bei sechsstündigem Erhitzen mit Barythydrat auf 210° oder mit Jodwasserstoffsäure und Phosphor auf 100° wird es indessen vollständig unter Bildung von Benzoesäure gespalten.

3.5-Diphenyl-furo-[a b_1]-diazol-*N*-oxyd[3] („Dibenzenyl-oxoazoxim“) entsteht, wenn man das Ammoniumsalz der Benznitrosolsäure mit Mineralsäuren partiell zersetzt:

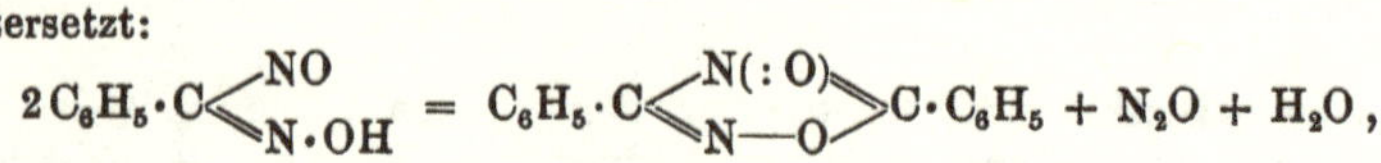

(H)

ferner bei der Selbstzersetzung des Benzhydroximsäure-chlorids im geschlossenen Gefäß:

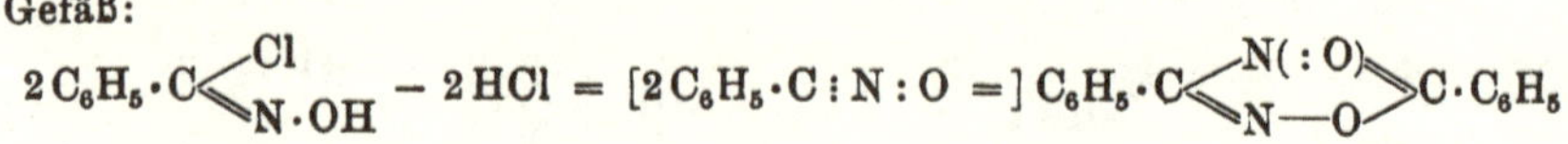

(I)

---

[1] Zweckmäßiger wäre: 1.2.4-Oxdiazol; s. S. 560 Anm.

[2] TIEMANN, P. KRÜGER, B. **17**, 1694 (1884). — P. KRÜGER, B. **18**, 1058 (1885). — O. SCHULZ, B. **18**, 1081 (1885). — BECKMANN, B. **22**, 1591 (1889). — GÜNTHER, A. **252**, 48 (1889). — DODGE, A. **264**, 181 (1891). — BECKMANN, SANDEL, A. **296**, 279 (1897). — C. WOLF, B. **31**, 2111 (1898). — BAMBERGER, B. **33**, 1781, 1786 (1900). — MINUNNI, CIUSA, R.A.L. [5] **14**, II, 521 (1905). — FRANZEN, ZIMMERMANN, J. pr. [2] **73**, 254 (1906). — PONZIO, BUSTI, C. **1906**, II, 233.

[3] WIELAND, H. BAUER, B. **39**, 1482, 1486 (1906). — WIELAND, B. **40**, 1669, 1673 (1907); **42**, 806, 814 (1909).

und bei der Einwirkung von alkoholischer Salzsäure auf trimolekulares Benzonitriloxyd. Es bildet farblose Krystalle, schmilzt bei 134° unter Zersetzung, vereinigt sich mit Chlorwasserstoff in Äther zu einem Bis-hydrochlorid $C_{14}H_{10}O_2N_2 . 2HCl$ und wird von Zinkstaub in Eisessig leicht in Dibenzenyl-azoxim verwandelt, desgleichen von Phosphorpentachlorid (vgl. dazu S. 631 Gleichung K). Schon von kaltem alkoholischem Kali wird es unter Bildung von Benzoesäure und Benzonitril gespalten.

3-Methyl-5-phenyl-furo-[a b₁]-diazol[1] („Äthenyl-azoxim-benzenyl") — aus Äthenyl-amidoxim durch Benzoylchlorid — schmilzt bei 57° und riecht eigentümlich aromatisch. — **5-Methyl-3-phenyl-furo-[a b₁]-diazol**[2] („Benzenyl-azoxim-äthenyl") — aus Benzenyl-amidoxim durch Essigsäureanhydrid — schmilzt bei 41° und siedet unzersetzt bei 244°.

5-Methyl-3-phenyl-furo-[a b₁]-diazol-dihydrid-(4.5)[3] („Äthyliden-benzenylamidoxim") — Bildung s. in Gleichung D auf S. 641 — krystallisiert in Prismen, schmilzt bei 82° und löst sich nicht in kaltem, etwas in heißem Wasser, leicht in Alkohol.

3.5-Diphenyl-5-amino-furo-[a b₁]-diazol-dihydrid-(4.5)[4] („Benzenyl-hydrazoxim-aminobenzyliden") $(C_6H_5)(H_2N)C\Big<{}^{NH}_{O\cdot N}\Big>C\cdot C_6H_5$ wird aus Benzenyl-amidoxim durch Behandlung mit verschiedenen Oxydationsmitteln (salpetrige Säure, Kaliumferricyanid, Halogene) erhalten, schmilzt unter Bildung von Benzonitril und Benzenyl-amidoxim bei 124°, besitzt schwach basische Eigenschaften und wird durch Kochen mit Alkali sofort in Benzonitril und Benzenyl-amidoxim, durch Erhitzen mit Eisessig in Ammoniak und Dibenzenyl-azoxim (s. o.) gespalten.

3-Phenyl-5-oxy-furo-[a b₁]-diazol[5] (bzw. 3-Phenyl-5-oxo-furodiazol-dihydrid) kann aus Benzenyl-amidoxim und Chlor-ameisensäureester erhalten werden:

$$C_6H_5\cdot C\Big<{}^{N\cdot OH}_{NH_2} + {}^{Cl}_{C_2H_5\cdot O}\Big>CO = HCl + C_2H_5\cdot OH + C_6H_5\cdot C\Big<{}^{N\cdot O}_{NH}\Big>CO. \qquad (K)$$

Es schmilzt bei 198°, löst sich schwer in kaltem Wasser, leicht in Alkali und reagiert in der wäßrigen Lösung stark sauer. Es ist nicht unzersetzt flüchtig, sondern verkohlt beim Erhitzen auf ca. 300°.

Infolge der auf S. 641 in Formelreihe E am Beispiel des Anilins zusammengefaßten Umwandlungen entsteht aus Dibenzoyl-furoxan durch Einwirkung von Ammoniak (statt Anilin) ein farbloser, bei 135° schmelzender Körper, für den die desmotropen Formeln I und Ia zur Wahl stehen[6]. Aus diesem, nach I **3-Benzoyl-**

$$\text{I)}\quad \begin{array}{l} C_6H_5\cdot CO\cdot \ddot{C}\cdot N : \dot{C}\cdot NH_2 \\ \qquad\quad\ N\text{——}O \end{array}, \qquad \text{Ia)}\quad \begin{array}{l} C_6H_5\cdot CO\cdot \ddot{C}\cdot NH\cdot \dot{C} : NH \\ \qquad\quad\ N\text{——}O \end{array}$$

---

[1] NORDMANN, B. **17**, 2754 (1884). — MODEEN, B. **27** Ref., 261 (1894).

[2] TIEMANN, P. KRÜGER, B. **17**, 1696 (1884). — P. KRÜGER, B. **18**, 1059 (1885). — O. SCHULZ, B. **18**, 1084 (1885).

[3] TIEMANN, B. **22**, 2412 (1889).

[4] STIEGLITZ, B. **22**, 3148 (1889). — KRÜMMEL, B. **28**, 2227 (1895).

Über 5-Phenyl-3-amino-furo-[a b₁]-diazol s. WIELAND, H. BAUER, B. **40**, 1691 (1907).

[5] TIEMANN, B. **18**, 2456 (1885); **19**, 1475 (1886). — FALCK, B. **18**, 2468 (1885); **19**, 1481 (1886). — T. B. JOHNSON, MENGE, Am. **32**, 362, 371 (1904). — *Bz*-Nitro-Derivat: WEISE, B. **22**, 2422 (1889).

3-Phenyl-5-mercapto-furodiazol: KRÜMMEL, B. **28**, 2232 (1895).

[6] HOLLEMAN, R. **11**, 265 (1892). — BÖESEKEN, VAN LENNEP, R. **31**, 196 (1912).

5-amino-furo-[a b$_1$]-diazol zu benennenden Stoff wird durch alkoholisches Alkali unter Abspaltung von Ammoniak das **3-Benzoyl-5-oxy-furo-[a b$_1$]-diazol** (II bzw.

IIa) gebildet, das durch außerordentlich stark saure Eigenschaften (K = 3·3) ausgezeichnet ist.

Als *Verbindung mit zwei Furo-[a b$_1$]-diazol-Kernen*[1] sei endlich das aus Oxalen-diamidoxim (Bd. I, Tl. II, S. 326) nach der Gleichung:

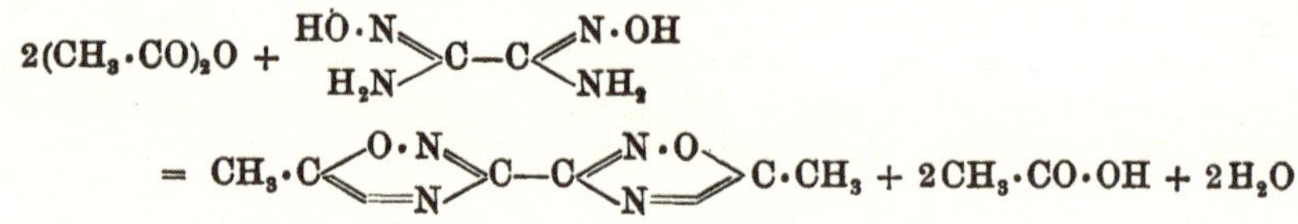

entstehende **5.5'-Dimethyl-bis-{furo-[a b$_1$]-diazolyl-(3.3')}** („Oxalen-diazoxim-diäthenyl“) erwähnt. Es krystallisiert in weißen Nadeln, schmilzt bei 164—165° und sublimiert bei Temperaturen nahe unter dem Schmelzpunkt.

IV. Furo-[b b$_1$]-diazole (Oxdiazole).

Die ersten Derivate[2] des Furo-[b b$_1$]-diazols wurden von M. Freund 1888 entdeckt und 1890 als solche erkannt. Neueren Untersuchungen von Stollé verdankt man einen gründlichen Ausbau dieser Körpergruppe.

Das Ringsystem des Furo-[b b$_1$]-diazols, für das im Folgenden das Bezifferungs-Schema:

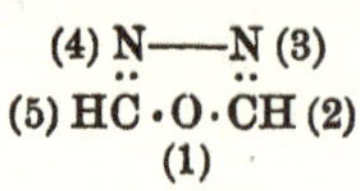

nach Regel Nr. 2 auf S. 35 benutzt wird, führt in der Literatur auch die Bezeichnungen „Biazol“ und „Oxdiazol“ (bzw. Oxbiazol). Erstere bringt die Gegenwart von Sauerstoff als Hetero-Ringglied nicht zur Geltung; letztere paßt auch auf die übrigen Furodiazol-Klassen und muß deshalb, falls Mißverständnisse möglich erscheinen, durch Hinzufügung von Ziffern verdeutlicht werden. An Stelle der sich so ergebenden Bezeichnung „1.3.4-Oxdiazol“ (vgl. S. 560 Anm.) wäre jedoch die Einführung eines kurzen charakteristischeren Trivialnamens erwünscht.

Die allgemeinste Bildung von Furo-[b b$_1$]-diazolen besteht in der Abspaltung von Wasser aus symmetrischen sekundären Säurehydraziden durch Erhitzen für sich auf höhere Temperaturen oder durch Einwirkung von wasserentziehenden Mitteln[3]. Sie führt zu 2.5-disubstituierten Furodiazolen, z. B.:

[1] Vgl.: Zinkeisen, B. **22**, 2948, 2950 (1889). — Wurm, B. **22**, 3138 (1889).

[2] Vgl.: Freund, Goldsmith, B. **21**, 1240, 2456 (1888). — Freund, F. Kuh, B. **23**, 2823 (1900).

[3] Stollé, B. **32**, 797 (1899). J. pr. [2] **68**, 132, 136 (1903); **69**, 366, 382, 491, 500, 503, 506 (1904).

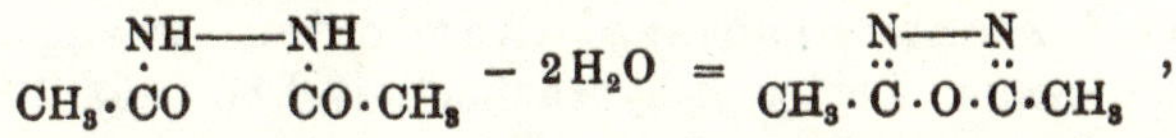 (A)

und entspricht der Bildung von Furanen aus γ-Diketonen (vgl. S. 48).

Aus Dihydrazid-chloriden entstehen Furodiazole durch längeres Erhitzen mit Wasser, leichter durch Kochen mit wäßriger oder alkoholischer Silbernitrat-Lösung[1], z. B.

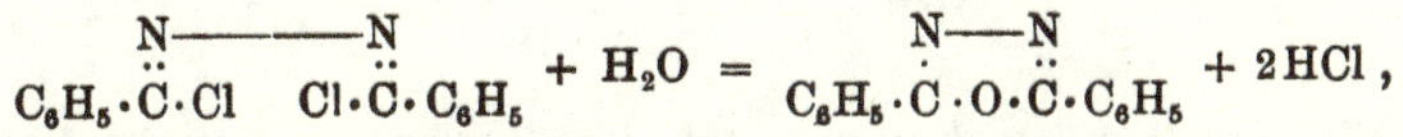 (B)

aus Dihydrazidinen wie $C_6H_5\cdot C(NH_2):N\cdot N:C(NH_2)\cdot C_6H_5$ durch Einwirkung von salpetriger Säure[2], aus den Acyl-hydrazonen der Aldehyde durch Oxydation[3] (besonders bei der Behandlung ihrer Metallverbindungen mit Jod). Die letztere Reaktion ist zur Gewinnung unsymmetrisch disubstituierter Furodiazole geeignet, z. B.:

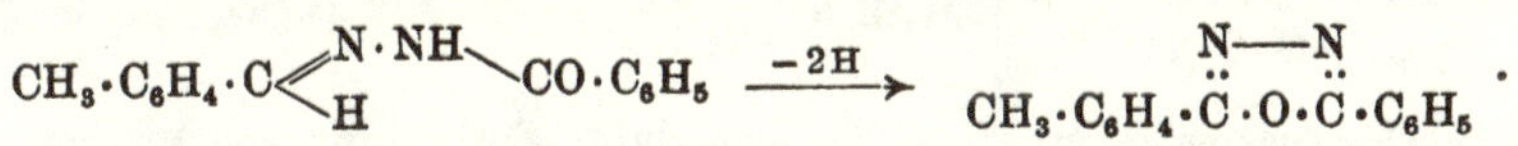 (C)

Interessant ist die Bildung mancher Furodiazole aus Dihydro-tetrazinen durch Erhitzen mit Salzsäure oder mit alkoholischer Kalilauge[4], z. B.:

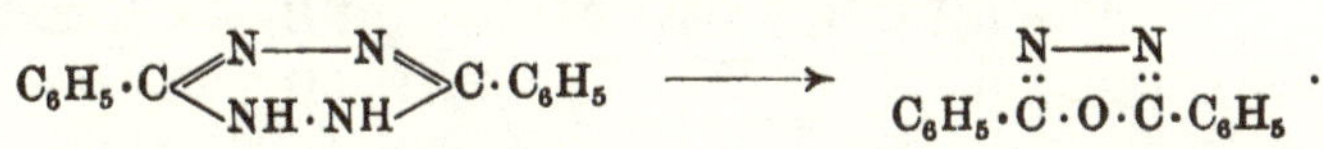 (D)

Die aromatisch disubstituierten Furodiazole sind äußerst beständige Verbindungen. Sie lassen sich mit Alkali oder verdünnten Säuren nicht nur kochen, sondern sogar oft unter Druck über 100° erhitzen, ohne daß eine wesentliche Zersetzung eintritt. Die Furodiazole mit zwei aliphatischen Resten sind weniger widerstandsfähig und können meist durch Kochen mit verdünnten Säuren wieder zu den sekundären Säurehydraziden aufgespalten werden (Umkehrung von Gleichung A).

N-Acyl-Derivate von Furo-[b b$_1$]-diazol-dihydriden erhält man aus den Acyl-hydrazonen der Aldehyde und Ketone durch Einwirkung von Säurechloriden auf ihre Metallverbindungen[5], z. B.:

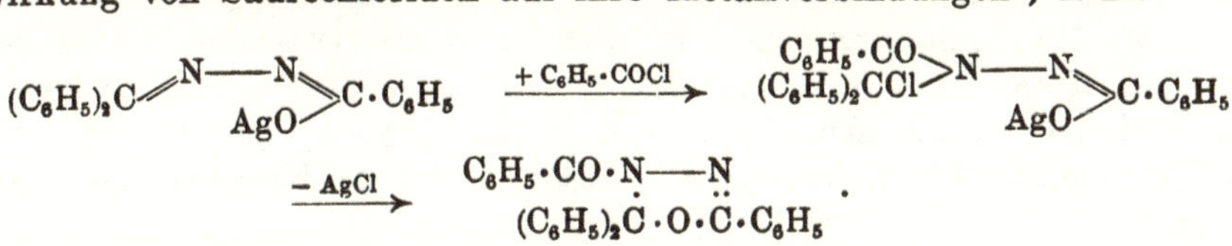 (E)

Sie werden durch verdünnte Säuren unter Bildung von symmetrischen sekundären Säurehydraziden gespalten:

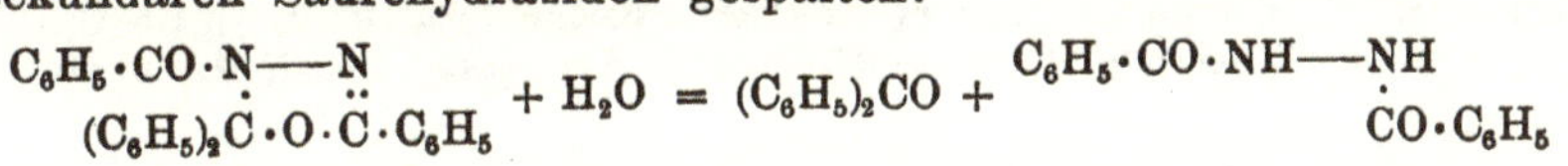 (F)

[1] GÜNTHER, A. **252**, 61, 64 (1889). — STOLLÉ, J. pr. [2] **73**, 279 (1906); **74**, 11, 15, 20, 22 (1906). — STOLLÉ, HELWERTH, J. pr. [2] **88**, 317 (1913).
[2] PINNER, A. **297**, 252 (1897).
[3] STOLLÉ, J. pr. [2] **68**, 137 (1903); **70**, 395, 414 (1904).
[4] PINNER, A. **297**, 237 (1897); **298**, 16 (1897).
[5] STOLLÉ, J. pr. [2] **68**, 417 (1903); **70**, 393, 408 (1904).

Zu N^3-Aryl-2-oxo-furodiazol-dihydriden[1] gelangt man durch Behandlung der symm. Aryl-acyl-hydrazine mit Phosgen, z. B.:

$$\begin{matrix} NH & — & NH\cdot C_6H_5 \\ CH_3\cdot CO & & \end{matrix} \left(\text{bzw.}\ \begin{matrix} N & — & NH\cdot C_6H_5 \\ CH_3\cdot C\cdot OH & & \end{matrix}\right) + COCl_2$$

$$= 2\,HCl + \begin{matrix} N & — & N\cdot C_6H_5 \\ CH_3\cdot C\cdot O\cdot CO & & \end{matrix} . \qquad (G)$$

Sie krystallisieren gut, sind unzersetzt destillierbar und recht beständig gegen Säuren und saure Reduktionsmittel. Dagegen werden sie von Alkalien (schon von Alkalicarbonaten) leicht aufgespalten:

$$\begin{matrix} N & — & N\cdot C_6H_5 \\ CH_3\cdot C\cdot O\cdot CO & & \end{matrix} + H_2O = \begin{matrix} NH\cdot NH\cdot C_6H_5 \\ CH_3\cdot CO \end{matrix} + CO_2 . \qquad (H)$$

Aus Aryl-carbazinsäureestern erhält man durch Einwirkung von Phosgen und darauf von Kalilauge die Äther von Oxy-oxo-Derivaten[2], z. B.:

$$\begin{matrix} NH & — & NH\cdot C_6H_5 \\ C_2H_5\cdot O\cdot CO & & \end{matrix} \xrightarrow{COCl_2} \begin{matrix} NH & — & N\cdot C_6H_5 \\ C_2H_5\cdot O\cdot CO & & Cl\cdot CO \end{matrix}$$

$$\xrightarrow{-\,HCl} \begin{matrix} N & — & N\cdot C_6H_5 \\ C_2H_5\cdot O\cdot C\cdot O\cdot CO & & \end{matrix} . \qquad (I)$$

Analog wie Phosgen wirkt in den Prozessen G und I Thiophosgen.

2.5-Dimethyl-furo-[b b₁]-diazol[3] (2.5-Dimethyl-1.3.4-oxdiazol) — Bildung s. Gleichung A auf S. 645 — ist der einfachste bekannte Vertreter der Gruppe. Es entsteht am glattesten durch Erhitzen von Tetraacetyl-hydrazin (vgl. Bd. I, Tl. I, S. 628) und ist eine wasserhelle Flüssigkeit, die bei 178—179° siedet, einen schwachen Geruch nach Mäuse-Exkrementen besitzt und mit Wasser, Alkohol und Äther in allen Verhältnissen mischbar ist. Durch verdünnte Alkalien und Säuren wird es langsam schon in der Kälte zu Hydrazin und Essigsäure gespalten. Mit alkoholischer Silbernitrat-Lösung gibt es keine schwerlösliche Doppelverbindung (vgl. S. 647 Diphenyl-furodiazol), mit wäßriger Quecksilberchlorid-Lösung einen weißen Niederschlag vom Schmelzp. 161°.

2.5-Bis-[pentadecyl]-furo-[b b₁]-diazol[4] schmilzt bei 72°, siedet unter 15 mm Druck bei 215°, ist unlöslich in Wasser, wenig löslich in kaltem Alkohol, gegen wäßrig-alkoholische Natronlauge auch bei längerem Kochen beständig, wird aber von wäßrig-alkoholischer Schwefelsäure beim Kochen in das *symm.* Dipalmityl-hydrazin

[1] M. Freund, Goldsmith, B. **21**, 2456 (1888). — M. Freund, Kuh, B. **23**, 2821 (1890). — M. Freund, B. **24**, 4178 (1891). — S. auch M. Freund, E. König, B. **26**, 2869 (1893).

[2] Busch, J. pr. [2] **60**, 39 (1899). — A. Stern, J. pr. [2] **60**, 239 (1899). — Vgl. auch Busch, Heinrichs, B. **34**, 2331 (1901).

[3] Stollé, B. **32**, 797 (1899). J. pr. [2] **69**, 150 (1904).

[4] Stollé, Dellschaft, J. pr. [2] **69**, 507 (1904).

$[C_{15}H_{31} \cdot CO \cdot NH\text{-}]_2$ zurückverwandelt, aus dem es beim Erhitzen unter vermindertem Druck entsteht.

Das **2.5-Diphenyl-furo-[b b₁]-diazol**[1] ist nach allen S. 645 aufgeführten allgemeinen Bildungsweisen erhalten worden. Es schmilzt bei 140°, sublimiert in schönen weißen Nadeln, destilliert oberhalb 360° ohne Zersetzung (unter 13 mm Druck bei 231°) und gibt mit alkoholischem Silbernitrat eine schwerlösliche Doppelverbindung $C_{14}H_{10}ON_2 + AgNO_3$, die sich aus heißem Alkohol umkrystallisieren läßt und bei 275° schmilzt.

2-Methyl-5-phenyl-furo-[b b₁]-diazol[2] — aus Acetyl-benzoyl-hydrazin $CH_3 \cdot CO \cdot NH \cdot NH \cdot CO \cdot C_6H_5$ analog Gleichung A (S. 645) durch Phosphoroxychlorid — schmilzt bei 67°.

3-Benzoyl-2.5-diphenyl-furo-[b b₁]-diazol-dihydrid-(2.3)[3] — aus Benzal-benzhydrazid-Silber und Benzoylchlorid analog Formelreihe E (S. 645) — schmilzt bei 138° und gibt mit alkoholischer Silbernitrat-Lösung keine schwerlösliche Doppelverbindung.

Auf dem folgenden Wege:

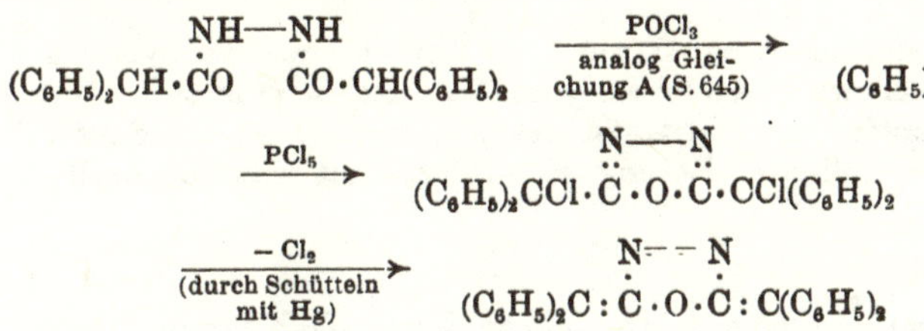

(K)

gelangt man vom sekundären Hydrazid der Diphenyl-essigsäure zu einem interessanten Derivat des Furodiazol-2.5-dihydrids — dem **2.5-Bis-[diphenyl-methylen]-furo-[b b₁]-diazol-dihydrid-(2.5)**[4]. Dieser „cyclische Azokörper" (vgl. dazu S. 604) bildet dunkelbraunrote, grünlich fluorescierende Krystalle und schmilzt bei 174°. Seine Lösung in Benzol ist tiefrot[5]. Chlor lagert sich in der Kälte unter Rückbildung des farblosen Bis-[diphenyl-chlor-methyl]-furodiazols (vorletzte Formel der Formelreihe K) an.

2-Oxo-3(*N*)-phenyl-5-methyl-furo-[b b₁]-diazol-dihydrid-(2.3)[6] — Produkt der Gleichung G auf S. 646 — krystallisiert aus verdünntem Alkohol in prächtigen

---

[1] Günther, A. **252**, 61, 71 (1898). — Pinner, B. **26**, 2130 (1893); **27**, 988, 1006 (1894). A. **297**, 254, 263 (1897). — Pellizzari, R. A. L. [5] **8**, I, 328 (1899). — Stollé, B. **32**, 798 (1899). J. pr. [2] **70**, 414 (1904); **73**, 288 (1906); **85**, 388 (1912). — Silberrad, Soc. **77**, 1189 (1900). — Folpmers, R. **34**, 52 (1915).

[2] Stollé, B. **45**, 282 (1912).

[3] Stollé, Münch, J. pr. [2] **70**, 408 (1904).

[4] Stollé, Laux, B. **44**, 1127, 1132 (1911).

[5] Das analoge Furodiazol-Derivat mit 2 Fluoren-Resten $\begin{matrix} C_6H_4 \\ | \\ C_6H_4 \end{matrix}\!\!>C=$ — Stollé, Münzel, F. Wolf, B. **46**, 2347 (1913) — löst sich mit blauer Farbe.

[6] M. Freund, Goldsmith, B. **21**, 1244, 2459 (1888). — M. Freund, F. Kuh, B. **23**, 2834, 2843 (1890). — Rupe, Labhardt, B. **32**, 10 (1899).

weißen Säulen und schmilzt bei 93—94°. — **2-Oxo-5-phenyl-furo-[b b_1]-diazol-dihydrid-(2.3)**[1] (bzw. 2-Oxy-5-phenyl-furodiazol) entsteht glatt aus *N*-Benzoyl-*N'*-chlor-harnstoff durch kaltes verdünntes Alkali:

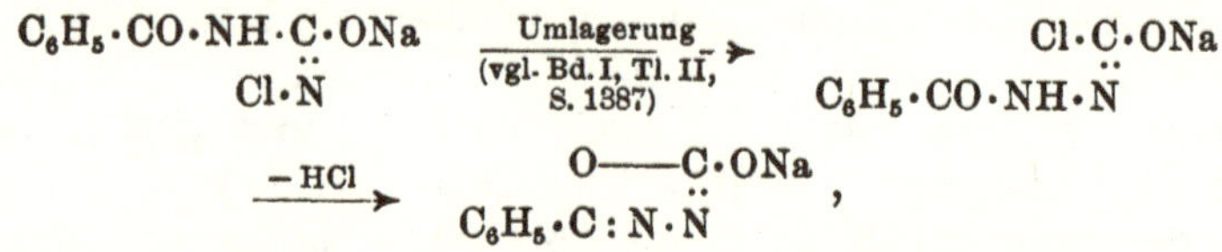

(L)

krystallisiert aus viel kochendem Wasser in Nadeln und schmilzt bei 141° (korr.). Beim Erhitzen mit rauchender Salzsäure wird es in Benzoesäure, Hydrazin und Kohlendioxyd gespalten; durch Reduktion mit Natriumamalgam wird Benzylhydrazin gebildet.

Von den *Verbindungen mit zwei Furo-[b b_1]-diazol-Kernen*[2] sei das **5.5'-Dimethyl-bis-[furodiazolyl-(2.2')]**[3]:

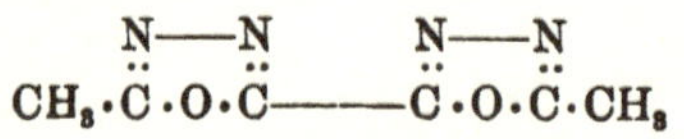

erwähnt, das analog Gleichung A auf S. 645 beim Kochen von Oxal-hydrazid mit Essigsäureanhydrid erhalten wird. Es krystallisiert aus Alkohol in farblosen Nadeln, schmilzt bei 212°, sublimiert unzersetzt, ist gegen verdünnte warme Säuren beständig und gibt in alkoholischer Lösung mit Silbernitrat eine schwerlösliche Doppelverbindung.

Als kondensierte Abkömmlinge des Furo-[b b_1]-diazols sind die Endooxy-1.2.4-triazoline anzuführen (vgl. dazu S. 620). Solche entstehen durch Acylierung von 1.4-Diaryl-semicarbaziden[4], z. B.:

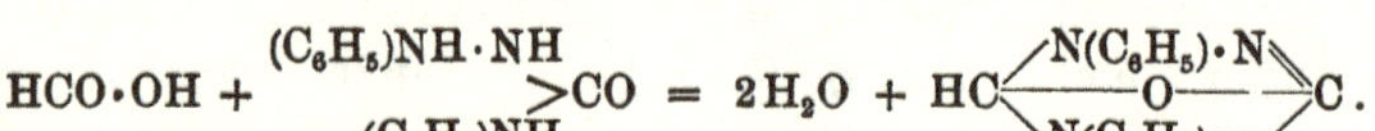

(M)

Das **1.4-Diphenyl-3.5-endooxy-1.2.4-triazolin**[5], das entsprechend dieser Gleichung aus Formyl-1.4-diphenyl-semicarbazid beim Erhitzen auf 180° gewonnen wird, bildet weiße Kryställchen, schmilzt bei 256° und wird von Eisessig leicht, von den anderen gebräuchlichen Solvenzien in der Kälte kaum aufgenommen. Beim Kochen mit wäßrig-alkoholischer

---

[1] DIELS, A. WAGNER, B. **45**, 874, 878 (1912). — DIELS, OKADA, B. **45**, 2437 (1912); **46**, 1870 (1913). — SCHESTAKOW, B. **45**, 3273 (1912). — STOLLÉ, KRAUCH, B. **45**, 3308, 3311 (1912). — STOLLÉ, B. **46**, 1993 (1913). — STOLLÉ, LEVERKUS, B. **46**, 4076 (1913).

[2] Vgl. auch: M. FREUND, GOLDSMITH, B. **21**, 1240, 2461ff. (1888). — M. FREUND, F. KUH, B. **23**, 2844 (1890). — STOLLÉ, MÜNCH, J. pr. [2] **70**, 421 (1904). — STOLLÉ, FR. SCHMIDT, B. **45**, 3122 (1912). — M. FREUND, K. FLEISCHER, A. **399**, 231 (1913).

[3] STOLLÉ, KIND, J. pr. [2] **70**, 428 (1904).

[4] Vgl. BUSCH, J. pr. [2] **67**, 202 (1903).

[5] W. MARCKWALD, B. **25**, 3113 (1892). — BUSCH, B. **35**, 974 (1902). J. pr. [2] **67**, 214 (1903). — S. SCHNEIDER, J. pr. [2] **67**, 263 (1903).

Kalilauge spaltet es sich rückwärts in Ameisensäure und Diphenylsemicarbazid.

Bei der Einwirkung von Phosgen auf 2.4-Diaryl- und 2-Alkyl-4-aryl-thiosemicarbazide erhält man nebeneinander zwei isomere Verbindungen, von denen die niedriger schmelzenden Thiobiazol-Derivate (Formel I, s. u.; s. ferner S. 661) sind und beim Schmelzen in die höher schmelzenden (stabilen) Formen übergehen[1]. Die letzteren sind als Mercapto-endooxy-triazoline (II) aufzufassen. Das derart aus

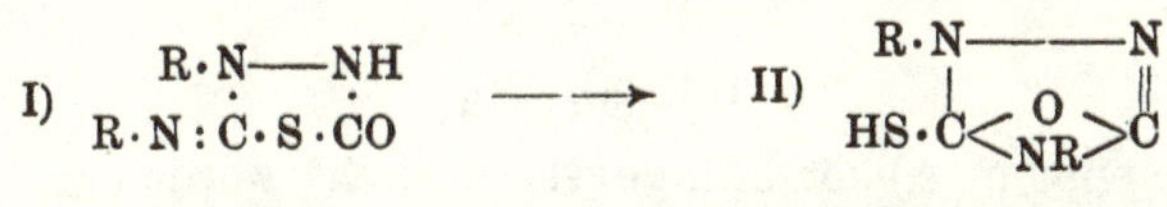

2.4-Diphenyl-thiosemicarbazid erhältliche **1.4-Diphenyl-5-mercapto-3.5-endooxy-1.2.4-triazolin** (R = C_6H_5 in Formel II) schmilzt bei 219—220°, besitzt saure Natur und wird von Eisenchlorid zu einem Disulfid (Schmelzp. 231—232°), von Wasserstoffsuperoxyd zu 1.4-Diphenyl-3.5-endooxy-1.2.4-triazolin (S. 648), von Kaliumpermanganat zu 1.4-Diphenyl-urazol (S. 607) oxydiert.

Vierundzwanzigstes Kapitel.

Fünfgliedrig-heterocyclische Systeme mit drei Hetero-Atomen, in denen Schwefel (oder Selen) zugleich mit Stickstoff als Hetero-Element auftritt.

(Disulfazolidin-Derivate [Thiurete, Xanthanwasserstoff]. — Oxasulfinazol-Derivate. — Diazosulfide. — Piazthiole und Piaselenole. — Azsulfime und Azselenime. — Thiobiazole und Selenobiazole.)

Um die fünfgliedrig-heterocyclischen Systeme mit drei Hetero-Atomen zum Abschluß zu bringen, haben wir in diesem Kapitel die Kombinationen von zwei Kohlenstoffatomen mit:

I) zwei Schwefel- und einem Stickstoffatom,

II) einem Schwefel-, einem Sauerstoff- und einem Stickstoffatom,

III) einem Schwefel- und zwei Stickstoffatomen

zu besprechen. Jeder von ihnen wird, soweit bekannt, das entsprechende Ringsystem angereiht, in welchem Schwefel durch Selen vertreten ist.

---

[1] Vgl.: W. Marckwald, B. **25**, 3102, 3109 (1892). — W. Marckwald, Sedlaczek, B. **29**, 2923 (1896). — Busch, Holzmann, B. **34**, 320 (1901). — Busch, Grohmann, B. **34**, 2328 (1901). — Busch, B. **35**, 973 (1902); **42**, 4763 (1909). — Busch, Opfermann, B. **37**, 2333 (1904). — Nirdlinger, Acree, Am. **44**, 224 (1910). — Busch, Limpach, B. **44**, 561, 1580 (1911).

I. Fünfringe aus 2 Kohlenstoff-, 2 Schwefelatomen und einem Stickstoffatom.

Für die gesättigten Kombinationen aus 2 C-, 2 S- und einem N-Atom hat M. Freund[1] den Namen „Disulfazolidin" vorgeschlagen. Denkbar sind mehrere Stellungs-Isomere; das folgende System:

$$\overset{S\text{———}}{H_2C}\cdot NH\cdot \overset{S}{CH_2}$$

ist in Gestalt einiger Abkömmlinge verwirklicht worden.

Am sichersten begründet ist das Vorkommen dieses Systems von Fromm für die von ihm entdeckten „Thiurete" — Verbindungen[2], die aus arylierten Dithio-biureten durch Jod in Alkohol oder durch andere gelinde Oxydationsmittel entstehen, z. B.:

$$C_6H_5\cdot N:\overset{SH}{C}\cdot NH\cdot\overset{SH}{C}:NH - 2H = C_6H_5\cdot N:\overset{S\text{———}}{C}\cdot NH\cdot\overset{S}{C}:NH\,. \qquad (A)$$

Die Thiurete sind basische Verbindungen und werden von Zink und Salzsäure in die Aryl-dithiobiurete zurückverwandelt. In freiem Zustand zersetzen sie sich schon mit siedendem Wasser, besser mit Kalilauge unter Abspaltung von elementarem Schwefel in folgendem Sinne:

$$C_6H_5\cdot N:\overset{S\text{———}}{C}\cdot NH\cdot\overset{S}{C}:NH + \overset{K}{O}H = C_6H_5\cdot N:\overset{SK}{C}\cdot NH\cdot C:N + S + H_2O\,; \qquad (B)$$

ähnlich verläuft die Einwirkung von Arylaminen, z. B.:

$$C_6H_5\cdot N:\overset{S\text{———}}{C}\cdot NH\cdot\overset{S}{C}:NH + \overset{H_2N}{C_6H_5} = C_6H_5\cdot N:\overset{SH}{C}\cdot NH\cdot\overset{NH\cdot C_6H_5}{C}:NH + S\,. \qquad (C)$$

Konzentrierte Salzsäure bewirkt bei 165° weitgehende Spaltung unter Bildung von Kohlendioxyd und Schwefelwasserstoff; in geringer Menge erhält man dabei 2-Amino-benzothiazole (vgl. S. 552, 554), deren Entstehung vielleicht folgendermaßen zu erklären ist:

$$C_6H_5\cdot N:\overset{S\text{———}}{C}\cdot NH\cdot\overset{S}{C}:NH \xrightarrow{+HCl} C_6H_5\cdot N:\overset{SCl}{C}\cdot NH\cdot\overset{SH}{C}:NH \xrightarrow{-HCl}$$

$$C_6H_4\langle{}^{S}_{N}\rangle C\cdot NH\text{—}\overset{SH}{C}:NH \xrightarrow{\text{Spaltung}} C_6H_4\langle{}^{S}_{N}\rangle C\cdot NH_2\ (+\,COS + NH_3)\,. \qquad (D)$$

Phenyl-thiuret (Thiuret schlechthin, Imino-phenylimino-disulfazolidin), dessen Bildung oben in Gleichung A formuliert ist, scheidet sich aus

---

[1] A. **285**, 161 (1895).

[2] Vgl.: Fromm, A. **275**, 27, 42 (1893); **348**, 152 (1906); **361**, 302 (1908); **394**, 258 (1912). — Fromm, Junius, B. **28**, 1100 (1895). — Hantzsch, Wolvekamp, A. **331**, 277, 296 (1904). — Fromm, K. Schneider, A. **348**, 161 (1906). — Fromm, Vetter, A. **356**, 178 (1907).

der alkoholischen Lösung in schönen glasglänzenden Krystallen ab, welche Krystall-Alkohol enthalten; sein Hydrochlorid hat, aus Alkohol umkrystallisiert, die Zusammensetzung $C_8H_7N_3S_2, HCl + C_2H_6O$ und schmilzt bei 214°.

Den Thiureten ist in seinem Verhalten nahe verwandt ein altbekannter Stoff[1] von der Zusammensetzung $C_2H_2N_2S_3$, welcher sich bei der Selbstzersetzung der freien Rhodanwasserstoffsäure CHNS bildet (vgl. Bd. I, Tl. II, S. 1306) und früher meist „Überschwefelblausäure" oder „Persulfocyansäure" genannt wurde, während jetzt die Bezeichnung **Xanthanwasserstoff** vorgezogen wird. Diese von Wöhler zuerst beobachtete Verbindung ist nach Hantzsch und Wolvekamp als Iminothio-disulfazolidin:

$$\begin{array}{c} S\text{——}S \\ S:\dot{C}\cdot NH\cdot\dot{C}:NH \end{array}$$

aufzufassen. Sie krystallisiert in gelben Prismen und löst sich sehr schwer in Wasser, Alkohol und Äther, etwas leichter in 60-proz. Essigsäure. Von Alkalien wird sie teils analog Gleichung B (S. 650) in Schwefel und „dithiocyansaures" Alkali gespalten (vgl. die Gleichung in Bd. I, Tl. II, S. 1437 unten), die dann bei Fortführung der Reaktion wieder aufeinander unter Bildung von Salzen der eigentlichen „Persulfocyansäure" (S. 658) reagieren (vgl. die 2. Gleichung in Bd. I, Tl. II, S. 1438). Beim Erhitzen mit Anilin wird ähnlich Gleichung C (S. 650) Phenyldithiobiuret gebildet:

$$\begin{array}{c} S\text{——}S \\ S\dot{C}\cdot NH\cdot\dot{C}:NH \end{array} + \begin{array}{c} H_2N \\ \dot{C}_6H_5 \end{array} = \begin{array}{c} NH\cdot C_6H_5 \\ S\dot{C}\cdot NH\cdot C\!\!<\!\!\begin{smallmatrix} SH \\ NH \end{smallmatrix} \end{array} + S. \qquad (E)$$

Saure Reduktionsmittel spalten in Schwefelkohlenstoff und Thioharnstoff. Kaliumcyanid-Lösung bewirkt quantitative Umwandlung in Kaliumrhodanid.

Auf das gleiche Ringsystem, wie die Thiurete und der Xanthanwasserstoff, sind wahrscheinlich auch die in Bd. I, Tl. II, S. 1316 erwähnten „Senföl-oxyde" und „Senföl-sulfide" zurückzuführen[2], z. B.:

$$\begin{array}{c} S\text{———}S \\ O:\dot{C}\cdot N(CH_3)\cdot\dot{C}:N(CH_3) \end{array}, \qquad \begin{array}{c} S\text{———}S \\ S:\dot{C}\cdot N(CH_3)\cdot\dot{C}:N(CH_3) \end{array}.$$

Senföloxyd aus Methylsenföl (farblose Säulen; Schmelzp. 108°) — Senfölsulfid aus Methylsenföl (gelbe Blättchen; Schmelzp. 86°)

---

[1] Vgl.: Völckel, A. **43**, 74 (1842). — Hermes, Z. **1866**, 419. — Glutz, A. **154**, 39, 44 (1870). — Nencki, Leppert, B. **6**, 902 (1873). — Fleischer, A. **179**, 204 (1875). — Clermont, Bl. [2] **25**, 525 (1876). — Steiner, B. **15**, 1603 (1882). — Klason, J. pr. [2] **36**, 57 (1887); **38**, 366 (1888). — Chattaway, Stevers, Soc. **71**, 607, 833 (1897). — Hantzsch, Wolvekamp, A. **331**, 265 (1904). — Fromm, A. **348**, 144 (1906); **361**, 319 (1908). — Fromm, K. Schneider, A. **348**, 174 (1906). — Stokes, Cain, Am. Soc. **29**, 446 (1907). — Rosenheim, R. Levy, Grünbaum, B. **42**, 2923 (1909).

[2] Vgl.: Proskauer, Sell, B. **9**, 1265 (1876). — Helmers, B. **20**, 787 (1887). — Pawlewski, B. **22**, 2201 (1889). — Friedmann, Gattermann, B. **25**, 3525 (1892). — M. Freund, A. **285**, 154 (1895). — Hantzsch, Wolvekamp, A. **331**, 278 (1904). — Fromm, A. **348**, 157 (1906). — Fromm, Heyder, B. **42**, 3800 (1909).

Als *kondensiertes* Derivat eines *Fünfrings, welcher die Disulfid-Gruppe benachbart zu einem Stickstoffatom* enthält, ist das **Methylenrot** aufzuführen, dessen Hydrochlorid nach BERNTHSEN höchstwahrscheinlich die Strukturformel:

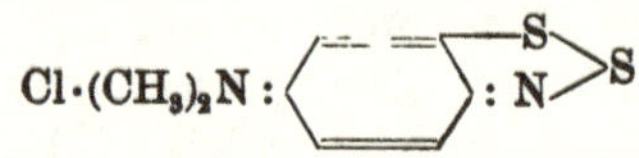

besitzt. Dieser technisch nicht bedeutungsvolle Farbstoff[1] entsteht neben dem sehr wichtigen Methylenblau (s. d.), wenn man *p*-Aminodimethylanilin $(CH_3)_2N\cdot C_6H_4\cdot NH_2$ in Gegenwart von viel Schwefelwasserstoff mit Eisenchlorid oxydiert. Während er beim Kochen mit Salzsäure keine Veränderung erleidet, wird seine rote Lösung schon durch sehr geringe Mengen alkalischer Agenzien entfärbt. Sowohl bei dieser Spaltung durch Alkali, wie bei der Reduktion des Methylenrots bildet sich das 2-Amino-5-dimethylamino-thiophenol $(CH_3)_2N\cdot C_6H_3(NH_2)\cdot SH$, das wieder in Methylenrot übergeführt wird, wenn man es zusammen mit Schwefelwasserstoff durch Eisenchlorid oxydiert.

II. Fünfring aus 2 Kohlenstoffatomen und je einem Sauerstoff-, Schwefel- und Stickstoffatom.

Mc COMBIE und PARKES[2] haben einige Abkömmlinge des Systems:

$$\begin{array}{c} (4)\,HC\text{——}NH\,(3) \\ (5)\,H\ddot{C}\cdot O\cdot \dot{S}O\,(2) \\ (1) \end{array}$$

kennen gelehrt, das sie „Oxasulfinazol“ nennen. Z. B. bildet sich das **3.4.5-Triphenyl-oxasulfinazol** bei der Einwirkung von Thionylchlorid auf Desyl-anilin:

$$\begin{array}{l} C_6H_5\cdot CH\text{———}NH\cdot C_6H_5 \\ C_6H_5\cdot CO \end{array} + SOCl_2 = 2\,HCl + \begin{array}{l} C_6H_5\cdot C\text{——}N\cdot C_6H_5 \\ C_6H_5\cdot \ddot{C}\cdot O\cdot \dot{S}O \end{array}.$$

Es stellt ein gelbes Pulver dar, schmilzt bei 128°, regeneriert beim Kochen mit konzentrierter Kalilauge das Desyl-anilin und gibt mit konzentrierter Schwefelsäure tiefe Grünfärbung.

III. Fünfringe aus 2 Kohlenstoff-, 2 Stickstoffatomen und einem Schwefelatom.

Die hier zu besprechenden Ringsysteme sind die Schwefel-Analoga der Furodiazole, denen das vorige Kapitel (S. 623 ff.) gewidmet war. Sie können mit der allgemeinen Bezeichnung „Thiodiazole“ belegt und hinsichtlich der Stellung der Hetero-Atome voneinander in gleicher Weise wie die Furodiazole unterschieden werden (vgl. S. 560, ebenda auch Anm.), also:

---

[1] A. KOCH, B. **12**, 594 (1879). — BERNTHSEN, A. **230**, 137, 165 (1885); **251**, 3, 19 (1889).

[2] Soc. **101**, 1993, 1997 (1912).

I) 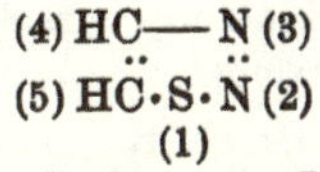

Thio-[a b]-diazol oder 1.2.3-Thiodiazol, Diazosulfide

II) 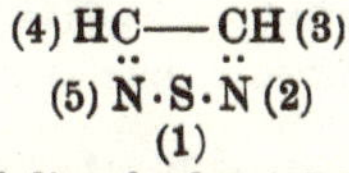

Thio-[a a_1]-diazol oder 1.2.5-Thiodiazol, Piazthiole

III) 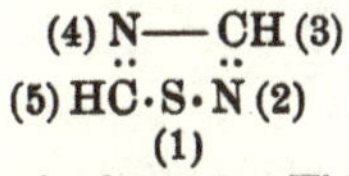

Thio-[a b_1]-diazol oder 1.2.4-Thiodiazol, Azsulfime

IV) 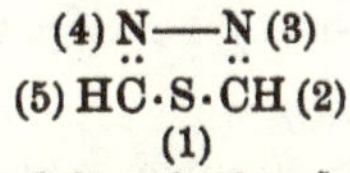

Thio-[b b_1]-diazol oder 1.3.4-Thiodiazol, „Thiobiazole"

A. Thio-[a b]-diazole oder cyclische Diazosulfide.

Die Bildung von *nichtkondensierten* Thio-[a b]-diazolen aus cyclischen Diazoanhydriden durch Schwefelammonium ist schon S. 624—625 erwähnt und formuliert (vgl. daselbst B, Fa und Fb). Die bisher dargestellten Vertreter[1] sind farblose, meist lichtempfindliche, mit Wasserdämpfen flüchtige Verbindungen von angenehmem, süßlichem Geruch. Sie verhalten sich wie schwache Basen, werden von Säuren kaum angegriffen, von heißer Natronlauge oder Zinn und Salzsäure aber unter Bildung von Schwefelwasserstoff zersetzt. Sie geben meist mit Quecksilberchlorid gut krystallisierende Doppelverbindungen. Mit Methyljodid vereinigen sie sich bei höherer Temperatur zu Jodmethylaten, die mit Silberoxyd sehr stark alkalisch reagierende Basen liefern.

Zu dem Stammkörper der Gruppe — dem **Vinylen-diazosulfid** Thio-[a b]-diazol, 1.2.3-Thiodiazol) — ist L. Wolff von dem Acetessigester-diazoanhydrid (Bd. I, Tl. II, S. 1146—1147) auf folgendem Wege gelangt:

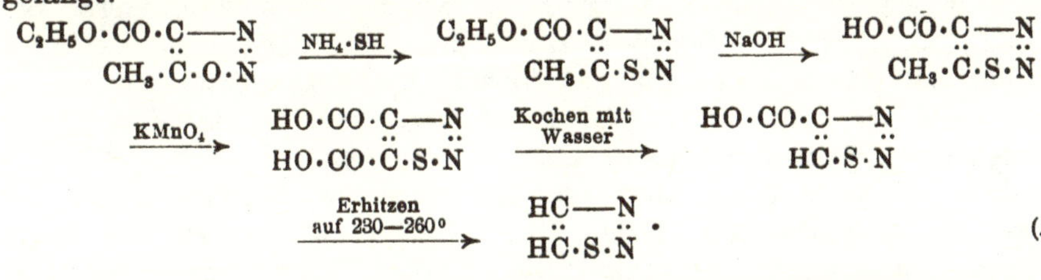

(A)

Es ist eine wasserhelle, nicht unangenehm riechende Flüssigkeit, erstarrt nicht bei -19^{0}, siedet unter 742 mm Druck bei 157^{0}, zeigt $D^{0} = 1{\cdot}320$ und bedarf bei 10^{0} 3 Tle. Wasser zur Lösung. Die wäßrige Lösung reagiert neutral. Das aus ätherischer Lösung durch Salzsäure-Gas in farblosen Nadeln ausfallende Hydrochlorid $C_2H_2N_2S, HCl$ zerfließt an der Luft alsbald und wird durch Wasser in die Komponenten zerlegt. Das Jodmethylat $C_2H_2N_2S, CH_3J$ bildet gelbe Prismen und wird bei 20^{0} von $6^1/_2$—7 Tln. Wasser zu einer neutral reagierenden Lösung aufgenommen.

[1] L. Wolff, A. **325**, 130, 169 (1902); **333**, 1 (1904). — Wieland, S. Bloch, B. **39**, 1491 (1906).

5-Anilino-thio-[a b]-diazol scheint in der Verbindung vorzuliegen, die aus Phenylsenföl durch Anlagerung von Diazomethan entsteht[1]:

$$C_6H_5\cdot N:CS + CH_2N_2 = \begin{array}{c} HC\text{——}N \\ \ddot{}\quad\ \ddot{} \\ C_6H_5\cdot NH\cdot \ddot{C}\cdot S\cdot \ddot{N} \end{array} . \qquad (B)$$

4-Acetyl-5-methyl-thio-[a b]-diazol $\begin{array}{c} CH_3\cdot CO\cdot C\text{——}N \\ CH_3\cdot \ddot{C}\cdot S\cdot \ddot{N} \end{array}$ — aus dem Acetylaceton-diazoanhydrid (S. 625) — ist eine bei -15^0 nicht erstarrende, in Alkohol leicht, in Wasser ziemlich schwer lösliche und zu Boden sinkende Flüssigkeit, die sich bei der Destillation größtenteils zersetzt. Die Quecksilberchlorid-Verbindung $C_5H_6ON_2S + HgCl_2$ krystallisiert aus verdünntem Alkohol in langen weißen Nadeln und schmilzt bei 127° zu einem trüben Öl.

Thio-[a b]-diazol-carbonsäure-(4) (s. S. 653 in Formelreihe A vorletzte Formel) krystallisiert aus heißem Wasser in farblosen Prismen und schmilzt bei 228° unter Zerfall in Kohlendioxyd und Thiodiazol; in kaltem Wasser ist sie schwer löslich.

Kondensierte Thio-[a b]-diazole liegen in den von Jacobson[2] ausführlich untersuchten Arylen-diazosulfiden vor, deren ersten Vertreter Beilstein und Kurbatow[3] 1879 beobachtet haben. Sie bilden sich allgemein und sehr glatt durch Einwirkung von salpetriger Säure auf *o*-Amino-thiophenole, z. B.:

$$C_6H_4\!\!<\!\!\begin{array}{l}NH_2\\SH\end{array} + \begin{array}{l}O\\HO\end{array}\!\!>\!\!N = 2\,H_2O + C_6H_4\!\!<\!\!\begin{array}{l}N\\S\end{array}\!\!>\!\!N\ , \qquad (C)$$

sind meist Verbindungen von großem Krystallisationsvermögen und besitzen zum Teil charakteristischen, süßlichen Geruch; soweit sie nicht durch die Gegenwart von Substituenten Färbung oder saure bzw. basische Natur erlangen, sind sie farblos und zeigen nur sehr schwach ausgesprochen basischen Charakter.

Wie sie in ihrem Bildungsprozeß an die Azimide erinnern (vgl. S. 580), so auch in ihrem Verhalten, besonders darin, daß sie beim Kochen mit Säuren oder Alkalien keinen Stickstoff entwickeln. Gegen Hitze sind sie indes nicht ganz so beständig wie die Azimide. Zwar können die einfacheren Glieder im Vakuum ohne Zersetzung destilliert werden; erhitzt man sie aber langsam unter gewöhnlichem Druck, so geben sie oberhalb 200° ihren Stickstoffgehalt größtenteils als freien Stickstoff ab, wobei in ruhiger Zersetzung Thianthren-Körper entstehen, z. B.:

$$2\,C_6H_4\!\!<\!\!\begin{array}{l}N\\S\end{array}\!\!>\!\!N = C_6H_4\!\!<\!\!\begin{array}{l}S\\S\end{array}\!\!>\!\!C_6H_4 + 2\,N_2\ . \qquad (D)$$

Durch Reduktion werden die Diazosulfide sehr leicht in Ammoniak und ein Amino-thiophenol aufgespalten:

$$C_6H_4\!\!<\!\!\begin{array}{l}N\\S\end{array}\!\!>\!\!N + 6\,H = C_6H_4\!\!<\!\!\begin{array}{l}NH_2\\SH\end{array} + NH_3\ . \qquad (E)$$

[1] v. Pechmann, Nold, B. **29**, 2588 (1896).
[2] Jacobson, B. **21**, 3104 (1888). A. **277**, 209 (1893).
[3] A. **197**, 82 (1879).

Das **Phenylen-diazosulfid**[1] (Benzo-thio-[a b]-diazol) schießt aus Ligroin in prächtigen tafelförmigen Krystallen an, schmilzt bei 35°, siedet unter 10 mm Druck bei 129°, verflüchtigt sich ziemlich leicht mit Wasserdämpfen und ist in Alkohol leicht, in Wasser und verdünnten Säuren nicht löslich. Sein Geruch erinnert an denjenigen des *o*-Nitrophenols. Es bleibt beim Erhitzen mit 20-proz. Kalilauge auf 150°, mit 27-proz. Schwefelsäure auf 200°, sowie beim Kochen mit ammoniakalisch-alkoholischer Silberlösung unverändert.

6-Nitro-benzo-thio-[a b]-diazol[2] (Formel I, s. u.) krystallisiert aus Alkohol in goldgelben Blättchen und schmilzt bei 136—137°. — 6-Amino-benzo-thio-[a b]-diazol[3] schießt aus Benzol in farblosen Nadeln an und schmilzt bei 112°.

Benzo-bis-(thio-[a b]-diazol)[4] (II) bildet farblose Krystalle, schmilzt bei

224—226° unter Zersetzung und explodiert oberhalb dieser Temperatur ziemlich heftig.

B. Thio-[a a_1]-diazole oder Piazthiole, nebst Piaselenolen.

Die hierhergehörigen, den Furazanen (S. 626 ff.) entsprechenden Verbindungen wurden von Hinsberg[5] 1889 entdeckt. Bekannt sind bisher nur *bicyclische* Vertreter, welche das Thio-[a a_1]-diazol-System mit einem Benzol- oder Naphthalin-Kern *kondensiert* enthalten. Zu ihnen gelangte Hinsberg, indem er aromatische Orthodiamine mit schwefliger Säure oder mit seleniger Säure behandelte, z. B.:

$$C_6H_4\!<\!\begin{matrix}NH_2\\NH_2\end{matrix} + SO_2 = 2\,H_2O + C_6H_4\!<\!\begin{matrix}N\\N\end{matrix}\!>\!S\;; \qquad (A)$$

$$C_6H_4\!<\!\begin{matrix}NH_2\\NH_2\end{matrix} + SeO_2 = 2\,H_2O + C_6H_4\!<\!\begin{matrix}N\\N\end{matrix}\!>\!Se\;. \qquad (B)$$

Er nannte sie „Piazthiole“ und „Piaselenole“.

Diese Namen sind im Anschluß an allgemeine Nomenklatur-Vorschläge von Widman (vgl. S. 30) gebildet, nach denen „Piazthiol“ als abgekürzte Bezeichnung für „Paradiazthiol“ gebraucht wird und einen Fünfring (Endung „*ol*“) bedeuten soll, welcher als Hetero-Glieder 2 N-Atome („*diaz*“) in der Parastellung (d. h. durch 2 C getrennt) und ein S-Atom („*thio*“) enthält. Nach der Widmanschen Nomen-

---

[1] Jacobson, Janssen, A. **277**, 218 (1893). — Clayton Aniline Company, D.R.P. 120504 (Frdl. **6**, 89). — Hantzsch, B. **42**, 73, 81 (1909).

[2] Kwaysser, A. **277**, 244 (1893).

[3] Kwaysser, A. **277**, 246 (1893). — Über 6-Dialkylamino-thiodiazole s. Bernthsen, A. **251**, 30, 56 (1889).

6-Methoxy-benzo-thiodiazol: Fries, Engelbertz, A. **407**, 208 (1915).

[4] Green, A. G. Perkin, Soc. **83**, 1205 (1903).

[5] B. **22**, 862, 2895 (1889); **23**, 1393 (1890); **25**, 502 (1892); **48**, 1613 (1915). A. **260**, 48 (1890).

klatur wäre Piazthiol das einkernige System $\begin{matrix} CH:N \\ \vdots \\ CH:N \end{matrix}\!\!>\!S$, HINSBERG[1] gebraucht den Namen aber für das daraus durch Kondensation mit Benzol hervorgehende Zweikernsystem.

Die Reaktion der selenigen Säure auf wäßrige Lösungen der Orthodiamine (Gleichung B, S. 655) erfolgt schon bei gewöhnlicher Temperatur. Ungleich schwieriger tritt die Bildung der Piazthiole durch schweflige Säure (A) ein; sie erfordert Erhitzen auf etwa 180°.

Die Piazthiole und Piaselenole sind durch bemerkenswerte Beständigkeit gegen Hitze, Säuren, entschwefelnde Agenzien und Oxydationsmittel ausgezeichnet; dagegen werden sie von Zinn und Salzsäure leicht zu den Orthodiaminen reduziert, wobei der Schwefel als Schwefelwasserstoff bzw. das Selen als freies Selen abgespalten wird.

Für die innere Kernbindung kommen besonders die folgenden Möglichkeiten in Betracht:

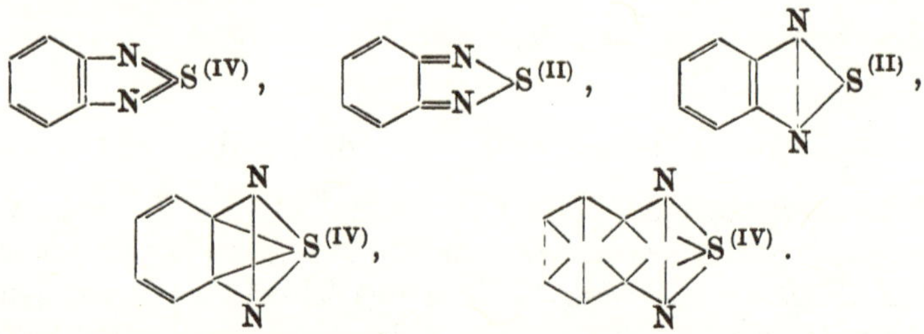

Piazthiol[2] (richtiger Benzo-piazthiol oder 3.4-Benzo-1.2.5-thiodiazol) entsteht nach Gleichung A (S. 655), sowie beim Erhitzen von salzsaurem *o*-Phenylendiamin mit Thionylchlorid in Benzol. Es bildet farblose Krystalle von intensivem Geruch, schmilzt bei 44°, siedet bei 206° (unkorr.), wird von heißem Wasser schwer, von organischen Lösungsmitteln leicht aufgenommen und verflüchtigt sich mit Wasserdämpfen. Man kann es ohne Veränderung über Kupferpulver destillieren oder mit alkoholischem Quecksilberchlorid auf 250° erwärmen. Auch Kaliumbichromat und starke Schwefelsäure sind ohne Einwirkung.

α,β-Naphtho-piazthiol[3] $C_{10}H_6:N_2S$ schmilzt bei 81° und riecht in der Kälte angenehm blumenartig.

Piaselenol[4] (richtiger Benzo-piaselenol) stellt farblose Nadeln dar, schmilzt bei 76° und verbreitet beim Erhitzen einen charakteristischen chinoxalinähnlichen Geruch. Es bildet mit Mineralsäuren gelbe Salze, die von viel Wasser unter Abscheidung der freien Base zersetzt werden. Mit Jodlösung entsteht ein grünes Perjodid.

---

[1] Vgl. B. **22**, 863 Anm. (1889).

[2] HINSBERG, B. **22**, 2899 (1889). — MICHAELIS, A. **274**, 262 (1893).
Über 5-Oxy-piazthiol s. AUTENRIETH, HINSBERG, B. **25**, 501 (1892).

[3] HINSBERG, B. **23**, 1393 (1890). — MICHAELIS, G. ERDMANN, B. **28**, 2204 (1895).

[4] HINSBERG, B. **22**, 2897 (1889). — Über alkalilösliche Derivate (Oxy-piaselenol, Carbonsäuren, Sulfonsäuren) s. HEINEMANN, D.R.P. 261412 (C. **1913**, II, 192).

5-Methyl-benzo-piaselenol[1] $CH_3 \cdot C_6H_3 : N_2Se$ schmilzt bei 72—73° und siedet bei 267° (unkorr.); sein Platindoppelchlorid $(C_7H_6N_2Se)_2H_2PtCl_6$ bildet rotgelbe Nadeln und wird durch Wasser zerlegt.

C. Thio-[a b₁]-diazole oder Azsulfime, nebst Azselenimen.

Die Thio-[a b_1]-diazole belegte TIEMANN[2] mit dem Namen „Azosulfime", analog der für die Furo-[a b_1]-diazole gewählten Bezeichnung „Azoxime" (vgl. S. 640). Will man bei dieser Benennung bleiben, so erscheint es zum mindesten geboten, sie in „Azsulfime" zu ändern, um dem Gedanken vorzubeugen, daß eine Azogruppe —N:N— in dem Ringsysteme vorkommt.

Nach der WIDMANschen Nomenklatur erhält der Thio-[a b_1]-diazol-Ring den Namen „Miazthiol", abgekürzt aus Metadiazthiol (vgl. dazu S. 655).

Diarylierte Azsulfime entstehen aus aromatischen Thioamiden durch Oxydation mit alkoholischer Jodlösung oder mit Ammoniumpersulfat[3], z. B.:

$$2\,C_6H_5\cdot C\begin{matrix}\diagup NH\\ \diagdown SH\end{matrix} - H_2 - H_2S = C_6H_5\cdot C\begin{matrix}\diagup N\cdot S\diagdown\\ \diagdown N = \diagup\end{matrix}C\cdot C_6H_5\,. \qquad (A)$$

Das nach dieser Gleichung gebildete **3.5-Diphenyl-thio-[a b_1]-diazol** (3.5-Diphenyl-1.2.4-thiodiazol, „Dibenzenyl-azsulfim") krystallisiert aus Alkohol in weißen Nadeln, schmilzt bei 91° und siedet bei sehr hoher Temperatur unzersetzt. Es wird bei längerem Erhitzen mit Salzsäure auf 150° nicht zersetzt; völlige Umsetzung (unter Spaltung in Benzoesäure, Ammoniak und Schwefel) wird erst durch 7-stündiges Erhitzen mit rauchender Salzsäure und Eisessig auf etwa 230° erzielt. Die alkoholische Lösung kann stundenlang mit einem Bleisalz gekocht werden, ohne daß sich Bleisulfid bildet. Dagegen erfolgt bei ihrer Behandlung mit Zink und Salzsäure leicht reduktive Spaltung zu Schwefelwasserstoff und Benzenyl-benzylamidin:

$$C_6H_5\cdot C\begin{matrix}\diagup N\cdot S\diagdown\\ \diagdown N = \diagup\end{matrix}C\cdot C_6H_5 + 3\,H_2 = C_6H_5\cdot C\begin{matrix}\diagup NH\\ \diagdown NH\cdot CH_2\cdot C_6H_5\end{matrix} + H_2S\,. \qquad (B)$$

Das analog entstehende **„Dibenzenyl-azselenim"** $C_{14}H_{10}N_2Se$ krystallisiert in weißen Nadeln, schmilzt bei 85° und ist ebenfalls sehr beständig[4].

Die Reaktion der Gleichung A läßt sich auch auf *N*-Aryl-thioharnstoffe übertragen, indem man Brom in alkoholischer Lösung oder Wasserstoffsuperoxyd als Oxydationsmittel anwendet[5], z. B.:

---

[1] HINSBERG, B. **22**, 863 (1889). [2] B. **24**, 374 (1891).

[3] Vgl.: A. W. HOFMANN, B. **2**, 645 (1879). — WANSTRAT, B. **6**, 332 (1873). — BERNTHSEN, A. **184**, 310 (1877). — A. W. HOFMANN, GABRIEL, B. **25**, 1578 (1892). — v. WALTHER, J. pr. [2] **69**, 44 (1904). — S. auch MATSUI, C. **1911**, I, 982.

[4] W. BECKER, J. MEYER, B. **37**, 2551 (1904).

[5] Vgl.: HECTOR, B. **22**, 1176 (1889); **23**, 357 (1890); **25** Ref., 799 (1892). — A. W. HOFMANN, GABRIEL, B. **25**, 1587 (1892). — HUGERSHOFF, B. **34**, 3134 (1901);

$$2\,C_6H_5\cdot N:C\langle{}^{NH\cdot C_6H_5}_{SH} - H_2 - H_2S = C_6H_5\cdot N:C\langle{}^{N(C_6H_5)\cdot S}_{N(C_6H_5)-}\rangle C:N\cdot C_6H_5\,. \quad (C)$$

Das nach dieser Gleichung aus Diphenyl-thioharnstoff entstehende **3.5-Bis-phenylimino-2.4-diphenyl-[miazthiol-tetrahydrid]** schmilzt bei 135—136° und wird durch starke Salzsäure unter Bildung von Triphenyl-guanidin $C_6H_5\cdot N:C(NH\cdot C_6H_5)_2$ aufgespalten.

Beim Erhitzen des aus Benzenyl-amidoxim durch Anlagerung von Phenylsenföl entstehenden Produkts mit überschüssigem Phenylsenföl in Chloroform entsteht das **3-Phenyl-5-anilino-thio-[a b$_1$]-diazol**[1]:

$$C_6H_5\cdot C\langle{}^{N\cdot OH}_{NH_2} + CS:N\cdot C_6H_5 \longrightarrow C_6H_5\cdot C\langle{}^{N\cdot OH\quad SH}_{N=\!=\!=\!=C\cdot NH\cdot C_6H_5}$$

$$\xrightarrow{-H_2O} C_6H_5\cdot C\langle{}^{N\cdot S}_{N=}\rangle C\cdot NH\cdot C_6H_5\,. \quad (D)$$

Die Verbindung krystallisiert aus Alkohol in weißen Blättchen, schmilzt bei 174°, wird von warmen konzentrierten Säuren ziemlich leicht aufgenommen und beim Erhitzen mit konzentrierter Salzsäure auf 150—160° unter Bildung von Benzoesäure, Anilin, Ammoniak, Schwefel und Schwefelwasserstoff gespalten.

Allgemein erhält man aus aromatischen Amidoximen durch Behandlung mit Schwefelkohlenstoff bei Gegenwart von Alkali Aryl-mercapto-thio-[a b$_1$]-diazole[2], z. B.:

$$C_6H_5\cdot C\langle{}^{N\cdot OH}_{NH_2} + CS_2 = H_2O + C_6H_5\cdot C\langle{}^{N\cdot S}_{N=}\rangle C\cdot SH\,. \quad (E)$$

Das **3-Phenyl-5-mercapto-thio-[a b$_1$]-diazol** schmilzt bei 162°, löst sich leicht in Alkalien und wird durch Säuren daraus gefällt. Beim Erhitzen mit Salzsäure auf 150° wird es zu Benzoesäure, Ammoniak, Schwefelwasserstoff und Schwefel gespalten. Durch Oxydation liefert es leicht ein Disulfid (Schmelzp. 120°).

3.5-Dimercapto-thio-[a b$_1$]-diazol ist die eigentliche **Persulfocyansäure**[3], die in freiem Zustand nicht bekannt ist, aber in mehreren Salzen und Estern. Die Bildung ihrer Salze durch Behandlung von Xanthanwasserstoff (S. 651), mit Alkalien oder alkalischen Erden ist schon Bd. I, Tl. II, S. 1437—1438 in Gleichungen erläutert worden. Leicht kann das Bariumsalz $C_2N_2S_3Ba + 4H_2O$ krystallisiert erhalten werden, welches farblose Nadeln darstellt, bei 110° $3H_2O$ verliert, aber erst gegen 150° wasserfrei wird und in Wasser ziemlich löslich ist; bei

36, 3131 (1903). — Dost, B. **39**, 863 (1906). — Haager, Doht, M. **27**, 275 (1906). — Fromm, Heyder, B. **42**, 3806 (1909). — Fromm, A. **394**, 284 (1912). — Freundlich, Bjercke, Ph. Ch. **91**, 6 (1916).

[1] Tiemann, B. **24**, 375 (1891). — H. Koch, B. **24**, 394 (1891).

[2] Vgl.: Schubart, B. **22**, 2441 (1889). — Tiemann, B. **24**, 371 (1891). — Crayen, B. **24**, 388, 391 (1891).

[3] Klason, J. pr. [2] **38**, 366 (1888). — Hantzsch, Wolvekamp, A. **331**, 265 (1904). — Rosenheim, R. Levy, Grünbaum, B. **42**, 2927 (1909). — Calvet, D.R.P. 263231 (C. **1913**, II, 836). — Johnson, Hill, Bailey, Am. Soc. **37**, 2408, 2411 (1915).

etwa 12-stündigem Erhitzen seiner Lösung auf dem Wasserbade tritt vollständige Zersetzung in Bariumrhodanid und Schwefel ein. Mit Kupfersulfat geben die löslichen Persulfocyanate einen dunkelgrünen, zum Nachweis geeigneten Niederschlag. Versetzt man die verdünnte Lösung eines Persulfocyanats bei 0° mit verdünnter Salzsäure, so bleibt sie zunächst klar und farblos, und die in Freiheit gesetzte wirkliche Persulfocyansäure läßt sich mit Äther ausschütteln. Nach kurzer Zeit aber isomerisiert sich diese lösliche, farblose, sehr labile Säure zu dem fast unlöslichen gelben Xanthanwasserstoff:

Der aus einem der Salze durch Methyljodid bereitete Dimethylester [Bis-(methyl-mercapto)-thiodiazol] bildet farblose Prismen von mercaptanartigem Geruch, schmilzt bei 42° und siedet unzersetzt bei 279° (unkorr.). Erst durch zehnstündiges Erhitzen mit konzentrierter Salzsäure über 150° wird er vollständig zersetzt, wobei Methylmercaptan entsteht und der Stickstoff ausschließlich in Form von Ammoniak abgespalten wird. Von Alkalien wird der Ester nur schwer angegriffen, von alkoholischem Kaliumhydrosulfid langsam zu Kaliumpersulfocyanat verseift.

Wie aus dem Voranstehenden ersichtlich ist, kommt der „Azsulfim"-Ring in einer ganzen Reihe von Reaktionen zustande, denen allen gemeinsam ist, daß in ihrem Verlauf Schwefel mit Stickstoff in Bindung tritt. Die Leichtigkeit, mit der in ihnen diese Verkettung erfolgt, erscheint auffallend, wenn man bedenkt, daß die einfachste Wasserstoff-Verbindung mit S-N-Bindung — das Hydrosulfamin oder Thiohydroxylamin $H_2N \cdot SH$ — bisher noch nicht erhalten werden konnte[1], und daß auch für Bildung ihrer organischen Abkömmlinge (vgl. S. 533, 665) nur wenige Beispiele vorliegen. Man darf daher aus der leichten Bildung der Azsulfime und der in den vorangehenden Abschnitten behandelten cyclischen Diazosulfide und Piazthiole bzw. Piaselenole (vgl. S. 654, 655), sowie aus der großen Beständigkeit dieser Ringsysteme schließen, daß gerade dann die Bindung von Schwefel an Stickstoff unschwer erfolgt und eine erhebliche Stabilität erlangt, wenn die Gruppe >N—S— Bestandteil eines Fünfrings wird.

D. Thio-[b b_1]-diazole (Thiobiazole), nebst Seleno-[b b_1]-diazolen.

In der Original-Literatur wird die Bezeichnung „Thiobiazole", die auf alle Fünfringe mit einem Schwefel- und zwei Stickstoffatomen paßt, besonders für die uns nunmehr zur Schilderung noch übrig bleibende Klasse der Thio-[b b_1]-diazole (s. Formel IV auf S. 653) angewendet. Die

[1] Vgl. dazu TIEMANN, B. **24**, 371 (1891).

Kenntnis dieser Verbindungsgruppe wurde durch M. FREUND eröffnet und besonders durch BUSCH wesentlich vervollständigt.

Sie entspricht den Furo-[b b_1]-diazolen (S. 644 ff.). Derivate des Hydrazins sind die Ausgangsmaterialien, von denen man zu den Gliedern beider Gruppen gelangt.

So erhält man analog Gleichung A und B auf S. 645 nach STOLLÉ Thio-[b b_1]-diazole, wenn man sekundäre symmetrische Säurehydrazide[1] oder Dihydrazidchloride[2] mit Phosphorpentasulfid erhitzt, z. B.:

$$\begin{array}{cc} NH\text{——}NH \\ CH_3\cdot\dot{C}O \quad \dot{C}O\cdot CH_3 \end{array} \xrightarrow{P_2S_5} \begin{array}{c} N\text{——}N \\ CH_3\cdot\ddot{C}\cdot S\cdot\ddot{C}\cdot CH_3 \end{array}. \qquad (A)$$

Das derart aus Diacet-hydrazid gebildete **2.5-Dimethyl-thio-[b b_1]-diazol**[3] ist eine weiße krystallinische Masse, schmilzt bei 64°, siedet unter gewöhnlichem Druck bei 202—203° und ist in Wasser, Alkohol und Äther leicht löslich. Es reduziert ammoniakalische Silberlösung nicht, ist beim Kochen mit verdünnter Natronlauge beständig, wird aber durch längeres Erhitzen mit verdünnter Schwefelsäure im geschlossenen Rohr über 100° unter Bildung von Hydrazin gespalten.

2.5-Diphenyl-thio-[b b_1]-diazol[4] schmilzt bei 141—142°, siedet unzersetzt unter 17 mm Druck bei 259°, ist in Wasser, verdünnten Alkalien und Säuren unlöslich und vereinigt sich in alkoholischer Lösung mit Silbernitrat zu einer in Nadeln krystallisierenden Verbindung $C_{14}H_{10}N_2S + AgNO_3$.

5.5′-Dimethyl-bis-[thiodiazolyl-(2.2′)][5]:

$$\begin{array}{c} N\text{——}N \qquad\qquad N\text{——}N \\ CH_3\cdot\ddot{C}\cdot S\cdot\ddot{C}\text{————}\ddot{C}\cdot S\cdot\ddot{C}\cdot CH_3 \end{array}$$

gewinnt man aus Diacetyl-oxalhydrazid durch Phosphorpentasulfid. Es schmilzt bei etwa 238° und sublimiert unzersetzt.

Die Reaktion von Phosphorpentaselenid auf symm. sekundäre Säurehydrazide führt in schlechter Ausbeute zu *Seleno-[b b_1]-diazolen*[6]. **2.5-Dimethyl-selenodiazol** schmilzt bei 77° und löst sich leicht in Alkohol, Äther und Wasser.

Häufig ist man zur Gewinnung der Thiobiazol-Körper von Abkömmlingen des Thiosemicarbazids ausgegangen.

Das Formyl-thiosemicarbazid liefert z. B. bei der Einwirkung von Acetylchlorid unter Abspaltung von Wasser[7] das **2-Amino-thio-[b b_1]-diazol**[8] (bzw. 2-Imino-thiobiazolin):

---

[1] STOLLÉ, B. **32**, 799 (1899). J. pr. [2] **69**, 380, 381, 383, 477, 478, 480, 482, 484, 492, 502, 504, 507 (1904).

[2] STOLLÉ, J. pr. [2] **73**, 279 (1906).

[3] STOLLÉ, J. pr. [2] **69**, 152 (1904). — Mit Diformhydrazid gelingt die Reaktion nicht; vgl. STOLLÉ, J. pr. [2] **68**, 141 (1903).

[4] STOLLÉ, J. pr. [2] **68**, 141 (1903); **69**, 158 (1904); **70**, 425 (1904); **73**, 289 (1906).

[5] STOLLÉ, J. pr. [2] **70**, 429 (1904).

[6] STOLLÉ, J. pr. [2] **69**, 509 (1904).

[7] Über die anders verlaufende Abspaltung von Wasser beim Erhitzen des Formyl-thiosemicarbazids für sich s. S. 593 (Formelreihe H) und S. 611.

[8] M. FREUND, MEINECKE, B. **29**, 2511 (1896). — Über Anilino-thiodiazole (bzw. Phenylimino-thiobiazoline) s. PULVERMACHER, B. **27**, 617 ff. (1894).

$$\begin{array}{ll}\dot{N}H\text{———}N & \\ CHO\quad HS\cdot\ddot{C}\cdot NH_2\end{array} - H_2O = \begin{array}{l}N\text{——}N \\ \ddot{C}H\cdot S\cdot \ddot{C}\cdot NH_2\end{array} \text{ bzw. } \begin{array}{l}N\text{——}NH \\ \ddot{C}H\cdot S\cdot \dot{C}:NH\end{array}, \quad (B)$$

das aus wenig Wasser in weißen Nadeln krystallisiert, bei 191° schmilzt und in heißem Wasser leicht löslich ist.

Benzal-thiosemicarbazon wird durch Eisenchlorid leicht zu **5-Phenyl-2-amino-thio-[b b_1]-diazol**[1] (bzw. 5-Phenyl-2-imino-thiobiazolin) — Schmelzp. 222° bis 223°, leicht löslich in verdünnten Säuren — oxydiert:

$$\begin{array}{l}N\text{———}N \\ C_6H_5\cdot\ddot{C}H\quad HS\cdot\ddot{C}\cdot NH_2\end{array} - 2H = \begin{array}{l}N\text{——}N \\ C_6H_5\cdot\ddot{C}\cdot S\cdot\ddot{C}\cdot NH_2\end{array}$$

$$\text{bzw. } \begin{array}{l}N\text{——}NH \\ C_6H_5\cdot\ddot{C}\cdot S\cdot\dot{C}:NH\end{array}. \quad (C)$$

Aus 2.4-Diphenyl-thiosemicarbazid bildet sich durch Behandlung mit Phosgen das **3-Phenyl-2-phenylimino-5-oxo-thio-[b b_1]-diazol-tetrahydrid**[2] (bzw. 3-Phenyl-2-phenylimino-5-oxy-thiobiazolin):

$$COCl_2 + \begin{array}{l}NH_2\cdot N\cdot C_6H_5 \\ HS\cdot\dot{C}:N\cdot C_6H_5\end{array} = 2\,HCl + \begin{array}{l}NH\text{——}N\cdot C_6H_5 \\ \dot{C}O\cdot S\cdot\dot{C}:N\cdot C_6H_5\end{array}. \quad (D)$$

Diese, bei 139—140° schmelzende, in Alkalien und Alkalicarbonaten lösliche, in Natriumacetat nicht lösliche Verbindung ist besonders dadurch interessant, daß sie leicht — beim Schmelzen, auch schon in siedendem Alkohol — eine Umlagerung in 1.4-Diphenyl-5-mercapto-3.5-endooxy-1.2.4-triazolin erleidet (s. S. 649 Formel I ⟶ II).

Analog Gleichung D (s. o.) wirkt Thiophosgen auf 2.4-Diphenyl-thiosemicarbazid[3], Phosgen und Thiophosgen auf 1.4-Diaryl-thiosemicarbazide[4]. Das aus 1.4-Diphenyl-thiosemicarbazid und Thiophosgen entstehende **3-Phenyl-5-phenylimino-2-thion-thio-[b b_1]-diazol-tetrahydrid**[5] [bzw. 3-Phenyl-5-anilino-thiobiazolthion-(2)] $\begin{array}{l}C_6H_5\cdot N\text{——}NH \\ CS\cdot S\cdot\dot{C}:N\cdot C_6H_5\end{array}$ schmilzt bei 188—189°.

Wie das Thiosemicarbazid (Thioamid der Hydrazin-monocarbonsäure), so kann auch das Thioamid der symmetrischen Hydrazin-dicarbonsäure in Thiobiazol-Körper übergeführt werden. Es liefert beim Kochen mit konzentrierter Salzsäure[6] nebeneinander nach Gleichung E

---

[1] Young, Eyre, Soc. **79**, 54 (1901). — Vgl. dazu Busch, Schneider, J. pr. [2] **89**, 314 (1914).

[2] Busch, B. **42**, 4763, 4766 (1909). — Nirdlinger, Acree, Am. **44**, 235 (1910). — Busch, Limpach, B. **44**, 560, 569 (1911).

Über ähnliche Verbindungen s. auch: Bailey, Am. Soc. **26**, 1010, 1016 (1904). — Wheeler, Statiropoulos, Am. **34**, 117, 129 (1905).

[3] Busch, Holzmann, B. **34**, 326, 334 (1901).

[4] Vgl.: M. Freund, Goldsmith, B. **21**, 2466 (1888). — M. Freund, Kuh, B. **23**, 2844 (1890). — M. Freund, B. **24**, 4181, 4191, 4192 (1891). — Marckwald, B. **25**, 3103, 3109 (1892); **32**, 1084ff. (1899).

[5] Busch, Holzmann, B. **34**, 326, 335 (1901).

[6] M. Freund, Irmgart, B. **28**, 949 (1895). — Busch, Lotz, J. pr. [2] **90**, 57 (1914).

s. u.) einen basischen, durch Austritt von Schwefelwasserstoff entstandenen und nach F einen sauren, durch Austritt von Ammoniak gebildeten Körper:

$$\begin{array}{cc} NH\text{———}NH & \\ HN:\dot{C}\cdot SH \quad HS\cdot\dot{C}:NH & \end{array} = H_2S + \begin{array}{c} HN\text{—}NH \\ HN:\dot{C}\cdot S\cdot\dot{C}:NH \end{array}; \qquad (E)$$

$$\begin{array}{c} NH\text{———}NH \\ HN:\dot{C}\cdot SH \quad HN:\dot{C}\cdot SH \end{array} = NH_3 + \begin{array}{c} HN\text{—}N \\ HN:\dot{C}\cdot S\cdot\dot{C}\cdot SH \end{array} \qquad (F)$$

Anstatt der in diesenGleichungen benutzten Symbole kommen natürlich auch desmotrope Formulierungen in Betracht. Das **2.5-Diimino-thio-[b b₁]-diazol-tetrahydrid** (bzw. 2.5-Diamino-thiobiazol) — Produkt der Reaktion E — krystallisiert aus Wasser in farblosen Säulen, sintert bei 215°, schmilzt bei 221—223° und ist in Wasser leicht löslich; sein Hydrochlorid $C_2H_4N_4S, HCl + H_2O$ löst sich in kaltem Wasser schwer, in heißem leicht. — Das **2-Mercapto-5-imino-thio-[b b₁]-diazol-dihydrid-(4.5)** (bzw. 2-Mercapto-5-amino-thiobiazol) — Produkt von F — schmilzt gegen 245° unter Zersetzung, löst sich leicht in verdünnten Alkalien und Alkalicarbonaten und scheidet sich auf Zusatz von Säuren wieder unverändert aus.

Das Thioanilid der symm. Hydrazin-dicarbonsäure wird beim Schmelzen analog den obigen Gleichungen E und F umgewandelt[1]. Das im Sinne von E entstehende **2.5-Bis-[phenyl-imino]-thio-[b b₁]-diazol-tetrahydrid**[2] (Schmelzp. 240°) wird in alkoholischer Lösung von Quecksilberoxyd, salpetriger Säure oder Amylnitrit zu **2.5-Bis-[phenyl-imino]-thiobiazolin** $\begin{array}{c} N{=\!=}N \\ C_6H_5\cdot N:\dot{C}\cdot S\cdot\dot{C}:N\cdot C_6H_5 \end{array}$ oxydiert — einem „cyclischen Azokörper", der in dunkelviolett- bis braunroten Nädelchen krystallisiert und bei 113° schmilzt.

Die *Mercapto-Derivate* der Thiobiazol-Gruppe, von denen ein Vertreter oben bereits als Produkt der Reaktion F erwähnt wurde, sind von Busch und seinen Schülern sehr eingehend untersucht worden. Bequeme Wege zu ihrer Gewinnung nehmen ihren Ausgangspunkt von der Einwirkung des Schwefelkohlenstoffs auf Hydrazin und arylierte Hydrazine.

Aus dem Hydrazin selbst[3] erhält man durch Schwefelkohlenstoff in alkoholischem Kali bei Siedetemperatur das **2.5-Dimercapto-thio-[b b₁]-diazol** (Formel I, S. 663), das aus Äther in glänzenden Kryställchen von gelber Farbe sich abscheidet, bei 168° unter Aufschäumen schmilzt und sich in Soda unter lebhaftem Aufbrausen auflöst; sein Kaliumsalz $C_2N_2S_3K_2$ (weiße Blättchen) ist in Wasser sehr leicht löslich, in absolutem Alkohol unlöslich. Es wird von alkoholischer Jodlösung zu dem

---

[1] Busch, W. Schmidt, B. **46**, 2240 (1913).

[2] Über sein 3-(*N*-)Phenyl-Derivat vgl.: M. Freund, E. König, B. **26**, 2873 (1893). — Busch, Holzmann, B. **34**, 330, 344 (1901).

[3] Busch, B. **27**, 2510, 2518 (1894). — Ziegele, J. pr. [2] **60**, 40 (1899). — S. auch Stollé, Bowles, B. **27**, 1099 (1894).

$$\text{I)}\ \begin{array}{c}N\text{—}N\\ HS\cdot\ddot{C}\cdot S\cdot\ddot{C}\cdot SH\end{array},\qquad \text{II)}\ \begin{array}{c}N\text{—}N\qquad N\text{—}N\\ HS\cdot\ddot{C}\cdot S\cdot\ddot{C}\cdot S\cdot S\cdot\ddot{C}\cdot S\cdot\ddot{C}\cdot SH\end{array},$$

$$\text{III)}\ \begin{array}{c}N\text{—}N\\ HO_3S\cdot\ddot{C}\cdot S\cdot\ddot{C}\cdot SO_3H\end{array}$$

Disulfid (II) oxydiert, das citronengelbe Krystalle darstellt und bei 175° schmilzt, von Permanganat zu der Disulfonsäure (III).

Auf Phenyl-hydrazin[1] wirkt Schwefelkohlenstoff bei Gegenwart von alkoholischem Kali zunächst unter Bildung von Phenyl-dithiocarbazinsäure, die sich dann weiter mit Schwefelkohlenstoff zu **3-Phenyl-5-mercapto-2-thion-thio-[b b_1]-diazol-dihydrid-(2.3)** [3-Phenyl-5-mercapto-thiobiazolthion-(2), „Phenyl-dithiobiazolonsulfhydrat"] umsetzt:

$$CS_2 + \begin{array}{c}C_6H_5\cdot NH\cdot N\\ HS\cdot\ddot{C}\cdot SH\end{array} = H_2S + \begin{array}{c}C_6H_5\cdot N\text{——}N\\ CS\cdot S\cdot\ddot{C}\cdot SH\end{array}. \qquad (G)$$

Die sehr oxydable Verbindung[2] bildet weiße Nadeln, schmilzt bei 90—91° und wird durch vorsichtige Reduktion mit Natriumamalgam in 3-Phenyl-5-mercapto-thiobiazolin (s. u.) übergeführt[3].

Die Phenyl-dithiocarbazinsäure, die eben als erstes Produkt der Einwirkung von Schwefelkohlenstoff auf Phenylhydrazin genannt wurde, kondensiert sich mit Aldehyden[4] und manchen Ketonen[5] zu Mercapto-thiobiazolinen, z. B.:

$$CH_2O + \begin{array}{c}C_6H_5\cdot NH\cdot N\\ HS\cdot\ddot{C}\cdot SH\end{array} = H_2O + \begin{array}{c}C_6H_5\cdot N\text{——}N\\ CH_2\cdot S\cdot\ddot{C}\cdot SH\end{array}. \qquad (H)$$

Diese Verbindungen sind gegen verdünnte Mineralsäuren ziemlich beständig, werden aber beim Erhitzen mit wäßrigen Alkalien — im Gegensatz zu den beständigen, nach Gleichung G erhältlichen Mercapto-thiobiazolthionen — wieder in ihre Komponenten (Aldehyd bzw. Keton und Phenylhydrazin-dithiocarbazinsäure) zerlegt. — Das aus Formaldehyd nach Gleichung H gebildete **3-Phenyl-5-mercapto-thio-[b b_1]-diazol-dihydrid-(2.3)** (3-Phenyl-5-mercapto-thiobiazolin) krystallisiert aus Benzol in weißen Blättchen, schmilzt bei 112° und löst sich nur langsam in kohlensaurem Alkali, leicht in kaustischem. Über seine Bildung durch Reduktion des Phenyl-mercapto-thiobiazolthions[6] s. o.

---

[1] Busch, B. **27**, 2507, 2510 (1894). D.R.P. 81431 (Frdl. **4**, 1325).

[2] Über Derivate s. auch: Stramer, J. pr. [2] **60**, 187 (1899). — J. Wolff, J. pr. [2] **60**, 192 (1899).

[3] Vgl. Busch, J. pr. [2] **60**, 28 (1899).

[4] Busch, B. **28**, 2635 (1895). D.R.P. 85568 (Frdl. **4**, 1327). — Busch, Lingenbrink, J. pr. [2] **65**, 476 (1902).

[5] Busch, J. pr. [2] **60**, 37 (1899). — A. Stern, J. pr. [2] **60**, 233 (1899).

[6] Stramer, J. pr. [2] **60**, 189 (1899).

Mit Phenylsenföl[1] reagiert das phenyl-dithiocarbazinsaure Kalium ebenfalls unter Bildung eines Thiobiazol-Körpers:

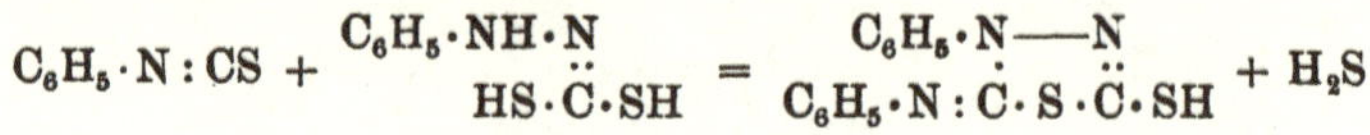
(I)

wenn man ohne Lösungsmittel erhitzt, während in alkoholischer Lösung bei gewöhnlicher Temperatur ein isomeres 1.2.4-Triazol-Derivat entsteht.

Die *S*-Alkyläther mancher im Sinne der Gleichung H entstehenden Mercapto-thiobiazoline lassen sich durch Jod in alkoholischer Lösung am Ring-Kohlenstoffatom jodieren. In größerer Zahl sind solche 3-Aryl-5-alkylthio-2-jod-thiobiazoline[2] durch Anlagerung von Alkyljodid an Endothio-thiobiazoline (vgl. S. 667, Gleichung W) gewonnen worden. Sie enthalten das Halogen in sehr reaktionsfähiger Form. Mit alkoholischem Alkali tauschen sie es gegen Alkoxyl aus, z. B.:

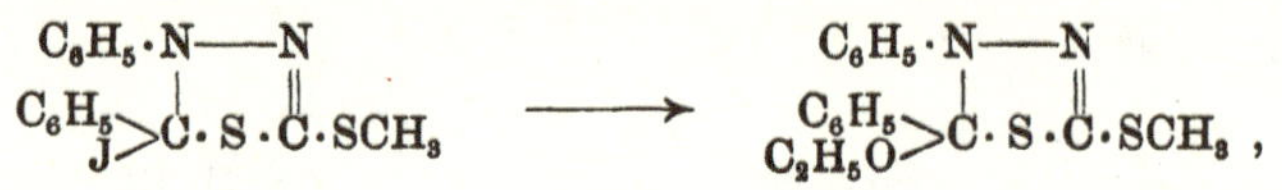
(K)

während wäßriges Alkali Aufspaltung zu Acyl-dithiocarbazinsäureestern bewirkt:

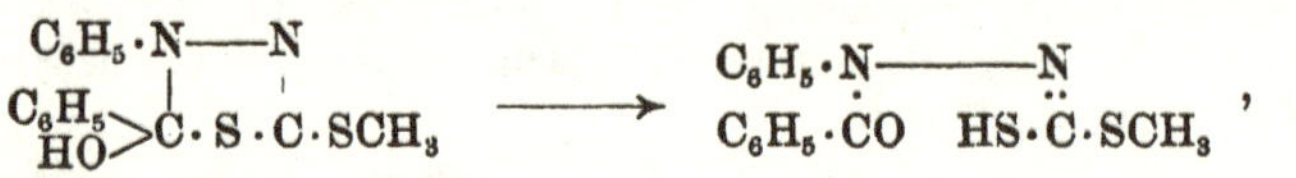
(L)

Ammoniak aber ein Triazol-Derivat:

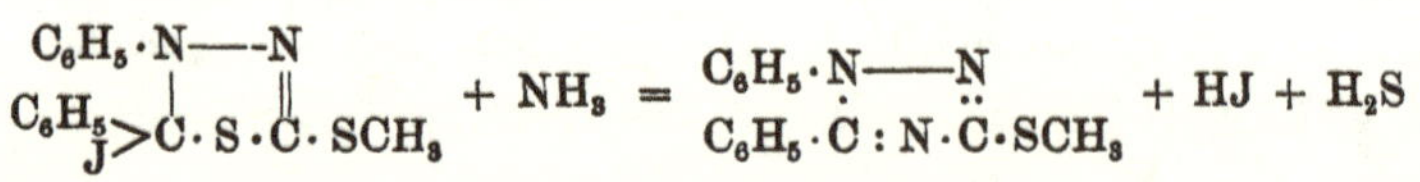
(M)

und Hydrazin ein Tetrazin-Derivat entstehen läßt:

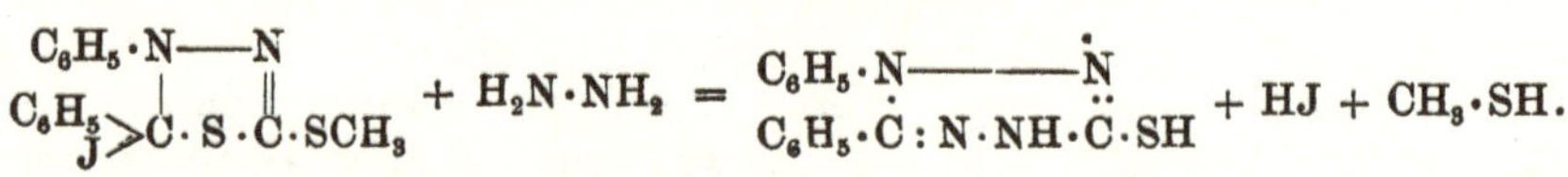
(N)

Beim Erhitzen auf Schmelztemperatur gehen sie unter Abspaltung von Alkyljodid in Endothio-thiobiazoline über:

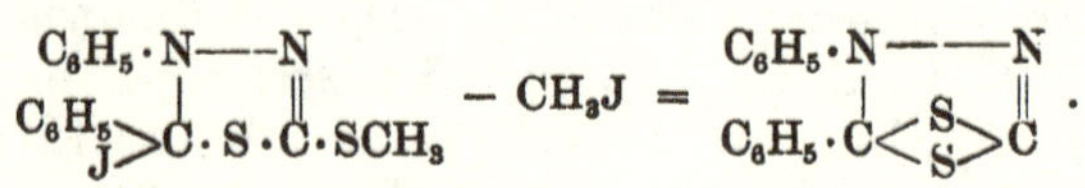
(O)

Die aus den Mercapto-Derivaten der Thiobiazol-Gruppe durch gelinde Oxydation hervorgehenden *Disulfide*[3] sind durch eigenartige Umwandlungen besonders bemerkenswert.

---

[1] Busch, Wolpert, B. **34**, 304, 306, 312 (1901).

[2] Busch, J. pr. [2] **67**, 205, 208ff. (1903). — Kamphausen, Schneider, J. pr. [2] **67**, 222, 237 (1903). — Spitta, J. pr. [2] **67**, 239 (1903). — Schneider, J. pr. [2] **67**, 247, 251 (1903). — Blume, J. pr. [2] **67**, 259 (1903). — S. auch Busch, Mehrtens, B. **38**, 4053 (1905).

[3] Über das Verhalten gegen Methyljodid vgl. Lingenbrink. J. pr. [2] **61**, 330 (1900).

Schon bei gewöhnlicher Temperatur werden die Disulfide der im Sinne von Gleichung G (S. 663) gebildeten Mercapto-thiobiazolthione durch alkoholisches Ammoniak folgendermaßen verändert[1]:

$$\begin{array}{l} C_6H_5\cdot N\text{——}N \qquad\qquad N\text{——}N\cdot C_6H_5 \\ \quad CS\cdot S\cdot C\text{——}S\cdot S\text{——}C\cdot S\cdot CS \end{array} + NH_3$$

$$= \begin{array}{l} C_6H_5\cdot N\text{——}N \\ \quad CS\cdot S\cdot C\cdot SH \end{array} + \begin{array}{l} \qquad\qquad N\text{——}N\cdot C_6H_5 \\ H_2N\cdot S\cdot C\cdot S\cdot CS \end{array} . \qquad (P)$$

Es erfolgt also eine Spaltung in das zugrunde liegende Mercapto-thiobiazolthion einerseits und in eine Verbindung andererseits, welche als substituierende Gruppe das Radikal $H_2N\cdot S$— des Hydrosulfamins (Thio-hydroxylamins) in den Thiobiazol-Kern eingefügt enthält. Die Isolierbarkeit dieser von Busch entdeckten Hydrosulfamin-Derivate verleiht der Thiobiazol-Gruppe ein besonderes Interesse, da zur Zeit ihrer Auffindung Vertreter des Typus $H_2N\cdot S\cdot X$ in anderen Körperklassen nicht bekannt waren. Dem Hydroxylamin und seinen *O*-Alkyl-Derivaten ähneln sie durch die Leichtigkeit, mit der sie auf Aldehyde[2] unter Bildung von Schwefel-Analogen der Oxime — „Sulfimen" — reagieren, z. B.:

$$C_6H_5\cdot CHO + \begin{array}{l} \qquad\qquad N\text{——}N\cdot C_6H_5 \\ H_2N\cdot S\cdot C\cdot S\cdot CS \end{array} = H_2O + \begin{array}{l} \qquad\qquad\qquad\qquad N\text{——}N\cdot C_6H_5 \\ C_6H_5\cdot CH:N\cdot S\cdot C\cdot S\cdot CS \end{array} . \qquad (Q)$$

Aber sie unterscheiden sich wesentlich von den Hydroxylaminen durch ihre Unbeständigkeit. Denn schon bei kurzem Aufkochen der alkoholischen Lösung, momentan bei Gegenwart von Mineralsäuren spalten sie Ammoniak ab und gehen wieder in die Disulfide über, aus denen sie gemäß Gleichung P entstanden sind:

$$2\begin{array}{l} \qquad\qquad N\text{——}N\cdot C_6H_5 \\ H_2N\cdot S\cdot C\cdot S\cdot CS \end{array} + H_2 = 2\,NH_3 + \begin{array}{l} C_6H_5\cdot N\text{——}N \qquad\qquad N\text{——}N\cdot C_6H_5 \\ \quad CS\cdot S\cdot C\text{——}S\cdot S\text{——}C\cdot S\cdot CS \end{array} ; \qquad (R)$$

den hierfür nötigen Wasserstoff liefert der Alkohol, der seinerseits oxydiert wird.

Analog dem Ammoniak reagieren auf die Disulfide die primären und sekundären aliphatischen Amine. Dagegen wirken primäre und sekundäre aromatische Amine nach Art der folgenden Gleichung:

$$\begin{array}{l} C_6H_5\cdot N\text{——}N \qquad\qquad N\text{——}N\cdot C_6H_5 \\ \quad CS\cdot S\cdot C\text{——}S\cdot S\text{——}C\cdot S\cdot CS \end{array} + NH_2\cdot C_6H_5$$

$$= \begin{array}{l} C_6H_5\cdot N\text{——}N \\ \quad CS\cdot S\cdot C\cdot SH \end{array} + \begin{array}{l} \qquad\qquad\qquad N\text{——}N\cdot C_6H_5 \\ NH_2\cdot C_6H_4\cdot S\cdot C\cdot S\cdot CS \end{array} ; \qquad (S)$$

d. h. in dem Endprodukt ist nicht der Stickstoff des Amins, sondern Kohlenstoff seines aromatischen Kerns mit Schwefel verbunden.

---

[1] Busch, B. **29**, 2127 (1896). — v. Baur-Breitenfeld, J. pr. [2] **60**, 209 (1899).

[2] Über das Verhalten gegen Ketone s. J. Wolff, J. pr. [2] **60**, 202ff. (1899).

Das nach Gleichung P gebildete **3-Phenyl-2-thion-5-aminothio-thio-[b b$_1$]-diazol-dihydrid-(2.3)** („Phenyl-dithiobiazolon-hydrosulfamin") krystallisiert aus Chloroform in farblosen durchsichtigen Prismen, erweicht gegen 130° unter Braunfärbung und schmilzt bei 136° unter Aufschäumen; in Wasser ist es kaum löslich. Sein Benzal-Derivat[1] (s. o. Gleichung Q) schmilzt bei 154—155°; es wird durch alkoholische Salzsäure in Benzol-Lösung analog Gleichung R (S. 665) verändert, wobei der Ammoniak-Rest in Form von salzsaurem Benzylidenimid $C_6H_5 \cdot CH : NH, HCl$ austritt.

Die Disulfide der Mercapto-thiobiazoline, welche im Sinne der Gleichung H (S. 663) entstehen, werden durch Ammoniak[2] in anderer Weise als die Disulfide der Mercapto-thiobiazolthione verändert. Auch bei ihnen wird zwar die Disulfid-Bindung gesprengt, zugleich aber ein Thiobiazol-Ring aufgespalten:

$$\begin{array}{l} R\cdot N\text{——}N \qquad\qquad N\text{——}N\cdot R \\ R'\cdot CH\cdot S\cdot C\text{——}S\cdot S\text{——}C\cdot S\cdot CH\cdot R' \end{array} + 2NH_3 + H_2O$$

$$= \begin{array}{l} R\cdot N\text{——}N \\ R'\cdot CH\cdot S\cdot C\cdot SH, NH_3 \end{array} + S + \begin{array}{l} NH\cdot NHR \\ CS\cdot NH_2 \end{array} + CHO\cdot R'. \qquad (T)$$

Ein sehr interessantes Verhalten zeigen sie beim Schmelzen, sowie bei längerem Stehen ihrer Lösung in Chloroform oder anderen indifferenten Lösungsmitteln; während die eine Molekül-Hälfte sich hierbei zur Mercapto-Verbindung reduziert, liefert die andere den hierfür notwendigen Wasserstoff und geht in ein *bicyclisch-kondensiertes* Molekül über, z. B.:

$$\begin{array}{l} C_6H_5\cdot N\text{——}N \qquad\qquad N\text{——}N\cdot C_6H_5 \\ CH_2\cdot S\cdot C\text{——}S\cdot S\text{——}C\cdot S\cdot CH_2 \end{array} = \begin{array}{l} C_6H_5\cdot N\text{——}N \\ CH_2\cdot S\cdot C\cdot SH \end{array} + \begin{array}{l} N\text{——}N\cdot C_6H_5 \\ \| \qquad\quad | \\ C{<}{S \atop S}{>}CH \end{array} . \qquad (U)$$

Es entstehen derart Endothio-thiobiazoline[3], zu denen man ferner durch Einwirkung von manchen Säurechloriden auf Aryl-dithiocarbazinsäuren gelangt, z. B.:

$$\begin{array}{l} N\text{——}NH\cdot C_6H_5 \\ \| \\ C{<}{SH \atop SH} \end{array} + Cl\cdot CO\cdot C_6H_5 = \begin{array}{l} N\text{——}N\cdot C_6H_5 \\ \| \qquad\quad | \\ C{<}{S \atop S}{>}C\cdot C_6H_5 \end{array} + HCl + H_2O. \qquad (V)$$

Diese 3-Aryl-2.5-endothio-thiobiazoline sind farbige, hochschmelzende Verbindungen, indifferent gegen Säuren, aber leicht spaltbar durch ätzende Alkalien in Dithiocarbazinsäuren und Carbonsäuren (Umkehrung der obigen Gleichung V). Sehr leicht lagern sie Methyljodid zu 3-Aryl-5-methylthio-2-jod-thiobiazolinen (S. 664) an, z. B.:

---

[1] Über weitere Aldehyd-Derivate s. J. Wolff, J. pr. [2] **60**, 197 (1899).

[2] Busch, J. pr. [2] **60**, 37 (1899). — Münker, J. pr. [2] **60**, 216 (1899).

[3] Busch, B. **28**, 2637, 2640, 2642, 2645 (1895); **34**, 324 Anm. (1901). J. pr. [2] **60**, 36, 217 (1899); **67**, 201 (1903). — Kamphausen, Schneider, J. pr. [2] **67**, 216 (1903). — Schneider, J. pr. [2] **67**, 246 (1903).

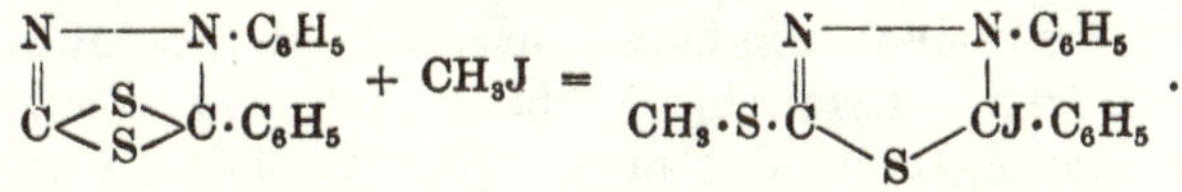 (W)

Mit primären Arylaminen liefern sie Endothio-triazoline, z. B.:

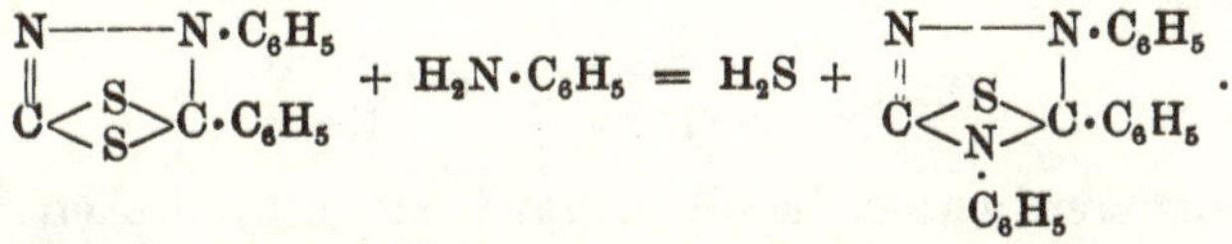 (X)

Das **2.3-Diphenyl-2.5-endothio-thio-[b b₁]-diazol-dihydrid-(2.3)** (Diphenyl-endothio-thiobiazolin) — Produkt der Gleichung V (S. 666) — scheidet sich aus Alkohol in orangeroten durchsichtigen Krystallen aus und schmilzt bei 223—224°.

Endothio-triazoline[1] (Endoimino-thiobiazoline), für welche in Gleichung X soeben eine Bildung angegeben wurde, entstehen in direkter Synthese aus 1.4-Diaryl-thiosemicarbaziden und Carbonsäuren bzw. Säurechloriden, z. B.:

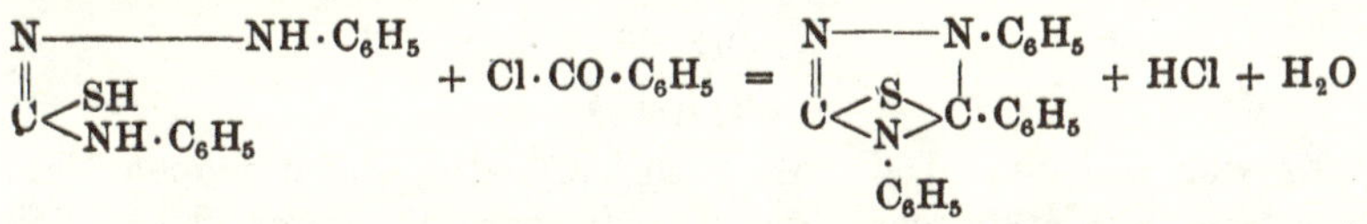 (Y)

Das **1.4.5-Triphenyl-3.5-endothio-1.2.4-triazolin** — Produkt der Gleichungen X und Y — bildet farblose Nadeln, schmilzt bei 334—336° und ist in den gebräuchlichen Solvenzien sehr schwer löslich. Erst bei anhaltendem Kochen mit alkoholischem Kali erleidet es Spaltung.

Fünfundzwanzigstes Kapitel.

Fünfgliedrig-heterocyclische Systeme mit vier Hetero-Atomen.

(Tetrazol-Körper. — Weitere fünfgliedrige Systeme mit vier Hetero-Atomen.)

Um die fünfgliedrig-heterocyclischen Systeme zum Abschluß zu bringen, wenden wir uns nunmehr dem Falle zu, daß der Ring vier Hetero-Atome, demnach nur ein Kohlenstoffatom enthält. Es ist dies offenbar der letzte Fall, der innerhalb der organischen Chemie zu erörtern ist. Denn ein Ring, der aus fünf Hetero-Atomen gebildet wäre, also keinen Kohlenstoff mehr enthielte, würde der anorganischen Chemie

[1] Vgl.: Busch, Ridder, B. **30**, 851, 853 (1897). — Busch, B. **34**, 324—325 Anm., 332 (1901). J. pr. [2] **67**, 206 ff. (1903). — Kamphausen, S. Schneider, J. pr. [2] **67**, 219 ff. (1903). — S. Schneider, J. pr. [2] **67**, 249, 252, 256 (1903). — Busch, Opfermann, Walther, B. **37**, 2332 (1904). — Busch, Mehrtens, B. **38**, 4052 (1905). — Busch, Chr. Schneider, J. pr. [2] **89**, 315, 322 (1914).

angehören. Nur seine Kombinationen mit kohlenstoffhaltigen Ketten oder Ringen wären „organische“ Verbindungen und würden systematisch in diejenige Hauptgruppe der organischen Chemie zu stellen sein, die ihnen durch den „organischen“ Teil ihres Moleküls zugewiesen wird (also z. B. die Verbindung:

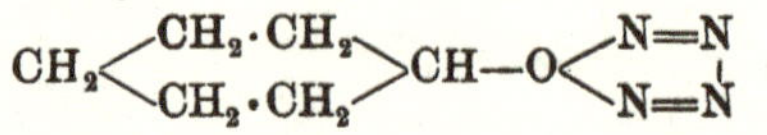

wenn sie existieren würde, in die Gruppe der isocyclischen Kohlenstoff-Verbindungen).

Formal sind, selbst wenn wir uns auf die Hetero-Elemente Sauerstoff, Schwefel und Stickstoff beschränken, sehr viele Fünfringe mit vier Hetero-Atomen denkbar. Verwirklicht sind aber nur die beiden folgenden Fälle:

I) $\begin{array}{c}CH\text{——}N\\ \ddot{N}\cdot NH\cdot \ddot{N}\end{array}$ bzw. $\begin{array}{c}CH{=\!=}N\\ \dot{N}H\cdot N:\dot{N}\end{array}$ oder $\begin{array}{c}CH_2\text{—}N\\ \dot{N}:N\cdot\ddot{N}\end{array}$,

II) $\begin{array}{c}CH{=}N\\ \dot{S}\cdot S\cdot \dot{N}H\end{array}$.

Nur auf den in den drei sub I aufgeführten desmotropen Symbolen formulierten Stammkörper, den man Tetrazol nennt, baut sich eine größere Verbindungsgruppe auf.

I. Tetrazol-Körper.

Die ersten Beobachtungen[1] über Bildung von Tetrazol-Körpern machte Bladin 1885. Auch führte dieser schwedische Forscher den Namen „Tetrazol“ ein[2] und entdeckte 1892 den Stammkörper[3]. Um den Ausbau der Gruppe haben sich besonders M. Freund, Lossen, v. Pechmann, Thiele, in neuerer Zeit K. A. Hofmann und Oliveri-Mandalà verdient gemacht.

Man hat eine große Zahl von Synthesen kennen gelernt, welche zu Tetrazol-Körpern führen, und darf daher sagen, daß es sich hier um ein Ringsystem handelt, für dessen Zusammenfügung eine gewisse Neigung besteht. Die meisten Synthesen gehen von der Stickstoffwasserstoffsäure oder ihren organischen Abkömmlingen, von Hydrazin-Derivaten und Diazokörpern aus, also von Verbindungen, in deren Molekülen schon mehrere Stickstoffatome aneinander gekettet sind.

Als allgemein wichtiger Bildungsprozeß sei hier die Umlagerung solcher Azido-Verbindungen hervorgehoben, deren Moleküle die N_3-Gruppe und ein doppelt gebundenes Stickstoffatom am gleichen Kohlenstoff enthalten:

$$\begin{array}{c}X\cdot \ddot{C}\cdot N_3\\ Y\cdot \dot{N}\end{array} = \begin{array}{c}X\cdot C{=\!=}N\\ Y\cdot \dot{N}\cdot N:\dot{N}\end{array};$$

[1] Bladin, B. **18**, 1549 (1885).

[2] Bladin, B. **19**, 2604 (1886).

[3] Bladin, B. **25**, 1412 (1892).

Beispiele hierfür s. in Gleichung I auf S. 674, O und P auf S. 675, S auf S. 676, W auf S. 680.

Im Vergleich zu den Verbindungen, die vier Stickstoffatome in offener Kette aneinandergereiht enthalten (vgl. z. B. Bd. I, Tl. I, S. 391 bis 392; Bd. I, Tl. II, S. 1466), zeigen die Tetrazol-Körper, in deren Molekül eine Vierstickstoff-Kette durch ein Kohlenstoffatom ringförmig geschlossen ist, eine erheblich größere Beständigkeit. Einige vertragen recht hohe Temperaturen und energische Behandlung mit chemischen Agenzien (vgl. S. 672). Andere freilich zeigen Neigung zum Verpuffen; ist der Tetrazol-Kern noch mit „Seitenketten" aus mehreren Stickstoffatomen verbunden, so tritt in manchen Fällen eine ungewöhnliche Explosivität zutage (vgl. S. 677 Tetrazol-diazonium, S. 678 Azido-tetrazol), in anderen Fällen wieder eine erstaunliche Haltbarkeit (s. S. 679).

Bemerkenswert ist der stark saure Charakter derjenigen Tetrazol-Körper, bei welchen das an Stickstoff gebundene Wasserstoffatom des Stammkerns (vgl. die Formeln S. 668 sub I) nicht substituiert ist[1] (vgl. S. 671, 673, 676).

Basische Natur tritt beim Tetrazol selbst und seinen *N*-Alkyl-Derivaten kaum hervor. Starke Basen aber sind die *N,N'*-Diaryl-tetrazolium-Hydroxyde vom Typus III. Diese in Wasser leicht

III) 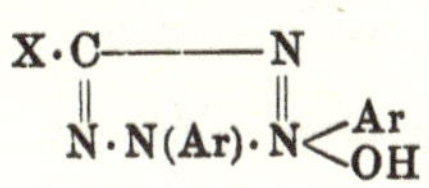 , IV) 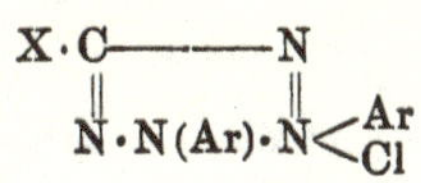 ,

löslichen, in Äther unlöslichen, farblosen Basen bräunen Curcumapapier, absorbieren Kohlensäure und verhalten sich gegen Metallsalze wie die fixen Alkalien. Ihre sehr krystallisationsfähigen Salze (wie IV) werden von Wasser zu Lösungen aufgenommen, die neutral reagieren.

Solche „quartäre" Verbindungen[2] entstehen durch Oxydation aus den tief farbigen Formazyl-Körpern und gehen durch alkalische Reduktionsmittel sehr leicht wieder in die Formazyl-Körper über. Wir haben hier also den eigentümlichen Fall, daß farbige Verbindungen durch Oxydation in farblose verwandelt und aus letzteren durch Reduktion wiedergewonnen werden können. Die Oxydation der Formazyl-Körper führt in Abwesenheit von Säuren (z. B. bei Anwendung von Quecksilberoxyd in Alkohol) zu den freien Basen, in Gegenwart von Säuren zu deren Salzen, z. B.:

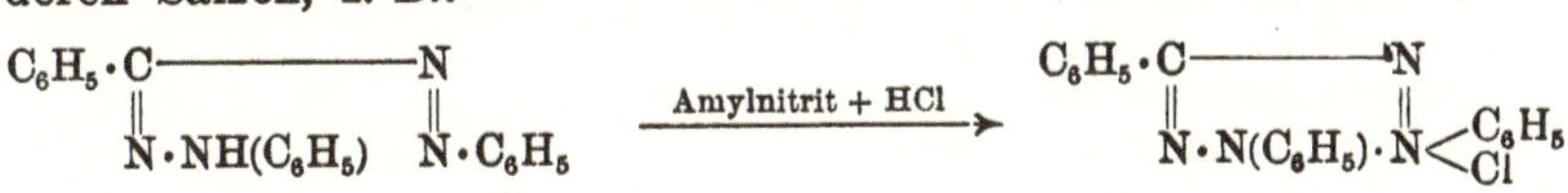

(A)

[1] Vergleich der verschiedenen Azole: Buchner, A. **273**, 218—219 (1893).

[2] Vgl.: v. Pechmann, Runge, B. **27**, 323, 2920 (1894). — v. Pechmann, Wedekind, B. **28**, 1688 (1895). — Wedekind, B. **30**, 2993 (1897). A. **295**, 328, 335 (1897). — Wedekind, Stauwe, B. **31**, 1746 (1898). — Fichter, Schiess, B. **33**, 750 (1900).

Für die Struktur des Tetrazol-Kerns sind S. 668 sub I drei desmotrope Formeln angegeben worden. Sowohl von der ersten wie von der zweiten sind *N*-Monosubstitutions-Derivate bekannt, die eine bestimmte Struktur besitzen, da in ihnen das „bewegliche" Wasserstoffatom nicht mehr vorhanden ist. Das Tetrazol selbst und seine *C*-Monosubstitutions-Derivate sind als tautomere Verbindungen zu betrachten[1]; der Beweis hierfür ist in ähnlicher Weise erbracht worden wie für die Triazole, bei denen die Kernbindungs-Verhältnisse analog sind (vgl. S. 559, 563—564, 572—573, 591, 594). *gem.*-Disubstitutions-Derivate, die nur von der dritten Formel — der „Methylen"-Formel — abgeleitet werden könnten, sind nicht bekannt.

Für die Bezifferung der Derivate wird im Folgenden stets nach Regel 2 auf S. 35 das Schema:

V) (5) C——N (4)
N—N—N
(1) (2) (3)

benutzt[2], während in der Literatur für die *N*-Derivate der unzweckmäßige Gebrauch zweier verschiedener Bezifferungen:

Va) (4) CH——N (3)
N—NR—N
(5) (1) (2)

und

(5) CH=N (4)
NR—N=N ,
(1) (2) (3)

je nach dem Ort der *N*-Substitution leider sehr verbreitet ist (vgl. dazu S. 564 und 591).

Das **Tetrazol**[3] selbst wird am besten (mit ca. 80 $^0/_0$ der theoretischen Ausbeute) durch Erhitzen von alkoholischer $1^1/_2$-proz. Stickstoffwasserstoff-Lösung mit wasserfreier Blausäure auf 100° (2—3 Tage) bereitet:

$$\begin{matrix} CH \\ \vdots \\ N \end{matrix} \left(\text{bzw. } \begin{matrix} C< \\ \ddot{} \\ NH \end{matrix}\right) + N_3H = \begin{matrix} CH\text{——}N \\ \ddot{} \quad\quad \ddot{} \\ N\cdot NH\cdot N \end{matrix} . \qquad (B)$$

Es ist ferner aus mehreren Tetrazol-Abkömmlingen durch Abbau gewonnen worden (vgl. S. 672, 677, 680), und immer mit den gleichen Eigenschaften. Es bildet farblose Krystalle, schmilzt bei 155° und subli-

---

[1] Vgl. dazu: Wedekind, B. **29**, 1846 (1896); **31**, 473, 942 (1898). — M. Freund, Paradies, B. **34**, 3111 (1901). — Oliveri-Mandalà, Passalacqua, G. **43**, II, 465 (1913). — Oliveri-Mandalà, G. **44**, II, 178 (1914).

[2] Über eine andere Bezifferung s. M. Freund, Hempel, B. **28**, 76 (1895). — S. auch Schroeter, B. **42**, 2343 (1909).

[3] Bladin, B. **25**, 1412 (1892). — Thiele, Ingle, A. **287**, 242 (1895). — v. Pechmann, Wedekind, B. **28**, 1693 (1895). — Wedekind, B. **31**, 950 (1898). — Marckwald, E. Meyer, B. **33**, 1893 (1900). — M. Freund, Paradies, B. **34**, 3118 (1901). — Marckwald, Rudzik, B. **36**, 1116 (1903). — Dimroth, Fester, B. **43**, 2221, 2223 (1910). — Oliveri-Mandalà, G. **41**, I, 61 (1911); **44**, II, 175 (1914); **45**, I, 303 1915). — Oliveri-Mandalà, Passalacqua, G. **43**, II, 465 (1913).

miert schon vor dem Schmelzen; bei höherer Temperatur verpufft es. In Wasser und Alkohol ist es leicht, in Äther und Benzol schwer löslich. Es rötet blaues Lackmuspapier. Sein Natriumsalz $CHN_4Na + H_2O$ krystallisiert in dünnen Prismen, löst sich sehr leicht in Wasser und reagiert neutral. Mit Schwermetallsalzen gibt Tetrazol Niederschläge; das Silbersalz CHN_4Ag krystallisiert aus verdünnter Salpetersäure in prismatischen Nadeln und verpufft heftig beim Erhitzen. Bei dreistündigem Erhitzen mit rauchender Salzsäure auf 200° bleibt ein Teil des Tetrazols unverändert; der größte Teil zerfällt dabei nach der Gleichung:

$$CH_2N_4 + 2H_2O = CO_2 + 2NH_3 + N_2 .$$

Quantitativ im Sinne dieser Gleichung wird es durch Kochen mit konzentrierter Schwefelsäure zerstört.

N-Substitutions-Derivate des Tetrazols können, wie aus den desmotropen Formeln des Tetrazols (I auf S. 668) hervorgeht, in zwei stellungsisomeren Formen (s. V auf S. 670) existieren. In mehreren Fällen ist diese Isomerie verwirklicht worden.

So erhält man 1-Methyl-tetrazol[1] durch Vereinigung von Methyl-isocyanid mit Stickstoffwasserstoffsäure:

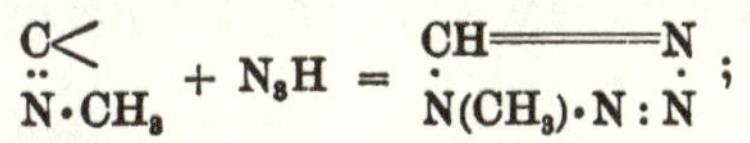

(C)

es krystallisiert aus warmem Äther in harten Prismen, schmilzt bei 36—37°, läßt sich unter gewöhnlichem Druck nicht destillieren und ist so schwach basisch, daß sein aus ätherischer Lösung durch Chlorwasserstoff gefälltes Hydrochlorid schon durch die Luftfeuchtigkeit rasch zersetzt wird. Verschieden von diesem Stoff und daher als 2-Methyl-tetrazol[2] zu formulieren ist die Verbindung, welche aus dem Silbersalz des 5-Cyan-tetrazols (vgl. dessen Bildung in Gleichung X auf S. 680) durch Methylierung und Abspaltung des Cyans hervorgeht:

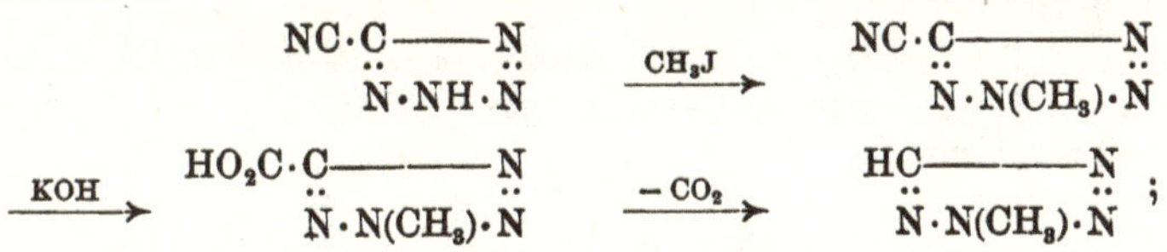

(D)

sie siedet unzersetzt unter 759 mm Druck bei 145—147°. Das 1-Methyl-tetrazol wird durch Kochen mit konzentriertem Alkali vollständig in Kohlendioxyd, Ammoniak, Methylamin und Stickstoff gespalten (vgl. oben die Spaltung des Tetrazols durch Säuren).

Unter den Prozessen, welche zum 1-Phenyl-tetrazol[3] führen, ist besonders bemerkenswert die Einwirkung von Benzol-diazoniumchlorid auf *symm.* Diformyl-hydrazin in Gegenwart von Natronlauge, die sich

---

[1] Oliveri-Mandalà, R. A. L. [5] **19**, I, 228 (1910). — Oliveri-Mandalà, Alagna, G. **40**, II, 442 (1910).

[2] Oliveri-Mandalà, Passalacqua, G. **43**, II, 473 (1913).

[3] M. Freund, Paradies, B. **34**, 3114, 3120 (1901). — Oliveri-Mandalà, Alagna, G. **40**, II, 444 (1910). — Dimroth, de Montmollin, B. **43**, 2907 (1910).

folgendermaßen unter Annahme zweier nicht isolierter Zwischenprodukte formulieren läßt:

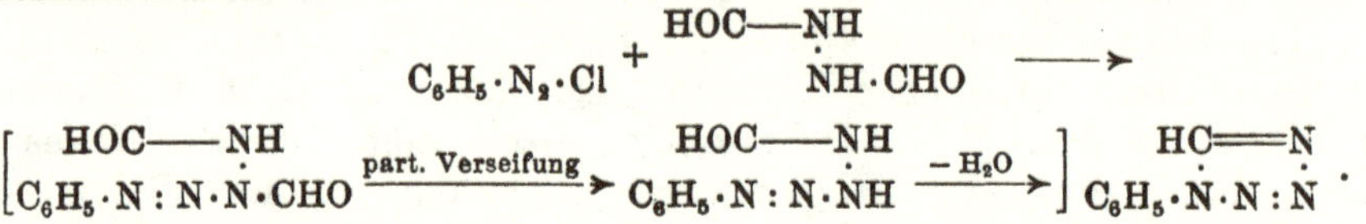
(E)

Es bildet weiße Krystalle, schmilzt bei 65—66° und löst sich leicht in Alkohol, nicht in Wasser. Durch rauchende Salpetersäure läßt es sich im Benzolkern nitrieren; das Nitro-Derivat ergibt durch Reduktion ein Amin, das von Kaliumpermanganat in siedender verdünnt-schwefelsaurer Lösung zum Tetrazol abgebaut wird. Diese Umwandlungen:

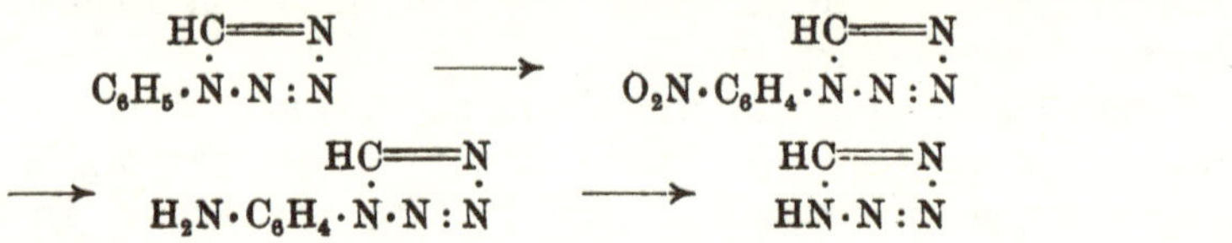
(F)

zeigen besonders deutlich die Widerstandskraft des Tetrazol-Systems gegenüber chemischen Angriffen. — Das 2-Phenyl-tetrazol[1] wird auf dem folgenden Wege aus dem „Dicyan-phenylhydrazin" (vgl. S. 612) erhalten:

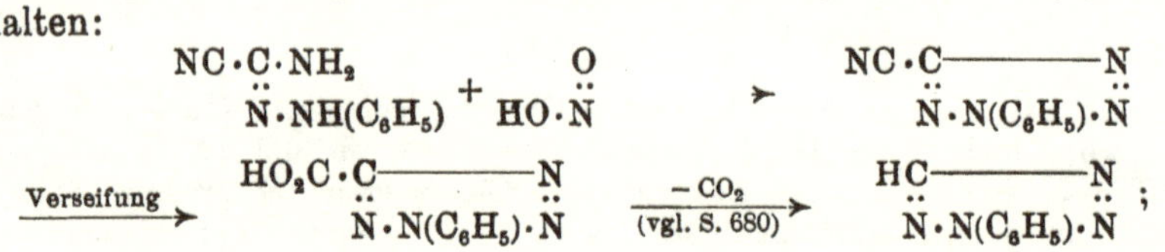
(G)

es ist ein mit Wasserdämpfen flüchtiges Öl, das schwerer als Wasser ist, ähnlich dem Nitrobenzol, riecht und bei dem Versuch, es für sich zu destillieren, verpufft.

Die Reaktion von Knallnatrium mit Stickstoffwasserstoffsäure führt je nach den Bedingungen zu zwei verschiedenen Verbindungen[2] CH_2ON_4, denen vielleicht die nachstehenden Strukturformeln:

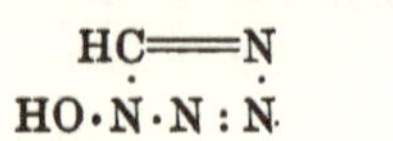
1-(*N*)-Oxy-tetrazol

und

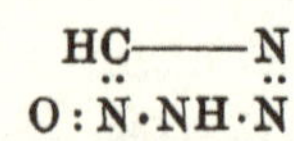
Tetrazol-1-(*N*)-oxyd („Iso-oxy-tetrazol")

zukommen.

Das nächste *Homologe* des Tetrazols — **5-Methyl-tetrazol** — ist als solches noch nicht bekannt, wohl aber in Form seiner beiden *N*-Phenyl-Derivate:

VI) 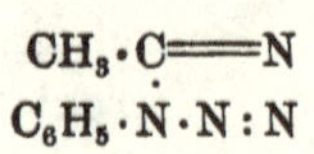 und VII) 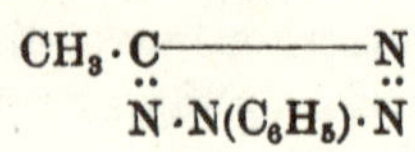 .

[1] BLADIN, B. **18**, 2911 (1885). — BAMBERGER, DE GRUYTER, B. **26**, 2392 (1893). — WEDEKIND, B. **31**, 944, 948 (1898).
Über 2.3-Diphenyl-tetrazoliumchlorid s. v. PECHMANN, RUNGE, B. **27**, 2927 (1894).

[2] PALAZZO, R. A. L. [5] **19**, I, 218 (1910). — PALAZZO, MAROGNA, G. **43**, I, 69 (1913).

Die Verbindung der Formel VI — 1-Phenyl-5-methyl-tetrazol — wird analog Formelreihe E (S. 672) aus symm. Diacetyl-hydrazin und Benzol-diazoniumchlorid erhalten[1], krystallisiert aus konz. Salzsäure in farblosen Spießen, schmilzt bei 97·5° und ist geruchlos. — Dagegen besitzt das 2-Phenyl-5-methyl-tetrazol (VII) — Schmelzp. 40° — angenehmen, an Jasmin erinnernden Geruch[2]. Man gelangt zu ihm, indem man Acetaldehyd-phenylhydrazon mit Tribromphenyl-azid in Gegenwart von Natriumäthylat-Lösung kondensiert; bei dieser eigenartigen Reaktion:

$$\begin{matrix} CH_3\cdot CH \\ \ddot{N}\cdot NH(C_6H_5) \end{matrix} + C_6H_2Br_3\cdot N_3 = \begin{matrix} CH_3\cdot C \text{------------} N \\ \ddot{N}\cdot NH(C_6H_5) \quad (C_6H_2Br_3)NH\cdot \ddot{N} \end{matrix}$$

$$= \begin{matrix} CH_3\cdot C\text{——}N \\ \ddot{N}\cdot N(C_6H_5)\cdot \ddot{N} \end{matrix} + C_6H_2Br_3\cdot NH_2 \qquad \text{(H)}$$

entsteht als Zwischenprodukt ein „Azo-hydrazidin", das sich dann in Tribromanilin und das Tetrazol-Derivat spaltet.

5-Phenyl-tetrazol[3] („Benzenyl-tetrazotsäure") $C_6H_5\cdot CHN_4$ bildet sich ganz glatt aus Benzenyl-hydrazidin $C_6H_5\cdot C(NH_2){:}N\cdot NH_2$ durch Einwirkung von salpetriger Säure analog der ersten Phase von Formelreihe G (S. 672). Weniger glatt erhält man es aus Benzenyl-amidin, indem man auf dessen Nitrit Säuren einwirken läßt und die dadurch entstehende „Benzenyl-dioxytetrazotsäure" $C_7H_6O_2N_4$ mit Natriumamalgam reduziert. Es bildet farblose Nadeln und schmilzt, langsam erhitzt, bei 212—213° unter Zersetzung und Rotfärbung (vgl. unten); bei raschem Erhitzen zersetzt es sich stürmisch, zuweilen unter Feuererscheinung. Es löst sich etwas in heißem Wasser, kaum in kaltem, leicht in fixen und kohlensauren Alkalien. Seine acide Natur ist so stark ausgeprägt, daß es sich mit den üblichen Indicatoren als einbasische Säure titrieren läßt. Bei der langsamen Zersetzung durch Erhitzen entsteht unter Entwickelung von Stickstoff als Hauptprodukt 3.5-Diphenyl-1.2.4-triazol (S. 617), daneben in geringer Menge 2.5-Diphenyl-tetrazin $C_6H_5\cdot C\begin{matrix} \diagup N\cdot N \diagdown \\ \diagdown N:N \diagup \end{matrix}C\cdot C_6H_5$, welches die Rotfärbung (s. o.) bedingt. Gegen Alkalien und Säuren ist das Phenyl-tetrazol äußerst beständig. Bei mehrstündigem Erhitzen mit konzentrierter Salzsäure auf 220° aber wird es gespalten, und zwar unter Bildung von Stickstoff, Kohlendioxyd, Ammoniak und Anilin; dieser Verlauf erklärt sich, wenn man annimmt, daß zunächst im Sinne der Gleichung:

$$\begin{matrix} C_6H_5\cdot C\text{——}N \\ \ddot{N}\cdot NH\cdot \ddot{N} \end{matrix} + 2H_2O = \begin{matrix} C_6H_5\cdot C\cdot OH \\ \ddot{N}\cdot OH \end{matrix} + NH_3 + N_2$$

[1] DIMROTH, DE MONTMOLLIN, B. **43**, 2908 (1910).

[2] DIMROTH, MERZBACHER, B. **43**, 2903 (1910).

[3] LOSSEN, A. **263**, 73, 96, 101 (1891); **297**, 348 (1897); **298**, 90, 91 (1897). — PINNER, B. **27**, 990, 994 (1894). A. **297**, 248 (1897). — STOLLÉ, HELWERTH, B. **47**, 1140 (1914).

5-*p*-Tolyl-tetrazol: PINNER, N. CARO, B. **27**, 3278 (1894). — PINNER, A. **298**, 8 (1897). — LOSSEN, A. **298**, 105 (1897).

Benzhydroximsäure gebildet wird, die dann nach „BECKMANNscher Umlagerung“ Anilin und Kohlendioxyd als Spaltungsprodukte ergibt.

1.5-Diphenyl-tetrazol[1] entsteht aus Benzenyl-phenylimidchlorid durch Einwirkung von Natrium-azid[2]:

$$\begin{matrix} C_6H_5\cdot C\cdot Cl \\ C_6H_5\cdot N \end{matrix} \xrightarrow{NaN_3} \left[\begin{matrix} C_6H_5\cdot C\cdot N_3 \\ C_6H_5\cdot N \end{matrix}\right. = \left.\right] \begin{matrix} C_6H_5\cdot C = N \\ C_6H_5\cdot N\cdot N : N \end{matrix}, \qquad (I)$$

ferner aus Benzolazo-benzhydrazid (dem Produkt der Kuppelung von Benzoyl-hydrazin mit Diazobenzol) durch Stehenlassen mit verdünnter Natronlauge:

$$\begin{matrix} C_6H_5\cdot CO—NH \\ C_6H_5\cdot N : N\cdot NH \end{matrix} \left[= \begin{matrix} C_6H_5\cdot C(OH) = N \\ C_6H_5\cdot NH—N : N \end{matrix}\right] \xrightarrow{-H_2O} \begin{matrix} C_6H_5\cdot C = N \\ C_6H_5\cdot N\cdot N : N \end{matrix}. \qquad (K)$$

Sehr interessant ist seine Bildung aus dem durch Umsetzung von Benzophenon-dichlorid mit Silberazid entstehenden Produkt, das wahrscheinlich Benzophenon-diazid $(C_6H_5)_2C(N_3)_2$ darstellt, beim Erhitzen auf 150—160° unter Abspaltung von Stickstoff; hierbei wandert ein Phenyl von Kohlenstoff zu Stickstoff, und diese intramolekulare Verschiebung kann man auf das Sättigungsbestreben eines durch die Stickstoff-Abspaltung gebildeten Zwischenproduktes mit freien Valenzen erklären:

$$\begin{matrix} C_6H_5 \\ C_6H_5 \end{matrix}\!>\!C\!<\!\begin{matrix} N_3 \\ N_3 \end{matrix} - N_2 = \begin{matrix} C_6H_5 \\ C_6H_5 \end{matrix}\!>\!C\!<\!\begin{matrix} N_3 \\ N< \end{matrix} = \begin{matrix} C_6H_5\cdot C\cdot N_3 \\ C_6H_5\cdot N \end{matrix} = \begin{matrix} C_6H_5\cdot C = N \\ C_6H_5\cdot N\cdot N : N \end{matrix}. \qquad (L)$$

Bei solcher Betrachtungsweise wirft die von G. SCHRÖTER entdeckte Reaktion[3] Licht auf die Phasen, in die man sich andere unter Radikal-Wanderung verlaufende Reaktionen, z. B. die „BECKMANNsche Umlagerung“ der Oxime, zerfallend denken kann.

2.5-Diphenyl-tetrazol[4] erhält man aus dem „Guanazylbenzol“, dem Produkt der Kuppelung von Diazobenzol mit Benzal-aminoguanidin, durch Oxydation mit warmer konzentrierter Salpetersäure:

$$\begin{matrix} C_6H_5\cdot C = & N \\ N : N\cdot C_6H_5 & NH\cdot C(:NH)\cdot NH_2 \end{matrix} \longrightarrow \begin{matrix} C_6H_5\cdot C — N \\ N\cdot N(C_6H_5)\cdot N \end{matrix}, \qquad (M)$$

ferner analog Gleichung H (S. 673) aus Benzaldehyd-phenylhydrazon und Phenylazid[5]. — Das 2.3.5-Triphenyl-tetrazoliumchlorid[6], dessen Bildung aus Formazyl-benzol in Formelreihe A (S. 669) erläutert ist, krystallisiert aus Alkohol-Äther in farblosen Nadeln, wird am Licht gelb, schmilzt bei 243° unter Zersetzung, löst

---

[1] SCHRÖTER, B. **42**, 2342, 3359 (1909). — DIMROTH, DE MONTMOLLIN, B. **43**, 2906, 2913 (1910).

[2] Vgl. dazu STOLLÉ, HELWERTH, B. **47**, 1134 (1914).

[3] Ein weiteres Beispiel s. bei SCHRÖTER, B. **44**, 1201 (1911).

[4] WEDEKIND, B. **29**, 1849, 1854 (1896); **30**, 449 (1897); **31**, 950 (1898). — DIMROTH, MERZBACHER, B. **40**, 2402 (1907).

Bz-Amino-Derivate: PONZIO, MACCIOTTA, G. **44**, II, 63 (1914).

[5] S. dazu DIMROTH, MERZBACHER, B. **43**, 2899 (1910).

[6] v. PECHMANN, RUNGE, B. **27**, 2928 (1894).

sich in Wasser und Alkohol und liefert mit Silberoxyd die entsprechende quartäre, alkalisch reagierende, bitter schmeckende Base (vgl. S. 669). — Das analog aus „*p*-Methoxy-formazylbenzol“ entstehende 2.5-Diphenyl-3-methoxyphenyl-tetrazoliumchlorid konnte zum 2.5-Diphenyl-tetrazol (s. o.) abgebaut werden[1]:

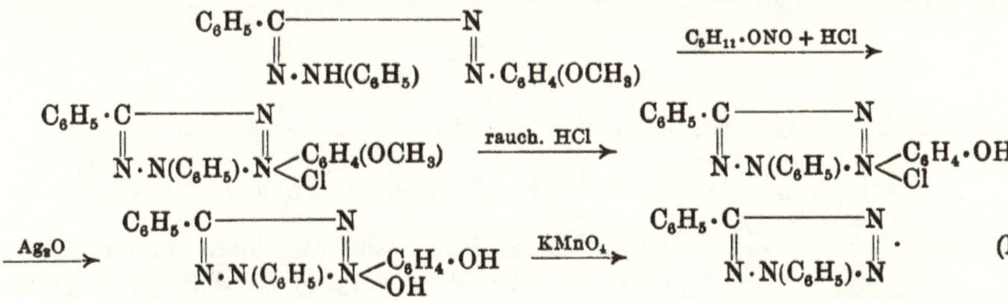

(N)

Aus Benzal-benzhydrazid-azid erhält man durch Umlagerung bei kurzem Erhitzen mit Alkohol das Benzalderivat des *N*¹-Amino-5-phenyl-tetrazols[2], aus dem beim Kochen mit Salzsäure langsam Benzaldehyd abgespalten wird:

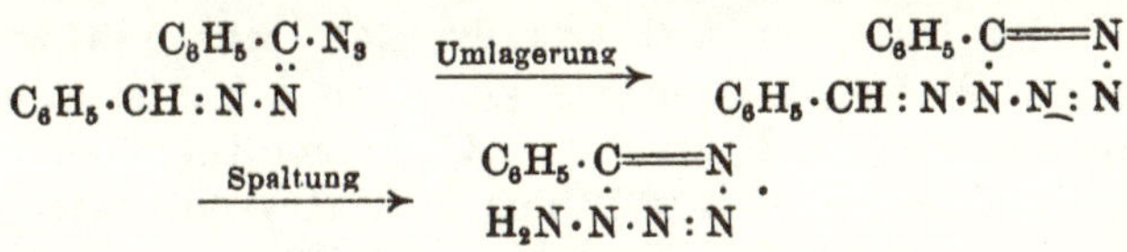

(O)

Auf die Umlagerung eines Azids (vgl. dazu S. 668) kann auch die Bildung von *N*¹-Oxy-5-phenyl-tetrazol[3] bei der Umsetzung von Benzhydroximsäurechlorid mit Stickstoffnatrium zurückgeführt werden:

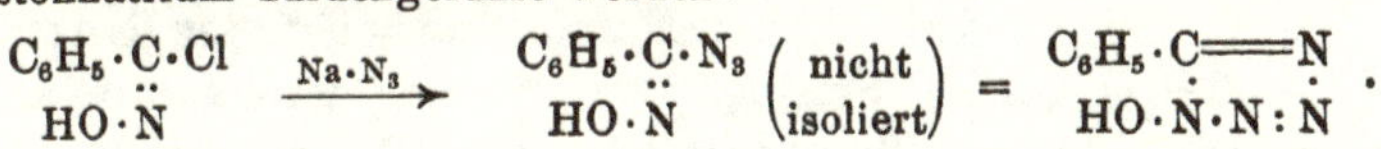

(P)

Diese Verbindung (farblose Nadeln, bei ca. 124° unter lebhafter Zersetzung schmelzend) entsteht auch durch Einwirkung von salpetriger Säure auf Benzhydrazid-oxim:

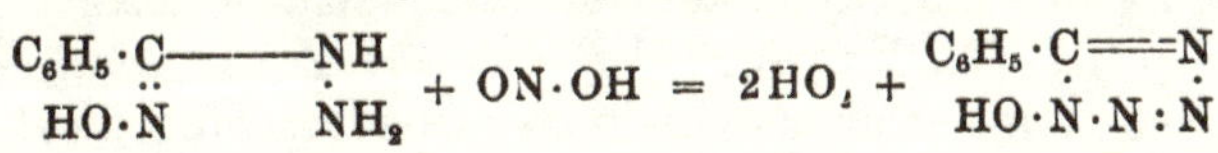

(Q)

und ist viel weniger widerstandsfähig als das Tetrazol und 5-Phenyl-tetrazol. Schon in kalten indifferenten Lösungsmitteln zersetzt sie sich häufig; durch gelindes Erwärmen mit verdünntem Alkali wird sie ziemlich glatt in Benzonitril, Stickstoff und untersalpetrige Säure zerlegt:

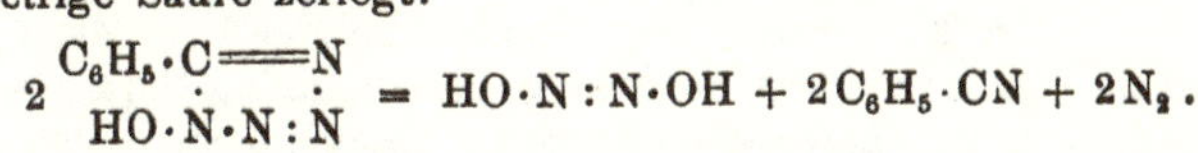

(R)

5-Brom-tetrazol[4] $Br\cdot CHN_4$ entsteht aus Bromcyan und Stickstoffwasserstoffsäure in Äther durch mehrstündiges Erhitzen auf 50—60° (analog Gleichung B auf S. 670) in schlechter Ausbeute. Es bildet farblose Krystalle, wird aber am Licht rasch gelb, schmilzt bei 147—148°, ist in Alkohol wenig, in Wasser nicht löslich und reagiert stark sauer. Wasserstoffsäuren sowie verdünnte Alkalien spalten das Brom nicht ab.

---

[1] Wedekind, B. **29**, 1846 (1896).
[2] Stollé, Helwerth, B. **47**, 1133, 1140 (1914).
[3] Forster, Soc. **95**, 186 (1909). — Wieland, B. **42**, 4201, 4203 (1909).
[4] Olivieri-Mandalà, G. **41**, I, 62 (1911).

Neben dem 5-Phenyl-tetrazol (S. 673) ist das **5-Amino-tetrazol**[1] („Amido-tetrazotsäure") der am gründlichsten untersuchte Stoff der Tetrazol-Reihe. Es entsteht aus freiem Carbamid-imid-azid (Bd. I, Tl. II, S. 1463) durch Umlagerung:

$$\begin{matrix} H_2N\cdot C\cdot N_3 \\ \ddot{N}H \end{matrix} = \begin{matrix} H_2N\cdot \ddot{C}\text{———}\ddot{N} \\ \ddot{N}\cdot NH\cdot \ddot{N} \end{matrix} . \qquad (S)$$

Diese Reaktion war das erste Beispiel für die seither so häufig beobachtete Isomerisation von Aziden der allgemeinen Formel $X\cdot C\begin{matrix}\diagup N_3 \\ \diagdown N\cdot Y\end{matrix}$ zu Tetrazol-Körpern (vgl. S. 668). Man führt sie am bequemsten derart aus, daß man das Nitrat des Carbamid-imid-azids in wäßriger Lösung mit der äquivalenten Menge Natriumacetat versetzt und aufkocht.

Amino-tetrazol scheidet sich aus Wasser mit 1 Mol. Krystallwasser in glänzenden Blättern ab, wird bei 110° wasserfrei und schmilzt bei 203° (korr.). Es löst sich mit saurer Reaktion schwer in kaltem, leicht in heißem Wasser, schwer in Alkohol; in Äther ist es nicht löslich. Sein Hydrochlorid $CH_3N_5, HCl + H_2O$ krystallisiert aus rauchender Salzsäure, gibt aber bei 95—100° mit dem Krystallwasser auch sämtliche Salzsäure ab und liefert beim Umkrystallisieren aus Wasser freies Amino-tetrazol. Während also die basischen Eigenschaften des Amino-tetrazols wenig ausgeprägt sind, wirkt es als wohlcharakterisierte einbasische Säure. So liefert es mit Natriumcarbonat das Natriumsalz $Na(CH_2N_5) + 3H_2O$ (dicke Prismen, in Wasser leicht mit alkalischer Reaktion löslich). Aus Silbernitrat-Lösung fällt es ebenso wie Chlorwasserstoffsäure das Silber vollständig aus, und der entstehende Niederschlag ist selbst in heißer Salpetersäure sehr schwer löslich. Besonders charakteristisch ist das Kupfersalz, das auf Zusatz von Kupfersulfat und Natriumacetat als grüner schleimiger Niederschlag gefällt wird.

Amino-tetrazol wird bei 160—170° von rauchender Salzsäure kaum angegriffen, bei 200—210° aber vollständig unter Bildung von Kohlendioxyd, Ammoniak, Stickstoff und Hydrazin zersetzt; die Bildung von Hydrazin hierbei ist wahrscheinlich ebenso wie diejenige des Anilins aus 5-Phenyl-tetrazol (vgl. S. 673—674) durch Wanderung der Amino-Gruppe von Kohlenstoff zu Stickstoff zu deuten. Mit 1.3-Dicarbonyl-Körpern kondensiert es sich leicht — analog dem 3-Amino-1.2.4-triazol (vgl. Gleichung S auf S. 599) — zu „hetero-kondensierten" bicyclischen Verbindungen.

Von dem Amino-tetrazol ausgehend, hat man nun eine ganze Reihe interessanter Stoffe gewinnen können, in deren Molekülen der *Tetrazol-Kern mit Ketten aus mehreren Stickstoffatomen verbunden* ist.

---

[1] Thiele, A. **270**, 12, 54 (1892). D.R.P. 65584 (Frdl. **3**, 995). — Thiele, Ingle, A. **287**, 234, 245, 249 (1895). — Baur, Ph. Ch. **23**, 411, 417 (1897). — Wedekind, B. **31**, 950 (1898). — Hantzsch, Vagt, A. **314**, 347, 352, 357, 362 (1901). — Hantzsch, Caldwell, Ph. Ch. **61**, 232 (1908). — Bülow, B. **42**, 4429 (1909). — K. A. Hofmann, Hock, B. **44**, 2949 (1911).

Über 1-Phenyl-5-anilino-tetrazol s. Busch, P. Bauer, B. **33**, 1061, 1069 (1900).

So geht das Amino-tetrazol, während es in schwach alkalischer Lösung von Permanganat fast völlig zerstört wird, bei Gegenwart von viel Alkali unter der Permanganat-Einwirkung ziemlich glatt in Salze des **5.5′-Azo-tetrazols**[1] — einer zweibasischen Säure — über. Das Natriumsalz $Na_2C_2N_{10} + 5H_2O$ krystallisiert in prachtvollen gelben Tafeln und löst sich mit neutraler Reaktion in ca. 4 Tln. kochenden Wassers; wasserfrei explodiert es beim Erhitzen oder durch geringen Stoß mit furchtbarer Heftigkeit. Das Azotetrazol selbst ist so zersetzlich, daß es nicht isoliert werden konnte; es zerfällt — in wäßriger Lösung aus dem Natriumsalz durch Mineralsäure in Freiheit gesetzt — nach wenigen Augenblicken in Tetrazolyl-hydrazin, Stickstoff und Ameisensäure. Bei dieser Reaktion entsteht als Zwischenprodukt wahrscheinlich ein isonitrilartiger Körper:

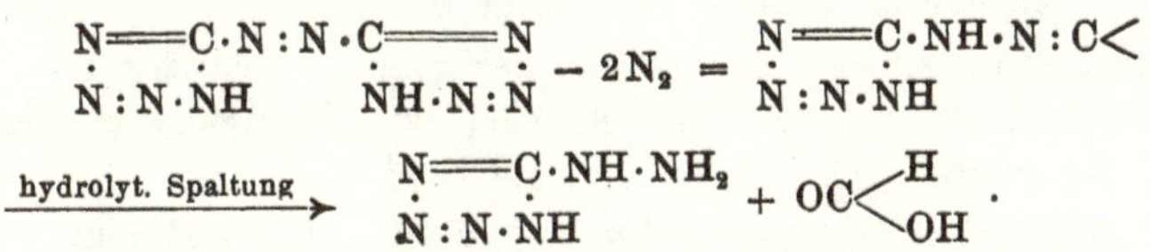

(T)

Durch Reduktion erhält man aus dem Azotetrazol-natrium das **5.5′-Hydrazo-tetrazol**[2] — ein weißes, in organischen Lösungsmitteln unlösliches, in kochendem Wasser sehr schwer lösliches Pulver. In Ammoniak und Alkalien löst es sich zu farblosen Salzen, die an der Luft sehr schnell in die Salze des Azotetrazols übergehen. Von konzentrierter Salzsäure wird es ziemlich leicht und ohne Veränderung aufgenommen (vgl. dazu S. 601 Hydrazo-triazole). Von Brom in Bromwasserstoff wird es zunächst in Dibromformal-tetrazolyl-hydrazin, dann in Isocyan-tetrabromid (Bd. I, Tl. II, S. 1460) verwandelt:

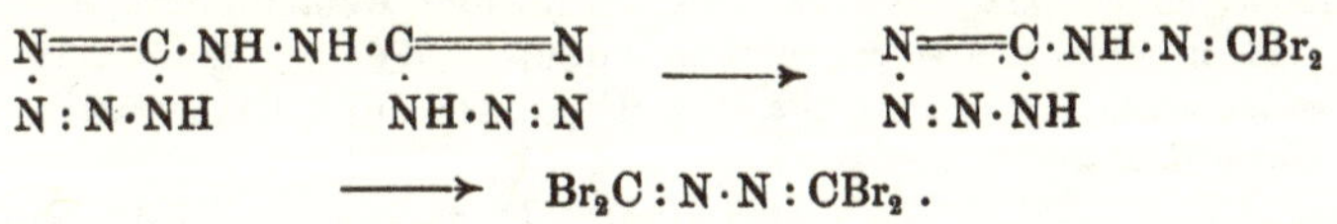

(U)

Wenn man das Amino-tetrazol mit Natriumnitrit und Salzsäure bei 0° behandelt, erhält man eine Lösung, welche die Eigenschaften einer **Tetrazol-diazonium**[3]-Lösung zeigt. Denn sie kuppelt sofort mit β-Naphthol (auch mit Dimethylanilin, β-Naphthylamin und Acetessigester) und liefert durch Reduktion mit Zinnchlorür und Salzsäure bei 0° Tetrazolyl-hydrazin und Tetrazol. Der darin enthaltene Diazokörper ist so zersetzlich, daß selbst die wäßrige Lösung, wenn sie einigermaßen konzentriert ist, schon bei 0° nach wenigen Augenblicken ziemlich heftig explodiert; verdünntere Lösungen explodieren nicht und zersetzen sich beim Kochen der Hauptreaktion nach in Stickstoff und Dicyan. — Der Diazokörper ist ferner durch die auffallende Leichtig-

[1] Thiele, A. **303**, 57 (1898). [2] Thiele, A. **303**, 66 (1898).

[3] Thiele, A. **270**, 13, 60 (1892). — Thiele, Marais, A. **273**, 144 (1893). — Thiele, Ingle, A. **287**, 243 (1895). — Bülow, B. **42**, 4432, 4436 (1909). — K. A. Hofmann, Hock, R. Roth, B. **43**, 1091 (1910).

keit interessant, mit der er zu einem Isodiazokörper isomerisiert wird. Sobald man seine Lösung alkalisch gemacht hat, ist das Kuppelungsvermögen verschwunden, wird aber sofort beim Ansäuern wieder hergestellt. Das Isodiazo-tetrazol ist als Alkalisalz so beständig, daß seine alkalische Lösung (bei Ausschluß von Kohlensänre) stundenlang gekocht werden kann. Sein Natriumsalz $NaO \cdot N_2 \cdot CN_4Na$ bildet weiße Nädelchen (aus Wasser durch Alkohol gefällt), löst sich mit stark alkalischer Reaktion sehr leicht in Wasser und verpufft beim Erhitzen nur schwach; durch Erwärmen mit Alkohol unter Einleiten von Kohlendioxyd liefert es Tetrazol-natrium (S. 671).

Das **Tetrazolyl-hydrazin**[1] (5-Hydrazino-tetrazol), dessen Bildung aus Hydrazo-tetrazol und Diazo-tetrazol S. 677 erwähnt wurde, schmilzt unter Zersetzung bei 199°, ist in kaltem Wasser schwer löslich, sehr oxydierbar, reagiert stark sauer, bildet aber auch mit Säuren ziemlich beständige Salze.

Behandelt man Amino-tetrazol in essigsaurer Lösung mit Natriumnitrit bei Gegenwart von Natriumacetat, so gelangt man zum **5.5'-Diazoamino-tetrazol**[2] $HN_4C \cdot N:N \cdot NH \cdot CN_4H$ — einer fast farblosen Verbindung, welche als dreibasische Säure fungiert und sich mit Alkali in Gegenwart von Phenolphthalein glatt zu ihrem sekundären Natriumsalz titrieren läßt. Die freie Säure, wie ihre Salze sind bei gewöhnlicher Temperatur monatelang beständig; über 250° erhitzt, zerfallen sie mit sehr kräftiger Explosion.

Aus dem Tetrazolyl-hydrazin (s. o.) entsteht durch Natriumnitrit in salzsaurer Lösung das **5-Azido-tetrazol**[3] (Diazo-tetrazolimid) $CHN_7 = N_3 \cdot CN_4H$. Dieser stickstoffreichste aller organischen Körper krystallisiert aus Benzol in prächtigen weißen Nadeln, explodiert aber bei der geringsten Reibung mit so ungeheurer Heftigkeit, daß er nicht analysiert werden konnte. Weniger gefährlich und daher analysierbar ist sein Ammoniaksalz CHN_7, NH_3; das Silbersalz explodiert selbst in nassem Zustand.

Durch Kombination von diazotiertem Amino-tetrazol (S. 677) mit Hydrazin-Derivaten sind die folgenden **Tetrazolyl-Derivate des Tetrazens**[4] dargestellt worden:

Diazotetrazol-semicarbazid $HN_4C \cdot N:N \cdot NH \cdot NH \cdot CO \cdot NH_2 + 1H_2O$,

Diazotetrazol-aminoguanidin $HN_4C \cdot N:N \cdot NH \cdot NH \cdot C(NH_2):NH + 1H_2O$,

Diazotetrazol-phenylhydrazid $HN_4C \cdot N:N \cdot N(NH_2) \cdot C_6H_5$,

Diazotetrazol-benzalamino-guanidin $HN_4C \cdot N:N \cdot N(N:CH \cdot C_6H_5) \cdot C(NH_2):NH$.

---

[1] THIELE, MARAIS, A. **273**, 155 (1893). — THIELE, INGLE, A. **287**, 235 (1895). — THIELE, A. **303**, 62 (1898). — K. A. HOFMANN, HOCK, KIRMREUTHER, A. **380**, 136 (1911).

[2] K. A. HOFMANN, HOCK, B. **43**, 1866 (1910); **44**, 2955 (1911).

[3] THIELE, INGLE, A. **287**, 238 (1895).

[4] K. A. HOFMANN, HOCK, B. **44**, 2946 (1911).

In den Molekülen dieser Verbindungen finden wir außer der Vierstickstoff-Kette, die im Tetrazol-Kern durch ein Kohlenstoffatom ringförmig geschlossen ist, noch eine zweite offene Vierstickstoff-Kette. Angesichts solcher Häufung von Stickstoffatomen erscheint es höchst bemerkenswert, daß sie bei hoher Sommertemperatur als monatelang haltbar befunden wurden (vgl. über ein ähnlich beständiges Tetrazen-Derivat Bd. I, Tl. II, S. 1466—1467).

In dem **Bis-diazotetrazol-hydrazid**[1]:

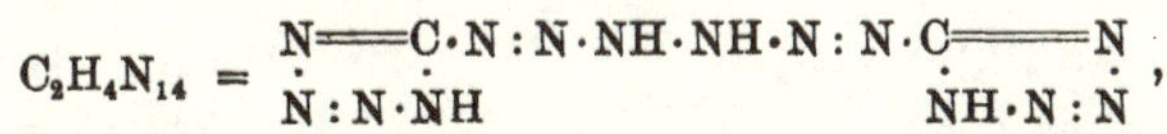

das man aus diazotiertem Amino-tetrazol und salzsaurem Hydrazin bei Gegenwart von Natriumacetat in Krystallflitterchen erhält, trägt gar eine Kette von sechs Stickstoffatomen beiderseits je einen Tetrazol-Kern. Auch dieser Stoff ist im Exsiccator bei 25° monatelang vollkommen beständig; aber beim Drücken mit einem Glasstab oder Erhitzen auf 90° explodiert er mit hellem Knall und furchtbarer Heftigkeit.

Zum **5-Oxy-tetrazol**[2] (bzw. 5-Oxo-tetrazol-dihydrid, Tetrazolon) führt folgender, vom Thiosemicarbazid (Bd. I, Tl. II, S. 1456) ausgehender Weg:

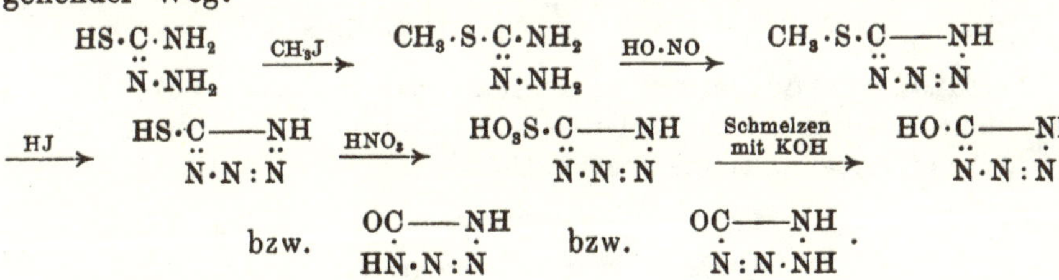

(V)

Die Ausführbarkeit der letzten Phase — Kalischmelze der Tetrazolsulfonsäure — zeigt ebenso wie die S. 677—678 besprochenen Umwandlungen des Amino-tetrazols, daß der Tetrazol-Kern benzolähnlichen Charakter besitzt. Das Oxy-tetrazol schmilzt bei ca. 250°, ist in Wasser löslich und gibt mit Silbernitrat ein weißes Salz $Ag_2(CON_4)$, das gegen Stoß und Schlag unempfindlich ist, beim Erwärmen aber lebhaft explodiert.

Interessant ist die Bildung von „2.3-Diphenyl-5-oxy-tetrazolium-betain"[3] durch Kochen von Nitro-formazyl mit Eisessig unter Zusatz von Amylnitrit:

---

[1] K. A. Hofmann, Hock, B. **44**, 2953 (1911).

[2] M. Freund, Paradies, B. **34**, 3119 (1901).

Über 1-Phenyl-5-oxy-tetrazol s.: M. Freund, H. Hempel, B. **28**, 80 (1895). — Dimroth, de Montmollin, B. **43**, 2910 (1910).

[3] Bamberger, C. **1898**, II, 1050. B. **44**, 3711 (1911). — Cazeneuve, Bl. [3] **25**, 377 (1901).

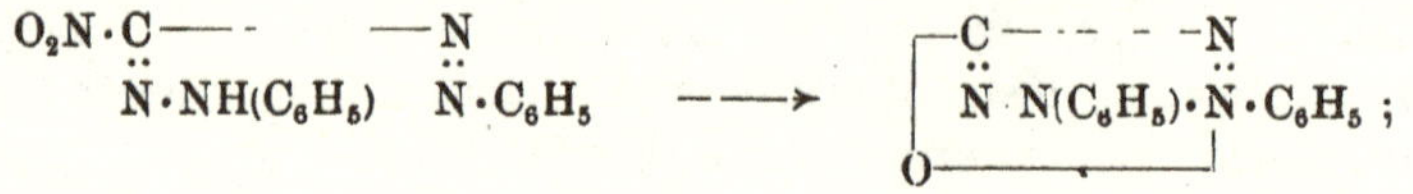 (Va)

die Reaktion beruht auf einem Austausch von NO_2 gegen OH, darauffolgender Oxydation analog A (S. 669) zu Diphenyl-oxy-tetrazoliumhydroxyd und dessen Anhydrisierung. Die farblose, bei 178° detonierende Verbindung gibt in Lösung mit wenig Ammoniumsulfid tiefe Rotfärbung, während mehr Ammoniumsulfid Entfärbung bewirkt:

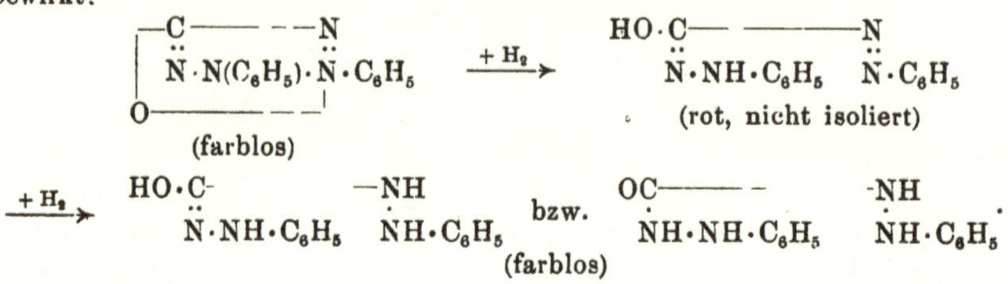 (Vb)

Das Endprodukt dieser Reduktion — Diphenyl-carbazid — kann durch Oxydation wieder in das Diphenyl-oxy-tetrazoliumbetain zurückgeführt werden.

5-Mercapto-tetrazol[1], dessen Bildung und Oxydation S. 679 in Formelreihe V erläutert ist, krystallisiert in weißen Nadeln, schmilzt bei 205° unter Zersetzung und löst sich leicht in Wasser. — 1-Phenyl-5-mercapto-tetrazol[2] entsteht aus Phenyl-thiocarbamidsäure-azid durch Umlagerung beim Erhitzen mit warmer Natronlauge:

 (W)

Tetrazol-5-carbonsäure[3] erhält man analog Gleichung B (S. 670) in Form ihres Nitrils durch Einleiten von Dicyan in eine wäßrige Lösung von Stickstoffwasserstoffsäure (neben Ditetrazolyl, s. S. 681):

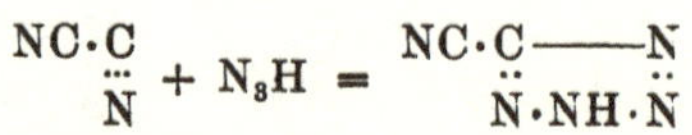 (X)

in Form ihres Äthylesters durch mehrtägiges Erhitzen von Cyanameisensäureester mit Stickstoffwasserstoff (in Äther) auf 50°. Aus dem Nitril kann man durch Verseifung Salze (z. B. $Na_2C_2O_2N_4$) bereiten, die aber bei der Zersetzung mit Mineralsäuren nicht die freie Säure liefern, da diese sehr unbeständig ist und sofort in Kohlendioxyd und Tetrazol zerfällt.

Die 2-Phenyl-tetrazol-5-carbonsäure[4] — vgl. die Bildung ihres Nitrils

[1] M. Freund, Paradies, B. **34**, 3118 (1901).

[2] M. Freund, H. Hempel, B. **28**, 78 (1895). — Oliveri-Mandalà, Noto, G. **43**, I, 314 (1913). — Oliveri-Mandalà, G. **44**, I, 670 (1914).

[3] Vgl.: Oliveri-Mandalà, G. **41**, I, 60 (1911); **45**, I, 305 (1915). — Oliveri-Mandalà, Passalacqua, G. **41**, II, 430 (1911); **43**, II, 471 (1913). — Lifschitz, B. **48**, 415 (1915); **49**, 489 (1916). — Curtius, Darapsky, E. Müller, B. **48**, 1624 (1915).

[4] Vgl.: Bladin, B. **18**, 1549, 2907 (1885); **22**, 1755 (1889); **25**, 178 Anm., 1411 (1892). — Wedekind, B. **31**, 943, 947 (1898). — Dimroth, Dienstbach, B. **41**, 4057, 4066 (1908). — Dimroth, Merzbacher, B. **43**, 2904 (1910).

in Formelreihe G auf S. 672 — ist in freiem Zustand isolierbar und verliert erst gegen 150° Kohlendioxyd. Über ihre eigentümliche Bildung aus 1-Phenyl-4-isonitroso-1.2.3-triazolon-(5) s. S. 571 (Gleichung U).

Durch Oxydation von Formazyl-ameisensäure in saurer Lösung gelangt man analog Gleichung A auf S. 669 zu schwer löslichen Salzen der 2.3-Diphenyltetrazoliumhydroxyd-carbonsäure[1], die beim Kochen mit Wasser in deren betainartiges Anhydrid (Schmelzp. 161°, etwas löslich in heißem Wasser, sehr schwer in Alkohol usw.) übergehen:

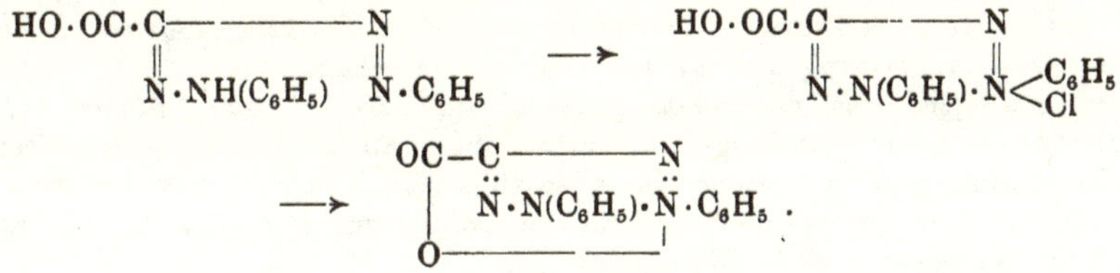

(Y)

Durch weitere Einwirkung von Stickstoffwasserstoffsäure auf das 5-Cyan-tetrazol, daher auch bei dessen Darstellung nach X (S. 680) als Nebenprodukt erhält man das **5.5'-Ditetrazolyl**[2] („Bis-tetrazolyl"):

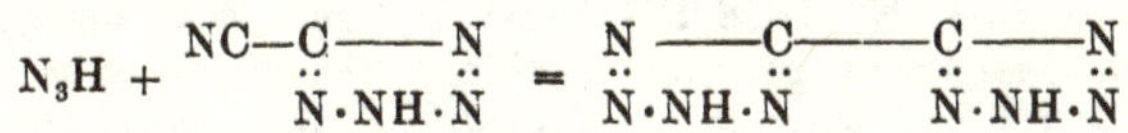

(Z)

— eine Verbindung, die *zwei Tetrazol-Kerne carbodiphenyloid miteinander verkettet* enthält. Es krystallisiert aus wenig Wasser in Prismen, schmilzt bei 254—255° unter Zersetzung; sein Silbersalz ist sehr explosiv. Das Ditetrazolyl wird von kalten Alkalien und Säuren nicht angegriffen, von warmer konzentrierter Schwefelsäure nach der Gleichung:

$$C_2H_2N_8 + 2\,H_2O + O_2 = 3\,N_2 + 2\,CO_2 + 2\,NH_3$$

oxydativ und hydrolytisch gespalten.

Als Beispiele von Stoffen, in deren Molekülen *ein Tetrazol-Kern mit einem anderen heterocyclischen System carbodiphenyloid* bzw. *carbazidiphenyloid verbunden* ist, seien genannt:

5-Furyl-tetrazol[3] 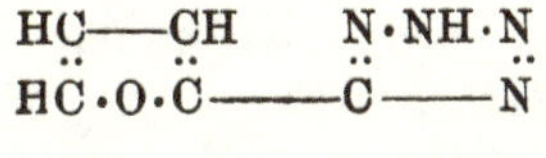

und

1-Tetrazolyl-3-methyl-pyrazolon-(5)[4] 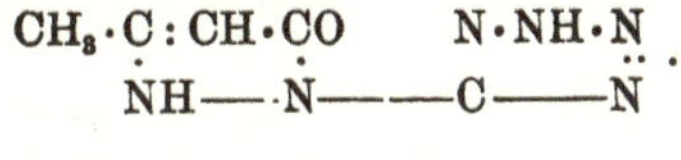

---

[1] v. PECHMANN, RUNGE, B. **27**, 2924 (1894).

[2] OLIVERI-MANDALÀ, PASSALACQUA, G. **43**, II, 465, 468 (1913). — OLIVERI-MANDALÀ, G. **44**, II, 175 (1914). — CURTIUS, DARAPSKY, E. MÜLLER, B. **48**, 1616, 1625 (1915). Über das 1.1'-Dioxy-Derivat s. WIELAND, B. **42**, 4201, 4205 (1909).

[3] PINNER, N. CARO, B. **28**, 467 (1895).

[4] THIELE, MARAIS, A. **273**, 159 (1893).

II. Weitere fünfgliedrige Systeme mit vier Hetero-Atomen.

Wie bereits Bd. I, Tl. I, S. 630 erwähnt worden ist, hat man für die Säureazide die Formulierung nach Schema VIII (s. u.) in Betracht gezogen. Sie würden

VIII) 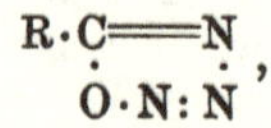 IX) 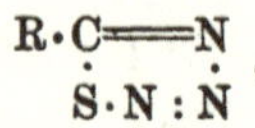 X) 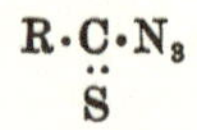

danach einen Ring mit *einem Sauerstoff und drei Stickstoff-Atomen* enthalten. Doch hat diese Auffassung sich keinen Eingang verschafft.

Den analogen Ring mit *einem Schwefel- und drei Stickstoff-Atomen* (IX) — Triazsulfol — nahm man in einigen Verbindungen an, die aus Thiosemicarbaziden durch Einwirkung von salpetriger Säure entstehen[1]. Neuerdings ist indessen sehr wahrscheinlich gemacht worden[2], daß diese Formulierung unrichtig ist, daß es sich vielmehr um Thionsäure-azide (X) handelt.

So bleibt hier nur von zwei Verbindungen[3] zu berichten übrig, deren Moleküle wahrscheinlich *zwei Schwefel- und zwei Stickstoff-Atome* als Glieder eines Fünfrings enthalten:

XI) 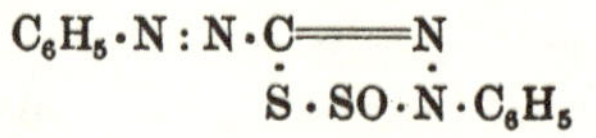 und XII) 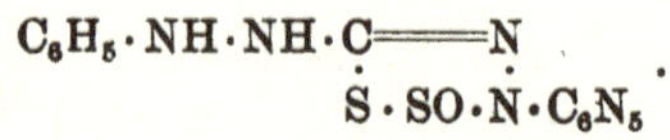

Diejenige der Formel XI entsteht durch Einwirkung von Thionylchlorid auf Diphenyl-thiocarbazon $C_6H_5 \cdot N:N \cdot CS \cdot NH \cdot NH \cdot C_6H_5$ und kann demgemäß **Thionyl-diphenyl-pseudothiocarbazon** genannt werden. Sie stellt gelbe Krystalle dar, schmilzt bei 144—145° und wird durch alkoholisches Kali leicht unter Rückbildung von Diphenylthiocarbazon gespalten. Durch vorsichtige Behandlung mit alkoholischem Schwefelammonium liefert sie den ihr entsprechenden, farblosen, bei 162° schmelzenden Hydrazokörper (XII).

Sechsundzwanzigstes Kapitel.

Rückblick auf die fünfgliedrig-heterocyclischen Systeme.

Die Kapitel 3—25 (S. 45—682) waren den fünfgliedrig-heterocyclischen Systemen gewidmet. Sehen wir ab von solchen Kombinationen, bei denen ein „aromatischer“ Sättigungszustand (vgl. dazu S. 9 sub **b**, S. 10ff.) sich nicht einstellen kann, wie:

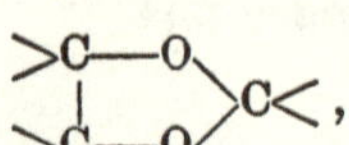

[1] M. Freund, H. P. Schwarz, B. **29**, 2491 (1896). — M. Freund, Schander, B. **29**, 2500 (1896).

[2] Oliveri-Mandalà, G. **44**, I, 670 (1914).

[3] M. Freund, Wischewiansky, B. **26**, 2495 (1893).

so bleiben die folgenden 26 Stammformen übrig, bei welchen die Bedingung, daß jedes Kohlenstoffatom nur ein Wasserstoffatom trägt, erfüllt ist, und bei welchen sich Sauerstoff-, Schwefel-, Selen-, Stickstoff-Atome oder Imidgruppen (NH) zu den CH-Ringgliedern als Heteroglieder gesellen:

1.* Furan, 2.* Thiophen, 3. Selenophen, 4.* Pyrrol;

5.* Pyrazol, 6.* Imidazol, 7.* Isoxazol, 8. Oxazol, 9. Isothiazol, 10. Isoselenazol, 11.* Thiazol, 12. Selenazol;

13.* 1.2.3-Triazol, 14.* 1.2.4-Triazol, 15. Furo-[a b]-diazol, 16. Furazan (Furo-[a a_1]-diazol), 17. Furo-[a b_1]-diazol, 18. Furo-[b b_1]-diazol, 19.* Thio-[a b]-diazol, 20. Thio-[a a_1]-diazol, 21. Seleno-[a a_1]-diazol, 22. Thio-[a b_1]-diazol, 23. Seleno-[a b_1]-diazol, 24. Thio-[b b_1]-diazol, 25. Seleno-[b b_1]-diazol;

26.* Tetrazol.

Von diesen Stammformen leiten sich Verbindungsgruppen ab, die in einigen Fällen durch eine außerordentlich eingehende Bearbeitung sehr zahlreich geworden sind, während in anderen Fällen erst eine kleine Zahl von Vertretern bekannt geworden sind.

Die Stammkörper selbst sind in den 11 Fällen mit Sicherheit bekannt, die in der obigen Zusammenstellung mit einem Sternchen versehen sind.

Betreffs Nr. 3 (Selenophen) vgl. S. 145.

In den Fällen Nr. 8, 12, 15, 16, 17, 18, 22, 23, 24 und 25 sind Homologe der Stammkörper oder andere einkernige bzw. mehrkernig-nichtkondensierte Abkömmlinge bekannt.

In den Fällen Nr. 9, 10, 20 und 21 kennt man mit Sicherheit bisher nur mehrkernig-kondensierte Abkömmlinge.

Nur zwei von diesen Verbindungsgruppen sind reich an Stoffen, welche der Lebensprozeß hervorbringt: diejenigen des Pyrrols (vgl. S. 146—147, 167, 192, 196, 199—200, 203—204, 211, 214—215, 223, 231, 244, 247—249, 273—275, 280ff., 312—313) und des Imidazols (vgl. S. 451—452, 458—459, 469—473, 476—477). Vereinzelt treten in der Furan-Gruppe natürlich gebildete Stoffe auf (vgl. S. 81, 101). Alle übrigen Verbindungsgruppen setzen sich ausschließlich aus Stoffen zusammen, welche künstlich herbeigeführten Vorgängen ihre Entstehung verdanken.

Bilden sich die Stammkörper bzw. ihre Abkömmlinge häufig in pyrochemischen Vorgängen, so darf man schließen, daß ihr Ringsystem eine bei höheren Temperaturen besonders bevorzugte Atomgruppierung darstellt. Dies gilt für die Fälle des Furans (vgl. S. 50—51, 53, 57, 62, 63, 64, 73, 86, 90, 105), Thiophens (vgl. S. 110, 115, 119, 129, 144) und Pyrrols (vgl. S. 146, 156, 161, 221, 335, 342), also für die Ringe mit einem Hetero-Atom.

Als eine reizvolle und wichtige Aufgabe muß der Vergleich der verschiedenen Ringsysteme miteinander in Bezug auf den Einfluß, den sie auf das physikalische und chemische Verhalten ihrer Abkömmlinge ausüben, erscheinen. Untersuchungen, welche dieses Ziel systematisch an einem umfassenden Material verfolgen, liegen indes bisher nicht vor[1]. Man stößt daher einstweilen bei dem Versuch, einen solchen Vergleich auf Grund der vorhandenen Beobachtungen zu ziehen, auf viele Lücken.

Dies zeigt sich schon bei der Betrachtung der Tabellen Nr. 6 und 7 (S. 685—686), welche nur die bei chemischen Untersuchungen gangbarsten physikalischen Konstanten — Schmelzpunkt, Siedepunkt und spezifisches Gewicht — zusammengestellt enthalten. Um die Lücken teilweise auszufüllen, sind in ihnen außer den wirklich beobachteten (nicht eingeklammerten) Zahlen noch in eckigen Klammern einige Werte angegeben, welche sich nicht auf direkte Beobachtungen stützen, sondern nach den Konstanten strukturell nahestehender Verbindungen (Homologe, N-Alkyl-Derivate) unter Berücksichtigung von häufig bestätigten Regelmäßigkeiten geschätzt sind. Die Tabelle Nr. 6 enthält die Zahlen für einkernige Stammkörper, Nr. 7 für die naphthalinartig aus einem Benzol-Kern und einem heterocyclischen System kondensierten Stammkörper.

Bezüglich des Siedepunktes läßt sich sagen, daß der Ersatz von Sauerstoff durch Schwefel als Ringglied stets eine beträchtliche Erhöhung bewirkt (um 25—50°); dies entspricht der Erfahrung, die sich bei den acyclischen Verbindungen ergibt, wenn man Äther mit Sulfiden vergleicht. Während aber bei offenen Ketten die Verbindung, welche Imid an Stelle von Schwefel enthält, leichter flüchtig ist, zieht Ersatz von Schwefel durch Imid als Ringglied geringere Flüchtigkeit nach sich. In der acyclischen Reihe[2] besitzt also die schwefelhaltige Verbindung den höchsten Siedepunkt, in der cyclischen dagegen die imidhaltige:

Diäthyläther	: 35°,	Diäthyl-sulfid	: 92°,	Diäthylamin	: 56°;
Furan	: 32°,	Thiophen	: 84°,	Pyrrol	: 130°;
Cumaron	: 174°,	Thionaphthen	: 222°,	Indol	: 253°.

— Sehr charakteristisch ist ferner die Verschiedenheit des Einflusses auf die Flüchtigkeit, welchen der Ersatz eines CH< Gliedes in einem stickstoffhaltigen Ring durch Stickstoff ausübt, je nachdem dieser Ersatz das Nachbarglied des schon vorhandenen Stickstoffs betrifft oder ein nicht direkt mit letzterem verbundenes Ringglied. In beiden Fällen

[1] Für das spektrochemische Verhalten hat Brühl (B. 40, 1157 [1907]. Ph. Ch. 79, 38, 481 [1912]) einen Anfang gemacht; vgl. dazu: Eisenlohr, B. 44, 3204 (1911). — Auwers, B. 44, 3687 (1911). A. 408, 255 (1915).

[2] Sind O, S bzw. NH acyclisch einerseits oder beiderseits an ein isocyclisches Radikal gebunden, so bewirken S und NH gegenüber O annähernd die gleiche Verminderung der Flüchtigkeit:

Methyl-phenyl-äther	: 154°,	Methyl-phenyl-sulfid	: 188°,	Methyl-phenyl-amin	: 193°;
Diphenyl-äther	: 252°,	Diphenyl-sulfid	: 294°,	Diphenyl-amin	: 302°.

Tabelle Nr. 6.

Name	Formel	Schmelzp.	Siedep.	Spez. Gew.
Furan (S. 49)	HC——CH HC·O·CH	—	+32°	0·937 (20°)
Thiophen (S. 115)	HC——CH HC·S·CH	—	84°	1·066 (20°)
Pyrrol (S. 156)	HC——CH HC·NH·CH	—	130°	0·948 (20°)
Pyrazol (S. 360)	HC——CH HC·NH·N	+70°	185°	[ca. 1·03]
Imidazol (S. 442)	HC——N HC·NH·CH	+90°	256°	[ca. 1·06]
Isoxazol (S. 503)	HC——CH HC·O·N	—	95°	1·084 (14°)
[Oxazol]	HC——N HC·O·CH	—	[ca. 90°]	—
Thiazol (S. 536)	HC——N HC·S·CH	—	117°	1·198 (17°)
1.2.3-Triazol (S. 565) . . .	HC——N HC·NH·N	+23°	203°	1·186 (25°)
1.2.4-Triazol (S. 594) . . .	N——CH HC·NH·N	120—121°	260°	[ca. 1·13]
[Furazan]	HC——CH N·O·N	—	[ca. 125°]	[ca. 1·06]
[Furo-[b b$_1$]-diazol]	N——N HC·O·CH	—	[ca. 145°]	—
Vinylen-diazosulfid (S. 653)	HC——N HC·S·N	—	157°	1·320 (0°)
[Thio-[b b$_1$]-diazol]	N——N HC·S·CH	—	[ca. 170°]	—
Tetrazol (S. 670)	N——N HC·NH·N	155°	—	—

Tabelle Nr. 7.

Name	Formel	Schmelzp.	Siedep.	Spez. Gew.
Cumaron (S. 88)	$C_4H_4\left\langle\begin{matrix}\text{C—CH}\\ \text{C·O·CH}\end{matrix}\right.$	unterhalb −18°	174°	1·094 (20°)
Thionaphthen (S. 134) . .	$C_4H_4\left\langle\begin{matrix}\text{C—CH}\\ \text{C·S·CH}\end{matrix}\right.$	+32°	222°	1·165 (20°)
Indol (S. 220)	$C_4H_4\left\langle\begin{matrix}\text{C——CH}\\ \text{C·NH·CH}\end{matrix}\right.$	+52·5°	253°	[ca. 1·0]
Indazol (S. 428)	$C_4H_4\left\langle\begin{matrix}\text{C——CH}\\ \text{C·NH·N}\end{matrix}\right.$	146·5°	270°	—
Benzimidazol (S. 492) . .	$C_4H_4\left\langle\begin{matrix}\text{C——N}\\ \text{C·NH·CH}\end{matrix}\right.$	170°	über 300°	—
α,β-Benzisoxazol (S. 513) .	$C_4H_4\left\langle\begin{matrix}\text{C—CH}\\ \text{C·O·N}\end{matrix}\right.$	—	ca. 100° (26 mm)	1·175 (15°)
β,γ-Benzisoxazol (S. 513) .	$C_4H_4\left\langle\begin{matrix}\text{C·CH}\\ \text{C·N—}\end{matrix}\right\rangle\text{O}$	unterhalb −18°	ca. 215°	1·183 (20°)
Benzoxazol (S. 528) . . .	$C_4H_4\left\langle\begin{matrix}\text{C—N}\\ \text{C O·CH}\end{matrix}\right.$	+30·5°	183°	[ca. 1·14]
β,γ-Benzisothiazol (S. 533)	$C_4H_4\left\langle\begin{matrix}\text{C·CH}\\ \text{C·N—}\end{matrix}\right\rangle\text{S}$	—	242°	1·252 (16°)
Benzothiazol (S. 551) . .	$C_4H_4\left\langle\begin{matrix}\text{C—N}\\ \text{C·S·CH}\end{matrix}\right.$	—	230°	>1·0
Benzo-1.2.3-triazol (S. 585)	$C_4H_4\left\langle\begin{matrix}\text{C——N}\\ \text{C·NH·N}\end{matrix}\right.$	99—100°	[ca. 300°]	—
Benzo-furazan (S. 630) . .	$C_4H_4\left\langle\begin{matrix}\text{C : N}\\ \text{C : N}\end{matrix}\right\rangle\text{O}$	55°	—	—
Phenylen-diazosulfid (S. 655)	$C_4H_4\left\langle\begin{matrix}\text{C—N}\\ \text{C·S·N}\end{matrix}\right.$	35°	129° (10 mm)	—
Benzo-piazthiol (S. 656) .	$C_4H_4\left\langle\begin{matrix}\text{C N}\\ \text{C : N}\end{matrix}\right\rangle\text{S}$	44°	206°	—
Benzo-piaselenol (S. 656) .	$C_4H_4\left\langle\begin{matrix}\text{C : N}\\ \text{C : N}\end{matrix}\right\rangle\text{Se}$	76°	—	—

erfolgt Erhöhung des Siedepunktes, im letzteren aber eine sehr viel stärkere (vgl. S. 443, 595):

Pyrrol : 130°,	Pyrazol : 185°,	Imidazol : 256°,
Pyrazol : 185°,	1.2.3-Triazol : 203°,	1.2.4-Triazol : 260°,
Indol : 253°,	Indazol : 270°,	Benzimidazol : über 300°.

Aus den über das spezifische Gewicht vorliegenden Zahlen läßt sich nur hervorheben, daß Schwefel als Ringglied (ebenso wie in offenen Ketten) im Vergleich zu O und NH eine beträchtliche Erhöhung der Dichte bedingt.

Von sonstigen physikalischen Eigenschaften möge noch die Löslichkeit in kaltem Wasser besprochen werden. Die einkernigen Stammkörper mit einem Hetero-Atom (Furan, Thiophen, Pyrrol) sind wenig löslich. Die einkernigen Stammkörper mit mehreren Hetero-Atomen (Pyrazol, Imidazol, Isoxazol, Oxazol, Thiazol, die beiden Triazole, Furo-[bb_1]-diazol, Vinylen-diazosulfid, Thio-[bb_1]-diazol, Tetrazol) sind dagegen leicht löslich, zum Teil mischbar mit Wasser; eine Ausnahme bildet nur das Furazan,, für das man auf Grund der Beobachtung am Dimethyl-furazan (S. 627) geringe Löslichkeit annehmen muß. Die bicyclischen „Benzo"-Stammkörper (Cumaron, Thionaphthen usw.) sind sämtlich in kaltem Wasser kaum löslich.

Bei der vergleichenden Betrachtung des *chemischen Verhaltens* wird zunächst die Frage interessieren:

Welchen Einfluß üben die Hetero-Glieder auf den Charakter als Base oder Säure?

Daß Stammkörper, die nur Sauerstoff oder Schwefel in zweiwertigem Zustand neben CH<Gruppen als Ringglieder enthalten (Furan, Thiophen), ähnlich den Kohlenwasserstoffen indifferente Stoffe sind, entspricht der Erwartung, zu welcher der Charakter von acyclischen Äthern und Sulfiden berechtigt. Unerwartet aber ist, daß eine Imid-Gruppe als Ringglied eines Ringsystems von aromatischem Sättigungszustand nur geringe Neigung zur Fixierung von Säuren bedingt (vgl. S. 151, 154 über Pyrrol, S. 226 *N*-Methyl-indol). Denn die Fähigkeit, mit Mineralsäuren zu wasserbeständigen Salzen zusammenzutreten, finden wir bei fünfgliedrig-heterocyclischen Stammkörpern niedrigster Sättigungsstufe[1] nur in einigen Fällen, wo tertiärer Stickstoff als Ringglied zwischen 2 CH<Gliedern steht (vgl. Imidazol, S. 441, Benzimidazol S. 486, 492, Benzothiazol S. 551). Allgemein tritt dagegen bei den Stammkörpern von aromatischem Sättigungsgrad, welche Imid als Ringglied enthalten, die Eigenschaft hervor, ein Kern-Wasserstoffatom leicht gegen Metallatome austauschen zu lassen (vgl. S. 151, 158, 225, 362, 441, 565—566, 583, 595, 669). Dieser Säure-Charakter wird noch deutlicher, wenn an die Imid-Gruppe tertiäre Stickstoffatome als Ringglieder gebunden sind (vgl. S. 583), und steigert sich beim Tetrazol derart, daß dieser Stoff gleich echten Säuren Lackmus rötet (S. 671).

In der Widerstandsfähigkeit der Ringsysteme gegen chemische Eingriffe finden wir bei einem und demselben System mehrfach erhebliche Unterschiede je nach der Art des chemischen Agens.

---

[1] In „alicyclischer" Form gebunden (vgl. S. 8) bedingen sowohl sekundärer wie tertiärer Stickstoff ausgeprägte Basizität; vgl. z. B.: Pyrroline und Pyrrolidine (S. 171 ff.), Dimethyl-pyrazolidin (S. 368), 2-Phenyl-oxazolin (S. 525).

So erweist sich gegen **Alkalien** als besonders empfindlich das Isoxazol-System, sofern nicht an den neben seinen Hetero-Gliedern befindlichen CH<Gruppen Substitution erfolgt ist (vgl. S. 502, 513—514, 516). Sodann wurden die Ringe des Furo-[a b]-diazols (vgl. S. 624), Furo-[a a_1]-diazols (vgl. S. 627), Furo-[b b_1]-diazols (vgl. S. 646), Thio-[a b]-diazols (vgl. S. 653) und Tetrazols (vgl. 1-Methyl-tetrazol S. 671) im allgemeinen als wenig beständig gegen Alkali befunden; doch können einige dieser Systeme durch Substitution oder Kondensation auch sehr widerstandsfähig gegen alkalische Agenzien werden (vgl. Benzo-furazan S. 630, Arylen-diazosulfide S. 654—655, 5-Phenyl-tetrazol S. 673). Die übrigen Ringsysteme (Furan, Thiophen, Pyrrol usw.) werden von Alkalien, wenn diese nicht bei sehr hohen Temperaturen zur Anwendung kommen, nicht gespalten, vertragen zum Teil sogar Schmelzen mit Kali (vgl. S. 189 die Überführung von Pyrrol-Homologen in Pyrrol-carbonsäuren).

Die Alkalibeständigkeit ist indessen auch bei den sonst alkalistabilen Ringsystemen solchen Derivaten nicht eigen, welche sich durch Eintritt von OH (oder NH_2) an einem heterovicinalen CH<Glied ableiten. Derartige Verbindungen sind ja die desmotropen Formen der zu γ-Oxysäuren, γ-Mercaptosäuren, γ-Aminosäuren oder γ-Dicarbonsäuren in naher Beziehung stehenden Anhydro-Derivate (Lactone, Lactame, innere Anhydride oder Imide), z. B.:

$$\begin{matrix} HC - CH \\ \ddot{H}C\cdot O\cdot \ddot{C}\cdot OH \end{matrix} \text{ desmotrop mit } \begin{matrix} HC - CH_2 \\ \ddot{H}C\cdot O\cdot \dot{C}O \end{matrix}, \text{ dem Lacton von } \begin{matrix} HC - CH_2 \\ \ddot{H}C\cdot OH \quad \dot{C}O\cdot OH \end{matrix}.$$

Ihr Ring wird in der Regel[1] durch Alkali leicht zwischen dem Heteroatom und dem benachbarten Kohlenstoffatom aufgespalten; vgl. z. B.: 2-Oxo-thionaphthen-dihydrid S. 137, Pyrrolidon S. 187, Oxindol S. 255, Hydantoin S. 456, Parabansäure S. 463—464, Pseudothiohydantoin S. 543.

Ferner wird bei stickstoffhaltigen Ringsystemen die Alkalibeständigkeit aufgehoben, wenn der Stickstoff durch extranucleare Anlagerung in den fünfwertigen Zustand übergeht. Dies zeigen die in mehreren Gruppen beobachteten leichten Ringspaltungen der quartären Ammonium-hydroxyde (vgl. Bd. I, Tl. I, S. 884, 913; Bd. II, Tl. III, S. 444—445, 489) durch Alkali. Auch beruht darauf wahrscheinlich (vgl. S. 445) die auffallende Unbeständigkeit mehrerer sonst sehr stabiler heterocyclischer Gruppierungen gegen Benzoylchlorid bei Gegenwart von Alkali (vgl. S. 491—492, 551—552).

Erinnert sei ferner an die merkwürdige Leichtigkeit, mit der die Pyrrolkörper bei Gegenwart von Alkali durch Hydroxylamin aufgespalten werden (vgl. S. 152, 164).

Dagegen sind gegenüber **Säuren** gerade Furan und Pyrrol, die von Alkalien nicht angegriffen werden, durch eine besondere Empfindlichkeit ausgezeichnet (vgl. die Spaltung des 2-Methylfurans S. 49, Furan S. 50, Pyrrol S. 157); und auch in ihren mit Benzol kondensierten Formen ist diese Empfindlichkeit nur wenig abgeschwächt (vgl. die Verharzung des Cumarons S. 89, Indol S. 217, 224). Als leicht spaltbar erwiesen sich ferner in manchen Fällen die Systeme des Oxazols (vgl. S. 528), Furo-[b b_1]-diazols (S. 645—646), Thio-[b b_1]-diazols (S. 660) und Tetrazols (S. 671). Den meisten übrigen Ringen kommt eine große Beständigkeit gegen

[1] Über eine bemerkenswerte Ausnahme vgl. S. 570 Triazolon.

Säuren zu, die besonders in ihren „Benzo“-Formen zutage tritt (vgl. Indazol S. 428, Benzimidazol S. 487, Benzisoxazole S. 513, 516, Benzothiazole S. 551, Benzotriazole S. 583, 586, Benzo-furazan S. 630, Arylendiazosulfide S. 654—655, Piazthiole S. 656).

Auch hier ist — wie oben bezüglich der Alkaliwirkung — dieser letzte Ausspruch einzuschränken, insoweit neben einem Heteroatom Substitution durch OH (oder NH_2) erfolgt ist. Vgl. z. B. über Derivate des 1.2.3-Triazols S. 563—564, 567, 570.

Da nach dem Obigen die Beständigkeit der einzelnen Ringsysteme gegen Alkalien und gegen Säuren sehr differieren kann, so muß man bei einem Vergleich ihrer Widerstandskraft gegen oxydierende und reduzierende Einflüsse in Rücksicht ziehen, ob solche in alkalischem oder saurem Mittel zur Wirkung gelangen. Auf Grund der vorliegenden Beobachtungen die Unterschiede mit einiger Sicherheit zu kennzeichnen, ist kaum möglich. Nur einige augenfällige Eigentümlichkeiten können hervorgehoben werden.

Hierher gehört, daß von Oxydationsmitteln der als Heteroglied zwischen 2 C-Atome gebundene Schwefel aus sonst sehr beständigen Ring-Systemen leicht herausgespalten wird (vgl. Thiophen S. 117, Alkylthiazole S. 536). Eine hervorragende Beständigkeit gegen Oxydationsmittel zeigen dagegen die Ringsysteme von aromatischem Sättigungszustand, in denen Stickstoffatome miteinander verbunden sind (vgl. Pyrazol S. 356 u. 363, Triazole S. 564, 573, 574, 593, Tetrazol S. 672), und das Imidazol-System (vgl. S. 487, 496).

Auch einige Ringe, in denen wir Bindung von O an N oder von S an N finden, sind sehr resistent gegen oxydierende Agenzien; vgl. Dimethyl-furazan S. 627, Azoxime S. 641 u. 642, Piazthiol S. 656.

In eigentümlichem Gegensatz zum Verhalten des Pyrazols steht die Empfindlichkeit seiner „Benzo“-Form — des Indazols — gegen Kaliumpermanganat (S. 429).

Durch Reduktionsmittel erfolgt fast allgemein[1] leichte Ringspaltung, wo Sauerstoff oder Schwefel mit Stickstoff direkt verbunden sind (vgl. Isoxazol S. 502, Phenyl-indoxazen S. 513, Anthranil S. 517, Benzisothiazol S. 533, Benzo-furazan S. 630, Thio-[a b]-diazole S. 653, Arylen-diazosulfide S. 654, Piazthiole S. 656, Dibenzenyl-azsulfim S. 657). Durch besondere Widerstandsfähigkeit aber sind das Indazol (S. 428—429) und Imidazol (S. 444, 481, 487) ausgezeichnet.

Die beiden eben genannten Stammkörper betätigen diesen Widerstand nicht nur gegenüber dem Versuch, ihr Ringsystem durch Wasserstoffzufuhr zu sprengen. Auch die Anlagerung von Wasserstoff unter Erhaltung der ringförmigen Anordnung — also die Überführung der „aromatischen“ in eine „alicyclische“ Form — ist bei ihnen nicht gelungen[2]; desgleichen nicht bei Oxazolen (vgl. S. 524, 525) und Thiazolen (S. 536). Sie läßt sich dagegen ziemlich leicht bei den Furan-

[1] Vgl. indessen Azoxime S. 641, 642.

[2] S. indessen S. 429 das abweichende Verhalten des 2-Phenyl-indazols.

und Pyrrol-Körpern ausführen (vgl. S. 50, 68, 87, 151, 158, 173, 219, 237), sowie bei einigen Thiophen- und Pyrazol-Abkömmlingen (vgl. S. 126, 357, 366).

Leichte Addition von Brom wurde bei mehreren Furan-Körpern beobachtet (vgl. S. 68, 87). Bei den meisten Ringsystemen aromatischen Sättigungszustands aber führt die Einwirkung der Halogene zum Austausch von Wasserstoff gegen Halogen (Substitution, s. u.).

Die Leichtigkeit der Substitution, welche das Benzol auszeichnet (vgl. S. 10), findet sich bei mehreren fünfgliedrig-heterocyclischen Gruppierungen in ihren wenigst gesättigten Formen wieder. Betreffs der Halogenierung ist besonders an die Thiophen-Körper zu erinnern, die in ihrer Neigung, Wasserstoff gegen Halogen auszutauschen, die Benzol-Körper noch übertreffen (vgl. S. 112, 119—120). Ferner sind das Pyrrol-, Pyrazol- und Imidazol-System der Einführung von Halogen durch Substitution sehr zugänglich (vgl. S. 177, 239, 361, 368, 449). — Das Thiophen erweist sich auch als leicht durch Salpetersäure nitrierbar, wenn man unter solchen Bedingungen arbeitet, daß die oxydierende Wirkung der Salpetersäure hintangehalten wird (vgl. S. 117, 122). Pyrazol kann mit Salpeterschwefelsäure nitriert werden (S. 356, 371). Auch bei Imidazolen gelingt die Nitrierung (S. 450), während Thiazole (vgl. S. 536) und 1.2.4-Triazol (S. 595) gegenüber Salpetersäure eine außerordentliche Indifferenz zeigen. — Leichte Sulfurierung wurde bei den Thiophenen (S. 120) und Pyrazolen (S. 356, 371) beobachtet.

Gewisse imidhaltige Ringsysteme — das Pyrrol, Indol und Indazol — sind durch einen ganz eigenartigen Substitutionsvorgang ausgezeichnet: die Fähigkeit, Arylazo-Reste eintreten zu lassen, die beim Benzol erst nach Einführung gewisser diese Substitution erleichternde Substituenten auftritt (vgl. S. 149, 180, 243, 428).

Interessant erscheint ferner die Erörterung der Frage, inwieweit das Verhalten der substituierenden Atome bzw. Atomgruppen, wenn sie den wenigst gesättigten Formen der Stammkerne eingefügt sind, die Eigentümlichkeiten wahrnehmen läßt, welche diese Substituenten im Benzolkern zeigen.

Hinsichtlich der Halogen-Atome finden wir eine ähnliche Festigkeit der Bindung an Ring-Kohlenstoffatome, wie bei den Kern-Halogenderivaten der aromatischen Kohlenwasserstoffe, bei manchen Körpern der Pyrazol-, Indazol-, Imidazol- und 1.2.4-Triazol-Gruppe (vgl. S. 356, 368, 370, 431—432, 449, 594, 599). In auffallendem Gegensatz dazu steht die außerordentliche Unbeständigkeit der halogenierten Pyrrole (S. 177 bis 178, vgl. auch S. 239—240). Leicht austauschbar, also locker gebunden sind die Halogen-Atome ferner in der μ-Stellung des Thiazol-Kerns (vgl. S. 537, 552).

Die an Ring-Kohlenstoff gebundene Amino-Gruppe bedingt in mehreren heterocyclischen Systemen ein ähnliches Verhalten, wie es die Anilinbasen auszeichnet: Farbenreaktion mit Chlorkalk, Überführbarkeit in kuppelungsfähige Diazonium-Körper und in Diazoamino-Verbindungen,

Oxydierbarkeit zu Azokörpern. Solche Merkmale sind nur für Systeme mit mehreren Hetero-Atomen — Pyrazol (vgl. S. 356, 372, 374, 375, 402), Indazol (S. 433), Thiazol (S. 539), Triazole (S. 567, 568—569, 594, 601). Tetrazol (S. 677ff.) — festgestellt worden. Die Amine der Stammkörper mit nur einem Hetero-Glied aber konnten teils überhaupt nicht erhalten werden, teils spalten sie die Amino-Gruppe mit auffallender Leichtigkeit ab (vgl. S. 52—53, 87, 122, 179, 241—242).

Über das Verhalten der an Ring-Stickstoff gebundenen Amino-Gruppe vgl. S. 191—192, 496—497, 567, 597, 617—618.

Das Hydroxyl bewirkt, wenn es an ein nicht einem Hetero-Atom benachbartes Kohlenstoffatom gebunden ist, meist Auftreten phenolähnlichen Charakters (vgl. S. 95, 135—136, 246, 305, 377). Auch bei heterovicinaler Bindung findet man vielfach, daß es Löslichkeit in Alkali bedingt (vgl. S. 123—124, 384, 529—530, 554). In den Systemen der Triazole erlangt es gar eine ähnliche Acidität, wie das im Carboxyl befindliche Hydroxyl der Carbonsäuren (vgl. S. 569—570, 602).

Der Aldehyd-Gruppe —CHO kommt in den heterocyclischen Systemen meist die an den Aldehyden der Benzol-Reihe beobachtete Eigenart — Hydramid-Bildung, CANNIZZAROsche Reaktion — zu; vgl. S. 58, 124, 571.

Überblicken wir die verschiedenen fünfgliedrig-heterocyclischen Systeme in ihren wenigst gesättigten Stammformen unter dem Gesichtspunkt des Vergleichs mit dem Benzol (vgl. S. 10, 16—17), so treten als die benzolähnlichsten das Thiophen und das Pyrazol hervor (vgl. S. 111—113, 155, 356). Bei ihnen finden wir eine erhebliche Zahl der Eigentümlichkeiten des Benzolkerns — die große Beständigkeit, die außerordentliche Bereitschaft für Substitutions-Vorgänge, das „aromatische" Verhalten gewisser Substituenten — vereint, während nur wenige Unterschiede von Bedeutung zu verzeichnen sind (vgl. z. B. S. 122—123). Bei den übrigen Systemen kann man nicht gerade von einer weitgehenden Analogie des Gesamtverhaltens mit denjenigen des Benzols sprechen; sie erinnern meist in einigen Punkten auffallend an das Benzol und weichen in anderen stark von ihm ab. Man wird geneigt sein, in den Abweichungen den spezifischen Einfluß der Hetero-Atome zu erblicken, in den Übereinstimmungen die Wirkung eines gleichartigen oder wenigstens sehr ähnlichen Zustandes der inneren Kernbindungen (vgl. S. 11—16). Jedenfalls wird die Wahrnehmung, daß ein Ringsystem wie das Tetrazol, das neben vier Hetero-Gliedern nur noch eine einzige CH<Gruppe enthält, mit dem aus sechs CH<Gliedern zusammengesetzten Benzol noch einige markante Ähnlichkeiten zeigt (vgl. S. 677—678, 679), den Eindruck berechtigt erscheinen lassen, daß die Natur der Ringglieder für den Charakter des Ringsystems weniger bestimmend ist als die Art des ringförmigen Zusammenschlusses.

Wie man die einkernigen heterocyclischen Gebilde mit dem Benzol in Parallele stellen kann, so kann man ihre bicyclischen „Benzo"-Formen (Cumaron usw.) mit dem Naphthalin vergleichen. Hierbei bietet sich auch die Frage dar, inwieweit die

Eigenschaften der Benzol-Hälfte ihres Moleküls gegenüber den einkernigen Benzol-Körpern durch die Kondensation mit dem heterocyclischen Kern verändert erscheinen. Es sind darüber systematische Untersuchungen[1] angestellt, die erkennen lassen, daß bei gewissen Kombinationen (vgl. Benzo-1.2.3-triazol, S. 584—585) ähnliche Abweichungen sich einstellen, wie sie zwischen Naphthalin- und einkernigen Benzol-Derivaten beobachtet werden.

Die voranstehenden Betrachtungen werden dem Leser nur als ein dürftiger Ansatz zu dem Versuch einer vergleichenden Charakterisierung der Ringsysteme erscheinen. Es sind nicht allein die Lücken des Beobachtungs-Materials (vgl. S. 684), welche einstweilen eine ergiebigere Durchführung dieses Versuchs hindern. Unsicherheit erwächst vielmehr auch aus der Notwendigkeit, Beobachtungen zu dem Vergleich heranzuziehen, die von verschiedenen Autoren in den verschiedenen Körpergruppen gesammelt sind, ohne daß es in der Absicht der Beobachter lag, die Erscheinungen unter genau vergleichbaren Bedingungen zu untersuchen. Man hat bisher die heterocyclischen Verbindungsgruppen hauptsächlich in dem Bestreben bearbeitet, ihren Bestand an einzelnen Gliedern zu vergrößern. Nunmehr, wo für eine große Zahl von Ringsystemen ein stattliches Material von Vertretern herbeigeschafft ist, sollte man ihre Kenntnis durch vergleichende Erforschung der Eigenschaften und des Verhaltens mehr vertiefen. Umfassende Untersuchungen, welche den Vergleich als eigentliches Ziel verfolgen, liegen einstweilen nicht vor. Sie anzuregen, ist daher der Hauptzweck dieses Kapitels, da die gegenwärtige Kenntnis nur wenig Sicheres zu berichten gestattet.

[1] Zincke, A. **311**, 276 (1900); **313**, 251 (1900); **370**, 297 (1909). — Fries, A. **389**, 305 (1912); **404**, 50 (1914).

B. Verbindungen mit sechsgliedrig-heterocyclischen Systemen.

Siebenundzwanzigstes Kapitel.

Einkernige Pyran-Körper.

(Vorbemerkungen über sechsgliedrige Systeme mit einem Hetero-Atom. — Hydrierte Pyrane. — Einfache Pyrone nebst zugehörigen Oxonium-Verbindungen. — Weitere Oxo-Derivate [Pyromekonsäure, Maltol usw.]. — Carbonsäuren der Pyran-Reihe [Chelidonsäure, Mekonsäure usw.].)

Nach dem im vorigen Kapitel erfolgten Abschluß des Gebietes der fünfgliedrig-heterocyclischen Systeme haben wir uns nunmehr den sechsgliedrigen, mit Hetero-Atomen versehenen Ringsystemen zuzuwenden, und zwar gemäß dem S. 27—28 entwickelten Einteilungsplan zunächst denjenigen, in welchen nur ein Hetero-Atom vorkommt. Auch bei den sechsgliedrigen Systemen sind Sauerstoff, Schwefel und Stickstoff die bevorzugten Hetero-Elemente (vgl. S. 5), und so bietet sich uns also als erste Aufgabe dar, die Klassen von Stoffen zu schildern, in deren Molekülen je ein Atom dieser Elemente mit fünf Kohlenstoffatomen zu einem Ring vereinigt ist.

Sobald wir versuchen, die möglich erscheinenden Formeln für die Wasserstoff-Verbindungen solcher ringförmigen Kerne abzuleiten, stoßen wir auf einen Unterschied gegenüber den Verhältnissen bei den Fünfringen mit einem Hetero-Atom. Wir können nämlich für die wenigst gesättigten Wasserstoff-Verbindungen hier nicht — wie dies beim Furan, Thiophen und Pyrrol der Fall war (vgl. S. 45) — Formeln mit völlig analoger Bindung der Ringglieder konstruieren, solange wir Sauerstoff und Schwefel nur in ihrer niedrigsten Valenzstufe — also als zweiwertige Elemente — auftretend denken. Denn wenn wir die drei einander noch ganz analogen Formeln der gesättigten Wasserstoff-Verbindungen:

I) 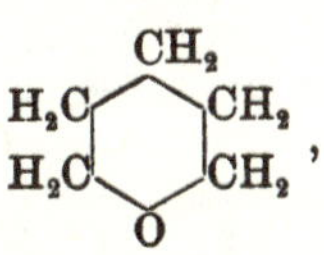, II) 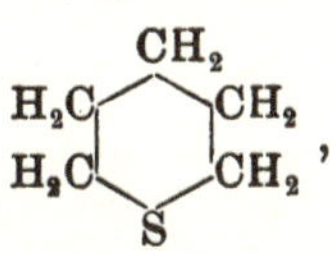, III) 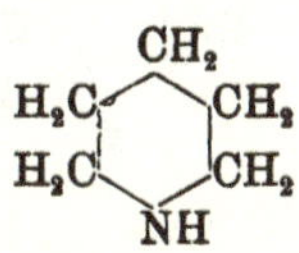

durch Fortnahme von Wasserstoffatomen und Herstellung von Doppelbindungen in die Formeln der denkbar ungesättigsten Verbindungen umwandeln[1], gelangen wir zu den folgenden Symbolen:

Ia) 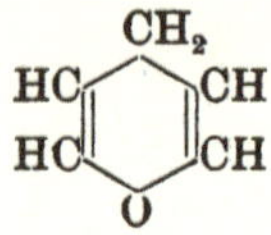 bzw. 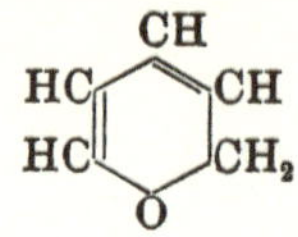 ,

Pyran

IIa) 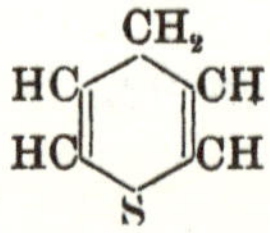 bzw. 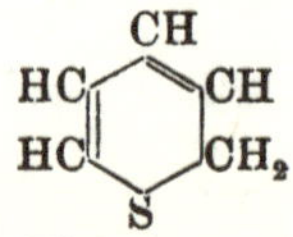 , IIIa) 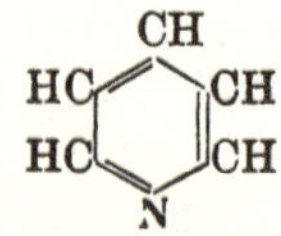 .

Penthiophen (oder Thiopyran) Pyridin

Im Falle des Sauerstoffs und Schwefels (Ia und IIa) ist die denkbar niedrigste Sättigung erreicht, wenn vier Wasserstoffatome entnommen und dementsprechend zwei Doppelbindungen entstanden sind; im Falle des Stickstoffs (IIIa) aber lassen sich durch Entnahme von sechs Wasserstoffatomen drei Doppelbindungen einzeichnen. Nur im letzteren Falle (IIIa) sind also alle Methylen-Glieder (—CH_2—) der gesättigten Formeln (I, II und III) in Methenyl-Glieder (—CH<) verwandelt; in den beiden ersteren aber (Ia und IIa) ist je ein Methylen-Glied übrig geblieben.

Auf die obigen drei Formeln Ia, IIa und IIIa, die bei niedrigster Valenzstufe der Hetero-Elemente als die wenigst gesättigten erscheinen, beziehen sich die gebräuchlichen Trivial-Bezeichnungen der drei Ring-Systeme: **Pyran**, **Penthiophen** und **Pyridin**. Man muß sich bei ihrem Gebrauch stets gegenwärtig halten, daß nur die dritte Bezeichnung (Pyridin) dem „aromatischen" Sättigungszustand entspricht, da nur in der Formel IIIa die Bedingung erfüllt ist, daß jedes Kohlenstoffatom des Ringes nicht mehr als ein Wasserstoffatom trägt. Die Formeln Ia und IIa des Pyrans und Penthiophens dagegen stellen das sauerstoffhaltige und das schwefelhaltige Ringsystem in ungesättigt-alicyclischem Zustand dar (vgl. S. 9 ff.).

Je nachdem man die beiden Doppelbindungen beim Pyran und Penthiophen konjugiert oder isoliert annimmt, ergeben sich je zwei isomere Formen (s. oben unter Ia und IIa). Man kann sie, indem man die Stellung des Methylens zum Hetero-Atom ins Auge faßt, als 1.4- oder γ-Form einerseits und 1.2- oder α-Form andererseits unterscheiden; also:

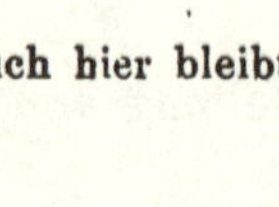 1.4-Pyran, γ-Pyran ; 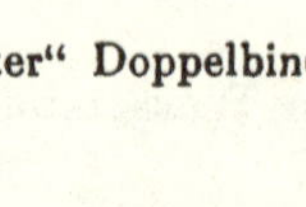 1.2-Pyran, α-Pyran.

[1] Auch hier bleibt der Fall „kumulierter" Doppelbindungen unberücksichtigt; vgl. S. 10.

Aber auch bei dem sauerstoffhaltigen und dem schwefelhaltigen Ringsystem kann man zu einer „aromatischen" Formulierung gelangen, wenn man die Hetero-Atome in einer höheren Valenzstufe einführt. Bei vierwertigem Sauerstoff bzw. Schwefel bleibt dann noch eine Valenz für extranucleare Bindung übrig. Man hat nun wirklich eine große Zahl von heterocyclischen Verbindungen kennen gelernt, für die eine sehr wahrscheinliche Formulierung sich geben läßt, wenn man annimmt, daß der cyclisch gebundene Sauerstoff oder Schwefel sich vierwertig betätigt, und zwar mit drei Valenzen innerhalb des Ringsystems, mit einer Valenz aber außerhalb unter Bindung an einen elektro-negativen Bestandteil, z. B.:

Ib) 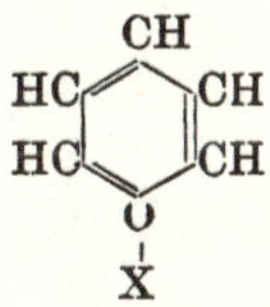

Pyrylium- oder Pyroxonium-Verbindungen, vgl. dazu S. 702.

($X = OH, Cl, NO_3$ usw.)

Gerade die Erfahrungen im Gebiet der heterocyclischen Körper haben die wichtigsten Stützpunkte dafür ergeben, daß man dem Sauerstoff die Fähigkeit der Tetravalenz (vgl. Bd. I, Tl. I, S. 290—292) zuerkennen darf. Näheres hierüber s. S. 698 ff., ferner bei Oxazinen.

Statt der im Obigen für die aromatischen Kerne benutzten Symbole nach KEKULÉscher Art kann man natürlich auch zentrische Formeln wählen:

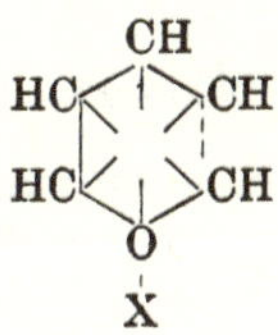

,

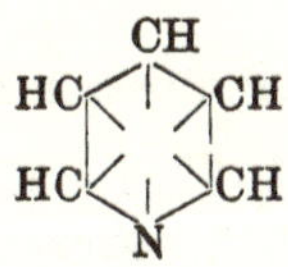

.

Unter den Verbindungsgruppen, welche sich auf die drei Sechsringe mit einem Hetero-Atom aufbauen, ist diejenige der Penthiophen-Körper am wenigsten zahlreich und am wenigsten wichtig. Höchst eingehend seit längerer Zeit erforscht und biochemisch bedeutungsvoll durch ihre Beziehungen zu vielen Naturstoffen (Pflanzenbasen) ist die Gruppe der Pyridin-Körper. Jünger, aber auch schon reich angebaut, ist die Chemie des Pyrans; sie hat das Interesse besonders deshalb gefesselt, weil man in ihr Stoffen begegnete, die eine vortreffliche Grundlage zum Studium des vierwertigen Sauerstoffs boten, und weil man eine große Zahl natürlicher Farbstoffe als kondensierte Abkömmlinge des Pyrans erkannte.

Pyran selbst ist bisher nicht bekannt[1]; auch Homologe sind noch

[1] Vergebliche Versuche zur Gewinnung durch Decarboxylierung der Dicarbonsäure: BLAISE, GAULT, Bl. [4] 1, 133 (1907).

nicht gewonnen worden. Für die Nomenklatur seiner Abkömmlinge benutzt man eine der folgenden Bezifferungen:

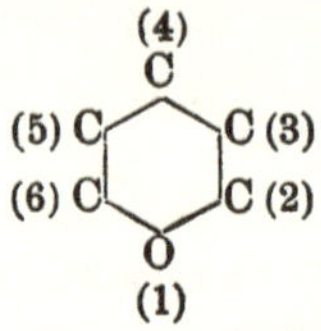 oder 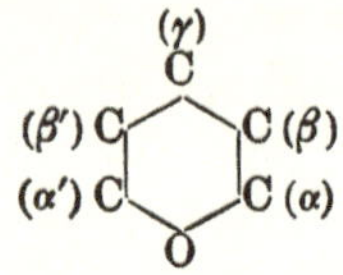 .

Hydrierte Pyrane.

Hydrierte Pyrane sind schon an früheren Stellen dieses Lehrbuchs als Anhydro-Derivate acyclischer Körper aufgeführt worden.

Dihydride von Pyranen sind die Stoffe, welche aus δ-Oxyketonen durch Wasserabspaltung hervorgehen; so kann das in Bd. I, Tl. II, S. 903 beschriebene Anhydrid des Aceto-butylalkohols[1] $\begin{matrix} CH\cdot CH_2\cdot CH_2 \\ CH_3\cdot C—O—CH_2 \end{matrix}$, das in der Original-Literatur „Methyl-dehydrohexon" genannt worden ist, als **2-Methyl-γ-pyran-dihydrid(5.6)** bezeichnet werden[2].

2.2.6-Trimethyl-γ-pyran-dihydrid-(2.3)[3] ist das Bd. I, Tl. I, S. 1026 erwähnte und daselbst sub VII formulierte „Trimethyl-dehydrohexon", das aus natürlichem Methyl-heptenon gewonnen werden kann; es ist flüssig, riecht ähnlich dem Holzgeist, siedet bei 129°, zeigt $D^{14} = 0\cdot883$ und wird durch Kochen mit 10 Tln. Wasser allmählich zu dem zugehörigen Oxyketon (Formel VI in Bd. I, Tl. I, S. 1026) aufgespalten.

Tetrahydride von Pyranen sind die Anhydride der δ-Glykole. Die einfachste Verbindung dieser Art — **Pyran-tetrahydrid** — $\begin{matrix} CH_2\cdot CH_2\cdot CH_2 \\ CH_2—O—CH_2 \end{matrix}$ liegt in dem Bd. I, Tl. II, S. 99 beschriebenen Pentamethylen-oxyd vor, das nach einer neueren Untersuchung[4] unter 760 mm Druck bei 88° siedet und $D_4^{20} = 0\cdot881$ zeigt[5].

Einfache Pyrone

(nebst ihren Hydro-Derivaten und zugehörigen Pyroxonium-Verbindungen).

Als „Pyrone" bezeichnet man die beiden Monooxo-Derivate des Pyrans:

---

[1] W. H. Perkin jun., Soc. **51**, 723 (1887). — Lipp, A. **289**, 186 (1896).

[2] Über 2.6-Dimethyl-γ-pyran-dihydrid-(5.6) s. Fargher, W. H. Perkin jun., Soc. **105**, 1359 (1914).

Über Verbindungen vom Typus $\begin{matrix} CH_2\cdot CH{:}C\cdot CH{:}CH\cdot X \\ CH_3\cdot CH\cdot O—CH\cdot CH_3 \end{matrix}$ (X = H oder Alkyl) s.: Delépine, C. r. **150**, 536 (1910). — Douris, C. r. **157**, 943 (1913).

[3] Verley, Bl. [3] **17**, 183, 188 (1897).

[4] H. F Clarke, Soc. **101**, 1795, 1802 (1912).

[5] Über 2-Methyl-pyran-tetrahydrid s. δ-Hexylen-oxyd Bd. I, Tl. II, S. 99. — 2.2-Dimethyl-pyran-tetrahydrid: Franke, M. Kohn, M. **28**, 1013 (1907). — 2.6-Dimethyl-pyran-tetrahydrid: Fargher, W. H. Perkin, Soc. **105**, 1360 (1914).

IV) 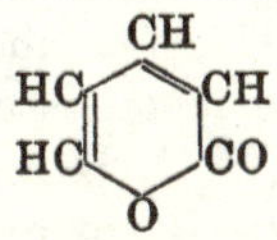 (α-Pyron) und V) 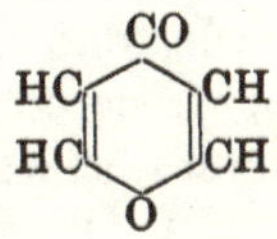 (γ-Pyron).

Das **α-Pyron** (2-Oxo-Pyran) ist bereits an einer früheren Stelle dieses Lehrbuchs — Bd. I, Tl. II, S. 636—637 — beschrieben worden, weil es als Lacton einer acyclischen ungesättigten Oxysäure HO·CH: CH·CH:CH·CO·OH aufgefaßt werden kann; es findet sich dort unter dem gebräuchlicheren Namen „Cumalin". Im Anschluß daran wurde das **4.6-Dimethyl-α-pyron** (Dimethyl-cumalin, Mesitenlacton) Bd. I, Tl. II, S. 637 erwähnt.

α-Pyron-tetrahydrid ist das Bd. I, Tl. II, S. 589—591 nebst mehreren Homologen behandelte δ-Valerolacton.

Hinsichtlich der zur α-Pyron-Reihe gehörigen Verbindungen haben wir also hier nur Hinweise auf Früheres zu bringen; sie bilden die Klassen der gesättigten und ungesättigten δ-Lactone, die als Anhydro-Derivate acyclischer δ-Oxy-carbonsäuren behandelt wurden (vgl. dazu S. 3—4).

Im Gegensatz zu diesen heterovicinalen Oxo-Verbindungen (vgl. S. 55—56) enthalten das γ-Pyron und seine Homologen — man faßt sie gewöhnlich als Pyrone schlechthin zusammen — das Carboxyl ketonartig esocyclisch gebunden. Sie haben seit der letzten Jahrhundertwende eine hervorragende Beachtung gefunden, weil sich herausstellte, daß die Atomgruppierung:

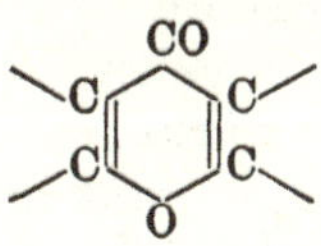

Erscheinungen bedingt, welche auf das Vermögen des Sauerstoffs, organischen Verbindungen basische Eigenschaften zu verleihen, mit besonderer Deutlichkeit hinweisen und die Erklärung durch Annahme vierwertig fungierender Sauerstoffatome nahe legen. Was sich für diesen theoretisch bedeutungsvollen Gegenstand, der schon in Bd. I, Tl. I, S. 290—292 erörtert wurde, als besonders wichtig ergeben hat, sei nun zunächst zusammengestellt, bevor wir uns mit den einzelnen Pyronen beschäftigen.

Den Anstoß zu seiner experimentellen und theoretischen Behandlung[1] gab eine 1899 erschienene Untersuchung von Collie und Tickle,

[1] Vgl.: Collie, Tickle, Soc. **75**, 710 (1899). — Kehrmann, B. **32**, 2601 (1899). — Baeyer, Villiger, B. **34**, 2679, 3612 (1901). — Werner, B. **34**, 3300 (1901). A. **322**, 296 (1902). — Fosse, C. r. **133**, 1218 (1901). Bl. [3] **27**, 497, 516 (1902); [4] **5**, 692 (1909). — Bülow, v. Sicherer, B. **34**, 3919 (1901). — Walden, B. **34**,

in der gezeigt wurde, daß das 2.6-Dimethyl-γ-pyron $C_7H_8O_2$ mit Halogenwasserstoffsäuren, Salpetersäure und mehreren organischen Säuren (z. B. Oxalsäure) zu krystallisierten Verbindungen, wie $C_7H_8O_2.HCl$, $C_7H_8O_2.HNO_3$, $(C_7H_8O_2)_2.H_2C_2O_4$, zusammentritt, die sich wie leicht hydrolysierbare Salze von starken Säuren mit einer schwachen Base verhalten.

Es bietet sich also die Aufgabe dar, die Anlagerung eines Moleküls einer einbasischen Säure — z. B. HCl — an ein Molekül Dimethyl-pyron durch Formeln wiederzugeben, welche das salzartige Verhalten der Additionsprodukte verständlich erscheinen lassen. Die Formeln, die sich unter Wahrung der Zweiwertigkeit des Sauerstoffs aufstellen lassen:

VI) 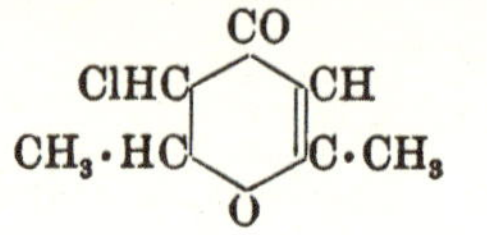 bzw. 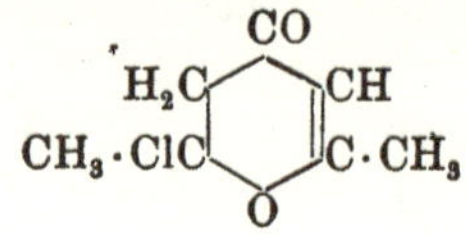

und VII) 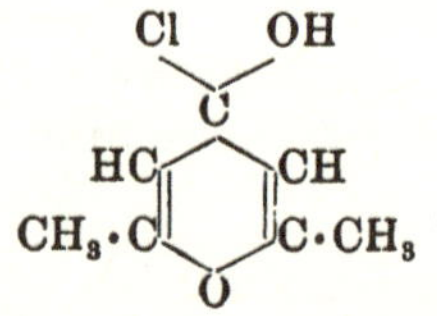 ,

erfüllen diese Forderung nicht. Man erblickt in ihnen keinen einleuchtenden Grund zur Fähigkeit des elektrolytischen Zerfalls in die Ionen Cl′ und $C_7H_9O_2^{\cdot}$; auch wird man es für ausgeschlossen halten, daß Stoffe von der Konstitution VI sich beim Zusammenbringen der Pyrone mit Salzsäure momentan bilden und durch Wasser wieder ebenso leicht sich in Pyrone und Salzsäure spalten. Die Unwahrscheinlichkeit solcher Formeln wird noch durch den Umstand vergrößert, daß es analoge Additionsprodukte gibt, welche an Stelle des Halogens die Reste von Sauerstoffsäuren, z. B. NO_3—, enthalten (s. o.).

Nimmt man dagegen an, daß die Addition der Säuremoleküle durch den Übergang des Sauerstoffs vom zweiwertigen in den vierwertigen Zustand bedingt wird, so tritt der Vorgang in vollkommene Analogie zu den bei Verbindungen des dreiwertigen Stickstoffs (Ammoniak, Aminen) gewohnten Erscheinungen der Salzbildung, für welche die Deutung durch Übergang des dreiwertigen Stickstoffs in fünfwertigen die

4185 (1901). Ph. Ch. **43**, 449 (1903). — Sackur, B. **35**, 1242 (1902). — Coehn, B. **35**, 2673 (1902). — Collie, Soc. **85**, 971 (1904). — Willstätter, Pummerer, B. **38**, 1461 (1905). — Hantzsch, B. **38**, 2143 (1895). — Kehrmann, Duttenhöfer, B. **39**, 1303 (1906). — Plotnikow, B. **39**, 1794 (1906); **42**, 1154 (1909). — Decker, v. Fellenberg, A. **364**, 1 (1908). — Baly, Collie, Watson, Soc. **95**, 144 (1909). — Pummerer, B. **42**, 3554 (1909). — Mc Intosh, Am. Soc. **32**, 547 (1910). — Baeyer, B. **43**, 2337 (1910). — Gomberg, Cone, A. **376**, 217 (1910). — Kendall, Am. Soc. **36**, 1242 (1914). — Rördam, Am. Soc. **37**, 557 (1915).

S. auch: Staudinger, Kon, A. **384**, 129 (1911). — Simonis, Elias, B. **48**, 1499 (1915). — Ghosh, Soc. **107**, 1590 (1915).

übliche ist. Wie man die Salze des Ammoniaks und der Amine als Ammonium-Verbindungen bezeichnet, so darf man dann hier von Oxonium-Verbindungen sprechen.

Da das Dimethyl-pyron zwei verschiedenartig gebundene Sauerstoffatome enthält, so ergeben sich zunächst zwei Formeln:

VIII) 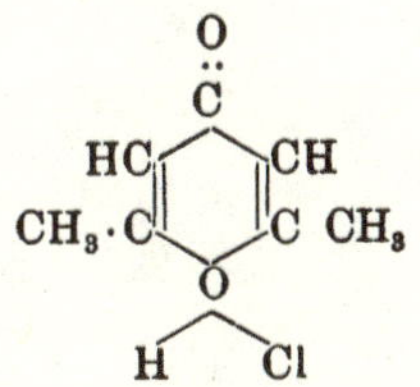 und IX) 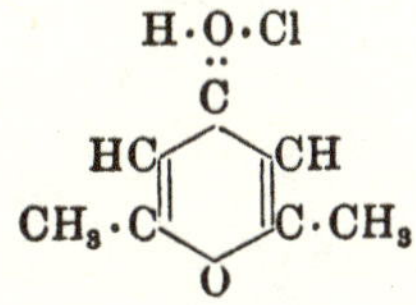

zur Auswahl, je nachdem man annimmt, daß der Oxido-Sauerstoff („Brückensauerstoff") oder der Oxo-Sauerstoff vierwertig wird. Bei beiden Symbolen erscheinen die inneren Bindungsverhältnisse des Kerns gegenüber der gebräuchlichen Pyron-Formel (vgl. deren Begründung S. 704, vgl. auch S. 701) ungeändert. Weitere Formeln aber werden denkbar, wenn man für den Kern einen „aromatischen" Sättigungszustand in Erwägung zieht. Unter ihnen erscheint die folgende:

X) 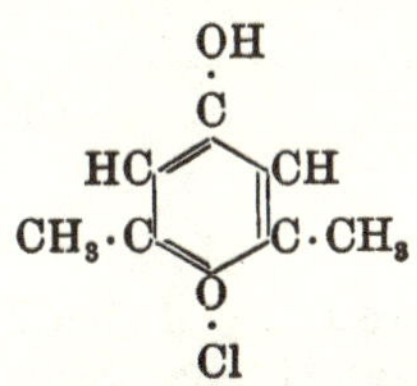

besonders beachtenswert; in ihr zeigen die Kernbindungen eine dem KEKULÉschen Benzol-Symbol durchaus analoge Verteilung.

Bei den tertiären Verbindungen des dreiwertigen Stickstoffs sind wir gewohnt zu beobachten, daß nicht nur Säuremoleküle, sondern auch Alkyl-halogenide und Dialkyl-sulfate addiert werden, und leiten die so entstehenden „quartären" Verbindungen ebenso wie die Ammoniumsalze von fünfwertigem Stickstoff ab. Auch das Dimethyl-pyron läßt sich nun, wie KEHRMANN und DUTTENDÖRFER zeigten, mit Dimethylsulfat zu einem Produkt vereinigen, welches durch Umsetzung mit Kaliumjodid das Jodmethylat des Dimethyl-pyrons von der Zusammensetzung $C_7H_8O_2 + CH_3I$ ergibt. Dieses Jodmethylat verhält sich ähnlich den quartären Ammoniumsalzen wie das Salz einer recht starken Base. Angesichts dieses Parallelismus zwischen den Stickstoff- und Sauerstoff-Verbindungen wird man auch für die Sauerstoff-Verbindungen den Übergang in das Halogen-alkylat analog deuten wollen, wie die Bildung von Salzen durch Anlagerung von Säure. Man gelangt dann zu den folgenden drei Möglichkeiten für das Jodmethylat, welche den drei obigen Formeln VIII bis X des Hydrochlorids entsprechen:

VIII a) 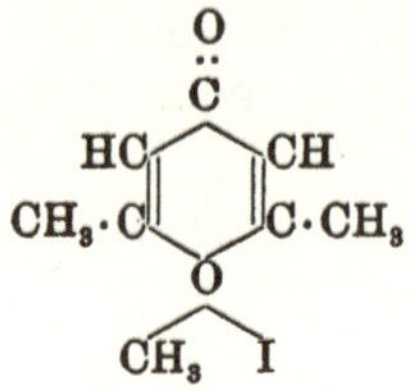 ,

IX a) 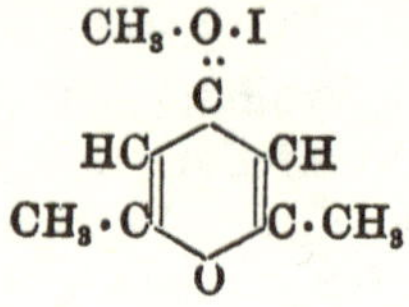 ,

X a) 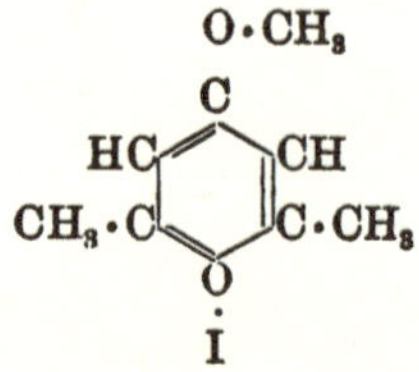

Nun hat BAEYER 1910 die außerordentlich wichtige Beobachtung gemacht, daß das Jodmethylat in der Kälte mit Ammoniumcarbonat-Lösung augenblicklich 4-Methoxy-2.6-dimethyl-pyridin liefert. Dieser glatte Übergang findet in der Formel Xa eine einleuchtende Deutung; nach ihr besteht er in dem Austausch des Sauerstoff-Ringgliedes gegen Stickstoff:

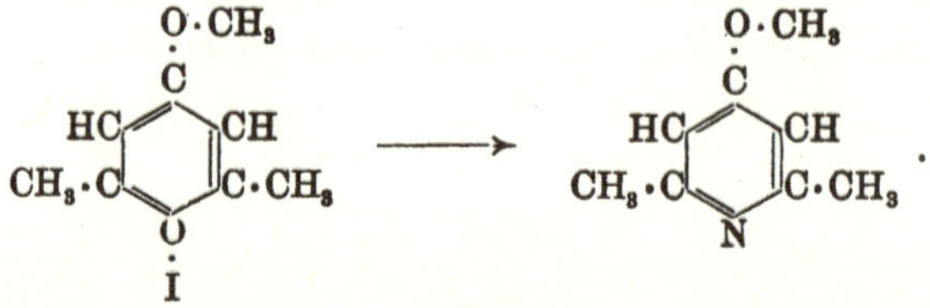 (A)

Er zeigt jedenfalls **unzweideutig**, daß das durch die Anlagerung von CH_3I eingeführte Methyl von dem Oxo-Sauerstoffatom des Pyron-Moleküls **gebunden** ist und nicht von dem Oxido-Sauerstoffatom, und schließt damit die Formel VIIIa vollkommen aus. Auch IXa — an sich schon wenig plausibel — muß hiernach gegenüber Xa zurücktreten, da sich kaum annehmen läßt, daß eine solche Verbindung bei der Abspaltung des Jods nicht auch gleich das Methyl austreten lassen würde.

Überträgt man die hierdurch gewonnene Anschauung auf die Salze, welche das Dimethyl-pyron und andere Pyrone mit Säuren bilden, so gewinnt von allen erörterten Symbolen die „benzoide“ Formel X die größte Wahrscheinlichkeit. Von ihr gelten heute noch die Worte, mit denen WERNER sie 1901 einführte: daß man mit ihrer Hilfe „für die Gesamtheit der Verhältnisse ein **harmonisches** Bild erhält“. Bei der Besprechung der einzelnen Tatsachen in den Körpergruppen, die sich auf die Ringsysteme des Pyrans, Pyridins, Oxazins und Thiazins aufbauen, wird dies noch deutlicher hervortreten.

WERNER selbst[1] hat freilich inzwischen seine Auffassung der Oxonium-Verbindungen in analoger Weise verändert, wie diejenige der Ammonium-Verbindungen

[1] A. **322**, 296 (1902). — Neuere Anschauungen auf dem Gebiete der anorganischen Chemie, 3. Aufl. (Braunschweig 1913), S. 257.

(vgl. Bd. I, Tl. I, S. 379). Er wird hierbei von dem Wunsche geleitet, eine Betrachtungsweise zu gewinnen, die sich auch auf Oxoniumsalze von anomaler Zusammensetzung (vgl. S. 704) sowie auf Hydrate anwenden läßt.

Nach dieser Anschauung erscheinen also die Salze der γ-Pyrone als „tertiäre“ Oxoniumsalze, d. h. Verbindungen, bei denen Sauerstoff, der mit drei Valenzen an Kohlenstoff haftet, mit seiner vierten Valenz einen Säurerest bindet. Ihre Bildung aus den Pyronen kann man durch Gleichungen, wie:

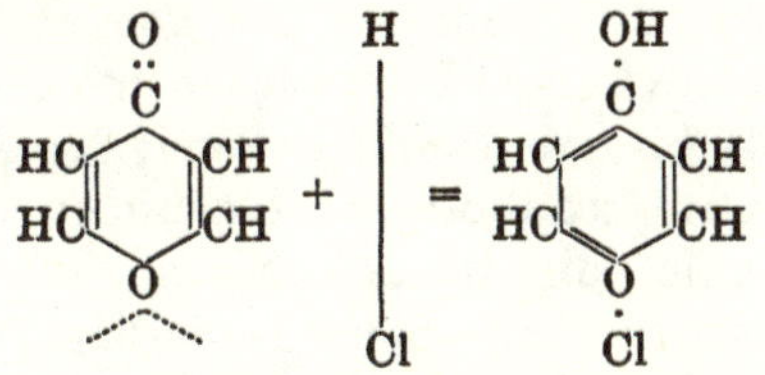

(B)

ausdrücken, welche zur Anschauung bringen, daß zwei Addenden, ähnlich wie bei den Systemen konjugierter Doppelbindungen an zwei voneinander entfernten Stellen aufgenommen werden (vgl. Bd. I, Tl. I, S. 795—797).

Man könnte auch annehmen, daß die Pyrone selbst schon vierwertigen Sauerstoff enthalten [1], und die Salzbildung folgendermaßen deuten:

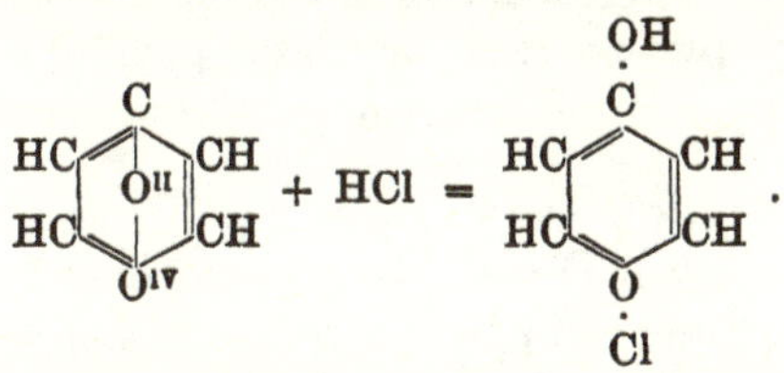

(C)

Im Lichte dieser Auffassung erscheinen die Pyrone nicht als eigentliche Carbonyl-Körper, sondern als innere Anhydride der den Salzen entsprechenden (hypothetischen) benzoiden Oxonium-hydroxyde:

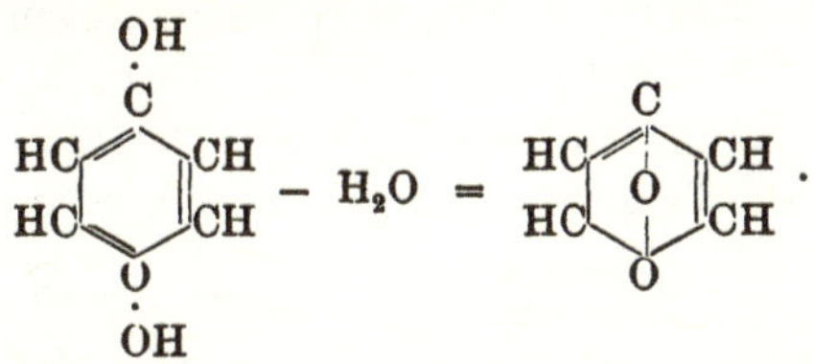

Da die Oxonium-hydroxyde außer dem basischen (an vierwertigen) Sauerstoff gebundenen Hydroxyl ein saures (an Kohlenstoff gebundenes, „phenolisches“) Hydroxyl enthalten [2], so könnten hiernach die freien Pyrone als „innere Salze“ bezeichnet werden — eine Betrachtungsweise, die der „Phenol-betain-Formulierung“ der Antipyrine entspricht (vgl. S. 387, 399) und im Hinblick auf die Indifferenz der γ-Pyrone

[1] Vgl.: Collie, Soc. **85**, 973 (1904). — Willstätter, Pummerer, B. **38**, 1463 (1905). — Homfray, Soc. **87**, 1453 (1905). — Palazzo, Onorato, G. **35**, II, 488 (1905). — Baly, Collie, Watson, Soc. **95**, 144 (1909). — Pummerer, B. **42**, 3554 (1909).

[2] Vgl. über die amphotere Natur der γ-Pyrone: Walden, B. **34**, 4199 (1901); **35**, 1770 (1902).

gegen Carbonyl-Reagenzien, wie Phenylhydrazin usw., nicht ganz von der Hand zu weisen ist.

Unabhängig von der theoretischen Deutung ist der rein experimentelle Befund, daß es Atomsysteme gibt, die nur aus Kohlenstoff, Wasserstoff und Sauerstoff bestehen und dabei deutlich basische Eigenschaften zeigen. Welche Bedeutung — auch für das Verständnis biochemisch und färberisch wichtiger Stoffe — die Entwickelung unserer Kenntnisse über solche „stickstofffreie organische Basen" erlangt hat, wird besonders im nächsten, den mehrkernigen kondensierten Pyran-Körpern gewidmeten Kapitel hervortreten. Dort werden uns auch Vertreter begegnen, bei denen die Basizität bis zur Ähnlichkeit mit den Alkalien gesteigert ist.

Für die Nomenklatur dieser Verbindungen bedarf man einer Bezeichnung der Radikale, die in den Salzen mit einem Säurerest, in den eigentlichen (in fester Form nicht isolierbaren) Basen mit Hydroxyl verbunden sind. Der denkbar einfachste Rest solcher Art hat für die Pyran-Reihe die Zusammensetzung C_5H_5O— und im Sinne der Oxonium-Auffassung die aus Formel Ib (S. 695) ersichtliche (oder eine ähnliche, vgl. S. 695) Struktur. Man nennt[1] ihn „Pyrylium" oder „Pyroxonium". Wer sich der Oxonium-Formulierung anschließt, wird den zweiten Namen bevorzugen. Das im Vorstehenden als Beispiel herangezogene Hydrochlorid des Dimethyl-pyrons z. B. ist dann gemäß Formel X (S. 699) als 4-Oxy-2.6-dimethyl-pyroxoniumchlorid zu bezeichnen.

Unter den einzelnen einkernigen γ-Pyronen bedürfen nur das γ-Pyron selbst und das 2.6-Dimethyl-γ-pyron einer Besprechung: ersteres als einfachster Körper der Gruppe, letzteres als ein verhältnismäßig leicht zugänglicher Vertreter, der durch die S. 697—698 erwähnte Entdeckung von Collie und Tickle und die sich daran anschließenden Arbeiten vieler anderer Forscher ein klassisches Beispiel für die Untersuchung der organischen, stickstofffreien Sauerstoffbasen geworden ist. Die übrigen Homologen[2] des γ-Pyrons können hier übergangen werden.

Alle γ-Pyrone kann man als Anhydro-Derivate der Dienol-Formen von acyclischen 1.3.5-Trioxo-Körpern ansehen, z. B.:

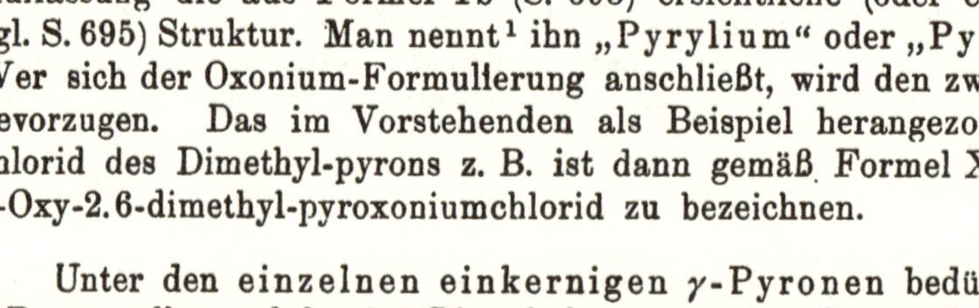

(D)

Diese Auffassung entspricht der Ableitung der Furan-Körper von γ-Dicarbonyl-Verbindungen (vgl. S. 48). Die in ihr ausgedrückte Beziehung

[1] Werner, B. **34**, 3309 (1901). — Decker, v. Fellenberg, A. **356**, 286 (1907). — Baeyer, B. **43**, 2340 (1910).

[2] Vgl.: Collie, Steele, Soc. **77**, 961, 1116 (1900). — Walker, B. **34**, 4116 (1901). — Willstätter, Pummerer, B. **38**, 1462, 1472 (1905). — Bain, Soc. **89**, 1224 (1906).

tritt vielfach in Bildungs- und Aufspaltungs-Vorgängen zutage. Die Bildung von Pyron-Körpern im Sinne der Formelreihe D ist ein Prozeß von sehr allgemeiner Geltung, der häufig mit überraschender Leichtigkeit eintritt (vgl. Bd. I, Tl. II, S. 853, Z. 2—4 v. o.). Seine Umkehrung — Aufspaltung von Pyron- zu Tricarbonyl-Körpern — erfolgt meist unter der Wirkung von Alkalien; durch weitergehende Einwirkung der Alkalien werden Bruchstücke der Tricarbonyl-Körper erhalten. Die Empfindlichkeit gegen Alkali ist eine charakteristische Eigentümlichkeit der γ-Pyron-Körper. — Eine weitere allgemeine Reaktion ist ihr Übergang durch Ammoniak in γ-Pyridon-Körper, z. B.:

$$\begin{array}{c}HC\cdot CO\cdot CH\\ CH_3\cdot\ddot{C}\cdot O\cdot\ddot{C}\cdot CH_3\end{array} + NH_3 = H_2O + \begin{array}{c}HC\cdot CO\cdot CH\\ CH_3\cdot\ddot{C}\cdot NH\cdot\ddot{C}\cdot CH_3\end{array}. \qquad (E)$$

Dieser Austausch des ringförmig gebundenen Sauerstoffs gegen Imid (vgl. dazu S. 700, Formelreihe A) erfolgt aber mit sehr verschiedener Leichtigkeit, zuweilen schon bei kurzem gelinden Erwärmen (vgl. Komansäure), zuweilen erst bei längerem Erhitzen. — Bemerkenswert ist ferner, daß es nicht gelingt, die Pyrone durch die üblichen Carbonyl-Reagenzien — Hydroxylamin, Phenylhydrazin — in Oxime und Phenylhydrazone zu verwandeln (vgl. dazu S. 701—702); in einigen Fällen wirkt Hydroxylamin analog dem Ammoniak (s. oben Gleichung E) unter Bildung von *N*-Oxy-pyridon-Körpern.

Das **γ-Pyron**[1] (4-Oxo-γ-pyran, Pyrokoman) haben 1884 unabhängig voneinander Ost, sowie Haitinger und Lieben entdeckt. Ost erhielt es durch trockene Destillation aus der Komansäure (= γ-Pyron-α-carbonsäure), Haitinger und Lieben aus der Chelidonsäure (= γ-Pyron-α,α'-dicarbonsäure). Die trockene Destillation der Chelidonsäure (unter Zusatz von Kupferpulver) dient zur Darstellung des γ-Pyrons; da die Chelidonsäure synthetisch aus Aceton und Oxalsäure über den Acetondioxalsäureester gewinnbar ist (vgl. Bd. I, Tl. II, S. 1228), so bedeutet dieser Weg eine Synthese aus den Elementen.

Pyron krystallisiert in langen farblosen Prismen, die an der Luft zerfließen, schmilzt bei +32·5° und siedet unter 13 mm Druck bei 97°, unter 742 mm Druck bei 215—217°. Es verflüchtigt sich schon bei 100°, im Vakuum sogar schon reichlich bei gewöhnlicher Temperatur. Es löst sich sehr leicht in Wasser mit neutraler Reaktion und wird daraus durch Ammoniumsulfat ausgesalzen. In Äther und Eisessig löst es sich spielend, in kaltem Petroläther und Schwefelkohlenstoff schwer.

[1] Ost, J. pr. [2] **29**, 63 (1884). — Haitinger, Lieben, M. **5**, 363 (1884); **6**, 283 (1885). — Peratoner, Strazzeri, G. **21**, I, 300 (1891). — Brühl, B. **24**, 2450 (1891). — Werner, A. **322**, 300, 312 (1902). — Willstätter, Pummerer, B. **37**, 3740 (1904); **38**, 1461 (1905). — Homfray, Soc. **87**, 1452 (1905). — Baly, Collie, Watson, Soc. **95**, 144 (1909). — Staudinger, Kon, A. **384**, 60, 129 (1911). — Peratoner, G. **41**, II, 694 (1911). — Paternò, G. **44**, I, 163 (1914). — Borsche, B. **48**, 682 (1915).

Mit ätherischer überschüssiger Salzsäure gibt es das weiße Hydrochlorid $C_5H_5O_2Cl$ (4-Oxy-pyroxoniumchlorid), das in Wasser spielend löslich ist, aus Alkohol aber umkrystallisiert werden kann. — Zum Nachweis geeignet ist die Chlorcalcium-Verbindung $2C_5H_4O_2 + CaCl_2$, die sich aus Alkohol in langen Prismen abscheidet und sich in 9·1 Tln. kalten, 7·5 Tln. siedenden Alkohols und ungefähr in 1 Tl. Wasser löst. Mit Platinchlorwasserstoffsäure gibt Pyron ein schön krystallisiertes Chloroplatinat, das nicht die normale Zusammensetzung $(C_5H_4O_2)_2H_2PtCl_6$ besitzt, sondern der Formel $(C_5H_4O_2)_4H_2PtCl_6$ entspricht und von WERNER mit Hilfe von Nebenvalenzen folgendermaßen:

$$\begin{matrix}OC_5H_4O\\OC_5H_4O\end{matrix}\!>H\cdot PtCl_6\cdot H<\!\begin{matrix}OC_5H_4O\\OC_5H_4O\end{matrix}$$

gedeutet wird (vgl. dazu Bd. I, Tl. I, S. 379; Bd. II, Tl. III, S. 700—701).

Das Pyron wird von Alkali mit Leichtigkeit zum Dienol der entsprechenden acyclischen Trioxo-Verbindung (vgl. S. 702, Formelreihe D) — dem Bis-oxymethylen-aceton — aufgespalten. Näheres hierüber wurde schon Bd. I, Tl. II, S. 901 mitgeteilt (vgl. auch Bd. I, Tl. II, S. 861 die Aufspaltung durch Orthoameisensäureester in angesäuertem Alkohol). Der Monomethyläther des Bis-oxymethylen-acetons, dessen Kaliumsalz $KO\cdot CH:CH\cdot CO\cdot CH:CH\cdot O\cdot CH_3$ aus Pyron durch Kaliummethylat entsteht, gibt beim Destillieren sofort wieder Pyron zurück.

Bei der Aufspaltung durch Alkali bildet also der Oxido-Sauerstoff den Angriffspunkt. Die Gegenwart von Carbonyl-Sauerstoff wird durch das Verhalten gegen Diphenyl-keten $(C_6H_5)_2C:CO$ wahrscheinlich gemacht, das auf γ-Pyron ebenso einwirkt wie auf Chinone und andere ungesättigte Ketone, nämlich unter Anlagerung zu unbeständigen β-Lactonen, die alsbald in Kohlendioxyd und Benzhydrylen-Derivate zerfallen:

$$O\!<\!\begin{matrix}CH:CH\\CH:CH\end{matrix}\!>\!C:O + \begin{matrix}CO\\ \ddot{C}(C_6H_5)_2\end{matrix} = \left[O\!<\!\begin{matrix}CH\cdot CH\\CH:CH\end{matrix}\!>\!\begin{matrix}O\text{—}CO\\ \dot{C}\text{—}\dot{C}(C_6H_5)_2\end{matrix}\right]$$

$$= CO_2 + O\!<\!\begin{matrix}CH:CH\\CH:CH\end{matrix}\!>\!C{=}C(C_6H_5)_2\,. \qquad (F)$$

Besonders schlagend hat neuerdings BORSCHE den ungesättigten Charakter des Pyrons gekennzeichnet. Denn es gelang ihm, durch Behandlung der wäßrigen Pyron-Lösung mit Wasserstoff in Gegenwart von Palladium vier Wasserstoffatome anzulagern und so zu einem Stoff vom typischen Verhalten eines gesättigten Ketons zu gelangen. Dieses Tetrahydro-γ-pyron (4-Oxo-pyran-tetrahydrid) ist eine farblose Flüssigkeit von eigenartigem Geruch, siedet unter 742 mm Druck bei 163° bis 166°, gibt mit 4-Phenyl-semicarbazid ein Phenyl-semicarbazon $C_5H_8O:N\cdot NH\cdot CO\cdot NH\cdot C_6H_5$ und kondensiert sich mit aromatischen Aldehyden leicht nach folgendem Schema:

$$2R\cdot CHO + \begin{matrix}H_2C\cdot CO\cdot CH_2\\ H_2\dot{C}\cdot O\cdot \dot{C}H_2\end{matrix} = 2H_2O + \begin{matrix}R\cdot CH:C\cdot CO\cdot C:CH\cdot R\\ H_2\dot{C}\cdot O\cdot \dot{C}H_2\end{matrix}\,. \qquad (G)$$

Inhalt der zweiten Abteilung.

Fortsetzung auf der 4. Umschlagseite.

Verbindungen mit sechsgliedrig-heterocyclischen Systemen.

Druck von Metzger & Wittig in Leipzig.

www.ingramcontent.com/pod-product-compliance
Lightning Source LLC
LaVergne TN
LVHW042227300926
849161LV00003B/299

* 9 7 8 3 1 1 2 4 3 6 2 5 7 *